Leitfäden der angewandten Informatik

H.-G. Stork
Methoden der imperativen Programmierung

Leitfäden der angewandten Informatik

Herausgegeben von

Prof. Dr. Hans-Jürgen Appelrath, Oldenburg
Prof. Dr. Lutz Richter, Zürich
Prof. Dr. Wolffried Stucky, Karlsruhe

Die Bände dieser Reihe sind allen Methoden und Ergebnissen der Informatik gewidmet, die für die praktische Anwendung von Bedeutung sind. Besonderer Wert wird dabei auf die Darstellung dieser Methoden und Ergebnisse in einer allgemein verständlichen, dennoch exakten und präzisen Form gelegt. Die Reihe soll einerseits dem Fachmann eines anderen Gebietes, der sich mit Problemen der Datenverarbeitung beschäftigen muß, selbst aber keine Fachinformatik-Ausbildung besitzt, das für seine Praxis relevante Informatikwissen vermitteln; andererseits soll dem Informatiker, der auf einem dieser Anwendungsgebiete tätig werden will, ein Überblick über die Anwendungen der Informatikmethoden in diesem Gebiet gegeben werden. Für Praktiker, wie Programmierer, Systemanalytiker, Organisatoren und andere, stellen die Bände Hilfsmittel zur Lösung von Problemen der täglichen Praxis bereit; darüber hinaus sind die Veröffentlichungen zur Weiterbildung gedacht.

Methoden der imperativen Programmierung

Mit Beispielen in MODULA-2 und EIFFEL

Von Dr. rer. nat. Hans-Georg Stork, Luxemburg

B. G. Teubner Stuttgart 1993

Dr. rer. nat. Hans-Georg Stork

1947 in Frankfurt a.M. geboren. Von 1966 bis 1971 Studium der Mathematik, Physik und Computer Science an den Universitäten Frankfurt a.M. und Iowa City, Iowa, USA. Von 1972 bis 1976 Wissenschaftlicher Mitarbeiter im Fachbereich Informatik der TH Darmstadt. Von 1976 bis 1978 Wissenschaftlicher Assistent an der Universität Stuttgart, Fakultät für Informatik. Von 1978 bis 1983 Industrietätigkeit (AEG-Telefunken und SESA Deutschland GmbH). Von 1983 bis 1990 Wissenschaftlicher Mitarbeiter (AT) und Lehrbeauftragter am Institut für Angewandte Informatik und Formale Beschreibungsverfahren der Universität Karlsruhe. Seit 1990 Angestellter der EG Kommission in Ispra (Italien) und Luxemburg.

Die Deutsche Bibliothek – CIP-Einheitsaufnahme

Stork, Hans-Georg:
Methoden der imperativen Programmierung : mit Beispielen in MODULA-2 und EIFFEL / von Hans-Georg Stork. –
Stuttgart : Teubner, 1993
(Leitfäden der angewandten Informatik)
ISBN 978-3-519-02416-3 ISBN 978-3-322-94660-7 (eBook)
DOI 10.1007/978-3-322-94660-7

Gesamtherstellung: Zechnersche Buchdruckerei GmbH, Speyer
Umschlaggestaltung: Tabea und Martin Koch, Ostfildern/Stuttgart

Karl Stork
(1907 - 1992)

zum Gedächtnis

Vorwort

Seit Anfang der siebziger Jahre gibt es an der Universität Karlsruhe die Möglichkeit, das Fach "Wirtschaftsingenieurwesen" mit dem Schwerpunkt Informatik zu studieren. Studenten, die sich für diesen Schwerpunkt entscheiden, wird - neben einführenden Vorlesungen über Mathematik und aus dem Bereich der Wirtschaftswissenschaften - eine breite Grundausbildung in Informatik angeboten. Deren Kern ist ein viersemestriger Kurs, welcher die wichtigsten Kenntnisse zum Verständnis des Aufbaus, des Betriebs und der Anwendung von Rechnern vermittelt. Zur Befriedigung eines eher "akademischen" Erkenntnisinteresses wird dabei - und dies gilt durchaus für den gesamten Studiengang - ganz bewußt der Nutzen hinzukalkuliert, den ein solches Wissen und die damit verbundenen Fertigkeiten für die berufliche Qualifikation der Absolventen haben sollten.

Dieses praktische Interesse ist sicher eine der stärksten Motivationen dafür, daß immer häufiger Themen für abschließende Diplomarbeiten angeboten und gewählt wurden, welche die Spezifikation, den Entwurf und die Implementierung größerer Programme beinhalteten, mitunter auch als Teile umfangreicher und länger laufender Projekte. Bei der Anfertigung und Betreuung solcher Arbeiten wurde für Lernende und Lehrende nicht selten ein Mangel erkennbar, der offenbar auf eine Lücke im Lehrangebot zurückzuführen war: Vielen Studenten fehlte ein hinreichend klares Bewußtsein für das, was die Qualität eines Software-Produktes ausmacht, ganz zu schweigen von einem guten Verständnis der Möglichkeiten, diese Qualität zu erzielen. Die während des ersten Semesters geübte Programmierung beschränkte sich in der Regel auf kleine, isolierte Beispiele, auf Illustrationen zum Begriff des Algorithmus, und für eine ausführliche Darlegung relativ einfacher Tips zur Programmgestaltung oder gar von Verfahren zur systematischen Herleitung der Gliederung und Feinstruktur größerer Programme gab es einfach nicht genug Zeit.

Abhilfe wurde zu Beginn der achtziger Jahre geschaffen: Durch Bereicherung des Curriculums um eine Vorlesung mit zugeordnetem Praktikum unter dem Titel "Programmier-Methodik". Den Studenten wurde damit eine Gelegenheit gegeben, die (potentiell lange) "programmierfreie Zeit" zu unterbrechen und - begleitet von den öffentlichen (und privaten) Ratschlägen des Dozenten - gemeinsam mit Kommilitonen im "Teamwork" ein Semesterprojekt zu bearbeiten. Dessen Ergebnis, ein (hoffentlich) lauffähiges Programm und die Dokumentation seiner Entwicklung, konnte dann einen willkommenen Beitrag zur Aufbesserung der Vordiplom-Note leisten.

Damit sind der Grund und die Entstehungsgeschichte dieses Buches im wesentlichen schon fast erklärt. Während meiner Zeit als Mitarbeiter und Lehrbeauftragter am Institut für Angewandte Informatik und Formale Beschreibungsverfahren der Universität Karlsruhe in den Jahren von 1983 bis 1990 nämlich, hatte ich mehrere Male das Vergnügen, jene Vorlesung über "Programmier-Methodik" zu halten und das zugehörige Praktikum zu organisieren. Und manche Studenten waren von der Arbeit unmittelbar am Rechner[1] so begeistert und von den dabei erfahrenen Erfolgs- oder Mißerfolgserlebnissen so angespornt, daß sie es nicht versäumten, auch meine ergänzende und weiterführende Vorlesung "Software-Engineering" zu besuchen.

Das vorliegende Buch enthält also eine Auswahl und Synthese von Themen, die in diesen Vorlesungen zur Sprache kamen. (Stellenweise ist die Darstellung etwas detaillierter und stellenweise ist sie etwas breiter, als sie den Hörern erinnerlich sein mag.) Ursprünglich angeregt wurde es von Hans-Werner Six, der - einem Ruf an die Fernuniversität Hagen gefolgt - mir den Vorschlag machte, die Vorlesungen zu einem Korrespondenzkurs umzuarbeiten. Obwohl dieser Vorschlag nicht in die Tat umgesetzt wurde, gab er doch zunächst Anlaß zur Niederschrift einiger Abschnitte, die immerhin soweit gedieh, daß Wolffried Stucky, mein Institutschef und Mitherausgeber der "Leitfäden", mich dazu bewog, an einer langen Geschichte weiterzuschreiben und ihr die Form eines Buches zu geben. Beiden Herren danke ich für die gründliche Lektüre früher Versionen einzelner Kapitel und für manchen wertvollen Fingerzeig.

Danksagungen müssen selbstverständlich ergehen an die vielen Autoren, welche die Bausteine für ein Lehrbuch wie dieses geformt und geliefert haben. Zu nennen sind hier in erster Linie und stellvertretend für manche andere: D. Gries, J. V. Guttag, M. Jackson, B. W. Kernighan, H. F. Ledgard, B. Meyer, D. L. Parnas, C. A. Petri, N. Wirth und D. Wood.

Einen speziellen Dank schulde ich freilich Hans-Jürgen Ehling, meinem Mentor während meiner Zeit beim Software-Zentrum des damaligen AEG-Telefunken Konzerns. Er war mir ein Meister des Programmierens, und er wird es mir hoffentlich nachsehen, wenn er von der hohen Kunst, mit der er die von Warnier und Orr begründete Klammerdiagramm-Technik weiterentwickelte, in diesem Buch nur einen schwachen Abglanz entdeckt.

Die genannten Namen deuten schon an, daß sich die Auswahl des Stoffes für ein Buch wie dieses weitgehend an den Interessen und Vorlieben des Autors orientieren wird, und natürlich auch an dem, was er für hinreichend fundiert und praktikabel zugleich hält. Dies mag manche Erwartungen enttäuschen. Doch mir schien, daß es für unser Gebiet genügend Literatur von enzyklopädischem Charakter gibt, um nicht noch ein weiteres Exemplar dieser Art hinzuzufügen. Die Beschränkung des Gesichtskreises auf Methoden, welche üblicherweise dem *imperativen* Paradigma des Programmierens (vgl. Kapitel 1) zugerechnet werden, ergab sich übrigens ganz von selbst aus dem oben skizzierten Zweck der Vorlesungen.

Zu erklären ist noch die Wahl von MODULA-2 als diejenige Programmiersprache, in der wir erstens über "Stil" reden, und in die wir zweitens mehr oder

[1] Der schaute in den frühen achtziger Jahren noch vergleichsweise imposant aus und konnte seinem Beherrscher ein gewisses Gefühl des Stolzes geben.

weniger abstrakte Konzepte zur Gliederung von Programmen abbilden. Zunächst einmal: Ohne die Bezugnahme auf eine konkrete Programmiersprache müßten - insbesondere aus der Sicht des Lernenden - auch die besten Ideen über Software-Entwicklung "in der Luft" hängenbleiben; dem wird wohl jedermann zustimmen (mancher vielleicht *nolens volens.*) Warum aber MODULA-2? Die Antwort ist denkbar einfach: Es ist die Sprache, welche unsere Studenten als erste lernen, mit der sie also am besten vertraut sein sollten. In der Tat ist dies eine Grundvoraussetzung für die Beschäftigung mit diesem Buch, und es ist wichtig, in aller Deutlichkeit auf sie hinzuweisen: Wir nehmen an, daß der Leser einige Kenntnisse über MODULA-2 und möglichst auch etwas praktische Erfahrung mit der Anwendung dieser Sprache besitzt. Er kann sich diese Kenntnisse im Selbststudium erwerben (dafür hilfreiche Literatur sowie auf Personal Computern laufende MODULA-2 Compiler gibt es ja in Hülle und Fülle) oder er kann sich an der Universität Karlsruhe für den ersten Teil des oben erwähnten Grundkurses in Informatik einschreiben.

Doch um der Wahrheit die Ehre zu geben: Irgendwann im Verlauf unserer Reise durch die "Methodenlandschaft" wird das Gelände auch für ein ansonsten sehr wendiges Vehikel wie MODULA-2 unwegsam werden, und wir müssen auf ein stärkeres und vielseitigeres Gefährt umsteigen. Es wird EIFFEL sein, die von B. Meyer konzipierte "objektorientierte" Sprache. Wir werden ihre Wahl an geeigneter Stelle begründen. Nur soviel vorweg: Eine Kenntnis *dieser* Programmiersprache setzen wir nicht voraus, doch hoffen wir, beim Leser soviel Interesse für sie zu erwecken, daß er es für Wert hält, ihr ein intensiveres Studium zu widmen.

Frühjahr 1993

Hans-Georg Stork

Inhaltsverzeichnis

1 Imperative Programmierung

Rechner sind Apparate, die mit Worten dazu veranlaßt werden, Dienstleistungen zu erbringen, welche auf der Manipulation symbolischer Repräsentationen von Information beruhen. Die Beispiele für solche Dienstleistungen sind Legion. Wir zählen hier nur einige wenige auf:

- Eine quadratische Gleichung lösen;
- das Erstellen und Redigieren von Texten unterstützen;
- eine Werkzeugmaschine steuern;
- ein Kraftwerk überwachen;
- einen ökonomischen Prozeß simulieren;
- für einen Betrieb die Lohnabrechnung vornehmen;
- Telefongespräche vermitteln;
- Daten zu einem anderen Rechner übertragen;
- die Primzahlen zwischen 1 und 1000 finden;
- den Bestand einer Bibliothek verwalten;
- Grafiken zeichnen;
- als Schachspielgegner fungieren;
- Bankkonten führen;
- Meßergebnisse auswerten;
- seinen eigenen Betrieb steuern;
- von einer Sprache in eine andere übersetzen;
- ..., ...

Doch wie der klassische Besenstiel des Zauberlehrlings ([GOE]) geraten auch Rechner bei der Ausführung ihrer Aufgabe leicht außer Kontrolle, wenn sich zur rechten Zeit das rechte Wort nicht einstellt.

"Das rechte Wort zur rechten Zeit", ist die Metapher für jene Tätigkeit, welcher dieses Buch gewidmet ist: das Programmieren oder - mit anderem Ausdruck - die Entwicklung von *Software*. Es ist eine Tätigkeit, welcher mehr und mehr Gewicht zukommt auf allen Gebieten industriellen und administrativen Wirkens, seitdem es gelingt, elektronische Bauelemente immer höherer Komplexität, von immer kleineren Ausmaßen und in immer größerer Zahl zu produzieren, um sie zu jenen Geräten (der *Hardware*) zusammenzusetzen, welche auf das Wort des Programmierers (sei er Lehrling oder alter Meister) "hören" können. Es ist für manche Zeitgenossen eine überaus faszinierende Tätigkeit, und dafür kann es ganz verschiedene Gründe geben. Da ist der sich so unversehens öffnende neue Bereich für schier grenzenlose Kreativität (siehe die obige Liste), eine weite Spielwiese für den freien Lauf mehr oder weniger verrückter oder auch profitabler Ideen. Es ist ein Bereich, der heute Menschen anzieht, die - hätten sie in früheren Epochen gelebt - vielleicht Maler, Kunsthandwerker, Steinmetz,

Orgelbauer oder Musiker geworden wären. Aber da ist andererseits auch die Versuchung, einer atavistischen Lust an Macht und Herrschaft zu frönen, einem Apparat - wenn schon nicht einem Mitmenschen - seinen Willen aufzuzwingen, ihn gar zum Homunculus zu machen. Mit Weizenbaum (vgl. [WEI]) sind wir der Meinung, daß eine solche anmaßende und verbissene Haltung in mehrfacher Hinsicht von Schaden ist, nicht zuletzt für denjenigen selbst, der sie einnimmt (Weizenbaum nennt ihn "Hacker") und sich damit unbewußt zum Sklaven einer Sucht erniedrigt.

Wir glauben, daß ein solches Wort der Warnung gerade in einem Buch über Methoden der "imperativen" Programmierung durchaus angebracht ist. Wir empfehlen, den Rechner schlicht als Werkzeug zu sehen, als Mittel zu allerlei gutem Zweck, auch als Spielzeug, wenn man denn so will, doch nicht als ein Objekt, an dem sich wie auch immer motivierte Allmachtsphantasien abreagieren ließen. Was wir dem Rechner "befehlen", will wohlbedacht sein und soll ihn zu einem nützlichen Instrument machen. Hierfür ein Bewußtsein zu schaffen und für die Qualität der Produkte des Programmierens, ist das Ziel dieses Buches. Der Zauberlehrling soll das Wort der alten Meister hören und anwenden lernen, damit er zumindest technisch dazu in der Lage ist, dem Besen zu gegebener Zeit den nötigen Einhalt zu gebieten.

1.1 Maschine und Sprache

Möchte man von einem Menschen, daß dieser eine bestimmte Dienstleistung ausführt, so gibt es in der Regel verschiedene Möglichkeiten, ihn dazu zu befähigen. Unter anderem kann man ihm das Gewünschte beschreiben, man kann ihm ein Beispiel geben, oder man kann ihm einen Plan in die Hand drücken, aus dem klar hervorgeht, welche Einzelschritte in welcher Reihenfolge zu unternehmen sind, um letztlich die Dienstleistung zu erbringen. "Tue dies, dann tue jenes, usw." steht in dem Plan, und "wenn diese Bedingung erfüllt ist, dann wende dich einem anderen Arbeitsgang zu". Dies sind (bedingte) *Befehle*, und der Plan ist ein *imperatives Programm*.

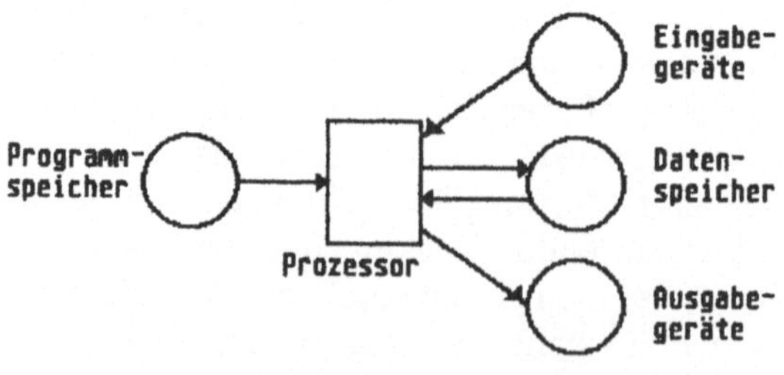

Es ist auch die klassische Weise, Dienstleistungen von einem Rechner anzufordern. Das ist die Sprache, die zu verstehen Rechner von frühester Zeit an konstruiert wurden. Was Rechner überhaupt tun können, muß sich in ihr ausdrücken lassen, nicht mehr und nicht weniger. Und was Rechner tun können, ist durch ihre Komponenten und ihren Bauplan bestimmt. Auch daran, an der sogenannten "von Neumann"-Architektur, hat sich seit den ältesten elektronischen Rechenanlagen prinzipiell nicht viel geändert. Nach wie vor steht der Prozessor als "Befehlsempfänger" im Mittelpunkt des Geschehens (vgl. die Abbildung auf der vorigen Seite), und die einzigen von ihm zu erwartenden Dienstleistungen beziehen sich auf ihn selbst natürlich, sowie auf die um ihn angeordneten Komponenten: Datenspeicher, Programmspeicher (beide oft physikalisch vereint), Eingabe- und Ausgabegeräte:

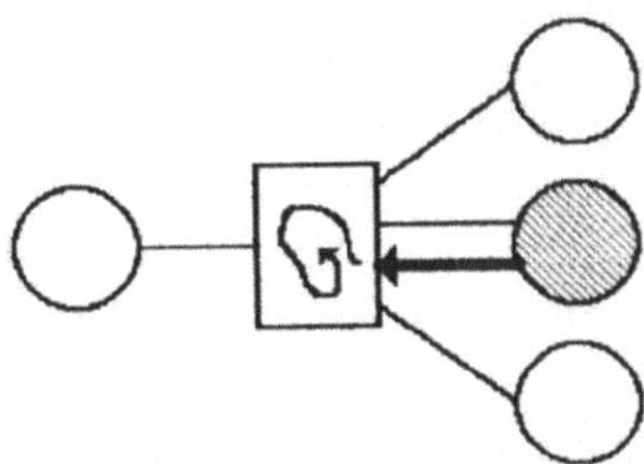

A: Hole Daten aus dem Datenspeicher (und evtl.: manipuliere sie intern)!

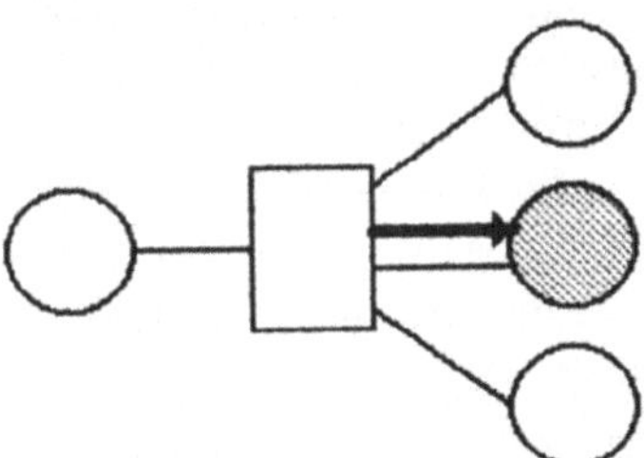

B: Lege Daten im Datenspeicher ab!

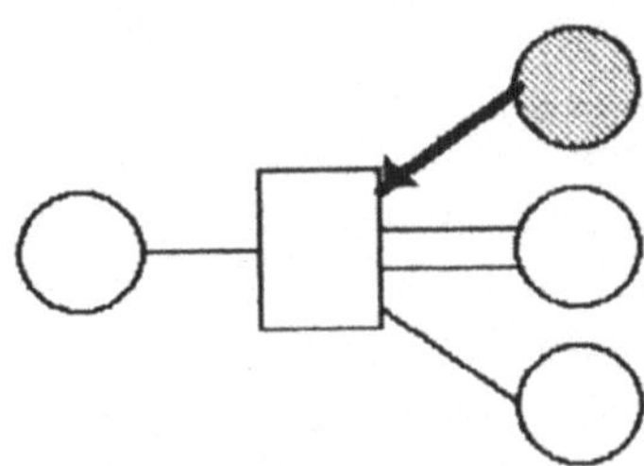

C: Fordere Daten von einem Eingabegerät an!

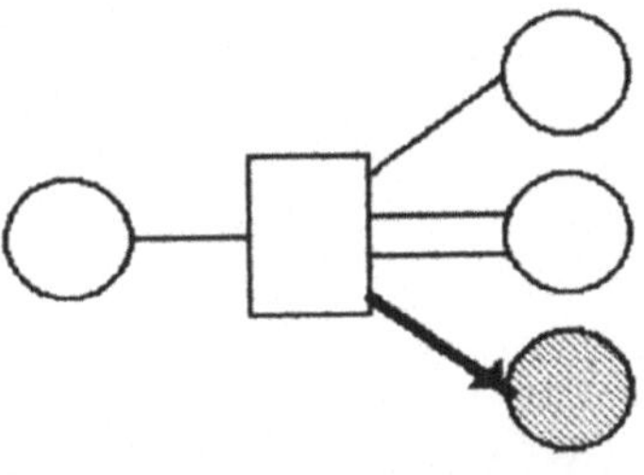

D: Sende Daten an ein Ausgabegerät!

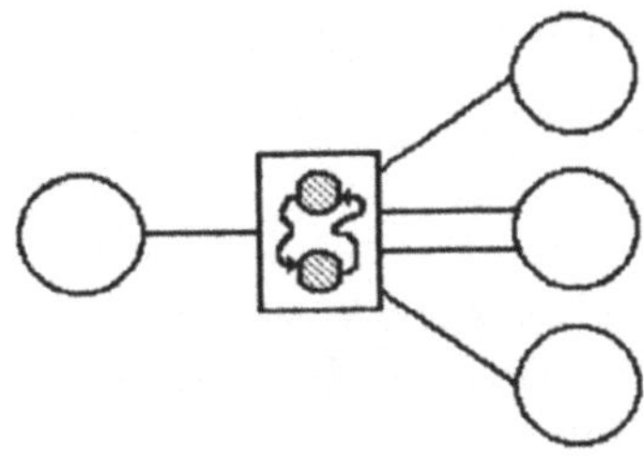

E: Manipuliere die Inhalte deiner internen Speicher!

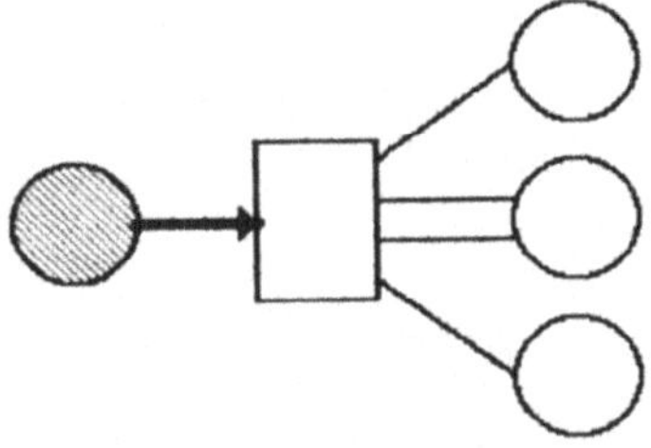

F: Hole dir einen neuen Befehl!

Diese sechs Bilder repräsentieren die Klassen der von einem (von Neumann) Prozessor "verstandenen" Befehle. Die Gesamtheit dieser Befehle bildet gewissermaßen die "Muttersprache" des Prozessors, also die Sprache, in der letztlich die Erledigung einer vom Prozessor zu bearbeitenden Aufgabe in allen Details beschrieben werden muß. Im Programmspeicher stellen sich Texte in dieser Sprache als Folgen binär codierter Signale dar. Andererseits gilt offenbar: Aus der Sicht des Programmierers ist die Maschine durch die Sprache, die ihr Prozessor versteht, vollständig charakterisiert.

Diese Bemerkung ist insofern interessant, als sie es nahelegt, die Mühen, die es wohl macht, einen Programmtext in der Muttersprache eines Prozessors (auch *Maschinensprache* genannt) zu verfassen, dadurch zu erleichtern, daß man dem Prozessor eine neue Sprache beibringt. Eine Sprache zum Beispiel, in der sich die Lösung allfälliger Aufgaben sachgerechter gliedern und formulieren läßt. Zu solcher Erweiterung der sprachlichen Fähigkeiten einer Maschine bieten sich im allgemeinen zwei Verfahren an: das des *Übersetzens* und das des *Interpretierens*:

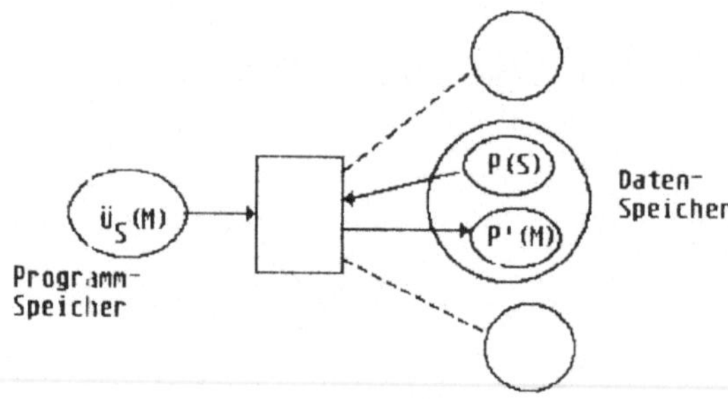

Der Übersetzer ist ein in Maschinensprache M im Programmspeicher vorliegendes Programm $Ü_S(M)$. Es veranlaßt den Prozessor, das im Datenspeicher abgelegte, in einer Sprache S verfaßte Programm P(S) auf ein äquivalentes, vom Prozessor verstehbares Programm P'(M) abzubilden,

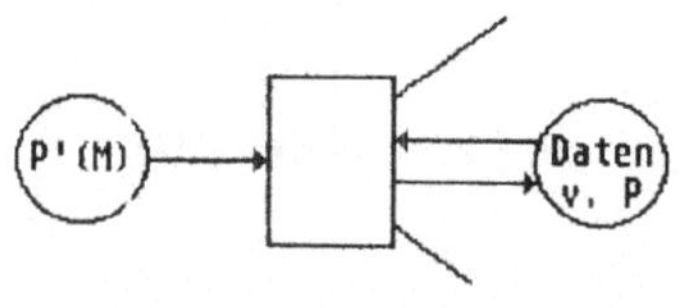

welches dann seinerseits in den Programmspeicher geladen werden kann. Von dort aus wird es den Prozessor zu den ursprünglich in P(S) beschriebenen Aktionen treiben, also unter anderem die von P(S) vorgesehenen Datenmanipulationen vornehmen lassen.

(Ohne weitere Problematisierung: Dies meinen wir, wenn wir sagen, P'(M) sei zu P(S) äquivalent.)

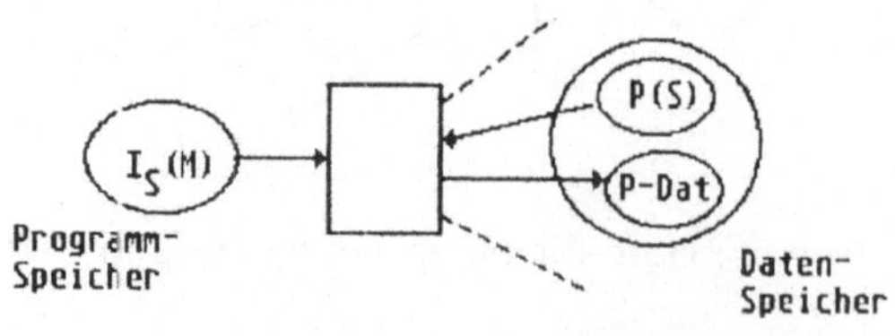

Der Interpreter $I_S(M)$ einer Programmiersprache S geht einen direkteren Weg. Der Prozessor wird durch ihn bewogen, das im Datenspeicher befindliche Programm P(S) Stück für Stück zu lesen und die darin niedergelegten Operationen (an den Daten P-Dat von P, aber auch zur Eingabe und Ausgabe) auszuführen. In beiden Fällen, dem des Übersetzers und dem des Interpreters, ist das Wissen um die "neue" Sprache S als Programm in Maschinensprache kodiert.

Die Maschinensprache eines "von Neumann - Rechners" ist imperativ, S dagegen muß es nicht sein. Zum Beispiel könnten wir S derart gestalten, daß sich dem Rechner die Aufgabe, die kleinere von zwei Zahlen zu ermitteln, auf die folgende Weise stellen läßt:

"*Finde min mit : min<= x und min<= y und (min = x oder min = y)*"

Der Übersetzer hätte dann das Problem, aus dieser *Beschreibung* des Minimums zweier Zahlen ein Programm in Maschinensprache zu produzieren, das mit einer Folge bedingter Befehle dem Prozessor exakt angibt, was er zu tun hat, um den Wert von *min* zu finden. Und ein Interpreter für eine solche *deskriptive* Sprache hätte die gegebene Beschreibung zu analysieren und dem Prozessor direkt zu sagen, wie er vorzugehen hat.

Sowohl ein Übersetzer als auch ein Interpreter hätten es um einiges einfacher, wenn die Sprache S selbst schon den befehlsartigen Charakter der elementaren Maschinensprache in sich aufnähme. Der Weg von einem Programm in S zu einer vom Prozessor ausführbaren Folge von Anweisungen ließe sich damit vermutlich beträchtlich verkürzen. Imperative Arbeitsvorschriften wie

"*setze min := x; falls y< min so setze min := y*"

oder

"*falls x <= y so setze min := x sonst setze min := y*",

welche genau festlegen, was zu tun ist, um das Resultat zu gewinnen, sind sicher leichter in Befehle der Maschinensprache zu übertragen als eine Beschreibung der Eigenschaften des gewünschten Resultats.

Doch auch wenn sich die Maschine dem Programmierer als eine solche *imperative höhere* Sprache darstellt, hat er schon viel gewonnen, wie wir uns im folgenden an einem sehr einfachen Beispiel klarmachen wollen. (Als *höhere Sprache* sei hier vorläufig eine Sprache apostrophiert, die vom Prozessor nur mit Hilfe eines Übersetzers oder Interpreters verstanden werden kann.)

Nehmen wir an, der Rechner soll die Summe zweier, von einem Eingabegerät zu lesender ganzer Zahlen bilden und zur weiteren Verfügung vorhalten. Wir wollen uns zunächst in die Lage des Programmierers versetzen, der die "nackte" Maschine vor sich hat. Er sieht den Datenspeicher als eine endliche Folge von "Datenbehältern", für deren Größe wir uns hier gar nicht interessieren wollen. Es möge genügen, daß sich der Inhalt eines solchen Behälters als ganze Zahl deuten läßt. Der Programmierer muß nun bestimmen, wo die beiden einzulesenden Zahlen und wo ihre Summe abgelegt werden sollen. Und in den Programmspeicher muß er in binärer Form die Befehle schreiben, welche den Prozessor

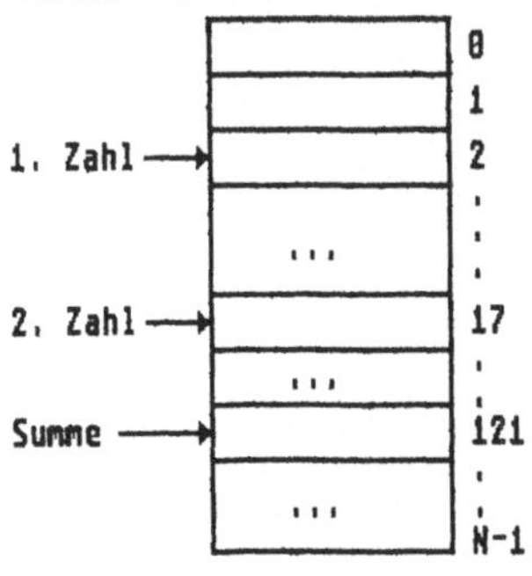

zur Erledigung der erforderlichen Operationen auffordern. (Wir nehmen an, er verfügt zu diesem Zweck über geeignete Vorrichtungen, vielleicht ein Schaltbrett.) Diese Befehle sind:

(1)	Fordere eine ganze Zahl vom Eingabegerät an!	0000 1000
(2)	Lege die empfangene Zahl im Datenbehälter Nr. 2 ab!	0010 0000 0000 0010
(3)	Fordere eine ganze Zahl vom Eingabegerät an!	0000 1000
(4)	Lege die empfangene Zahl im Datenbehälter Nr. 17 ab!	0010 0000 0001 0001
(5)	Hole den Inhalt von Behälter Nr. 2 in deinen internen Speicher!	1010 0000 0000 0010
(6)	Hole den Inhalt von Behälter Nr. 17 und addiere ihn auf den Inhalt deines internen Speichers!	1011 0000 0001 0001
(7)	Lege den Inhalt deines internen Speichers im Behälter Nr. 121 ab.	0010 0000 0111 1001

Natürlich ist der hier verwendete Binärcode rein hypothetisch und frei erfunden. Doch immerhin haben die Befehle mit denen von real existierenden Codes zwei wesentliche Teile gemeinsam, von denen der eine die auszuführende Operation identifiziert (den Operator) und der andere die Adresse eines "Behälters" im Datenspeicher (den Operanden) (vgl. nebenstehende Abbildung).

Operator:	Operand:
1010 0000	0000 0010
Hole in den internen Speicher	Speicherzelle mit der Adresse 2

Die historisch früheste Errungenschaft zur Erleichterung der Zusammenstellung und Eingabe von Befehlen in Maschinensprache bestand darin, Operationscodes "mnemotechnisch" und Adressen in gewohnten Zahlendarstellungen zu notieren, z.B.:

READINT	"Fordere eine ganze Zahl vom Eingabegerät an!"
SP x	"Speichere den Inhalt des internen Speichers im Behälter x!"
LD x	"Lade den Inhalt von Behälter x in den internen Speicher!"
LDA x	"Addiere den Inhalt von Behälter x auf den Inhalt des internen Speichers!"

usw.

Das obige Additionsprogramm erhielte damit die folgende Gestalt:

```
READINT
SP 2
READINT
```

SP 17
LD 2
LDA 17
SP 121

Der "Übersetzer" eines solchen Programms hat nichts anderes zu tun, als die mnemotechnische Notation auf den binären Maschinencode abzubilden:

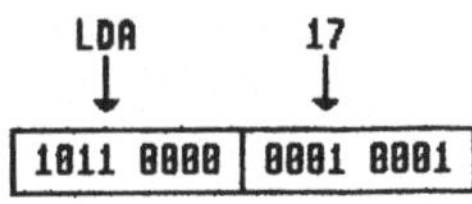

Dieser Vorgang wird als *Assemblieren* bezeichnet, der Übersetzer selbst in diesem Falle als *Assemblierer* (engl.: *Assembler*) und der mnemotechnische Code daher auch als *Assembler-Sprache*.

Angesichts der Ansprüche, die wir noch stellen werden, macht es freilich keinen Sinn, Assembler-Sprachen als "höhere" Programmiersprachen zu klassifizieren. Nichtsdestotrotz lohnt es sich, zumindest zwei interessante Eigenschaften hervorzuheben:

- Die symbolische Darstellung der Anweisungen an den Prozessor ist dem menschlichen Auffassungsvermögen angepaßter.
- Mit dem Sprachelement *Kommentar* kann das Verständnis eines Programmtextes entscheidend unterstützt werden, z.B.:

```
LD 2    ; Lade 1. Zahl
LDA 17  ; Bilde Summe 1. Zahl + 2. Zahl
SP 121  ; Speichere Summe
```

Doch welch zusätzlichen Komfort auch immer ein Assembler noch bieten mag, er befreit den Programmierer nicht von der Last, selbst für die Organisation des Datenspeichers zu sorgen (was kommt wohin...?) und jede für das menschliche Bewußtsein elementare Operation (wie z.B. Addition, Subtraktion, etc.) in kleine, der Maschine angepaßte Schritte zu zerlegen.

Was ihm wirklich weiterhilft, ist eine Sprache, in der auf Datenbehälter (Speicherzellen) und ihre Inhalte durch symbolische Namen Bezug genommen werden kann, und in der Berechnungen und sonstige Manipulationen von "Informationsobjekten" in einer Weise ausdrückbar sind, die nicht zu weit von mehr oder weniger traditionell gebräuchlichen Formalismen (z.B. der Arithmetik) entfernt ist. So sollten die "Behälter" für die erste und die zweite Zahl und für deren Summe (vgl. das obige "Assembler-Programm") etwa durch die Namen "a", "b" und "c" identifiziert werden, und der Befehl, die Summe der Inhalte von a und b zu bilden, könnte eine der folgenden (immer noch sehr imperativen!) Formen annehmen:

```
c := a + b;          ADD a TO b GIVING c
LET c = a + b        c <- +(a,b)
```

Verglichen mit der "Primitivität" der Maschinensprache ist eine solche Sprache tatsächlich auf einer "höheren Ebene", viel näher an menschlichen Denk- und

Formulierungsgewohnheiten. Der physikalische Speicher wird in ihr durch das Konzept der *Variablen* ersetzt. Und der Übersetzer (engl.: *Compiler*) übernimmt hier offenbar unter anderem einen großen Teil der Arbeit des Assembler-Programmierers:

- Er muß den Variablen a, b und c realen Speicherplatz mit realen Adressen zuordnen. Dies kann entweder implizit geschehen, d.h. nach dem Erkennen eines Variablennamens in einer Anweisung, oder explizit, d.h. vor dem ersten Gebrauch eines Variablennamens in einer Anweisung. Der Programmierer hat in diesem Fall vorab zu erklären (zu *deklarieren*, wie beim Zoll!), welche Variablen für welche Art von Objekten er zu verwenden gedenkt.

  VAR a, b, c: INTEGER;

  ist ein Beispiel für eine solche Deklaration.
- Der Compiler muß die Anweisung, welche c = a + b bewirkt, in eine entsprechende Folge von Maschinencode-Befehlen übertragen.

Wir wollen im folgenden einige der Mittel, die höhere imperative Programmiersprachen (und ihre Übersetzer) zur "menschengerechteren" und "problemorientierten" Formulierung von Anweisungen an einen Rechner offerieren, beispielhaft Revue passieren lassen. Ein Anspruch auf Vollständigkeit ist dabei natürlich nicht zu erheben. Auch die Auswahl der Programmmiersprachen ist nicht durchgängig und ziemlich willkürlich. Der Leser sei im übrigen - was die Definitionen und den praktischen Gebrauch der zitierten Sprachen betrifft - auf das Literaturverzeichnis am Schluß dieses einleitenden Kapitels verwiesen. (MODULA-2 wird, wie im Vorwort begründet, in diesem Buch eine Sonderstellung einnehmen als diejenige Sprache, in der wir die meisten Beispiele zur Untermauerung unserer Methoden der imperativen Programmierung darlegen werden.)

(i) Notationen zur Deklaration von Namen zur Identifizierung von Variablen und Konstanten und zur Festlegung zulässiger Wertmengen:

```
INTEGER A, B, C                                  (FORTRAN)

77   A   PIC ...   USAGE IS COMP
77   B   PIC ...   USAGE IS COMP
77   C   PIC ...   USAGE IS COMP                 (COBOL)

d: constant 1.5;
a, b, c: integer;                                (ADA)

const d = 1.5;
var a, b, c: integer;                            (PASCAL)

#define d    1.5
int a, b, c;                                     (C)
```

```
CONST d = 1.5;
VAR a, b, c: INTEGER;
```
(MODULA-2)

(ii) *Notationen für arithmetische, logische und (evtl.) sonstige Operationen und darauf aufbauende Ausdrücke:*

```
a * 2 ** n
(A .EQ. B) .AND. (B .LT. C)
```
(FORTRAN)

```
(a <> b) and (a < c)
2 * (a + b)
a div b
```
(PASCAL)

```
A IS NOT GREATER THAN B
A IS NOT > B
```
(COBOL)

```
(a != b) && (a == c)
a++
```
(C)

```
a DIV b
(a <> b) AND (a < c)
```
(MODULA-2)

(iii) *Notationen für die Zuweisung der Werte von Ausdrücken an Variable:*

```
LET F = PI * R * R
```
(BASIC)

```
F = PI * R * R
```
(FORTRAN)

```
flaeche := pi * radius * radius;
```
(PASCAL, ADA, MODULA-2)

```
flaeche = pi * radius * radius;
```
(C)

```
MULTIPLY PI BY RQUAD GIVING FLAECHE
```
(COBOL)

(iv) *Notationen zur*

- *Formulierung von Bedingungen für die Ausführung einer Folge von Anweisungen,*
- *Formulierung von Bedingungen für die wiederholte Ausführung einer Folge von Anweisungen:*

```
if a < b then x := a else x := b;
while n < 100 do
begin
   a := b + 1;
   n := n + 1
end;
```
(PASCAL)

```
      IF A .LT. B GOTO 10
      X = B
10    CONTINUE
      DO 15 I = 1, N
      S := S + 1
15    CONTINUE                                    (FORTRAN)
```

```
FOR I = 1 TO N
LET S = S + 1
NEXT I                                            (BASIC)
```

```
for (i = 1; i <= n; ++i) s = s + 1;
while (n < 100)
   {a = b + 1;
   n++
   }                                              (C)
```

```
IF a < b THEN x := a ELSE x := b END;
WHILE n < 100 DO
   a := b + 1;
   n := n + 1
END;                                              (MODULA-2)
```

(v) *Notationen zur Definition komplexer Datenobjekte, ausgehend von einfacheren Objekten (Benennung, Festlegung von Wertemengen, Bezeichnung von Teilobjekten, etc.):*

```
DIMENSION MATRIX (10, 17)                         (FORTRAN)
```

```
DIM A$(5)                                         (BASIC)
```

```
type string = packed array [1..80] of char;
var buch:  record
              autor, titel: string;
           end;                                   (PASCAL)
```

```
01 BUCH   OCCURS  15
   02 AUTOR   PIC  X(20)
   02 TITEL   PIC  X(50)                          (COBOL)
```

```
struct buch {
              char autor[20];
              char titel[50];
            };                                    (C)
```

```
TYPE BuchType = RECORD
                    autor: ARRAY[0..19] OF CHAR;
                    titel:  ARRAY[0..49] OF CHAR
                END;
VAR buch: BuchType;                              (MODULA-2)
```

(vi) *Konstrukte zur problemorientierten Gliederung von Programmtexten:*

```
SUBROUTINE
FUNCTION
BLOCK DATA                                       (FORTRAN)

DIVISION
SECTION
PARAGRAPH                                        (COBOL)

      GOSUB 100
      ...
100   ...
      ...
      RETURN                                     (BASIC)
```

<u>procedure</u>
<u>function</u> (PASCAL)

<u>package</u>
<u>task</u> (ADA)

Funktionsnamen (C)

```
MODULE
DEFINITION MODULE
IMPLEMENTATION MODULE
PROCEDURE                                        (MODULA-2)
```

(vii) *Notationen zur Formulierung von Kommentaren:*

```
C     BERECHNUNG DER KREISFLAECHE
      F = PI * R ** 2                            (FORTRAN)

flaeche := pi * radius * radius   {Kreisfläche};   (PASCAL)

f := pi * r * r;  -- Kreisfläche                 (ADA)

flaeche = pi * r * r; /* Kreisfläche */          (C)

flaeche := pi * radius * radius  (*Kreisfläche *);  (MODULA-2)
```

Man muß sich sehr deutlich darüber im Klaren sein, daß imperative Programmiersprachen nur einem von vielen möglichen Denkmustern (*Paradigmata*) bei der (Formulierung der) Lösung von Aufgaben der Informationsverarbeitung entgegenkommen. Es ist das Denkmuster, welches der zu Beginn dieses Abschnitts skizzierten "von Neumann"- Architektur zugrunde liegt, einer Architektur, die im wesentlichen durch eine spezielle rigide Befehlsstruktur definiert ist. Höhere imperative Programmsprachen machen (wie die oben aus ihren Zusammenhängen gerissenen Beispiele andeuten) den "von Neumann"- Rechner "handhabbarer", sie heben - um einen später noch genauer zu erläuternden Begriff in's Spiel zu bringen - das Niveau dieser Basismaschine, ändern aber nicht ihren eigentlichen Charakter, durch Anweisungen getrieben zu werden.

Imperative Programmiersprachen repräsentieren nur einen von vielen möglichen Kalkülen zur Berechnung des Berechenbaren. Andere Denkmuster entsprechen anderen Kalkülen, zum Beispiel Turing-Maschinen, rekursiven Funktionen, Termersetzungssystemen, Deduktionssystemen, usw. (vgl. z.B. [HER]). Und die meisten dieser Kalküle haben, in mehr oder weniger reiner Form, ihren Niederschlag in der Definition (<u>nicht</u>-imperativer) höherer Programmiersprachen gefunden (LISP ([MCC]) und PROLOG ([CLM]) sind darunter nur die vielleicht bekanntesten). Andererseits ist zu konstatieren, daß imperative Sprachen zweifellos zu den erfolgreichsten gehören, und dies gilt insbesondere in industriellen bzw. kommerziellen Anwendungsbereichen. Liegt dies etwa daran, daß es so viel einfacher scheint oder emotional befriedigender, Aufgaben "auf Befehl" erledigen zu lassen, als auf irgendeine andere Weise? Oder daran, daß wir uns bei der Lösung eines Problems nicht mit der Beschreibung des Resultats zufriedengeben möchten, sondern - vom Ehrgeiz des Konstrukteurs besessen - auch wissen wollen, auf welchem Weg wir es erhalten können?

Diesen und anderen möglichen Gründen nachzugehen und sie im einzelnen zu erforschen, würde weit aus dem für dieses Buch abgesteckten Territorium hinausführen (in unwegsame Gelände der Psychologie zum Beispiel). Aber vielleicht muß man sich in solch entlegene Gegenden gar nicht begeben. Vielleicht kann man sich mit der Erklärung begnügen, daß - wie es weiter oben schon anklang - das praktisch allen verbreiteten Rechnern zugrundeliegende Maschinenmodell den effizientesten Gebrauch seiner Ressourcen herausfordert, und daß dieser eben am leichtesten über eine imperative Sprache zu erreichen ist.

1.2 Ziele und Wege

Dieses Buch handelt von *Methoden* der imperativen Programmierung. Methoden sind Wege zu Zielen. Wenn wir also von Methoden sprechen, so sind wir auch im Obligo zu erklären, wohin diese uns führen sollen, und welches der Ausgangspunkt ist. Das scheint nicht schwer, haben wir doch das offensichtlichste Ziel schon vor Augen, nämlich die Maschine mit ihrem Prozessor, der eine aus

Befehlen bestehende Sprache versteht. Dieser ist so zu instruieren, daß er eine vorbestimmte Aufgabe erledigt. Am Beginn des Weges steht somit die Aufgabe, von der uns gesagt wurde oder von der wir annehmen, daß sie mit Hilfe eines Rechners lösbar ist (vgl. etwa die Liste von Dienstleistungen auf der ersten Seite dieses Kapitels). Und am Ende wollen wir Texte in der vom Prozessor verstandenen Sprache, welche genau beschreiben, wie der Rechner die gestellte Aufgabe zu lösen hat. Dies sind die Programme in binärer Form.

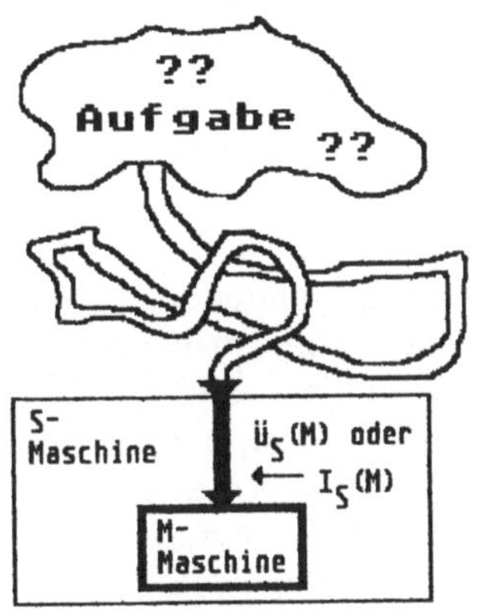

Der Weg des Programmierens

Für einen beträchtlichen - und durchaus mühsamen - Teil des Weges von der Problemstellung hin zur "M-Maschine" stehen dem Programmierer jene mächtigen Vehikel zur Verfügung, an die wir im vorangegangenen Abschnitt erinnert haben: Übersetzer (Compiler) und Interpreter. Sie repräsentieren jeweils eine Maschine (im nebenstehenden Bild "S-Maschine" genannt), welche die Unbilden der "M-Maschine" verbirgt und nun für den Programmierer das eigentliche Ziel vorgibt: einen Text in der *höheren* Sprache S, welcher die S-Maschine darüber instruiert, was sie zu tun hat, um die gegebene Aufgabe zu bewältigen. Doch der Weg hin zu diesem Ziel ist - wie im Bild dargestellt und oft zur nachträglichen Überraschung vieler (auch professioneller) Entwickler von Software - verschlungen genug. Ihn zu begradigen, Wegweiser und Wegmarken zu setzen, Material zur Überbrückung sumpfigen Geländes zu liefern: Dies sind die wesentlichen Anliegen dieses Buches.

Wir kommen dabei nicht umhin, uns immer wieder allgemeine Charakteristika der jeweiligen, von verschiedenen Ausgangspunkten zu erreichenden Ziele zu vergegenwärtigen. Was, so lautet die allem übergeordnete Frage, verlangen wir von den Programmtexten, unseren Endprodukten? Natürlich, daß sie den Rechner zu dem gewünschten, der Aufgabenstellung exakt entsprechenden Verhalten bringen! Dies ist offenbar die Hauptforderung. Doch um sie zu erfüllen, bedarf es zunächst einmal einer möglichst präzisen Beschreibung, einer *Spezifikation* des Verhaltens. Gäbe es sie nicht, so hätte man überhaupt keine Möglichkeit (außer vielleicht einer mehr oder weniger vagen Intuition), die *Korrektheit* des Endprodukts zu überprüfen (zu *verifizieren*). *Korrektheit* ist aber offenbar die *Qualität* eines Programms, auf die nicht verzichtet werden kann.

Das Stichwort ist gefallen: *Qualität*! Qualität im Sinne von "Güte" muß der all unseren Zielen gemeinsame Begriff sein. Und wir behaupten, daß die Qualität unserer Endprodukte entscheidend vom Prozeß ihrer Fertigung abhängt, von der Qualität des Weges also, auf dem wir sie erreichen.

An dieser Stelle ist es notwendig, unsere Zielbestimmung ein wenig zu verfeinern. Die Menge der potentiellen Endprodukte ist doch zu heterogen, als daß wir alles unter einen einzigen "methodischen Hut" bringen könnten. Es sei hier nochmals auf die zu Beginn des Kapitels präsentierte Liste von Dienstleistungen eines Rechners verwiesen: Zwar erkennen wir darunter Aufgaben, die aus dem Übungsbetrieb eines Programmierkurses stammen könnten, doch die meisten Beispiele beinhalten viel mehr als eine kleine Programmieraufgabe. Ja, es handelt sich in den meisten Fällen um recht komplexe Anwendungen, die einer sorgfältigen Analyse bedürfen und sich mit Sicherheit nicht durch ein "monolithisches" Programm erledigen lassen.

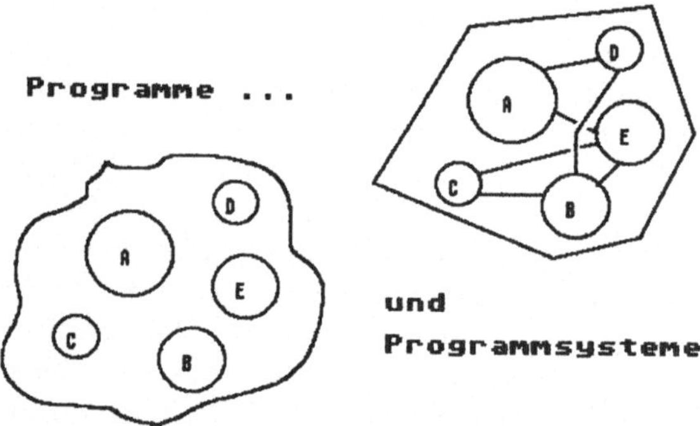

Im allgemeinen gibt jede einzelne von ihnen Anlaß zu einer Vielzahl von Programmen und Programmteilen, die miteinander in mannigfachen Beziehungen stehen. Wir nennen solche, nach allerlei Gesichtspunkten strukturierten Gebilde *Programmsysteme*. Die Konstruktion solcher Systeme, ausgehend von einer gründlichen Analyse der Anwendung, wird üblicherweise mit dem in ([DEK]) geprägten Begriff *Programmierung im Großen* (engl.: *Programming in the Large*) bedacht. Es geht bei ihr um die Definition von Software-Komponenten (für die wir später auch das Wort *Modul* gebrauchen werden) und deren Zusammenspiel. Sie ist mit der Arbeit des Architekten eines Hauses vergleichbar, der den Grundriß festlegt, aber die Ausführung der Einzelheiten einer Baufirma überläßt.

Die "Ausführung der Einzelheiten" entspricht (um die Analogie zu wahren) der *Programmierung im Kleinen* (engl.: *Programming in the Small*). Ihre typischen Gegenstände sind der einzelne Modul und die einzelne Prozedur innerhalb eines Moduls. Sie sind gemäß Vorgaben anzufertigen, die durch das übergeordnete System bestimmt sind. Diese Arbeit schließt im allgemeinen auch die möglichst geschickte Organisation der eventuell zu manipulierenden Daten ein.

Der Inhalt dieses Buches orientiert sich an der soeben skizzierten, recht natürlich erscheinenden Dichotomie. Kapitel 2 bis 5 sind der *Programmierung im Kleinen* vorbehalten, während sich Kapitel 6, welches etwa den gleichen Umfang hat wie seine vier Vorgänger zusammen, mit der *Programmierung im Großen* beschäftigt. "Qualität", der entscheidende Aktivposten unserer Endprodukte, hat in diesen verschiedenen Dimensionen der Programmierung durchaus verschiedene Aspekte. Dabei ist Qualität "im Kleinen" eine notwendige Voraussetzung für Qualität "im Großen". Beiden - und damit einer noch genaueren Zielbestimmung - sind mehrere Abschnitte in den jeweiligen Kapiteln gewidmet. Wir haben uns dabei bemüht, oft schlagwortartig in die Debatte geworfene Begriffe durch möglichst anschauliche und vertraute Beispiele zu konkretisieren.

Alle übrigen Kapitel und Abschnitte des Buches sollen Wege weisen oder bauen helfen zu qualitativ hochwertigen Programmen und Programmsystemen. Dies reicht von quasi rezeptartigen (und oft *cum grano salis* anzunehmenden) Ratschlägen zum Stil des *Programmierens im Kleinen* (in Kapitel 2) bis hin zur Darlegung von Techniken des Systementwurfs und der Systemimplementierung (in Abschnitt 6.4). Dem aufmerksamen Leser wird nicht entgangen sein, daß wir im ersten Satz dieses Abschnitts von *Methoden* sprachen und nicht von den Methoden. In der Tat: Letzteres bieten zu wollen, wäre ohne Zweifel ein vermessener Anspruch. Die Auswahl der Methoden sowohl für die *Programmierung im Kleinen* ("Schrittweise Verfeinerung" - Kapitel 3, "Programmierung durch Beweisen" - Kapitel 4, "Datenstrukturierter Programm-Entwurf" - Kapitel 5) als auch für die *Programmierung im Großen* (z.B. "Jackson System Development" - Abschnitt 6.3.3, "Abstrakte Datentypen" - Abschnitt 6.4.3, "Objekte, Klassen und Vererbung" - Abschnitt 6.4.4) ist daher, wie man großzügig nachsehen wird, weitgehend durch die Vorlieben und Interessen des Autors bestimmt. Andererseits glauben wir durchaus, eine gute Auswahl getroffen zu haben, sowohl in didaktischer Hinsicht als auch was die Relevanz für eine mit Sinn für solide Technik betriebene Programmierpraxis angeht. (Dies schließt natürlich nicht aus, daß der "gestandene Praktiker" höchstwahrscheinlich "seine" Lieblingsmethode schmerzlich vermissen wird.) Sie ist in hohem Maße von zwei Leitmotiven bestimmt, von denen das erste bereits im ersten Satz dieses einführenden Kapitels anklang: der Rechner ist ein Instrument, welches durch entsprechende Programmierung zu den unterschiedlichsten *Dienstleistungen* befähigt werden kann. Dieses Motiv wird in Abschnitt 6.4 ("Systementwurf und Systemimplementierung") zur vollen Entfaltung gebracht werden. Das zweite Leitmotiv ist durch den Begriff *Prozeß* charakterisiert. Prozesse im Rechner (d.h. das was darin, gesteuert durch ein Programm, vor sich geht) müssen mit Prozessen in der Außenwelt (der *realen Welt*, wie wir auch sagen werden) in enger Verbindung stehen, wenn sie nur irgendwie von Relevanz sein sollen. Dieses Thema wird zum erstenmal gegen Ende von Kapitel 5 in den Vordergrund treten, um dann in Abschnitt 6.3 ("Systemanalyse und Systemspezifikation") (fast) unsere ganze Aufmerksamkeit zu erhalten.

Eine Bemerkung sind wir denjenigen Anhängern der sogenannten *objektorientierten Programmierung* schuldig, die für sich ein eigenes, vom *imperativen* verschiedenes Paradigma reklamieren. Wir glaubten "Objekte, Klassen und Vererbung" in unseren Methodenkanon aufnehmen zu müssen, weil wir der Meinung sind, daß mit der *objektorientierten* Programmierung gleichsam die (bisher) höchste Stufe der Realisierung des *imperativen* Paradigmas erreicht ist. *Objekte* im Sinne des Abschnitts 6.4.4 sind "Befehlsempfänger" par excellence!

Auf eine weitergehende Einstimmung in den Stoff des Buches können wir hier verzichten, da jedes Kapitel mit einer Vorrede beginnt, welche die notwendigen Perspektiven zur Einordnung der jeweils behandelten Themen eröffnet.

Literatur zu Kapitel 1

[CLM] Clocksin W.F. und C.S. Mellish: Programming in Prolog; Springer Verlag; Berlin, Heidelberg, New York; 1981

[DEK] DeRemer, F. and H. H. Kron: Programming in the small versus programming in the large; IEEE Transactions on Software Engineering, Vol. SE-2, No. 2, pp. 80-86; Juni 1976

[GOE] von Goethe, J. W.: Der Zauberlehrling; in: Goethes Gedichte in zeitlicher Folge; Insel Verlag; Frankfurt am Main; 1982

[HAS] Haase, V. und W. Stucky: BASIC, Programmieren für Anfänger; Bibliographisches Institut; Mannheim; 1977

[HER] Hermes, H.: Aufzählbarkeit, Entscheidbarkeit, Berechenbarkeit - Einführung in die Theorie der Rekursiven Funktionen, 3. Aufl.; Springer Verlag; Berlin, Heidelberg, New York; 1978

[JEW] Jensen, K. und N. Wirth: PASCAL, User Manual and Report, 2nd Ed.; Springer Verlag; New York, Heidelberg, Berlin; 1987

[KER] Kernighan, B.W. und D. M. Ritchie: The C Programming Language; Prentice-Hall; Englewood Cliffs; 1978

[LED] Ledgard, H.: ADA, an Introduction; Springer Verlag; New York, Heidelberg, Berlin; 1980

[MCC] McCarthy, J. et al: The LISP 1.5 Programmer's Manual; MIT Press; Cambridge (Mass.); 1962

[MIC] Mickel, K.-P.: Einführung in die Programmiersprache COBOL; Bibliographisches Institut; Mannheim; 1980

[SPR] Spieß, W.E. und F.G. Rheingans: Einführung in das Programmieren in FORTRAN; Walter de Gruyter; Berlin; 1977

[WEI] Weizenbaum, J.: Computer Power and Human Reason, from Judgement to Calculation; Freeman; San Francisco; 1976 (deutsch: Die Macht der Computer und die Ohnmacht der Vernunft; Suhrkamp Verlag; Frankfurt am Main, 1977)

[WI1] Wirth, N.: Programming in Modula-2; Springer Verlag; Berlin, Heidelberg, New York; 1988

2 Qualität und Stil "im Kleinen"

Dieses Kapitel handelt von der Kleinarbeit des Software-Ingenieurs, dem eigentlichen Schreiben einzelner Programme, die etwa im Rahmen eines Projektes als Teile eines Software-Systems spezifiziert wurden; es handelt von den Ansprüchen, die an diese Arbeit (bzw. deren Resultat) zu stellen sind, und von den Regeln, deren Beachtung die Erfüllung dieser Ansprüche erleichtert.

Natürlich sind diese Ansprüche und Regeln ganz generell auf die Arbeit des "einzelnen Programmierers" - ob er nun in einem größeren Team tätig ist oder ob er eine selbstgestellte Aufgabe ohne jede Zusammenarbeit mit anderen zu bewältigen hat - anwendbar. Insofern ist dieses Kapitel, wie im übrigen die folgenden drei Kapitel auch, Teil einer allgemeinen Methodik der "Programmierung im Kleinen" .

In der Einleitung haben wir bereits darauf hingewiesen, daß - wie sollte es anders sein - die Qualität eines Produkts von der Qualität seiner Details abhängt. Auf der Ebene der Details aber stehen in jedem großen Software-System die einzelnen Programme und Prozeduren, die jeweils anzufertigen einen Aufwand in der Größenordnung von vielleicht Stunden oder Tagen erfordert. Diese elementaren Bestandteile haben wir also im Sinn, wenn wir von Qualität und Stil "im Kleinen" sprechen. Wir fragen daher:

> "Welchen Qualitäts-Anforderungen muß ein Programm genügen, das in größerem Zusammenhang benötigt wird?"
>
> Und:
>
> "Welchen 'Stils' muß sich der Programmierer befleißigen, um die Qualität seines Produkts zu fördern?"

Diese beiden Fragen stehen in diesem Kapitel im Vordergrund des Interesses. (Was freilich nicht bedeutet, daß sie in den übrigen Kapiteln dieses Buches ignoriert werden. Vielmehr werden sie dort zumindest implizit ebenfalls eine wichtige Rolle spielen.)

Regeln guten Programmierstils sind nicht ganz unabhängig von der verwendeten Sprache. Da wir uns, wie im Vorwort begründet, für MODULA-2 als diejenige Sprache entschieden haben, in der wir unsere Beispiele formulieren, werden wir solche Regeln für diese Sprache erläutern.

Zur besseren Unterscheidung der hier zur Debatte stehenden Qualitätsanforderungen reden wir von "Programm-Qualität" im Gegensatz zu "Software-Qualität" im allgemeinen, ein Thema, auf das wir im Rahmen von Kapitel 6 zurückkommen werden.

2.1 Programm-Qualität

Die Qualität eines Programms der Art, die wir in der Vorrede zu diesem Kapitel skizziert haben, läßt sich an der eigentlich ganz selbstverständlichen Forderung nach seiner

BRAUCHBARKEIT

messen. Diese Forderung hat mehrere Aspekte:

a) Das Programm soll genau das tun, was es tun soll, nicht mehr also und auch nicht weniger. Diese Eigenschaft wird üblicherweise als

KORREKTHEIT

bezeichnet.

b) Korrektheit ist eine notwendige Voraussetzung dafür, daß ein Programm genutzt werden kann. Sie ist aber keineswegs hinreichend, wenn das Programm in eine bestehende (oder parallel entstehende) Umgebung (ein Programm-System!) integriert werden muß. In diesem Fall müssen die Modalitäten seiner Benutzung - oder, wie man auch sagt, seine "Schnittstellen" - exakt dokumentiert sein. Wir sprechen daher in diesem Zusammenhang von

INTEGRIERBARKEIT.

Dagegen abzugrenzen ist die "Benutzungsfreundlichkeit", die allgemein von Software zu verlangen ist, welche einen "Mensch-Maschine-Dialog" vermittelt. Dieser Begriff wird uns in Kapitel 6 bei der Diskussion weiterer Qualitätsmerkmale wiederbegegnen.

c) Software-Systeme sind in den seltensten Fällen statisch. (Mehr darüber in Kapitel 6.) Sie verändern sich, sei es weil Korrekturen anzubringen sind oder sei es wegen allfälliger Anpassungen, die aus verschiedenen Gründen notwendig werden können. Änderungen ergeben sich nicht nur im Zusammenspiel der einzelnen Teile, sondern auch in den Teilen, den einzelnen Programmen selbst. Deren "Brauchbarkeit" hat also auch eine zeitliche Dimension, die wir als

WARTBARKEIT

bezeichnen.

d) Schließlich wird von einem Programm häufig erwartet, daß es mit den Ressourcen des Rechners sparsam umgeht. Die wichtigsten dieser Ressourcen sind der (bzw. die) Prozessor(en) und die Speicher (sowohl intern als auch extern). Sparsamer Umgang mit einem Prozessor bedeutet, diesen nur für möglichst kurze Zeit zu benutzen. Sparsame Verwendung der Speicher bedeutet, mit möglichst wenig Platz für zu manipulierende Datenobjekte und für das Programm selbst auszukommen. Wir bezeichnen diese Eigenschaften insgesamt mit dem Begriff

EFFIZIENZ

und unterscheiden *Zeit*-Effizienz und *Speicher*-Effizienz. Zeit-Effizienz kann zum Beispiel dann von Interesse sein, wenn - etwa bei einem Mehr-Programm-Betrieb - die Prozessoren nicht nur für ein einziges Programm arbeiten müssen. Aber auch wenn eine schnelle Reaktion des Rechners (im "Mensch-Maschine-Dialog" oder bei der Steuerung eines technischen Prozesses) gefordert ist, gewinnt diese Eigenschaft an Bedeutung. Speicher-Effizienz war früher, als diese Ressource noch sehr teuer war, ein wichtiges Qualitätsmerkmal.

Wir werden feststellen, daß ein unbedachtes, "blindes" Streben nach Effizienz in Bezug auf die bereits genannten anderen Qualitätsmerkmale häufig "kontraproduktiv" ist: es verhindert, daß diese erreicht werden.

Die genannten vier Merkmale bzw. Eigenschaften wollen wir nun etwas eingehender kommentieren und durch einige Beispiele illustrieren.

2.1.1 Korrektheit

Betrachten wir die folgenden kurzen Programme, die offensichtlich drei wichtigen Anwendungsbereichen entstammen könnten: das erste dem "technisch-wissenschaftlichen", das zweite dem "Prozess-technischen" und das dritte dem "betrieblich-kaufmännischen".

Beispiel 1:

```
MODULE IchTueWasIchSoll;
FROM Inout IMPORT ReadInt, WriteInt, WriteString;
VAR a,b: INTEGER;
BEGIN
  ReadInt(a); ReadInt(b);
  WHILE a # b DO
    IF a < b THEN
      b:=b-a
    ELSE
      a:=a-b
    END (*IF*)
  END (*WHILE*);
  WriteString("Ergebnis:");
  WriteInt(a,5)
END IchTueWasIchSoll.
```

Beispiel 2:

```
MODULE TutAuchWasErSoll;
FROM ProcessInOut IMPORT  SensorTyp, SchalterTyp,
          SchalterPositionsTyp, getSensor, putSchalter;
(*Diese Import-Liste ist - zu Illustrationszwecken - für dieses Pro-
gramm frei erfunden und gehört nicht zum Standard-Umfang einer
```

```
MODULA-2 - Implementierung!!*)
CONST MinKritC = 0.5;
      MaxKritC = 3.5;
VAR messWert: REAL;
    sensor: SensorTyp;
    schalter: SchalterTyp;
BEGIN
  LOOP
    getSensor(sensor,messwert);
    IF (messwert <= minKrit) THEN
      putSchalter(schalter,ein)
    ELSIF (messwert >= maxKrit) THEN
      putSchalter(schalter,aus)
    END (*IF*)
  END (*LOOP*)
END TutAuchWasErSoll.
```

Beispiel 3:

```
MODULE BinAuchOK;
FROM FileInOut IMPORT FileTyp, OpenRead, OpenWrite,
      CloseFile, ReadFile, WriteFile, Eof;
(*Diese Import-Liste ist - zu Illustrationszwecken - für dieses Pro-
gramm frei erfunden und gehört nicht zum Standard-Umfang einer
MODULA-2 - Implementierung!!*)
TYPE ZahlungsSatzTyp = RECORD
                         kontoNr: CARDINAL;
                         betrag: INTEGER
                       END;
     ListenSatzTyp = RECORD
                       kontoNr: CARDINAL;
                       summe: INTEGER
                     END;
VAR eingang: ZahlungsSatzTyp;
    eintrag: ListenSatzTyp;
    zahlungen: FileTyp;
    liste: FileTyp;
    aktNr: CARDINAL;
    kSumme: INTEGER;
BEGIN
  OpenRead(zahlungen); OpenWrite(liste);
  WITH eingang DO
    ReadFile(zahlungen,kontoNr,betrag)
  END (*WITH*);
```

```
    WHILE NOT(Eof(zahlungen)) DO
      aktNr:=eingang.kontoNr;
      kSumme:=0;
      WHILE (eingang.kontoNr=aktNr) AND
              NOT(Eof(zahlungen)) DO
        kSumme:=kSumme + eingang.betrag;
        WITH eingang DO
          ReadFile(zahlungen,kontoNr,betrag)
        END (*WITH*)
      END (*WHILE*);
      WITH eintrag DO
        kontoNr:=aktNr;
        summe:=kSumme;
        WriteFile(liste,kontoNr,summe)
      END (*WITH*)
    END (*WHILE*);
    CloseFile(zahlungen); CloseFile(liste)
  END BinAuchOK.
```

Frage: "Sind diese Programme korrekt?" Syntaktisch scheint alles in Ordnung zu sein, und die Inspektion der einzelnen Programmtexte dürfte ohne große Mühe erkennen lassen, daß jeweils sinnvolle Ergebnisse (Ausgaben) produziert werden. Aber: Sind dies die Ergebnisse, die tatsächlich gewünscht wurden?

Diese Frage ist mit der Kenntnis des Programmtextes allein offensichtlich nicht zu beantworten. Was fehlt, ist eine Beschreibung der gewünschten Ergebnisse, ihre "Spezifikation". Nun könnte man sich auf den Standpunkt stellen, daß die Programme selbst ja ihre Ergebnisse definieren! Damit freilich würde sich das Korrektheitsproblem ins Nichts auflösen, denn jedes Programm wäre dann trivialerweise korrekt, und die völlige Anarchie wäre ausgebrochen. Dies kann sicherlich nicht die Absicht sein. Die Spezifikation, die wir verlangen, muß eine Beschreibung der Ergebnisse sein, aus der das "WIE" der Produktion dieser Ergebnisse nicht unmittelbar hervorgeht. Für unsere drei Beispiele könnten diese Spezifikationen etwa wie folgt ausschauen:

> Beispiel 1: Der Rechner soll zu zwei ganzen Zahlen deren größten gemeinsamen Teiler (ggT) ermitteln.
>
> Beispiel 2: Der Rechner soll regelmäßig den Druck eines Gefäßes messen und bei der Über- bzw. Unterschreitung von Grenzwerten eine Pumpe aus- bzw. einschalten.
>
> Beispiel 3: Der Rechner soll ein Band lesen, auf dem Kontobewegungen gespeichert sind. Für jede Kontonummer soll er die Summe aller Kontobewe-

gungen auf eine Liste (einen "Kontobewegungsbericht") schreiben.

Wie kann ein Programmierer nun glaubhaft machen, daß das Programm, das er geschrieben hat, die Spezifikation erfüllt? Diese Fragestellung charakterisiert das "Korrektheitsproblem". Mit einer - wie oben - rein verbal (umgangssprachlich) gegebenen Spezifikation als Grundlage wird er auch nur verbal und allenfalls durch Demonstration argumentieren können. In vielen Fällen mag dies durchaus genügen. Aber schon die Demonstration macht Schwierigkeiten. Um damit einen Auftraggeber von der Korrektheit eines Programms zu überzeugen, sollten von diesem Daten vorgegeben werden, deren gewünschtes Verarbeitungsergebnis er schon im Voraus kennt. Solche zusammengehörigen "Ein- und Ausgabe-Daten" sollten also bereits Bestandteil der Spezifikation sein.

Für das erste Beispiel ist es gewiß nicht schwer, auch ohne die Kenntnis eines allgemeinen Verfahrens Zahlentripel (a,b,c) zu finden, mit c = ggT(a,b). Auch Beispiel 3 ließe sich so erledigen: Der Auftraggeber könnte ein Band zur Verfügung stellen, welches Daten enthält, für die früher auf andere Weise (z.B. per Hand) der Bericht erstellt wurde. Das Programm muß dann mit diesen gegebenen Daten den bekannten Bericht erzeugen.

Das so beschriebene Überprüfungsverfahren heißt *Testen* mit *Testdaten.* Die Testdaten werden als Teil der Spezifikation betrachtet.

Auf Beispiel 2 allerdings ist dieses Verfahren so ohne weiteres nicht anwendbar. Es müßte nämlich ein zeitlicher Verlauf des Gefäßdrucks in Abhängigkeit von Umwelteinflüßen und den jeweiligen Stellungen jenes Schalters bereits bekannt sein, bevor das Programm zum ersten Mal gelaufen ist. Und wenn es gelänge - mit welchen aufwendigen Vorrichtungen auch immer - eine solche "Referenzkurve" für den Gefäßdruck zu ermitteln, welches Vertrauen könnte man dann in einen Test haben, der diese Referenzkurve hinreichend genau reproduziert? (Und was hieße "hinreichend"?) Die Behauptung ist, daß dieses Vertrauen nicht sehr groß sein kann: Was garantiert, daß unter anderen Umweltbedingungen das Programm nicht total versagt?

Ein Verfahren, um im Falle von Beispiel 2 den Grad der Überzeugtheit von der "Korrektheit" des Programms zu erhöhen, wäre "Test durch *Simulation*". Dies bedeutet, daß dem Programm an den von ihm bedienten Ein- und Ausgängen die Umgebung, in der es eigentlich arbeiten soll, nur vorgespielt wird, etwa von einem anderen Programm, welches das Verhalten eines Druckgefäßes unter verschiedenen Umweltbedingungen imitieren oder eben "*Simulieren*" kann. (Auch für dieses Programm müßte freilich ein Korrektheitsnachweis geführt werden!)

Es zeigt sich also, daß das Korrektheitsproblem für Programme der mit Beispiel 2 gezeigten Art besonders hart, ja unter Umständen sogar unlösbar ist. Typisch für diese Programme ist, daß sie auf nicht vorhersehbare Veränderungen im Laufe eines technischen (z.B. Kraftwerk) oder natürlichen (z.B. Herztätigkeit) Prozesses reagieren müssen, und dies oftmals in "zeitkritischer" Weise. Das heißt, daß ein solches Programm schon dann als nicht korrekt angesehen werden muß, wenn es nicht - wie etwa gefordert - in 100 msec, sondern erst in 200 msec "antwortet".

Die Vorstellungen, die wir bisher zum Begriff "Korrektheit" entwickelt haben, sind im Grunde noch sehr vage. Sie entsprechen in keiner Weise möglichen Anforderungen an Strenge und Exaktheit, die etwa dann zu stellen sind, wenn von der Korrektheit einzelner Programme die Sicherheit und Zuverlässigkeit umfangreicher Programmsysteme abhängen. In diesem Falle sind die oben gegebenen Spezifikationen gewiß ungenügend, und auch Tests, sei es mit Testdaten oder durch Simulation, sind nicht dazu geeignet, die Fehlerfreiheit eines Programms zu beweisen. Sie können das Vertrauen in die Korrektheit eines Programms lediglich verstärken, indem sie zeigen, daß für bestimmte Eingaben die erwarteten Ausgaben erzeugt werden. Sie schließen im allgemeinen nicht aus, daß für andere Eingaben kein korrektes Ergebnis geliefert wird. (Dies ist umso gravierender, als man dann das korrekte Ergebnis noch nicht einmal kennt!)

Gefragt sind also *formale Spezifikationen* und die Möglichkeit, die Korrektheit eines Programms bezüglich einer formalen Spezifikation *formal* zu *beweisen*.

Eine formale Spezifikation für das Programm "Beispiel 1" könnte etwa folgendermaßen ausschauen:

GEGEBEN: $a,b \in \mathbb{Z}, \quad a \neq 0 \wedge b \neq 0$

GESUCHT: $t \in \mathbb{N}, \; t > 0,$
$t \mid a \wedge t \mid b \wedge$
$(s \in \mathbb{N}, s > t \implies s \nmid a \wedge s \nmid b),$
wobei: $t \mid a \iff \exists n \in \mathbb{Z}, a = n*t,$
$t \nmid a \iff \text{non}(t \mid a).$

Dies ist eine Beschreibung des ggT von zwei ganzen Zahlen mit Hilfe eines logischen Formalismus. Dabei haben wir noch längst nicht "alle Register der Formalität" gezogen.

Man kann sich daher leicht ausmalen, welche Mühe man mit der Formulierung entsprechender logischer Ausdrücke für die Spezifikation der Wirkung von Programmen wie "Beispiel 2" und "Beispiel 3" hätte. Da diese Beispiele für große Klassen praktischer Aufgaben stehen, wird sofort klar, daß *Programmverifikation* - wie man den Korrektheitsnachweis durch formales Beweisen auch nennt - von sehr wenigen Ausnahmen abgesehen (s.o.) als (industriell bzw. kommerziell) praktikables Verfahren ausscheidet.

Dennoch ist Programmverifikation als theoretisches Hilfsmittel zur Einübung in strenge Programmier-Disziplin (und darum geht es uns ja nicht zuletzt!) so unentbehrlich, daß wir ihr das gesamte Kapitel 4 widmen. Dort werden wir zeigen, wie man, ausgehend von prädikatenlogischen Ausdrücken, kritische Programmstücke "Hand in Hand" mit einem Beweis ihrer Korrektheit entwickeln kann. Eine Möglichkeit, auf der Basis "halbformaler" Spezifikationen gewissermaßen per Konstruktion korrekte Programme zu erzeugen, diskutieren wir dann in Kapitel 5.

Natürlich garantiert auch die "formalste" Spezifikation nicht, daß sie selbst korrekt ist, das heißt, daß sie den tatsächlich mit dem Programm verfolgten Intentionen entspricht. Dies ist offensichtlich ein Problem, welches mit der Herleitung von Programm-Spezifikationen aus praktischen Problemstellungen zu tun hat. Die Ansätze hierfür werden unter dem Oberbegriff *Anforderungs-Definition* (englisch: *Requirements-Engineering*) zusammengefaßt. Mehr zu diesem Themenkomplex (wenn auch nicht die "ultima ratio") wird der Leser in Kapitel 6 ("Systemanalyse und Systemspezifikation") dieses Buches erfahren.

2.1.2 Integrierbarkeit

Integrierbarkeit ist - wie bereits angedeutet - ein Qualitätsmerkmal, das weitgehend durch die *Dokumentation* der Art und Weise der Verwendung eines Programms bestimmt ist. Es gewinnt für das Software Engineering seine Bedeutung dadurch, daß man im allgemeinen nicht davon ausgehen kann, daß der Ersteller eines Programms auch derjenige ist, der das Programm - als "Baustein" - weiterverwendet. Die Informationen über seinen "Einbau" müssen also hinreichend klar formuliert sein. Wir werden später (in Kapitel 6) sehen, daß MODULA-2 hierfür besonders elegante Möglichkeiten anbietet. Mit den uns derzeit zur Verfügung stehenden Kenntnissen wollen wir uns an dieser Stelle auf das folgende einfache Beispiel beschränken.

Funktionen des Ein-/Ausgabe-Systems eines Rechners mögen für MODULA-2 - Programme durch den Aufruf von parametrierten Prozeduren ausgelöst werden. Unter diesen Prozeduren ist etwa:

```
PROCEDURE LiesPlatte(sektor,spur: CARDINAL;
                     VAR inhalt: PBereichsTyp;
                     VAR status: CARDINAL);
```

Aus der Dokumentation müssen ersichtlich werden:

- Zweck der Prozedur (hier: direktes Lesen eines per Sektor und Spur adressierbaren Plattenbereichs);
- möglicher Kontext (hier: ein MODULA-2 - Programm, welches Platten-E/A "auf sehr niedriger Ebene" benötigt);
- Voraussetzungen für den Einsatz (hier: die Typbezeichnung "PBereichsTyp" muß bekannt sein);

- Bedeutung der Parameter und ihre zulässigen Werte - soweit nicht bereits durch die Typ-Bezeichner bzw. -Beschreibungen festgelegt. (Im Beispiel legt der Typ-Bezeichner "CARDINAL" die zulässigen Werte keineswegs fest, da für "sektor" oder "spur" der Wert 4294967295 (=2^32-1, der maximale Wert von "CARDINAL" bei einem 32-Bit-Rechner) wohl kaum in Frage kommt.) Insbesondere müssen die möglichen Fehler, die von der Prozedur zurückgemeldet werden können, genauestens aufgeführt sein (z.B. der, daß für "spur" oder "sektor" unzulässige Werte übergeben wurden).

Das Qualitätsmerkmal "Integrierbarkeit" hat ein sehr hohes Gewicht für Programme und Sammlungen von Programmen ("Bibliotheken"), die als Grundlage für viele verschiedene Anwendungen dienen können. (Für mehr und Genaueres zu diesem Thema sei der Leser auf Abschnitt 6.4.4 vertröstet.)

2.1.3 Wartbarkeit

Während die "Integrierbarkeit" bzw. "Benutzbarkeit" eines Programms von seiner "externen Dokumentation" abhängt, kann der Begriff "Wartbarkeit" unmittelbar als "gute Qualität der Programm-internen Dokumentation" übersetzt werden. Generell gilt, daß ein Programm so verfaßt sein muß, daß es in

AUFBAU und FUNKTION

auch von anderen als dem jeweiligen Verfasser ohne unzumutbaren Aufwand verstanden werden kann. "Unzumutbarkeit" ist dabei selbstverständlich zu relativieren. Sicherlich kann von der Programm-internen Dokumentation nicht verlangt werden, daß sie Lehrbuchcharakter erhält. Dies würde einen unzumutbaren Aufwand bei der Programm-Erstellung selbst bedeuten. Und schließlich kann von den mit Wartungsarbeiten Betrauten vorausgesetzt werden, daß sie eine einschlägige Ausbildung absolviert haben. Dennoch: Jeder Informatiker weiß, wie mühsam es oft ist, ein von einem Kollegen geschriebenes Programm zu verstehen. Im Rahmen großer Projekte aber kann die "Verstehbarkeit" einzelner Programme ein gewichtiger Kostenfaktor sein.

Was ist nun "Programm-interne Dokumentation"? Sie entsteht sowohl durch "stilvollen" Gebrauch der Programmiersprache als auch durch die explizite Kommentierung eines Programms als Ganzem, von Programm-Teilen und einzelnen Aktionen. In Abschnitt 2.2 werden wir versuchen, in Regeln zusammenzufassen, was wir unter "stilvollem" Gebrauch verstehen. Ein (wiederum sehr einfaches) Beispiel mag unsere Behauptung vorab verdeutlichen:

```
MODULE IchTueWasIchSoll; (*Dies ist eine Modifikation von
                           Beispiel 1 aus Abschnitt 2.1.1*)
FROM InOut IMPORT ReadInt, WriteInt, WriteString;
VAR a,b: INTEGER;
BEGIN ReadInt(a);ReadInt(b);
```

```
WHILE a#b DO IF a<b THEN b:=b-a
ELSE a:=a-b END;END;WriteString("Ergebnis:");WriteInt(a,5)
END IchTueWasIchSoll.
```

Obwohl sich diese Version des "Beispiels 1" - von der Kommentierung abgesehen - syntaktisch von der ursprünglichen Version nicht unterscheidet, ist doch die herbe Kritik naheliegend, welche hier zu üben ist. Und zwar in drei Punkten:

- Der Programm-Name ist völlig nichtssagend.
- Der Programmtext hat keine klare, augenfällige Struktur.
- Es fehlt jegliche Kommentierung zu dem "Was und Warum" der vom Programm auszulösenden Aktionen.

(Dabei ist die obige Version keineswegs übertrieben. In den heutzutage so beliebten Zeitschriften für den "Mikro-Computer-Freak" hat man schon Schlimmeres veröffentlicht gesehen!)

Der erste und letzte Punkt dieser Kritik trifft im übrigen auch auf die ursprüngliche Version zu. Eine Verbesserung ergäbe sich hier also durch bloße Änderung des Namens und durch Einfügen eines Kommentars, der das Verfahren erklärt, welches dem Programm zugrunde liegt:

```
MODULE GGT; (*verbesserte Version von Beispiel 1*)
(* Berechnung des groessten gemeinsamen Teilers (ggT) zweier
positiver ganzer Zahlen. Diese werden per Tastatur-Eingabe den
Variablen a und b zugewiesen. Die Berechnung macht von
folgenden Eigenschaften des ggT Gebrauch:
(1) ggT(a,b) = ggT(a,b-a),  falls b > a > 0,
(2) ggT(a,b) = ggT(a-b,b),  falls a > b > 0,
(3) ggT(a,b) = a,           falls a = b und a # 0 *)
FROM Inout IMPORT ReadInt, WriteInt, WriteString;
VAR a,b: INTEGER;
BEGIN
  ReadInt(a); ReadInt(b);
  WHILE a # b DO
    IF a < b THEN
      b:=b-a
    ELSE
      a:=a-b
    END (*IF*)
  END (*WHILE*);
  WriteString("Ergebnis:");
  WriteInt(a,5)
END GGT.
```

Einem Programmierer, dem die Aufgabe gestellt wurde, dieses Programm zu modifizieren, weil beispielsweise bemerkt wurde, daß es auch die Eingabe negativer ganzer Zahlen zuläßt (und dann eine verheerende Reaktion zeigt, nämlich gar keine!), wird es nun leicht fallen, die entsprechende Änderung anzubringen und auch den einleitenden Kommentar zu aktualisieren.

Interne Dokumentation kommt also ganz wesentlich durch Ausnutzung der die "Selbstdokumentation" unterstützenden Elemente bzw. Eigenschaften einer Programmiersprache zustande. Für MODULA-2 (wie im übrigen auch z.B. für PASCAL) sind dies unter anderem:

- keine Vorschriften zur Formatierung des Programmtextes,
- Bezeichner beliebiger Länge sind erlaubt,
- Typen sind frei definierbar, usw.

(Darüber hinaus hat MODULA-2 weitere Selbstdokumentations-Eigenschaften, die sich durch die später - in Kapitel 6 - verwendeten Sprachelemente ergeben.)

Wie solche Möglichkeiten ausgenutzt werden, sollte im Rahmen eines Projekts (oder besser noch: für die gesamte mit der Software-Produktion befaßte Organisation, z.B. ein Software-Unternehmen) weitgehend festgelegt ("standardisiert") sein. Dies ist eine wichtige Maßnahme, um den Aufwand zur Einarbeitung in ein zwar fremdes, aber doch aus dem gleichen Projekt (oder Unternehmen) stammendes Programm beträchtlich zu reduzieren.

2.1.4 Effizienz

Wie jedermann weiß, kann z. B. ein mathematisches Problem umständlich oder elegant gelöst werden. Eine umständliche Lösung ist meist schwer zu verstehen, dauert lange und erfordert viel Schreibarbeit. Elegante Lösungen dagegen zeichnen sich durch knappe Formulierungen, Durchsichtigkeit und schnelles Erreichen des Ziels aus.

Mit Programmier-Aufgaben verhält es sich ähnlich. Ein Programm hat - wie wir wissen - die Arbeit eines Rechners zu organisieren. Sind die "Arbeits-Anweisungen", die das Programm gibt, selbst konfus, so wird der Rechner vielleicht sehr viel unnötige Arbeit verrichten müssen, und er wird vielleicht gezwungen, sehr viel mehr Speicherplatz für seine Operationen in Anspruch zu nehmen, als tatsächlich erforderlich wäre. Das in Abschnitt 2.1 beschriebene Ziel *Effizienz* (mit den Teilaspekten "Zeit-Effizienz" und "Speicher-Effizienz") würde nicht erreicht.

Von einem Programm ist also zu verlangen, daß es den Rechner zu effizientem Arbeiten veranlaßt. (Wir sagen dann von dem Programm selbst, daß es effizient sei.) Wie kann es das schaffen? Manche Programmierer glauben, mit der Anwendung möglichst vieler "Programmiertricks" ihr Programm zu beschleunigen und zu sparsamer Verwendung von Speicherplatz zu bewegen. Gegen solche Programmiertricks werden wir im folgenden Abschnitt 2.2 ausführlich argumentieren.

Tatsächlich ist Effizienz von Programmen keine Frage von Tricks. Nehmen wir an, die Aufgabe verlangt ein Programm, welches eine Menge von Namen (etwa der Mitglieder eines Vereins) verwaltet. Die Operationen, die zu unterstützen sind, betreffen das Hinzufügen, Entfernen und Aufsuchen von Namen. Es kommt nun darauf an, eine dem Rechner gemäße Repräsentation der Namensmenge derart zu finden, daß die genannten Operationen ohne großen Aufwand auszuführen sind. Man sagt auch: Es ist eine effiziente Datenstruktur für die Speicherung von Namensmengen zu entwickeln. (Der Programmierer steht hier also vor einem Problem, das in ähnlicher Weise der Organisator eines Büros mit vielen Akten hat.)

Ein anderes Beispiel: Eine in einer Variablen vom ARRAY-Typ abgespeicherte Menge von Namen soll alphabetisch aufsteigend sortiert werden. Ein naheliegendes, sehr einfaches und keineswegs umständlich zu formulierendes Verfahren ("Algorithmus") kann wie folgt beschrieben werden:

> "VERGLEICHE die Namen der Reihe nach mit allen nachfolgenden Namen.
>
> VERTAUSCHE immer dann, wenn ein nachfolgender Name in der lexikographischen Ordnung 'kleiner' ist."

Beschränkt auf Mengen von einzelnen ASCII-Zeichen lautet die entsprechende Prozedur:

```
PROCEDURE NaivSort(VAR s: ARRAY OF CHAR);
VAR zwischenSpeicher: CHAR;
    i, j: CARDINAL;
BEGIN
  FOR i:=0 TO HIGH(s)-1 DO
    FOR j:=i+1 TO HIGH(s) DO
      IF s[j] < s[i] THEN (*vertausche*)
        zwischenSpeicher:=s[i];
        s[i]:=s[j];
        s[j]:=zwischenSpeicher
      END (*IF*)
    END (*FOR*)
  END (*FOR*)
END NaivSort;
```

Die Anzahl der VERGLEICHE und VERTAUSCHUNGEN, die von dieser Prozedur bewirkt werden, und damit die Laufzeit T der Prozedur, ist - wie man leicht nachprüft - proportional zum Quadrat der Mächtigkeit der Zeichenmenge. Es gilt also:

$$T(n) = O(n^2), \text{ mit } n\text{=Mächtigkeit der Zeichenmenge.}$$

(Wir verwenden hier die aus der Analysis geläufige "O-Notation". "f(x) = O(g(x))" bedeutet, daß "f(x) *asymptotisch proportional* ist zu g(x)".)

Andererseits ist wohlbekannt, daß es Sortierverfahren gibt, für deren Laufzeit - wenn programmiert - gilt:

$$T(n) = O(n*\log n)$$

(z.B. "Quicksort", "Mergesort", "Heapsort", usw.). Auch diese wesentlich effizienteren Verfahren sind nicht umständlich, bedienen sich keiner "Tricks" und sind leicht zu verstehen (siehe z.B. [OTW]).

Daß durch die geschickte Auswahl eines Algorithmus eine enorme Beschleunigung der Programm-Ausführung erreicht werden kann, zeigt die folgende Tabelle, in der Werte von n^2 und n∗log(n) (hier der Logarithmus zur Basis e) für einige n gegenübergestellt sind:

n	n^2	n∗ln(n)
10	100	23
100	10000	460
1000	1000000	6908

Es sollte nun klar sein, daß die Effizienz eines Programms ganz entscheidend bestimmt ist durch die Datenstrukturen und Algorithmen, welche zur Repräsentation der zu manipulierenden Objekte und zur Ausführung der Operationen selbst ausgewählt werden.

Die Erforschung geeigneter Datenstrukturen und Algorithmen ist nicht Gegenstand einer "Programmier-Methodik", sondern der "Komplexitätstheorie", einer Disziplin, die ihre Motivationen sowohl von der theoretischen als auch von der praktischen Seite der Informatik bezieht.

Datenstrukturen und Algorithmen werden in diesem Buch daher nur eine illustrierende Rolle spielen; zum Beispiel dann, wenn es - wie in Kapitel 6 - darum geht, die Austauschbarkeit verschiedener Implementierungen einer durch eine abstrakte Spezifizikation definierten Funktion zu demonstrieren.

Mit einem eher elementaren (und beinahe trivialen) Effizienz-Aspekt werden wir uns freilich noch in diesem Kapitel beschäftigen. Wir sprachen oben davon, daß die Laufzeit einer Prozedur in Abhängigkeit von der Anzahl n der zu bearbeitenden Objekte von einer bestimmten Größenordnung sei, also "im wesentlichen" proportional dem Wert einer Funktion von n. Die Größe des hier auftretenden Proportionalitätsfaktors hängt nicht zuletzt von der Sorgfalt des Programmierers ab. Und es macht schon etwas aus, ob man 10∗n∗log(n) msec für eine Operation benötigt oder nur 2∗n∗log(n) msec! In Abschnitt 2.3 werden wir daher eine Reihe von Regeln, von "praktischen Tips" sozusagen, angeben, deren Beachtung Programme beschleunigt, ohne dabei ihre Verständlichkeit zu beeinträchtigen. Die jeweils verwendeten Algorithmen bleiben von solchen, die Effizienz verbessernden Maßnahmen völlig unberührt.

2.2 Programmierstil

Für guten Programmier-Stil gibt es eine ganze Reihe von Regeln, deren Beherzigung die Wartbarkeit eines Programms erheblich verbessern kann. Solche Regeln werden im folgenden genannt und diskutiert (einige davon in Anlehnung an [LNH]). Die erste Gruppe von Regeln betrifft Dokumentation und Selbst-Dokumentation, die zweite behandelt Aspekte der "strukturellen Komplexität" von Programmen (nicht zu verwechseln mit dem oben erwähnten Gegenstand der Komplexitätstheorie!), die für die Verstehbarkeit ebenfalls relevant sind.

2.2.1 Dokumentation und Selbst-Dokumentation

REGEL: Programmen bzw. Programm-Teilen mit eigener Funktion (bzw. eigenen Funktionen) ist ein standardisierter PROLOG in Form eines Kommentars voranzustellen.

Der Inhalt eines solchen Prologs hängt von der Art des Programm-Teils ab. Dies gilt insbesondere bei Verwendung von MODULA-2. Hier gibt es ja (vgl. [WI1]) vier verschiedene Arten von Moduln, außerdem (allgemeine) Prozeduren und Funktionsprozeduren wie üblich. Von diesen bilden die "MODULE" genannten Programmteile - mit Ausnahme der "internen Moduln" - sogenannte Compilierungseinheiten, während isolierte Prozeduren und Funktionsprozeduren nicht separat compiliert werden können. Diese Unterscheidung ist wichtig und wird später (in Kapitel 6) noch eine Rolle spielen. An dieser Stelle genügt es, darauf hinzuweisen, daß - etwa bei der Einführung von Standards für ein Projekt oder Unternehmen - Compilierungseinheiten bezüglich der einleitenden Kommentierung sicherlich anders zu behandeln sind als kleinere Einheiten wie Prozeduren und Funktionsprozeduren.

Dies ist eine Liste von Informationselementen, die ein Prolog enthalten könnte bzw. sollte:

- Projekt-Bezeichnung,
- knappe Angabe des Zwecks des Programm(-Teil)s,
- Name des Autors,
- Datum der Fertigstellung,
- Parameter und ihre Verwendung,
- hinreichend präzise Beschreibung der zulässigen Eingaben,
- hinreichend präzise Beschreibung der Ausgaben,
- benötigte Dateien,

- die wichtigsten Datenstrukturen,
- verwendete Algorithmen,
- globale Variablen,
- Auswirkungen des Programm-Teils auf globale Variable (Seiteneffekte),
- benötigte (d.h. aufzurufende, zu benutzende) Programm-Teile,
- Zeitbedingungen,
- Behandlung von Fehlern und unerwünschten Situationen,
- Angaben zu Modifikationen (wer, wann, was, warum)
- usw..

Bei Prozeduren und Funktionsprozeduren kann die Verwendung von Parametern bereits im Prozedur-Kopf durch geeignete Kommentare deutlich sichtbar gemacht werden. Beispiel:

```
PROCEDURE Ersetze(m1,m2: ARRAY OF CHAR;
                  VAR s: ARRAY OF CHAR;
                  VAR erfolg: BOOLEAN);
```

soll in einem mit s übergebenen String das Muster m1 suchen und - falls gefunden - durch m2 ersetzen. In "erfolg" wird mitgeteilt, ob die Ersetzung vorgenommen werden konnte. Hier werden also in m1, m2 und s Datenobjekte an die Prozedur übergeben mit der Aufforderung, das in s befindliche Objekt gemäß m1 und m2 zu aktualisieren (bzw. zu modifizieren). Über "erfolg" hingegen wird ein Datenobjekt von der Prozedur an den benutzenden (d.h. rufenden) Programm-Teil geliefert. Die folgende Ergänzung des Prozedurkopfes macht diese Verwendung der Parameter klar:

```
PROCEDURE Ersetze( (*IN*) m1,m2: ARRAY OF CHAR;
                   (*INOUT*) VAR s: ARRAY OF CHAR;
                   (*OUT*) VAR erfolg: BOOLEAN);
```

Es ist insbesondere wichtig, die unterschiedliche Verwendung von Variablen-Parametern als (*INOUT*) oder nur (*OUT*) zu dokumentieren.

Mit etwas mehr "Geschwätzigkeit" kann aus dem Prozedurkopf fast eine komplette Beschreibung des Zwecks gemacht werden:

```
PROCEDURE Ersetze ( (*im String*) VAR s: ARRAY OF CHAR;
      (*das Muster*)    m1: ARRAY OF CHAR;
      (*durch Muster*) m2: ARRAY OF CHAR;
      (*und melde Erfolg in*) VAR erfolg: BOOLEAN);
```

Im allgemeinen wird man der knapperen Form der Parameter-Kommentierung den Vorzug geben.

REGEL: Die Formatierungsmöglichkeiten, die die Syntax einer Programmiersprache bietet, sind so auszunutzen, daß der Programmtext eine klare, den Aktionen und Aktionsgruppen entsprechende, augenfällige Struktur erhält.

MODULA-2 kennt - wie u.a. PASCAL - kaum Einschränkungen hinsichtlich der visuellen Gestaltung (des "Layouts") eines Programmtextes. Beliebig viele Leerzeichen bzw. Leerzeilen dürfen zwischen Symbolen (vgl. Anhang) eingefügt werden. Damit können:

- einzelne Programm-Abschnitte sichtbar voneinander abgesetzt werden (durch Leerzeilen);
- die hierarchischen Beziehungen zwischen den strukturbildenden Anweisungen (WHILE, REPEAT, LOOP, FOR, IF, CASE, WITH) hervorgehoben werden (durch entsprechende Zeileneinrückungen, auch "Indentierung" genannt).

Man mag diese Regel ob ihrer scheinbaren Belanglosigkeit belächeln. Für den Compiler sind Zahl und Verteilung von Leerzeichen und Leerzeilen schließlich einerlei. Man sollte jedoch nicht vergessen, daß der menschliche Wahrnehmungsapparat Information nur dann effizient aufnehmen kann, wenn ihm diese in geordneter Form dargeboten wird. Und vor dem Verständnis ist immer die Wahrnehmung! Die Bedeutung dieser Regel ist also nicht zu unterschätzen.

Wir wollen den "Indentierungsteil" der Regel durch Angabe präziser Vorschriften noch ein wenig konkretisieren:

(i) Auf gleicher Spalte beginnen:
- Modul- und globale Prozedur-Deklarationen,
- Import-Listen,
- Konstanten-, Typ- und Variablen-Deklarationen,
- BEGIN und END einer Modul- bzw. Prozedur-Deklaration.

Beispiel:

```
PROCEDURE ... ;
CONST ... ;
TYP ... ;
VAR ... ;
BEGIN
. . .
END;
```

(ii) Auf gleicher Spalte beginnen alle Begrenzer strukturbildender Anweisungen, also:

```
WHILE ... DO              REPEAT
.                         .
.                         .
END (*WHILE*);            UNTIL ... ;
```

```
LOOP
  .
  .
END (*LOOP*);
```

```
FOR ... ... DO
  .
  .
END (*FOR*);
```

```
IF ... THEN
  .
  .
ELSIF ... THEN
  .
  .
  .
ELSE
  .
  .
END (*IF*)
```

```
CASE ... OF
  .
  .
END (*CASE*);
```

```
WITH ... DO
  .
  .
END (*WITH*);
```

(iii) Eingerückt nach rechts um eine feste Spaltenanzahl wird unterhalb des Schlüsselworts, welches eine der obigen Anweisungen eröffnet (REPEAT, ..., WITH).

(iv) "IF ... THEN", "ELSIF ... THEN", "WHILE ... DO", "FOR ... DO", "CASE ... OF" und "WITH ... DO" stehen nach Möglichkeit auf einer Zeile (vgl. oben); auf keinen Fall steht "THEN" direkt unter "IF" bzw. "ELSIF", "DO" steht nicht unter "WHILE", "FOR" oder "WITH", und "OF" nicht unter "CASE".

Beispiele zu (iii) und (iv):

```
IF a < b THEN
  c:=d;
  d:=a
ELSIF a = B THEN
  d:=a;
  a:=c
ELSE
  c:=b
END (*IF*);
```

```
WHILE (limit < m) DO
  a:=1;
  REPEAT
    a:=2*a;
    n:=n + 1
  UNTIL n = limit;
  WriteCard(a,6);
  limit:=limit + 1
END (*WHILE*);
```

Einer Sonderbehandlung bedarf die CASE-Anweisung:

(v) In Case-Anweisungen beginnen und enden alle - den einzelnen Fällen zugeordneten - Teilanweisungen (die "Zweige") auf gleicher Spalte. Entsprechend sind die Listen der "Fall-Bezeichner" zu arrangieren.

Beispiel:

```
CASE zeichen OF
  "a","b",
  "c","d": a:=a + 1;
           b:=b + 1;
           c:=c + 1;
           d:=d + 1 |
  "e","f": e:=e + 1;
           f:=f + 1
  ELSE
           z:=z + 1
END (*CASE*):
```

Und schließlich:

(vi) Nach einem "END" wird per Kommentar immer kenntlich gemacht, welche der strukturbildenden Anweisungen abgeschlossen wird (vgl. Beispiele zu (ii) - (v)!).

Natürlich sollen diese Vorschriften nicht diktatorisch verordnet werden; insofern sind es eher Vorschläge. Es ist jedoch wichtig, daß es irgendeine in sich stimmige und begründbare Vereinbarung über derartige Layout-Regeln gibt. Nicht zuletzt von Interesse ist dabei die Ästhetik! (Wieder mag man hierüber lächeln.) Eine "Metaregel" könnte gar lauten:

"Ein Programm muß schön aussehen!"

(Vielleicht hat nach irgendeiner ästhetischen Theorie auch das Chaos seinen Reiz; dem ordnenden Geist jedoch ist es ein Greuel!)

Übrigens kann die Einhaltung von Layout-Regeln sehr leicht erzwungen werden: durch geeignete Druckprogramme etwa, die diese Regeln "verinnerlicht" haben. Solche Druckprogramme heißen auch "Pretty-Printer". Sie zählen zu den einfachsten (aber auch sehr nützlichen und wirkungsvollen) Werkzeugen des Programmierers, mit deren Hilfe der "Dokumentationswert" eines Programmtextes erhöht werden kann.

REGEL: Für alle "aktiven" (also Moduln, Prozeduren und Funktionsprozeduren) und "passiven" (Konstanten, Typen, Variablen) Objekte eines Programms sind Namen zu wählen, die eine Vorstellung von der Bedeutung bzw. der Rolle des jeweiligen Objekts geben. Im Rahmen größerer Projekte sollten Standards für die Namensgebung gesetzt und eingehalten werden.

Die Befolgung dieser Regel trägt dazu bei, den Aufwand zur Programm-internen Dokumentation mittels expliziter Kommentare zu reduzieren. Strikt abzulehnen ist der extensive Gebrauch von kryptischen Abkürzungen durch wenige Zeichen. Dies mag (oder muß) noch vertretbar sein bei Verwendung von Programmiersprachen, deren Syntax die Zahl der Zeichen pro Bezeichner auf 6 (oder 8) beschränkt. (Noch heute viel benutzte Versionen von FORTRAN tun dies zum Beispiel.) Moderne Sprachen - wie MODULA-2 - verlangen diese Einschränkung jedoch nicht; es können (fast!) beliebig lange Bezeichner gewählt werden. Allenfalls werden bei der Compilierung nur die (z.B.) ersten 15 Zeichen berücksichtigt. Die Wahrscheinlichkeit aber, daß zwei verschiedene Bezeichner mit einem identischen Präfix der Länge 15 vorkommen, ist recht gering.

Immer bedeutungsvolle Namen zu finden, ist sicherlich keine leichte Aufgabe. Einige Phantasie ist hierzu wohl vonnöten. Dennoch läßt sich manches systematisieren. In diesem Sinne wollen wir einige Anhaltspunkte für die Namensgebung zusammenstellen.

(i) Die Zugehörigkeit eines Objekts zu einer (wie auch immer) definierten Klasse von Objekten sollte aus seinem Namen ersichtlich sein.

Dies läßt sich etwa durch die einmalige Festlegung jeweils einzubauender Namensbestandteile erreichen. Es ist sicher nicht schwer, gute Gründe dafür zu finden, daß es in MODULA-2 - Programmen nützlich sein kann, einem Bezeichner sofort anzusehen, ob er eine Konstante, einen Typ oder eine Variable benennt. Dazu könnte man folgende Konventionen vereinbaren:

- Prozedur- und Modul-Namen beginnen mit Großbuchstaben und enden weder auf "C", "Typ" noch "Ptr".
- vom ersten Zeichen abgesehen sollten für Bezeichner (zur schnellen Unterscheidung von den in Großbuchstaben geschriebenen Schlüsselwörtern) generell Kleinbuchstaben gewählt werden; zur Verbesserung der Lesbarkeit jedoch können Großbuchstaben (am Beginn von Namensbestandteilen) eingefügt werden. Variablennamen beginnen immer mit Kleinbuchstaben.

Beispiele für gemäß dieser Konvention aufgebaute Bezeichner sind (vgl. auch die bisher angeführten und die späteren Beispiele):

TabgrC	-	ein Konstanten-Bezeichner
BlankC	-	ein Konstanten-Bezeichner
ZeilenTyp	-	ein Typ-Bezeichner
MacheZeile	-	ein Prozedur-Name
zeilenNr	-	ein Variablen-Name
zeilenPtr	-	Name einer Pointer-Variablen

Zu beachten ist freilich, daß eine solche Konvention nur für (vom Programmierer) selbst definierte Namen gelten kann, da die durch sogenannte MODULA-2 - Standard-Bibliotheken vorgegebenen Namen derartige Unterscheidungen nicht notwendigerweise erkennbar machen.

Eine weitere Standardisierung von Namensbestandteilen kann sich aus der Verwendung von Objekten zu bestimmten Verarbeitungszwecken ergeben. Der Name einer Variablen etwa, in der eine Summe akkumuliert wird, könnte standardmäßig auf ”Summe” oder ”Sum” enden; der Name einer Variablen, in die Sätze einer Datei eingelesen werden, könnte das Suffix ”Record”, ”Rec” oder ”Satz” erhalten, usw..

(ii) Die Hauptbestandteile von Namen sollten problembezogen sein.

Der folgenden Funktionsprozedur zum Beispiel kann vermutlich nur ein Kalender-Experte unmittelbar ansehen, was sie leistet:

```
PROCEDURE Sj(j: CARDINAL): BOOLEAN;
VAR s: BOOLEAN;
BEGIN
  s:=((j MOD 4 = 0) AND (j MOD 100 # 0))
     OR (j MOD 400 = 0);
  RETURN s
END Sj;
```

In der nachstehenden Version jedoch ist sie geeignet, dem Leser eine wichtige Information über unser Kalendersystem zu vermitteln:

```
PROCEDURE IstSchaltjahr(jahr: CARDINAL): BOOLEAN;
VAR s: BOOLEAN;
BEGIN
  s:=((jahr MOD 4 = 0) AND (jahr MOD 100 # 0))
     OR (jahr MOD 400 = 0);
  RETURN s
END IstSchaltjahr;
```

Die Anweisung

”x1:=x2 * x3 * (1 + 1/(Exp(1 + x3,x4) - 1));”

ist sicher schneller zu editieren als

”annuitaet:=kapital * zinsSatz * (1 + 1/(Exp(1 + zinsSatz,laufZeit) - 1));”,

dafür wird (nicht nur dem Experten auf dem Gebiet der Finanzmathematik) aus der zweiten Fassung aber sofort klar, worum es geht.

”Gute” Namen zu finden, hat immer auch einen psychologischen Aspekt. Sie sollten beim Leser die richtigen Assoziationen wecken. Ein Programmierer, dessen Programm eine ”Benutzer-Identifikations-Nummer” bearbeiten soll, und dem diese Bezeichnung (mit Recht) zu lang ist, sollte sich nicht auf Abkürzungen einlassen wie

”bin”, ”benin” oder auch einfach ”benutzer”.

Die korrekte Assoziation wird in diesem Fall vielleicht ein Bezeichner wie

”benIdNr” oder ”benutzerId”

hervorrufen.

Bei mathematischen Formeln sollten Variablen-Namen gewählt werden, die in mathematischen Notationen "eine Tradition" haben. ("i", "j", "k" z.B. für Indizes, "x" für Argument-Variablen und "y" für Funktionswerte, sofern keine anderen, dem Problem angepaßteren Bezeichner vorzuziehen sind (s.o.).)

Ferner sollte bei der Namensvergabe darauf geachtet werden, daß von ihrer semantischen Rolle her verschiedene Objekte auch deutlich verschieden heissen. Ein (eher vages) Maß für diesen Unterschied ist die "psychologische Distanz". Die folgenden Beispiele hierzu stammen aus [LNH]:

Name 1	Name 2	psych. Distanz
bkrpnt	brkpnt	sehr gering
Movlf	Movrf	gering
code	kode	klein
iden	ident	klein
omega	delta	groß
wurzel	diskriminante	groß und informativ

Das zweite dieser Bezeichnerpaare ist einem realen Programm entnommen, bei dem die geringe "Distanz" zwischen den Bezeichnern zu großem Aufwand bei der Fehlersuche führte. Die Bezeichner benannten Funktionsprozeduren mit den folgenden Aufgaben:

Prüfe, ob ein Übergang möglich ist:

Movlf(sq) - nach links vom (from) Feld "sq",
Movlt(sq) - von links zum (to) Feld "sq",
Movrf(sq) - nach rechts vom Feld "sq",
Movrt(sq) - von rechts zum Feld "sq".

Durch wiederholte Verwechslung von "Movlf" und "Movrf" schlichen sich in dem Programm Fehler ein, deren Korrektur Tage in Anspruch nahm.

REGEL: Im Programm verwendete Konstante (Literale) sollten immer durch Konstanten-Deklaration an Bezeichner gebunden sein.

Der Effekt der Anwendung dieser Regel ist zweifach: Zum einen werden - entsprechend den Regeln für die Namensgebung - die Bedeutungen von Konstanten durch die Bezeichner ausgedrückt. Zum zweiten werden damit einfache Programm-Modifikationen rationalisiert, und eine mögliche Fehlerquelle bei Modifikationen wird ausgeschaltet. Die folgenden (zugegebenermaßen etwas gekünstelten) Beispiele mögen dies belegen:

```
PROCEDURE RechtEck(x,y: CARDINAL);
(*Die Prozedur zeichnet ein Rechteck mit Breite 28 Pixel und
Länge 36 Pixel auf dem Bildschirm; die linke untere Ecke hat die
(Pixel-)Koordinaten (x,y)*)
```

```
BEGIN
  SetzeGrafikCursor(x,y);
  LinieRel(28,0);
  LinieRel(0,36);
  LinieRel(-28,0);
  LinieRel(0,-36)
END RechtEck;
```

(Die von "RechtEck" aufgerufenen Prozeduren seien entweder im gleichen Modul wie "RechtEck" deklariert oder über eine IMPORT-Liste bezogen.)

Den Literalen "36" und "28" ist nicht anzusehen, welches die Höhe und welches die Breite angibt. Im einleitenden Kommentar muß diese Information ausdrücklich gegeben werden. Nicht so in der zweiten Version:

```
PROCEDURE RechtEck(x,y: CARDINAL);
(*Die Prozedur zeichnet ein Rechteck auf dem Bildschirm; die
linke untere Ecke hat die (Pixel-)Koordinaten (x,y)*)
CONST BreiteC = 28;
HoeheC = 36;
BEGIN
  SetzeGrafikCursor(x,y);
  LinieRel(BreiteC,0);
  LinieRel(0,HoeheC);
  LinieRel(-BreiteC,0);
  LinieRel(0,-HoeheC)
END RechtEck;
```

Soll nun ausprobiert werden, welche Rechtecke auf dem Bildschirm wohl am gefälligsten aussehen, so sind in der ersten Version Änderungen an vier Stellen anzubringen, während in der zweiten Version nur zwei Änderungen nötig sind. Es ist leicht sich vorzustellen, welche Mühe ein größeres Programm machen würde, das nach dem Muster der ersten Version verfaßt ist. Auch ein komfortabler Text-Editor mit mächtigen Text-Ersetzungsfunktionen wäre hier keine große Hilfe. Denn nichts garantiert, daß das Literal "36" (z.B.) an anderer Stelle nicht eine ganz andere Bedeutung hat!

Beispiel:

Ein Unternehmen habe 12 Abteilungen. Pro Abteilung und Monat soll der Umsatz ermittelt werden. Je Monat ist der Umsatz des gesamten Unternehmens und je Abteilung der Jahresumsatz auszurechnen. Das Programm, welches diese Aufgaben erledigt, mag folgende Deklarationen und Code-Fragmente enthalten:

```
...
VAR abtUmsatz:          ARRAY [1..12],[1..12] OF REAL;
    abtJahrUmsatz:      ARRAY [1..12] OF REAL;
    totMonUmsatz:       ARRAY [1..12] OF REAL;
    monat, abteilung:   CARDINAL;
BEGIN
  ...
  FOR abteilung:=1 TO 12 DO
    FOR monat:=1 TO 12 DO
      ErmittleUmsatz(abtUmsatz[abteilung,monat])
    END (*FOR*)
  END (*FOR*);
  ...
  FOR abteilung:=1 TO 12 DO
    abtJahrUmsatz[abteilung]:=0;
    FOR monat:=1 TO 12 DO
      abtJahrUmsatz[abteilung]:=abtJahrUmsatz[abteilung]
                                + abtUmsatz[abteilung,monat]
    END (*FOR*)
  END (*FOR*);
  ...
  FOR monat:=1 TO 12 DO
    totMonUmsatz[abteilung]:=0;
    FOR abteilung:=1 TO 12 DO
      totMonUmsatz[monat]:=totMonUmsatz[monat]
          + abtUmsatz[abteilung,monat]
    END (*FOR*)
  END (*FOR*);
  ...
END ...;
```

Das Literal "12" taucht hier an vielen Stellen mit verschiedenen Bedeutungen auf. Es wird fatal, wenn eine Abteilung wegfällt oder neu gegründet wird. Man stelle sich das "Chaos" vor, das entstünde, wenn nicht wenigstens vernünftige Namen für die Laufvariablen der einzelnen Schleifen gewählt worden wären.

Es ist klar, wie das Programm mindestens geändert werden muß, um mit unserer Regel konform und damit wartbarer zu werden:

```
...
CONST AbtAnzC = 12; MonAnzC = 12;
...
VAR abtUmsatz:          ARRAY [1..AbtAnzC],[1..MonAnzC] OF REAL;
    abtJahrUmsatz:      ARRAY [1..AbtAnzC] OF REAL;
```

```
      totMonUmsatz:      ARRAY [1..MonAnzC] OF REAL;
      monat, abteilung:  CARDINAL;
...
BEGIN
  ...
  FOR abteilung:=1 TO AbtAnzC DO
    FOR monat:=1 TO MonAnzC DO
      ErmittleUmsatz(abtUmsatz[abteilung,monat])
    END (*FOR*)
  END (*FOR*);
  ...
  FOR abteilung:=1 TO AbtAnzC DO
    abtJahrUmsatz[abteilung]:=0;
    FOR monat:=1 TO MonAnzC DO
      abtJahrUmsatz[abteilung]:=abtJahrUmsatz[abteilung]
                                 + abtUmsatz[abteilung,monat]
    END (*FOR*)
  END (*FOR*);
  ...
  FOR monat:=1 TO MonAnzC DO
    totMonUmsatz[abteilung]:=0;
    FOR abteilung:=1 TO AbtAnzC DO
      totMonUmsatz[monat]:=totMonUmsatz[monat]
           + abtUmsatz[abteilung,monat]
    END (*FOR*)
  END (*FOR*);
  ...
END ...;
```

In dieser Version genügt es allerdings noch nicht der folgenden:

REGEL: Zusammengesetzte Datenstrukturen sollten immer durch Typ-Deklaration an einen Typ-Bezeichner gebunden werden; ebenso sollten nach Möglichkeit problembezogene Enumerationstypen (mit gut gewählten Bezeichnern für die Skalare) definiert werden.

Beide Teile dieser Regel sind durch den Wunsch nach besserer Lesbarkeit motiviert. (In dieser Form sind sie natürlich nur dann anwendbar, wenn Sprachen wie MODULA-2 oder auch PASCAL eingesetzt werden.) Außerdem hat die Benennung zusammengesetzter Datenstrukturen einen Effekt, der dem der Konstanten-Benennung vergleichbar ist. Wird die Regel berücksichtigt, so entsteht aus den letzten Beispiel-Programm-Fragmenten die folgende Version (man beachte, daß das Literal "12" im Zusammenhang mit "Monaten" nicht mehr auftaucht):

```
...
CONST AbtAnzC = 12;
TYPE MonatsTyp = (januar,februar,maerz,april,mai,juni,juli,
                  august,september,oktober,november,dezember);
     AbtUmsatzTyp = ARRAY [1..AbtAnzC],MonatsTyp OF REAL;
     AbtJahrUmsatzTyp = ARRAY [1..AbtAnzC] OF REAL;
     TotMonUmsatzTyp = ARRAY MonatsTyp OF REAL;
...
VAR abtUmsatz: AbtUmsatzTyp;
    abtJahrUmsatz: AbtJahrUmsatzTyp;
    totMonUmsatz: TotMonUmsatzTyp;
    monat: MonatsTyp;
    abteilung: [1..AbtAnzC];
...
BEGIN
  ...
  FOR abteilung:=1 TO AbtAnzC DO
    FOR monat:=januar TO dezember DO
      ErmittleUmsatz(abtUmsatz[abteilung,monat])
    END (*FOR*)
  END (*FOR*);
  ...
  FOR abteilung:=1 TO AbtAnzC DO
    abtJahrUmsatz[abteilung]:=0;
    FOR monat:=januar TO dezember DO
      abtJahrUmsatz[abteilung]:=abtJahrUmsatz[abteilung]
                               + abtUmsatz[abteilung,monat]
    END (*FOR*)
  END (*FOR*);
  ...
  FOR monat:=januar TO dezember DO
    totMonUmsatz[abteilung]:=0;
    FOR abteilung:=1 TO AbtAnzC DO
      totMonUmsatz[monat]:=totMonUmsatz[monat]
                          + abtUmsatz[abteilung,monat]
    END (*FOR*)
  END (*FOR*);
  ...
END ...;
```

REGEL: Kommentare sollten u.a. eingefügt werden zur

a: Erläuterung der Verwendung bzw. Bedeutung von Programm-Objekten, sofern dies nicht schon durch die Bezeichnungen geschieht;

b: Herstellung eines expliziten Bezuges zu Entwurfsunterlagen;

c: Beschreibung des Zwecks von Anweisungsfolgen, die für den Programm-Ablauf wesentlich sind;

d: Beschreibung der Wirkung wesentlicher Anweisungen auf den Inhalt von Variablen;

e: Dokumentation von Modifikationen.

Kommentare, die nur wiederholen, was bereits durch den Programmtext selbst ausgedrückt wird, sind überflüssig und zu vermeiden.

Das Verfassen knapper aber dennoch aussagefähiger Kommentare gehört ebenso wie das Finden sinnvoller Objektnamen zu denjenigen Aufgaben eines Software-Entwicklers, die ausgezeichnete natürlich-sprachliche (!) Fähigkeiten voraussetzen. Daß so manche Software-Entwickler dieser Voraussetzung kaum genügen, ist wohl eine der Ursachen für die im allgemeinen sehr mangelhafte Kommentierung vieler industrieller und kommerzieller Programme.

Die Kommentierung von Programmen gemäß (c) wird in Kapitel 3 eine besondere Rolle spielen, wogegen wir uns mit Kommentaren der Art (d) in Kapitel 4 sehr eingehend beschäftigen werden.

Kommentare, welche Modifikationen dokumentieren, sollten - zur leichten Auffindbarkeit mit Hilfe eines Text-Editors etwa - zusätzlich eine Standard-Zeichenfolge enthalten.

2.2.2 Aspekte der strukturellen Komplexität

Wir bemerken nochmals, daß der Begriff der "strukturellen Komplexität" von Programmen, den wir hier ins Spiel bringen, unmittelbar nichts mit dem Komplexitäts-Begriff zu tun hat, der in der Komplexitäts-Theorie (vgl. Abschnitt 2.1.4) untersucht wird. Vielmehr verstehen wir "strukturelle Komplexität" als Eigenschaft eines Programms, die auf dessen Verstehbarkeit entscheidenden Einfluß hat. In der Vergangenheit wurden zahlreiche Versuche unternommen, auch diese Art der Komplexität zu präzisieren, meßbar zu machen. Die Beschäftigung hiermit hat unter der Überschrift "Software-Metrik" ("software-metrics") Eingang in die wissenschaftliche Literatur gefunden. Einige der folgenden Regeln sind durch die Ergebnisse derartiger Untersuchungen motiviert.

REGEL: Der Rumpf von Prozeduren und Funktionsprozeduren sollte nicht mehr als ca. 50 Druckzeilen (ca. eine Druckseite) umfassen.

Man kann sicher darüber streiten, ob diese Regel nicht eher ein Entwurfsziel beschreibt denn einen Aspekt guten Programmierstils charakterisiert. Gewiß ist es Sache des Entwurfs, u.a. Spezifikationen für Prozeduren zu liefern, und man sollte eine Revision des Entwurfs verlangen, wenn sich herausstellt, daß eine Spezifikation zu einer überlangen Prozedur führt. Nichtsdestoweniger ist es häufig ein Symptom für mangelhaft durchdachte, umständliche Programmierung, wenn eine Prozedur Überlänge erreicht. Darüberhinaus können - auf der Basis einer Spezifikation - bei der Programmierung einer Prozedur durchaus Teilaufgaben erkennbar werden, die in gleicher oder ähnlicher Weise an mehreren Stellen des Prozedur-Textes zu formulieren wären. Diese Teilaufgaben zu isolieren und durch geeignete Prozeduren zu lösen (die dann etwa lokal zur ursprünglichen Prozedur zu deklarieren sind), ist Sache "stilvoller" Programmierung. Ein instruktives Beispiel hierfür werden wir in Kapitel 3 studieren. Die genannte Regel kann also mit gutem Grund in diesem Abschnitt erscheinen.

Es muß nochmals betont werden, daß die Zahl "50" nur als ein Richtwert zu verstehen ist. Ausnahmen dürften leichter zu rechtfertigen sein, wenn sie zum Beispiel wenigstens die folgende Regel nicht verletzen:

REGEL: Die Tiefe der Schachtelung strukturbildender Anweisungen sollte nicht mehr als vier betragen.

Auch ein "Schachtelungs-Monster" wie

```
...
IF Bed1 THEN
  WHILE Bed2 DO
    REPEAT
      IF Bed3 THEN
        WHILE Bed4 DO
          (*Anweisungsfolge*)
        END (*WHILE*)
      ELSE
        ...
      END (*IF*)
    UNTIL Bed5
  END (*WHILE*)
END (*IF*);
...
```

legt den Verdacht nahe, daß der Programmierer die Lösung der ihm gestellten Aufgabe nicht genügend durchdacht hat. Die Wartung von Programmen, die solche Konstruktionen enthalten, ist nicht leicht. Ein "Wartungs-Programmierer", der z.B. herausfinden soll, unter welchen Bedingungen im obigen Programm-Fragment die (*Anweisungsfolge*) ausgeführt wird, hätte damit seine liebe Not.

Vermutlich wird auch hier ein "Detail-Entwurfsschritt" - ähnlich wie wir ihn bei der Diskussion der vorigen Regel postuliert haben - die Schachtelungstiefe durch Definition zusätzlicher, lokal sinnvoller Prozeduren verringern.

Es ist anzumerken, daß die Unterscheidung vieler Fälle, die nicht einfach durch spezielle Werte einer Variablen gegeben sind, in manchen Programmiersprachen nur mit Hilfe tief geschachtelter "IF ... THEN ... ELSE ..." - Anweisungen vorgenommen werden kann. Bei der Definition von MODULA-2 wurde der - trivialen - Erkenntnis Rechnung getragen, daß für derartige Fallunterscheidungen gewissermaßen ein verallgemeinertes "CASE-Konstrukt" notwendig ist. Es lautet:

```
IF ... THEN
  ...
ELSIF ... THEN
  ...
ELSIF ... THEN
  ...
  ...
ELSE
  ...
END (*IF*); .
```

Die Layout-Regel, die wir hierfür formuliert haben (Abschnitt 2.2.1) und die hier berücksichtigt ist, macht ganz deutlich, daß sich die Anweisungsfolgen, die den einzelnen Bedingungen zugeordnet sind, tatsächlich alle auf der gleichen Schachtelungstiefe befinden.

(Bemerkung: In PASCAL würde man aus diesem Grund eine geschachtelte "IF .. ... THEN ... ELSE ..." - Konstruktion auch so formatieren:

```
IF ... THEN
  BEGIN
    ...
  END
ELSE IF ... THEN
  BEGIN
    ...
  END
ELSE
  BEGIN
    ...
  END; .)
```

REGEL: "... THEN IF ..." - Konstruktionen sollten vermieden werden.

Der Grund: Sie sind erfahrungsgemäß schwerer lesbar und verständlich als "... ELSIF ..." - Konstruktionen.

"... THEN IF ... " - Konstruktionen können äquivalent umgeformt werden in "... ELSIF ..." - Konstruktionen:

Seien B1 und B2 boolesche Ausdrücke und A1, A2, A3 beliebige Anweisungsfolgen. Dann gilt, wie man leicht nachprüft:

```
IF B1 THEN
  IF B2 THEN
    A1
  ELSE
    A2
  END (*IF*)
ELSE
  A3
END (*IF*);
```

ist äquivalent zu:

```
IF NOT(B1) THEN
  A3
ELSIF B2 THEN
  A1
ELSE
  A2
END (*IF*);
```

Der zweiten Formulierung ist bezüglich der Lesbarkeit und Verständlichkeit sicher der Vorzug zu geben.

REGEL: "Trickreiche" Programmierung sollte vermieden werden.

Dies ist die bisher wohl "gummiartigste" Regel. Um zu demonstrieren, was ungefähr damit gemeint ist, sei das folgende Beispiel aus [KEP] - in MODULA-2 Notation - zitiert:

Mit dem Programm-Segment

```
FOR i:=1 TO n DO
  FOR j:=1 TO n DO
    a[i,j]:=(i DIV j) * (j DIV i)
  END (*FOR*)
END (*FOR*);
```

wollte ein Programmierer auf offenbar besonders kurze und schlaue Weise ... , ja, was wollte er eigentlich? Vielleicht wird er es selbst nach einiger Zeit bei erneuter Betrachtung seines Werks nur noch mit einigem Nachdenken erkennen. Hätte er folgenden Code geschrieben, so würde nicht nur er sofort wiedererkennen bzw. verstehen, worum es geht:

```
FOR i:=1 TO n DO
  FOR j:=1 TO n DO
    a[i,j]:=0
  END (*FOR*);
  a[i,i]:=1
END (*FOR*);
```

Aha: "a" sollte als Einheitsmatrix initialisiert werden. So klar und ebenso knapp kann man dies notieren, und effizienter in der Ausführung sind diese Anweisungen außerdem!

Effizienz-Argumente liefern im übrigen immer die beliebteste Entschuldigung für "trickreiche" Programmierung. Dabei wird der wichtigste ökonomische Gesichtspunkt vergessen: Man vergleiche die durch "Tricks" (z.B. auch Mehrfachverwendung von Variablen, unangemessene Verwendung "Hardware-naher"

Konstrukte einer Programmiersprache, usw.) möglicherweise erzielte Einsparung an Rechenzeit und Speicherplatz (für Programm und Daten) mit dem Aufwand, den so "getunte" Programme bei ihrer Wartung verursachen. Dann wird sofort klar, daß die Kosten der menschlichen Arbeit den (heutigen!) Preis für Speicher und Prozessoren bei weitem überwiegen. (Vor einigen Jahren wäre dieses Gegenargument noch weniger schlagkräftig gewesen.)

Wie weiter oben bereits angekündigt, werden wir in Abschnitt 2.3 studieren, wie Effizienz-Verbesserung durch guten Programmier-Stil, unter Vermeidung von "Tricks" also, erreicht werden kann.

REGEL: "GOTOs" sind zu vermeiden.

Daß wir diese Regel aufnehmen, geschieht nur der Vollständigkeit halber und hat ausschließlich "historische" Gründe. Dem aufmerksamen Absolventen eines MODULA-2 Kurses wird nicht entgangen sein, daß es eine "GOTO-Anweisung" in dieser Sprache nicht gibt.

Andere Sprachen zur imperativen Programmierung (auch PASCAL) enthalten eine GOTO-Anweisung. Mit ihrer Hilfe kann zum Beispiel in PASCAL-Programmen der durch die strukturbildenden Anweisungen für Selektion und Iteration gesteuerte "Kontrollfluß" beinahe beliebig umgelenkt werden. Ein undisziplinierter Gebrauch dieser Anweisung kann daher sehr leicht zu undurchsichtigem Programmtext führen. "GOTOs" verleiteten auch zu jener "trickreichen" Programmierung, die wir bereits angeprangert haben. Mit älteren Programmiersprachen (z.B. FORTRAN), in denen die Formulierung allgemeiner Selektions- und Iterations-Anweisungen nicht möglich ist, ist der Programmierer natürlich gezwungen, "GOTOs" zu verwenden, um beispielsweise ein "Wiederhole solange, als ... (WHILE)" oder "Wiederhole ... bis ... (REPEAT ... UNTIL)" zu realisieren. Das kann in vollständig systematischer Weise und also diszipliniert geschehen. Nur: die Crux ist, daß es nicht so geschehen muß. Wenn ein Programmierer nicht gelernt hat, unabhängig von der jeweiligen Programmiersprache in Selektions- und Iterations-Strukturen zu denken, so wird er dazu von einer Sprache wie FORTRAN auch nicht gezwungen. Der "naive" Programmierer wird nur "seine Sprache" sehen und sich alle Freiheiten herausnehmen, die diese ihm läßt. In FORTRAN (aber auch in anderen Sprachen) wurden in der Vergangenheit unzählige Programme verfaßt, deren "Kontrollfluß" durch den undisziplinierten Gebrauch von "GOTOs" so unentwirrbar ist, daß sie den Spitznamen "Spaghetti-Programme" erhielten. Diese waren und sind nicht wartbar.

Was aber berechtigt dazu, bei der Definition einer Programmiersprache - wie bei MODULA-2 geschehen - auf eine nahezu beliebige Umlenkbarkeit des "Kontrollflusses" durch GOTO-Anweisungen zu verzichten?

Dieser Verzicht wird erst ermöglicht durch ein grundlegendes Resultat der Berechenbarkeitstheorie. Danach kann jede - intuitiv - berechenbare Funktion durch einen Formalismus berechnet werden, der für die Abfolge von Rechenschritten (also den "Kontrollfluß") neben dem einfachen Hintereinander ("Sequenz") nur die Selektion (entsprechend einer Bedingung) und die durch eine Abbruchsbedingung gesteuerte Iteration erlaubt (vgl. z.B. [WEG]).

Auf diese Weise theoretisch abgesichert, ist der Verzicht auf "GOTOs" natürlich durch die Absicht motiviert, die Herstellung von "Spaghetti-Programmen" von vornherein zu verhindern. (Gelegenheit macht Diebe!) Ein weiterer Grund ergibt sich aus der in Kapitel 4 zu behandelnden Thematik: Dort werden wir die Semantik (d. h. die "Bedeutung") der wichtigsten strukturbildenden Sprachelemente von MODULA-2 definieren. Für die (unbedingte) GOTO-Anweisung wäre eine solche Definition nicht offensichtlich. Die Tatsache, daß "Spaghetti-Programme" im allgemeinen schwer verständlich sind, übersetzt sich daher unmittelbar in die Aussage: "Solche Programme haben keine einfach zu definierende Semantik."

Um der Wahrheit die Ehre zu geben: GOTO-Anweisungen mit beschränkter Verwendung gibt es doch in MODULA-2. Es ist dies zum einen die "EXIT-Anweisung", mit der eine durch die "LOOP-Anweisung" gesteuerte Iteration abgebrochen werden kann. Für dieses "GOTO" gibt es jedoch nur ein Sprungziel: das Ende der Schleife! Zum anderen ist es die "RETURN-Anweisung". Mit ihr kann die Ausführung einer Prozedur (oder Funktions-Prozedur) vor Erreichen der letzten Anweisung abgebrochen werden. Aber auch hier gibt es nur ein wohldefiniertes Sprungziel, nämlich das Ende der Prozedur. MODULA-2 hat damit die "GOTO-Anweisung" "diszipliniert"!

REGEL: Seiteneffekte durch Funktionsprozeduren sind zu vermeiden.

Es ist schlechter Stil, Funktionsprozeduren für andere Zwecke zu benutzen als für die Berechnung eines (des abzuliefernden) Wertes in Abhängigkeit von den als Parameter übergebenen Argumenten.

Mögliche andere bzw. zusätzliche Zwecke wären:

- Modifikation des Wertes globaler Variabler,
- Modifikation von Parameterwerten,
- Ein-/Ausgabe-Operationen.

Diese werden als *Seiteneffekte* bezeichnet. (Wir fügen an dieser Stelle hinzu, daß auch "gewöhnliche" Prozeduren die Veränderung globaler Variabler nach Möglichkeit vermeiden sollten. Gute Argumente hierfür werden sich allerdings erst - implizit - aus der Diskussion von Modularisierungstechniken in Kapitel 6, Abschnitte 6.4.1 und 6.4.2, ergeben.)

Die folgenden Beispiele demonstrieren, wie unangenehm solche "Seiteneffekte" werden können, wenn Programme geändert werden müssen. Sie stammen aus [LNH].

Gegeben sei das Programm-Fragment:

```
...
VAR a,b,c: REAL;
...
PROCEDURE F(x:REAL): REAL;
VAR f: REAL;
BEGIN
  a:=a + 1;
  f:=a * x;
  RETURN f
END F;
...
BEGIN
  a:=10;
  b:=3;
  c:=F(b) + F(b)
END ...
```

Auf den ersten Blick scheint es völlig problemlos zu sein, die letzte Anweisung in diesem Programmstück durch "c:=2 * F(b)" zu ersetzen. Man mache sich jedoch klar, daß nach Ausführung des ursprünglichen Programms die Variable "c" den Wert "69" enthält, während nach der vorgeschlagenen Ersetzung der Inhalt von "c" "66" ist!

Das nächste Beispiel zeigt, daß Seiteneffekte die Gültigkeit einfacher algebraischer Gesetze "aufheben" können:

```
...
VAR a,b,c: REAL;
...
PROCEDURE F(x:REAL): REAL;
VAR f: REAL;
BEGIN
  a:=a + 1;
  f:=a * x;
  RETURN f
END F;
...
PROCEDURE G(x:REAL): REAL;
VAR g: REAL;
BEGIN
  a:=a + 2;
  g:=a * x;
  RETURN g
END G;
```

```
...
BEGIN
  a:=10;
  b:=3;
  c:=F(b) + G(b)
END ...
```

Wieder erscheint es auf den ersten Blick selbstverständlich (schließlich gehorcht ja die Addition dem Kommutativgesetz!), daß man die letzte Anweisung durch "c:=G(b) + F(b)" ersetzen kann. Man überzeuge sich aber, daß dies nicht möglich ist: In der ursprünglichen Version wird "c" nach Ausführung der letzten Anweisung den Wert "72" enthalten; in der durch die Ersetzung gewonnenen Version enthält "c" den Wert "75".

Ein letztes Beispiel:

```
...
VAR a,b,c: REAL;
...
PROCEDURE F(x:REAL; VAR y:REAL): REAL;
VAR f: REAL;
BEGIN
  y:=y + x;
  f:=x * y;
  RETURN f
END F;
...
BEGIN
  a:=4;
  b:=F(5,a);
  c:=F(5,a)
END ...
```

In diesem Fall wird durch die Funktionsprozedur der Inhalt der als Variablen-Parameter übergebenen Variablen "y" geändert. Daher werden - wie man leicht nachprüft - den Variablen "b" und "c" verschiedene Werte zugewiesen, obwohl sich die zur Berechnung dieser Werte ergehenden Aufrufe der Funktions-Prozedur "F" nicht sichtbar unterscheiden.

Derartige Seiteneffekte sorgen also dafür, daß das Verständnis der Wirkung von Programmen unnötig erschwert wird.

Ein-/Ausgabe-Operationen als Seiteneffekte sind noch eher erträglich, da sie im allgemeinen besser überschaubar und dokumentierbar sind. So wäre eine Funktions-Prozedur

"PROCEDURE Schreibe(satz: ARRAY OF CHAR): BOOLEAN; ..."

denkbar, die eine Zeichenkette auf eine Datei zu schreiben hat und mit ihrem Ergebnis den Erfolg oder Mißerfolg dieser Aktion signalisiert. Dies sollte dann allerdings die einzige Aufgabe einer solchen Funktionsprozedur sein.

Es gibt im übrigen MODULA-2 - Compiler, die Funktionsprozeduren mit Seiteneffekten unter Umständen sehr "rauh" behandeln. Zum Beispiel kann es sein, daß ein Übersetzer die ansonsten sehr nützliche Eigenschaft hat, boolesche Ausdrücke zu "optimieren".

```
...
CONST DebugC = FALSE;
...
BEGIN
  ...
  IF DebugC THEN
    (*Ausgabe der Inhalte bestimmter Variabler zu Testzwecken*)
  END (*IF*);
  ...
END ...;
```

kein Code erzeugt wird. Das gleiche gilt dann aber auch für

```
"...
IF (F(x)=1) AND DebugC THEN... "
```

und "F" wird nicht ausgeführt, wenn DebugC=FALSE! War mit "F" aber ein Seiteneffekt beabsichtigt, so tritt natürlich auch dieser niemals ein.

2.5 Einfache Maßnahmen zur Verbesserung der Effizienz

In diesem Abschnitt werden wir einige Regeln angeben, durch deren Beachtung die Effizienz von Programmen verbessert werden kann. Wir beschränken uns dabei auf "Zeit-Effizienz".

Wohlgemerkt, und um es zu wiederholen: Es geht hier nicht um die Untersuchung von Datenstrukturen und Algorithmen (vgl. Abschnitt 2.1.4). An einmal beschlossenen Verfahren (sei es zum Sortieren, zur Verwaltung einer Namensmenge, zur Lösung einer Differentialgleichung usw.) ändern diese Regeln nichts.

Die meisten der Regeln zielen vielmehr auf einen "effizienten Gebrauch" der Elemente einer höheren Programmiersprache (in unserem Falle also MODULA-2). Was soll das heißen?

In höheren Programmiersprachen verfaßte Programme werden im allgemeinen compiliert (vgl. Abschnitt 1.1). Zwischen der Niederschrift eines Programmtextes in "maschinenferner" Notation und Terminologie und dem ablauffähigen Maschinen-Code finden also zum Teil recht komplizierte Analyse- und Übersetzungsvorgänge statt. Aus einzelnen Anweisungen in der höheren Programmiersprache werden Maschinen-Code-Fragmente. (Die Wiederholung dieser Selbstverständlichkeiten geschieht hier nur der Vollständigkeit halber.) Zu einer Anweisung (bzw. Folge oder Schachtelung von Anweisungen) gibt es unter Umständen mehrere äquivalente Alternativen. "Äquivalent" bedeutet hier - ganz intuitiv -, daß sich an der Wirkung nichts ändert. Sehr wohl kann sich aber der erzeugte Maschinen-Code ändern: er kann zu schnellerem oder langsamerem Programmablauf führen.

Wie stark dieses "Phänomen" jeweils ausgeprägt ist, hängt natürlich von dem benutzten Compiler (der "Implementierung der Sprache") ab. Dennoch gibt es für praktisch alle höheren Programmiersprachen Situationen, in denen man äquivalente Anweisungen hinsichtlich der Geschwindigkeit des jeweils zugehörigen Maschinen-Codes durchaus beurteilen kann, und zwar ohne Rücksicht auf den Compiler.

Bevor wir solche speziellen Situationen genauer betrachten, wollen wir in einem ersten Unterabschnitt noch einige allgemeine Überlegungen zum Thema "Effizienz-Verbesserung" voranstellen. (Übrigens werden solche Überlegungen meist unter der Überschrift "Optimierung" zusammengefaßt. Dieser Ausdruck, der sich leider eingebürgert hat, ist jedoch völlig fehl am Platz: Denn keiner darf wohl ohne Beweis behaupten, daß er etwas so gut machen kann, daß es nicht mehr besser geht - und genau dies bedeutet ja "Optimierung".)

2.3.1 Allgemeine Überlegungen

In Abschnitt 2.2.2 argumentierten wir bereits, daß sich der Aufwand für Effizienz-Verbesserungen (durch "trickreiche" Programmierung) angesichts des geringen, dadurch gewonnenen Nutzens kaum lohnt.

Diese Aussage müssen wir, da wir in diesem Buch unser Augenmerk ja nicht auf eine ganz spezielle Art von Software beschränken wollen, ein wenig differenzieren. Tatsächlich ist Effizienz eine außerordentlich wichtige Eigenschaft von Programmen, die Teile der Basis-Software eines Rechners sind (Betriebs-System, Datenbank-Management-System, Compiler, usw.). Solche Programme werden häufig genutzt, ihre "Wartungs-Intervalle" sind relativ lang.

Dagegen abzugrenzen sind die meisten Programme der betrieblichen Datenverarbeitung bzw. (allgemeiner) die sogenannten "Anwendungs-Programme". Für sie gilt die Aussage, daß "Wartbarkeit ein weitaus größeres Gewicht hat als Effizienz", beinahe uneingeschränkt.

Effizienz-Verbesserung muß sich also lohnen! Es ist wenig sinnvoll, Arbeit einzusetzen für die Verbesserung der Effizienz eines Programms, das nur selten benutzt wird oder bei dem es auf eine schnelle Reaktion (z.B.) nicht ankommt.

Ebenso können wir behaupten, daß, wenn schon die Effizienz eines Programms verbessert werden soll, man dazu diejenigen Programmteile bevorzugt bearbeiten muß, deren Anweisungen am häufigsten ausgeführt werden. Diese Programmteile zu finden, ist nicht immer einfach. Zum einen können sich Anhaltspunkte aus dem Programm-Entwurf ergeben; zum anderen kann man sich spezieller "Software-Werkzeuge" bedienen, die ein "Ausführungs-Profil" anfertigen, aus dem hervorgeht, wie oft eine bestimmte Anweisung oder Prozedur während eines Programmlaufs benutzt wurde. Stehen solche Werkzeuge nicht zur Verfügung, so ist man gezwungen, seine Programme um Anweisungen zu ergänzen, die zum Beispiel die Zahl der Aufrufe von Prozeduren oder der Durchläufe von Programmteilen ermitteln.

Ganz offensichtliche Kandidaten für Ansätze zur Effizienz-Verbesserung sind freilich Anweisungen bzw. Anweisungsfolgen, über die sehr oft iteriert wird, die also - wie man sagt - "im Innern einer Schleife" liegen.

Van Tassel (vgl. [VAN]) nennt die folgenden allgemeinen Regeln, welche für Effizienz-Verbesserungen gelten:

- Verbessere nur dann, wenn es notwendig ist; andernfalls wird Arbeitszeit verschwendet, werden zusätzliche Fehler eingebracht, werden Lesbarkeit und Verstehbarkeit beeinträchtigt;
- falls Effizienz-Verbesserungen notwendig sein sollten, versuche man es zunächst mit einem "optimierenden" (vgl. unsere Bemerkung oben!) Compiler; solche Compiler unterwerfen den Programmtext einer gründlichen Analyse mit dem Ziel, schnelleren Maschinen-Code zu erzeugen.
- Ermittle die Programmteile, für die Effizienz-Verbesserung am lohnendsten ist; es ist im allgemeinen eine Verschwendung von Arbeitszeit, wenig benutzte Programmteile zu verbessern.
- Verbessere die Effizienz der so gefundenen Programmteile (z.B. nach den im folgenden Abschnitt zusammengestellten Regeln).

2.3.2 Spezielle Regeln

Bei der Formulierung der folgenden Regeln und Beispiele stützen wir uns ebenfalls auf [VAN].

Wir gruppieren die Regeln nach ihrem Bezug auf

- arithmetische Operationen,
- Iterations-Anweisungen (Schleifen),
- Selektions-Anweisungen,
- boolesche Ausdrücke,
- Indizierung (von Arrays)
- Prozeduraufrufe.

(i) Arithmetische Operationen

REGEL: Versuche, langsame Operationen durch schnellere zu ersetzen.

"Addition/Subtraktion - Multiplikation - Division", dies ist die Reihenfolge der arithmetischen Operationen entsprechend ihrer Ausführungs-Geschwindigkeit. Die genauen Geschwindigkeits-Verhältnisse hängen natürlich von der jeweiligen Hardware und dem Compiler ab und davon, ob mit INTEGER- oder REAL-Objekten operiert wird. Dessen ungeachtet zeigen die folgenden Beispiele, worauf es ankommt:

Ersetze Multiplikation durch Addition:

"a:=i + i + i;" ist schneller als "a:=3 * i;".

"x:=2 * (y + t) + (a - 1)/p;" ist schneller als "x:=2 * y + (a - 1)/p + 2 * t;".

Ersetze Division durch Multiplikation:

"b:=a * 0.2;" ist schneller als "b:=a/5.0;".

```
"rx:=1.0/x;                              "a:=1.0/x;
 a:=rx;           ist schneller als       b:=e/x;
 b:=e * rx;                               c:=b + d/x;"
 c:=b + d * rx;"
```

REGEL: Verwende, wenn möglich, INTEGER-Arithmetik.

Die meisten Prozessoren können INTEGER-Objekte mit wesentlich weniger Maschinen-Instruktionen manipulieren als REAL-Objekte. Diese Tatsache wird natürlich auch von Compilern ausgenutzt. Eine Ausnahme bilden unter Umständen Rechner mit zusätzlicher Hardware für Operationen mit REAL-Objekten ("Gleitkomma-Prozessoren", z.B. Intel 80x87), die vom Compiler auch berücksichtigt wird. In MODULA-2 sind zudem, falls möglich, CARDINAL-Objekte den INTEGER-Objekten vorzuziehen.

REGEL: Berechne mehrfach benutzte Ausdrücke nur einmal.

Die Rechtfertigung dieser Regel ist offensichtlich trivial. Dennoch einige Illustrationen:

```
"x:=y + a/b * c;     ist zu ersetzen durch     "abc:=a/b * c;
 z:=w + a/b * c;"                                x:=y + abc;
                                                 z:=w + abc;"

"s1:=sin(th) + sin(th) * 2.0;                  "r:=sin(th);
 s2:=sin(th)/3.0;"     ist zu ersetzen durch    s1:=r + r + r;
                                                s2:=r/3.0;"
```

```
"r1:=(-b + sqrt(b * b - 4.0 * a * c))/(2.0 * a);
 r2:=(-b - sqrt(b * b - 4.0 * a * c))/(2.0 * a);"
```

ist zu ersetzen durch:

```
"d:=a + a;
discriminante:=sqrt(b * b - 4.0 * a * c);
r1:=(-b + discriminante)/d;
r2:=(-b - discriminante)/d;"
```

In MODULA-2 ist es "verboten", in Ausdrücken oder Zuweisungen Objekte unterschiedlichen Typs zu "mischen". Das linke der beiden nachstehenden Programm-Fragmente ist also illegal. Einen Ausweg bietet MODULA-2 mit "Typ-Transfer-Funktionen" an. Unter Beachtung der obigen Regel kann das Fragment dann wie rechts gezeigt geschrieben werden:

```
...
VAR a,b,c,d: REAL;
     i: INTEGER;
...
  b:=a * i;
  c:=(a + i) * 2.0;
  d:=a * a/i;
...
```

```
...
VAR a,b,c,d,ir: REAL;
      i: INTEGER;
...
  ir:=FLOAT(i);
  b:=a * ir;
  c:=(a + ir) * 2.0;
  d:=a * a/ir;
...
```

REGEL: Eliminiere wiederholte Teilausdrücke.

Diese Regel kann als Variante der zuletzt genannten Regel aufgefaßt werden. Wiederholte Teilausdrücke sind gewissermaßen mehrfach benutzte Ausdrücke

"a:=x * y + 2.0 + x * y;" sollte ersetzt werden durch "xy:=x * y;
a:=xy + xy + 2.0;"

(Das spart eine Multiplikation. Manche Compiler entdecken eine solche Situation und führen die gezeigte Ersetzung implizit durch.)

Wiederholte Teilausdrücke können auch verdeckt auftreten:

"a:=b * b * c * c;" wird zu "bc:=b * c;
a:=bc * bc;"

(Das spart ebenfalls eine Multiplikation, aber ein Compiler würde es vermutlich nicht entdecken.)

Mit der gleichen Begründung wie oben ist das Fragment

```
...
VAR x,a: REAL;
     i: INTEGER;
...
    x:=i * a * i * a * i;
...
```

in MODULA-2 nicht legal. Um es zu "reparieren", wird die Zuweisung ersetzt durch "x:=FLOAT(i) * a * FLOAT(i) * a * FLOAT(i);"

Gemäß unserer Regel ist hier der wiederholte Teilausdruck "FLOAT(i)" zu eliminieren. Dazu wird eine zusätzliche Variable "ir" vom Typ REAL deklariert und die Zuweisung ersetzt durch:

```
"ir:=FLOAT(i);
 x:=ir * a * ir * a * ir;"
```

Noch besser wäre hier freilich die Modifikation

"x:=FLOAT(i * i * i) * (a * a);".

(ii) Iterations-Anweisungen

REGEL: Vermeide "Iterations-Anweisungen", wenn es geht.

"Iterations-Anweisungen" führen zu einem "Overhead", bedingt durch die Überprüfung von Bedingungen vor dem Eintritt in den "Schleifenrumpf" oder nach Verlassen des "Schleifenrumpfes". Mit einer FOR-Anweisung muß nicht nur bei jedem Durchlauf geprüft werden, ob der Endwert erreicht ist, sondern auch der Inhalt der Lauf-Variablen wird jeweils inkrementiert. Daher ist es sinnvoll, die folgende FOR-Anweisung, mit der der Wert eines Polynoms berechnet werden soll:

```
poly:=a[1] ;
FOR i:=2 TO 4 DO
  poly:=poly * x + a[i]
END (*FOR*); ...
```

zu ersetzen durch die Auswertung eines entsprechenden, geklammerten Ausdrucks und eine Wertzuweisung:

"poly:=((a[1] * x + a[2]) * x + a[3]) * x + a[4];"

REGEL: Reorganisiere die Schachtelung von FOR-Anweisungen, wenn es geht.

Mit der gleichen Begründung wie oben sollte bei der Schachtelung von FOR-Anweisungen darauf geachtet werden, den durch die Schleifenköpfe bedingten Overhead zu vermindern. Was man durch geschickte Reorganisation der Schachtelung erreichen kann, zeigt das folgende Beispiel:

```
...
FOR i:=1 TO 20 DO            (*wird einmal initialisiert*)
  FOR j:=1 TO 10 DO          (*wird 20-mal initialisiert*)
    FOR k:=1 TO 5 DO         (*wird 200-mal initialisiert*)
      (*Anweisungsfolge*)
    END (*FOR*)              (*wird 1000-mal beendet*)
  END (*FOR*)                (*wird 200-mal beendet*)
END (*FOR*);                 (*wird 20-mal beendet*)
```

Insgesamt finden also 221 Initialisierungs-Vorgänge und 1220 Schleifenabschlüsse statt. Demgegenüber betrachte man:

```
...
FOR k:=1 TO 5 DO              (*wird einmal initialisiert*)
  FOR j:=1 TO 10 DO           (*wird 5-mal initialisiert*)
    FOR i:=1 TO 20 DO         (*wird 50-mal initialisiert*)
      (*Anweisungsfolge*)
    END (*FOR*)               (*wird 1000-mal beendet*)
  END (*FOR*)                 (*wird 50-mal beendet*)
END (*FOR*);                  (*wird 5-mal beendet*)
```

Hier gibt es nur 56 Initialisierungen und 1055 Abschlüße.

REGEL: Die Effizienz von Anweisungen auf der "untersten Ebene" eines Schachtelungs-Konstrukts ist zu verbessern.

Zweifellos ist dies eine der wichtigsten Regeln zur Effizienz-Verbesserung, da hier Anweisungen betroffen sind, die unter Umständen sehr oft auszuführen sind. Anwendbar sind hier insbesondere die Regeln zur Beschleunigung der Auswertung von arithmetischen Ausdrücken. Außerdem kann das "Ausklammern" von Aktionen aus "inneren Schleifen" einen beträchtlichen positiven Effekt für die Effizienz haben. Dies ist nichts anderes als eine Variante der Regel, nach der mehrfach benutzte Ausdrücke nur einmal auszuwerten sind.

Beispiel 1:

```
...
FOR i:=1 TO imax DO
  FOR j:=1 TO jmax DO
    x:=y * z + c[i,j]
  END (*FOR*)
END (*FOR*);
```

```
...
yz:=y * z;
FOR i:=1 TO imax DO
  FOR j:=1 TO jmax DO
    x:=yz + c[i,j]
  END (*FOR*)
END (*FOR*);
```

Im linken Programm-Fragment wird die Multiplikation "x * y" imax*jmax - mal ausgeführt. Das ist nicht notwendig, da bei dieser Auswertung die Lauf-Variablen "i" und "j" keine Rolle spielen. Die rechte Version ist folglich schneller.

```
...
FOR i:=1 TO imax DO
  FOR j:=1 TO jmax DO
    a[i,j]:=b[i,j] + d/FLOAT(i) + d/FLOAT(k)
  END (*FOR*)
END (*FOR*);
```

Bei der Auswertung von "d/FLOAT(k)" sind weder "i" noch "j" im Spiel, und bei der Auswertung von "d/FLOAT(i)" ist "j" nicht beteiligt. Also bietet sich die folgende Verbesserung an (vgl. linkes Fragment):

```
...
dk:=d/FLOAT(k);
FOR i:=1 TO imax DO
  di:=d/FLOAT(i);
  FOR j:=1 TO jmax DO
    a[i,j]:=b[i,j] + di + dk
  END (*FOR*)
END (*FOR*);
```

```
...
dk:=d/FLOAT(k);
FOR i:=1 TO imax DO
  di:=d/FLOAT(i);
  dik:=di + dk;
  FOR j:=1 TO jmax DO
    a[i,j]:=b[i,j] + dik
  END (*FOR*)
END (*FOR*);
```

Eine weitere Verbesserung liefert hier die rechte Version.

Auch durch das "Ausklammern" der Überprüfung von Bedingungen können FOR-Anweisungen beschleunigt werden.

Beispiel 3:

```
...
FOR i:=1 TO imax DO
  IF j > 0 THEN
    x[i]:=a[i] - b[i]
  ELSE
    x[i]:=a[i] + b[i]
  END (*IF*)
END (*FOR*);
```

```
...
IF j > 0 THEN
  FOR i:=1 TO imax DO
    x[i]:=a[i] - b[i]
  END (*FOR*)
ELSE
  FOR i:=1 TO imax DO
    x[i]:=a[i] + b[i]
  END (*FOR*)
END (*IF*);
```

Mit der im rechten Fragment angebrachten Modifikation wird die Bedingung "j > 0" nur einmal getestet.

Die Anwendung auch der beiden folgenden Regeln soll den durch Schleifenköpfe verursachten Overhead verringern:

REGEL: Verkürze Schleifen, wenn möglich.

Beispiel: Die rechte FOR-Anweisung kann - wie links angegeben - "verkürzt" werden:

```
...
FOR i:=1 TO 1000 DO
  a[i]:=0.0
END (*FOR*);
```

```
...
FOR i:=1 TO 1000 BY 2 DO
  a[i]:=0.0;
  a[i+1]:=0.0
END (*FOR*);
```

REGEL: Fasse Schleifen zusammen, wenn möglich.

Beispiel: Die Anzahl der Schleifendurchläufe zur Initialisierung der ARRAYs "x" und "y" wird durch eine einzige FOR-Anweisung (rechts) halbiert.

```
...
FOR i:=1 TO imax DO
  x[i]:=0.0
END (*FOR*);
FOR i:=1 TO imax DO
  y[i]:=0.0
END (*FOR*);
```

```
...
FOR i:=1 TO imax DO
  x[i]:=0.0
  y[i]:=0.0
END (*FOR*);
```

(iii) Selektions-Anweisungen

REGEL: Verwende das "IF ... THEN ... ELSIF ... ELSE" - Konstrukt, wenn möglich.

Es seien "b1", "b2" und "b3" boolesche Ausdrücke. Mit dem Programmfragment

```
...
IF b1  THEN a:=b END (*IF*);
IF b2 THEN c:=d END (*IF*);
IF b3 THEN e:=f  END (*IF*);
```

werden alle drei Bedingungen überprüft. Das kann sinnvoll und richtig sein, wenn sich diese Bedingungen "nicht gegenseitig" ausschließen. Gilt aber "bi AND bj =FALSE falls i <> j", so ist das Fragment abzuändern in:

```
...
IF b1 THEN
  a:=b
ELSIF b2 THEN
  c:=d
ELSIF b3 THEN
  e:=f
...
ELSE
  ...
END (*IF*);
```

Wie bereits bekannt, wird die Ausführung der IF-Anweisung abgebrochen, wenn derjenige Zweig bearbeitet ist, der zur ersten zu TRUE ausgewerteten Bedingung gehört. Weitere Bedingungen werden also nicht getestet. Dies legt die folgende Regel nahe:

REGEL: Wähle in geschachtelten "IF ... THEN ... ELSE" - Anweisungen die Reihenfolge so, daß die wahrscheinlichsten Bedingungen zuerst getestet werden.

Diese Regel ist sicher nicht einfach zu befolgen. Sie setzt voraus, daß zum Beispiel Meßergebnisse über relative Häufigkeiten vorliegen, mit denen einzelne Bedingungen "wahr werden".

(iv) Boolesche Ausdrücke

REGEL: Ordne in booleschen Ausdrücken die "atomaren" Bedingungen entsprechend ihrer Wahrscheinlichkeit.

Viele Compiler produzieren zu booleschen Ausdrücken Maschinen-Code, der dafür sorgt, daß die Auswertung eines Ausdrucks nicht fortgesetzt wird, wenn sein Wert bereits feststeht. So würde die von links nach rechts vorgenommene Auswertung von

"b1 OR b2 OR b3"

abgebrochen, wenn der erste Teilausdruck (b1 oder b2) als TRUE erkannt wird. Entsprechend würde die Auswertung von

"b1 AND b2 AND b3"

nach dem ersten als FALSE erkannten Teilausdruck beendet.

Natürlich hat man hier hinsichtlich der Anordnung der Teilausdrücke (gemäß der Wahrscheinlichkeit ihrer Werte) die gleichen Schwierigkeiten wie bei der vorigen Regel.

Andere Compiler haben die hier zur Effizienz-Verbesserung ausgenutzte Eigenschaft nicht. In diesem Fall kann etwa die folgende Regel zur Anwendung kommen:

REGEL: Löse "AND-Verknüpfungen" auf.

Dies bedeutet, daß zum Beispiel die Anweisung

```
...
IF (b1 AND b2 AND b3) THEN
  x:=a
END (*IF*);
```

zu

```
...
IF b1 THEN
  IF b2 THEN
    IF b3 THEN
      x:=a
    END (*IF*)
  END (*IF*)
END (*IF*);
```

wird. Dabei sollten die "unwahrscheinlichsten" Bedingungen zuerst getestet werden. Natürlich widerspricht diese Umwandlung der in Abschnitt 2.2.2 zitierten Regel, gemäß der "...THEN IF ..." - Konstruktionen zu vermeiden sind. In diesem einfachen Fall mag diese Konstruktion freilich noch gut überschaubar und daher vertretbar sein. Im übrigen ist die im Zusammenhang mit der genannten Stil-Regel erläuterte Transformation in eine besser lesbare "IF ... THEN ... ELSIF ..."-Anweisung natürlich auch hier anwendbar. (Zur Übung möge der Leser diese Transformation selbst ausführen.) Man sollte sich aber bewußt sein, daß bei derartigen Umwandlungen boolescher Ausdrücke, die in "IF ... THEN ... ELSE" - Anweisungen auftreten, die Verständlichkeit des Programmtextes (d.h. sein Bezug zur jeweils gegebenen Problemstellung) unter Umständen stark gemindert wird.

(v) Indizierung

Indizierung kann (vgl. Abschnitt 2.4) als Operation des Zugriffs auf die Teilobjekte eines ARRAY-Objekts aufgefaßt werden. Ist "a" eine Variable vom ARRAY-Typ, so ist also "a[i]" ein Ausdruck, dessen Auswertung das im i-ten "Teilbehälter" von "a" enthaltene Objekt liefert. Infolgedessen gelten die Regeln über mehrfach benutzte Ausdrücke und wiederholte Teilausdrücke entsprechend. Einige Beispiele:

```
"x:=(a[i] + 1.0/a[i]) + a[i];"
```

wird durch Elimination wiederholter Teilausdrücke zu

```
"ai:=a[i];
 x:=(ai + 1.0/ai) + ai;".
```

```
...                        wird durch          ...
FOR i:=1 TO imax DO        "Ausklammern"       FOR i:=1 TO imax DO
  FOR k:=1 TO kmax DO      von "a[i]" zu:        ai:=a[i];
    b[k]:=b[k] + a[i]                            FOR k:=1 TO kmax DO
  END (*FOR*)                                      b[k]:=b[k] + ai
END (*FOR*);                                     END (*FOR*)
                                               END (*FOR*);
```

Eine weitere Variante des "Ausklammerns" stellt das folgende Beispiel dar, in dem rechts die Zahl der Zugriffe auf "a[i,j]" auf den "kmax-ten Teil" reduziert wird:

```
...                                        ...
FOR i:=1 TO imax DO                        FOR i:=1 TO imax DO
  FOR j:=1 TO jmax DO                        FOR j:=1 TO jmax DO
    a[i,j]:=0.0;                               t:=0.0;
    FOR k:=1 TO kmax DO                        FOR k:=1 TO kmax DO
      a[i,j]:=a[i,j] + b[i,k] + c[k,j]           t:=t + b[i,k] + c[k,j]
    END (*FOR*)                                END (*FOR*);
  END (*FOR*)                                  a[i,j]:=t
END (*FOR*);                                 END (*FOR*)
                                           END (*FOR*);
```

REGEL: Ersetze mehrdimensionale Arrays durch eindimensionale.

Mehrdimensionale Felder bedingen einen größeren Zugriffsaufwand als eindimensionale. Unter Umständen kann also eine Effizienz-Verbesserung erreicht werden, wenn man Daten, die - anwendungsbedingt - eigentlich in mehrdimensionalen Arrays zu speichern wären, eindimensional anordnet. Diese Regel exzessiv anzuwenden, ist jedoch gefährlich. Man verzichtet ja damit auf den Komfort, den höhere Programmiersprachen für die möglichst anwendungsnahe Repräsentation problembezogener Daten bieten. Man verschlechtert also die Verstehbarkeit eines Programms zugunsten eines unter Umständen nur geringen Effizienzgewinns.

(vi) Prozeduraufrufe

REGEL: Ersetze Prozeduraufrufe durch "inline"-Kodierung des Prozedur-Rumpfes.

Auch diese Regel ist mit "großer Vorsicht zu genießen". Prozeduren zu schreiben, ist schließlich eine der besten Möglichkeiten, einen Programmtext zu strukturieren. Man sollte sich dieses Vorteils nicht ohne Not begeben.

Immerhin bedingt der Einsatz von Prozeduren einigen Aufwand an Maschinen-Instruktionen beim Prozeduraufruf. So kann es sich - insbesondere "im Innern" geschachtelter Iterations-Anweisungen - lohnen, einen Prozeduraufruf durch den Prozedur-Rumpf zu ersetzen:

```
MODULE Xyz.
...
PROCEDURE abc(...);
BEGIN
  (*Anweisungen von abc*)
END abc;
...
BEGIN
  ...
  FOR ... DO
    FOR ... DO
      abc(...);   <-- wird ersetzt durch  (*Anweisungen von abc*)
    END (*FOR*)
  END (*FOR*)
  ...
END Xyz.
```

Derartige Ersetzungen sind jedoch besonders sorgfältig zu dokumentieren.

Literatur zu Kapitel 2

[KEP] Kernighan, B. W. and P.J. Plauger: The Elements of Programming Style; McGraw-Hill; New York; 1978

[LNH] Ledgard, H. F.; Nagin, P. A. und J. F. Hueras: Pascal with Style - Programming Proverbs; Hayden Book Company; Rochelle Park; 1981

[OTW] Ottmann, T. und P. Widmayer: Algorithmen und Datenstrukturen; Bibliographisches Institut; Mannheim; 1990

[VAN] Van Tassel, D.: Program Style, Design, Efficiency, Debugging, and Testing; Prentice-Hall; Englewood Cliffs; 1978

[WEG] Wegener, I.: Theoretische Informatik; Teubner Verlag; Stuttgart; 1993

[WI1] Wirth, N.: Programming in Modula-2; Springer Verlag; Berlin, Heidelberg, New York; 1988

3 Schrittweise Verfeinerung

"Schrittweise Verfeinerung" als systematische Vorgehensweise bei der Konstruktion von Programmen wurde erstmals explizit (und unter dieser Bezeichnung) erläutert in [WI2]. Die Grundidee ist außerordentlich einfach und naheliegend. Beginnend mit einer verbal gegebenen Aufgabenstellung werden - zunächst ebenfalls verbal - sukzessive Aktionen - definiert, durch deren Ausführung die gestellte Aufgabe erledigt wird. "Sukzessive" bedeutet, daß eine einmal beschriebene Aktion wiederum aufgebrochen werden kann in "noch elementarere" Aktionen. Das Verfahren endet mit Aktionen, die unmittelbar durch Anweisungen in der Programmiersprache ausgelöst werden können, also durch die Auswertung von Ausdrücken, durch Zuweisungen und durch Prozeduraufrufe, deren Abfolge durch Iterationen und Selektionen gesteuert wird.

"So macht es doch jeder vernünftige Programmierer!" wird man einwenden, was ist daran also bemerkenswert und eines ganzen Kapitels würdig? Leider entspricht dieser Einwand nicht den Tatsachen. Dies wird durch die tägliche Praxis in Programmier-Abteilungen und Software-Unternehmen vielfach belegt. Programmierer neigen sehr häufig dazu, eine Lösungsidee sofort als Programm-Code zu notieren; sie scheuen davor zurück, ihre Ansätze zunächst verbal zu formulieren und auf ihre Stichhaltigkeit hin zu überprüfen. Dieser ungestüme "Drang zur Maschine" ist falsch. Für ein solches Verhalten gibt es sicher verschiedene Gründe. Nicht zuletzt kann durch uneinsichtiges Management der Eindruck entstehen, daß die Geschwindigkeit, mit der ein Software-Produkt fertiggestellt wird, höher zu bewerten ist als die Solidität des Produktes. Leider müssen wir auf eine, den Rahmen dieses Buches sprengende Diskussion solcher, eher unter der Rubrik "Psychologie des Programmierens" einzuordnender Probleme, verzichten.

Immerhin, den Regeln, die wir in Kapitel 2 behandelt haben, wäre hier ein "oberstes *Gebot*" hinzuzufügen:

"ZUERST (schriftlich!) DENKEN,
DANN PROGRAMM-CODE SCHREIBEN!"

Eine der möglichen "Ausführungsbestimmungen" dieses Gebots heißt "Schrittweise Verfeinerung".

Nach einer weiteren Diskussion werden wir "Schrittweise Verfeinerung" in diesem Kapitel zunächst an zwei kleinen Beispielen erproben. Wir werden dann zwei halbgraphische Notationen einführen, die für das "schriftliche Denken" vor der eigentlichen Programmierung (in der Zielsprache) und für die Dokumentation des Detail-Entwurfs besonders geeignet scheinen. Wir werden hier - wiederum anhand zweier Beispiele - "im Kleinen" demonstrieren, was oft als Entwurf "von oben nach unten" ("*Top Down*") bezeichnet wird, und dabei den Gebrauch beider Notationen einüben.

3.1 Schrittweise Verfeinerung als Entwurfstechnik

"Schrittweise Verfeinerung" läßt sich - abgesehen von der Demonstration durch Beispiele - vielleicht am besten mit Hilfe des sogenannten "*Black-Box*"-Modells verständlich machen.

Die meisten technischen Geräte, mit denen wir es im Alltag zu tun haben, sind für uns solche "schwarze Kästen"; "schwarz" deshalb, weil wir nicht in ihr Inneres sehen können (oder wollen). Es befinden sich im allgemeinen von außen zugängliche Schalter, Knöpfe oder Bedienungshebel an den Maschinen, und wir vertrauen darauf, daß deren Betätigung ein bestimmtes gewünschtes Verhalten hervorruft: daß Musik aus einem Lautsprecher ertönt, daß eine Herdplatte heiß wird, oder daß ein Wagen zu rollen beginnt.

Solche Maschinen sind (obwohl man sie meist sinnlich wahrnehmen kann) für uns, als ihre Benutzer, "*Abstrakt*" in dem Sinne, daß wir uns nicht für ihre einzelnen Teile und deren Zusammenspiel interessieren, sondern lediglich dafür, ob sie nach spezifischen Aktionen unsererseits die erwarteten Reaktionen zeigen, ob sie also definierte "*Funktionen*" erfüllen.

Dem Konstrukteur einer Maschine ist eine solche *abstrakte Funktion* vorgegeben, und seine Aufgabe ist es, mit den ihm zur Verfügung stehenden Mitteln Teile herzustellen, zusammenzubauen und ihr Zusammenspiel so zu organisieren, daß die Funktion realisiert wird. Er wird dabei zweckmäßigerweise so vorgehen, daß er sein Problem zunächst auf die Verknüpfung einiger weniger *abstrakter Teilfunktionen* reduziert. Diese Teilfunktionen entsprechen ihrerseits kleineren, mit passenden Verbindungen im ursprünglichen "schwarzen Kasten" einzubauenden "schwarzen Kästen". Alle Teilfunktionen (bzw. die zugehörigen "schwarzen Kästen") wird er in dieser Weise so lange behandeln, bis er jeweils genau sagen kann, wie eine Teilfunktion durch die elementaren Teile aus seinem "Baukasten" zu realisieren ist. Aus dem ursprünglichen "schwarzen Kasten" ist dann eine konkrete Maschine geworden.

Im Prinzip läuft die Konstruktion also nach folgendem Schema ab:

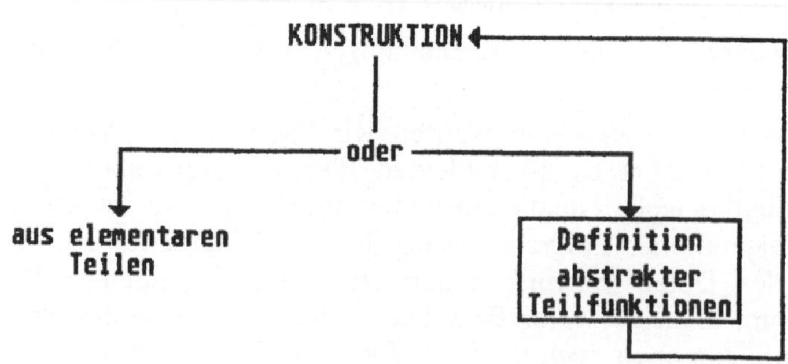

Und das dabei entstehende Produkt nimmt immer deutlichere Gestalt an:

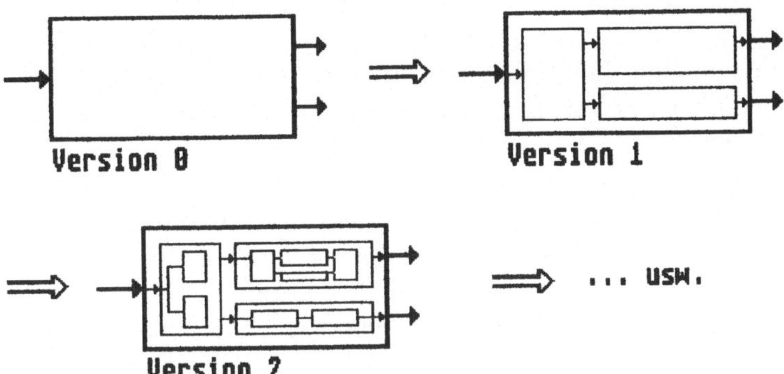

Die Definition von Teilfunktionen kann natürlich nicht nach Gutdünken vorgenommen werden. Vielmehr erweisen sich hier Geschick, Wissen und Kreativität des Konstrukteurs. Bei jeder weiteren Untergliederung muß er sich im allgemeinen für eine von mehreren Möglichkeiten entscheiden. Dabei wird er sich vermutlich bemühen, die konkrete Ausformung von Details so weit wie möglich hinauszuschieben, um sich den Spielraum für später zu fällende Entscheidungen nicht von vornherein zu verengen. Beispielsweise wird sich der Konstrukteur eines Motors nicht zu früh auf ein bestimmtes Material für Zylinderköpfe festlegen. Eine solche frühe Entscheidung zwänge ihn vielleicht dazu, bei der Konstruktion anderer Teile immer gewisse Einschränkungen in Kauf zu nehmen. Ein Architekt wird bei der Planung des Grundrisses eines Hauses noch nicht an dessen elektrische Verkabelung denken. Usw.

Übertragen auf den Software-Entwickler heißt dies: Die Entscheidung für oder gegen die Verwendung bestimmter Repräsentationen von Daten-Objekten sollte so spät wie möglich fallen. Wird beispielsweise ein Programm zur Verwaltung einer Namensmenge (etwa der Mitglieder eines Vereins) durch schrittweise Verfeinerung konstruiert, so sollte bei der Formulierung von Teilfunktionen so lange wie möglich eben von "Namensmengen" die Rede sein und nicht von "Arrays, Records oder Listen".

Die Zurückhaltung des Motor-Konstrukteurs führt dazu, daß man bei der Herstellung von Zylinderköpfen relativ problemlos auf andere Materialien zurückgreifen kann, wenn sich dies als vorteilhaft erweisen sollte. Der Verzicht des Architekten auf eine Festlegung der elektrischen Infrastruktur eines Hauses bedeutet, daß er diese Aufgabe getrost einem anderen überlassen kann. (Dem muß er lediglich sagen, wo die Lampen und Steckdosen anzubringen sind.)

Entsprechend erleichtert die möglichst späte Entscheidung für eine bestimmte Datenstruktur zur Repräsentation von Objekten bzw. Objektmengen die Verwendung einer anderen Datenstruktur, falls dies aus irgendwelchen Gründen (z.B. zwecks Verbesserung der Effizienz) ratsam sein sollte. Es gilt:

> "Je später die Entscheidung für eine konkrete Repräsentation fällt, umso leichter kann sie zurückgenommen werden, ohne das bereits vorher Gedachte zu verwerfen."

Zweitens kann der Verzicht des Software-Entwicklers auf die sofortige Ausarbeitung von Details die Arbeitsteilung begünstigen. Er findet zum Beispiel, daß er für die Lösung seiner Aufgabe eine bestimmte Prozedur benötigt, die eine wohldefinierte Teilaufgabe erledigt. Er überläßt deren Ausformung (und alle dazu notwendigen "Repräsentations-Entscheidungen" !) seinem Kollegen und ist fertig.

Wir sind mit diesen wenigen Bemerkungen zur "Schrittweisen Verfeinerung" unversehens tief in die Thematik des *Software-Entwurfs* hineingeraten. Dabei müssen wir uns darauf besinnen, daß wir uns für diesen Teil lediglich die "Programmierung im Kleinen" vorgenommen haben. Doch auch hier gelten Prinzipien, deren Anwendung bei der Entwicklung großer Software-Systeme völlig unverzichtbar ist, wenn bestimmte allgemeine Qualitäts-Anforderungen (auf die wir in Kapitel 6 zu sprechen kommen) zu erfüllen sind. Was also bisher nur anklang:

- das Prinzip der *Abstraktion* ("Beschreibe Teilfunktionen ohne Rücksicht auf konkrete Repräsentationen!") und
- das (damit zusammenhängende) Prinzip der *Lokalität* ("Begrenze die Auswirkungen bestimmter Entscheidungen auf einen kleinen Teil des Programms, z. B. eine Prozedur!")

werden zu den in Kapitel 6 entscheidende Rollen spielen. Hier beschränken wir uns auf einige Beispiele zur Illustration der Anwendung dieser Prinzipien bei der Implementierung von kleinen, überschaubaren Programm- bzw. System-Funktionen.

3.2 Zwei Beispiele

Die erste Prozedur, die wir in diesem Abschnitt mittels schrittweiser Verfeinerung konstruieren, mag innerhalb eines Programms zur Verwaltung eines Terminkalenders ihren Platz haben. Sie soll zu einem gegebenem Tagesdatum das Datum des Folgetages ermitteln. Das Verwaltungsprogramm selbst ist vielleicht Teil eines "Büro-Automations-Systems".

Zweitens werden wir das "klassische" Problem der konfliktfreien Positionierung von acht Damen auf einem Schachbrett behandeln. Hierfür entwickeln wir - schrittweise verfeinernd - zwei verschiedene Lösungen, eine "iterative" und eine "rekursive". Wir werden dabei sehen, daß dieses Problem zu einer großen Klasse interessanter Probleme gehört, für die unsere Lösungen ohne weiteres verallgemeinert werden können.

Das erste Beispiel haben wir in Anlehnung an [WOO] ausgearbeitet; das zweite ist in der Literatur vielfach behandelt worden. Unsere MODULA-2 Version orientiert sich allerdings ebenfalls an [WOO].

3.2.1 Folgedatum

Wir nehmen an, daß durch die Analyse des Umfelds, in dem jenes Programm zur Verwaltung eines Terminkalenders eingesetzt werden soll, bereits Antworten auf eine Reihe von Fragen gefunden (und in einer Anforderungs-Spezifikation formuliert) wurden, die für die Herstellung der angekündigten Prozedur von Interesse sind.

Der Auftrag an einen Entwickler möge also lauten:

> "Es ist eine Prozedur zu schreiben, die
> - zu einer Datumsangabe
> - die dem Datum des folgenden Tages entsprechende Datumsangabe ermittelt.
>
> Anzuwenden ist dabei der "Gregorianische Kalender". Es sollen nur gemäß diesem Kalender gültige Datumsangaben vom 15. Oktober 1582 bis zum 31. Dezember 2099 (jeweils einschließlich)
>
> Die Übergabe einer gemäß diesem Kalender ungültigen Datumsangabe durch einen aufrufenden Programmteil sollte diesem in ge-
>
> Die konkrete Datenstruktur zur Repräsentation von Datumsangaben ist von außen nicht vorgegeben und kann vom Entwickler selbst festgelegt werden."

Unter "Datumsangabe" verstehen wir hier selbstverständlich die eindeutige Identifikation eines gemeinhin als "Tag" vereinbarten Zeitraums von 24 Stunden, beginnend und endend jeweils um Mitternacht.

(Wir bemerken, daß unsere Aufgabenbeschreibung dem Entwickler einige Freiheiten hinsichtlich der Ausgestaltung der "Schnittstelle" zwischen der Prozedur und "ihrer Umgebung" läßt. Wir setzen diese Freiheiten hier aus didaktischen Gründen voraus, um beim nachfolgenden Entwurf einen möglichst großen Spielraum zu haben. Unter realen (Software-)Produktionsbedingungen wäre einem Programmierer die Parameterliste der Prozedur vermutlich fest vorgegeben.)

Die gewünschte Prozedur erhält den Namen "FolgeDatum". Eine erste Version, die lediglich aus dem Prozedurkopf und dem einleitenden Kommentar (dem "Prolog", vgl. Abschnitt 2.2.1) besteht, kann aufgrund der Aufgabenstellung sofort notiert werden:

```
PROCEDURE FolgeDatum((*IN*)  indatum:DatumsTyp;
                     (*OUT*) VAR ausdatum: DatumsTyp;
                     (*OUT*) VAR fehler: BOOLEAN);
(*Version 1*)
(*Beim Eintritt enthält "indatum" eine Datumsangabe.
Falls "indatum" gemäß Gregorianischem Kalender gültig ist und
zwischen dem 15. Oktober 1582 und dem 31. Dezember 2099
(jeweils einschließlich) liegt, so enthält "ausdatum" bei
Prozedurende das Datum des Folgetages. In diesem Fall enthält
"fehler" den Wert FALSE. Andernfalls enthält "fehler" bei
Prozedurende den Wert "TRUE"*)
BEGIN
END FolgeDatum;
```

Dieser Prozedur entspricht im "Black-Box"-Modell das folgende Bild:

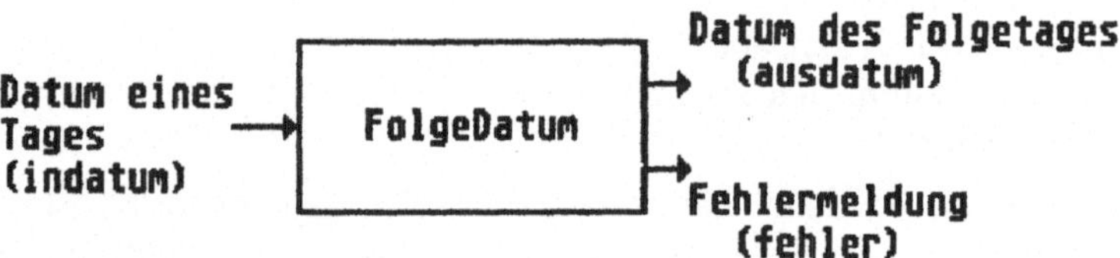

Die in diesen Kasten hinein- bzw. hinausführenden Pfeile sind also den Parametern der Prozedur zugeordnet:

- dem Eingangspfeil "Datum eines Tages" der Wertparameter "indatum",
- dem Ausgangspfeil "Datum des Folgetages" der Variablen- Parameter "ausdatum" und
- dem Ausgangspfeil "Fehlermeldung" der Variablen-Parameter "fehler".

Gäbe es in MODULA-2 einen (vordefinierten) Datentyp "DATUMSTYP" und eine Anweisung, welche genau den von der Aufgabe geforderten Effekt hat, so wären wir fertig. Da dies jedoch nicht der Fall ist, sind wir gezwungen, den "schwarzen Kasten" durch eine weitere Zerlegung zu füllen. Bevor wir dies tun, sei darauf hingewiesen, daß wir mit der ersten Formulierung unserer Prozedur

- bereits einen syntaktisch korrekten Programmtext in MODULA-2 geschrieben haben;
- eine "Repräsentations-Entscheidung" bereits gefällt haben, indem wir zur Information über die Gültigkeit des Werts von "indatum" einen Variablen-Parameter vom Typ BOOLEAN benutzen;

- eine weitere "Repräsentations-Entscheidung", nämlich die bezüglich der Struktur von "DatumsTyp" noch nicht gefällt haben.

Unsere erste (und hoffentlich geschickte!) "Zerlegungs-Entscheidung" trennt die Überprüfung der Gültigkeit von "indatum" von der Berechnung des in "ausdatum" zu übergebenden Wertes. Der "schwarze Kasten" wird ein wenig durchsichtiger:

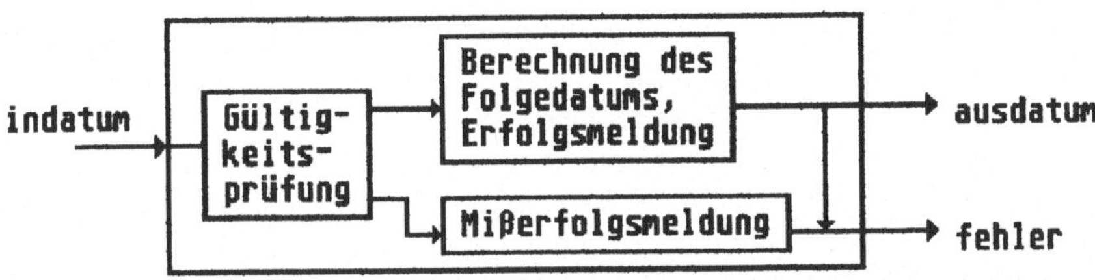

Mit dieser "Zerlegungs-Entscheidung" postulieren wir also die Existenz einer Funktion

DatumIstGueltig: DatumsTyp -> BOOLEAN

mit

$$\text{DatumIstGueltig(indatum)} = \begin{cases} \text{TRUE, falls indatum gültig} \\ \text{FALSE, sonst.} \end{cases}$$

Wir gelangen so zu der folgenden zweiten Version der Prozedur "FolgeDatum":

```
PROCEDURE FolgeDatum((*IN*)  indatum:DatumsTyp;
                    (*OUT*) VAR ausdatum: DatumsTyp;
                    (*OUT*) VAR fehler: BOOLEAN);
(*Version 2*)
(* Prolog wie oben *)
PROCEDURE DatumIstGültig(datum:DatumsTyp): BOOLEAN;
(* DatumIstGültig liefert den Wert TRUE, falls "datum" eine
gemäß dem Gregorianischen Kalender gültige Datumsangabe
enthält; andernfalls liefert die Prozedur den Wert FALSE *)
BEGIN (*DatumIstGueltig*)
END DatumsIstGueltig;
```

```
BEGIN (*FolgeDatum*)
  CASE DatumIstGueltig(indatum) OF
    TRUE: (*Berechne ausdatum*)
          (*Erfolgsmeldung*)    |
    FALSE:(*Mißerfolgsmeldung*)
  END (*CASE*)
END FolgeDatum;
```

Drei Bemerkungen sind an dieser Stelle angebracht:

(i) Bei der Umsetzung der ersten Verfeinerung des "schwarzen Kastens" in die obige Version der Prozedur "FolgeDatum" haben wir offensichtlich einen "gedanklichen Sprung" gemacht. Das "Black-Box"-Modell zeigt nämlich lediglich die möglichen Wege, welche Daten innerhalb des "Kastens" nehmen können (den "Datenfluß"), nicht jedoch die Bedingungen, unter denen der eine oder der andere Weg gewählt wird. Dies macht die Grenzen des "Black-Box"-Modells für die Darstellung der internen Struktur eines Programms deutlich. Wir werden diese Darstellungsweise daher im folgenden zunächst aufgeben.

(ii) Anstatt der CASE-Anweisung im Rumpf der Prozedur "FolgeDatum" hätten wir selbstverständlich, da nur die Fälle TRUE und FALSE zu unterscheiden sind, auch eine "IF...THEN...ELSE"-Anweisung verwenden können. Daß wir es hier nicht getan haben, geschah aus rein stilistischen Gründen: Da wir noch nicht wissen, ob nicht die Berechnung von ausdatum eine weitere Fallunterscheidung erfordert, verhindern wir so die Entstehung einer "IF... THEN IF..."-Konstruktion und befolgen damit die entsprechende Regel aus Abschnitt 2.2.2.

(iii) Wir haben, wie bereits angekündigt, Aktionen, die zur Erledigung der gestellten Aufgabe auszuführen sind, verbal beschrieben und diese Beschreibungen als Kommentare in strukturbildenden Anweisungen eingebettet. Wir werden diese Kommentare in weiteren Versionen immer mitführen. Damit befolgen wir Teil c) der Kommentierungsregel aus Abschnitt 2.2.1.

Die weitere Zerlegung von (*Berechne ausdatum*) liegt nahe: Nur falls "indatum" eine Datumsangabe enthält, die einen am Monatsende liegenden Tag identifiziert, ist die Berechnung von ausdatum offenbar etwas problematisch. Es scheint also sinnvoll, eine einfache Möglichkeit zu schaffen, um festzustellen, ob der mit "indatum" übergebene Wert diese Eigenschaft besitzt oder nicht. Wir postulieren also wiederum die Existenz einer Funktion

IstLetzterTag: DatumsTyp -> BOOLEAN

mit

IstLetzterTag(indatum) = [TRUE, falls indatum den letzten Tag eines Monats bezeichnet
FALSE, sonst]

und dokumentieren diesen Verfeinerungsschritt durch die dritte Version der Prozedur "FolgeDatum":

```
PROCEDURE FolgeDatum((*IN*) indatum:DatumsTyp;
                     (*OUT*) VAR ausdatum: DatumsTyp;
                     (*OUT*) VAR fehler: BOOLEAN);
(*Version 3*)
(* Prolog wie oben *)

PROCEDURE DatumIstGültig(datum:DatumsTyp): BOOLEAN;
(* Prolog wie oben *)
BEGIN END DatumsIstGueltig;
PROCEDURE IstLetzterTag(datum:DatumsTyp): BOOLEAN;
(*Bei Eintritt enthält "datum" eine gemäß Gregorianischem
Kalender gültige Datumsangabe. Die Prozedur liefert den Wert
TRUE, falls der Wert in "datum" den letzten Tag eines Monats
identifiziert und andernfalls den Wert FALSE*)
BEGIN END IstLetzterTag;
BEGIN (*FolgeDatum*)
  CASE DatumIstGueltig(indatum) OF
    TRUE: (*Berechne ausdatum*)
         IF IstLetzterTag(indatum) THEN
           (*erster Tag des nächsten Monats oder
           nächsten Jahres*)
         ELSE
           (*nächster Tag, gleicher Monat,
           gleiches Jahr*)
         END (*IF*);
         (*Erfolgsmeldung*)    |
    FALSE:(*Mißerfolgsmeldung*)
  END (*CASE*)
END FolgeDatum;
```

Nunmehr ist die Entscheidung für eine geeignete Struktur des Typs "DatumsTyp" fällig, da ohne eine solche "Repräsentations-Entscheidung" keine weitere Verfeinerung der in Version 3 beschriebenen Aktionen möglich ist.

Wir definieren daher:

```
TYPE MonatsTyp = (januar,februar,maerz,april,mai,juni,
                  juli,august,september,oktober,november,
                  dezember);
```

und

```
TYPE DatumsTyp = RECORD
                   tag: (1..31);
                   monat: MonatsTyp;
                   jahr: (1582..2099)
                 END;
```

Man mache sich klar, daß andere "Repräsentations-Entscheidungen" als diese (naheliegende!) möglich gewesen wären. Wir sollten deshalb schon einige Worte zur Begründung verlieren:

(i) Durch die Wahl der Subtypen (1..31) und (1582..2099) für "tag" bzw. "jahr" sind zugleich die zulässigen Wertebereiche für diese Komponenten einer Datumsangabe dokumentiert.

(i) Entsprechendes wird durch die Wahl des Enumerationstyps "MonatsTyp" für die Komponente "monat" erreicht. Mit dieser Festlegung kann der MODULA 2-Compiler darüberhinaus verhindern, daß eine Variable vom DatumsTyp eine "monat"-Komponente enthält, die nicht im zulässigen Wertebereich liegt.

Die in Version 3 beschriebenen Aktionen können nun unmittelbar durch MODULA 2-Anweisungen ausgelöst werden; wir erhalten also als vierte Version:

```
PROCEDURE FolgeDatum((*IN*)  indatum:DatumsTyp;
                     (*OUT*) VAR ausdatum: DatumsTyp;
                     (*OUT*) VAR fehler: BOOLEAN);
(*Version 4*)
(* Prolog wie oben *)
PROCEDURE DatumIstGültig(datum:DatumsTyp): BOOLEAN;
(* Prolog wie oben *)
BEGIN END DatumsIstGueltig;
PROCEDURE IstLetzterTag(datum:DatumsTyp): BOOLEAN;
(* Prolog wie oben *)
BEGIN END IstLetzterTag;
BEGIN (*FolgeDatum*)
  CASE DatumIstGueltig(indatum) OF
    TRUE: (*Berechne ausdatum*)
          IF IstLetzterTag(indatum) THEN
            (*erster Tag des nächsten Monats oder nächsten Jahres*)
```

```
            ausdatum.tag:=1;
            IF indatum.monat=dezember THEN
              ausdatum.jahr:=indatum.jahr + 1;
              ausdatum.monat:=januar
            ELSE
              ausdatum.jahr:=indatum.jahr;
              ausdatum.monat:=indatum.monat;
              INC(ausdatum.monat)
            END (*IF*)
          ELSE
            (*nächster Tag, gleicher Monat, gleiches Jahr*);
            ausdatum.tag:=indatum.tag + 1;
            ausdatum.monat:=indatum.monat;
            ausdatum.jahr:=indatum.jahr
          END (*IF*);
          (*Erfolgsmeldung*)
          fehler:=FALSE  |
    FALSE:(*Mißerfolgsmeldung*)
          fehler:=TRUE
  END (*CASE*)
END FolgeDatum;
```

Einen sehr kleinen Schritt haben wir bei diesem Übergang zur vierten Version ausgelassen, indem wir die Unterscheidung gemäß Jahresende nicht eigens dokumentierten. (Dies wäre wohl auch zuviel des Guten!) Gleich miterledigt haben wir auch die Erfolgs- bzw. Mißerfolgsmeldungen durch entsprechende Zuweisungen an die "Output-Variable" "fehler".

Der erteilte Auftrag wäre erledigt, wenn nicht noch die im Laufe der bisherigen Verfeinerungen entstandenen "schwarzen Kästen", die Funktions-Prozeduren "DatumIstGültig" und "IstLetzterTag", transparent zu machen wären. Den derzeitigen Stand der Entwicklung können wir durch die folgende Skizze dokumentieren:

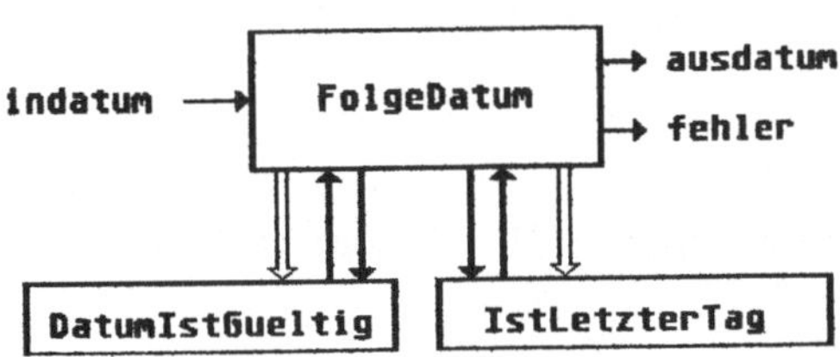

Durch diese Darstellung werden wichtige Beziehungen zwischen der Prozedur "Folgedatum" und den Funktions-Prozeduren "DatumIstGültig" und "IstLetzterTag" veranschaulicht:

- Der Doppelpfeil bedeutet "Aufruf"; das heißt, daß die in "DatumIstGültig" bzw. "IstLetzterTag" auszuführenden Aktionen durch die Prozedur "Folge-Datum" angestoßen, "aktiviert" werden.
- Der Einfachpfeil bedeutet "Übergabe von Datenobjekten": An beide Funktions-Prozeduren übergibt "FolgeDatum" ein Objekt in der Variablen "indatum" und erhält jeweils ein Objekt zurück, dessen "Behälter" durch den Namen der aufgerufenen Funktions-Prozedur identifiziert ist.

Im Gegensatz zur weiter oben skizzierten "Black-Box"-Darstellung der ersten Verfeinerung wird hier nicht klar, daß die Funktions-Prozeduren "DatumIst-Gültig" und "IstLetzterTag" auch Teile der Prozedur "FolgeDatum" sind. Im Programmtext kommt dies natürlich dadurch zum Ausdruck, daß die Funktions-Prozeduren "im Scope" von "FolgeDatum" definiert sind. Andererseits werden auch durch diese Visualisierung der Aufruf- und Datenübergabe-Beziehungen nicht die Bedingungen sichtbar, unter denen Aufruf und Datenübergabe erfolgen. Dennoch sind Darstellungen dieser Art - als Abstraktion wichtiger Aspekte der Struktur eines Programms - sehr nützlich. Wir werden ihnen mit mehr Ausführlichkeit in Kapitel 6 wiederbegegnen.

Wenden wir uns nun also der weiteren Verfeinerung der noch unfertigen Funktions-Prozeduren zu.

Die Gültigkeit einer Datumsangabe (tag,monat,jahr) hängt zum einen natürlich davon ab, ob die drei Komponenten jeweils im gültigen Wertebereich liegen. Der für "jahr" anzuwendende Wertebereich ist im übrigen durch die Aufgabenstellung festgelegt. Andererseits wissen wir aufgrund unserer "Allgemeinbildung", daß die möglichen Werte von "tag" vom jeweiligen "monat" abhängen und für den Monat Februar sogar von "jahr". Wir nutzen dieses Wissen für die Verfeinerung der Funktions-Prozedur "DatumIstGültig" aus:

```
PROCEDURE DatumIstGültig(datum:DatumsTyp): BOOLEAN;
(* Prolog wie oben *)
BEGIN
  IF (*tag nicht im Wertebereich*) THEN
    RETURN FALSE
  ELSIF (*jahr nicht im Wertebereich*) THEN
    RETURN FALSE
  ELSIF (*datum ist vor dem 15. Oktober 1582) THEN
    RETURN FALSE
  ELSE
   (*Prüfe, ob tag,monat und jahr zusammenpassen
   und entscheide danach*)
  END (*IF*)
END DatumsIstGueltig;
```

Eine Überprüfung, ob "monat" im korrekten Wertebereich liegt, erübrigt sich, da - wie oben begründet - der MODULA-2 - Compiler keine anderen Werte für "monat" zuläßt als die im Enumerationstyp "MonatsTyp" enthaltenen. Die Überprüfung der übrigen Komponenten hätten wir auch mit einer Bedingung - statt mit vier - formulieren können. Wir hätten damit jedoch Übersichtlichkeit und Klarheit gegen nichts eingetauscht. Die Bedingungen sind, ohne Umwege über weitere Funktions-Prozeduren zu nehmen, einfach zu formulieren. Da sie sich alle auf den in "datum" übergebenen Wert beziehen, betten wir die Gültigkeitsprüfung in eine entsprechende WITH-Anweisung ein.

```
PROCEDURE DatumIstGültig(datum:DatumsTyp): BOOLEAN;
(* Prolog wie oben *)
BEGIN
  WITH datum DO
    IF (tag < 1) OR (tag > 31) THEN
      RETURN FALSE
    ELSIF (jahr < 1582) OR (jahr > 2099) THEN
      RETURN FALSE
    ELSIF (jahr=1582) AND ((monat=oktober) AND (tag < 15)
                          OR (monat < oktober)) THEN
      RETURN FALSE
    ELSE
      (*Prüfe, ob tag,monat und jahr zusammenpassen
      und entscheide danach*)
    END (*IF*)
  END (*WITH*)
END DatumsIstGueltig;
```

Für die Überprüfung, ob "tag", "monat" und "jahr" zusammenpassen, postulieren wir die Existenz einer Funktion

IstSchaltjahr: CARDINAL -> BOOLEAN

mit

$$\text{IstSchaltjahr(jahr)} = \begin{cases} \text{TRUE, falls "jahr" ein Schaltjahr bezeichnet} \\ \text{FALSE, sonst} \end{cases}$$

(Möglicherweise müssen wir erst einen Experten nach der Schaltjahr-Regel des Gregorianischen Kalenders fragen!) Damit kann auch der "ELSE-Zweig" ausgearbeitet werden:

```
PROCEDURE DatumIstGültig(datum:DatumsTyp): BOOLEAN;
(* Prolog wie oben *)
BEGIN
  WITH datum DO
```

```
    IF (tag < 1) OR (tag > 31) THEN
      RETURN FALSE
    ELSIF (jahr < 1582) OR (jahr > 2099) THEN
      RETURN FALSE
    ELSIF (jahr=1582) AND ((monat=oktober) AND (tag < 15)
                          OR (monat < oktober)) THEN
      RETURN FALSE
    ELSE
      (*Prüfe, ob tag,monat und jahr zusammenpassen
      und entscheide danach*)
      CASE monat OF
        februar: IF IstSchaltjahr(jahr) THEN
                   RETURN (tag <= 29)
                 ELSE
                   RETURN (tag <= 28)
                 END (*IF*) |
        april,juni,september,november:
                 RETURN (tag <= 30) |
        ELSE
                 RETURN (tag <= 31)
      END (*CASE*)
    END (*IF*)
  END (*WITH*) END DatumsIstGueltig;
```

Man beachte, daß wir die Funktions-Prozedur "IstSchaltjahr" noch nicht "im Scope" von "DatumIstGültig" deklariert haben. In weiser Voraussicht: Möglicherweise benötigen wir sie ja noch in einem anderen Zusammenhang. Sie wäre dort dann ein zweites Mal zu deklarieren. Und in der Tat bemerken wir, daß auch die Entscheidung darüber, ob eine Datumsangabe den letzten Tag eines Monats identifiziert oder nicht, von der Schaltjahr-Eigenschaft abhängt:

```
PROCEDURE  IstLetzterTag(datum:DatumsTyp): BOOLEAN;
(* Prolog wie oben *)
BEGIN
  WITH datum DO
    CASE monat OF
      februar: IF IstSchaltjahr(jahr) THEN
                 RETURN (tag=29)
               ELSE
                 RETURN (tag=28)
               END (*IF*) |
      april,juni,september,november:
               RETURN (tag=30) |
```

```
    ELSE
          RETURN (tag=31)
   END (*CASE*)
  END (*WITH*)
END IstLetzterTag;
```

Es ist also - zumindest im Rahmen unserer ursprünglichen Aufgabenstellung - sinnvoll, die Funktions-Prozedur "IstSchaltjahr", welche die Schaltjahr-Eigenschaft entscheidet, "im Scope" der Prozedur "Folgedatum" zu deklarieren. (Sie wird auf diese Weise "allgemein zugänglich"!) Somit lautet die fünfte und (hier) endgültige Version dieser Prozedur:

```
PROCEDURE FolgeDatum((*IN*)  indatum:DatumsTyp;
                     (*OUT*) VAR ausdatum: DatumsTyp;
                     (*OUT*) VAR fehler: BOOLEAN);
(*Version 5*)
(*Beim Eintritt enthält "indatum" eine Datumsangabe. Falls
"indatum" gemäß Gregorianischem Kalender gültig ist und
zwischen dem 15. Oktober 1582 und dem 31. Dezember 2099
(jeweils einschließlich) liegt, so enthält "ausdatum" bei
Prozedurende das Datum des Folgetages. In diesem Fall enthält
"fehler" den Wert FALSE. Andernfalls enthält "fehler" bei
Prozedurende den Wert "TRUE"*)
PROCEDURE IstSchaltjahr(jahr:CARDINAL): BOOLEAN;
(*IstSchaltjahr liefert den Wert TRUE, falls der Inhalt von "jahr"
dem Gregorianischen Kalender gemäß ein Schaltjahr bezeichnet
und FALSE sonst*)
BEGIN
  RETURN ((jahr MOD 4 = 0) AND
          (jahr MOD 100 <> 0)) OR
          (jahr MOD 400 = 0)
END IstSchaltjahr;
PROCEDURE DatumIstGültig(datum:DatumsTyp): BOOLEAN;
(* DatumIstGültig liefert den Wert TRUE, falls "datum" eine
gemäß dem Gregorianischen Kalender gültige Datumsangabe
enthält; andernfalls liefert die Prozedur den Wert FALSE *)
BEGIN
  WITH datum DO
    IF (tag < 1) OR (tag > 31) THEN
      RETURN FALSE
    ELSIF (jahr < 1582) OR (jahr > 2099) THEN
      RETURN FALSE
```

```
      ELSIF (jahr=1582) AND ((monat=oktober) AND (tag < 15)
                        OR (monat < oktober))  THEN
        RETURN FALSE
      ELSE
        (*Prüfe, ob tag,monat und jahr zusammenpassen und
        entscheide danach*)
        CASE monat OF
          februar: IF IstSchaltjahr(jahr) THEN
                     RETURN (tag <= 29)
                   ELSE
                     RETURN (tag <= 28)
                   END (*IF*)  |
          april,juni,september,november:
                   RETURN (tag <= 30)  |
          ELSE
                   RETURN (tag <= 31)
        END (*CASE*)
      END (*IF*)
    END (*WITH*) END DatumsIstGueltig;
  PROCEDURE IstLetzterTag(datum:DatumsTyp): BOOLEAN;
  (*Bei Eintritt enthält "datum" eine gemäß Gregorianischem
  Kalender gültige Datumsangabe. Die Prozedur liefert den Wert
  TRUE, falls der Wert in "datum" den letzten Tag eines Monats
  identifiziert und andernfalls den Wert FALSE*)
  BEGIN
    WITH datum DO
      CASE monat OF
        februar: IF IstSchaltjahr(jahr) THEN
                   RETURN (tag=29)
                 ELSE
                   RETURN (tag=28)
                 END (*IF*) |
        april,juni,september,november:
                 RETURN (tag=30) |
        ELSE
                 RETURN (tag=31)
      END (*CASE*)
    END (*WITH*) END IstLetzterTag;
```

```
BEGIN (*FolgeDatum*)
  WITH ausdatum DO
    CASE DatumIstGueltig(indatum) OF
      TRUE: (*Berechne ausdatum*)
            IF IstLetzterTag(indatum) THEN
              (*erster Tag des nächsten Monats oder
              nächsten Jahres*)
              tag:=1;
              IF indatum.monat=dezember THEN
                jahr:=indatum.jahr + 1;
                monat:=januar
              ELSE
                jahr:=indatum.jahr;
                monat:=indatum.monat;
                INC(monat)
              END (*IF*)
            ELSE
              (*nächster Tag, gleicher Monat,
              gleiches Jahr*);
              tag:=indatum.tag + 1;
              monat:=indatum.monat;
              jahr:=indatum.jahr
            END (*IF*);
            (*Erfolgsmeldung*)
            fehler:=FALSE |
      FALSE:(*Mißerfolgsmeldung*)
            fehler:=TRUE
    END (*CASE*)
  END (*WITH*)
END FolgeDatum;
```

Den Rumpf der Prozedur "FolgeDatum" haben wir hier noch in eine WITH-Anweisung eingebettet, da sich die meisten Zuweisungen auf die Output-Variable "ausdatum" beziehen. Die vollständige "Aufruf-Hierarchie" zeigt das nebenstehende Diagramm:

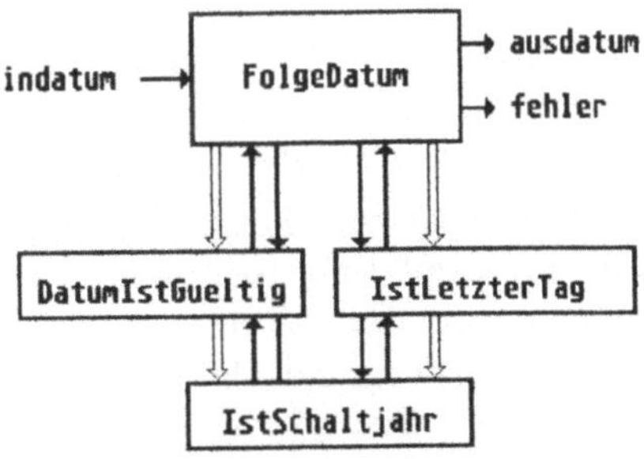

Mit Fertigstellung der letzten Version sind die Versionen 1 - 4, die lediglich die Etappen der schrittweisen Verfeinerung dokumentierten, obsolet geworden. Version 5 enthält in Form von Kommentaren (fast) alle unsere Überlegungen, die schließlich zum Ziel geführt haben. Sie dokumentiert unseren "Entwurf" und enthält gleichzeitig den zur Lösung der gestellten Aufgabe erforderlichen Programmcode. Man kann sich leicht vorstellen, wie die Entwicklung der Prozedur etwa mit Hilfe eines komfortablen (Bildschirm-orientierten) Editors hätte vonstatten gehen können: Die einzelnen Versionen, die wir zur Verdeutlichung der Vorgehensweise zunächst alle aufbewahrt haben, hätten sukzessive aufeinander aufbauen und sich dabei jeweils ersetzen können.

4.2.2 Acht Damen

Nach uralter Schachregel darf eine Dame jede gegnerische Figur schlagen, die sie auf dem Schachbrett in horizontaler, vertikaler oder diagonaler Richtung direkt im Visier hat:

	A	B	C	D	E	F	G	H
8							g	
7			g					
6								
5			D			g		g
4								
3	g			g				
2								
1							g	

Die Dame auf Feld C5 bedroht die gegnerischen Figuren auf den Feldern C7, F5, A3 und G1, nicht jedoch die Figuren auf G8, H5 und D3.

(Steht die Dame in einer Ecke, so ist natürlich nur eine Diagonale zu überblikken.)

Die Frage lautet nun: Kann man acht Damen so auf einem Schachbrett positionieren, daß keine eine andere schlagen kann? Solche Positionen, wir nennen sie "friedlich", wollen wir mit Hilfe eines geeigneten Programms finden.

Im Gegensatz zum Beispiel "FolgeDatum" scheint dieses sogenannte "Acht-Damen-Problem" keinerlei praktische Bedeutung zu haben. Warum also, so mag man sich wundern, greifen wir in einem Buch, in dem praktische Fragestellungen im Vordergrund stehen sollen, eine solche offensichtliche Spielerei auf? Hierzu zwei Bemerkungen:

(i) Zunächst geht es uns bei der Auswahl unserer Beispiele nicht primär darum, einem (zwanghaften?) Anspruch auf Praxisnähe zu genügen. Vielmehr sollen die Beispiele bestimmte Prinzipien, Vorgehensweisen und "(imperative!) Denkmuster" ("Paradigmata") besonders prägnant verdeutlichen.

(ii) Bei der Erarbeitung einer Prozedur zur Lösung des "Acht-Damen-Problems" werden wir in der Tat Gelegenheit haben, "zwei Fliegen mit einer Klappe zu schlagen". Schrittweise Verfeinerung wird hier auf einem Schema basieren, das sich ohne weiteres auf viele andere Probleme anwenden läßt, welche durchaus von praktischem Nutzen sind: Es ist ein mögliches "Grundschema" für Abläufe, die zum Beispiel im Kern der immer populärer werdenden sogenannten "Expertensysteme" stattfinden. Wir werden diesen Aspekt der Verallgemeinerbarkeit von Lösungen zu Lösungsmustern weiter unten noch etwas vertiefen.

Doch nun unsere Aufgabe, genauer formuliert:

> Es ist eine Prozedur zu schreiben, die alle Lösungen des "Acht-Damen-Problems" ermittelt und ausgibt.
>
> Ein Feld des Schachbretts werde durch die Angabe von Zeilen-Nummer (im Wertebereich von 1..8) und Spalten-Nummer (der Einfachheit halber ebenfalls im Wertebereich von 1..8) identifiziert.
>
> Eine Lösung liefert für jede Spalte die Zeilen-Nummer des Feldes, auf das eine Dame so gestellt werden kann, daß sie keine andere Dame bedroht.

Bei dieser Formulierung haben wir bereits die triviale Einsicht berücksichtigt, daß - wenn es überhaupt eine Lösung gibt - in jeder Spalte genau eine Dame positioniert werden muß.

Vor einer Beschreibung der von der gesuchten Prozedur zu veranlassenden Aktionen, überlegen wir uns, wie man "manuell" eine Lösung finden könnte:

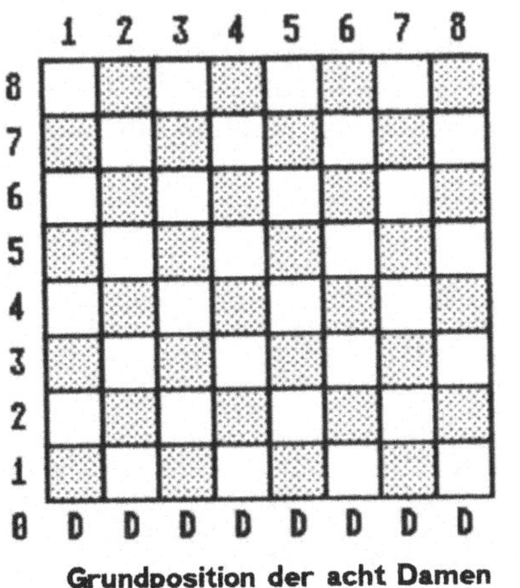

Grundposition der acht Damen

- Wir bringen zunächst alle Damen in Grundposition; die Grundposition einer Dame sei vor einer der Spalten. Dies erlaubt uns, von "der Dame" in einer gegebenen Spalte und von ihrer Grundposition zu sprechen.
- Wir nehmen die Dame vor Spalte 1 und setzen sie in dieser Spalte auf das erste Feld. Wir nehmen die Dame vor Spalte 2 und setzen sie in dieser Spalte auf das erste Feld, auf dem sie von der bereits gesetzten Dame nicht bedroht wird;
- Mit den Damen vor den weiteren Spalten verfahren wir ebenso und erhalten:

Eine friedliche Stellung der ersten fünf Damen:

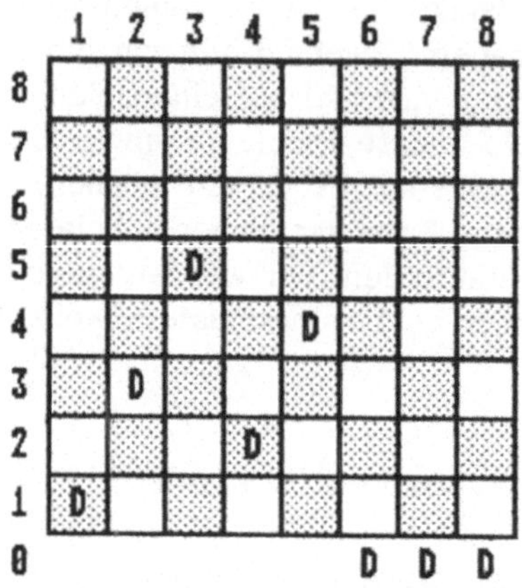

- Die Dame vor Spalte 6 kann dort nun freilich nicht mehr positioniert werden, ohne daß der Friede gestört wird. Eine Abhilfe kann dadurch geschaffen werden, daß man für "Dame 5" die nächste friedliche Position in ihrer Spalte findet und dann erneut "Dame 6" zu positionieren versucht.
- Findet man in einer solchen Situation aber kein "nächstes friedliches Feld" für die Dame einer Spalte, so muß man sie in ihre Grundposition *zurückziehen* und ein "nächstes friedliches Feld" für die Dame in der Vorgänger-Spalte finden. War "Dame 1" die nicht mehr unterzubringende Dame, so gibt es keine Vorgänger-Spalte und man ist fertig.
- Wenn es auf diese Weise gelingt, "Dame 8" friedlich zu setzen, so hat man eine Lösung gefunden und man kann sie notieren. Man wird dann weiter versuchen, auch für "Dame 8" ein "nächstes friedliches Feld" zu finden. Gelingt dies nicht, so zieht man sie auf ihre Grundposition zurück und fährt entsprechend mit "Dame 7" fort. Usw.

Mit diesen vorbereitenden Experimenten können wir eine erste "strukturierte Aktionsbeschreibung" anfertigen:

```
PROCEDURE AchtDamen;
(*Version 1*)
(*Die Prozedur findet alle friedlichen Stellungen von acht Damen
auf einem Schachbrett und gibt sie in Form von 8-Tupeln aus.
Komponente i eines solchen 8-Tupels bezeichnet die Position der
Dame in der i-ten Spalte*)
BEGIN
  (*bringe alle Damen in Grundposition*)
  (*es kann gesetzt werden*)
  (*nimm als zu setzende Dame die "Dame 1"*)
  WHILE (*es kann gesetzt werden*) DO
    (*Suche für die zu setzende Dame die nächste
    friedliche Position in ihrer Spalte*)
    CASE (*Position gefunden*) OF
      TRUE:  IF (*zu setzende Dame war "Dame 8"*) THEN
               (*Lösung gefunden, ausgeben*)
```

```
                ELSE
                  (*nimm als zu setzende Dame
                  die Dame vor der nächsten Spalte*)
                END (*IF) |
          FALSE: IF (*zu setzende Dame war "Dame 1"*) THEN
                   (*es kann nicht mehr gesetzt werden*)
                 ELSE
                   (*ziehe die zu setzende Dame auf
                   ihre Grundposition zurück*)
                   (*nimm als zu setzende Dame
                   die Dame in der Vorgänger-Spalte*)
                 END (*IF*)
      END (*CASE*)
    END (*WHILE*)
  END AchtDamen;
```

Man überzeuge sich davon, daß diese Beschreibung unser "manuelles Verfahren" perfekt widergibt. Man beachte ferner:

- Der Kommentar (*es kann gesetzt werden*) ist offenbar notwendig, um eine Abbruchsbedingung für die WHILE-Anweisung zu erhalten. Es kann nämlich dann nicht mehr gesetzt werden, wenn für "Dame 1" kein "nächstes friedliches Feld" mehr gefunden wird (s.o.).
- Schrittweise Verfeinerung kam bei der Formulierung dieser Prozedur noch gar nicht in's Spiel. Wir haben lediglich unser intuitives Problemverständnis "strukturiert". Diese "Strukturierung" wird nun als Basis für die weitergehende Verfeinerung dienen. Damit kommt bei diesem Beispiel sehr viel stärker zum Ausdruck, was im vorigen Abschnitt (mit der beinahe trivialen Zerlegung in "Gültigkeitsprüfung" und "Folgedatumsberechnung") nur anklang: wieviel Geschick nämlich, Kreativität und eben "Intuition" notwendig sind, um überhaupt erst einen geeigneten Ausgangspunkt für die "Schrittweise Verfeinerung" zu erreichen.

Eine Entscheidung darüber, wie Lösungen zu repräsentieren sind, ist nun notwendig. Sie wird durch den Wortlaut der Aufgabenstellung nahegelegt. Aus ihr geht hervor, daß pro Spalte die Zeilen-Nummer eines Feldes anzugeben ist. Wir definieren also:

```
CONST DimC = 8; (*Seitenlänge - in Anzahl Felder - des
                  Schachbretts*)
TYPE  SpaltenTyp    = (1..DimC);   (*Wertebereich der SpaltenNr.*)
      ZeilenTyp     = (0..DimC);   (*Wertebereich der ZeilenNr.*)
      PositionsTyp = ARRAY SpaltenTyp OF ZeilenTyp;
```

Eine der Regeln in Abschnitt 2.2.1 befolgend, haben wir der (als Anzahl der Felder gemessenen) Seitenlänge des Schachbretts mittels Konstanten-Deklaration einen Namen gegeben. So kann die Prozedur sehr leicht für die Lösung der entsprechenden "Damen-Probleme" auf größeren oder kleineren "Pseudo-Schachbrettern" modifiziert werden.

In den Wertebereich der Zeilen-Nummern haben wir die "0" aufgenommen. Dies ist eine einfache Möglichkeit, um die Grundposition einer Dame zu repräsentieren: Daß die Dame einer gegebenen Spalte in Zeile 0 steht, bedeutet, daß sie ihre Grundposition hat.

Die obige Vereinbarung der Konstanten und Typen kann selbstverständlich in die Prozedur "AchtDamen" eingebettet, auf sie lokalisiert werden. Notwendig ist dies nicht, und wir werden im folgenden davon ausgehen, daß diese Vereinbarung außerhalb der Prozedur getroffen wurde.

Wir benötigen ferner eine Variable vom PositionsTyp, um darin die jeweiligen Stellungen der acht Damen zu speichern. Sei "pos" der Name dieser Variablen. Dann gilt also für die oben entwickelte friedliche Stellung der ersten fünf Damen:

```
pos[1] = 1,  pos[2] = 3,  pos[3] = 5,  pos[4] = 2,  pos[5] = 4,
pos[6] = pos[7] = pos[8] = 0.
```

Die Versetzung aller Damen in ihre Grundposition wird durch eine FOR-Anweisung erledigt:

```
FOR dame:=1 TO DimC DO pos[dame]:=0 END;
```

Um auszudrücken, daß "gesetzt werden kann" bzw. daß weiteres Setzen nicht mehr möglich ist, führen wir die Variable "setzenIstMoeglich" vom Typ BOOLEAN ein.

Die Suche nach der "nächsten friedlichen Position einer Dame in ihrer Spalte" werden wir einer geeigneten Prozedur überlassen. Den Prinzipien "Schrittweiser Verfeinerung" getreu, schieben wir damit eine Detail-Ausarbeitung auf:

```
PROCEDURE SucheStellung((*IN*) s:SpaltenTyp;
                        (*INOUT*) VAR p:PositionsTyp;
                        (*OUT*) VAR gefunden:BOOLEAN);
(*Sucht ab der in "p" gespeicherten Position der Dame von Spalte
"s" die nächste friedliche Stellung dieser Dame (bezogen auf die
in den Spalten 1..s-1 bereits gesetzten Damen). Falls eine solche
Stellung existiert, wird "p" entsprechend aktualisiert und
"gefunden" erhält den Wert TRUE; im anderen Fall erhält
"gefunden" den Wert FALSE.*)
BEGIN
END SucheStellung;
```

Auch die Druckausgabe oder das "Display" einer Lösung sei einer darauf spezialisierten Prozedur überlassen:

```
PROCEDURE Print(p:PositionsTyp);
(*Gibt eine Stellung der acht Damen in Form eines DimC-Tupels
auf den Bildschirm aus*)
BEGIN
END Print;
```

Version 2 der Prozedur "AchtDamen" macht nun schon einen recht fortgeschrittenen Eindruck:

```
PROCEDURE AchtDamen;
(*Version 2*)
(*s.o.*)
VAR pos: PositionsTyp;
      dame: SpaltenTyp; (*"die Dame von Spalte ..."*)
      setzenIstMoeglich, stellungGefunden: BOOLEAN;
PROCEDURE Print(p:PositionsTyp);
(*s.o*)
BEGIN
END Print;
PROCEDURE SucheStellung((*IN*) s:SpaltenTyp;
                                           (*INOUT*) VAR p:PositionsTyp;
                                           (*OUT*) VAR gefunden:BOOLEAN);
(*s.o*)
BEGIN
END SucheStellung;
BEGIN (*AchtDamen*)
  (*bringe alle Damen in Grundposition*)
  FOR dame:=1 TO DimC DO
    pos[dame]:=0
  END (*FOR*);
  (*es kann gesetzt werden*)
  setzenIstMoeglich:=TRUE;
  (*nimm als zu setzende Dame die "Dame 1"*)
  dame:=1;
  WHILE setzenIstMoeglich DO
    (*Suche für die zu setzende Dame die nächste
    friedliche Position in ihrer Spalte*)
    SucheStellung(dame,pos,stellungGefunden);
    CASE stellungGefunden OF
      TRUE:  IF dame=DimC THEN
                   (*Lösung gefunden, ausgeben*)
```

```
                Print(pos)
              ELSE
                (*nimm als zu setzende Dame
                die Dame vor der nächsten Spalte*)
                dame:=dame + 1
              END (*IF) |
        FALSE: IF dame=1 THEN
                (*es kann nicht mehr gesetzt werden*)
                setzenIstMoeglich:=FALSE
              ELSE
                (*ziehe die zu setzende Dame auf
                ihre Grundposition zurück*)
                pos[dame]:=0;
                (*nimm als zu setzende Dame
                die Dame in der Vorgänger-Spalte*)
                dame:=dame - 1
              END (*IF*)
      END (*CASE*)
    END (*WHILE*)
  END AchtDamen;
```

Die Prozedur "SucheStellung" muß die Dame in Spalte "s" von ihrer aktuellen Position in Zeile p[s] ab solange in dieser Spalte jeweils ein Feld weiterschieben, bis ein "friedliches Feld" gefunden ist:

```
PROCEDURE SucheStellung((*IN*) s:SpaltenTyp;
                        (*INOUT*) VAR p:PositionsTyp;
                        (*OUT*) VAR gefunden:BOOLEAN);
(*Version 1*)
(*s.o*)
BEGIN
  (*nächste friedliche Stellung noch nicht gefunden*)
  IF (*Dame nicht schon auf letztem Feld der Spalte*) THEN
    REPEAT
      (*schiebe Dame auf das nächste Feld*)
      (*prüfe das Feld*)
    UNTIL (*friedliche Stellung gefunden*) OR
         (*letztes Feld der Spalte erreicht*)
  END (*IF*)
END SucheStellung;
```

Zur Prüfung eines Feldes, ob es eine friedliche Stellung erlaubt oder nicht, postulieren wir die Existenz einer Funktion

StellungFriedlich: PositionsTyp × SpaltenTyp -> BOOLEAN

StellungFriedlich(spalte) =
- TRUE, falls die in "spalte" gesetzte Dame die gemäß "p" in die Vorgängerspalten gesetzten Damen nicht bedroht
- FALSE, sonst

Damit erhalten wir Version 2 von "SucheStellung":

```
PROCEDURE SucheStellung((*IN*) s:SpaltenTyp;
                        (*INOUT*) VAR p:PositionsTyp;
                        (*OUT*) VAR gefunden:BOOLEAN);
(*Version 2*) (*s.o*)
PROCEDURE StellungFriedlich(p:PositionsTyp;
                            s:SpaltenTyp): BOOLEAN;
(*Prüft nach, ob die in Spalte "s" gesetzte Dame vorher - in die
durch "p" gegebenen Positionen - gesetzten Damen bedroht. *)
BEGIN
END StellungFriedlich;
BEGIN (*SucheStellung*)
  (*nächste friedliche Stellung noch nicht gefunden*)
  gefunden:=FALSE;
  IF p[s] < DimC THEN
    REPEAT
      (*schiebe Dame auf das nächste Feld*)
      p[s]:=p[s] + 1;
      (*prüfe das Feld*)
      gefunden:=StellungFriedlich(s)
    UNTIL gefunden OR (p[s]=DimC)
  END (*IF*)
END SucheStellung;
```

Im Falle der Berechnung des Folgedatums haben wir die "Verpackung" der für diese Berechnung gewissermaßen "zentralen" Schaltjahr-Regel in einer Funktions-Prozedur bis zuletzt aufgeschoben. Auch im vorliegenden Beispiel geht es nun "nur" noch darum, die alles entscheidende Schlag-Regel in die Funktions-Prozedur "StellungFriedlich" zu integrieren. Dazu müssen wir erkennen, wie sich diese Regel unter Verwendung der gewählten Repräsentation von Damen-Stellungen ausdrücken läßt.

Betrachten wir die "Dame s" und eine (bereits gesetzte) "Dame i" mit i < s.
"Dame s" bedroht "Dame i", wenn

- "Dame s" und "Dame i" sich auf gleicher Zeile befinden, d.h. wenn p(s) - p(i) = 0;
- "Dame s" die "Dame i" diagonal im Visier hat; man mache sich klar, daß dies bedeutet: p[s] - p[i] = s-i oder p[s] - p[i] = i-s.

(Der "Spaltenteil" der Schlag-Regel entfällt natürlich, da unsere Prozedur von vornherein ausschließt, daß zwei Damen in die gleiche Spalte geraten.)

Die Funktions-Prozedur "StellungFriedlich" lautet also:

```
PROCEDURE  StellungFriedlich(p:PositionsTyp;
                              s:SpaltenTyp): BOOLEAN;
(*s.o.*)
VAR i: SpaltenTyp;
    diff: INTEGER;
    friedlich: BOOLEAN;
BEGIN
  friedlich:=TRUE;
  i:=1;
  WHILE (i < s) AND friedlich DO
    diff:=INTEGER(p[s]) - INTEGER(p[i]) ;
    friedlich:=NOT((diff=0) OR
                (diff=INTEGER(s)-INTEGER(i)) OR
                (diff=INTEGER(i)-INTEGER(s)));
    INC(i)
  END (*WHILE*);
  RETURN friedlich
END StellungFriedlich.
```

Da "s", "i", "p[s]" und "p[i]" alle vom Spalten-Typ, also von einem Subtyp des Typs CARDINAL sind, benötigen wir hier die Typ-Transfer-Funktion "INTEGER", um Zuweisungen zu bzw. Vergleiche mit "diff" zu ermöglichen.

Auf einen Anschrieb der kompletten Prozedur "AchtDamen" verzichten wir an dieser Stelle. Stattdessen betrachten wir ein auf den ersten Blick ganz anderes Problem: die Suche eines Weges durch ein Labyrinth, das etwa wie nebenstehend gezeigt aussehen mag:

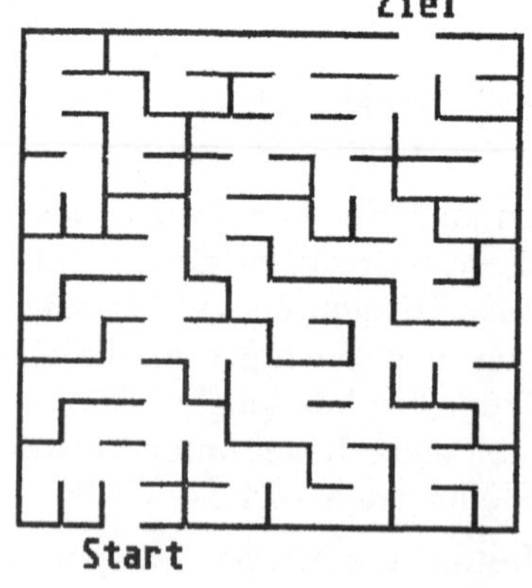

Dieses Labyrinth ist eine Anordnung von "Zellen". Die Zellen haben Wände, und in jeweils einigen dieser Wände sind Öffnungen eingelassen, die in benachbarte Zellen führen.

Was würde ein Wesen, das vom Eingang "Start" zum Ausgang "Ziel" gelangen möchte, tun? Eine Möglichkeit sei kurz beschrieben: Es muß sich natürlich zunächst in die Zelle begeben, in die der Eingang "Start" führt. Dort würde es in einer bestimmten Reihenfolge - etwa im Uhrzeigersein - alle Wände anschauen, um eine vom Eingang verschiedene Öffnung zu entdecken. Falls diese schon der Ausgang ist, so wäre es fertig. Andernfalls würde es durch die erste gefundene Öffnung hindurchgehen und die so erreichte Nachbarzelle in der gleichen Weise untersuchen. Irgendwann gerät es dann vielleicht in eine Zelle, die außer ihrem Eingang keine weitere Öffnung besitzt. Dann muß es sich aus dieser Zelle *zurückziehen*, um in der Vorgängerzelle (entsprechend der vorgenommenen Reihenfolge) nach einer weiteren Öffnung zu suchen. Führt auch diese Suche nicht zum Erfolg, so wird es sich noch weiter *zurückziehen* und so fort. Unter bestimmten, an die Struktur des Labyrinths zu stellenden Bedingungen, wird es so schließlich das Ziel erreichen, falls überhaupt ein Weg dorthin führt. Gibt es aber keinen Weg zum "Ziel", so wird es sich irgendwann wieder in der "Startzelle" befinden und alle deren Öffnungen "abgearbeitet" haben.

Im Fall des oben skizzierten Labyrinths wird man etwa folgenden Weg finden:

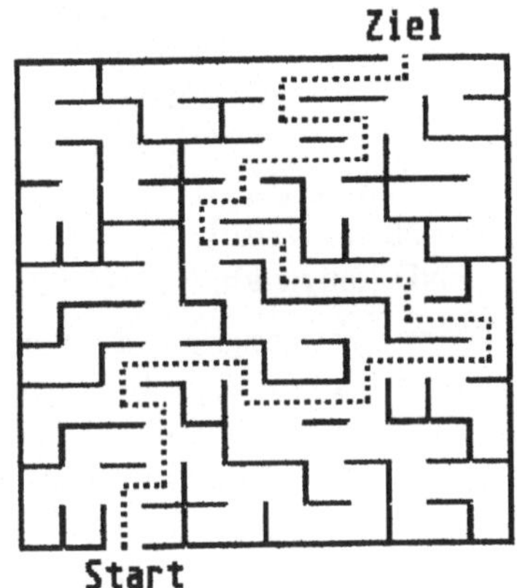

Versuchen wir, der Beschreibung ein wenig mehr Form zu geben:

```
PROCEDURE Labyrinth;
(*Die Prozedur findet alle Wege vom Eingang "Start" des
Labyrinths bis zum Ausgang "Ziel", falls ein solcher Weg
überhaupt existiert.*)
BEGIN
  (*man lege für alle Zellen eine Reihenfolge
  der Betrachtung ihrer Wände fest*)
  (*es kann weitergegangen werden*)
```

```
(*man nehme die Startzelle
als zu untersuchende Zelle*)
WHILE (*es kann weitergegangen werden*) DO
  (*man finde in der zu untersuchenden Zelle
  die nächste Wand, die eine Öffnung enthält*)
  CASE (*Öffnung gefunden*) OF
    TRUE:  IF (*Öffnung ist Ausgang*) THEN
             (*Weg gefunden*)
           ELSE
             (*man gehe durch diese Öffnung*)
             (*die nächste zu untersuchende Zelle
             ist die so erreichte Nachbarzelle*)
           END (*IF) |
    FALSE: IF (*Öffnung ist Eingang*) THEN
             (*es kann nicht weitergegangen werden*)
           ELSE
             (*man stelle in der aktuellen Zelle die
             Reihenfolge der Betrachtung ihrer Wände
             wieder her*)
             (*man ziehe sich in die Vorgängerzelle
             zurück und nehme sie als zu untersuchende
             Zelle*)
           END (*IF*)
  END (*CASE*)
END (*WHILE*)
END Labyrinth;
```

Gewiß, der Schwierigkeit, die wir oben etwas vornehm mit "bestimmten, an das Labyrinth zu stellenden Bedingungen" umschrieben haben, wird durch diese halbformale Darstellung der Prozedur des Wegesuchens in einem Labyrinth zunächst auch nicht Rechnung getragen: Es handelt sich darum, daß man ja "im Kreise laufen kann" und dies entdecken muß. Wir wollen uns mit dieser Schwierigkeit aber auch gar nicht weiter aufhalten, da wir inzwischen eine viel interessantere Entdeckung gemacht haben:

Es gibt eine verblüffende Ähnlichkeit zwischen dem Schema ("Version 1") der Prozedur zur Ermittlung der friedlichen Stellungen von acht Damen auf einem Schachbrett und dem eben entwickelten Schema einer Prozedur, welche die Wege durch ein Labyrinth sucht. Offenbar mußten wir nur einige Objekte austauschen sowie Bedingungen und elementare Schritte etwas uminterpretieren, um von "AchtDamen" zu "Labyrinth" zu gelangen:

AchtDamen	Labyrinth
Bringe alle Damen in Grundposition	Man lege für alle Zellen eine Reihenfolge der Betrachtung ihrer Wände fest
Es kann gesetzt werden	Es kann weitergegangen werden
Spalte	Zelle
Nächste Spalte	Nachbarzelle
Vorgänger-Spalte	Vorgängerzelle
Position in Spalte ...	Wand
friedliche Position	Wand mit Öffnung
usw.	

(Man sieht: Nicht nur durch die Komplexität des Schachspiels begründet kann das Schachbrett als ein Labyrinth aufgefaßt werden!)

Der Leser ist aufgefordert, sich zu überlegen, wie - gemäß dieser Analogie - eine Lösung des Labyrinth-Problems notiert werden müßte.

Das zielsuchende Wesen hätte nun sicherlich auch ganz andere Erwägungen anstellen können, um den Ausweg zu finden. Es hätte sich zum Beispiel sagen können: "Gleichgültig, in welcher Zelle ich mich jeweils befinde, ich werde mich immer wie folgt verhalten: Ich untersuche in der festgesetzten Reihenfolge alle Wände dieser Zelle (außer der Wand, durch die ich gekommen bin); ist eine Öffnung in der Wand, so führt diese entweder direkt zum Ziel oder nicht. Im ersten Fall bin ich fertig. Im zweiten Fall gehe ich durch die Öffnung in die Nachbarzelle, wo ich mich natürlich genauso verhalten muß! Nachdem ich so alle Wände der Zelle untersucht habe, weiß ich, daß es aus dieser Zelle keinen Ausweg gibt."

Da dies Verhalten auch für die Startzelle gilt, führt seine Anwendung dort entweder zum Ziel oder zur Einsicht, daß kein Weg zum Ziel existiert.

Bringen wir auch diese Vorgehensweise "in eine Form":

```
PROCEDURE Labyrinth;
(*Die Prozedur findet einen Weg vom Eingang "Start" des
Labyrinths bis zum Ausgang "Ziel", falls ein solcher Weg
überhaupt existiert.*)
PROCEDURE FindeAusweg(zelle:ZellenTyp);
(*Die Prozedur findet einen Weg von "zelle" zum "Ziel", falls ein
solcher Weg überhaupt existiert*)
BEGIN
  FOR (*alle Wände außer der Eingangswand*) DO
    IF (*Öffnung in der Wand*) THEN
```

```
        (*man gehe durch diese Öffnung
        in die Nachbarzelle*)
        CASE (*Nachbarzelle ist Ziel*) OF
          TRUE:  (*fertig; Erfolgsmeldung;
                  Abbruch der Prozedur*)|
          FALSE: FindeAusweg(nachbarzelle)
        END (*CASE*);
        (*man gehe aus der Nachbarzelle in die
        Zelle "zelle" zurück*)
      END (*IF*)
    END (*FOR*)
  END FindeAusweg;

  BEGIN (*Labyrinth*)
    (*man lege eine Reihenfolge der
    Betrachtung der Zellwände fest*)
    FindeAusweg(startzelle)
  END Labyrinth;
```

Wir wollen nun den umgekehrten Schritt tun und diese "Prozedur" - unter Ausnutzung der Entsprechungen zwischen dem Problem der acht Damen und dem des Labyrinths - in ein weiteres Schema für eine Prozedur zur friedlichen Aufstellung der acht Damen "übersetzen":

```
  PROCEDURE AchtDamen;
  (*Die Prozedur findet eine friedliche Aufstellung von acht Damen
  auf dem Schachbrett*)

  PROCEDURE FindeStellung(spalte:SpaltenTyp);
  (*Die Prozedur findet eine friedliche Aufstellung der Damen ab
  Spalte "spalte"*)
  BEGIN
    FOR (*alle Positionen der Spalte "spalte"
        (außer der Position 0)*) DO
      IF (*Position friedlich*) THEN
        (*man setze die Dame an diese Position
        und betrachte die nächste Spalte*)
        CASE (*keine nächste Spalte mehr*) OF
          TRUE:  (*fertig; Ausgabe des Ergebnisses;
                  Abbruch der Prozedur*) |
          FALSE: FindeStellung(naechsteSpalte)
        END (*CASE*);
        (*man betrachte wieder die Spalte "spalte"
        und entferne dort die Dame
        von ihrer aktuellen Position*)
```

```
    END (*IF*)
  END (*FOR*)
END FindeStellung;
BEGIN (*AchtDamen*)
  (*man bringe die acht Damen in
  ihre Grundposition*)
  FindeStellung((*Spalte*) 1)
END AchtDamen;
```

Es bleibe dem Leser als Übung überlassen, ausgehend von diesem Schema eine Prozedur zur Lösung des Acht-Damen-Problems zu entwickeln. Möglicherweise ist es dabei geschickter, andere Repräsentations-Entscheidungen zu treffen als oben.

Wir bemerken noch, daß es sich bei den zuletzt skizzierten Prozeduren zur Lösung des Labyrinth- bzw. des Acht-Damen-Problems um *rekursive* Prozeduren handelt.

Selbstverständlich hätten wir den rekursiven Ansatz zur Lösung des Acht-Damen-Problems auch leicht direkt, ohne den Umweg über die Labyrinth-Analogie finden können. Andererseits lehrt uns ein solcher Vergleich, daß die betrachteten Schemata offenbar nur Spezialfälle von allgemeineren Lösungsmustern sind. Worin aber besteht das allgemeine Problem, das durch dieses allgemeinere Muster gelöst wird und von dem die diskutierten Probleme Spezialfälle sind?

Versuchen wir zu abstrahieren: In beiden Fällen ging es darum, von einer gegebenen (Anfangs-)Situation aus eine (oder mehrere) (End-)Situation(en) mit ebenfalls bestimmten Eigenschaften zu erreichen bzw. herzustellen. (Im Falle des Labyrinth-Problems waren diese Endsituationen nichts anderes als Beschreibungen eines Wegs vom Start zum Ziel!) Dabei waren unter Umständen mehrere Zwischen-Situationen zu passieren. In jeder Situation (die End-Situation ausgenommen) gab es mögliche (bzw. erlaubte) Folgesituationen (von denen nicht alle brauchbar waren!) oder nicht. Falls es Folgesituationen gab, mußten diese weiterverfolgt werden; falls es keine Folgesituationen gab, mußte der Schritt, der zu der jeweiligen (Anfangs- oder Zwischen-)Situation ("in die Sackgasse") geführt hatte, wieder rückgängig gemacht werden.

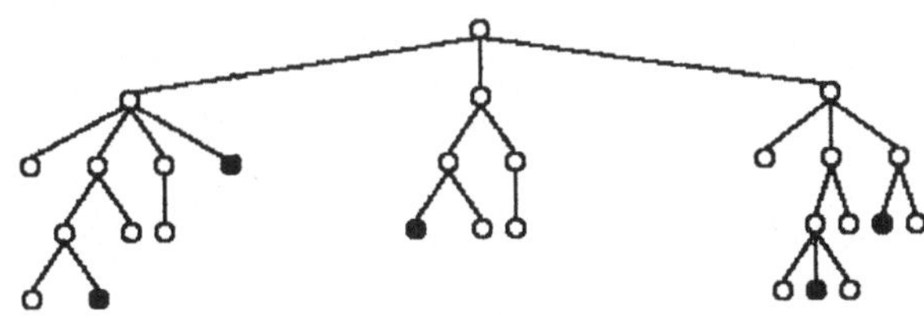

Dies also ist das "Problem-Muster". Veranschaulichen läßt es sich vielleicht am besten durch einen Baum, dessen Knoten die verschiedenen Situationen repräsentieren.

Der Anfangs-Situation entspricht die Wurzel des Baumes. Falls ein Knoten Folgeknoten hat, so können davon einige (evtl. alle) unbrauchbar sein. Die End-Situationen entsprechen einer Teilmenge (die auch leer sein kann) der Menge der übrigen Knoten. Um sie zu finden, kann man wie folgt vorgehen:

```
PROCEDURE SituationsBaum;
(*iterative Variante*)
(*Die Prozedur findet alle Endsituationen im Situationsbaum*)
BEGIN
  (*lege die Reihenfolge der Betrachtung
  von Folgeknoten fest*)
  (*es kann weitergesucht werden*)
  (*der zu untersuchende Knoten ist die Wurzel*)
  WHILE (*es kann weitergesucht werden*) DO
    (*prüfe ob der zu untersuchende Knoten
    einen weiteren brauchbaren Folgeknoten hat*)
    CASE (*Folgeknoten gefunden*) OF
      TRUE:  IF (*Folgeknoten entspricht End-Situation*) THEN
               (*End-Situation gefunden*)
             ELSE
               (*der zu untersuchende Knoten
                ist der gefundene Folgeknoten*)
             END (*IF) |
      FALSE: IF (*Knoten ist Wurzel*) THEN
               (*es kann nicht weitergesucht werden*)
             ELSE
               (*man ziehe sich auf den Vorgängerknoten
               zurück und nehme ihn als zu untersuchenden
               Knoten*)
             END (*IF*)
    END (*CASE*)
  END (*WHILE*)
END SituationsBaum;
```

Oder so:

```
PROCEDURE SituationsBaum;
(*rekursive Variante*)
(*Die Prozedur findet - falls vorhanden - die erste End-Situation
im Situationsbaum*)

PROCEDURE FindeEndSituation(knoten:KnotenTyp);
(*Die Prozedur findet - falls vorhanden - die erste von "knoten"
aus erreichbare End-Situation im Situationsbaum*)
```

```
BEGIN
  FOR (*alle Folgeknoten*) DO
    IF (*Folgeknoten brauchbar*) THEN
      (*man begebe sich zum Folgeknoten*)
      CASE (*Folgeknoten entspricht End-Situation*) OF
        TRUE:  (*fertig; Erfolgsmeldung; Abbruch der Prozedur*) |
        FALSE: FindeEndSituation(folgeKnoten)
      END (*CASE*);
      (*man begebe sich zum Knoten "knoten" zurück*)
    END (*IF*)
  END (*FOR*)
END FindeEndSituation;

BEGIN (*SituationsBaum*)
  (*man lege eine Reihenfolge der
  Betrachtung von Folgeknoten fest*)
  FindeEndSituation(wurzel)
END SituationsBaum;
```

Beide Prozedur-Schemata beschreiben ein und dieselbe Art, die Knoten eines Situationsbaums auf der Suche nach End-Situationen zu durchlaufen: von oben nach unten "mit erster Priorität" und dann (z.B.) von links nach rechts. Geht es von einem Knoten aus nicht weiter, so zieht man sich auf den Vorgängerknoten zurück und versucht es mit dessen nächstem Folgeknoten, usw.. Diese Art, einen Baum zu durchlaufen, wird in der angelsächsischen Literatur meist als "*depth first*" bezeichnet und der dabei notwendige Rückzug auf Vorgängerknoten als "*Backtracking*". (Auch in der einschlägigen deutschsprachigen Literatur - vgl. z.B. [OTW] - sind diese Begriffe durchaus gebräuchlich.)

Sowohl das Acht-Damen-Problem als auch das Labyrinth-Problem werden also durch Verfahren gelöst, die zur Klasse der *Backtrack-Algorithmen* gehören. Die Interpretation von in der Sprache PROLOG (vgl. Einleitung) geschriebenen Programmen etwa (z.B. "Expertensysteme") erfolgt im Prinzip nach dem gleichen Schema (vgl. [CLM]).

Wir sind in diesem Abschnitt deshalb (scheinbar) relativ weit von unserem eigentlichen Thema "Schrittweise Verfeinerung" abgewichen, um nochmals zu verdeutlichen, daß es naiv wäre, in dieser Vorgehensweise gewissermaßen ein Patentrezept für die Entwicklung von Programmen zu sehen. Vielmehr basiert gerade die Entwicklung anspruchsvollerer Programme im allgemeinen auf Lösungsmustern der vorgestellten Art. Es kommt dabei darauf an, die Anwendbarkeit dieser Lösungsmuster zu erkennen. Dies ist - natürlich neben der Entwicklung allgemeiner Lösungsmuster selbst - der eigentlich kreative Akt.

Neben dem hier dargelegten *Backtracking-Paradigma* gibt es allgemeine Lösungsmuster für viele andere abstrakte Probleme. Auch nur einige weitere solcher Paradigmata zu besprechen, würde - obschon dies mit Recht Teil einer umfassenden Darstellung von Methoden der imperativen Programmierung sein könnte - den Rahmen dieses Buches sprengen. (Zum vertiefenden Studium algorithmischer Paradigmata existiert ein breites Angebot entsprechender Literatur, vgl. z.B. [OTW] oder [HOS]).

3.3 Diagramm-Techniken zur Unterstützung schrittweiser Verfeinerung

Programme, die anstelle ausführbarer Anweisungen oder auswertbarer Ausdrükke nur Kommentare (eingehängt in ein "Skelett" von strukturbildenden Schlüsselwörtern) enthalten, werden üblicherweise als "Pseudo-Code" bezeichnet. Die im letzten Abschnitt dargestellte Entwicklung der Prozeduren "FolgeTag" und "AchtDamen" basierte auf solchen Pseudo-Code-Texten. Sie dienten als "Rohformen" bzw. als "Entwurfsskizzen" und können daher als Bestandteile einer Entwurfs-Dokumentation angesehen werden. Sie ermöglichen einen schnellen Überblick über Zweck und Arbeitsweise eines Programmstücks. Die rasche Erfassung der Programm-Struktur wird zusätzlich erleichtert, wenn auch Pseudo-Code unter Beachtung geeigneter Indentierungsregeln verfaßt wird. Entscheidend ist dabei, daß der Text ein "graphisches Gepräge" erhält, und so gewissermaßen zum Bild wird.

"Ein Bild sagt mehr als tausend Worte" ist eine alte Volksweisheit. Jeder mit handfesten Dingen beschäftigte Ingenieur wird sie sofort bestätigen. Die darin zum Ausdruck gebrachte Einsicht auch auf die Dokumentation des Detail-Entwurfs von Programmen anzuwenden, ist ein naheliegender Wunsch. Er würde erfüllt durch eine "Bild-Sprache", in der noch augenfälligere Darstellungen von Programmstrukturen möglich sind als mit indentiertem Pseudo-Code. Zwei Hauptaspekte sind bei der Definition oder Wahl einer solchen Bild-Sprache zu beachten:

- Zum einen müssen die Grundstrukturen "Sequenz, Selektion und Iteration" deutlich sichtbar gemacht werden können;
- zum anderen sollten die Symbole dieser Bild-Sprache leicht handhabbar sein.

Die leichte Handhabbarkeit der Symbole ist von Bedeutung sowohl für die rasche manuelle Erstellung von Entwurfsskizzen als auch für die Unterstützung des Entwurfsprozesses durch entsprechende Rechner-Programme.

Bis heute sind sogenannte *Fluß-Diagramme* (englisch: *Flow-Charts*) sehr populäre Darstellungen des Detail-Entwurfs von Programmen. Fluß-Diagramme haben jedoch einige gravierende Nachteile, die dadurch begründet sind, daß sie zu einer Zeit "erfunden" wurden, als es noch keine höheren Programmiersprachen wie PASCAL oder MODULA-2 gab. So sind die Grundstrukturen zwar ohne weiteres abbildbar, wie die folgenden Diagramme zeigen:

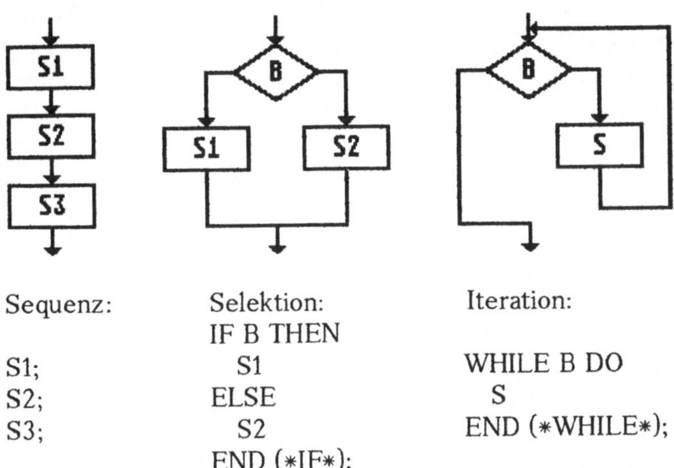

Es bedarf jedoch einiger Mühe und Disziplin, um größere Diagramme so zu erstellen, daß die Grundstrukturen im Zusammenhang gut erkennbar sind. (Auch Software-Werkzeuge, die auf dieser Diagramm-Technik beruhen, haben damit Schwierigkeiten!) Außerdem besteht für den Benutzer von Fluß-Diagrammen keinerlei Zwang, im wesentlichen nur die Grundstrukturen zu verwenden. (Es sei denn, er bedient sich beim Entwurf eines Software-Werkzeugs, das ihm keine andere Wahl läßt.) Vielmehr gestatten sie die Anfertigung von Entwürfen, die sich dann unter Umständen nur sehr schwer (und mit viel zusätzlichem Aufwand) in MODULA-2 - Programme umsetzen lassen. Noch schlimmer aber ist, daß es dann keine direkten Entsprechungen zwischen dem Entwurf und dem Programmtext mehr gibt. Damit werden Fluß-Diagramme als Dokumente, die das Verständnis eines Programms erleichtern sollen, praktisch wertlos. (Es soll nicht verschwiegen werden, daß die Konstruktion von Fluß-Diagrammen durchaus sinnvoll sein kann, wenn es um die Erstellung von Programmen in Maschinensprache geht, an die hohe Anforderungen hinsichtlich Kompaktheit und Effizienz (im Sinne von Abschnitt 2.3!) gestellt werden. Solche Forderungen waren früher - bei teurer und knapper Hardware - sehr häufig. Sie spielen heute nur noch relativ selten eine Rolle.)

In den beiden folgenden Abschnitten werden wir je eine (halb-)graphische Notation zur Dokumentation strukturierter Programm-Entwürfe erläutern, die mit den genannten Nachteilen der Fluß-Diagramme nicht (oder nur in erheblich geringerem Maße) behaftet sind. Wir beginnen jeweils mit einer Darstellung der graphischen Grundelemente (mit Angabe der entsprechenden MODULA-2 - Programmstücke) und zeigen dann die Verwendung dieser Elemente bei der schrittweisen Entwicklung zweier kleiner Programme: das erste löst ein lineares Gleichungssystem, das zweite hat die Aufgabe, Rechnungen über gelieferte Waren zu schreiben. Auf die für beide Techniken mögliche Unterstützung durch Software-Werkzeuge werden wir hier nicht eingehen.

Die Auswahl gerade dieser beiden Techniken geschah nicht ganz willkürlich. Nassi-Shneiderman-Diagramme wurden gewählt, weil sie eine sehr gute bildhafte Entsprechung zu jenen "Schwarzen Kästen" liefern, mit denen wir das Prinzip der "Schrittweisen Verfeinerung" zu Anfang dieses Kapitels erklärt haben. Im Gegensatz zu den Nassi-Shneiderman-Diagrammen sind Klammerdiagramme auch für den (manuellen) Freihand-Entwurf zu gebrauchen. Wir führen sie aber vornehmlich deshalb bereits hier ein, weil wir uns ihrer - in anderem Zusammenhang und mit erweiterter Interpretation - im Kapitel 5 ausgiebig bedienen werden. Die Verwendung von Klammerdiagrammen, so wie sie in diesem Kapitel gezeigt wird, entspricht im übrigen sehr direkt der Arbeit mit den sogenannten "Aktions-Diagrammen", die z.B. von J. Martin propagiert werden (vgl. [MAM]).

Wir beschreiben noch kurz die beiden Aufgaben, deren Lösungen in den folgenden Abschnitten entwickelt werden:

Lösung eines linearen Gleichungssystems:

Es ist eine Prozedur zu entwerfen, die für ein (wohl-konditioniertes, nicht-singuläres) lineares Gleichungssystem A*X=B (A: N*N-Matrix, B: N-Spaltenvektor, X: N-Spaltenvektor) den Lösungsvektor liefert. Es soll das Gauss'sche Eliminationsverfahren benutzt werden. Von einer Pivotierung ist vorerst abzusehen. Die Prozedur ist abzubrechen, sobald eine Division durch Null erfolgen müßte. (Vgl. z.B. [STH])

Rechnungs-Ausschrieb:

Es ist ein Programm zu entwerfen, das Rechnungen über Warenlieferungen ausgibt (am Terminal oder auf Drucker). Jede Rechnung beginnt mit einer Kopfzeile

"KUNDEN-NUMMER: ——".

Es folgen Zeilen für die gelieferten Posten:

"POSTEN ‹Artikel-Nr›: ‹Preis›".

Anschließend folgt die Bruttosummenzeile und danach die Nettosummenzeile (die den Gesamtpreis nach Abzug eines kundenspezifischen Rabatts enthält). Fehlermeldungen sind geeignet auszugeben.

Zum Zweck des Rechnungs-Ausschriebs existieren drei Eingabe-Dateien:

1. "LIEFERUNG". Deren Sätze enthalten:
   Kunden–Nr, Artikel–Nr, Stückzahl.
   Sie ist nach Kundennummern sortiert und wird sequentiell gelesen.
2. "KUNDENLISTE". Die Sätze enthalten:
   Kunden–Nr, Rabattsatz, Anschrift.
   Sie wird per Schlüssel "Kunden–Nr" im Direktzugriff gelesen.
3. "PREISLISTE": Die Sätze enthalten:
   Artikel–Nr, Stückpreis.
   Sie wird per Schlüssel "Artikel–Nr" im Direktzugriff gelesen.

3.3.1 Nassi-Shneiderman-Diagramme

Diese Diagramm-Technik geht auf einen Vorschlag von I. Nassi und B. Shneiderman aus dem Jahre 1973 zurück, Fluß-Diagramme durch eine für die (damals so genannte) "Strukturierte Programmierung" geeignetere "Bild-Sprache" zu ersetzen (vgl. [NAS]). Unter der Bezeichnung "Struktogramme" haben Nassi-Shneiderman-Diagramme eine gewisse Popularität erlangt..

Grundelemente:

Hier (wie in 3.3.2) bezeichnen wir mit S,S1,S2,... Folgen von Anweisungen ("Programmstücke") und mit B,B1,B2,... boolesche Ausdrücke. Die Diagrammformen sind nicht normiert. Es ist daher durchaus möglich, daß man bei anderen Autoren oder in der Praxis Abweichungen von den hier gezeigten Formen findet.

S1
S2
...
Sn

Sequenz:
S1;
S2;
. . .
. . .
Sn;

Ja	B	Nein
S1		S2

Selektion 1:
```
IF B THEN
  S1
ELSE
  S2
END (*IF*);
```

B1	B2	...	Bn	sonst
S1	S2	...	Sn	S

Selektion 2:

```
IF  B1  THEN
  S1
ELSIF  B2  THEN
  S2
. . .
ELSIF  Bn  THEN
  Sn
ELSE
  S
END (*IF*);
```

(Falls die booleschen Ausdrücke Bi von der Form "‹varbez›=wert_i" sind, so kann dieses Diagramm in naheliegender Weise auch in eine CASE-Anweisung umgesetzt werden!)

Iteration 1:

```
WHILE  B  DO
  S
END (*WHILE*);
```

(Falls der boolesche Ausdruck B von der Form "‹varbez› IN menge" ist, so kann dieses Diagramm auch in naheliegender Weise in eine FOR-Anweisung umgesetzt werden.)

Iteration 2:

```
REPEAT
  S
UNTIL  B;
```

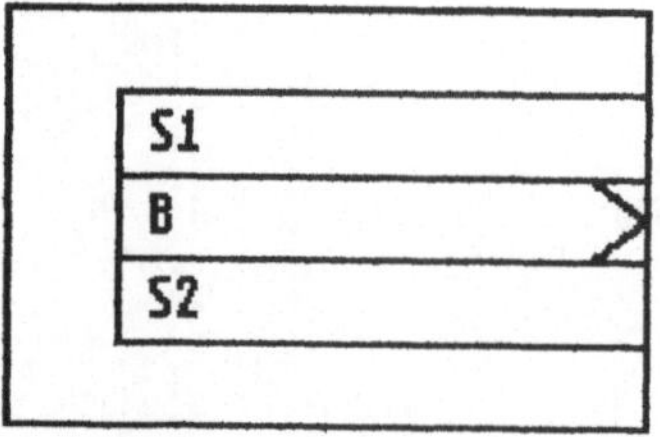

Iteration 3:

```
LOOP
  S1;
  IF  B  THEN  EXIT  END (*IF*)
  S2
END (*LOOP*);
```

1. Lösung eines linearen Gleichungssystems

1.1 Einlesen der Matrix a
1.2 Einlesen des Vektors b
1.3 Berechne Dreiecksform Durch sukzessives Eliminieren der x[1]...x[N] wird das gegebene Gleichungssystem auf obere Dreiecksform gebracht. Tritt dabei eine Division durch Null auf, so wird die Prozedur abgebrochen.
1.4 Berechne Lösungsvektor Die Komponenten des Lösungsvektors werden in der Reihenfolge x[N]...x[1] aus dem in 1.3 ermittelten Gleichungssystem durch sukzessives Einsetzen berechnet.
1.5 Ausgabe der Lösung

Man beachte, daß wir hier die Programm-Abschnitte sowohl numerieren als auch benennen. Die Punkte 1.1, 1.2 und 1.5 erwähnen wir nur der Vollständigkeit halber, da der Aufgabentext keinen Hinweis auf die Art und Weise der Versorgung der Prozedur mit Daten enthält. (Ebensogut könnten diese als Parameter übergeben werden.)

1.3 Berechne Dreiecksform

k IN {1,...,N-1}	
	1.3.1 Eliminiere Elimination von x[k]: Die Elemente der k-ten Zeile des aktuellen Gleichungssystems werden – falls möglich – durch a[k,k] dividiert. Falls a[k,k]=0, so wird die Prozedur abgebrochen. Die Zeilen k+1,...,N von a und b werden neu berechnet.

1.4 Berechne Lösungsvektor

k:=N	
	1.4.1 Berechne Komponente Die k-te Komponente des Lösungsvektors wird nach Einsetzen der schon berechneten Komponenten aus der k-ten Zeile berechnet.
	k:=k-1
k=0	

1.3.1 Eliminiere

a[k,k]<>0

Ja	Nein
1.3.1.1 Vorbereitung Die Elemente der k-ten Zeile der aktuellen Matrix und des aktuellen Vektors werden durch a[k,k] dividiert.	Abbruch der Prozedur
1.3.1.2 Ausführung Die Elemente der folgenden Zeilen werden neu berechnet gemäß: a[i,j]:=a[i,j]-a[i,k]*a[k,j] b[i]:=b[i]-a[i,k]*b[k]	

1.4.1 Berechne Komponente

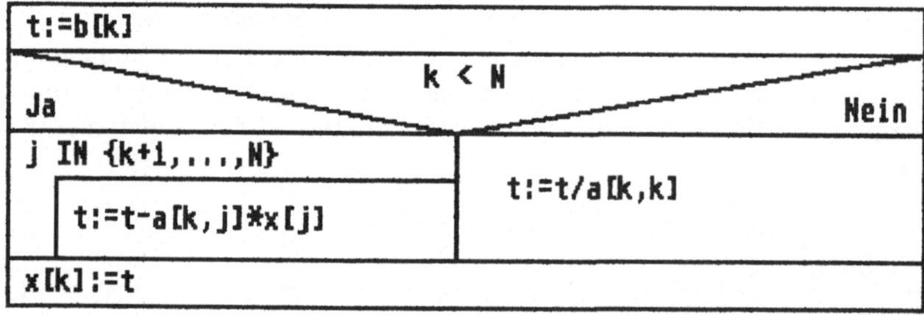

Mit "Berechne Komponente" sind wir so weit in die Details hinabgestiegen, daß aus dem Diagramm ein Programmstück unmittelbar erzeugt werden könnte. Andere Teile des Entwurfs sind davon noch einige Schritte entfernt. Der Leser ist aufgefordert, diese Schritte selbständig auszuführen und durch Nassi-Shneiderman-Diagramme zu dokumentieren.

Häufig ist es freilich weder notwendig noch sinnvoll, die Dokumentation eines Detail-Entwurfs - wie hier durchexerziert - bis auf die Ebene des Programmcodes voranzutreiben. Dafür gibt es mehrere Gründe. Erstens kann es wünschenswert sein, auch den Detail-Entwurf zunächst unabhängig von der Wahl einer Programmiersprache auszuführen. Dies würde die "Portierbarkeit" einer Problemlösung (also die Herstellung eines entsprechenden Programms in einer anderen Sprache und evtl. auf einem anderen Rechner) wesentlich erleichtern. (Auf *Portabilität* als Qualitäts-Merkmal von Software werden wir in Kapitel 6 etwas ausführlicher eingehen.) Zweitens besteht die Notwendigkeit, Änderungen, die sich im Programmtext - aus welchen Gründen auch immer - ergeben, auch in den Entwurfsdokumenten nachzuvollziehen. Es ist klar, daß dieser Aktualisierungsaufwand um so geringer ist, je abstrakter die Beschreibungen von Programmteilen im Entwurfsdokument gehalten sind. Dabei darf Abstraktion natürlich nicht mit mangelnder Präzision verwechselt werden. Es ist vielmehr entscheidend, daß ein Detail-Entwurf als Vorstufe zum Programm-Text genau die Informationen über Inhalt und Struktur einer Problemlösung enthält, die für ihr Verständnis und die Umsetzung in - im Prinzip - beliebige (imperative) Programmiersprachen erforderlich sind.

2. Rechnungs-Ausschrieb

2.1 Initialisierung

Die Dateien "LIEFERUNG", "KUNDENLISTE" und "PREISLISTE" werden eröffnet.

Der erste Satz von "LIEFERUNG" wird gelesen; er enthält: Kunden-Nummer (lKuNr), Artikel-Nummer (lArtNr) und Stückzahl (lStZ).

Ist die Datei "LIEFERUNG" leer, so wird "eof" gemeldet und das Programm wird abgebrochen.

2.2 Verarbeitung

Solange "eof" nicht gemeldet ist, wird der jeweils aktuelle Satz folgendermaßen verarbeitet:

Stimmt lKuNr des aktuellen Satzes mit der Kunden-Nummer des vorigen Satzes nicht überein, so wird
- für den vorigen Kunden (sofern es einen gab) der Rabatt ausgerechnet, und die Summenzeilen werden geschrieben;
- für den aktuellen Kunden wird per Schlüssel lKuNr aus der "KUNDENLISTE" sein Rabattsatz ermittelt (wenn der aktuelle Kunde nicht in der "KUNDEN-LISTE" steht, so wird dies vermerkt); die Bruttosumme wird mit 0 initialisiert, und der aktuelle Kunde wird zum "vorigen Kunden" erklärt;
- eine Kopfzeile wird geschrieben.

Für die aktuelle Artikel-Nummer lArtNr wird in jedem Fall mit dieser Nummer als Schlüssel aus der "PREISLISTE" der Stückpreis ermittelt, der Gesamtpreis wird ausgerechnet und der Bruttosumme zugeschlagen. Für den Artikel wird eine "Posten-Zeile" geschrieben. Fehlt der Artikel in der "PREISLISTE", so wird dies vermerkt.

Ein neuer Satz von "LIEFERUNG" wird gelesen.

2.3 Abschluß

Berechnung des Rabatts für den letzten Kunden und Ausschrieb der Summenzeilen.
Schließen sämtlicher Dateien.

"eof" bedeutet "*end of file*". Wir gehen davon aus, daß ein entsprechendes Signal erzeugt wird, nachdem das Ende der (sequentiellen!) Datei "LIEFERUNG" erreicht ist. Wir berücksichtigen hier nicht die Tatsache, daß die in der Aufgabenstellung genannten Dateien nicht geöffnet werden können (z.B. weil sie gar nicht vorhanden sind).

2.1 Initialisierung

<table>
<tr><td colspan="2">2.1.1 Eröffnung der Dateien "LIEFERUNG", "KUNDENLISTE" und "PREISLISTE"</td></tr>
<tr><td colspan="2">2.1.2 Lesen eines Satzes von "LIEFERUNG"</td></tr>
<tr><td colspan="2">"eof" gemeldet
Ja | Nein</td></tr>
<tr><td>Abbruch des Programms</td><td>Merke: Kunden-Nr. (lKuNr), Artikel-Nr. (lArtNr), Stückzahl (lStZ)</td></tr>
<tr><td colspan="2">2.1.3 Zuweisung eines fiktiven Wertes ("dummy") an "vorige Kunden-Nr." (kuNrAlt)</td></tr>
</table>

Wir begnügen uns mit der Verfeinerung von 2.1 und 2.2 und überlassen die weiteren Entwurfsschritte dem Leser zur Übung.

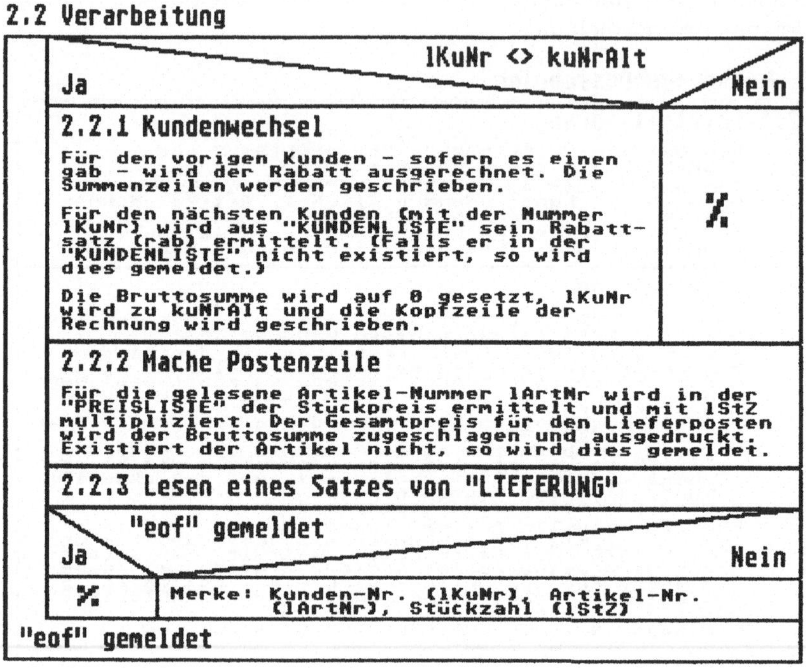

2.2 Verarbeitung

lKuNr <> kuNrAlt

Ja

Nein

2.2.1 Kundenwechsel

Für den vorigen Kunden - sofern es einen gab - wird der Rabatt ausgerechnet. Die Summenzeilen werden geschrieben.

Für den nächsten Kunden (mit der Nummer lKuNr) wird aus "KUNDENLISTE" sein Rabattsatz (rab) ermittelt. (Falls er in der "KUNDENLISTE" nicht existiert, so wird dies gemeldet.)

Die Bruttosumme wird auf 0 gesetzt, lKuNr wird zu kuNrAlt und die Kopfzeile der Rechnung wird geschrieben.

%

2.2.2 Mache Postenzeile

Für die gelesene Artikel-Nummer lArtNr wird in der "PREISLISTE" der Stückpreis ermittelt und mit lStZ multipliziert. Der Gesamtpreis für den Lieferposten wird der Bruttosumme zugeschlagen und ausgedruckt. Existiert der Artikel nicht, so wird dies gemeldet.

2.2.3 Lesen eines Satzes von "LIEFERUNG"

"eof" gemeldet

Ja

Nein

%

Merke: Kunden-Nr. (lKuNr), Artikel-Nr. (lArtNr), Stückzahl (lStZ)

"eof" gemeldet

3.3.2 Klammerdiagramme

Klammern anstatt "Kästchen" zur Zusammenfassung zusammengehöriger Teile wurden erstmals von J. Warnier für die Programm-Dokumentation vorgeschlagen (vgl. [WAR]). Diese Technik wurde von K. Orr übernommen ([ORR]). Daher spricht man auch von "Warnier-Orr-Diagrammen". Wir benutzen diese Bezeichnung jedoch nicht, da wir eine Variante der Klammerdiagramm-Notation präsentieren, die sich von der ursprünglichen Fassung insbesondere durch eine präzisere Definition ihrer textlichen Elemente unterscheidet. Diese Variante stammt von H.J. Ehling (vgl. [EHL]).

Im Unterschied zu Nassi-Shneiderman-Diagrammen, bei denen einzelne "Kästen" Namen erhalten können, müssen Klammern immer benannt sein. In Ausnahmefällen kann man sich eines fiktiven ("dummy"-) Namens ("---") bedienen. Die S, S1,... bezeichnen hier also entweder elementare Anweisungen oder sie sind als Namen zu interpretieren, welche weiter strukturierte Anweisungsfolgen identifizieren.

	Jackson-Notation	Pseudocode
SEQ	S1 * S2 * ... * Sn	Sequenz: S1; S2; . . . . . . Sn;

Das Zeichen "*" bedeutet hier "danach folgt". Es ist der "Sequenz-Konnektor".

	Jackson-Notation	Pseudocode

SEL_1	?B;
	S1
	+
	?sonst;
	S2
		Selektion 1:
		IF B THEN
		S1
		ELSE
		S2
		END (*IF*);

Das Zeichen "+" bedeutet hier "oder". Es ist der "Selektions-Konnektor".

S1 oder S2 kann auch "leer" sein. Wir benutzen in diesem Fall das reservierte Wort **"NONE"** und meinen damit, daß an dieser Stelle gar nichts getan wird.

Für die folgende Selektion aus mehr als zwei möglichen Programmteilen gilt die in 3.3.1 zu "Selektion 2" angebrachte Bemerkung entsprechend.

	Jackson-Notation	Pseudocode

SEL_2	?B1;
	S1
	+
	?B2;
	S2
	+
	...
	+
	?Bn;
	Sn
	+
	?sonst;
	S
		Selektion 2:
		IF B1 THEN
		S1
		ELSIF B2 THEN
		S2
		. . .
		ELSIF Bn THEN
		Sn
		ELSE
		S
		END (*IF*);

	Jackson-Notation	Pseudocode
ITER_W	S (*WHILE B)	Iteration 1: WHILE B DO S END (*WHILE*);

Das einer FOR-Anweisung entsprechende Klammer-Konstrukt hat die folgende Form:

```
ITER_F [ S
       [ (*:i IN Menge)
```

```
ITER_U [ S
       [ (*UNTIL B)
```

Iteration 2:
REPEAT
  S
UNTIL B;

```
                [ S1
                [ *
ITER_L [ S      [ ?B;
       [ (*:)   [    QUIT ITER_L
                [ *
                [ S2
```

Iteration 3:
LOOP
  S1;
  IF B THEN EXIT END;
  S2;
END (*LOOP*);

Man beachte: Das Klammerdiagramm ITER–L enthält eine explizite Angabe des Programmteils, der verlassen (bzw. abgebrochen) werden soll. (Die EXIT-Anweisung enthält diese Information implizit: Die Ausführung von EXIT bricht immer die innerste Schleife ab, in der sie vorkommt.) In Klammerdiagrammen kann QUIT mit dieser Wirkung (also Verlassen eines benannten Programmteils) immer benutzt werden. Die Umsetzung solcher Konstruktionen in MODULA-2 - Programme führt daher zu Prozeduren mit unter Umständen mehreren RETURN-Anweisungen.

Aussagen, die einen benannten Programmteil betreffen, können in Klammerdiagrammen an das obere und untere Ende der Klammer des entsprechenden Namens als Kommentar geschrieben werden:

```
        ┌[/* oberer Kommentar */
P_TEIL  │ . . .
        └[/* unterer Kommentar */
```

(Am oberen (bzw. unteren) Ende wird man sinnvollerweise Aussagen notieren, die sich auf die Situation vor (bzw. nach) der Ausführung des Programmteils beziehen. Wir erwähnen dies im Vorgriff auf die Ausführungen in Kapitel 4.)

Kommentare können im übrigen beliebig zur Beschreibung von Programmteilen verwendet werden, wie es die folgenden Beispiele zeigen.

Auf eine wesentliche Eigenschaft von Klammerdiagrammen sei noch hingewiesen: Eine Klammer ist von genau einer "Strukturart", also entweder Sequenz oder Selektion oder Iteration. Diese Strukturarten dürfen nicht "gemischt" innerhalb einer Klammer (das heißt "auf einer Ebene") auftauchen! (Ein Klammerdiagramm entspricht einem Baum, für dessen Knoten ein "Art-Attribut" definiert ist. Jeder Knoten ist darin von genau einer Art!) Nun die Beispiele:

```
                        ┌Einlesen_Matrix_a [ ...
                        │  *
                        │Einlesen_Vektor_b [ ...
                        │  *
Lösung_eines_           │Berechne_         ┌/*Vgl.
linearen_               │Dreiecksform_____ └  Abschnitt 3.3.1*/
Gleichungssystems       │  *
                        │Berechne_         ┌/*Vgl.
                        │Lösungsvektor____ └  Abschnitt 3.3.1*/
                        │  *
                        │Ausgabe_der_Lösung[...
                        └
```

```
                                  ┌
Berechne_     ┌Eliminiere │ /* Vgl.
Dreiecksform  │(*:k IN    │    Abschnitt
              │{1..N-1})  │    3.3.1     */
              └           └
```

```
                ┌k:=N
                │
                │ *                 ┌/* Vgl.
Berechne_       │     ┌Berechne_    │    Abschnitt
Lösungsvektor   │---  │Komponente   │    3.3.1     */
                │     │(*UNTIL k=0) │  *
                │     └             └k:=k-1
                └
```

Man beachte, daß wir in diesem Diagramm den "Dummy-Namen" "——" einsetzen mußten, um zu verhindern, daß innerhalb der Klammer mit dem Namen "Berechne–Lösungs–Vektor" Sequenz und Iteration "auf einer Ebene gemischt" werden. (Man kann in einem solchen Fall natürlich auch versuchen, einen sinnvollen neuen Namen zu erfinden.)

```
            ┌?a[k,k]<>0;     ┌Vorbereitung ┌/* Vgl.
            │  Mache_neue_   │             │   Abschnitt
            │  Zeilen        │  *          └   3.3.1    */
            │                │
Eliminiere  │ +              │Ausführung   ┌/* Vgl.
            │                │             │   Abschnitt
            │?sonst;         └             └   3.3.1    */
            │  QUIT Lösung_eines_
            │       linearen_Gleichungssystems
            └
```

```
                     ┌t:=b[k]
                     │
                     │ *   ┌?k<N; ┌Einsetzen  ┌t:=t-a[k,j]*x[j]
                     │     │  ___ │(*:j IN    │
                     │___  │  +   └{k+1,..,N}) └
          Berechne_  │     │?sonst;
          Komponente │ *   └  t:=t/a[k,k]
                     │
                     │x[k]:=t
                     │ *
                     └k:=k-1
```

Im Beispiel "Rechnungs-Ausschrieb" verwenden wir einige der in [EHL] vorgeschlagenen textlichen Elemente der Klammerdiagramm-Technik. Sie gestatten es, bestimmte Programmteile (insbesondere solche, die mit Ein- und Ausgabe zu tun haben) in sehr kompakter Weise zu beschreiben, ohne bereits die Umsetzung in Anweisungen der Programmiersprache festzulegen.

```
            ┌Initialisierung [/*Vgl. Abschnitt 3.3.1*/
            │
            │  *
 Rechnungs_ │
 Ausschrieb │Verarbeitung___ [/*Vgl. Abschnitt 3.3.1*/
            │
            │  *
            │
            └Abschluß_______ [/*Vgl. Abschnitt 3.3.1*/
```

Auch hier beschränken wir uns auf die weitere Ausarbeitung von "Initialisierung" und "Verarbeitung":

```
           ┌/*Eröffnung der Dateien "LIEFERUNG",...*/
           │
           │  *               ┌     ┌KundenNr (=lKuNr)
           │                  │Satz │  #
           │IN.LIEFERUNG:     │     │ArtikelNr (=lArtNr)
           │LieferSatz (=lS)  │ +   │  #
           │                  │     │Stückzahl (=lStZ)
 Initiali_ │  *               │     └
 sierung   │                  └'eof'
           │?lS='eof';
           │  QUIT RechnungsAusschrieb
           │
           │  *
           │
           │/* "vorige Kunden-Nr."(kuNrAlt) mit
           └    "dummy"-Wert initialisieren */
```

Zu beachten ist hier "IN.LIEFERUNG:...". "IN" ist eine Operation, die von irgendwoher ein nächstes Objekt besorgt. Das "Irgendwoher" ist nach dem Punkt (".") genauer bezeichnet: In diesem Fall ist es die Datei mit dem Namen "LIEFERUNG". Die Objekte, die von dort beschafft werden, sind von bestimmter Art. Diese Art erhält einen Namen (hier: "LieferSatz") und wird beschrieben: Im

Beispiel kann ein Objekt der Art "LieferSatz" entweder ein 'eof'-Signal sein oder (dies wird durch das Zeichen "+" ausgedrückt) ein Satz. Wenn es ein Satz ist, so besteht er aus drei Teilen, die man sich räumlich nebeneinander angeordnet vorstellen kann: "KundenNr", "ArtikelNr" und "Stückzahl". Das "Nebeneinander" wird durch das Zeichen "#" symbolisiert. Um im weiteren Verlauf von dem durch die Operation "IN" geholten Objekt und eventuell von seinen Teilen besser reden zu können, dürfen dem Objekt und seinen Teilen nach Bedarf Kurznamen gegeben werden. Die Schreibweise

"IN.LIEFERUNG:LieferSatz(=ls)..."

bedeutet also: Wir erhalten durch die Operation "IN" "vom Ort" Datei "LIEFERUNG" das nächste Objekt der Art "LieferSatz" und nennen es "ls". Diese Darstellung bringt implizit zum Ausdruck, daß wir uns die mit dem Lesevorgang geholten Objekte "merken". In den entsprechenden Nassi-Shneiderman-Diagrammen in Abschnitt 3.3.1 mußten wir diese Tatsache explizit notieren.

Einer Erklärung bedarf ferner die im obigen Diagramm verwendete Bedingungsform **(?lS='eof'; QUIT RechnungsAusschrieb)** innerhalb einer Sequenz. Tatsächlich ist dies eine (erlaubte) verkürzte Darstellung einer Selektion von der Art SEL-1 mit "**NONE**" als Alternative (s. o.).

```
                                 ┌
                                 │ ?lKuNr<>kuNrAlt;  ┌/*Vgl. Abschnitt
                                 │    KundenWechsel  │  3.3.1       */
                                 │                   └
                                 │     *
             ┌                   │                   ┌/*Vgl. Abschnitt
Verar_       │EinKunde           │ MachePostenZeile  │  3.3.1       */
beitung      │(* UNTIL           │                   └
             │  lS='eof')        │     *
             └                   │
                                 │ IN.LIEFERUNG:     ┌
                                 │ LieferSatz (=lS)  │/* siehe oben */
                                 └                   └
```

Ebenso wie in Abschnitt 3.3.1 brechen wir den Detailentwurf an dieser Stelle ab. Insbesondere für das Beispiel des "Rechnungs–Ausschriebs" wäre eine weitere Verfolgung der hier begonnenen Entwicklung auch wenig sinnvoll. Obwohl dabei die Darstellung der Notationen unser Hauptanliegen war, ist es doch bedauerlich, daß keinerlei Überlegungen zu dem "Warum-gerade-so" der Struktur des Programms "Rechnungs-Ausschrieb" angestellt wurden. Überlegungen zum Entwurf von Programmen gerade dieser Art werden aber in Kapitel 5 im Mittelpunkt stehen. Dort wird sich zeigen, daß die hier dargelegte Struktur dem Problem eigentlich gar nicht gerecht wird, ja, daß sie durchaus als "ad hoc Bastelei" angesehen werden kann.

Literatur zu Kapitel 3

[CLM] Clocksin W.F. und C.S. Mellish: Programming in Prolog; Springer Verlag; Berlin, Heidelberg, New York; 1981

[EHL] Ehling, H.-J.: Evolutionärer System-Entwurf; in: Formale Modelle für Informationssysteme; Informatik-Fachberichte Nr. 21; Springer Verlag; Berlin, Heidelberg, New York; 1979

[HOS] Horowitz, E. und S. Sahni: Fundamentals of Computer Algorithms; Pitman Publishing Ltd.; London; 1979

[MAM] Martin, J. and C. McClure: Diagramming Techniques for Analysts and Programmers, Prentice-Hall; Englewood Cliffs; 1985

[NAS] Nassi, I. und B. Shneiderman: Flowchart techniques for structured programming; ACM SIGPLAN Notices; August 1973

[ORR] Orr, K. T.: Structured Systems Development; Yourdon Press; New York; 1977

[OTW] Ottmann, T. und P. Widmayer: Algorithmen und Datenstrukturen; Bibliographisches Institut; Mannheim; 1990

[STH] Stummel, F. und K. Hainer: Praktische Mathematik; Teubner Verlag; Stuttgart; 1971

[WAR] Warnier, J. D.: Logical Construction of Programs; Van Nostrand Reinhold; 1974

[WI2] Wirth, N.: Programm development by stepwise refinement; Communications of the ACM, Vol. 14, No. 4, pp. 221-227; April 1971

[WOO] Wood, D.: Paradigms and Programming with Pascal; Computer Science Press; Rockville; 1984

4 Programmieren durch Beweisen

In diesem Kapitel werden wir an die Bemerkungen in Abschnitt 2.1.1 über die "Korrektheit von Programmen" anknüpfen und dieses Thema vertiefen.

Um es vorwegzunehmen: Es wird uns hier nicht darum gehen, Eigenschaften vorhandener Programme zu untersuchen und entsprechende Aussagen zu beweisen. Programm-*Verifikation* im eigentlichen Wortsinne findet also nicht statt. Wir haben ja bereits früher argumentiert, daß derartige Ansätze zum Beispiel in einer industriellen Umgebung im allgemeinen nicht sehr vielversprechend sind.

Es geht uns vielmehr darum, neben die im dritten Kapitel besprochene Technik der "Schrittweisen Verfeinerung" eine weitere systematische Vorgehensweise bei der Entwicklung kleiner Programme bzw. bei der Formulierung "kritischer" Programmteile zu stellen. Damit zeigen wir zugleich einen weiteren Aspekt guten Programmierstils auf: die "Logik des Programmierens" (vgl. Einleitung zu Kapitel 2).

Die Vorgehensweise, die wir hier meinen, wird durch die Überschrift dieses Kapitels schon angedeutet: "Programmieren durch Beweisen". Etwas ausführlicher: Ein Programmierer möchte, indem er ein Programm schreibt, ein bestimmtes (selbst gesetztes oder vorgegebenes) Ziel erreichen. Wir empfehlen ihm, dieses Ziel sehr genau zu beschreiben, und sein Programm dann "aus dieser Beschreibung heraus" zu entwickeln. Auf diese Weise wird das Programm gewissermaßen zum Beweis dafür, daß das Ziel unter vorgefundenen Bedingungen erreichbar ist. Diese Anfangsbedingungen und eventuelle Zwischenziele müssen natürlich ebenfalls dokumentiert werden. Umgekehrt kann diese Dokumentation dann als "Beweis" für die Korrektheit des Programms angesehen werden. So entstehen das Programm und seine "Verifikation" Hand in Hand. Unser Programmierer wird gar nicht anders können: sein Programm wird qua Konstruktion korrekt!

Zur Verwirklichung dieser Empfehlung bedarf es freilich der Klärung einiger wichtiger Fragen. Zum Beispiel: "Was können denn Ziele, Zwischenziele und Anfangsbedingungen überhaupt sein und wie sind sie zu beschreiben?" Wir müssen uns ferner genauestens darüber klar werden, welchen Beitrag die Anweisungen der Programmiersprache zur Erreichung der Ziele und Zwischenziele leisten, was sie bewirken. Wir werden also die Bedeutung (die *Semantik*) zumindest der wichtigsten Anweisungsarten von MODULA-2 verstehen müssen, ehe wir daran gehen können, in der geschilderten Weise (und mit dem genannten hohen Anspruch) Programme zu entwickeln.

Damit ist die Struktur dieses Kapitels in groben Zügen vorgezeichnet. Sie entspricht in etwa dem Aufbau der Monographie "The Science of Programming" von D. Gries ([GRI]). Diese behandelt das Thema der "zielorientierten Entwicklung" von Programmen in aller Ausführlichkeit, allerdings ohne dabei ausschließlich die Konstrukte einer der bekannten Programmiersprachen zu verwenden.

Vielmehr werden spezielle Konstrukte eingeführt, welche die Eleganz der Darstellung zweifellos fördern. Wir beschränken uns darauf, einige wesentliche Aspekte "zielorientierter Programm-Entwicklung" mit den sprachlichen Mitteln von MODULA-2 (aber etwas ausführlicher als z.B. in [SAL]) auszuarbeiten. Der damit erzwungene Verlust an Eleganz wird so immerhin teilweise durch "größere Praxisnähe" wettgemacht. Allerdings werden die Beispiele dieses Kapitels noch fragmentarischer sein als die Beispiele in Kapitel 3.

Mit "Schrittweiser Verfeinerung" haben wir automatisch den Teil c) der Kommentar-Regel in Abschnitt 2.2.1 befolgt. Wir werden sehen, daß "Programmieren durch Beweisen" die Einhaltung des Teils d) dieser Regel wesentlich erleichtert, wenn nicht sogar erzwingt.

Es versteht sich von selbst, daß auch die in diesem Kapitel zur Debatte stehende Technik als eine mögliche "Ausführungsbestimmung" des in der Einleitung zu Kapitel 3 aufgestellten "obersten Gebots" aufgefaßt werden kann.

4.1 Prädikate

Wenn Programme überhaupt etwas bewirken, dann unter anderem doch dies:

(i) Änderung des Inhalts irgendwelcher (interner oder externer) Speicher;

(ii) Erzeugung von Ausgaben (Outputs) in Form von Signalen, die in geeignete Kanäle fließen;

(iii) Entgegennahme von Eingaben (Inputs) aus geeigneten Kanälen.

(Unter einem *Kanal* vestehen wir hier ein Medium zum sequentiellen Transport von Daten.)

Ein einziges Programm kann - wie wir wissen - Wirkungen aller drei Arten hervorrufen. Wir wollen uns in diesem Kapitel mit Wirkungen der Art (i) beschäftigen. (Wirkungen der Arten (ii) und (iii) werden im nächsten Kapitel im Vordergrund stehen.)

4.1.1 Speicher und Variable

Speicher (insbesondere interne Speicher) werden in MODULA-2 (wie in allen imperativen höheren Programmiersprachen) durch Variablen repräsentiert, die mittels eines Variablennamens adressiert werden. Der Wert, den eine Variable zu einem gegebenen Zeitpunkt hat, ist der Inhalt des durch diese Variable repräsentierten Speichers. (Wir haben uns daher der Sprechweise "Inhalt einer Variablen" schon früher häufig bedient!) Wir stellen uns nun vor, daß wir den Ablauf eines Programms Schritt für Schritt beobachten können. Tatsächlich heißt dies, daß wir uns nach jedem Schritt die Werte der Variablen dieses Programms anschauen und eine Aussage über den jeweils erreichten *Zustand* machen können.

Seien zum Beispiel x,y und z die Variablen des Programms. Dann kann eine solche Aussage etwa die Form

(1) "x = <Wert von x>, y = <Wert von y>, z = <Wert von z>"

annehmen. Dabei ist <Wert von ...> ein Objekt vom Typ der entsprechenden Variablen. Andere Aussagen sind möglich:

(2) "x=y"

bedeutet, daß (im aktuellen Zustand) die Variablen x und y den gleichen Wert haben. Mit

(3) "x<y AND y<z"

drücken wir aus, daß die aktuellen Werte von x,y und z den Beziehungen

<Wert von x> < <Wert von y> und <Wert von y> < <Wert von z>

genügen.

Die Aussage (1) ist sehr konkret: Wenn wir davon ausgehen, daß uns vom ganzen Speicher nur der durch x,y und z repräsentierte Teil interessiert, dann beschreibt (1) genau einen Speicherzustand. Dieser ist also - anders gesagt - durch eine Menge von Paaren der Form

(<Variablenname>,<Variablenwert>)

gegeben, im Beispiel durch

[(x,<Wert von x>),(y,<Wert von y>),(z,<Wert von z>)].

(Es ist klar, daß jeder Variablenname dabei nur einmal auftreten darf. Mit Hilfe der klassischen mathematischen Begriffe "Menge" und "Abbildung" und mit den entsprechenden Notationen kann der hier eingeführte Begriff des Speicherzustands selbstverständlich weiter präzisiert werden. Wir wollen den Leser damit nicht langweilen und vertrauen darauf, daß ihm die gegebene Erklärung zu einem für unsere Zwecke völlig ausreichenden intuitiven Verständnis verhilft.)

Die Aussagen (2) und (3) dagegen können in einem solchen konkreten Speicherzustand zutreffen oder nicht, sie können WAHR oder FALSCH sein. Umgekehrt kann jede dieser Aussagen natürlich auch als Beschreibung einer Menge von Speicherzuständen aufgefaßt werden: als Beschreibung der Menge derjenigen Speicherzustände nämlich, für welche die Aussage wahr ist. Dies setzt voraus, daß wir in der Lage sind, eine Aussage bezogen auf einen gegebenen Speicherzustand auszuwerten, ihren *Wahrheitswert* festzustellen. Ein Beispiel:

Seien x,y und z (die Namen von) Variable(n) vom Typ INTEGER. Wir betrachten zwei Speicherzustände:

Z1 = {(x,1),(y,1),(z,0)} und Z2 = {(x,-2),(y,0),(z,8)}.

Im Speicherzustand Z1 hat die Aussage "x=y" offenbar den Wert WAHR (TRUE), im Zustand Z2 aber hat diese Aussage den Wert FALSCH (FALSE). Die Aussage "x<y AND y<z" dagegen ist FALSCH in Z1 und WAHR in Z2. Nehmen wir andererseits die Aussage

(4) "y=0 OR x/y=1".

Im Zustand Z1 hat sie den Wert WAHR, im Zustand Z2 gilt freilich "y=0". "x/y=1" dagegen ist - wegen y=0 - gar nicht definiert. Dennoch scheint es wünschenswert, auch solche Aussagen zuzulassen. (Immerhin ist (4) ja syntaktisch korrekt gebildet.) Wir führen daher den zusätzlichen Wahrheitswert UNDEFINIERT ein. Um dessen konkrete Behandlung kümmern wir uns etwas später.

Die Feststellung des Wahrheitswerts einer Aussage der bisher betrachteten Arten kann in völlig systematischer Weise geschehen. Auf eine detaillierte Darstellung dieser Systematik werden wir allerdings verzichten. Sie müßte auf einer formalen Definition der Syntax von Aussagen über Variablen beruhen. (Es sei in diesem Zusammenhang auf einschlägige Lehrbücher über Logik - z.B. [BEN] - verwiesen.) Wir verwenden zunächst - wie es naheliegt - die Regeln zur Bildung boolescher Ausdrücke in MODULA-2.

Mit diesen Regeln formulierbare Aussagen über Variable werden im folgenden *Prädikate* genannt.

Sei P(x,y,z,...) ein Prädikat und sei SZ die Menge aller Zustände des Speichers, der durch x,y,z,... repräsentiert wird. Dann ist P(x,y,z,...) also nichts anderes als eine Abbildung

P(x,y,z,...): SZ -> {T,F,U}.

(Dabei steht T für TRUE, F für FALSE und U für UNDEFINIERT.)

Die Teilmenge von SZ, für deren Elemente P(x,y,z,...) den Wert TRUE hat, heißt *Extension* des Prädikats P(x,y,z,...):

EXT(P(x,y,z,...)) = { Z | Z IN SZ, P(x,y,z,...)(Z)=T }.

Für die konstanten Prädikate TRUE und FALSE gilt:

EXT(TRUE) = SZ und EXT(FALSE) = { }.

(Dabei bezeichnet "{ }" die leere Menge.)

4.1.2 Operationen mit Prädikaten

Zur Bildung von Prädikaten aus gegebenen Prädikaten haben wir uns im Falle der Beispiele (3) und (4) bereits der bekannten Operatoren AND und OR bedient. Ferner liefert der Operator NOT zu einem Prädikat P das Prädikat NOT P. Mit Hilfe des Begriffs der Extension läßt sich die Wirkung dieser Operationen wie folgt erklären:

Seien P, P1 und P2 Prädikate. Dann gilt:

EXT(P1 AND P2) = EXT(P1) ∩ EXT(P2)
EXT(P1 OR P2) = EXT(P1) ∪ EXT(P2)

$$EXT(NOT\ P) = \overline{EXT(P)}$$

Dabei sind $\cup$, $\cap$ und $\overline{}$ die bekannten Mengen-Operatoren für Vereinigung, Durchschnitt und Komplement. (Die Komplementbildung erfolgt bezüglich der Menge aller für P relevanten Speicherzustände.)

Die Operatoren AND, OR und NOT liefern bei der Auswertung eines Prädikats nur dann ein definiertes Ergebnis, wenn die Werte der Operanden T oder F sind. Um auch den Fall des Wertes U abhandeln zu können, führen wir zusätzlich die Operatoren CAND (bedingtes AND) und COR (bedingtes OR) wie folgt ein:

Seien P1 und P2 Prädikate. "P1 CAND P2" und "P1 COR P2" erhalten Wahrheitswerte entsprechend der folgenden Tabelle:

P1	P2	P1 CAND P2	P1 COR P2
T	T	T	T
T	F	F	T
T	U	U	T
F	T	F	T
F	F	F	F
F	U	F	U
U	T	U	U
U	F	U	U
U	U	U	U

Diese Zuordnung wurde so getroffen, daß die Auswertung von P1 CAND P2 und P1 COR P2 gleichbedeutend ist mit der Auswertung von

IF P1 THEN P2 ELSE F (für P1 CAND P2) und
IF P1 THEN T ELSE P2 (für P1 COR P2).

Dabei ist "IF P1 THEN ..." undefiniert, wenn der Wert von P1 U ist. Man beachte, daß die Werte von P1 AND P2 und P1 OR P2 durch die Auswertung der gleichen bedingten Ausdrücke gefunden werden können.

Die Operatoren CAND und COR sind nicht kommutativ. Es gelten aber Assoziativ- und Distributivgesetze sowie die De Morgan'schen Regeln. Wir gehen darauf im einzelnen nicht ein und verweisen auch hier auf einschlägige Literatur über formale Logik (s.o.).

Von großem Interesse sind einige weitere Operationen zur Erzeugung von Prädikaten aus gegebenen Prädikaten.

Sei P(...) ein Prädikat (zum Beispiel "x<y AND y<z"). Seien ferner vn ein Variablenname und Q ein Ausdruck vom Typ der Variablen mit dem Namen vn. Falls

vn (zum Beispiel y) - wie wir der Einfachheit halber bisher immer angenommen haben - vom Typ INTEGER ist, so ist Q also ein arithmetischer Ausdruck über Variablen und Konstanten vom Typ INTEGER (etwa "x-y"). Dann bezeichnet

P(...)(vn->Q)

dasjenige Prädikat, welches entsteht, wenn in P der Variablenname vn überall dort, wo er vorkommt, "textuell" ersetzt wird durch Q.

Im Beispiel führt die *textuelle Ersetzung* von y durch "x-y" zu dem Prädikat:

"x<x-y AND x-y<z"

Eine Präzisierung der Vorschriften für die Anwendung der Operation der textuellen Ersetzung können wir erst nach der Besprechung der folgenden beiden Operationen vornehmen. Zum Verständnis dieser Operationen ist es jedoch nützlich, textuelle Ersetzung bereits zu kennen.

Wir betrachten wiederum ein Prädikat P(x,y,z), wobei x,y und z Variablen vom Typ INTEGER bezeichnen. Zur Illustration verwenden wir wieder Beispiel (3). Textuelle Ersetzung von x durch eine Konstante I ergibt das Prädikat

P(I,y,z) = P(x,y,z)(x->I)

mit den Variablen y und z. Im Beispiel (3) führt die Ersetzung von x durch die INTEGER-Konstante 1 zu dem Prädikat

"1<y AND y<z".

Nehmen wir nun eine Teilmenge von INTEGER, die durch ein Prädikat R(x) charakterisiert ist, und bilden P(I,y,z) für jedes I in EXT(R). Ist R(x) das Prädikat

"1<=x AND x<4",

so liefert Beispiel (3) die Prädikate

(5) "1<y AND y<z", "2<y AND y<z", "3<y AND y<z".

Die Verknüpfung dieser Prädikate mit OR ergibt:

(6) (1<y AND y<z) OR (2<y AND y<z) OR (3<y AND y<z).

(6) hat genau dann den Wert T, wenn mindestens eines der durch OR verbundenen Prädikate den Wert T hat. Mit anderen Worten: (6) ist genau dann WAHR, wenn ein Wert I der Variablen x *existiert*, für den sowohl

"1<=I AND I<4" als auch "I<y AND y<z" gilt.

Für das Prädikat (6) führen wir die abkürzende Schreibweise

"EX x: 1<=x AND x<4: x<y AND y<z"

ein. In dem allgemeineren Fall schreiben wir:

(7) "EX x: R(x): P(x,y,z)".

(7) erhält genau dann den Wert T, wenn ein Wert I von x *existiert*, für den sowohl R(I) als auch P(I,y,z) gilt. Der Operator "EX" wird *Existenz-Quantor*

genannt, und wir sagen, daß (7) durch EX-Quantifizierung bezüglich R(x) aus P(x,y,z) entstanden ist.

Andererseits können wir die in (5) aufgelisteten Prädikate auch durch AND verknüpfen und erhalten:

(8) (1<y AND y<z) AND (2<y AND y<z) AND (3<y AND y<z).

Dieses Prädikat ist genau dann WAHR, wenn jedes der in Klammern gesetzten Prädikate den Wert T hat. Wir kürzen (8) ab zu:

"ALL x: 1<=x AND x<4: x<y AND y<z".

Entsprechend schreiben wir wieder im allgemeineren Fall:

(9) "ALL x: R(x): P(x,y,z)".

(9) erhält genau dann den Wert T, wenn *für alle* Werte I von x, für die R(x) WAHR ist, auch P(I,y,z) gilt. Der Operator "ALL" wird *All-Quantor* genannt, und wir sagen, daß (9) durch ALL-Quantifizierung bezüglich R(x) aus P(x,y,z) entstanden ist.

Mit Hilfe einer der De Morgan'schen Regeln kann das Ergebnis der Anwendung des All-Quantors durch einen mit dem Existenz-Quantor gebildeten Ausdruck dargestellt werden:

ALL x: R(x): P(x,y,z) = NOT(EX x: R(x): NOT P(x,y,z)).

(Das Gleichheitszeichen bedeutet hier, daß beide Prädikate äquivalent sind in dem Sinne, daß sie die gleiche *Extension* haben.)

Wir geben einige weitere Beispiele für mit der EX- bzw. ALL-Quantifizierung gebildete Prädikate, deren Bedeutung sich der Leser jeweils klarmachen möge:

"EX i: 0<=i AND i<10: i*j=10"
"EX i: 0<=i AND i<10: (EX j: 0<=j AND j<10: i*j=100)"
"ALL i: 1<=i AND i<4: i*x>0"
"ALL n: n>0: (EX p: p>n: 1<p AND (ALL j: 1<j AND j<p: p MOD j <> 0))"
"ALL m: Mensch(m): Sterblich(m)"

Seien a und b Variable vom Typ "ARRAY [0..9] OF INTEGER".

"ALL i: 0<=i AND i<10: (EX j: 0<=j AND j<10: a[i]=b[j])"

Die Beispiele zeigen unter anderem, daß EX- und ALL-Quantifizierungen beliebig gemischt werden können.

Es sollte auch deutlich geworden sein, daß Variable, über deren Werte eine Quantifizierung erfolgt, ihren "Variablencharakter" verlieren.

Um dies einzusehen, kehren wir zu unserer intuitiven Vorstellung von Variablen als Speicher-Repräsentanten zurück. Die Speicherzustände, für die das Prädikat "i*j=10" den Wert T liefert, sind:

{(i, 1),(j, 10)}, {(i, 2),(j, 5)}, {(i,5),(j,2)}, {(i, 10),(j, 1)},
{(i,-1),(j,-10)}, {(i,-2),(j,-5)}, {(i,-5),(j,-2)}, {(i,-10),(j,-1)}.

Dagegen kommt es für die Auswertung des Prädikats

(10) "EX i: 0<=i AND i<10: i*j=10"

auf den Inhalt einer Variablen i überhaupt nicht mehr an. Es bezieht sich nur noch auf die Variable j und hat den Wert T für alle Speicherzustände, in denen der Inhalt von j entweder 2, 5 oder 10 ist. Man sagt, daß die Variable i durch den Existenz-Quantor "EX" *gebunden* wird; ihr Name steht lediglich als "Wertbezeichner" für ein Objekt vom Typ INTEGER aus dem Bereich (0..9). Der Bezeichner i ist also beliebig austauschbar gegen einen von j verschiedenen Bezeichner. Das Prädikat (10) ist daher zum Beispiel gleichbedeutend mit

"EX k: 0<=k AND k<10: k*j=10".

Entsprechendes gilt natürlich für den All-Quantor "ALL": Auch er *bindet* eine Variable und macht aus ihrem Namen einen bloßen "Wertbezeichner". Das Prädikat "i*x>0" hat den Wert T für alle Speicherzustände

[(i,<Wert von i>),(x,<Wert von x>)],

für die <Wert von i> und <Wert von x> beide größer oder beide kleiner als 0 sind. Es ist also gleichbedeutend mit

"(i>0 AND x>0) OR (i<0 AND x<0)".

Das Prädikat

(11) "ALL i: 1<=i AND i<4: i*x>0",

in dem i durch den *All-Quantor gebunden* ist, liefert in allen Speicherzuständen den Wert T, in denen der Inhalt von x größer ist als 0. Es ist äquivalent mit "x>0". Der "Wertbezeichner" i kann wieder durch einen beliebigen, von x verschiedenen Bezeichner ersetzt werden:

"ALL k: 1<=k AND k<4: i*x>0".

Wir fassen zusammen: Die in einem Prädikat vorkommenden Namen sind entweder

- Variablenbezeichner,
- Literale oder
- Wertbezeichner.

Ein Variablenbezeichner wird durch die Bindung an einen Quantor ("EX" oder "ALL") zu einem Wertbezeichner. Im Gegensatz zu den gebundenen (Wert-)Bezeichnern werden Variablenbezeichner daher auch "freie Bezeichner" genannt.

Es ist nun keineswegs verboten, innerhalb eines Prädikats einen Bezeichner sowohl als Variablenbezeichner (also "frei") als auch als Wertbezeichner (also "gebunden") zu verwenden. Beispiel:

P(i,j,x) = (i>j) AND (ALL i: 1<= i AND i<10: i*x>0)

In "(i>j)" ist der Bezeichner i frei, also ein Variablenbezeichner. In dem "ALL-Ausdruck" "(ALL i: ...)" dagegen ist der Bezeichner i an den All-Quantor gebunden, also ein Wertbezeichner. Von einer textuellen Ersetzung von i (durch z.B. i*x) darf aber nur das "freie i" berührt werden, da - wie wir gesehen haben - das "gebundene i" ja auch ganz anders heißen könnte!

Es ist daher sinnvoll, beim Anschrieb von Prädikaten darauf zu achten,

- gleichlautende Variablen- und Wertbezeichner zu vermeiden und darüberhinaus
- einen Wertbezeichner nur im "Gültigkeitsbereich" (englisch "Scope") eines einzigen Quantors zu verwenden.

In der Form

P(i,j,x) = (i>j) AND (ALL k: 1<=k AND k<10: k*x>0)

stiftet das Prädikat P(i,j,x) bei der textuellen Ersetzung i->i*x keine Verwirrung mehr.

Die zu Beginn dieses Abschnitts gegebene Erklärung der textuellen Ersetzung nahm wohlweislich bereits ausschließlich Bezug auf Variablennamen, also auf freie Bezeichner. Zur Anwendung textueller Ersetzung auf Prädikate mit durch Quantoren gebundenen Wertbezeichnern jedoch müssen wir etwas schärfere Vorschriften erlassen.

Sei b eine Variable vom Typ ARRAY [0..9] OF INTEGER. Wir betrachten:

P(x,y,b) = (x<y) AND (ALL i: 0<=i AND i<10: b[i]<y).

Angenommen, wir wollen (neben x,y und b) eine weitere Variable i in's Spiel bringen und feststellen, daß sowohl der Inhalt von x als auch die Inhalte der durch das ARRAY b repräsentierten Speicher kleiner sind als y-i. Die "kritiklose" textuelle Ersetzung y->y-i liefert:

P(x,y,b,i) = (x<y-i) AND (ALL i: 0<=i AND i<10: b[i]<y-i).

Das ist aber sicher nicht der gewünschte Ausdruck: Das i in der zweiten Ersetzung gerät sozusagen in den "Bann" des All-Quantors, wird von ihm gebunden und zum bloßen Wertbezeichner.

Um dies zu vermeiden, ist es notwendig, vor einer textuellen Ersetzung alle diejenigen Wertbezeichner umzubenennen, zu denen es gleichlautende Variablenbezeichner im Ersetzungsausdruck gibt.

Unter Beachtung dieser Regel führt die Ersetzung y->y-i zu:

P(x,y,b,i) = (x<y-i) AND (ALL k: 0<=k AND k<10: b[k]<y-i).

Schließlich darf textuelle Ersetzung nur dann angewandt werden. wenn sich dadurch kein syntaktisch inkorrekter Ausdruck ergibt. Für das obige Beispiel wäre dies etwa mit der Ersetzung b->x+y der Fall.

4.1.3 Prädikate als Kommentare

Nachdem wir nun in einiger Ausführlichkeit Notationen für den Umgang mit Prädikaten entwickelt haben, kehren wir zum Ausgangspunkt unserer Überlegungen zurück. Wir fragen nach dem Nutzen, den diese Notationen für die Realisierung der Vorgehensweise haben, die in der Vorrede zu diesem Kapitel angedeutet wurde.

Die erste Antwort ist sehr einfach: Sie sind geeignet, bei der Abfassung eines Programms an "kritischen" Punkten Aussagen zu formulieren, denen die Inhalte (bzw. die Werte) der vom Programm bearbeiteten Variablen an diesen Stellen genügen müssen. Solche Aussagen können als Kommentare im Programmtext eingefügt werden. Mit ihnen "versichert" der Programmierer gewissermaßen (sich selbst oder einem anderen Prüfer), daß nach Ausführung des Programms bis zu einer gegebenen Stelle (im Programmtext) ein Speicherzustand erreicht ist, der irgendwelche gewünschten Bedingungen erfüllt, für den ein entsprechendes Prädikat also den Wert T annimmt.

Der Prüfer kann nun - im Prinzip - das Programm an dieser Stelle anhalten, das im Kommentar enthaltene Prädikat auswerten und so die Behauptung (bzw. "Zusicherung", englisch: "*Assertion*") des Programmierers bestätigen oder widerlegen.

Der Prüfer könnte freilich auch der Rechner selbst sein, dem der Compiler für jeden formalen "Behauptungskommentar" (*Assertion*) Code zur Auswertung des Prädikats generiert hat. Ergibt die Ausführung dieses Codes den Wert TRUE, so ist alles in Ordnung und der Rechner setzt seine Arbeit fort, als wäre nichts geschehen; ist das Ergebnis FALSE, so wird der Rechner seine Arbeit abbrechen und (freundlicherweise) Informationen bereitstellen, mit deren Hilfe der Fehler vielleicht gefunden werden kann.

Das folgende Beispiel, das wir sinngemäß aus [GRII] zitieren, demonstriert diesen Gebrauch von "Behauptungskommentaren".

```
PROCEDURE Division((*IN*) x,y:INTEGER;(*OUT*)VAR q,r:INTEGER);
BEGIN
 (** x>=0 AND y>0 *)                          (*1*)
 r:=x; q:=0;
 (** r>=0 AND x=q*y+r *)                      (*2*)
 WHILE r>y DO
   r:=r-y;
   q:=q+1
   (** r>=0 AND x=q*y+r *)                    (*2*)
 END (*WHILE*)
 (** r>=0 AND y>r AND x=q*y+r *)              (*3*)
END Division;
```

Nehmen wir nun an, daß der Compiler durch die spezielle Kommentar-Eröffnung "(**" dazu veranlaßt werde, den nachfolgenden Kommentarinhalt als Prädikat zu interpretieren und für diesen Auswertungs-Code - wie oben beschrieben - zu generieren. Der Ablauf der Prozedur wird nun zum Beispiel immer dann gestoppt, wenn auf die in x und y übergebenen Parameter die Behauptung (*1*) nicht zutrifft. Mit der Behauptung (*3*) wird versucht, so scharf wie möglich die Bedingungen zu fassen, denen q (der Quotient) und r (der Rest) nach einer Division genügen müssen. Mit hinreichend häufiger Benutzung der Prozedur (mit verschiedenen Werten der Eingabe-Parameter x und y, versteht sich) wird vermutlich einmal der Fall eintreten, daß ein Programmabbruch gerade an dieser Stelle geschieht. (Der Leser ist aufgefordert, Werte für x und y zu finden, derart daß (*3*) nicht erfüllt wird!)

Ein Programmabbruch nach Behauptung (*1*) ist nicht weiter tragisch. Es gibt einige Möglichkeiten, damit fertig zu werden. Zum Beispiel könnten wir einem Benutzer der Prozedur "Division" vorschreiben, vor deren Aufruf zunächst einmal zu prüfen, ob die zu übergebenden Wertparameter der Bedingung (*1*) genügen.

Ein Programmabbruch nach Behauptung (*3*) jedoch sollte für den Verfasser der Prozedur "Division" peinlich sein. Offenbar hat er ja mit (*3*) genau das beschrieben, was seine Prozedur leisten soll. Da sie - wie der gelegentliche Abbruch zeigt - aber nicht immer das Gewünschte tut, muß er einen Fehler gemacht haben. Sein Programm ist nicht korrekt.

Gemäß unserer Skizze "zielorientierter Programmentwicklung" müßte es nun freilich möglich sein, aus der in (*3*) formulierten *Nachbedingung* programmiersprachliche Anweisungen zu ermitteln bzw. zu begründen, deren Ausführung immer einen Zustand ergibt, in dem die *Nachbedingung* erfüllt ist. Techniken hierfür werden wir in Abschnitt 4.3 kennenlernen.

Vorerst halten wir fest: Wir nennen die im Beispiel-Programm aufgestellte Behauptung (*3*) eine *Nachbedingung*, weil sie den Zustand beschreibt, der *nach* Ausführung der Prozedur herrschen soll. Sie ist also eine *Spezifikation* des Ergebnisses dieser Prozedur. Oftmals kennen wir auch die *Vorbedingung*, das heißt eine Beschreibung des Zustands, der *vor* Beginn der Ausführung einer Prozedur besteht.

Vorbedingung und Nachbedingung zusammen spezifizieren dann das Verhalten einer Prozedur (bzw. eines Programmstücks oder eines ganzen Programms), insofern es sich auf die Änderung von Speicherzuständen bezieht.

Wir bedienen uns zur Formulierung solcher Spezifikationen der folgenden Notation:

```
(* VB *)      <-   VORBEDINGUNG
  Prog        <-   Prozedur (bzw. Programmstück)
(* NB *)      <-   NACHBEDINGUNG
```

oder auch:

(* VB *) Prog (* NB *).

Damit meinen wir:

> "Wenn die Ausführung der Prozedur (bzw. des Programmstücks) P in einem Speicherzustand beginnt, für den das Prädikat VB den Wert T hat, so endet die Prozedur (das Programmstück) nach endlicher Zeit und der dann erreichte Speicherzustand erfüllt das Prädikat NB."

In der bisherigen Diskussion haben wir die Behauptung (*2*), welche in unserer Divisions-Prozedur gleich zweimal auftaucht, keiner Erwähnung gewürdigt. Sie wird sowohl unmittelbar vor Eintritt in die WHILE-Schleife als auch nach jeder Abarbeitung des "Schleifen-Rumpfes" überprüft. Mithin bringt sie offenbar eine Eigenschaft zum Ausdruck, welche durch eben diese Abarbeitung des Schleifenrumpfes nicht verändert werden darf, welche also - wie man auch sagt - "invariant" sein muß. Auf die wichtige Rolle, die Behauptungen (bzw. Prädikate) wie (*2*) bei der Herleitung korrekter WHILE-Schleifen spielen, können wir an dieser Stelle noch nicht näher eingehen. Erst in den Abschnitten 4.3.2 und 4.3.3 werden wir darüber mehr erfahren.

Man macht sich rasch klar, daß bei der Angabe von VB und (insbesondere) NB große Sorgfalt angebracht ist, wenn man vermeiden will, daß eine spezifizierte Aufgabe von unbeabsichtigt trivialen Programmen erledigt werden kann. Ein Beispiel:

```
(* a>=0 AND b>=0 *)
   Prog
(* z=a*b *)
```

Ein Programmstück, welches diese Spezifikation trivialerweise erfüllt, ist:

"a:=0; b:=0; z:=0;"

Natürlich sind wir - zu Recht - der Meinung, daß ein Programmierer, der diese Lösung vorlegt, unsere Spezifikation gründlich mißverstanden hat. Zwar haben wir nicht ausdrücklich gesagt, daß die Inhalte der Variablen a und b NICHT verändert werden dürfen, doch sollten wir darauf bestehen, daß ein Programm nicht MEHR tut, als tatsächlich verlangt wird. (Es gilt: "Was nicht erlaubt ist, ist verboten!")

Um dem Programmierer jeden Anlaß zu nehmen, das oben angegebene triviale Programmstück zu rechtfertigen, hätten wir allerdings spezifizieren können:

```
(* a=A AND b=B AND a>=0 AND b>=0 *)
   Prog
(* a=A AND b=B AND z=a*b *).
```

Hier haben wir Großbuchstaben als Bezeichner für zwar unbestimmte aber feste Werte der Variablen a und b benutzt. (Dies entspricht im übrigen der in Abschnitt 2.2.1 vereinbarten Konvention über die Groß- und Kleinschreibung von Bezeichnern in MODULA-2 - Programmen!) Wie bei (durch Quantoren) gebundenen Bezeichnern handelt es sich hier um Wertbezeichner: Ein mit einem Großbuchstaben beginnender Name bezeichnet ein Objekt, das Inhalt einer Variablen sein kann, und überall, wo er vorkommt, bezeichnet er dasselbe Objekt. Diese Verwendung von Wertbezeichnern ist sehr nützlich für die Spezifikation von Speicherzustandsänderungen, bei denen etwa die Inhalte von Variablen nur "hin- und hergeschoben" werden.

Zum Beispiel könnte die Spezifikation eines Programmstücks, welches die Inhalte zweier Variablen x und y (die beide vom gleichen Typ sind) vertauscht, folgendermaßen aussehen:

```
(* x=X AND y=Y *)
   Prog
(* x=Y AND y=X *).
```

Ein zweites Beispiel hierzu: Sei a eine Variable vom Typ ARRAY [0..9] OF INTEGER und A Bezeichner eines Objekts von diesem Typ. Die Spezifikation

```
(* a=A *)
   Prog
(* perm(a,A) AND (ALL i: 0<=i AND i<9: a[i]<=a[i+1]) *)
```

fordert ein Programmstück, welches die Inhalte der "Zellen" der Array-Variablen a so umverteilt, daß sie mit wachsendem "Zellenindex" jedenfalls nicht kleiner werden. Es ist also nichts anderes als die Spezifikation einer "Sortier-Routine". ("perm(a,A)" ist dabei die abkürzende Schreibweise für ein Prädikat, welches zum Ausdruck bringt, daß a die einzelnen Werte von A in Permutation enthält; zusammen mit "a=A" sichert es, daß alle Werte, die sich zu Beginn in a befinden, auch am Ende noch in a sind.)

Wir beschließen diesen Abschnitt mit einem Hinweis zur praktischen Arbeit mit Behauptungen über Speicherzustände. Es ist ja im allgemeinen nicht davon auszugehen, daß ein Compiler (wie oben idealerweise angenommen) die Möglichkeit der Einbeziehung spezieller Kommentare bietet. Immerhin könnten solche Kommentare Konstrukte (wie CAND, COR, ALL und EX) enthalten, die über den Sprachumfang von MODULA-2 (oder irgendeiner anderen prozeduralen Programmiersprache) weit hinausgehen.

Behauptungen jedoch, die nur boolesche Ausdrücke enthalten, welche gemäß der MODULA-2 - Syntax aufgebaut sind, können sehr wohl in der oben beschriebenen Weise zur Überprüfung eines Programms herangezogen werden. Dazu notieren wir eine solche Behauptung nicht als Kommentar eingekleidet, sondern übergeben sie - als booleschen Ausdruck - einer vorher (allgemein zugänglich) deklarierten Prozedur (vgl. auch [SAL]):

```
PROCEDURE Assertion(praedikat:BOOLEAN; nr:CARDINAL);
BEGIN
  IF NOT praedikat THEN
    WriteLn;
    WriteString("***BEHAUPTUNG NR:");
    WriteCard(nr,6);
    WriteString(" TRIFFT NICHT ZU");
    WriteLn;
    HALT
  END (*IF*)
END Assertion;
```

In der Prozedur "Division" könnte also der Behauptungskommentar ersetzt werden durch den Aufruf

"Assertion((r>=0) AND (y>r) AND (x=q*y+r),3)".

Wurden der Prozedur "Division" in x und y zum Beispiel die Werte 6 und 3 übergeben, so führt dieser Aufruf von "Assertion" zur Meldung

```
***BEHAUPTUNG NR:      3 TRIFFT NICHT ZU
```

und dann zum Abbruch des Programms.

4.2 Semantik

Die im vorigen Abschnitt eingeführten Begriffe, Notationen und Sprechweisen sind - wie sich herausstellte - zur Präzisierung der Ziele eines Programmiervorhabens recht gut geeignet, sofern sich dieses Vorhaben auf die Änderung von Speicherzuständen beschränkt. In diesem Abschnitt werden wir Prädikate, Vorbedingungen und Nachbedingungen dazu benutzen, die Wirkungen einiger wichtiger Anweisungsarten der Sprache MODULA-2 exakt zu beschreiben, um so eine solide Grundlage für "zielorientierte Programmentwicklung" zu schaffen. Wir beschränken uns dabei auf Zuweisungen, Selektions-Anweisungen und die WHILE-Anweisung.

4.2.1 Schwächste Vorbedingungen

Sei S eine Anweisung oder ein Programmstück. Wie könnte man einem Lernenden die *Bedeutung* von S verständlich machen? Eine Möglichkeit wäre es sicherlich, ihm die Wirkung der Anweisung (bzw. des Programmstücks) anhand der Veränderungen des Speicherzustands zu erklären, die S hervorruft. Zum Beispiel könnten wir ihm sagen:

> "Wenn für einen Speicherzustand das Prädikat P zutrifft, dann schafft S einen Speicherzustand, in dem das von P und S irgendwie abhängende Prädikat Q gilt."

Wir würden also angeben, in welcher Weise S die *Vorbedingung* P zu einer *Nachbedingung* Q "transformiert".

In Anbetracht der Tatsache jedoch, daß wir bei der Programmentwicklung die Absicht haben, "das Pferd vom Schwanze her aufzuzäumen", also bei der Nachbedingung anzusetzen, die das Ergebnis des Ablaufs eines Programmstücks spezifiziert, ist eine solche Erklärung vermutlich nicht sehr hilfreich.

Wir sollten es umgekehrt versuchen und nach den allgemeinsten Voraussetzungen fragen, unter denen die Ausführung von S einen Speicherzustand herstellt, für den ein Prädikat Q gilt. Diese Voraussetzungen wären durch ein Prädikat P zu präzisieren, welches

> "die Menge EXT(P) aller Speicherzustände beschreibt, die die Eigenschaft haben, daß die Ausführung von S, beginnend in einem Zustand Z IN EXT(P), nach endlicher Zeit endet und einen Speicherzustand schafft, für den Q gilt."

Dieses Prädikat P hängt natürlich seinerseits von Q und S ab. Wir nennen P die *schwächste* (d.h. also die allgemeinste) *Vorbedingung* (englisch: "weakest precondition"), unter der S zu Q führt, und notieren

P = svb(S,Q).

Diese Notation ist durch die Beobachtung begründet, daß wir P (wie bei unserem ersten Ansatz Q) als das Ergebnis einer Transformation des Prädikats Q durch die Anweisung oder das Programmstück S auffassen können. Die auf der "Menge Π aller Prädikate" definierte Abbildung

"svb(S, -): $\Pi \longrightarrow \Pi$"

wird daher als "Prädikaten-Transformierer" bezeichnet. Es gilt:

(* svb(S,Q) *) S (* Q *).

Sei andererseits "(* P *) X (* Q *)" die Spezifikation eines Programmstücks X. Diese Spezifikation wird offenbar genau dann durch S erfüllt, wenn

EXT(P) $\subset$ EXT(svb(S,Q)).

Wir schreiben dafür auch:

P => svb(S,Q).

Wir haben bei der bisherigen Erklärung den Standpunkt eingenommen, daß uns die Bedeutung (die "Semantik") der Elemente einer Programmiersprache und ihrer Verknüpfungen bereits "irgendwie" bekannt ist und wir lediglich das Problem haben, diese Bedeutung einem Lernenden zu vermitteln.

Wir können allerdings auch einen ganz anderen Standpunkt einnehmen, nämlich den des Erfinders oder Konstrukteurs einer Programmiersprache. Dann hätten wir die Aufgabe, die Bedeutung der einzelnen Elemente unserer Sprache und die ihrer Verknüpfungen in geeigneter Weise festzulegen (zu definieren!). (Basierend auf dieser Festlegung könnte dann ein Compiler entwickelt werden, der zu einem gegebenen Programm immer denjenigen Maschinencode erzeugt, der die mit dem Programm beabsichtigten Wirkungen hervorruft.)

Wir werden uns auf diesen Standpunkt stellen und annehmen, daß in unserer Programmiersprache - wie in MODULA-2 - ein Programmstück gebildet werden kann durch

- eine einzelne Zuweisung,
- das Aneinanderreihen von Programmstücken (Sequenz),
- eine Anweisung zur Selektion von Programmstücken gemäß irgendwelcher Bedingungen und durch
- eine Anweisung zur wiederholten Ausführung (Iteration) eines Programmstücks (unter Angabe einer Abbruchsbedingung).

Um nun allgemein die Semantik eines beliebigen Programmstücks festzulegen, können wir uns der oben eingeführten Prädikaten-Transformierer "svb(S,-)" bedienen. Was wir tun müssen, ist im Prinzip recht einfach:

Sei S eine Zuweisung, eine Folge von Programmstücken, eine Selektions-Anweisung oder eine Iterations-Anweisung. In jedem Fall haben wir zu definieren: svb(S,-). Natürlich werden wir zur Definition von svb(S,-) für Sequenzen, Selektions- und Iterations-Anweisung die Definitionen derjenigen Prädikaten-Transformierer heranziehen, die den jeweils beteiligten elementareren Programmstükken entsprechen. (Ist S zum Beispiel die Sequenz "S1;S2", so wird svb(S,-) durch svb(S1,-) und svb(S2,-) auszudrücken sein.)

Bevor wir in den folgenden Abschnitten diese Definitionen im einzelnen aufstellen und erläutern, wollen wir uns mit dem Begriff der "schwächsten Vorbedingung" anhand einiger einfacher Beispiele und Eigenschaften ein wenig vertrauter machen.

Beispiele:

(i) Sei S die Zuweisung "x:=x-1;" und sei Q = Q(x) das Prädikat "x>=0". In welchem Zustand muß sich der Speicher x befunden haben, damit nach Ausführung von S die Aussage Q zutrifft? S vermindert den Inhalt von x um 1. Damit dieser nach Ausführung von S mindestens 0 ist, muß er vorher mindestens 1 gewesen sein. Also gilt:

svb(x:=x-1, x>=0) = (x>=1).

(ii) Sei S die Selektions-Anweisung

"IF x<=y THEN z:=x ELSE z:=y END;"

Wir betrachten das Ergebnis der Abbildung svb(S,-) für vier verschiedene Prädikate Q:

a) Sei Q = Q(x,y,z) das Prädikat "z=min(x,y)".
(Es sollte klar sein, daß "z=min(x,y)" hier als Abkürzung für "(z=x AND x<=y) OR (z=y AND x>y)" steht!)

Intuitiv verstehen wir, daß S - unabhängig vom jeweils vorherigen Speicherzustand - immer einen Speicherzustand herstellt, für den Q gilt. Die Menge der (für die Erreichbarkeit von Q) vor S erlaubten Zustände ist also die Menge aller Speicherzustände. Diese wird (vgl. Abschnitt 4.1.1) durch das konstante Prädikat TRUE beschrieben. Es gilt daher in diesem Fall: svb(S,Q) = TRUE.

b) Sei Q = Q(x,z) das Prädikat "x=z". Dann gilt:

svb(S,Q) = (x<=y),

da genau dann, wenn vor der Ausführung von S ein Zustand mit (x<=y) angetroffen wird, z den Wert von x erhält. (Falls x>y, so erhält z den Wert von y, und es gilt dann "x <> z"!)

c) Sei Q = Q(y,z) das Prädikat "z=y+1".
Offenbar gibt es, da nach Ausführung von S immer z<=y ist, keinen Zustand, von dem aus S zu einem Zustand führt, in dem Q gilt.
Also: svb(S,Q) = FALSE.

d) Sei Q = Q(y,z) das Prädikat "z=y-1".
Nur wenn vor Ausführung von S x=y-1 zutraf, wird Q nach der Ausführung von S gelten, das heißt: svb(S,Q) = (x=y-1).

Die Präsentation der Beispiele (i) und (ii) müssen wir mit einem Appell an die Intuition des Lesers verbinden, da wir ja noch nicht über eine verbindliche Definition der Prädikaten-Transformierer

svb(x:=x-1, -) und svb(IF x<=y THEN z:=x ELSE z:=y, -)

verfügen. Im Gegensatz dazu liefern wir mit den beiden folgenden Beispielen die Definitionen zweier einfacher Anweisungen.

(iii) Wir haben es bisher unterlassen, ein - wenn auch triviales, so doch wichtiges - Programmstück zu erwähnen, das "leere Programm", also ein Gebilde, welches überhaupt keine Anweisungen enthält. Notieren wir es als "NONE". Seine Semantik ist sinnvollerweise durch

svb(NONE,Q) = Q, für jedes Prädikat Q,

zu definieren. Dies gibt unsere Vorstellung wieder, daß ein "leeres Programm" eben nichts bewirkt. Das heißt, welcher Zustand auch immer nach Ausführung von NONE herrschen soll: er muß auch vorher bereits bestanden haben. Der zugehörige Prädikaten-Transformierer ist also die identische Abbildung.

(iv) Wir könnten die Semantik einer Anweisung so definieren, daß diese unter gar keinen Umständen einen "vernünftigen" Speicherzustand herstellt. Nennen wir diese Anweisung "ABORT". Gleichgültig, welche Nachbedingung Q zu erfüllen ist: für ABORT soll dies von keinem Zustand aus möglich sein. Die Semantik dieser Anweisung ist also (wegen EXT(FALSE) = { }) gegeben durch

svb(ABORT,Q) = FALSE, für jedes Prädikat Q.

ABORT sollte nur dann eingesetzt werden, wenn wir am weiteren Ablauf eines Programms nicht mehr interessiert sind: es dient zum Abbruch (englisch: "abortion") eines Programmlaufs. MODULA-2 bietet zu diesem Zweck die Anweisung "HALT".

Eigenschaften:

(v) Aus der für den Prädikaten-Transformierer svb(S,-) gegebenen (informellen) Definition folgt, daß svb(S,TRUE) für irgendein Programmstück S die Menge aller Speicherzustände beschreibt, von denen aus die Ausführung von S nach endlicher Zeit terminiert.

(vi) Entsprechend beschreibt - für ein beliebiges Programmstück S - das Prädikat svb(S,FALSE) die Menge aller Speicherzustände, von denen aus die Ausführung von S zwar terminiert, aber keinen Speicherzustand herstellt. Dies ist nicht möglich, da die Ausführung von S, wenn sie endet, immer zu irgendeinem Speicherzustand führt. Folglich ist die fragliche Menge leer, und es gilt svb(S,FALSE) = FALSE.

(vii) Seien Q und R Prädikate und S ein Programmstück. Dann gelten die folgenden Gesetze:

svb(S,Q) AND svb(S,R) = svb(S,Q AND R)

(AND-Distributivität),

svb(S,Q) OR svb(S,R) = svb(S,Q OR R)

(OR-Distributivität),

(Q => R) => (svb(S,Q) => svb(S,R))

(Monotonie).

Die einfachen Beweise dieser Gesetze seien dem Leser überlassen. Mit etwas Vorsicht ist die OR-Distributivität "zu genießen". Streng genommen gilt sie nur unter der zusätzlichen Voraussetzung, daß die Ausführung von S "deterministisch" ist. Dies heißt, daß der Zustand vor Ausführung von S den Zustand nach der Ausführung eindeutig bestimmt. Man kann sich leicht Anweisungen vorstellen, auf die diese Voraussetzung keineswegs zutrifft (vgl. [GRI]). Wir (und MODULA-2 ebensowenig) werden solche Anweisungen jedoch nicht berücksichtigen.

4.2.2 Zuweisungen und Sequenzen

Eine Zuweisung hat die allgemeine Form

‹vn›:=‹ausdruck›.

Dabei ist ‹vn› der Name einer Variablen, und ‹ausdruck› ist ein nach den Regeln der Syntax von MODULA-2 gebildeter Ausdruck. ‹vn› und ‹ausdruck› sind vom gleichen Typ. (Zuweisungen, bei denen dies nicht so ist, werden von einem MODULA 2 - Compiler im übrigen gar nicht erst akzeptiert.)

Mit Worten ist die (intuitiv wohl jedermann bekannte) Semantik der Zuweisung schnell beschrieben:

> "Der Wert von ‹ausdruck› wird ermittelt und in der Variablen mit dem Namen ‹vn› gespeichert."

Allerdings müssen wir den Fall berücksichtigen, daß ‹ausdruck› im aktuellen Speicherzustand nicht definiert und also auch nicht auswertbar ist. Die Zuweisung ist dann nicht ausführbar.

Die Auswertung von ‹ausdruck› kann mit dem Aufruf von Funktions-Prozeduren verbunden sein. Wir schließen aus, daß solche Aufrufe zu Seiteneffekten (vgl. Abschnitt 2.2.2) führen.

Zur Vereinfachung der Schreibarbeit verwenden wir als Variablennamen im folgenden immer x,y,z,... und als Bezeichner für einen Ausdruck Großbuchstaben A,B,... . Sei also "x:=A" irgendeine Zuweisung. Wir definieren:

Semantik der Zuweisung:

Sei Q ein beliebiges Prädikat:
svb(x:=A,Q) = def(A) CAND Q(x->A).

"def(A)" ist ein Prädikat, welches die Menge der Speicherzustände beschreibt, in denen A definiert ist.
(Ist A zum Beispiel der Ausdruck "x/y", so ist def(A) = (y‹›0). Indem wir die CAND-Verknüpfung benutzen, liefert die Auswertung von svb(x:=x/y,Q) auch für einen Speicherzustand mit y=0 einen definierten Wert, nämlich F (vgl. die Tabelle in Abschnitt 4.1.2!).)

Man muß sich klarmachen, daß diese Definition mit unserer intuitiven Vorstellung von dem, was Zuweisung bedeutet, übereinstimmt: Um mit der Zuweisung "x:=A" in einen Speicherzustand Z zu gelangen, müssen wir uns in einem Zustand Z' befinden, in dem

(1.) A auswertbar ist und der sich

(2.) von Z dadurch unterscheidet, daß mit der Ersetzung des Inhalts der Variablen x durch den Wert von A der Zustand Z entsteht.

Gilt nun für Z das Prädikat Q, so muß für Z' das Prädikat Q' gelten, das aus Q durch die textuelle Ersetzung von x durch A hervorgeht, also Q' = Q(x->A). Anders gesagt: Die an der Auswertung von A beteiligten Variablen müssen in Z' schon "die richtigen" Werte haben! Oder: Genau dann entsteht aus einem Zustand Z' durch x:=A ein Zustand Z mit Q(...)(Z) = T, wenn Q'(...)(Z') = T. Das Beispiel im vorangegangenen Abschnitt und die nachfolgenden Beispiele mögen beim Leser die Überzeugung verstärken, daß unsere Definition gerechtfertigt ist.

Beispiele:

(In (i) und (ii) sei C ein Wertbezeichner (d.h. eine Konstante geeigneten Typs)).

(i) svb(x:=A, x=C) = (A=C)
(x:=A terminiert genau dann in einem Zustand mit x=C, wenn der Wert von A vor der Zuweisung C war!)

(ii) svb(x:=A, y=C) = (y=C)
(Der Leser mache sich klar, daß dies daran liegt, daß wir zur Bildung von Ausdrücken keine Funktions-Prozeduren mit Seiteneffekten zulassen! Täten wir es, so wäre unsere Definition der Semantik von Zuweisungen unbrauchbar.)

Für die beiden ersten Beispiele haben wir stillschweigend vorausgesetzt, daß def(A) = TRUE; in den folgenden Beispielen ist dies jeweils offensichtlich. Wir brauchen also in keinem Falle das Prädikat def(A) mitzuführen.

(iii) svb(x:=2*y+3, x=13) = (2*y+3=13) = (y=5)

(iv) svb(x:=x+y, x<2*y) = (x+y<2*y) = (x<y)

(v) svb(x:=x*y, x*y=c) = (x*y*y=c)

(vi) svb(x:=(x-y)*(x+y), x+y*y<>0) = ((x-y)*(x+y)+y*y<>0)
= (x*x-y*y+y*y<>0)
= (x*x<>0)
= (x<>0)

Sei b eine Variable vom Typ ARRAY OF INTEGER.

(vii) svb(j:=j+1, (0<j) AND (ALL i: 0<=i<=j: b[i]=5))
= (0<j+1) AND (ALL i: 0<=i<=j+1: b[i]=5)
= (0<=j) AND (ALL i: 0<=i<=j+1: b[i]=5)

Sei a5 eine Variable vom Typ BOOLEAN.

(viii) svb(a5:=(b[j]=5), a5=(ALL i: 0<=i<=j: b[i]=5))
= ((b[j]=5)=(ALL i: 0<=i<=j: b[i]=5))
= ALL i: 0<=i<=j-1: b[i]=5

Wenden wir uns nun der Aneinanderreihung von Programmstücken, der Bildung von Sequenzen zu. Seien S1 und S2 Programmstücke und sei S = S1;S2. Das Semikolon wird in diesem Zusammenhang als Konkatenations-Operator für Zeichenketten aufgefaßt und nicht als Begrenzungs-Zeichen, wie in vielen Programmiersprachen. ("Konkatenation" bedeutet Aneinanderreihung.) S auszuführen heißt, zuerst das Programmstück S1 und dann das Programmstück S2 auszuführen. Dies legt die folgende Definition nahe:

Semantik der Sequenzbildung:

Sei Q ein beliebiges Prädikat:
svb(S,Q) = svb(S1;S2,Q) = svb(S1,svb(S2,Q))

Nach dieser Definition terminiert S also in einem Speicherzustand mit Q genau dann, wenn S1 in einem Speicherzustand terminiert, für den die schwächste Vorbedingung von Q bezüglich S2 gilt. Und eben dies war wohl unsere Absicht! Ein (leichtes) Problem gibt es freilich noch, nämlich: Wie verhält es sich mit der Aneinanderreihung von mehr als zwei Programmstücken? Betrachten wir zum Beispiel S = S1;S2;S3. Es sollte keinen Unterschied machen, ob wir zuerst S1 und dann S2;S3 ausführen oder zuerst S1;S2 und dann S3, und dies sollte auch durch unsere Semantik-Definition zum Ausdruck kommen. In der Tat kann man zeigen, daß svb(-,-) im ersten Argument bezüglich der Aneinanderreihung von Programmstücken assoziativ ist, daß also gilt:

svb(S1;(S2;S3),Q) = svb((S1;S2);S3,Q),

für ein beliebiges Prädikat Q. (Der Leser möge sich am Beweis dieser Tatsache selbst versuchen.)

4.2.3 Selektionen

Wir betrachten zunächst die CASE-Anweisung und fragen uns, welche ihrer Eigenschaften wir in einer formalen Semantik-Definition zum Ausdruck kommen lassen wollen.

In der Anweisung (auf die wir im folgenden mit "S–CASE" Bezug nehmen werden)

```
CASE A OF
  C1:  S1 |
  C2:  S2 |
  ...
  Cn:  Sn
END (*CASE*);
```

sei A wieder irgendein Ausdruck; C1,...,Cn seien Bezeichner für Werte, die vom gleichen Typ sind wie der Ausdruck A, und die S1, ..., Sn seien beliebige Programmstücke. Wir setzen ferner voraus, daß die durch die Ci bezeichneten Werte paarweise verschieden sind.

Informell lautet die Semantik der Anweisung S–CASE:

"Werte A aus; falls der gefundene Wert Ci ist, so führe das Programmstück Si aus."

Wiederum kann es freilich passieren, daß A im aktuellen Speicherzustand (da nicht definiert) gar nicht auswertbar ist. Außerdem ist es möglich, daß die Auswertung von A ein Ergebnis liefert, welches unter den C1,...,Cn nicht auftaucht.

Unabhängig von dem durch S–CASE herbeizuführenden Speicherzustand muß also das Prädikat

def(A) AND (A=C1 OR A=C2 OR ... A=Cn)

Teil jeder Vorbedingung sein.

Nehmen wir nun an, daß S–CASE zu einem durch ein Prädikat Q charakterisierten Speicherzustand führen soll. Da sich die Ausführung von S–CASE auf die Ausführung irgendeines der Si (i=1,...,n) "reduziert" und da diese gewissermaßen alle "gleichberechtigt" sind, muß Q nach der Ausführung jedes der Si gelten. Die Bedingung, unter der Si ausgeführt wird, lautet "A=Ci". Die durch svb(Si,Q) beschriebene Menge von Speicherzuständen muß also all jene Zustände enthalten, für die A=Ci gilt. Dies legt die folgende Definition nahe:

Semantik der CASE-Anweisung:

Sei Q ein beliebiges Prädikat:

```
svb(S–CASE,Q) = def(A) AND (A=C1 OR ... OR A=Cn)
                AND ((A=C1) => svb(S1,Q))
                AND ((A=C2) => svb(S2,Q))
                ...
                AND ((A=Cn) => svb(Sn,Q))
```

Unter der Voraussetzung, daß A überall definiert ist, kann man "def(A)" natürlich weglassen. Erinnern wir uns außerdem der Notationen für Existenz- und All-Aussagen, so ist

```
svb(S–CASE,Q) = (EX i: 1<=i<=n: A=Ci) AND
                (ALL i: 1<=i<=n: (A=Ci) => svb(Si,Q))
```

eine etwas knappere Formulierung der Semantik der CASE-Anweisung. Ersetzen wir noch die Implikation "(A=Ci) => svb(Si,Q)" durch den äquivalenten Ausdruck "NOT(A=Ci) OR svb(Si,Q)", so ergibt sich:

```
svb(S–CASE,Q) = (EX i: 1<=i<=n: A=Ci) AND
                (ALL i: 1<=i<=n: (A<>Ci) OR svb(Si,Q)).
```

IF-Anweisungen können wir als Spezialfälle von CASE-Anweisungen ansehen: In

```
IF B THEN
  S1
ELSE
  S2
END (*IF*);
```

sei B ein Ausdruck vom Typ BOOLEAN, S1 und S2 seien beliebige Programmstücke. Nennen wir diese Anweisung "S–IF". Wir definieren ihre Semantik durch die Semantik der folgenden CASE-Anweisung:

```
CASE B OF
  TRUE:  S1 |
  FALSE: S2
END (*CASE*); :
```

Semantik der IF-Anweisung:

Sei Q ein beliebiges Prädikat:

```
svb(S–IF,Q) = def(B) AND ( (B AND svb(S1,Q)) OR
                            (NOT(B) AND svb(S2,Q) )
```

(Der Leser möge die Herleitung von svb(S–IF,Q) aus der angegebenen Spezialisierung von svb(S–CASE,Q) selbständig nachvollziehen. In den meisten Fällen wird wieder def(B) = TRUE gelten.)

Überprüfen wir nun anhand der Beispiele (ii) a)-d) in Abschnitt 4.2.1, ob diese Definition unser intuitives Verständnis der Bedeutung der IF-Anweisung widerspiegelt.

Sei also S die Anweisung

```
"IF x<=y THEN z:=x ELSE z:=y END;"
```

a) Sei Q = Q(x,y,z) das Prädikat "(z=x AND x<=y) OR (z=y AND x>y)".

```
svb(S,Q) = (x<=y AND svb(z:=x,Q)) OR
           (x>y  AND svb(z:=y,Q))
         = (x<=y AND ((x=x AND x<=y) OR (x=y AND x>y)))
           OR
           (x>y  AND ((y=x AND x<=y) OR (y=y AND x>y)))
         = (x<=y AND x=x AND x<=y) OR
           (x>y  AND y=y AND x>y)
         = (x<=y) OR (x>y) = TRUE
```

b) Sei Q = Q(x,z) das Prädikat "x=z".

```
svb(S,Q) = (x<=y AND svb(z:=x, x=z)) OR
           (x>y  AND svb(z:=y, x=z))
```

= (x<=y AND x=x) OR
(x>y AND x=y)
= (x<=y) OR FALSE = (x<=y)

c) Sei Q = Q(y,z) das Prädikat "z=y+1".

svb(S,Q) = (x<=y AND svb(z:=x, z=y+1)) OR
(x>y AND svb(z:=y, z=y+1))
= (x<=y AND x=y+1) OR
(x>y AND y=y+1)
= FALSE OR FALSE = FALSE

d) Sei Q = Q(y,z) das Prädikat "z=y-1".

svb(S,Q) = (x<=y AND svb(z:=x, z=y-1)) OR
(x>y AND svb(z:=y, z=y-1))
= (x<=y AND x=y-1) OR
(x>y AND y=y-1)
= (x=y-1) OR FALSE = (x=y-1)

Die in 4.2.1 (intuitiv) begründeten Ergebnisse werden - wie man sieht - also auch geliefert, wenn wir die formale Definition der Semantik von S–IF einsetzen.

Zur Übung definiere der Leser:

- die Semantik einer IF-Anweisung ohne "ELSE-Zweig" als Semantik der CASE-Anweisung

```
CASE B OF
  TRUE:  S1 |
  FALSE: (*NONE*)
END (*CASE*);
```

- die Semantik der mit ELSIF geschachtelten IF-Anweisung

```
IF B1 THEN
  S1
ELSIF B2 THEN
  S2
ELSE
  S3
END (*IF*);
```

als Semantik der Anweisung

```
IF B1 THEN
  S1
ELSE
  IF B2 THEN
    S2
  ELSE
```

```
      S3
    END (*IF*)
  END (*IF*);
```

Ferner möge sich der Leser fragen, wie die Definition der Semantik von S–CASE sinnvollerweise abzuändern wäre, wenn die CASE-Anweisung auch den "ELSE-Zweig" enthält.

Wir erwähnten bereits in Abschnitt 4.2.1, daß die Erfüllung der Spezifikation "(* P *) X (* Q *)" darauf hinausläuft, ein Programmstück S zu finden mit "P => svb(S,Q)".

Die Frage ist, ob man in jedem Fall svb(S,Q) "ausrechnen" muß, um diese Implikation nachzuweisen. Für S–CASE zeigen wir zum Abschluß dieses Abschnitts, daß dies durchaus nicht notwendig ist. Um zu argumentieren, daß P => svb(S,Q) gilt, genügt es, die folgenden Behauptungen zu verifizieren:

```
(I)             P => (EX i: 1<=i<=n: A=Ci)  und
(II)            P AND (A=Ci) => svb(Si,Q) für alle i=1,...,n.
```

Angenommen, es gelte (II), d.h.:

```
  (ALL i: 1<=i<=n: P AND (A=Ci) => svb(Si,Q))
= (ALL i: 1<=i<=n: NOT(P AND A=Ci) OR svb(Si,Q))
= (ALL i: 1<=i<=n: NOT(P) OR (A<>Ci) OR svb(Si,Q))
= NOT(P) OR (ALL i: 1<=i<=n: (A<>Ci) OR svb(Si,Q))
= (P => (ALL i: 1<=i<=n: (A<>Ci) OR svb(Si,Q))
```

Mit (I) zusammen ergibt sich also:

```
  (P => (EX i: 1<=i<=n: A=Ci)) AND
  (P => (ALL i: 1<=i<=n: (A<>Ci) OR svb(Si,Q)))
= (P => ((EX i: 1<=i<=n: A=Ci) AND
         (ALL i: 1<=i<=n: (A<>Ci) OR svb(Si,Q))))
= (P => svb(S–CASE,Q)),
```

das heißt, unter den Voraussetzungen (I) und (II) impliziert P die schwächste Vorbedingung von Q unter S–CASE.

4.2.4 Iterationen

Es sei S–WHILE die Anweisung

```
WHILE B DO
  S
END (*WHILE*);
```

mit einem booleschen Ausdruck B und einem beliebigen Programmstück S.

Jeder Programmierer weiß, daß solche Anweisungen "es in sich haben": Wird nämlich durch S nicht irgendwann ein Speicherzustand geschaffen, in dem B den Wert FALSE hat, so endet ein Programm, welches S–WHILE enthält, niemals. Bei der Konstruktion solcher Anweisungen ist also besondere Sorgfalt angebracht.

Unserem intuitiven Verständnis gemäß sollte S–WHILE ausgeführt werden wie die "unendlich geschachtelte" IF-Anweisung

```
IF B THEN
  S;
 ________________________
|  IF B THEN             |
|    S;                  |
|    IF B THEN           |
|      ...               |
|    ELSE                |
|      (*NONE*)          |
|    END (*IF*)          |
|  ELSE                  |
|    (*NONE*)            |
|  END (*IF*)            |
 ________________________
ELSE
  (*NONE*)
END (*IF*);
```

Der eingerahmte Teil hat die gleiche Gestalt wie das ganze Programmstück. Es scheint also zweckmäßig, die Semantik der WHILE-Anweisung als Semantik der Anweisung

```
IF B THEN
  S;
  WHILE B DO
    S
  END (*WHILE*)
ELSE
  (*NONE*)
END (*IF*);
```

zu definieren. Wir machen daher den folgenden ersten Versuch:

Semantik der WHILE-Anweisung (Version 1):

Sei Q ein beliebiges Prädikat:
svb(S–WHILE,Q) = def(B) AND
                  (NOT(B) AND Q) OR
                  (B AND svb(S; S–WHILE,Q))

Wir nehmen im folgenden an, daß B überall definiert ist, und verzichten darauf, def(B) weiterhin "mitzuschleppen". Unter Ausnutzung der Semantik der Sequenz von Programmstücken ergibt sich:

```
svb(S–WHILE,Q) = (NOT(B) AND Q) OR
                 (B AND svb(S,svb(S–WHILE,Q))).
```

Wir interpretieren die so gefundene Darstellung wie folgt:

(NOT(B) AND Q) beschreibt die Menge aller Speicherzustände, von denen aus S–WHILE ohne eine einzige Ausführung von S (d.h. "in 0 Durchläufen"!) einen Zustand herstellt, in dem Q gilt.

svb(S,svb(S–WHILE,Q)) beschreibt die Menge aller Speicherzustände, von denen aus S die Vorbedingung dafür garantiert, daß S–WHILE einen Zustand herstellt, in dem Q gilt. Das zweite Glied der Disjunktion ist also insgesamt die Bedingung dafür, daß S–WHILE nach mindestens einmaliger Ausführung von S einen Zustand herstellt, in dem Q gilt.

Natürlich ist es ein wenig unbefriedigend, daß wir hier (im Gegensatz zu den vorangegangenen "einfachen" Definitionen) die Semantik von S–WHILE gewissermaßen "durch sich selbst" (also rekursiv) definiert haben. Wir wollen daher diese Rekursion noch einen Schritt weiter treiben und sehen, ob wir auf diese Weise eine andere Darstellung von svb(S–WHILE,Q) erreichen.

```
svb(S–WHILE,Q) = (NOT(B) AND Q) OR
                 (B AND svb(S,svb(S–WHILE,Q)))
               = (NOT(B) AND Q) OR
                 (B AND svb(S, (NOT(B) AND Q) OR
                               (B AND svb(S,svb(S–WHILE,Q))))
               = (NOT(B) AND Q) OR
                 (B AND svb(S, NOT(B) AND Q)) OR
                 (B AND svb(S, B AND svb(S,svb(S–WHILE,Q)))).
```

Das zweite Glied dieser Disjunktion beschreibt nun die Menge aller Speicherzustände, von denen aus S–WHILE nach genau einer Ausführung von S endet und einen Zustand mit Q liefert. Die Interpretation des dritten Gliedes der Disjunktion liegt auf der Hand.

Setzen wir zur Abkürzung

```
G_0(S,B,Q) = NOT(B) AND Q
```

und definieren (für i>0)

```
G_i(S,B,Q) = B AND svb(S,G_(i-1)(S,B,Q)),
```

so können wir mittels Induktion leicht zeigen, daß gilt:

```
svb(S–WHILE,Q) = (EX i: 0<=i<n: G_i(S,B,Q)) OR M_n(S,B,Q).
```

Dabei ist M_n(S,B,Q) ein Prädikat, welches besagt, daß mindestens n Ausführungen von S erforderlich sind, um zu Q zu gelangen. Mit wachsendem n "strebt" M_n(S,B,Q) also gegen ein Prädikat M_U(S,B), welches diejenigen Zustände beschreibt, von denen aus die Ausführung von S–WHILE niemals endet. (Es hängt natürlich nicht mehr von Q ab!) Da svb(PS,Q) für ein beliebiges Programmstück PS aber insbesondere die Menge der Zustände beschreiben soll, von denen aus PS überhaupt terminiert, darf M_U(S,B) nicht Teil der schwächsten Vorbedingung unter S–WHILE sein. Im zweiten Anlauf definieren wir die Semantik der WHILE-Anweisung daher (endgültig) wie folgt:

Semantik der WHILE-Anweisung:

Sei Q ein beliebiges Prädikat und seien die G_i definiert wie oben:
svb(S–WHILE,Q) = (EX i: 0<=i: G_i(S,B,Q))

G_i(S,B,Q) charakterisiert die Zustände, von denen aus S–WHILE nach genau i Ausführungen von S in einem Zustand endet, in dem Q gilt.

Mit H_j(S,B,Q) = (EX i: 0<=i<=j: G_i(S,B,Q)) können wir svb(S–WHILE,Q) auch so formulieren:

svb(S–WHILE,Q) = (EX j: 0<=j: H_j(S,B,Q)).

H_j(S,B,Q) charakterisiert die Zustände, von denen aus S–WHILE nach höchstens j Ausführungen von S in einem Zustand endet, in dem Q gilt.

Wie schon erwähnt, ist es bei der Konstruktion von Iterations-Anweisungen wichtig sicherzustellen, daß die Wiederholung irgendwann endet. Angenommen, wir hätten die Spezifikation (* P *) X (* Q *) zu erfüllen, und wir vermuteten, daß dies mit einer Anweisung der Art S–WHILE möglich ist. Es wäre dann zu zeigen, daß P => svb(S–WHILE,Q) gilt. Mit anderen Worten: Es wäre zu einem beliebigen Speicherzustand Z mit P(Z) = T ein j = j(Z) zu finden derart, daß H_j(S,Q)(Z) = T. Dies scheint auf den ersten Blick keine leichte Aufgabe zu sein. Wir werden aber sogleich ein einfaches Verfahren angeben, mit dessen Hilfe beweisbar korrekte Iterations-Anweisungen gebildet werden können.

Dazu betrachten wir zunächst die Prädikate G_i(S,B,Q) und nehmen an, daß sich diese - nach Einführung der zusätzlichen Variablen i - durch ein einziges Prädikat G(i,S,B,Q) ausdrücken lassen. Gilt für einen Speicherzustand Z (bei dem nun natürlich auch die Variable i zu berücksichtigen ist) das Prädikat G(i,S,B,Q), so bedeutet dies, daß S–WHILE nach ebenso vielen Ausführungen von S in einem Zustand mit Q endet, als durch den aktuellen Wert der Variablen i angezeigt wird. Für das Prädikat G(i,...) können wir zwei interessante Eigenschaften feststellen:

(i) G(i,...) = NOT(B) AND Q, falls i=0;

(ii) falls i>0 und G(i,...) vor einer Ausführung von S gelten, so gilt G(i,...) auch danach, mit um 1 vermindertem Inhalt der Variablen i.

Eigenschaft (i) ist nur eine Umformulierung der Definition von G_0. Eigenschaft (ii) ergibt sich unmittelbar aus unserer Interpretation des Prädikates G(i,...). Sie besagt zum einen, daß die Gültigkeit dieses Prädikats "invariant" ist bezüglich der Ausführung von S und daß insbesondere gilt:

B AND G(i,...) => svb(S, G(i,...)).

Zum zweiten besagt sie, daß durch jede Ausführung von S der Wert der von uns postulierten Variablen i vermindert wird und man daher sicher sein kann, daß irgendwann nach S das Prädikat G(0,...) = NOT(B) AND Q gilt. Die Schleife bricht dann ab, und die gewünschte Nachbedingung ist erfüllt.

Diese Eigenschaften des Prädikats G(i,...) einschließlich der hier beobachteten Wirkung von S auf den Inhalt von i können leicht verallgemeinert werden. Wir definieren (immer mit Bezug auf die Anweisung S–WHILE):

Schleifen-Invariante:

Ein Prädikat InV heißt Schleifen-Invariante, falls
B AND InV => svb(S,InV).

Schranken-Funktion:

Sei InV eine Invariante. Eine Funktion Sf = Sf(...) vom Typ INTEGER der (Inhalte der) Variablen von S–WHILE heißt Schranken-Funktion bezüglich InV, falls

B AND InV => (Sf>0) AND svb(s:=Sf(...);S, Sf<s).

Wir behaupten:

Um mit S–WHILE die Nachbedingung Q zu erfüllen, genügt es, eine Invariante InV zu finden mit
(I) InV gilt vor S–WHILE und
(II) NOT(B) AND InV => Q,
sowie eine Schranken-Funktion Sf bezüglich InV.

Zur Begründung zeigen wir informell, daß

InV => svb(S–WHILE,Q).

Zunächst ist (gemäß Wahl von InV):

NOT(B) AND InV => NOT(B) AND Q = H_0(...) => svb(S–WHILE,Q).

Da der Wert von Sf durch die Ausführung von S vermindert wird, bedeutet

B AND InV AND (Sf<=k)

(für beliebiges k>0), daß nach höchstens k Ausführungen von S ("Schleifendurchläufen") gilt: (Sf<=0). Daraus folgt (vgl. Definition der Schranken-Funktion), daß nach höchstens k Durchläufen NOT(B) AND InV gilt. Das heißt

B AND InV AND (Sf<=k) => H_k(...) => svb(S–WHILE,Q).

Da sich andererseits InV durch die OR-Verknüpfung der soeben betrachteten Prädikate darstellen läßt, folgt unsere Behauptung. (Man beachte, daß wir mit der Einführung einer Schranken-Funktion einen eleganten Weg gefunden haben, die Terminierung einer WHILE-Schleife sicherzustellen.)

Bevor wir uns im nächsten Abschnitt eingehender mit der Konstruktion korrekter und terminierender "Schleifen" befassen, sollen die bisherigen Erklärungen durch einige einfache Beispiele illustriert werden. Die Invarianten und Schranken-Funktionen werden wir dabei gewissermaßen "hervorzaubern". Erst im nächsten Abschnitt werden wir systematischere Ansätze zu ihrer Gewinnung behandeln.

Beispiele:

(i) Seien p,x und n Variable vom Typ INTEGER. Wir wollen die folgende Nachbedingung erfüllen:

Q(p,x,n) = (p = exp(x,n)).

(exp(x,n) sei definiert durch: exp(x,0)=1, exp(x,i+1) = x∗exp(x,i))

Die Aufgabe ist durch eine WHILE-Anweisung zu lösen. Zur Formulierung einer Invariante führen wir die zusätzliche Variable i ein und definieren:

InV = (i<=n) AND (p = exp(x,i)).

Die Bedingung B der WHILE-Anweisung ergibt sich aus der Forderung NOT(B) AND InV => Q. Offenbar gilt in unserem Fall: ((i=n) AND InV) = Q. Also kommt B = (i<>n) als Abbruchbedingung in Frage.

Wir haben dafür zu sorgen, daß vor der ersten Ausführung von S die Invariante InV gilt. Unter anderem wird dies von dem folgenden - mit Prädikaten als Kommentare versehenen - Programmstück geleistet:

```
i:=0;         |<---- "Schleifeninitialisierung"
p:=1;         |
(* InV *)
WHILE i<>n DO
  p:=p*x;     |<---- "Schleifenrumpf" S
  i:=i+1;     |
  (* InV *)
END (*WHILE*);
(* (i=n) AND InV *)
(* p = exp(x,n) *)
```

InV gilt offenbar nach der "Schleifeninitialisierung". Natürlich müssen wir zeigen, daß InV auch tatsächlich eine Invariante ist, daß also die Implikation

(i<>n) AND InV => svb(S,InV)

gilt. Dazu "rechnen" wir svb(S,InV) "aus":

svb(S,InV) = svb(p:=p*x; i:=i+1, (i<=n) AND (p=exp(x,i)))
= svb(p:=p*x, svb(i:=i+1, (i<=n) AND (p=exp(x,i))))
= svb(p:=p*x, (i+1<=n) AND (p=exp(x,i+1)))
= (i+1<=n) AND (p*x=exp(x,i+1))
= (i<n) AND (p=exp(x,i)) (nach Definition von exp(.,.))

Andererseits ist

(i<>n) AND InV = (i<>n) AND (i<=n) AND (p=exp(x,i))
= (i<n) AND (p=exp(x,i)).

In unserem Falle sind also (i<>n) AND InV und svb(S,InV) sogar äquivalent.

Zur vollständigen Erledigung der Aufgabe ist noch eine Schrankenfunktion Sf anzugeben, welche garantiert, daß die Schleife terminiert. Wir wählen:

Sf = Sf(i,n) = n-i

und überprüfen die entsprechenden Eigenschaften:

(i<>n) AND (i<=n) AND (p=exp(x,i)) = (i<n) AND (...) => (n-i>0).
Falls B zutrifft, ist der Wert von Sf also größer als 0.

Zweitens ist zu zeigen, daß durch Ausführung von S der Wert von Sf vermindert wird:

svb(s:=n-i;S, n-i<s) = svb(s:=n-i, svb(S, n-i<s))
= svb(s:=n-i, n-(i+1)<s)
= (n-(i+1)<n-i) = (1>0) = TRUE,

also gilt auch:

B AND InV => svb(s:=Sf(..);S, Sf(..)<s).

Es empfiehlt sich, neben der Invariante auch die Schrankenfunktion durch einen Kommentar im Programmtext explizit anzugeben.

(ii) Im zweiten Beispiel wollen wir den größten der in einem Array gespeicherten Werte herausfinden. Seien a eine Variable vom Typ ARRAY [0..9] OF INTEGER und s eine Variable vom Typ INTEGER. Die herzustellende Nachbedingung lautet somit:

Q(s,a) = (s = max(a[0],...,a[9])).

(Auf eine Formalisierung der Definition von max(...) sei hier verzichtet.)

Für die WHILE-Anweisung schlagen wir die folgende Invariante vor:

InV = (i<=10) AND (s = max(a[0],...,a[i-1]).

Wie oben begründet, ergibt sich als mögliche Abbruchsbedingung B: (i<>10). Von dem folgenden Programmstück behaupten wir, daß es zum Ziel führt:

```
s:=a[0];      |<---- "Schleifeninitialisierung"
i:=1;         |
(* InV *)
(* Sf = Sf(i) = 10-i *)
WHILE i<>10 DO
  IF a[i]> s THEN    -|       -|
    s:=a[i]           |        |
  ELSE                |<- S-IF |
    (*NONE*)          |        |<- S
  END (*IF*);        _|        |
  i:=i+1                      _|
  (* InV *)
END (*WHILE*)
(* (i=10) AND InV *)
(* s = max(a[0],...,a[9])) *).
```

(Wie man sieht, haben wir die zum Ende des ersten Beispiels gegebene Empfehlung bereits beherzigt und eine geeignete Schrankenfunktion angeschrieben.)

Wir zeigen:

(1) InV gilt nach der "Schleifeninitialisierung":

((1<=10) AND (s=a[0])) = ((1<10) AND (s=max(a[0]))).

(2) InV ist tatsächlich eine Invariante, d. h.: (i<>10) AND InV => svb(S,InV).

```
svb(S,InV) = svb(S-IF;i:=i+1, InV)
           = svb(S-IF, svb(i:=i+1, InV)
           = svb(S-IF, (i+1<=10) AND (s=max(a[0],...,a[i])))
           = (i+1<=10) AND svb(S-IF, (s=max(a[0],...,a[i])))
           = (i+1<=10) AND ((a[i]> s) AND (a[i]=max(a[0],...,a[i])) OR
             (a[i]<=s) AND (s=max(a[0],...,a[i])))
           = (i<10) AND ((a[i]> s) AND (a[i]=max(a[0],...,a[i])) OR
             (s=max(a[0],...,a[i-1])))
           = (i<10) AND (a[i]>s) AND (a[i]=max(a[0],...,a[i])) OR
             (i<10) AND (s=max(a[0],...,a[i-1])).
```

Andererseits ist

(i<>10) AND InV = (i<10) AND (z=max(a[0],...,a[i-1])),

und dies impliziert offensichtlich svb(S,InV).

(3) Sf = Sf(i) = 10 - i ist tatsächlich eine Schrankenfunktion:

(a) (i<>10) AND InV => (i<10) => (10-i>0).

```
(b) (i<>10) AND InV => svb(s:=10-i;S, 10-i<s):

    svb(s:=10-i;S, 10-i<s) = svb(s:=10-i;S-IF, svb(i:=i+1, 10-i<s))
                           = svb(s:=10-i;S-IF, 10-(i+1)<s)
                           = svb(s:=10-i, 10-(i+1)<s)
                           = (10-(i+1)<10-i) = (1>0) = TRUE,
```

das heißt, B AND InV => svb(s:=Sf;S, Sf<s), wie zu zeigen war.

(iii) Zum Schluß dieses Abschnitts wollen wir das entwickelte Instrumentarium - und insbesondere die im vorigen Beispiel aufgestellte "Check-Liste" zur Überprüfung von WHILE-Anweisungen - einsetzen, um die Korrektheit einer verbesserten Version des kleinen Divisions-Programms aus Abschnitt 4.1.3 nachzuweisen. Wir zitieren es (berichtigt!), ergänzt um die Angabe einer Schrankenfunktion:

```
PROCEDURE Division((*IN*) x,y:INTEGER; (*OUT*) VAR q,r:INTEGER);
BEGIN
  (* x>=0 AND y>0 *)
  r:=x;                              |<--- "Schleifeninitialisierung"
  q:=0;
  (* InV: r>=0 AND x=q*y+r *)
  (* Sf = Sf(r) = r *)
  WHILE r>=y DO
    r:=r-y;                          |<--- "Schleifenrumpf" S
    q:=q+1                           |
    (* InV *)
  END (*WHILE*)
  (* (r<y) AND InV *)
  (* Q: r>=0 AND y>r AND x=q*y+r *)
END Division;
```

(1) InV gilt nach der Schleifeninitialisierung:

Wegen x>=0 ist nach der Schleifeninitialisierung

```
InV = (r>=0 AND x=q*y+r)
    = (x>=0 AND AND x=0*y+x) = TRUE.
```

(2) InV ist tatsächlich eine Invariante, d. h.: (r>=y) AND InV => svb(S,InV).

```
svb(S,InV) = svb(r:=r-y, svb(q:=q+1,InV))
           = svb(r:=r-y, (r>=0 AND x=(q+1)*y+r))
           = (r-y>=0 AND x=(q+1)*y+(r-y))
           = (r-y>=0 AND x=q*y+r).
```

Andererseits:

```
(r>=y) AND InV = (r>=y) AND (r>=0 AND x=q*y+r)
               = (r-y>=0 AND x=q*y+r)
```

= svb(S,InV).

(3) NOT(B) AND InV => Q:

NOT(B) AND InV = (r<y) AND (r>=0 AND x=q*y+r)
= (r>=0 AND y>r AND x=q*y+r)
= Q

(Es gilt also sogar Äquivalenz!)

(4) Sf = Sf(r) = r ist tatsächlich eine Schrankenfunktion:

(a) (r>=y) AND InV => (r>=y) AND (...) => (r>0) (wegen y>0 !).

(b) (r>=y) AND InV => svb(s:=r;S, r<s):

svb(s:=r;S, r<s) = svb(s:=r, svb(r:=r-y;q:=q+1, r<s))
= svb(s:=r, r-y<s)
= (r-y<r) = (y>0) = TRUE,

das heißt, B AND InV => svb(s:=Sf;S, Sf<s), wie zu zeigen war.

Mit den Punkten (1) - (4) haben wir im letzten Beispiel eine vollständige "Check-Liste" präsentiert, mit deren Hilfe die Korrektheit einer "fertigen" WHILE-Anweisung bewiesen werden kann. Nun ist uns aber, wie schon in der Einleitung zu diesem Kapitel bemerkt, am Beweis der Korrektheit fertiger Programme wenig gelegen. Vielmehr ist es unsere Absicht, korrekte Programme - auf der Grundlage gegebener Nachbedingungen - zu konstruieren. Für die Konstruktion von WHILE-Anweisungen (die zu den heikelsten Programm-Abschnitten zählen!) bedeutet dies insbesondere, daß wir konkrete Hinweise zur Auffindung von Invarianten, Schleifenbedingungen und Schrankenfunktionen benötigen. Solche Hinweise soll der folgende Abschnitt geben. Daß die gefundenen Prädikate und Funktionen aber auch tatsächlich die geforderten Bedingungen erfüllen, muß natürlich bewiesen (oder zumindest informell plausibel gemacht) werden. Der Grad der dabei jeweils angebrachten Formalisierung liegt im Ermessen (im "Fingerspitzengefühl") des Programmierers. In jedem Fall wird er sich an der "Check-Liste" orientieren können.

4.3 Zielorientierte Programmentwicklung

In diesem Abschnitt geht es um die Frage, wie sich die in 4.2 entwickelten Semantik-Definitionen zur Auffindung korrekter Anweisungen innerhalb eines Programms anwenden lassen. Korrekt ist eine Anweisung offenbar dann, wenn sie die gewünschte Nachbedingung schafft. Die Nachbedingung ist also das "Ziel", welches erreicht werden muß. Es ist daher unmittelbar einsichtig, daß wir bei der Suche nach einer korrekten Anweisung bei diesem Ziel anzusetzen haben. Der Programmierer verhält sich dabei im Grunde ganz ähnlich wie ein Mathematiker, der einen Lehrsatz "konstruktiv" beweisen möchte: Der Satz bestehe aus Voraussetzung und Behauptung; diese entsprechen dem, was wir "Vorbedingung" und "Nachbedingung" genannt haben. Eine mögliche Strategie des Mathematikers ist es, die Behauptung genau zu analysieren, um Operationen (beispielsweise mit Zirkel und Lineal) mit den dort vorkommenden Objekten (beispielsweise Punkte, Geraden und Kreise) zu finden, welche die Behauptung in bestimmten Fällen wahr machen. Er muß dann zeigen, daß die Gesamtheit dieser Fälle seine Voraussetzung "überdeckt".

Es dürfte aus den bisherigen Ausführungen dieses Kapitels klar geworden sein, daß unser besonderes Augenmerk im vorliegenden Abschnitt den Iterations-Anweisungen zu gelten hat. Dennoch werden wir mit einigen Bemerkungen über Selektions-Anweisungen beginnen, um die Analogie zur geschilderten (möglichen) Vorgehensweise des Mathematikers zu verdeutlichen. Was nun die Iterations-Anweisungen betrifft, so werden wir uns zunächst darauf beschränken, deren Konstruktion auf irgendwie "hervorgezauberte" Invarianten und Schrankenfunktionen (vgl. die Beispiele in 4.2.4) zu begründen. Erst dann wollen wir uns darum kümmern, wie man Invarianten aus einer gegebenen Nachbedingung gewinnen kann und welche Anhaltspunkte es für das Erkennen von Schrankenfunktionen gibt. Für beides gibt es leider keine schematischen Verfahren. Was hier zählt, sind Intuition, Geschick und Erfahrung.

4.3.1 Konstruktion von Selektions-Anweisungen

Wir greifen ein Beispiel aus Abschnitt 4.2.1 auf: die Bestimmung des Minimums zweier ganzer Zahlen. Es ist also - unter allen Umständen - ein Zustand herzustellen, in dem gilt: z = min(x,y). Die Inhalte der Variablen x und y sind dabei selbstverständlich nicht zu verändern (vgl. Abschnitt 4.1.3). Die ausführliche Formulierung dieser Nachbedingung lautet (vgl. Abschnitt 4.2.3):

Q: (z=x AND x<=y) OR (z=y AND x>y).

Gibt es eine Operation, die einen durch dieses Prädikat beschriebenen Zustand zumindest unter gewissen Bedingungen herstellt? Da unter anderem auch "z=x" gelten darf, liegt es nahe, es mit der Zuweisung "z:=x" zu versuchen. Um herauszufinden, unter welchen Bedingungen diese Zuweisung zum Erfolg führt, berechnen wir svb(z:=x,Q):

```
svb(z:=x,Q) = svb(z:=x, (z=x AND x<=y) OR (z=y AND x>y))
            = (x=x AND x<=y) OR (x=y AND x>y)
            = (x<=y) OR FALSE
            = (x<=y).
```

Unsere Vorbedingung lautet aber "TRUE", und diese wird durch "x<=y" offensichtlich nicht "überdeckt". Doch haben wir ja - aus dem gleichen Grund, der uns veranlasste, die Zuweisung "z:=x" zu untersuchen - noch "z:=y" in petto:

```
svb(z:=y,Q) = ...
            = (x=y) OR (x>y)
```

= (x>=y).

"x<=y" und "x>=y" zusammen "überdecken" das Prädikat "TRUE". "Überdeckung" erreichen wir freilich auch noch, wenn "x>=y" durch NOT(x<=y) = (x>y) ersetzt wird. Folglich wird die Selektions-Anweisung

```
IF x<=y THEN
  z:=x
ELSE
  z:=y
END (*IF*);
```

das Gewünschte leisten. Was wir hier getan haben, ist durch die Bemerkungen am Schluß von Abschnitt 4.2.3 bestens begründet. Dort haben wir Kriterien dafür aufgestellt, daß eine Selektions-Anweisung unter gegebener Vorbedingung zu einer verlangten Nachbedingung führt. Diese Kriterien können ohne weiteres als Anleitung zur Konstruktion von Selektions-Anweisungen interpretiert werden. Betrachten wir zunächst die allgemeine CASE-Anweisung. Hier lautet das "Rezept":

"Für alle i (i=1,...,n) finde Anweisungen Si, einen Ausdruck A und Werte Ci des Ausdrucks A derart, daß

P AND (A=Ci) => svb(Si,Q);

zeige, daß P => (EX i: 1<=i<=n: A=Ci)."

Auf die IF–THEN–ELSE-Anweisung reduziert liest sich diese Vorschrift wie folgt:

"Finde Anweisungen S1 und S2 und einen booleschen Ausdruck B derart, daß

P AND B => svb(S1,Q) und P AND NOT(B) => svb(S2,Q)."

Die Anweisungen S1 und S2 sind durch Inspektion von Q zu ermitteln. Als weiteres Beispiel zur Illustration dieser Vorschrift wollen wir ein Programmstück entwickeln, welches in einer Variablen z das Maximum von drei in den Variablen u,v und w gespeicherten ganzen Zahlen ablegt. Die geforderte Nachbedingung ist also "z = max(u,v,w)" oder - ausgeschrieben:

```
"Q: (z=u AND z>=v AND z>=w) OR
    (z=v AND z>=u AND z>=w) OR
    (z=w AND z>=u AND z>=v)"
```

Als erste mögliche Anweisung betrachten wir "z:=u" und berechnen:

```
svb(z:=u,Q) = (u=u AND u>=v AND u>=w) OR
              (u=v AND u>=u AND u>=w) OR
              (u=w AND u>=u AND u>=v)
            = ...
            = (u>=v AND u>=w).
```

Kandidat für B ist somit (u>=v) AND (u>=w). Eine erste Version des gesuchten Programmstücks ist:

```
(* TRUE *)
IF (u>=v) AND (u>=w) THEN
  z:=u
ELSE
  (* P2: u<v OR u<w *)
  S2
END (*IF*);
(* Q: ... *)
```

S2 muß ebenfalls die Erfüllung von Q gewährleisten, nun aber unter der eingeschränkten Vorbedingung P2 = NOT(B). Unserer Konstruktionsvorschrift entsprechend muß gelten: P2 => svb(S2,Q).

Der Nachbedingung Q entnehmen wir "z:=v" als weitere mögliche Zuweisung:

```
svb(z:=v,Q) = ...
            = (v>=u AND v>=w)
```

Wie man leicht nachrechnet, ist B1 = (v>=w) ein boolescher Ausdruck derart, daß

P2 AND B1 => svb(z:=v,Q)

Eine nächste Version des Programmstücks ist daher

```
(* TRUE *)
IF (u>=v) AND (u>=w) THEN
  z:=u
ELSE
  (* P2: u<v OR u<w *)
  IF (v>=w) THEN
    z:=v
  ELSE
    (* P2 AND v<w *)
    S22
  END (*IF*)
END (*IF*);
(* Q: ... *)
```

Für "S22: z:=w" gilt nun, wie man ebenfalls leicht einsieht:

P2 AND (v<w) => svb(z:=w,Q) (= (w>=u) AND (w>=v)).

Berücksichtigt man noch die in 4.2.3 (zur Übung) vorgeschlagene Definition der Semantik der mit ELSIF geschachtelten IF-Anweisung, so ist

```
(* TRUE *)
IF (u>=v) AND (u>=w) THEN
  z:=u
ELSIF (v>=w) THEN
  z:=v
ELSE
  z:=w
END (*IF*);
(* Q: ... *)
```

ein Programmstück, das die gestellte Aufgabe löst.

4.3.2 Konstruktion von Iterations-Anweisungen

Die Konstruktion einer Iterations-Anweisung schließt die Bestimmung einer Schleifenbedingung und den "Bau" des Schleifenrumpfes ein. Beides muß auf Grund der Nachbedingung, einer Invarianten, einer Schrankenfunktion und der Vorbedingung geschehen. Während in den Beispielen (i) - (iii) des Abschnitts 4.2.4 diese Angaben im wesentlichen nur dazu benutzt wurden, die Korrektheit fertiger Programmstücke zu beweisen, werden wir sie hier zum Ausgangspunkt der Konstruktion machen. Wir nehmen dabei also insbesondere an, daß außer der Nachbedingung und der Vorbedingung (die im hier betrachteten Rahmen ja ohnehin immer gegeben sind) auch eine Invariante und eine Schrankenfunktion bekannt seien. Wie man diese geschickt wählt, wird - wiederum beispielhaft - in Abschnitt 4.3.3 dargestellt.

Wie üblich benennen wir eine Nachbedingung kurz mit Q, eine Vorbedingung mit P, eine Invariante mit InV und eine Schrankenfunktion mit Sf. Dann kann man - unter der Voraussetzung, daß InV und Sf bekannt sind - für die Konstruktion einer Iterations-Anweisung die folgende allgemeine Vorschrift angeben:

"Finde einen booleschen Ausdruck B mit InV AND NOT(B) => Q. Wähle B als Schleifenbedingung. Entwickle den Schleifenrumpf so, daß Sf durch dessen Ausführung vermindert wird und InV weiterhin gilt."

Der erste Teil dieser Vorschrift ist - wie schon die Beispiele (i) und (ii) in 4.2.4 zeigten - relativ leicht zu befolgen. Sorgfalt muß man jedoch auch dabei walten lassen. Der zweite Teil stellt im allgemeinen ein - kleineres oder größeres - Problem dar. Außerdem: Bevor man sich an die Konstruktion einer Iterations-Anweisung begibt, sollte klar sein, daß die jeweils vorliegende Aufgabe überhaupt auf diese Weise gelöst werden kann. Darauf, wie diese Einsicht zu gewinnen ist, können wir in diesem Kapitel noch nicht eingehen.

Mit einigen Beispielen wollen wir die Anwendung der obigen Vorschrift einüben.

(i) Wir betrachten zunächst wieder die Aufgabe, aus einem mit ganzen Zahlen gefüllten Array a (vom Typ ARRAY [0..N-1] OF INTEGER) das größte Element zu bestimmen und in einer Variablen s zur Verfügung zu stellen (vgl. 4.2.4). N sei hier der Bezeichner für eine INTEGER-Konstante.

Die Vorbedingung P ist "TRUE".
Nachbedingung, Invariante und Schrankenfunktion sind wie in 4.2.4:

```
Q:      s = max(a[0],...,a[N-1])
InV:    (i<=N) AND (s = max(a[0],...,a[i-1]))
Sf:     Sf(i) = N - i.
```

Wie in 4.2.4 erläutert, erhält man B = (i<>N) als Schleifenbedingung:

```
(* InV *)
(* Sf *)
WHILE (i<>N) DO
  S
  (* InV *)
END (*WHILE*);
(* (i=N) AND InV *)
(* Q *)
```

Wie muß S ausschauen? Sicherlich muß S eine Anweisung enthalten, welche den Wert der Schrankenfunktion vermindert. Die einfachste Möglichkeit hierzu bietet sich mit "i:=i+1". Wir gehen daher davon aus, daß S die Form hat "S1; i:=i+1". InV muß nach S weiterhin gelten, d.h.:

```
(i<>N) AND InV => svb(S1, svb(i:=i+1,InV))
```

Die von S1 herzustellende Nachbedingung lautet also:

```
svb(i:=i+1,InV) = (i+1<=N) AND (s=max(a[0],...,a[i]))
                = (i<N) AND (s=max(a[0],...,a[i]))
                = (i<N) AND (s=max(max(a[0],...,a[i-1]),a[i])).
```

Ohne dies noch ausführlicher zu schreiben, erkennt man bereits, daß die Zuweisung "s:=a[i]" in Frage kommt, um diese Nachbedingung zu schaffen. Alles weitere ergibt sich dann im wesentlichen nach dem Muster der in 4.3.1 behandelten Beispiele.

Eine Bemerkung zur Wahl der Schleifenbedingung scheint an dieser Stelle angebracht: Aufgrund von

```
(i=N) AND InV => Q
```

haben wir uns für B = NOT(i=N) = (i<>N) entschieden. Da auch (i>=N) AND

InV => Q, wäre B = NOT(i>=N) = (i<N) ebenfalls gerechtfertigt gewesen.

Gibt es einen Grund, einer dieser Möglichkeiten den Vorzug zu geben? Wir wissen, daß die Schleife nur dann korrekt abgelaufen ist, wenn die Variable i nach Beendigung den Wert N enthält. Ist dies nicht der Fall, so ist der weitere Programmablauf in Gefahr. Die Abbruchsbedingung "(i<>N)" garantiert nun, daß diese Gefahr nicht besteht. Wenn wir stattdessen mit der Abbruchsbedingung "(i<N)" arbeiten, so ist diese Garantie nicht gegeben. Es könnte ja sein, daß während der Ausführung des Schleifenrumpfes durch einen Fehler der Hardware (oder der Betriebssoftware) i einen Wert erhält, der größer ist als N.

Aus dieser Überlegung folgern manche Autoren (vgl. z.B. [GRI]), daß es ratsam ist, eine möglichst "schwache" (also umfassende) Schleifenbedingung zu verwenden. Tut man dies, so wird ein Fehler des Rechners eher zu einer "Endlos-Schleife" führen als zu einer inkorrekten Programmfortsetzung. (Was wünschenswerter ist, sei dahingestellt!)

(ii) Als zweites Beispiel dieses Abschnitts greifen wir die Berechnung des ganzzahligen Quotienten und des Restes bei der Division zweier ganzer Zahlen auf (vgl. 4.1.3 und 4.2.4). Grundlage der Programmentwicklung ist:

P: (x>0) AND (y>0)
Q: (r>=0) AND (y>r) AND (x=q*y+r)
InV: (r>=0) AND (x=q*y+r)
Sf: Sf(r) = r.

Die Inhalte von x und y dürfen durch das Programm nicht verändert werden. Die Schleifenbedingung ergibt sich unmittelbar aus dem Vergleich von Q und InV: B = (r>=y). (Im Gegensatz zu oben ist dies die einzig mögliche Wahl!)

Begründet durch den ersten Hauptzweck des Schleifenrumpfes S, nämlich den Wert von Sf zu vermindern, könnten wir mit einem ähnlichen Ansatz wie in Beispiel (i) beginnen: S = (S1; r:=r-1). S1 hat dann die Spezifikation

(* B AND InV *) S1 (* svb(r:=r-1, InV *)
mit svb(r:=r-1,InV) = (r>=1) AND (x=q*y+r-1)

zu erfüllen. "(r>=1)" gilt dabei wegen B und (y>0), denn y ist größer als Null aufgrund der Vorbedingung und weil es nicht verändert werden darf. Es bliebe also eine Manipulation des Inhalts von q, um svb(r:=r-1,InV) herzustellen.

Mit der Zuweisung "q:=q+1/y" könnten wir dieses Ergebnis erreichen, wenn wir es mit Zahlen vom Typ REAL zu tun hätten. Da dies nicht der Fall ist, verwerfen wir unseren ersten Ansatz und wählen stattdessen die Zerlegung S = (S1; q:=q+1). Sie führt uns direkt zu dem in Beispiel (iii) des Abschnitts 4.2.4 besprochenen Programm (,was der Leser zur Übung nachvollziehen möge).

(iii) Ein beliebtes Standardproblem der Informatik ist das Sortieren von Objekten, die einer Menge angehören, auf der eine Ordnungsrelation definiert ist. Wir wollen dieses Problem mit den Mitteln des "Programmierens durch Beweisen" angehen. Die Objekte seien wieder ganze Zahlen, die als Werte der Komponenten einer Variablen a vom Typ ARRAY [1..N] OF INTEGER gegeben sind.

Wir werden zwei Lösungen skizzieren. In beiden Fällen ist die Vorbedingung durch ein Prädikat P gegeben, welches zum Ausdruck bringt, daß in a irgendwelche Werte gespeichert sind. Auch die Nachbedingung Q ist natürlich immer die gleiche: In a müssen die Werte, die dort vorher in irgendeiner Reihenfolge enthalten waren, nun der Größe nach (z.B. aufsteigend) angeordnet sein. In 4.1.3 haben wir für diese Spezifikation bereits eine kompakte Notation eingeführt:

(* P: a = A *)
SORT
(* Q: perm(a,A) AND (ALL i: 1<=i<N: a[i]<=a[i+1]) *).

A ist dabei ein Objekt vom Typ der Variablen a.

Um im weiteren Verlauf unserer Ausführungen auch über "Teilstücke" von a reden zu können, vereinbaren wir noch die Schreibweise a[k..m] für die Folge "a[k],a[k+1],...,a[m]". Falls m<k, so ist diese Folge leer. Außerdem genügt es meistens, die Nachbedingung in der noch kürzeren Form

"sortiert(a[1..N])"

anzugeben.

Lösung 1:

Für die erste Lösung wählen wir die Invariante

InV: (k<=N) AND sortiert(a[1..k]) CAND (ALL i: k<i<=N: a[k]<=a[i])

und die Schrankenfunktion

Sf: Sf(k) = N-k.

(Wir verwenden "CAND", da k ja außerhalb des Index-Bereichs des Arrays a liegen könnte; in diesem Falle ist a[k] nicht definiert.)

Eine gute Schleifenbedingung zu finden ist, wie in den bisherigen Beispielen, nahezu trivial. Sie lautet: B = (k<>N) (vgl. Beispiel (i)!).

Entsprechend Beispiel (i) zerlegen wir den Schleifenrumpf: S = (S1; k:=k+1). S1 muß - wie üblich - die Spezifikation

(* B AND InV *) S1 (* svb(k:=k+1,InV) *)

mit

svb(k:=k+1,InV) = (k<N) AND sortiert(a[1..(k+1)])
CAND (ALL i: k+1<i<=N: a[k+1]<=a[i])

erfüllen. Die Vorbedingung von S1 lautet ausführlich:

(k<N) AND sortiert(a[1..k]) CAND (ALL i: k<i<=N: a[k]<=a[i]).

Die Wirkung von S1 sollte es daher offensichtlich sein, den kleinsten der Werte in a[k+1],...,a[N] in a[k+1] unterzubringen. Und dies muß so geschehen, daß die a[k+1],...,a[N] insgesamt nach Ausführung von S1 die gleichen Werte enthalten wie vorher.

Bezüglich dieses Teils des Arrays haben wir also ein Problem zu lösen, das charakterisiert ist durch:

P1: a[(k+1)..N] = A[(k+1)..N] (Vorbedingung)

Q1: perm(a[(k+1)..N], A[(k+1)..N]) CAND
(ALL i: k+1<i<=N: a[k+1]<=a[i]) (Nachbedingung).

Wir notieren das Programmstück, soweit es bisher feststeht:

```
(* P: a = A *)
(* Schleifeninitialisierung *)
(* InV: (k<=N) AND sortiert(a[1..k])
                CAND (ALL i: k<i<=N: a[k]<=a[i]) *)
(* Sf = Sf(k) = N-k *)
WHILE (k<>N) DO
  (* P1: a[(k+1)..N] = A[(k+1)..N] *)
  S1;
  (* Q1: perm(a[(k+1)..N],A[(k+1)..N]) CAND
     (ALL i: k+1<i<=N: a[k+1]<=a[i])  *)
  k:=k+1
  (* InV *)
END (*WHILE*);
(* (k=N) AND InV *)
(* Q: sortiert(a[1..N]) *)
```

Auch zur Erfüllung der Spezifikation (* P1 *) S1 (* Q1 *) bietet sich die Konstruktion einer Iterations-Anweisung an. Wir gehen dabei aus von der Invarianten

InV1: (m<=N) AND perm(a[(k+1)..N], A[(k+1)..N])
CAND (ALL i: k+1<i<=m: a[k+1]<=a[i])

und der Schrankenfunktion

Sf1: Sf1(m) = N-m.

Wir erkennen wieder leicht die Schleifenbedingung B1 = (m<>N) und die Zerlegung S1 = (S2; m:=m+1).

S2 hat die Vorbedingung

P2: B1 AND InV1 = (m<N) AND perm(...)
CAND (ALL i: k+1<i<=m: a[k+1]<=a[i])

und die Nachbedingung

Q2: svb(m:=m+1,InV1) = (m<N) AND perm(...)
CAND (ALL i: k+1<i<=m+1: a[k+1]<=a[i]).

Wie man sieht, gilt: Q2 = P2 AND (a[k+1]<=a[m+1]). Operationen, die sich zur Herstellung dieses Zustandes anbieten, sind "NONE" (vgl. 4.2.1) und die Vertauschung der Inhalte von a[k+1] und a[m+1]. S2 ist also als Selektions-Anweisung zu konstruieren. Dazu verweisen wir auf 4.3.1. Wir erhalten das folgende, mit Prädikaten kommentierte Programmstück:

```
(* P: a = A *)
(* Schleifeninitialisierung für S *)
(* InV: (k<=N) AND sortiert(a[1..k])
              CAND (ALL i: k<i<=N: a[k]<=a[i]) *)
(* Sf = Sf(k) = N-k *)
WHILE (k<>N) DO  (* S *)
  (* P1: a[(k+1)..N] = A[(k+1)..N] *)
  (* Schleifeninitialisierung für S1 *)
  (* InV1: (m<=N) AND perm(a[(k+1)..N], A[(k+1)..N])
              CAND (ALL i: k+1<i<=m: a[k+1]<=a[i]) *)
  (* Sf1 = Sf1(m) = N-m *)
  WHILE m<>N DO  (* S1 *)
    (* P2: (m<N) AND perm(...)
              CAND (ALL i: k+1<i<=m: a[k+1]<=a[i]) *)
    (* S2: *)
    IF (a[m+1]<a[k+1]) THEN
      (* Vertausche die Inhalte
      von a[m+1] und a[k+1] *)
    ELSE
      (* NONE *)
    END (*IF*);
    (* Q2: P2 AND (a[k+1]<=a[m+1]) *)
    m:=m+1
    (* InV1 *)
  END (*WHILE*)
  (* (m=N) AND InV1 *)
  (* Q1: perm(a[(k+1)..N], A[(k+1)..N])
              CAND  (ALL i: k+1<i<=N: a[k+1]<=a[i])  *)
  k:=k+1
  (* InV *)
END (*WHILE*);
```

(* (k=N) AND InV *)
(* Q: sortiert(a[1..N]) *)

Auszuarbeiten sind nur noch die Schleifeninitialisierungen und die Vertauschungsoperation. Erstere müssen die Gültigkeit der jeweiligen Invarianten bewirken. Für die Iteration über S tut dies die Zuweisung "k:=0" (da eine leere Folge trivialerweise sortiert ist) und für die Iteration über S1 die Zuweisung "m:=k+1" (da eine All-Aussage über die leere Menge immer wahr ist). Die Konstruktion der Vertauschungsoperation als geeignete Sequenz von Zuweisungen bleibe dem Leser zur Übung überlassen.

Lösung 2:

Die Entwicklung der zweiten Lösung basiert auf der Invarianten

InV: (k<=N) AND (q = N DIV k)
AND sortiert(a[1..k]) AND sortiert(a[k+1..2*k])
AND ...
AND sortiert(a[(q-1)*k+1..q*k])
AND sortiert(a[q*k+1..N])

und der Schrankenfunktion

Sf: Sf(k) = N-k.

("DIV" ist die Standardoperation, die zu zwei ganzen Zahlen den ganzzahligen Quotienten liefert (für dessen Berechnung wir uns schon einige Mühe gegeben haben).)

Eine gute Schleifenbedingung ist offenbar B = (k<>N). (Es gilt damit nämlich

InV AND NOT(B) = (k=N) AND (q=1) AND sortiert(a[1..N])
AND sortiert(a[N+1..N]),

und dies impliziert die Nachbedingung Q.)

Eine Operation, welche - gefolgt von einer entsprechenden Aktualisierung der Werte von k und q - die Invariante tatsächlich erhält, falls (2*k<=N) gilt, ist leicht zu finden (Übung!). Verzichten wir zunächst einmal auf die Aktualisierung des Wertes von k. Dann können wir einen dem Ausdruck InV ganz ähnlichen Ausdruck Q1 herstellen, indem wir die Paare (a[1..k],a[k+1..2*k]), (a[2*k+1..3*k],a[3*k+1..4*k]), ... bereits sortierter Teilfolgen zu ihrerseits sortierten Teilfolgen "vermischen":

Q1: (k<=N) AND (q = N DIV (2*k))
AND sortiert(a[1..2*k])
AND sortiert(a[2*k+1..4*k])
AND ...
AND sortiert(a[2*q*k+1..N]).

Wir nennen diese Operation "S1". Führen wir anschliessend die Zuweisungen "k:=2*k" und "q:=N DIV k"aus, so erhalten wir wieder das Prädikat InV.

Noch einfacher läßt sich InV wiederherstellen, wenn (k<>N) AND (2*k>N): In diesem Fall haben wir lediglich die laut Vorbedingung sortierten Teilfolgen a[1..k] und a[k+1..N] zur sortierten Folge a[1..N] zu "vermischen" und anschließend k:=N und q:=1 zu setzen.

Fassen wir dies zusammen:

```
(* P: a = A *)
(* Schleifeninitialisierung *)
(* InV:  siehe oben *)
(* Sf = Sf(k) = N-k *)
WHILE (k<>N) DO
  IF (2*k<N) THEN
    (* P1: (2*k<N) AND InV *)
    (* S1: siehe oben *)
    (* Q1: siehe oben *)
    k:=2*k;
    q:=N DIV k
  ELSE
    (* Vermische die Folgen a[1..k] und a[k+1..N] *)
    k:=N;
    q:=1
  END (*IF*)
  (* InV *)
END (*WHILE*)
(* (k=N) AND InV *)
(* Q: sortiert(a[1..N]) *)
```

Die Operation S1 kann ebenfalls durch eine Iterations-Anweisung erledigt werden. Die Invariante lautet:

```
InV1:  (k<=N) AND (q = N DIV k) AND (2*m<=q)
              AND sortiert(a[1..2*k])
              AND ...
              AND sortiert(a[2*(m-1)*k+1..2*m*k])
              AND sortiert(a[2*m*k+1...(2*m+1)*k])
              AND ...
              AND sortiert(a[q*k+1..N]).
```

Die Schrankenfunktion ist

Sf1: Sf1(m) = q-m.

Als Schleifenbedingung ergibt sich B1 = (m<>q). Damit läßt sich das obige Programmstück ausbauen zu:

```
(* P: a = A *)
(* Schleifeninitialisierung für S *)
```

```
(* InV:  siehe oben *)
(* Sf = Sf(k) = N-k *)
WHILE (k<>N) DO  (* S *)
   IF (2*k<N) THEN
      (* P1: (2*k<N) AND InV *)
      (* Schleifeninitialisierung für S1 *)
      (* InV1: siehe oben *)
      (* Sf1 = Sf1(m) = q-m *)
      WHILE (m<>q) DO  (* S1 *)
         (* Vermische die Folgen a[2*m*k+1...(2*m+1)*k]
         und a[(2*m+1)*k+1...2*(m+1)*k] *)
         m:=m+1
         (* InV1 *)
      END (*WHILE*)
      (* (m=q) AND InV1 *)
      (* Q1: siehe oben *)
      k:=2*k;
      q:=N DIV k
   ELSE
      (* Vermische die Folgen a[1..k] und a[k+1..N] *)
      k:=N;
      q:=1
   END (*IF*)
   (* InV *)
END (*WHILE*)
(* (k=N) AND InV *)
(* Q: sortiert(a[1..N]) *)
```

Es verbleiben die Aufgabe, die Schleifen über S und S1 korrekt zu initialisieren und das Problem der Vermischung zweier sortierter Folgen zu einer sortierten Folge. An beidem möge sich der Leser wieder selbst versuchen. Normalerweise wird man die Operation des Vermischens einer allgemeinen Prozedur überlassen. Da wir aber die Semantik des Prozedur-Aufrufs nicht definiert haben, können wir uns an dieser Stelle (quasi um methodisch rein zu bleiben) dieses Hilfsmittels nicht bedienen.

Wir bemerken noch, daß wir bei der Konstruktion des Schleifenrumpfes S implizit die Vorschrift zur Bildung korrekter IF–THEN–ELSE-Anweisungen angewandt haben.

Ferner seien "Spezialisten in Sachen Sortierverfahren" darauf aufmerksam gemacht, daß das als Lösung 2 erarbeitete Programm eine iterative Version des "Sortierens durch Mischen" (englisch: "Mergesort") darstellt.

Beispiel (iii) ist außerordentlich lehrreich. Es zeigt, daß für die Konstruktion von Iterations-Anweisungen die jeweils verwendete Invariante eine dominierende Rolle spielt. Ja man kann sagen, daß die Invariante das Programm weitgehend bestimmt. In diesem Zusammenhang sei an die Diskussion in Abschnitt 2.1.4 erinnert. Dort ist uns (im Prinzip) das als Lösung 1 entwickelte Programmstück in der Prozedur "NaivSort" begegnet. (Mit geeigneten Semantik-Regeln könnten wir die oben gefundenen WHILE-Anweisungen in FOR-Anweisungen umwandeln!) Wir haben darauf hingewiesen, daß zum Beispiel "Mergesort" wesentlich effizienter arbeitet als dieser "NaivSort"-Algorithmus (O(N*log N) elementare Operationen anstatt $O(N^2)$). Im Lichte von Beispiel (iii) drängt sich damit natürlich die interessante Frage auf, welchen Einfluß die Wahl der Invarianten auf die Effizienz des sich ergebenden Programms hat. Es würde freilich in diesem Rahmen zu weit führen, wenn wir auf die Untersuchung dieses Problems weiter eingingen.

Beispiel (iii) zeigt außerdem, daß "Programmieren durch Beweisen" immer auch schrittweise Verfeinerung bedeutet: Für die Schaffung von Nachbedingungen "erfindet" man komplexe Operationen, zu deren Ausführung wiederum Programmstücke (bzw. Prozeduren) zu konstruieren sind, usw. .

Bei allen Beispielen dieses Abschnitts haben wir einen Aufwand getrieben, der vielen überzogen scheinen mag. Dieser Eindruck besteht zweifellos zu Recht. Die "Praxis des Programmierens" bedarf der hier zum Zweck der Übung aufgefahrenen "scharfen formalen Geschütze" sicher nicht, insbesondere dann nicht, wenn es - wie hier - um vergleichsweise triviale "Problemchen" geht. Dennoch ist es wichtig, sich mit dem methodischen Ansatz des "Programmierens durch Beweisen" auseinanderzusetzen. Diese Auseinandersetzung kann zweifellos zu einer besseren Einsicht in die Probleme der "Programmierung im Kleinen" führen. Mit dem Bewußtsein, eine Programmentwicklung "im Prinzip" vollständig formalisieren zu können, wird es wesentlich leichter fallen, auch informell die Korrektheit eines Programms plausibel zu machen. (Vgl. auch die Bemerkungen am Schluß von Abschnitt 4.2.4.) Beispielsweise kann die Kommentierung der Programme von Beispiel (iii) auf kurze verbale oder "halb-formale" Beschreibungen der zum Verständnis einer Schleife notwendigen Bedingungen und auf die Angabe der Schrankenfunktion reduziert werden.

4.3.3 Zur Auffindung von Schleifen-Invarianten

Da Invarianten - wie sich im letzten Abschnitt herausgestellt hat - sozusagen den "Treibstoff" für die Konstruktion von Iterations-Anweisungen liefern, ist es natürlich wichtig zu fragen, wie man solche Prädikate zweckmäßigerweise bildet. Gibt es Prinzipien oder gar Techniken, mit deren Hilfe sich gute Invarianten quasi von selbst ergeben?

Machen wir uns zunächst noch einmal das Verhältnis zwischen Nachbedingung und Invariante klar: Es muß ein Prädikat B (die Schleifenbedingung) geben mit

NOT(B) AND InV => Q und NOT(B) AND InV <> FALSE.

(Der Leser ist aufgefordert, sich zu überlegen, warum B AND InV <> FALSE gelten muß!)

Der Implikation entspricht die Beziehung

$$\overline{\mathrm{EXT(B)}} \cap \mathrm{EXT(InV)} \subset \mathrm{EXT(Q)}$$

zwischen den Extensionen der beteiligten Prädikate, wobei $\mathrm{EXT(B)} \cap \mathrm{EXT(InV)}$ <> { }. NOT(B) schneidet gewissermaßen ein Stück aus EXT(InV) heraus, welches ganz in EXT(Q) enthalten ist:

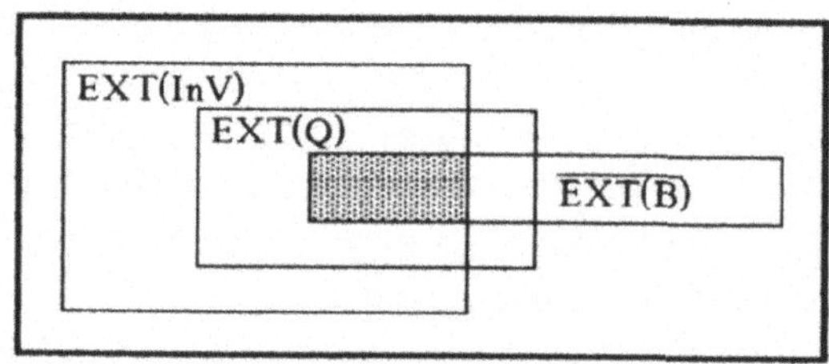

Nennen wir das zu diesem "Stück" gehörige Prädikat Q', so gilt: Q' <> FALSE, Q' => Q und Q' => InV; das heißt, daß sowohl Q als auch InV Verallgemeinerungen von Q' sind.

Als (noch sehr vage) Vorschrift für die Bildung einer Invarianten könnten wir also formulieren:

"Spezialisiere Q zu Q' und finde eine von Q verschiedene Verallgemeinerung von Q'!"

Am zufriedensten wären wir natürlich, wenn wir gar nicht erst die Spezialisierung von Q zu Q' vornehmen müßten, sondern eine Invariante direkt als Verallgemeinerung von Q herleiten könnten.

Und in der Tat: Wenn wir die bisher studierten Beispiele Revue passieren lassen, so fällt auf, daß sich alle Invarianten durch irgendeine "Abschwächung" der Nachbedingung ergaben.

Diese Beobachtung wollen wir ein wenig systematisieren und durch weitere Beispiele belegen.

Wir unterscheiden vier (von zahlreichen) Möglichkeiten, ein gegebenes Prädikat "abzuschwächen", also zu verallgemeinern:

(i) Falls das Prädikat eine Konjunktion mehrerer Prädikate ist, so entferne man eines oder mehrere der Glieder dieser Konjunktion: Eine Abschwächung des Prädikats "A(x) AND B(y) AND C(x,y)" wäre etwa das Prädikat "B(y) AND C(x,y)".

(ii) Ersetze eine Konstante durch eine Variable: So entsteht beispielsweise aus dem Prädikat "(ALL i: 1<=i<=10: x < a[i])" das Prädikat "(k<=10) AND (ALL i: 1<=i<=k: x < a[i])", wenn wir anstelle der Konstanten "10" die neu eingeführte Variable "k" verwenden und deren Wertebereich so festlegen, daß er die ersetzte Konstante umfaßt.

(iii) Erweitere den Wertebereich einer Variablen: Das Prädikat "(0<i) AND (i<=100)" ist eine Verallgemeinerung von "(50<i) AND (i<=60)".

(iv) Füge ein Prädikat disjunktiv hinzu: Aus "A(x)" kann damit "A(x) OR B(x)" werden.

Für unser Problem, Invarianten zu finden, scheinen die ersten drei der genannten Möglichkeiten durchaus vielversprechend zu sein: Die Hinweise auf Verallgemeinerungen werden hier durch die Prädikate selbst gegeben. Möglichkeit (iv) hingegen ist offenbar nicht so ergiebig: Der Spielraum für "disjunktive Erweiterungen" ist einfach zu groß, er wird durch das zu verallgemeinernde Prädikat in keiner Weise eingeengt. Wir werden daher im folgenden zu jeder der Möglichkeiten (i) - (iii) einige Beispiele für die (damit) erfolgreiche Suche nach einer geeigneten Invarianten geben.

Beispiele zu (i):

Quadratwurzel: Gegeben sei eine nichtnegative ganze Zahl N. In einer Variablen a soll die größte ganze Zahl stehen, welche kleiner oder gleich der Quadratwurzel aus N ist. Gesucht ist also ein Wert von a, für den gilt:

$$Q: (a^2 <= N) \text{ AND } (N < (a+1)^2).$$

Dies ist die gewünschte Nachbedingung.

Lassen wir das zweite Glied dieser Konjunktion weg, so bleibt als mögliche Invariante übrig:

$$InV: (a^2 <= N).$$

Die Negation des entfernten Gliedes bietet sich als Schleifenbedingung an:

$$B = (N >= (a+1)*(a+1)).$$

Unser Ansatz für das gesuchte Programmstück ist:

```
(* Schleifeninitialisierung *)
(* InV: a^2 <= N *)
(* Sf = Sf(a) = N -a^2 *)
WHILE (N >= (a+1)*(a+1)) DO
  (* S *)
END (*WHILE*);
```

(* Q: (a^2 <= N) AND (N < $(a+1)^2$) *)

Die einfachste Art, den Wert von Sf zu vermindern, besteht darin, den Inhalt von a um 1 zu erhöhen. Wir setzen daher als Schleifenrumpf die Zuweisung "a:=a+1". Der Leser möge sich fragen, wodurch die Wahl von Sf begründet ist, nd zeigen, daß die Punkte der Checkliste erfüllt sind.

Lineare Suche: Neben dem Sortieren spielt das Suchen in Datenbeständen eine große Rolle (nicht nur) in der betrieblichen Datenverarbeitung. In einer seiner einfachsten Ausprägungen besteht das Problem darin, in einer - etwa als Array realisierten - Liste ein bestimmtes Objekt zu lokalisieren, indem man den Index derjenigen Zelle feststellt, in der das Objekt gespeichert ist.

Sei also a eine Variable vom Typ ARRAY [0..N-1] OF INTEGER und x eine Variable vom Typ INTEGER. Gesucht ist ein Programm, welches in einer Variablen i den Index der ersten Zelle von a abspeichert, deren Inhalt mit dem Inhalt von x identisch ist. Falls der Inhalt von x in a nicht gefunden wird, möge i den Wert N erhalten. Die Nachbedingung lautet somit:

Q: (0<=i<N) AND (ALL j: 0<=j<i: x<>a[j]) AND (x=a[i])
OR
(i=N) AND (ALL j: 0<=j<N: x<>a[j]).

(Die Vorbedingung - soweit sie die uns interessierenden Variablen betrifft - ist TRUE.)

Q ist keine reine Konjunktion, sondern eine Disjunktion von Konjunktionen. Aber auch dafür gilt natürlich, daß durch Weglassen eines konjunktiven Gliedes (in einer oder mehreren der Konjunktionen) eine Verallgemeinerung erreicht wird. Wir schlagen das folgende Prädikat als Invariante vor:

InV: (0<=i<N) AND (ALL j: 0<=j<i: x<>a[j])
OR
(ALL j: 0<=j<N: x<>a[j]).

Der Grund dafür, daß wir (x=a[i]) weglassen, ist naheliegend: Dies ist ja die wesentliche Bedingung dafür, daß wir das Ziel erreicht haben, falls sich der Wert von x in a befindet. Entsprechendes gilt für (i=N) im zweiten "Disjunkt" von Q. Durch Zusammenfassung der beiden "Disjunkte" wird InV zu:

InV: (0<=i<=N) AND (ALL j: 0<=j<i: x<>a[j]).

B AND InV muß nun die Tatsache ausdrücken, daß das Ziel noch nicht erreicht wurde. Nur unter dieser Bedingung ist der Schleifenrumpf S ein weiteres Mal auszuführen. Das Ziel ist erreicht, wenn - zusätzlich zur Invarianten - entweder (i<N) AND (x=a[i]) oder (i=N) wahr ist. Die Ausführung des Schleifenrumpfes soll uns dem Ziel näherbringen. Die "Entfernung zum Ziel" kann durch die Anzahl der noch zu durchsuchenden Zellen gemessen werden. Dies ist unsere Schrankenfunktion, für deren genaue Formulierung wir uns an der Invarianten

orientieren. Es ergibt sich das folgende Programmstück:

```
(* Schleifeninitialisierung *)
(* InV: (0<=i<=N) AND (ALL j: 0<=j<i: x<>a[j]) *)
(* Sf = Sf(i) = N-i *)
WHILE (i<>N) AND (x<>a[i]) DO
  (* S *)
END (*WHILE*);
(* Q: (0<=i<N) AND (ALL j: 0<=j<i: x<>a[j]) AND (x=a[i])
   OR
   (i=N) AND (ALL j: 0<=j<N: x<>a[j]) *)
```

Der Inhalt des Schleifenrumpfes kann unmittelbar durch die Schrankenfunktion begründet werden. Der Leser möge S finden und die Beweise gemäß "Check-Liste" zur Übung durchführen.

Eine Schwierigkeit im Zusammenhang mit der Schleifenbedingung sei noch bemerkt: Da a[i] nur definiert ist für i IN {0,...,N-1}, muß (i<N) gelten, damit a[i] ausgewertet werden kann. Hätten wir die Möglichkeit, in MODULA-2 den CAND-Operator zu benutzen, so wäre diese Schwierigkeit einfach mit (i<>N) CAND (x<>a[i]) zu umgehen. Ohne die Verfügbarkeit von "CAND" könnten wir zum Beispiel die Schleifenbedingung "verschärfen" zu (i<N) AND (x<>a[i]) und darauf vertrauen, daß a[i] (durch den von unserem Compiler erzeugten Code) nicht ausgewertet wird, wenn der Wert des ersten "Konjunkts" F ist.

Beispiele zu (ii):

Die zweite Methode zur Bildung von Invarianten haben wir in früheren Beispielen bereits unausgesprochen angewandt. Erinnert sei an die Berechnung der ganzzahligen Exponentialfunktion und des Maximums in einer Liste von ganzen Zahlen in Abschnitt 4.2.4 sowie an die Lösung "NaivSort" des Sortierproblems in 4.3.2.

Als weiteres Beispiel behandeln wir hier das sogenannte "Plateau-Problem": Dabei ist eine Variable a vom Typ ARRAY [0..N-1] OF INTEGER gegeben, für deren Inhalt gilt: sortiert(a[0..N-1]). Ein "Plateau" ist eine Folge a[i..j] mit (i>=0), (i<=j), (j<N) und (ALL k: i<=k<=j: a[k]=a[i]). (Vgl. die in 4.3.2 eingeführte Notation.) Gesucht ist die Länge des längsten Plateaus.

Da a sortiert ist, ist die Folge a[i..j] (mit 0<=i<=j<N) offenbar genau dann ein Plateau, wenn a[i]=a[j]. Daher lautet die Nachbedingung für eine Variable p, in der die Länge des längsten Plateaus abzuspeichern ist:

```
Q: (EX k: 0<=k<N-p: a[k]=a[k+p-1]) AND
   (ALL k: 0<=k<N-p-1: a[k]<>a[k+p]).
```

In die "Umgangssprache" übersetzt heißt dies, daß es ein Plateau der Länge p gibt, aber keines der Länge p+1.

Als Prädikat formuliert macht diese Aussage einen ziemlich umständlichen Eindruck. Für die Programmentwicklung scheint dieser Grad der Formalisierung nicht angemessen. Wir beschränken uns auf die folgende informelle Version der Nachbedingung:

Q: p enthält die Länge des längsten Plateaus von a[0..N-1].

Man kann bei Bedarf auf die strengere Formulierung zurückgreifen.

Die Konstante, die hier als einziger Kandidat für die Ersetzung durch eine Variable in Frage kommt, ist N. Nach bekanntem Muster setzen wir also:

InV: (0<i<=N) AND (p enthält die Länge des längsten Plateaus von a[0..i-1]).

Das heißt: Solange die Iteration läuft, soll die Länge des längsten Plateaus im bisher betrachteten (Anfangs-)Stück des Arrays a in p gespeichert sein. Eine Ausführung des Schleifenrumpfes muß jedenfalls dafür sorgen, daß der noch zu untersuchende Rest des Arrays verkleinert wird. Als Schrankenfunktion bietet sich deshalb an: Sf = Sf(i) = N-i. Da ein Array mit einem Element genau ein Plateau besitzt, dessen Länge 1 ist, kann die Gültigkeit der Invarianten mit den Zuweisungen "i:=1; p:=1" erstmals gesichert werden. Die Schleifenbedingung ist (i<>N). Es ergibt sich das folgende Programmstück:

```
(* Schleifeninitialisierung *)
i:=1; p:=1;
(* InV: (0<i<=N) AND (p enthält die Länge des längsten
                          Plateaus von a[0..i-1]) *)
(* Sf = Sf(i) = N-i *)
WHILE (i<>N) DO
  (* S *)
END (*WHILE*);
(* Q: p enthält die Länge des längsten Plateaus von a[0..N-1] *)
```

Die Ausarbeitung des Schleifenrumpfes erfolgt wie in 4.3.2 mit dem Ansatz "S1; i:=i+1" für S. Die Zuweisung "i:=i+1" verlängert das zu betrachtende Anfangsstück des Arrays um 1. Dabei kann die Länge des längsten Plateaus höchstens um 1 wachsen. In S1 muß also unter Umständen die Zuweisung "p:=p+1" ausgeführt werden. Es bleibt zu untersuchen, unter welchen Bedingungen dies zu geschehen hat. Dazu ist es nützlich, sich wieder an die formale Version der Invarianten zu erinnern. Im übrigen sei auf die Ausführungen in Abschnitt 4.3.1 verwiesen. Man findet für S1:

```
"IF a[i]=a[i-p] THEN
   p:=p+1
 END (*IF*);"
```

Beispiele zu (iii):

Auch den dritten Weg, Invarianten zu finden, haben wir bereits früher - im Beispiel des Divisions-Programms - beschritten. Dort haben wir zur Verallgemeinerung der Nachbedingung den Wertebereich von y erweitert.

Wir wollen die Anwendung einer "kreativen Weiterentwicklung" dieser Methode am Beispiel der "Linearen Suche" studieren. Die Schleife sollte uns dort in einer Variablen i den Index der ersten Zelle eines Arrays liefern, die einen gegebenen Wert enthält (bzw. N, falls der gegebene Wert nicht im Array enthalten ist).

Wir gehen hier davon aus, daß dieser minimale Index (der ja in jedem Fall existiert) bekannt ist. Wir bezeichnen ihn mit "Imin". Die Nachbedingung ist dann einfach:

Q: (i=Imin).

Mit "geschärftem Problembewußtsein" entdecken wir die problemgerechte Erweiterung des Wertebereichs von i und versuchen es mit der Invarianten

InV: (0<=i<=Imin).

Da Imin entweder der erste Index ist mit x=a[i] oder aber Imin=N zutrifft, muß

InV AND ((x=a[i]) OR (i=N)) => Q

gelten.

Dieses Beispiel zeigt, daß es sinnvoll sein kann, zur Formulierung von Nachbedingungen und - daraus abgeleitet - Invarianten gesuchte (oder zu konstruierende) Objekte wie Konstanten zu behandeln und den Schleifenrumpf als ein Vehikel zu betrachten, welches den Inhalt einer Variablen (eventuell von zusammengesetztem Typ) näher an diese Konstante heranbringt. Ein durchaus willkommener Nebeneffekt ist dabei eine mitunter beträchtliche Verminderung des formalen Aufwandes.

Schlußbemerkung:

Daß man bei der Entdeckung von Invarianten einige Phantasie entwickeln kann (und sollte), beweist - neben dem letzten Beispiel - in besonders eindrucksvoller Weise auch das Beispiel "Sortieren durch Mischen" (4.3.2). Die dort gefundene Invariante ist durch keine der drei hier besprochenen Methoden ohne weiteres zu begründen.

Daß man Phantasie gelegentlich einsetzen *muß*, sei zum Abschluß dieses Kapitels an einem Beispiel demonstriert, das - zugegebenermaßen - ziemlich trivial ist und "an den Haaren herbeigezogen" scheint (vgl. 4.1.3):

P: (a=A) AND (b=B) AND (a>=0) AND (b>=0)
Q: (a=A) AND (b=B) AND (z=a*b).

Wir nehmen an, daß die uns zur Verfügung stehende Programmiersprache nur Addition erlaubt, so daß die Zuweisung "z:=a*b" das "Problem" nicht löst.

Q selbst gibt nun eigentlich keine Hinweise zur Verallgemeinerung: Keine der drei obigen Methoden scheint erfolgversprechend. Wir bemerken aber, daß die Inhalte von a und b nicht verändert werden dürfen, daß also die Namen dieser Variablen auch als Konstanten-Namen aufgefaßt werden können. Wir ersetzen daher eine dieser "Konstanten" (z.B. b) durch eine neue Variable (z.B. mit dem Namen y) und formulieren damit - versuchsweise - eine Invariante:

InV: a=A AND b=B AND (0<=y<=b) AND (z=a*y)

Die Gültigkeit dieser Invarianten wird am einfachsten durch "z:=0; y:=0" erreicht. Diese Zuweisungen bieten sich daher als Initialisierungen einer Schleife an, deren Fertigstellung und Begründung - wie gesagt - trivial sind.

Literatur zu Kapitel 4

[BEN] Bergmann, E. und H. Noll: Mathematische Logik mit Informatik-Anwendungen; Springer Verlag; Berlin, Heidelberg, New York; 1977

[GRI] Gries, D.: The Science of Programming; Springer-Verlag; New York, Heidelberg, Berlin; 1981

[SAL] Sale, A.: MODULA-2, Durch systematischen Entwurf zum korrekten Programm; Addison-Wesley Verlag (Deutschland); Bonn; 1987

5 Datenstrukturierter Programmentwurf

Im vorigen Kapitel haben wir eine Möglichkeit kennengelernt, Programme ausgehend von einer Beschreibung ihrer beabsichtigten Wirkung zu entwickeln. In Betracht gezogen haben wir dabei allerdings nur die erste jener "Wirkungsarten", von denen in der Einleitung des Abschnitts 4.1 die Rede war: die Veränderung interner Zustände. Dies ist eine Sichtweise, die dem Programmierer für viele interessante Probleme sicher zu eleganten Lösungen verhilft. Für eine große Klasse von Aufgabenstellungen jedoch ist sie völlig unzureichend und unpraktikabel. Es handelt sich hierbei um solche Aufgaben, die sich sehr viel leichter und "natürlicher" durch die Angabe der Struktur eines gewünschten Outputs oder eines aufzunehmenden Inputs spezifizieren lassen, als mit Hilfe prädikativer Beschreibungen interner Speicherzustände.

Beispiele:

(i) Es ist ein Programm zu schreiben, welches die Ausgabe einer Multiplikations-Tabelle für das kleine Einmaleins bewirkt. Die Tabelle soll in unterer Dreiecksform auf dem Bildschirm erscheinen.

(ii) Auf einem Graphik-Bildschirm, dessen Pixel durch Angabe ihrer Koordinaten einzeln adressierbar sind, soll ein 8*8 Felder umfassendes quadratisches Gitternetz gezeichnet werden.

(iii) Von der Tastatur sind ein Kleinbuchstabe, ein Gleichheitszeichen und ein Großbuchstabe (in dieser Reihenfolge) entgegenzunehmen. Davon abweichende Eingaben sind zu ignorieren.

(iv) Von einer durch das "Blank"-Zeichen abgeschlossenen Zeichenkette soll festgestellt werden, ob sie eine "Gleitkommazahl" darstellt oder nicht.

Die Beispiele (i) und (ii) lassen sich sehr leicht als Aufgaben folgenden Typs erkennen:

"Der Rechner ist zu veranlassen, ein bestimmtes
Objekt zu *produzieren.*"

Dagegen lautet die Verallgemeinerung der Beispiele (iii) und (iv):

"Der Rechner soll ein gegebenes Objekt *analysieren* und prüfen,
ob es zu einer bestimmten Klasse von Objekten gehört."

Eine Aufgabe des erstgenannten Typs hat im Prinzip auch der Fertigungs-Ingenieur, der die zur Herstellung eines (handfesten, greifbaren) Produkts notwendigen Prozeduren festlegt. Es ist klar, daß er diese Prozeduren nicht unabhängig von der Struktur des gewünschten Produkts definieren kann: Der Zusammenbau eines Möbelstücks unterscheidet sich im Detail beträchtlich von der Montage eines Automobils.

Dieser Analogie zwischen Fertigungsunternehmen und Rechner gemäß können wir viele Programme schlicht als "Anweisungen zur Steuerung eines Produktionsprozesses" verstehen. Und diese sollten sich - naheliegenderweise - an der Struktur des zu produzierenden Gegenstands orientieren. Was also wäre natürlicher, als die Objektstruktur zu beschreiben und die Abfolge der Produktionsanweisungen (das Programm!) aus dieser Beschreibung herzuleiten?

Absolut zwingend ist die Orientierung an der Struktur eines Objekts bei Aufgaben des zweiten Typs. Hierzu ein weiteres Beispiel: Ein Programm, welches herausfindet, ob ein gegebener Text ein syntaktisch korrektes MODULA-2 - Programm ist oder nicht, kann nur auf der Grundlage einer exakten Beschreibung der Syntax dieser Programmiersprache erstellt werden. Auch hier ist ein Vergleich mit anschaulichen Vorgängen im alltäglichen Leben ohne weiteres möglich: Der Sachbearbeiter in einem Büro etwa, der sich um eingehende Bestellungen zu kümmern hat, muß jeweils entscheiden, ob eine Bestellung korrekt aufgegeben wurde und damit weiterverarbeitet werden kann oder nicht. Er muß diese Entscheidung aufgrund seiner Kenntnis der Struktur des "Objekts Bestellung" treffen, wie sonst? Den Programmen zur Lösung von Problemen der zweiten Art entsprechen also - anschaulich - "Anweisungen zur Steuerung von Analyseprozessen".

Wir wollen die gedankliche Vorbereitung dieses Kapitels durch die Diskussion zweier wichtiger Aspekte ergänzen.

Zum ersten ist zu bemerken, daß die oben beschriebenen Aufgabentypen - nennen wir sie "Produktionstyp" und "Analysetyp" - gewissermaßen Extremfälle einer noch größeren Problemklasse darstellen. Aufgaben vom Produktionstyp verlangen die Konstruktion von Objekten sozusagen "auf Knopfdruck"; *der Input ist jedenfalls trivial*, von ihm ist nicht die Rede. Wir wissen, wie das Resultat ausschauen soll, und damit basta! Umgekehrt liefert die Lösung von Aufgaben des Analysetyps einen *trivialen Output*, nämlich die Antwort "JA" (akzeptiert!) oder "NEIN" (abgelehnt!). Ob wir diesen Output wirklich zu Gesicht bekommen oder (im anderen Fall) den Input (Knopfdruck!) selbst tätigen müssen, ist dabei eine völlig zweitrangige Frage. Vielleicht erfolgt anstelle eines "echten" Inputs "nur" ein Prozeduraufruf oder anstelle eines "echten" Outputs erhält eine boolesche Variable den Wert TRUE oder FALSE, wie auch immer.

Warum aber sprechen wir von "Extremfällen"? Gibt es etwas dazwischen? Kehren wir zur Begründung einer Antwort auf diese Frage nochmals in den Fertigungsbetrieb zurück und schauen wir ein wenig genauer dem zu, was dort geschieht! Wir stellen dann fest, daß die Produkte keineswegs nur mittels betriebsinterner Ressourcen oder gar "aus dem Nichts heraus" fabriziert werden. Vielmehr werden immer wieder von außen angelieferte Teile benötigt, die - eventuell nach irgendeiner Bearbeitung - zum Endprodukt beitragen. Gelegentlich werden wohl fehlerhafte Teile ankommen, oder ein Teil erscheint an einer

Stelle, an der es gar nichts zu suchen hat, usw. Bei der Fertigungsplanung sind solche Anomalien natürlich in geeigneter Weise zu berücksichtigen: Analyse und Produktion beziehungsweise - besser - Input und Output müssen "Hand in Hand" ablaufen. Und wenn mit dem Input etwas "schief läuft", so darf dies keine katastrophalen Auswirkungen auf den Output haben.

Ganz genauso verhält es sich nun mit vielen Programmieraufgaben: Wie ein Fertigungsplan muß das Programm einen Produktions*prozeß* steuern, indem es dafür sorgt, daß zur Herstellung von Output-Objekten die jeweils passenden Input-Objekte herangeschafft werden. Es muß Vorkehrungen für den Fall treffen, daß unpassende Input-Objekte abgelehnt werden, und unter Umständen muß es sogar den Abbruch des Herstellungsprozesses vorsehen, wenn sich herausstellt, daß kein passender Input mehr zur Verfügung steht. Der in Abschnitt 3.3 in anderem Zusammenhang behandelte "Rechnungs-Ausschrieb" mag als Beispiel einer derartigen Aufgabe dienen. Die zu produzierenden Output-Objekte waren dort eben "Rechnungen"; die notwendigen Input-Objekte wurden von den Dateien "LIEFERUNG", "KUNDENLISTE" und "PREISLISTE" geholt. Für die Entwicklung eines Programms zur Lösung einer solchen Aufgabe ist es natürlich nach wie vor sinnvoll, sich - wie oben angedeutet - an den Strukturen der Output- und Input-Objekte zu orientieren. Da also beide Strukturen einzubeziehen sind, scheint dies zunächst schwieriger zu sein, als in den oben genannten Extremfällen. Wir werden in diesem Kapitel aber gerade hierfür ein Verfahren kennenlernen, welches sich durch die Abfolge einiger sauber gegeneinander abgrenzbarer Entwurfsschritte auszeichnet und dadurch sehr gut beherrschbar ist. (Unter anderem werden wir das Verfahren auch auf den "Rechnungs-Ausschrieb" anwenden.)

Halten wir fest: Die Analogie "Programm <-> Fertigungsplan" wird das Leitmotiv dieses Kapitels sein. Sie ist begründet durch die Analogie "Rechner <-> Fertigungsbetrieb".

Ebenfalls aus dieser Analogie ergibt sich - wenn man so will - der zweite für das Verständnis und die Einordnung dieses Kapitels überaus wichtige Gesichtspunkt: Produktion und Analyse haben eine *zeitliche Dimension*! (Der im Zusammenhang mit Produktion und Analyse gebrauchte Begriff "Prozeß" drückte dies bereits implizit aus.) So trivial diese Beobachtung zu sein scheint, so bedeutungsvoll ist sie für uns. Sie rechtfertigt es, die Struktur eines zu produzierenden Objekts nicht aussschließlich statisch zu begreifen. Vielmehr ist es in Hinblick auf die Programmentwicklung (die "Fertigungsplanung"!!) sehr nützlich, ein Objekt von vornherein durch eine zeitliche Abfolge seiner Teile beschreiben zu können, so wie sie bei einem Zusammensetzvorgang möglich wäre. Eine derartige "dynamische" Beschreibung eines statischen Objekts vom Typ "Zeichenkette" aus Beispiel (iii) hätte den Wortlaut: "Es beginnt mit einem Kleinbuchstaben, *danach folgt* ein Gleichheitszeichen, *danach folgt* ein Großbuchstabe." Die Multiplikationstabelle aus Beispiel (i) wäre zu beschreiben als Folge von zehn Zeilen und jede Zeile ihrerseits als Folge von INTEGER-Objekten. Besonders naheliegend ist diese Betrachtungsweise für sequentiell organisierte Dateien, auf deren Sätze also nur in strikter Reihenfolge zugegriffen werden kann. Wir werden sehen, daß solche "dynamischen" Beschreibungen ein Programm bereits weitgehend implizieren können. In diesem Sinne ist die Situation hier vergleichbar mit der Entwicklung von Iterationsanweisungen aus Invarianten (vgl. die Bemerkungen am Ende von Abschnitt 4.3.2).

Die Auffassung eines komplexen Datenobjekts als strukturierter "Datenstrom" (als zeitliche Folge elementarerer Datenobjekte also) legt es natürlich nahe, nun auch umgekehrt strukturierte Datenströme als "Datenobjekte mit zeitlicher Dimension" anzusehen, die es zu produzieren oder zu analysieren gilt. Diese Sichtweise gestattet es, auch und gerade solche Aufgaben mit den Mitteln des "Datenstrukturierten Programmentwurfs" anzugehen, die mit der Steuerung technischer Prozesse (in Kraftwerken, in Maschinen aller Art etc.) zu tun haben. (Sie fallen in das spezielle Gebiet der "Realzeit-" bzw. "Echtzeit-Programmierung".) Das Datenobjekt etwa, welches im Beispiel 2 des Abschnitts 2.1.1 produziert wird, ist eine Folge von Signalen "ein" oder "aus", die einen Schalter ein- bzw. ausschalten. Zur Spezifikation des Programms, welches diesen Output veranlaßt, genügt es anzugeben, welche Inputs für welchen "Teil des Outputs" verantwortlich sind.

Wir beginnen dieses Kapitel mit der Einführung einer Notation zur Beschreibung der Struktur von Datenobjekten. Im Prinzip ist uns diese Notation bereits aus Kapitel 3, Abschnitt 3.3.2 bekannt: Dort haben wir Klammerdiagramme zur Unterstützung der schrittweisen Verfeinerung von Programm-Entwürfen verwendet; hier werden wir sie zunächst zur Darstellung von Objektstrukturen heranziehen. Im Hauptteil des Kapitels wird man dann sehen, daß dies unserer Absicht, Programme aus Objektstrukturen zu entwickeln, bestens entgegenkommt. Im Idealfall nämlich ergibt sich die Diagrammform einer Programmbeschreibung durch Ergänzungen und einfache Transformationen derjenigen Diagramme, welche die Strukturen der Datenströme wiedergeben. Der in diesem Kapitel vorgestellte Zugang zur Programmkonstruktion wurde insbesondere von M. Jackson ([JA1]) popularisiert und für den Einsatz im sogenannten "kommerziellen" Bereich empfohlen. (In [JA1] werden Datenstrom-Strukturen graphisch und Programm-Strukturen textuell - mit Hilfe eines Pseudo-Codes - repräsentiert.) Wie oben jedoch bereits angedeutet, werden wir mit einigen unserer Beispiele zeigen, daß der Ansatz des "*Datenstrukturierten Entwurfs*" auch bei technischen Anwendungen nützlich sein kann. Eine einheitliche Notation für die Beschreibungen sowohl der Objekt- als auch der Programmstrukturen wurde erstmals in [EHL] (vgl. auch Abschnitt 3.3.2) für ein industrielles Projekt vorgeschlagen.

5.1 Objektstruktur und Programmstruktur

Wir haben bisher (und nicht nur in der Einleitung zu diesem Kapitel) viel von "Objekten" geredet, ohne zu sagen, was genau darunter zu verstehen ist. Wir haben darauf ganz bewußt verzichtet und darauf vertraut, daß sich der Leser im jeweiligen Kontext eine intuitive Vorstellung vom Inhalt dieses Begriffes machen kann. Diese Fähigkeit werden wir auch bis auf weiteres voraussetzen. Erst im folgenden Kapitel (Abschnitt 6.4.4) werden wir eine spezielle - und dann etwas präzisere - Interpretation des Objektbegriffs einführen, die einen modernen Ansatz für den Entwurf und die Realisierung von Software-Systemen begründet. Vorläufig mag es genügen, unsere Objekte durch den Zusatz "Daten-" (wie oben schon mehrfach geschehen) zu qualifizieren. So bringen wir zum Ausdruck, daß es sich um rechnerspezifische Repräsentationen irgendwelcher Dinge handelt, deren Manipulation (Eingabe, Verarbeitung, Ausgabe) durch (Rechner-)Programme steuerbar ist. Und in Verallgemeinerung der Datenobjekte, die etwa mit Hilfe der Konstrukte einer höheren Programmiersprache deklarierbar sind, beziehen wir - wie oben angekündigt - die Dimension der Zeit mit ein. Tatsächlich werden wir die Struktur von Datenströmen, also von "in der Zeit ausgebreiteten bzw. ausbreitbaren Datenobjekten", völlig in den Vordergrund stellen.

5.1.1 Strukturbeschreibungen

Datenobjekte sind entweder elementar oder zusammengesetzt (komplex). Die Bestandteile (Komponenten) komplexer Datenobjekte sind entweder elementar oder ihrerseits komplexe Datenobjekte. Komplexe Datenobjekte sollten sich als irgendwie geartete Verknüpfung ihrer Komponenten darstellen lassen. Beispielsweise kann jede Komponente einen expliziten Hinweis auf die übrigen mit ihr verbundenen Teile erhalten. Damit ist die Struktur eines komplexen Datenobjekts durch einen im Prinzip beliebigen Graphen beschreibbar. (Bekanntlich bieten höhere Programmierspachen wie PASCAL und MODULA-2 für die Implementierung dieser allgemeinsten Art der Verknüpfung ein Zeiger-Konzept an.) Es ist klar, daß sich für die Behandlung derart "willkürlich" strukturierter Datenobjekte keine einheitlichen Verfahren angeben lassen. Da es in diesem Kapitel aber unser Ziel ist, ein auf alle Datenobjekte aus einer großen Klasse gleichermaßen anwendbares Verfahren vorzustellen, müssen wir die Möglichkeiten der Verknüpfung von Datenobjekten erheblich einschränken. Wir lassen zu:

- zeitliche Sequentialität ("danach folgt..."),
- räumliche Sequentialität ("daneben steht..."),
- räumliche Parallelität ("es gibt noch..."),
- "Iterationsobjekte",
- "Selektionsobjekte".

Was darunter im Einzelnen zu verstehen ist, wollen wir uns in diesem Abschnitt anhand einiger Beispiele klarmachen.

Beginnen wir mit der folgenden einfachen Aufgabe:

"In einer Bank soll am Ende eines jeden Tages ein Bericht über die Kontobewegungen, die an diesem Tag stattgefunden haben, produziert werden. Der Bericht muß - nach aufsteigenden Kontonummern sortiert - je Kontonummer die Summe der getätigten Bewegungen ausweisen. Außerdem soll die Summe der Bewegungen über alle Konten ausgegeben werden. Hier ein Beispiel-Bericht:

KONTENBEWEGUNGSBERICHT VOM 27. 3. 1979

KONTO-NR	TAGESSALDO
515920-605	- 1002.00
632970-315	326.00
653791-750	1002.00
SUMME:	326.00

Die Kontobewegungen entstehen aufgrund von Buchungs-Transaktionen. Davon gibt es zwei Arten: Soll- und Haben-Buchungen.

Zur Produktion des Berichts steht eine sequentielle Datei zur Verfügung, in der je Transaktion ein Satz gespeichert ist, der die Transaktionsart, die Kontonummer und den bewegten Betrag enthält. Sie ist bereits nach aufsteigenden Kontonummern sortiert. Die folgende Datei könnte dem obigen Bericht zugrundeliegen:

Transaktionsart	Kontonummer	bewegter Betrag	
H	515920-605	501.00	
H	515920-605	501.00	Buchungssätze
S	515920-605	2004.00	
H	632970-315	1000.00	
S	632970-315	500.00	
S	632970-315	174.00	
H	653791-750	1600.00	
S	653791-750	598.00	

"

Soweit die Aufgabe. Eine genauere Betrachtung des gewünschten Outputs läßt mindestens drei deutlich voneinander zu unterscheidende und daher auch *benennbare* Berichtsteile erkennen, die - so jedenfalls können wir die Situation sehen - *aufeinander folgen*:

Berichts-Kopf	KONTENBEWEGUNGSBERICHT VOM 27. 3. 1979	
	KONTO-NR	TAGESSALDO

Berichts-Rumpf	515920-605	- 1002.00
	632970-315	326.00
	653791-750	1002.00
Berichts-Fuß	------------------------------------	
	SUMME:	326.00

Der Berichtsrumpf seinerseits ist eine *Folge gleichartiger Komponenten*, der "Berichtszeilen". Während jeder Bericht aus den drei erstgenannten Komponenten "Kopf", "Rumpf" und "Fuß" besteht, ist die Anzahl der Berichtszeilen von Exemplar zu Exemplar verschieden. Wir sprechen in diesem Fall von einer *Iteration.*

Iterationen finden wir im übrigen auch als dominierende Strukturen des Inputs:

H	515920-605	501.00
H	515920-605	501.00
S	515920-605	2004.00
H	632970-315	1000.00
S	632970-315	500.00
S	632970-315	174.00
H	653791-750	1600.00
S	653791-750	598.00

Eine Iteration von Buchungssätzen zum gleichen Konto

Eine Iteration von "Gruppen" (,welche aus Sätzen, die alle zum gleichen Konto gehören, bestehen).

Obwohl die Iterationen auch hier über gleichstrukturierte Komponenten (Buchungssätze) laufen, ist es sinnvoll, die Satzarten ("S" für Soll und "H" für Haben) auseinanderzuhalten.

Ein Buchungssatz ist demnach ein "Selektionsobjekt": Entweder ist es ein "Sollsatz" oder ein "Habensatz".

Die Darstellung der Strukturen der als Datenströme aufgefaßten Objekte "Kontenbewegungsbericht" und "Buchungsdatei" durch Klammerdiagramme (vgl. Abschnitt 3.3.2) ergibt sich nun beinahe zwangsläufig. Betrachten wir zunächst den Bericht:

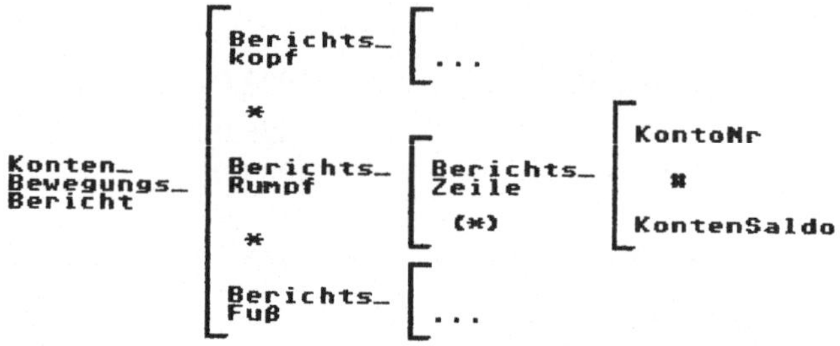

```
                   ┌ Berichts_   [...
                   │ kopf
                   │
                   │  *                              ┌ KontoNr
Konten_            │                                 │
Bewegungs_         │ Berichts_   ┌ Berichts_         │    #
Bericht            │ Rumpf       │ Zeile             │
                   │             └   (*)             └ KontenSaldo
                   │  *
                   │
                   │ Berichts_   [...
                   └ Fuß
```

Im Abschnitt 3.3.2 benutzten wir das Zeichen "*" zur sequentiellen Verknüpfung von Anweisungen. Hier bedeutet es die zeitliche Aufeinanderfolge von Komponenten eines Datenstroms. Entsprechend ist "(*)" als (zeitliche!) Iteration von Objekten mit der Struktur "Berichtszeile" zu interpretieren. "Berichtszeilen" sind als "räumliche Objekte" modelliert; das Zeichen "#" bedeutet: "daneben steht". Wir betonen (nochmals), daß mit diesem Diagramm nicht ein bestimmter Bericht beschrieben wird, sondern die gemeinsame Struktur, der Bauplan gewissermaßen, aller Kontenbewegungsberichte. Was wir hier tun, ist also vergleichbar mit der Deklaration eines Typs in einer höheren Programmiersprache!

Generell hat ein Datenstrom die folgende Gestalt:

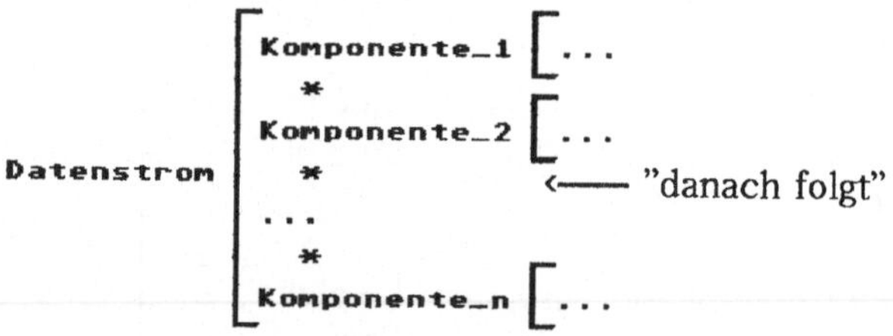

```
            ┌ Komponente_1  [...
            │     *
            │ Komponente_2  [...
Datenstrom  │     *              <—— "danach folgt"
            │ ...
            │     *
            └ Komponente_n  [...
```

Dabei sind die Komponenten in der Regel alle von unterschiedlicher Struktur. Gleichartige Komponenten in einem Datenstrom können zu einem (zeitlichen) "Iterationsobjekt" zusammengefaßt werden:

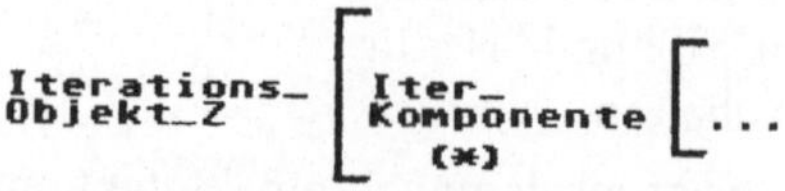

```
Iterations_  ┌ Iter_
Objekt_Z     │ Komponente  [...
             └   (*)
```

"(*)" heißt: "unbestimmt oft (vielleicht auch keinmal!) folgt...".

Die allgemeine Form des (räumlich gedachten) "Nebeneinanderstehens" ist:

```
             ┌ Komponente_1 [...
             │      #
             │ Komponente_2 [...
Datenreihe   │      #         <—— "daneben steht"
             │ ...
             │      #
             └ Komponente_n [...
```

Auch bezüglich der "Aneinander-Reihung" von Komponenten mittels des Operators "#" gibt es eine entsprechende Iterations-Konstruktion, die aus mehreren nebeneinander stehenden gleichartigen Komponenten ein (räumliches) Iterationsobjekt macht:

```
Iterations_  ┌ Iter_
Objekt_R1    │ Komponente [...
             └    (#)
```

Dies ist eine Aneinanderreihung von unbestimmt vielen (auch Null ist möglich!) Komponenten der Art "Iter–Komponente". Wir kennzeichnen diese Objektstruktur mit "R1", weil wir weiter unten noch eine zweite Konstruktion zur Vielfachbildung ("im Raum") betrachten werden.

Bevor wir dies tun und bevor wir uns fragen, unter welchen Umständen es zweckmäßig ist, ein Datenobjekt so oder so zu beschreiben (da sich doch zum Beispiel Beschreibungen als "Strom" und als "Reihe" oft gleichermaßen anzubieten scheinen), wollen wir die obigen Notationen ergänzen, verfeinern und uns mit ihnen anhand weiterer Beispiele ein wenig vertrauter machen.

Für die noch zur Debatte stehende Aufgabe etwa, kann die Struktur des Inputs "Buchungsdatei" durch das folgende Diagramm dargestellt werden:

```
                                                   ┌ Soll_Satz
            ┌ Datei_  ┌ Konto_   ┌ Buch_           │
            │ Rumpf   │ Gruppe   │ Satz            │    +
Buchungs_   │         └  (*)     └ (*)             │
Datei       │   *                                  └ Haben_Satz
            │
            └ 'eof'
```

Die Tatsache, daß "Buchsatz" entweder ein "Soll–Satz" oder ein "Haben–Satz", also ein "Selektionsobjekt" ist, wird dabei durch das Zeichen "+" symbolisiert. Es bedeutet "oder". Allgemein lautet die Strukturbeschreibung eines Selektionsobjekts:

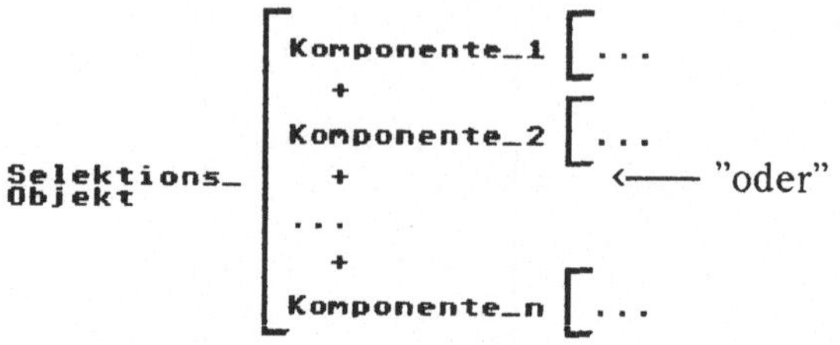

```
                   ┌ Komponente_1  [...
                   │     +
                   │ Komponente_2  [...
Selektions_        │     +              <—— "oder"
Objekt             │ ...
                   │     +
                   └ Komponente_n  [...
```

In der obigen Darstellung der Struktur von "Buchungsdatei" folgt auf die Sätze ein spezielles elementares Objekt 'eof'. 'eof' steht für "end of file" (=Dateiende) und dient als Signal, welches eben dies kundtut. Obwohl es in der verbalen Beschreibung des Inputs nicht vorkommt, führen wir es hier ein, um anzudeuten, daß jemand, der die "Buchungsdatei" Satz für Satz liest, mit Sicherheit weiß, ob er das Ende erreicht hat oder nicht. Diese Kenntnis kann nur durch ein irgendwie geartetes Signal (z.B. einen Satz mit einer sonst nicht benutzten Zeichenkombination an der Stelle der Kontonummer) erlangt werden. Man beachte, daß der Name eines elementaren Objekts (im Unterschied zu den Namen komplexer Objekte) in Hochkommata gesetzt wird.

Soll- und Haben-Satz können wieder als Aneinanderreihungen von Objekten modelliert werden:

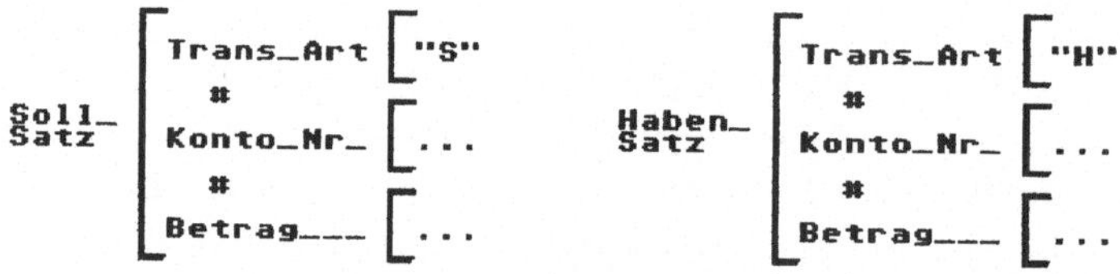

```
      ┌ Trans_Art  ["S"            ┌ Trans_Art  ["H"
      │     *                      │     *
Soll_ │ Konto_Nr_  [...     Haben_ │ Konto_Nr_  [...
Satz  │     *               Satz   │     *
      └ Betrag___  [...            └ Betrag___  [...
```

Sie unterscheiden sich natürlich nur in der ersten Komponente der Reihe.

Das nächste Beispiel (aus [EHL]) zeigt einen Datenstrom, dessen Objekte Signale sind, wie sie etwa beim Betrieb einer technischen Anlage auftreten können. Ihr Bediener hat zwei Drucktasten, eine 'start'- und eine 'stop'-Taste. Wenn die Anlage nicht gestartet ist, macht es keinen Sinn, die 'stop'-Taste zu betätigen. Die Betätigung der 'start'-Taste kann einen Fehlstart nach sich ziehen. Die 'start'-Taste muß also unter Umständen mehrmals gedrückt werden, bevor die Maschine in Gang kommt. Und wenn sie läuft, kann sie nur mit der 'stop'-Taste zum Stillstand gebracht werden. Diese "Geschichte des Tastendrückens erzählt" das folgende Diagramm:

```
                                       [ 'start'
                                       [    *
                          [ Vorgang    [ Fehlstarts [ 'start'
                          [            [    *       [  (*)
Start_Stop_   [ Phase     [    +       [ 'stop'
Signalstrom   [  (*)      [
                          [ Unsinn_  [ 'stop'
```

Es könnte die Struktur einer Folge von Inputs für ein Programm zur Steuerung der Anlage darstellen.

Während das Diagramm "Buchungsdatei" mit dem 'eof' eine Information liefert, die in der Aufgabenstellung gar nicht erwähnt war, unterschlägt das Diagramm "Kontenbewegungs-Bericht" einiges von dem, was uns der Auftraggeber über den gewünschten Bericht mitgeteilt hat: Zum Beispiel die Tatsache, daß die im Berichts-Fuß erscheinende Zahl die Summe der einzelnen Kontensalden zu sein hat. Dies ist offenbar auch eine Eigenschaft, die alle "Kontenbewegungs-Berichte" besitzen müssen, unabhängig davon, aus welchen Inputs der Bericht letztlich gefertigt wird. Sollten wir diese typische Eigenschaft daher nicht ebenfalls im Diagramm (‚das ja - wie gesagt - als Definition des Typs von "Kontenbewegungs-Berichts-Objekten" aufgefaßt werden kann,) zum Ausdruck bringen? Die Klammerdiagramm-Technik bietet uns hierfür eine elegante Möglichkeit:

```
               [ Berichts_  [ ...               [ Konto_Nr
               [ kopf                     [ Z1  [    *
               [    *       (summe=0)     [     [ Konten_Saldo
Konten_        [ Berichts_  [ Berichts_   [  *
Bewegungs_     [ Rumpf      [ Zeile       [     (summe=summe+
Bericht        [            [  (*)        [            Konten_Saldo)
               [    *                     [ Z2  [ NONE
               [ Berichts_  [ Summenzeile(summe)
               [ Fuß
```

Über die strukturelle (den Aufbau eines "Kontenbewegungs-Berichts" betreffende) Information hinaus gibt dieses Diagramm also auch eine inhaltliche Präzisierung. Es spezifiziert das im Berichtsfuß erscheinende Objekt "Summenzeile", indem es vorschreibt, wie das darin enthaltene Objekt "summe" zu bilden ist. Daß die konkrete Ausprägung des Objekts "Summenzeile" von dem Parameter "summe" abhängt, wird im übrigen durch die übliche Schreibweise "Summenzeile(summe)" verdeutlicht. Man beachte, wie die spezielle Berechnungsvorschrift im Diagramm untergebracht ist: Da wir innerhalb der Klammern ja nur die Komponenten des zu beschreibenden Objekts angeben, müssen die Elemente der algorithmischen Spezifikation (die "Berechnungs-Objekte" sozusagen) an anderer Stelle notiert werden. Die oberen Klammerenden bieten sich hierfür an. Die dort "angehängten" Diagrammteile heißen auch "*Top-Komponenten*". Für eine Objektbeschreibung haben solche Top-Komponenten im allgemeinen einen prädikativen (d.h. im wesentlichen: ebenfalls beschreibenden) Charakter. Sie geben an, was für einzelne Objekt-Komponenten WAHR sein muß. Wird insbesondere ein Objekt sequentiell, also als (zeitliche) Folge oder (räumliche) Reihe beschrieben, so handelt es sich um Aussagen über den *aktuellen Beschreibungszustand.* Im Beispiel muß "summe=0" vor der Beschreibung der Folge von Berichtszeilen gelten. In die Beschreibung einer Berichtszeile andererseits wurde eine Komponente "Z2" mit dem Inhalt "NONE" aufgenommen, für die die Aussage "summe = summe + Konten–Saldo" zutrifft. (Tatsächlich sieht dies eher einer Zuweisung als einer Aussage ähnlich. Mit der Interpretation "Das neue Objekt summe ist gleich dem alten Objekt summe, vermehrt um KontenSaldo" können wir uns hier jedoch leidlich aus der Affäre ziehen.) "NONE" ist eine Art "0" bezüglich der Verknüpfungen von Objektstrukturen; wir nennen es daher den "Nullobjekt-Typ". Ausgesprochen bedeutet er: "Hier steht (bzw. folgt) nichts!" Man könnte also an dieser Stelle völlig darauf verzichten, ihn explizit anzugeben, und die Beschreibung der Komponente Z2 leer lassen. Um Mißverständnisse zu vermeiden, tun wir dies jedoch nicht - ähnlich wie bei der Gestaltung eines technischen Manuals, in dem gelegentlich Seiten mit der Aufschrift "Diese Seite bleibt absichtlich frei" zu finden sind.

In anderem Zusammenhang freilich ist die explizite Verwendung des Nullobjekt-Typs nicht nur nützlich, sondern auch zwingend. Angenommen, es ist ein Datenstrom mit den Komponenten "Komp_ 1", "Komp_ 2",... zu spezifizieren, von dem man weiß, daß die Komponente "Komp_ 2" auch fehlen darf. Mit Hilfe des Nullobjekt-Typs können wir dann schreiben:

```
            ┌Komp_1 [...
            │
            │  *
            │               ┌Komp_2 [...
            │ Zweite_       │
Datenstrom  │ Komponente    │  +
            │               │
            │  *            └NONE
            │
            │ Komp_3 [...
            │
            └...
```

In diesem Datenstrom taucht also nach der Komponente "Komp_1" die Komponente "Komp_2" auf oder nicht. Im Falle, daß "Komp_2" nicht erscheint, sähe man eben nach "Komp_1" die Komponente "Komp_3". "Komp_2" ist - wie man sagt - eine "optionale" oder "Vielleicht-" Komponente. (Vgl. die Bemerkung am Ende von Abschnitt 3.3.2.) Zur Abkürzung verwenden wir hierfür auch die folgende Schreibweise:

```
              [ Komp_1 [ ...
              [
Datenstrom    [ ? Komp_2 [ ...
              [
              [ Komp_3 [ ...
              [ ...
```

Als weiteres Beispiel mit optionalen Komponenten betrachten wir die Struktur eines Objekttyps "Postanschrift".

```
                                             [ "Dr."
                            [ ? Titel_       [  +
                            [                [ "Prof.Dr."
                            [    #
               [ Name___    [ Vorname_       [ CHAR (0<#<21)
               [            [    #
               [            [ Nachname       [ CHAR (0<#<21)
               [
Post_          [
Anschrift      [    #
               [            [ Strasse_       [ CHAR (0<#<21)
               [            [    #
               [            [ Haus_Nr_       [ ZIFF (0<#<4)
               [ Adresse    [    #
               [            [ Post_          [ ? "DDR-"
               [            [ leitzahl       [    #
               [            [                [ --------   [ ZIFF (0<#<5)
               [            [    #
               [            [ Gemeinde       [ CHAR (0<#<31)
```

Hier finden wir außerdem Einschränkungen der #-Iteration: Ein Vorname zum Beispiel besteht aus mindestens einem und höchstens 20 Buchstaben, usw.. Entsprechende Einschränkungen kann man selbstverständlich auch für die ∗-Iteration machen.

Häufig ist es nützlich, sich bei der Beschreibung von Datenobjekten nicht von vornherein auf eine (räumlich oder zeitlich) sequentielle Darstellung festzulegen. Was oft nur interessiert, ist die Tatsache, daß es diese und jene Komponenten gibt, aber nicht ihre Reihenfolge oder Anordnung. So ist es durchaus sinnvoll, im obigen Objekttyp "Postanschrift" den Operator "#" durch "&" zu ersetzen. Mit letzterem fassen wir lediglich verschiedene Komponenten zu einer größeren benennbaren Einheit zusammen, er bildet einen "allgemeinen Datenkomplex":

```
                   ┌ Komponente_1  [ ...
                   │   &
                   │ Komponente_2  [ ...
Daten_             │   &           <—— "... und außerdem
komplex            │ ...                 gibt es noch ..."
                   │   &
                   └ Komponente_n  [ ...
```

Hierzu ein Beispiel: Ein binärer Baum besteht aus einem "Wurzelknoten", aus einem linken Teilbaum und aus einem rechten Teilbaum. Die Teilbäume sind entweder selbst binäre Bäume oder sie sind vom Nullobjekt-Typ. Das dieser Charakterisierung entsprechende Klammer-Diagramm ist:

```
           ┌ Wurzel__    [ ...
           │   &
Binärer_   │ Linker_     ┌ Binärer_Baum
Baum       │ Teilbaum    │      +
           │             └ NONE
           │   &
           │ Rechter_    ┌ Binärer_Baum
           │ Teilbaum    │      +
           └             └ NONE
```

Dies ist gleichzeitig ein Beispiel für eine rekursive Beschreibung eines Objekttyps.

Wie mit "*" und "#", so können auch mit "&" durch Zusammenfassung gleichartiger Komponenten Iterations-Objekte gebildet werden:

```
Iterations_  ┌ Iter_
Objekt_R2    │ Komponente  [ ...
             └    (&)
```

"(&)" besagt einfach, daß "Iter_Komponente" mehrfach (möglicherweise auch keinmal) vorliegt. Ein nicht notwendig binärer Baum hätte damit die folgende Gestalt:

```
       ┌ Wurzel___   [ ...
       │
Baum   │   &
       │
       └ Teilbäume   [ Baum
                       (&)
```

Man beachte, daß ein Iterationsobjekt mit unspezifiziertem Anzahlbereich das Nullobjekt automatisch mit umfaßt. Daher ist es nicht notwendig, in der rekursiven Beschreibung des Typs "Baum" den Nullobjekt-Typ explizit zu benutzen.

Auf Datenströme angewandt ergibt die &-Operation einen Komplex von nebeneinander ("parallel") fließenden Datenströmen. Beispielsweise werden wir es in Abschnitt 5.2.2 mit der Aufgabe zu tun haben, Output mit Hilfe der beiden parallelen Input-Ströme "Rechnungsdatei" und "Zahlungsdatei" zu erzeugen:

```
      ┌Rechnungsdatei ┌.../*Details s. 5.2.2*/
Input │  &            └
      │               ┌
      └Zahlungsdatei_ └.../*Details s. 5.2.2*/
```

Auf die Frage, ob es zweckmäßiger sei, die Struktur von Datenobjekten (wie gesagt: ihren "Typ") so oder so, als Strom, Reihe oder Komplex zu beschreiben, gibt es keine rezeptartige Antwort. Prinzipiell wollen wir - um mit dem Bild des sich ja in der Zeit abspielenden Zusammensetzens handfester Gegenstände in Einklang zu bleiben - der Beschreibung als "Strom" den Vorzug geben. Andererseits empfiehlt es sich, bei Satz- oder Zeichenketten-artigen Objekten, die in einem Datenstrom auftreten können (siehe "Buchungsdatei"), diesen ihren Charakter auch deutlich zu machen. Sie werden zunächst einmal "als Ganzes" aufgefaßt. Erst wenn es darum geht, ihre Herstellung, Be- oder Verarbeitung im Detail zu klären, müssen ihre Komponenten in eine zeitliche Folge gebracht werden. Dies gilt auch für als "allgemeine Datenkomplexe" beschriebene Objekte.

Weitere Notationselemente werden wir bei Bedarf in den folgenden Abschnitten einführen und erläutern. Es ist in diesem Zusammenhang zu bemerken, daß wir uns hier (wie im übrigen auch sonst in diesem Buch) mit Notationen für den Entwurf von Programmen nicht um ihrer selbst willen beschäftigen. Sie interessieren uns nur insoweit, als man mit ihnen bestimmte Gedanken bequem formulieren und bestimmte Vorgehensweisen angemessen unterstützen kann. Es ist freilich hinzuzufügen, daß Entwurfs-Notationen dann präzise definiert werden müssen, wenn auf ihrer Grundlage *Software-Werkzeuge* ("Tools") entwickelt werden sollen, welche beispielsweise die Entwurfs-Dokumentation oder den Übergang vom Entwurf zur (lauffähigen) Implementierung unterstützen. Da die Behandlung dieses Aspekts den Rahmen dieses Buches sprengen würde, müssen wir hierzu auf weiterführende Literatur (z.B. [ENS]) verweisen.

5.1.2 Produktion von Datenobjekten

Bei seiner alltäglichen Detailarbeit hat es der Programmierer sehr häufig mit jenen Aufgaben vom "Produktionstyp" zu tun, die wir in der Einleitung dieses Kapitels charakterisiert haben. Dort gaben wir auch zwei sehr einfache Beispiele an, denen wir uns in diesem Abschnitt zuwenden wollen.

Beispiel (i):

Die Multiplikations-Tabelle, das erwähnten wir bereits, ist eine Folge von Zeilen. Eine Zeile ist eine Reihe von Einträgen. Jeder Eintrag ist eine ganze Zahl. Als

Klammerdiagramm stellt sich diese Beschreibung so dar:

```
Mult_      [ Zeile  [ Eintrag  [ Ganze_Zahl
Tabelle    [ (*)    [ (#)      [
```

Natürlich gibt es beliebig viele Objekte mit dieser Struktur, und nicht alle diese Objekte lassen sich tatsächlich als Multiplikationstabelle interpretieren. Da wir (zumindest vorerst) genau ein bestimmtes Objekt produzieren wollen, müssen wir die Beschreibung auf einen Objekttyp verengen, dessen einzige Ausprägung das gewünschte Objekt ist. Eine erste Maßnahme ist die Fixierung der Zeilenanzahl auf 10:

```
Mult_      [ Zeile   [ Eintrag  [ Ganze_Zahl
Tabelle    [ (*=10)  [ (#)      [
```

Welche ganze Zahlen in einer Zeile stehen, hängt nun allerdings davon ab, wo in der Folge sich diese Zeile befindet. Wir müssen also erstens einen "Index" zur Numerierung der Zeilen einführen. Ganz entsprechend sind die ganzen Zahlen, die in einer Zeile vorkommen, durch ihre Stellungen innerhalb der Zeile gegeben. Zweitens benötigen wir daher einen "Index" zur Fixierung der Position eines Eintrags in der Reihe. Und schließlich liefert uns die Formulierung der Aufgabe die Information, daß eine Zeile gerade soviele Einträge enthalten soll, als der Index der Zeile angibt. Diese - zunächst verbale - Präzisierung wird im folgenden Diagramm mit Hilfe einiger zusätzlicher selbsterklärender Notationen formal dokumentiert:

```
Mult_      [ Zeile          [ Eintrag        [ 'i*j'
Tabelle    [ (*: i=1..10)   [ (#: j=1..i)    [
```

"Ganze–Zahl" haben wir dabei bereits durch den "wahren Wert", das elementare Objekt 'i∗j', ersetzt. "i" und "j" sind hier natürlich keine Variablennamen im programmtechnischen Sinn, denn von einem Programm war in diesem Zusammenhang ja bisher noch gar nicht die Rede. Sie sind vielmehr als "Wertbezeichner" aufzufassen, etwa in dem Sinne, wie wir das im vierten Kapitel für (durch Quantoren) gebundene Bezeichner getan haben. Dies schließt freilich andererseits nicht aus, daß - und dies wird die Regel sein - aus den in der Spezifikation eines Objekts auftauchenden Wertbezeichnern Variablennamen werden, wenn es an die Umsetzung einer Objektbeschreibung in ein Programm geht. (Im Lichte dieser Bemerkung betrachte man im übrigen auch nochmals das zweite Diagramm "Kontenbewegungsbericht" im vorangegangenen Abschnitt, wo wir die Wertbezeichner "summe" und "Konten _Saldo" verwendet haben!)

Um aus dem letzten Diagramm eine "Produktionsanweisung" für das gewünschte Bild der Tabelle auf dem Bildschirm zu machen, ist nur noch ein sehr kleiner Schritt notwendig: Wir lösen die Beschreibung einer Zeile als "räumliches Nebeneinander" auf in die zeitliche Abfolge der in dieser Zeile stehenden Einträge und eines speziellen Zeilenende-Signals 'eol':

```
                                    ┌Einträge__ ┌Eintrag      ┌'i*j'
                   ┌                │           │(*:j=1..i)   │
Mult_              │Zeile           │           └             └
Tabelle            │(*:i=1..10)     │*
                   └                │
                                    │Zeilenende ┌'eol'
                                    └           └
```

Wir nehmen nun an, daß wir über eine Operation - nennen wir sie einfach "OUT:" - verfügen, die ein elementares Objekt (hier eine ganze Zahl oder 'eol') an das Ausgabemedium (in diesem Fall der Bildschirm) sendet. Wenn wir von dieser Operation ferner voraussetzen, daß sie nach Ausgabe einer ganzen Zahl die Verschiebung der Schreibstelle nach rechts und nach Ausgabe eines 'eol' einen Zeilenwechsel bewirkt, so ergibt sich aus der obigen Objektbeschreibung die folgende Programmbeschreibung:

```
                                    ┌Einträge__ ┌Eintrag      ┌OUT:'i*j'
                   ┌                │           │(*:j=1..i)   │
Mult_              │Zeile           │           └             └
Tabelle            │(*:i=1..10)     │*
                   └                │
                                    │Zeilenende ┌OUT:'eol'
                                    └           └
```

Eine (Beinahe-)Realisierung als MODULA-2 - Prozedur erhält man sofort mit Hilfe der in Abschnitt 3.3.2 angegebenen Entsprechungen. Dabei liegt die Umsetzung der oben eingeführten Iterations-Notation (z.B. "(*: i=1..10)") in ein "FOR ... DO ... END"-Konstrukt offenbar auf der Hand. Man beachte, daß - wie angekündigt - die Wertbezeichner "i" und "j" nun als Variablennamen deklariert sind.

```
PROCEDURE MultTabelle;
CONST EolC = ...;
VAR i,j: CARDINAL;
BEGIN
  FOR i:=1 TO 10 DO  (*Zeile*)
    (*Einträge*)
    FOR j:=1 TO i DO  (*Eintrag*)
      (* OUT:'i*j' *)
    END (*FOR*)
    (*Zeilenende*)
    (* OUT:'eol' *)
  END (*FOR*)
END MultTabelle;
```

Wir gebrauchen für diese Realisierung den Zusatz "Beinahe-", weil die wichtigsten Anweisungen hier nur als Kommentare erscheinen. Es sind jene Anweisungen, durch welche die Elementarobjekte ausgegeben werden, die letztlich die (sichtbare) Tabelle ausmachen.

Nach dem, was wir oben für "OUT:" gefordert haben, sollte es andererseits kein Problem sein, eine jeweils geeignete Prozedur zur Ausführung dieser Operationen zu finden. Zwar gehören Ein- /Ausgabe-Anweisungen nicht zum Sprachumfang von MODULA-2, doch bieten die meisten Implementierungen eine "Standard-Bibliothek" "InOut" an, welche auch Prozeduren enthält, die ähnlich wirken wie die PASCAL-Standard-Prozeduren "write" und "writeln".

Die endgültige Realisierung ist allerdings auch insoweit offen, als man nun für den Effekt von (*OUT:'i*j'*) und (*OUT:'eol'*) wesentlich allgemeinere Forderungen aufstellen kann als oben. Beispielsweise könnten wir uns die Freiheit nehmen, diese Kommentare als Anweisungen an einen weiteren "Mitarbeiter" im "Betrieb zur Herstellung der Multiplikationstabelle" zu interpretieren. Mit "OUT:'i*j'" würde dieser "Mitarbeiter" aufgefordert, einen Eintrag zu machen und mit "OUT:'eol'" würde ihm gesagt, eine Zeile komplett sichtbar zu machen. Welche Hilfsmittel ("Ressourcen") und welche Prozeduren diesem "Mitarbeiter" dafür zur Verfügung stehen, ist dann zunächst eine zweitrangige Frage, auf die wir an dieser Stelle freilich noch keine Antwort geben müssen. (Allerdings werden Überlegungen, welche die hier angedeutete Idee zur Strukturierung von Programmen beträchtlich ausbauen und vertiefen, im Mittelpunkt des folgenden Kapitels stehen.)

Beispiel (ii):

Zur Lösung der zweiten Beispielaufgabe gehen wir von einer Beschreibung des Gitternetzes als "Komplex von horizontalen und vertikalen Linien" aus. Offenbar kommt es ja für das Verständnis des Objekts "Gitternetz" nicht darauf an, spezielle Reihenfolgen für diese Teilobjekte festzulegen.

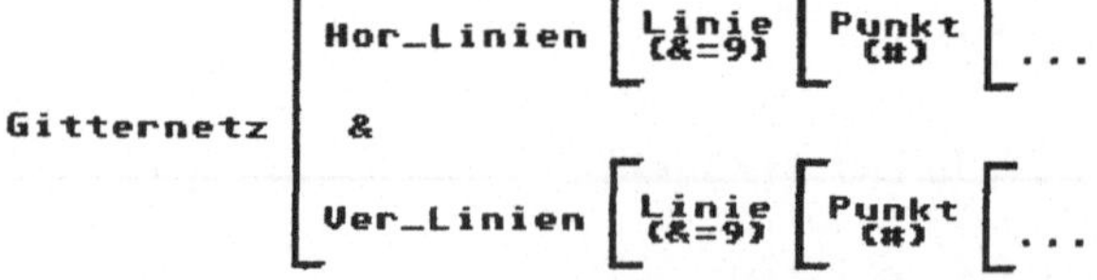

```
            ┌                ┌ Linie  ┌ Punkt  ┌
            │ Hor_Linien     │ (&=9)  │ (#)    │ ...
            │                └        └        └
Gitternetz  │ &
            │                ┌ Linie  ┌ Punkt  ┌
            │ Ver_Linien     │ (&=9)  │ (#)    │ ...
            └                └        └        └
```

Das gleiche gilt für die Linien selbst: Sie sind "einfach da", ob sie in dieser oder jener Reihenfolge betrachtet werden, ist unerheblich. Deshalb modellieren wir "Hor–Linien" und "Ver–Linien" jeweils als (&)-Iterationen. Jede Linie ist am zweckmäßigsten als eine Reihe von Punkten darstellbar, also als (#)-Iteration. Auch diese Beschreibung wird unmittelbar zu einer Prozedur für die Herstellung eines solchen Netzes führen.

Um sie zu vervollständigen, müssen wir natürlich genauere Angaben zur Lage und Größe des Gitternetzes machen. Die Lage mag etwa durch die Bildschirmkoordinaten des linken unteren Eckpunktes und die Größe durch die Seitenlänge (gemessen durch die Anzahl der Bildschirmpunkte (Pixel)) einer (quadratischen!) Gittermasche gegeben sein:

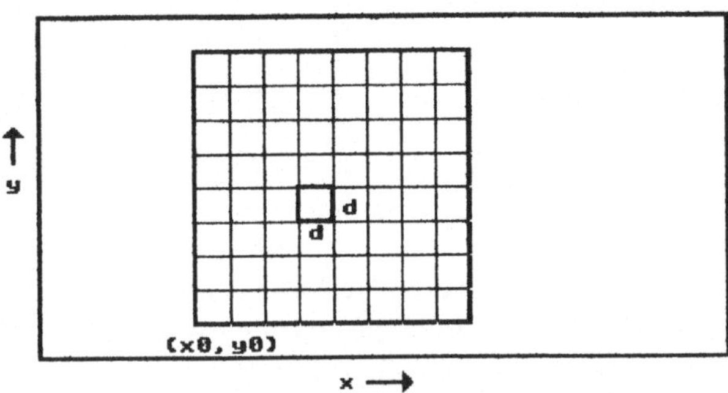

Diese Angaben reichen aus, um Lage und Länge der einzelnen Linien zu spezifizieren. Voraussetzung ist dafür allerdings außerdem, daß die einzelnen Linien identifizierbar sind. Wir können dann zum Beispiel bestimmen, daß die horizontale Linie "Nummer ..." an einem "Punkt ..." beginnt und "so-und-so" lang ist. Wenn wir für x0, y0 und d keine konkreten Werte vorgeben, sondern weiterhin mit diesen Wertbezeichnern arbeiten, so haben wir damit eine Beschreibung des Typs aller quadratischen (8*8)-Gitternetze gewonnen. Eine spezielle Ausprägung dieses Typs ist dann durch die Wahl konkreter Werte für x0, y0 und d gegeben.

Es liegt daher nahe, das folgende Diagramm, welches die soeben angestellten Überlegungen wiedergibt, als Definition eines *parametrierten Objekttyps* aufzufassen:

```
                                               ┌(y=y0+i*d)
                 ┌Hor-       ┌Linie           │Punkt          ┌'pix(x,y)'
                 │Linien     │(&:i=0..8)      │(#:x=x0..      └
                 │           └                │..x0+8*d)
                 │                            └
Gitternetz       │ &
(x0,y0,d)        │                            ┌(x=x0+i*d)
                 │Ver-       ┌Linie           │Punkt          ┌'pix(x,y)'
                 └Linien     │(&:i=0..8)      │(#:y=y0..      └
                             └                │..y0+8*d)
                                              └
```

'pix(x,y)' ist dabei ein elementares Objekt, eben der "Punkt" auf dem Bildschirm an der Stelle (x,y).

Die Überführung dieser Struktur-Beschreibung in eine *Prozeß-Beschreibung* ist nun wiederum nahezu trivial. Es sind lediglich die Operatoren "&" und "#" in geeigneter Weise durch das zeitliche Nacheinander "*" zu ersetzen, und vor die elementaren Objekte schreiben wir "OUT:":

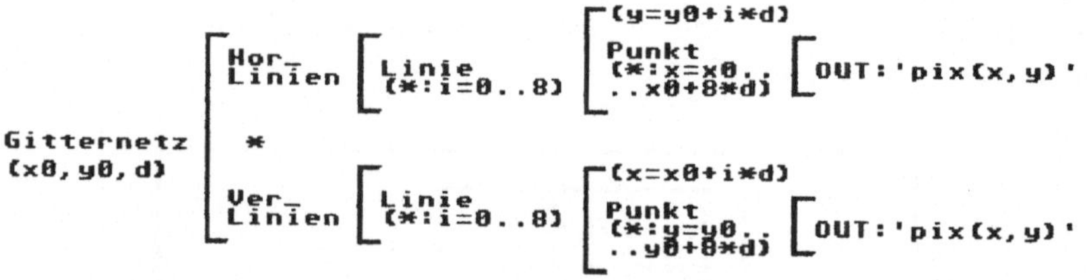

```
                                         (y=y0+i*d)
                Hor_                    Punkt
                Linien    Linie          (*:x=x0..      OUT:'pix(x,y)'
                          (*:i=0..8)     ..x0+8*d)
Gitternetz       *
(x0,y0,d)                                (x=x0+i*d)
                Ver_      Linie         Punkt
                Linien    (*:i=0..8)     (*:y=y0..      OUT:'pix(x,y)'
                                         ..y0+8*d)
```

Tatsächlich handelt es sich hier um die Beschreibung einer ganzen Klasse von Prozessen (eines "Prozeßtyps"!). Ein einzelner Prozeß ist - wie ein einzelnes Objekt - durch die Werte der Parameter bestimmt. Er wird duch den Aufruf der folgenden MODULA-2 - Prozedur (deren Herleitung aus der Prozeßbeschreibung inzwischen keinerlei Schwierigkeiten mehr bereiten dürfte) ausgelöst:

```
PROCEDURE Gitternetz(x0,y0,d: CARDINAL);
VAR x,y,i: CARDINAL;
BEGIN
  (*Hor–Linien*)
  FOR i:=0 TO 8 DO (*Linie*)
    y:=y0 + i*d;
    FOR x:=x0 TO x0+8*d DO (*Punkt*)
      (* OUT:'pix(x,y)' *)
    END (*FOR*)
  END (*FOR*);
  (*Ver–Linien*)
  FOR i:=0 TO 8 DO (*Linie*)
    x:=x0 + i*d;
    FOR y:=y0 TO y0+8*d DO (*Punkt*)
      (* OUT:'pix(x,y)' *)
    END (*FOR*)
  END (*FOR*)
END Gitternetz;
```

Auf die konkrete Realisierung der Operation "OUT:'pix(x,y)'" gehen wir - wie im ersten Beispiel - nicht näher ein.

Eine wichtige Beobachtung sollten wir freilich nicht unterschlagen. Sie betrifft die Ersetzung des &-Operators durch "*". Was wäre gewesen, so können wir fragen, wenn das "&", welches in der Beschreibung des Objekttyps "Gitternetz" die Komponenten "Hor_Linien" und "Ver_Linien" miteinander verknüpft, beibehalten und nicht durch "*" ersetzt worden wäre? Die Antwort ist einfach: Wir hätten damit zum Ausdruck gebracht, daß sich ein Prozeß zur Erzeugung des Gitternetzes in zwei voneinander unabhängige Teilprozesse aufspalten läßt: in einen Prozeß, der die horizontalen Linien und in einen Prozeß, der die vertikalen

Linien hervorbringt. Diese beiden Prozesse könnten gleichzeitig oder - wie man auch sagt - *parallel* zueinander ablaufen. (Gelegentlich verwendet man hierfür auch den Begriff "*nebenläufig*".) Wenn wir über eine Maschine mit zwei Prozessoren verfügten, so könnten wir diesen je einen der beiden Prozesse zuordnen (und die Arbeit würde in der halben Zeit erledigt). Die Realisierung eines derartigen "Fertigungsplans" durch eine MODULA-2 - Prozedur würde uns allerdings einige Schwierigkeiten bereiten, da wir (noch) nicht wissen, ob (und wenn ja wie) der Ablauf paralleler Prozesse mit Hilfe von MODULA-2 - Programmen steuerbar ist. Auf Möglichkeiten hierfür werden wir erst gegen Ende von Kapitel 6 zu sprechen kommen.

Die beiden in diesem Abschnitt behandelten Aufgaben sind sehr einfache Beispiele dafür, daß sich die Arbeit des Programmierens mitunter im wesentlichen auf den Entwurf von Datenstrukturen (bzw. "Datenobjekten") reduzieren läßt. Interessant ist es, unter diesem Gesichtspunkt die "Korrektheitsfrage" neu zu stellen. Wie ist die Behauptung, die oben entwickelten kleinen Programme seien korrekt, zu verstehen? Da sich die Programme gewissermaßen automatisch aus den Objektbeschreibungen ergeben, sind sie offenbar genau dann korrekt, wenn diese Beschreibungen auch wirklich die gewünschten Objekte treffen. Wie aber ließe sich die Korrektheit einer Objektbeschreibung nachweisen? Hierzu wäre eine von der letztlich erstellten Beschreibung des Objekts unabhängige Spezifikation notwendig. In der Tat begannen unsere Beispiele mit solchen Spezifikationen, doch sie waren rein verbal, fast umgangssprachlich. Für einen exakten Korrektheitsnachweis lassen sie sich mit Sicherheit nicht gebrauchen. Mit den Diagrammen haben wir sie präzisiert, formalisiert; aber die Diagramme waren andererseits auch bereits die Objektbeschreibungen! Natürlich sind andere Formalisierungen vorstellbar, doch besteht für diese dann genau das gleiche Problem: zu entscheiden, ob sie das ausdrücken, was wir wollen. Dieser "Teufelskreis" legt es nahe, nicht vorherige Objekt-Spezifikationen zu verlangen, sondern (z.B.) die diagrammatischen Beschreibungen, die wir erarbeitet haben, eben als die nicht weiter zu rechfertigenden Spezifikationen der zu produzierenden Objekte aufzufassen! Sie bilden zugleich die Spezifikationen der die Objekte produzierenden Programme, und diese werden - wie bereits bemerkt - qua Konstruktion korrekt.

5.1.3 Analyse von Datenobjekten

Wenden wir uns nun der zweiten Klasse von Aufgaben, den Aufgaben vom Analysetyp zu. Auch zu deren Illustration werden wir die in der Einleitung des Kapitels erwähnten Beispiele ((iii) und (iv)) heranziehen. Für den Entwickler von Compilern sind solche Aufgaben Standard-Probleme: Sogenannte "Mehr-Pass-Compiler" beginnen ihre Arbeit häufig damit, zunächst einmal zu überprüfen, ob der von ihnen zu übersetzende Programmtext überhaupt die syntaktischen Regeln der Sprache einhält. Da der Bau von Compilern ein "klassisches" Betätigungsfeld des Informatikers ist, kann es nicht verwundern, daß auch zur Erledigung dieses Standard-Problems "Syntaxanalyse" viele formale Ansätze entstanden sind. Natürlich kann es in diesem Buch nicht unser Ziel sein, hierüber (Grammatiken, Automaten, Syntaxgraphen etc.) einen Überblick zu geben. Vielmehr kommt es uns darauf an, die für den Programmentwurf wesentliche Idee möglichst plastisch hervorzuheben: sich nämlich bei der Erstellung eines Analyse-Programms an der Struktur der zu analysierenden Objekte zu orientieren. Dazu ist der für dieses Kapitel gewählte Klammerdiagramm-Formalismus ohne weiteres geeignet.

```
        [ Kleinbst  [ {"a",..,"z"}
        [   *
Eingabe [ Gleichzn  [ "="
        [   *
        [ Grossbst  [ {"A",..,"Z"}
```

Betrachten wir also zunächst *Beispiel (iii)*. Die Struktur der Zeichenfolge, um die es hier geht, ist - auf den ersten Blick - sehr einfach. Sie wird offenbar durch das nebenstehende Klammer-Diagramm beschrieben.

Natürlich müssen wir, um die Aufgabe vollständig zu definieren, irgendeine Form der Bekanntgabe des Ergebnisses der Analyse festlegen. Wir machen es uns dabei leicht, indem wir von dem zu entwickelnden Programmstück weder eine sichtbare Reaktion noch sonst irgendeine Zustandsänderung fordern. Wir wollen also lediglich diese drei Zeichen (in der gewünschten Reihenfolge) "einsammeln" und nichts weiter. Bei genauerem Studium der Aufgabenstellung (und eventuell nach einer Rückfrage beim Aufgabensteller) fällt uns freilich auf, daß irgendwelche Tasten betätigt werden können, die gar nichts zu der gewünschten Zeichenfolge beitragen. Aus diesem Grund sind wir gezwungen, die Menge der möglichen (Eingabe-)Zeichenfolgen zu erweitern, da beispielsweise vor Eingabe eines Kleinbuchstabens beliebige andere Tasten beliebig oft gedrückt werden dürfen. Die Struktur des Inputs wird daher durch das folgende Klammerdiagramm dargestellt:

```
        [ Zeifol_1  [ Zeichen  [ 'ze' AND
        [             (*)      [ 'ze' NOT IN {"a",..,"z"}
        [   *
        [ Kleinbst  [ {"a",..,"z"}
        [   *
        [ Zeifol_2  [ Zeichen  [ 'ze' AND 'ze'<>"="
        [             (*)
        [   *
Eingabe [ Gleichzn  [ "="
        [   *
        [ Zeifol_3  [ Zeichen  [ 'ze' AND
        [             (*)      [ 'ze' NOT IN {"A",..,"Z"}
        [   *
        [ Grossbst  [ {"A",..,"Z"}
```

Eine Beschreibung des Prozesses der Entgegennahme dieser Zeichenfolge ergibt sich nun einfach dadurch, daß wir vor jedem elementaren Objekt den Namen einer Eingabe-Operation, nennen wir sie "IN:", notieren:

```
          ┌Zeifol_1 ┌Zeichen ┌IN:'ze' AND
          │         └(*)     └'ze' NOT IN ("a",..,"z")
          │ *
          │Kleinbst [IN:("a",..,"z")
          │ *
          │Zeifol_2 ┌Zeichen ┌IN:'ze' AND 'ze'<>"="
          │         └(*)     └
          │ *
Eingabe   │Gleichzn [IN:"="
_Prozeß   │ *
          │Zeifol_3 ┌Zeichen ┌IN:'ze' AND
          │         └(*)     └'ze' NOT IN ("A",..,"Z")
          │ *
          └Grossbst [IN:("A",..,"Z")
```

Damit wird die Abfolge von Objekten zu einer Abfolge von Aktionen. Es ist das, was wir beobachten, wenn wir dem Benutzer des Programms, welches diesen Prozeß steuert, zusehen.

Wie aber gelangen wir, das ist nun die Frage, zu einer Beschreibung dieses Programms? Die obige Prozeß-Beschreibung sollte hierfür die Grundlage sein. Entscheidend ist wohl, daß das Programm für einen "Prozeß-Fortschritt" sorgt. Es muß erkennen können, wann beispielsweise die Zeichenfolge "Zeifol_1" vor dem Kleinbuchstaben beeendet ist. Dies ist natürlich dann der Fall, wenn ein Kleinbuchstabe eingegeben wird. Da andererseits "Zeifol_1" auch leer sein kann, muß das Programm zunächst die Entgegennahme eines Zeichens vorsehen, um dann solange den Teilprozeß "Zeifol_1" aufrechtzuerhalten, als kein Kleinbuchstabe eingegeben wird. Im Falle, daß das erste gelesene Zeichen ein Kleinbuchstabe war, wird dieser Teilprozeß also überhaupt nicht stattfinden. Ein erstes Fragment der gesuchten Programm-Beschreibung ist somit:

```
          ┌IN:Ein_Zeichen(=ez)
          │
          │ *
Eingabe_  │Zeifol_1 ┌Zeichen          [IN:Ein_Zeichen(=ez)
Programm  │         │(*WHILE
          │         │ ez NOT IN
          │ *       └ ("a",..,"z"))
          │...
```

Die Notation "...Ein_Zeichen(=ez)" erweist sich hier als notwendig, um im weiteren Verlauf von dem mit "IN:" herbeigeschafften Objekt reden zu können. Ausführlich lautet "IN:Ein_Zeichen(=ez)" etwa so: "Es wird ein Zeichen gelesen, das wir im folgenden "ez" nennen". Was geschieht nun weiter? Offenbar macht es keinen Sinn, die Aktion "IN:["a",...,"z"]" aus der Prozeß-Beschreibung in die Programm-Beschreibung zu übernehmen, da ja nach dem Austritt aus "Zeifol_1" der Kleinbuchstabe bereits gelesen ist. Was nun folgen muß, ist das entsprechende Verfahren bezogen auf "Zeifol_2" und das Gleichheitszeichen. Trotzdem lassen wir "IN:["a",...,"z"]" hier nicht völlig verschwinden: Um die Herkunft der Programm-Beschreibung aus der Prozeß-Beschreibung ganz deutlich zu machen, setzen wir es in Kommentarklammern "/* ... */". Die vollständige Programm-Beschreibung lautet nun:

```
           [IN:Ein_Zeichen(=ez)
           | *
           | Zeifol_1 [Zeichen         [IN:Ein_Zeichen(=ez)
           |          |(*WHILE
           |          | ez NOT IN
           | *        [ {"a",...,"z"})
           |
           | Kleinbst [/*IN:{"a",...,"z"}*/
           | *
           | IN:Ein_Zeichen(=ez)
           | *
           | Zeifol_2 [Zeichen      [IN:Ein_Zeichen(=ez)
Eingabe_   |          |(*WHILE
Programm   | *        [ ez<>"=")
           |
           | Gleichzn [/*IN:"="*/
           | *
           | IN:Ein_Zeichen(=ez)
           | *
           | Zeifol_3 [Zeichen         [IN:Ein_Zeichen(=ez)
           |          |(*WHILE
           |          | ez NOT IN
           | *        [ {"A",...,"Z"})
           |
           [Grossbst [/*IN:{"A",...,"Z"}*/
```

(Auf eine Umsetzung in ein MODULA-2 - Programmstück sei an dieser Stelle verzichtet. Der Leser möge sich daran selbst versuchen.)

Die Technik, derer wir uns hier bedient haben, um aus der Prozeß-Beschreibung eine Programm-Beschreibung herzustellen, ist das sogenannte "*Vorweg-Lesen*". Mit dem "Vorweg-Lesen" ist ein "Nach-Lesen" verbunden: Tatsächlich haben wir aus dem Teilprozeß "Zeifol_1" die erste "IN"-Operation vorgezogen und genau genommen müssen wir dies dadurch kenntlich machen, daß wir diese Operation innerhalb "Zeifol_1" in Kommentarklammern setzen. Die "IN-Operation" nämlich, die in der obigen Programm-Beschreibung in "Zeifol_1" iteriert wird, liest in Wirklichkeit immer ein Zeichen nach. Um diesen Sachverhalt (der selbstverständlich für die übrigen Programmteile auch zutrifft) ins Bewußtsein zu rükken, geben wir im folgenden eine erweiterte Fassung der Programm-Beschreibung wieder, in der die "Vorweg-Lese"- und "Nach-Lese"-Aktionen markiert sind:

```
           ┌IN:Ein_Zeichen(=ez) /*VOR*/
           │ *                                ┌/*IN:'ze'*/
           │Zeifol_1 ┌Zeichen                 │  *
           │         │(*WHILE                 └IN:Ein_Zeichen(=ez)
           │         │ ez NOT IN                          /*NACH*/
           │ *       └ {"a",..,"z"})
           │
           │Kleinbst ┌/*IN:{"a",..,"z"}*/
           │         └
           │ *
           │IN:Ein_Zeichen(=ez) /*VOR*/
           │ *                          ┌/*IN:'ze'*/
           │Zeifol_2 ┌Zeichen           │  *
           │         │(*WHILE           └IN:Ein_Zeichen(=ez)
Eingabe_   │         │ ez<>"=")                      /*NACH*/
Programm   │ *       └
           │
           │Gleichzn ┌/*IN:"="*/
           │         └
           │ *
           │IN:Ein_Zeichen(=ez) /*VOR*/
           │ *                                ┌/*IN:'ze'*/
           │Zeifol_3 ┌Zeichen                 │  *
           │         │(*WHILE                 └IN:Ein_Zeichen(=ez)
           │         │ ez NOT IN                          /*NACH*/
           │ *       └ {"A",..,"Z"})
           │
           │Grossbst ┌/*IN:{"A",..,"Z"}*/
           └         └
```

Zumindest für dieses triviale Beispiel ist die Technik des "Vorweg-Lesens" gleichbedeutend mit einer einfachen Transformation des Diagramms, welches die Prozeß-Beschreibung darstellt. Wir werden später sehen, daß sie sich auch in schwieriger erscheinenden Situationen systematisch einsetzen läßt.

```
        ┌? Vorzeichen  ┌{"+","-"}
        │              └
        │ #
        │Ziff_folge_1  ┌Ziffer  ┌{"0",..,"9"}
        │              │ (#)    └
        │ #            └
        │Dezimalpunkt  ┌"."
        │              └
        │ #
        │Ziff_folge_2  ┌Ziffer  ┌{"0",..,"9"}
GKZ_    │              │ (#>0)  └
String  │              └
        │              ┌"E"
        │ #            │
        │              │ #
        │? Exponent__  │? Vorzeichen  ┌{"+","-"}
        │              │ #            └
        │ #            │Ziff_folge_2  ┌/*s.o.*/
        │              └              └
        │Blankzeichen  ┌" "
        └              └
```

Auch die als *Beispiel (iv)* formulierte Aufgabe ist noch zu vag, als daß wir nicht klarstellen müßten, was wir eigentlich wollen: Wir fordern hier eine MO-

DULA-2 - Funktionsprozedur "IstGKZ", der eine Zeichenkette als Parameter übergeben wird. Falls diese Zeichenkette eine Gleitkommazahl repräsentiert, soll "IstGKZ" den Wert "TRUE" abliefern, andernfalls den Wert "FALSE". Der Prozedurkopf ist also:

"PROCEDURE IstGKZ(s:ARRAY OF CHAR):BOOLEAN"

Die Struktur einer, eine Gleitkommazahl repräsentierenden Zeichenkette wird durch das obige Klammerdiagramm "GKZ_String" beschrieben.

(Man beachte, daß diese Struktur von der in MODULA-2 für REAL-Literale festgelegten Syntax leicht abweicht! Aus diesem Grund haben wir die Bezeichnung "Gleitkommazahl" gewählt.)

Nun erhält die Prozedur "IstGKZ" ja keineswegs immer ein Objekt mit dieser Struktur (sonst wäre sie überflüssig), vielmehr wird sie es mit einem beliebigen "String-Objekt" zu tun haben, welches entweder eine Gleitkommazahl darstellt oder nicht. Der Input unserer Prozedur ist folglich zweckmäßigerweise als Selektions-Objekt zu modellieren:

```
        [GKZ_String__  [/*s.o.*/
Test_   [ +
String  [Sonst_String  [/*kein GKZ_String*/
```

Ein solches Objekt ist Inhalt der Variablen "s". Der Prozeß liest also (bzw. macht seine Inputs) ein *Zeichen nach dem anderen* aus der Variablen "s". Zur Veranschaulichung dieses Sachverhalts qualifizieren wir den Namen "IN:" der (sequentiellen) Leseoperation mit dem Namen "s" des Ortes, von dem gelesen wird, und schreiben im folgenden "IN.s: ...". Der Prozeß soll auch einen Output produzieren, und zwar entweder "TRUE" oder "FALSE". Er soll einen dieser Werte an einem Ort ablegen, den wir - naheliegenderweise wie die Funktionsprozedur selbst - durch "IstGKZ" bezeichnen können. Es macht daher Sinn, auch den Namen "OUT:" der Ausgabeoperation durch Anhängen des Namens des Ortes, an dem die Ausgabe erscheinen soll, zu ergänzen.

Da wir fordern, daß nach dem Lesen eines "GKZ_String" der Output "TRUE" und nach dem Lesen eines "Sonst_String" der Output "FALSE" getätigt wird, muß die gewünschte Prozedur den folgenden Prozeß bewirken:

```
          [              [IN.s:GKZ_String__  [...
          [String_ist_   [ *
          [GKZ           [OUT.IstGKZ:'TRUE'
Analyse_  [
Prozeß    [ +            [IN.s:Sonst_String  [...
          [String_ist_   [ *
          [nicht_GKZ     [OUT.IstGKZ:'FALSE'
```

Wieder stehen wir vor dem gleichen Problem wie oben, nämlich aus der Prozeßbeschreibung eine Beschreibung des Programms herzuleiten. Die Technik des "Vorweglesens" führt hier offenbar zunächst nicht weiter, da wir ja dazu bereits in der Lage sein müßten, genau jene Entscheidung zu treffen, welche durch die Analyse erst geliefert werden soll. Einen Hinweis darauf, wie hier vorzugehen ist, erhalten wir aber, wenn wir uns klarmachen, wie die Alternative "String_ist_nicht_GKZ" zustandekommen könnte: Steht zum Beispiel in "s" die Zeichenkette "0.12+7", so sind wir bis einschließlich des Zeichens "2" nicht sicher, ob diese Alternative zutrifft oder nicht. Nach dem Lesen des Zeichens "+" aber ist klar, daß es sich hier nicht um einen "GKZ_String" handelt. Bis zur "2" kann die Steuerung des Prozesses also *davon ausgehen*, daß es sich bei dem zu analysierenden Objekt um einen "GKZ_String" handelt. Dann allerdings muß sie *zugeben*, daß sie sich geirrt hat, und sie muß den Output "FALSE" erzeugen. Die Alternative "String_ist_nicht_GKZ" ist also immer dann zu beobachten, wenn beim zeichenweisen Lesen der zu untersuchenden Zeichenkette die *Annahme*, daß es sich um einen "GKZ–String" handele, nicht aufrechterhalten werden konnte.

In die Programmbeschreibung führen wir dieses "*Annehmen*" und "*Zugeben*" (daß die Annahme falsch war) durch die reservierten Wörter "POSIT" und "ADMIT" ein:

```
                 ┌                    ┌ ...
                 │ POSIT              │ ? Annahme falsch;
                 │  String_ist_       │   QUIT POSIT
                 │  GKZ               └ ...
Analyse_         │
Programm         │ +
                 │                    ┌
                 │ ADMIT              │
                 │  String_ist_       │
                 └  nicht_GKZ         └ ...
```

Die Bedeutung ist die folgende: Zunächst werden die Aktionen im POSIT-Zweig ausgeführt. Gerät man dabei in einen Widerspruch zu jener Annahme, die dem POSIT-Zweig entspricht (in unserem Fall also, daß die Zeichenkette ein "GKZ_String" sei), so wird dieser Zweig verlassen und mit den im ADMIT-Zweig auszuführenden Aktionen begonnen. In unserem speziellen Beispiel haben nun die Input-Aktionen, die dem ADMIT-Zweig des Prozesses entsprechen, bereits stattgefunden, weitere Inputs müssen nicht erfolgen. In der Programmbeschreibung wird daher die Input-Aktion "IN.s:Sonst_String..." entfallen beziehungsweise nur noch als Kommentar auftauchen (ähnlich wie im vorigen Beispiel vorgezogene Leseaktionen an ihrer ursprünglichen Stelle in Kommentare verpackt wurden, um die Herkunft der Programmbeschreibung aus der Prozeßbeschreibung kenntlich zu machen).

```
          ┌                    ┌ ...
          │ POSIT              │ ? Annahme falsch;
          │  String_ist_       │   QUIT POSIT
          │  GKZ               └ ...
Analyse_  │ +
Programm  │                    ┌ /*IN.s:Sonst_String*/
          │ ADMIT              │
          │  String_ist_       │     *
          └  nicht_GKZ         └ OUT.IstGKZ:'FALSE'
```

Es bleibt, den POSIT-Zweig auszuarbeiten. Wir gehen (ohne dies noch einmal explizit hinzuschreiben) davon aus, daß die "IN.s:..." - Operation bis zu den elementaren Objekten von "GKZ–String" "durchgeschoben" und der Stringverknüpfungs-Operator "#" durch den Sequenz-Operator "*" ersetzt wurde:

```
            ┌
            │ GKZ_String  ┌ IN.s:{"+","-"}
String_     │             │  *
ist_GKZ     │  *          └ /*usw.*/
            │
            └ OUT.IstGKZ:'TRUE'
```

Da in der Beschreibung von "GKZ–String" optionale Komponenten und Iterationsobjekte aufgeführt sind, ist es unumgänglich, im POSIT-Zweig (!) mit einer Vorweglese-Aktion zu beginnen. So kann entschieden werden, ob das erste Zeichen des Strings ein Vorzeichen ist oder nicht:

```
        ┌
        │ IN.s:Zeichen(=z)
        │
        │  *
        │
        │ ? z IN {"+","-"};      ┌ /*IN.s:{"+","-"}*/
        │  Vorzeichen______      │  *
        │                        └ IN.s:Zeichen(=z)
        │  *
GKZ_    │                                              ┌ /*IN.s:{...}*/
String  │ Ziff_folge_1_____      ┌ Ziffer              │  *
        │                        │ (*WHILE z IN        └ IN.s:Zeichen(=z)
        │  *                     └ {"0",..,"9"})
        :
        : ...
```

Nachdem der Prozeß den Abschnitt Ziffernfolge verlassen hat, bezeichnet "z" das erste Zeichen im String "s", welches weder ein Vorzeichen noch eine Ziffer ist. (Man beachte, daß dies auch das erste Zeichen überhaupt sein kann!) Laut Strukturbeschreibung muß dieses Zeichen der Dezimalpunkt sein, wenn es sich um einen GKZ_String handelt. An dieser Stelle haben wir also die erste Gelegenheit, unsere Annahme (das "POSIT") zu überprüfen. Diese Überprüfung reduziert sich hier offenbar auf die Frage, ob das zuletzt gelesene Zeichen der Dezimalpunkt ist oder nicht. Ist er es nicht, so wird - wie oben bereits erläutert - der POSIT-Zweig verlassen (mit "QUIT POSIT") und in den ADMIT-Zweig eingetreten:

```
        :
        : ... /*siehe oben*/
        │
        │  *
        │
GKZ_    │ ? z<>".";
String  │  QUIT POSIT /*und weiter im ADMIT-Zweig!*/
        │
        │  *
        :
        : ...
```

Wurde die Prüfung bestanden, so kann der Prozeß im POSIT-Zweig weiterlaufen, und zwar in der Komponente "Dezimalpunkt":

```
        : ... /*siehe oben*/
        :  *                   /*IN.s:"."*/
GKZ_    | Dezimalpunkt           *
String  |                      IN.s:Zeichen(=z)
        |  *
        : ...
```

Da die "Ziff_folge_2" nach dem Dezimalpunkt (gemäß GKZ-Struktur) mindestens eine Ziffer enthalten muß, werden wir die Annahme, daß die untersuchte Zeichenkette eine Gleitkommazahl darstellt, wiederum verwerfen müssen, wenn das nunmehr von "z" bezeichnete Zeichen keine Ziffer ist. Ist es aber eine Ziffer, so lesen wir alle folgenden Zeichen bis zur nächsten Nicht-Ziffer:

```
        : ... /*siehe oben*/
        :  *
GKZ_    | ? z NOT IN {"0",.."9"};
String  |  QUIT POSIT
        |  *
        | Ziff_folge_2 [/*s.o.*/
        |  *
        : ...
```

Der weitere Gang der Handlung dürfte nun klar sein:

```
        : ... /*siehe oben*/
        :
GKZ_    |               /*IN.s:"E"*/
String  |   *             *
        |               IN.s:Zeichen(=z)
        |                 *
        | ? z="E";      ? z IN {"+","-"};
        |  Exponent      Vorzeichen______  [/*s.o.*/
        |                 *
        |               ? z NOT IN {"0",..,"9"};
        |                QUIT POSIT
        |   *             *
        |               Ziff_folge_2 [/*s.o.*/
        |
        | ? z<>" ";
        |  QUIT POSIT
        |   *
        | Blankzeichen [/*IN.s:" "*/
```

Damit ist auch der POSIT-Zweig vollständig beschrieben. Zur besseren Übersicht bilden wir den wesentlichen Teil dieser Beschreibung noch einmal im Zusammenhang ab:

```
        IN.s:Zeichen(=z)
         *
        ? z IN {"+","-"};     /*IN.s:{"+","-"}*/
         Vorzeichen______      *
                              IN.s:Zeichen(=z)
         *
        Ziff_folge_1_____    Ziffer               /*IN.s:{...}*/
                             (*WHILE z IN          *
         *                   {"0",..,"9"})        IN.s:Zeichen(=z)
        ? z<>".";
         QUIT POSIT
         *                 /*IN.s:"."*/
        Dezimalpunkt         *
         *                 IN.s:Zeichen(=z)
        ? z NOT IN {"0",.."9"};
GKZ_     QUIT POSIT
String   *
        Ziff_folge_2     /*s.o.*/

                        /*IN.s:"E"*/
          *               *
                        IN.s:Zeichen(=z)
                          *
        ? z="E";        ? z IN {"+","-"};
         Exponent        Vorzeichen______   /*s.o.*/
                          *
                        ? z NOT IN {"0",..,"9"};
                         QUIT POSIT
          *               *
                        Ziff_folge_2   /*s.o.*/
        ? z<>" ";
         QUIT POSIT
          *
        Blankzeichen   /*IN.s:" "*/
```

Bevor wir an die Ausarbeitung der MODULA-2 - Prozedur "IstGKZ" gehen, sei noch die folgende Bemerkung angebracht: Neben der Technik des "Vorweg-Lesens" haben wir mit der POSIT-ADMIT-Konstruktion ein weiteres Verfahren, um auf der Grundlage von Prozeßbeschreibungen Analyse-Programme zu entwerfen. Diese Konstruktion ist aber gelegentlich auch bei der Produktion von Datenobjekten von Nutzen: Angenommen, ein solches Objekt bestehe aus mehreren Teilen, die aneinandergefügt werden müssen. Bei jeder "Anfüge-Aktion" gebe es eine Auswahl aus einem Reservoir von Teilen und irgendwelche Kriterien, nach denen die Auswahl zu treffen ist; das Datenobjekt selbst soll gewissen Anforderungen genügen müssen. Solange das Objekt noch nicht fertig ist, wird man in einer "POSIT-Aktion" das jeweils nächste Teil anfügen, um dann zu überprüfen, ob die geforderten Bedingungen eingehalten sind oder nicht. Falls nicht, wird man in einer "ADMIT-Aktion" die Anfüge-Operation rückgängig machen und alle ihre eventuellen Auswirkungen beseitigen. Der Leser ist aufgefordert, das allgemeine, in Kapitel 3 besprochene (iterative) Backtrack-Schema einmal nach diesem Muster zu formulieren.

Nun zur Realisierung des letzten Programmentwurfs: Im Gegensatz zum vorigen, auch in Hinblick auf die programmiersprachliche Umsetzung ziemlich einfache Beispiel, gibt es hier einige Probleme, die der eingehenderen Diskussion wert sind. Dies betrifft zum ersten die Lese-Operation "IN.s:..." und zum zweiten das "QUIT POSIT".

"IN.s:..." soll das jeweils nächste in der Zeichenkette "s" stehende Zeichen abliefern. Es liegt daher nahe, hierfür eine geeignete Funktions-Prozedur zum Beispiel mit dem Namen "NaechstesZeichen" zu schreiben. Der Einfachheit halber gehen wir davon aus, daß die Lese-Operation nur innerhalb der "IstGKZ"-Prozedur benötigt wird. Wir werden daher an dieser Stelle darauf verzichten, die "NaechstesZeichen"-Prozedur mit dem String, von dem gelesen werden soll, zu parametrieren. Später, in Kapitel 6, wird gezeigt, wie derartige Operationen, welche ja ganz allgemeine "Dienstleistungen" erbringen, implementiert werden sollten, um auch *allgemein zugänglich* zu sein. Hier begnügen wir uns mit dem folgenden Prozedurkopf:

"PROCEDURE NaechstesZeichen: CHAR"

Diese Prozedur muß natürlich immer "wissen", von welcher Stelle des Strings "s" das nächste Zeichen zu holen ist. Ferner muß sie erkennen, ob schon das Ende des Strings erreicht ist. Letzteres kann man zum Beispiel dadurch bewerkstelligen, daß Zeichenketten grundsätzlich durch ein spezielles "String-Ende-Zeichen" (namens "Eos") abgeschlossen werden. (Steht in der Variablen "s" ein leerer String, so enthält "s" also zumindest an erster Stelle das Zeichen "Eos".) Die erste Forderung läßt sich offenbar nur erfüllen, wenn außerhalb der Prozedur "NaechstesZeichen" eine Variable vom Typ CARDINAL (nennen wir sie "i") deklariert ist, welche ausschließlich dazu dient, den "Index des als nächstes abzuliefernden Zeichens" zu speichern. Wir erleben hier also einen Fall, in dem wir von der im Abschnitt 2.2.2 aufgestellten Regel, nach der Funktionsprozeduren mit "Seiteneffekten" (z.B. Veränderung des Inhalts globaler Variablen) vermieden werden sollten, abweichen *müssen*. Wie man mit solchen Abweichungen in einer systematischen und kontrollierten Weise umgeht, werden wir ebenfalls erst im folgenden Kapitel eingehend studieren. Vorläufig begnügen wir uns mit folgendem Vorschlag für die Prozedur "NaechstesZeichen":

```
PROCEDURE NaechstesZeichen: CHAR;
VAR c:CHAR;
(* Die extern vereinbarte Variable "i" enthält die Stelle,
von der das nächste Zeichen zu holen ist.*)
BEGIN
  c:=s[i];
  IF c # EosC THEN
    i:=i+1
  END (*IF*);
  RETURN c
END NaechstesZeichen;
```

Die Variable "i" muß initialisiert werden können. Dies besorgt die Prozedur:

```
PROCEDURE InitLesen;
BEGIN
  i:=0
END InitLesen;
```

Mit den beiden Prozeduren "InitLesen" und "NaechstesZeichen" und mit der Index-Variablen "i" haben wir eine einfache Lösung des Problems der Realisierung der "IN.s:"-Operation gefunden.

Auf den ersten Blick nicht ganz so einfach scheint die Umsetzung der POSIT-ADMIT-Konstruktion mit Hilfe von MODULA-2 zu sein. Die "QUIT POSIT"-Aktion läuft ja darauf hinaus, daß man alle jeweils (im POSIT-Zweig) nachfolgenden Aktionen übergeht und an das Ende des POSIT-Zweigs (beziehungsweise an den Anfang des ADMIT-Zweigs) "springt". Mit älteren Programmiersprachen (auch mit PASCAL) wäre dies durch eine "GOTO"-Anweisung sehr einfach zu erledigen. Diese Anweisung gehört jedoch nicht (vgl. Abschnitt 2.2.2) zum Sprachumfang von MODULA-2. MODULA-2 - Prozeduren freilich kann man jederzeit mit der "RETURN"-Anweisung abbrechen (vgl. Anhang). Es bietet sich somit die folgende Möglichkeit an, die POSIT-ADMIT-Konstruktion auf "kanonische" (d.h. auf beliebige andere vergleichbare Situationen verallgemeinerbare) Weise zu realisieren: Man deklariert (im Gültigkeitsbereich von "IstGKZ") eine Variable "posit" vom Typ BOOLEAN und verpackt den POSIT-Zweig in eine eigene (innerhalb von "IstGKZ" deklarierte) Prozedur "StringIstGKZ". Zu Beginn dieser Prozedur wird "posit" der Wert "TRUE" zugewiesen und "QUIT POSIT" wird zu "... posit:=FALSE; RETURN; ...". Die Aktionen des ADMIT-Zweiges werden dann nur unter der Bedingungen "posit=FALSE" ausgeführt. Die Prozedur "IstGKZ" lautet somit insgesamt:

```
PROCEDURE IstGKZ(s:ARRAY OF CHAR): BOOLEAN;
(*Zusätzliche Einrückungen werden entsprechend der
Struktur des Klammerdiagramms vorgenommen.*)
CONST EosC= 00C; (*zum Beispiel*)
         DezPunktC = '.'; ExpC = 'E'; BlankC = ' ';
TYPE CharMengeTyp = SET OF CHAR;
VAR istGKZ, posit: BOOLEAN;
      i: CARDINAL;
  PROCEDURE InitLesen;
  BEGIN
    i:=0
  END InitLesen;
  PROCEDURE NaechstesZeichen: CHAR;
  VAR c: CHAR;
  BEGIN
    c:=s[i];
    IF c # EosC THEN
      i:=i+1
    END (*IF*);
    RETURN c
  END NaechstesZeichen;
  PROCEDURE StringIstGKZ;
  VAR z: CHAR;
  BEGIN
    posit:=TRUE;
    (*GKZ_String*)
      z:=NaechstesZeichen;
      IF z IN CharMengeTyp{'+','-'} THEN
      (*Vorzeichen*)
        z:=NaechstesZeichen
      END (*IF*);
      (*Ziff_folge_1*)
        WHILE z IN CharMengeTyp{'0'..'9'}DO
        (*Ziffer*)
          z:=NaechstesZeichen
        END (*WHILE*);
      IF z # DezPunktC THEN
        posit:=FALSE; RETURN
      END (*IF*);
      (*Dezimalpunkt*)
        z:=NaechstesZeichen;
```

```
        IF NOT(z IN CharMengeTyp{'0'..'9'}) THEN
          posit:=FALSE; RETURN
        END (*IF*);
        (*Ziff_folge_2*)
          WHILE z IN CharMengeTyp{'0'..'9'} DO
          (*Ziffer*)
            z:=NaechstesZeichen
          END (*WHILE*);
        IF z = ExpC THEN
        (*Exponent*)
          z:=NaechstesZeichen;
          IF z IN CharMengeTyp{'+','-'} THEN
          (*Vorzeichen*)
            z:=NaechstesZeichen
          END (*IF*);
          IF NOT(z IN CharMengeTyp{'0'..'9'}) THEN
            posit:=FALSE; RETURN
          END (*IF*);
          (*Ziff_folge_2*)
            WHILE z IN CharMengeTyp{'0'..'9'} DO
            (*Ziffer*)
              z:=NaechstesZeichen
            END (*WHILE*);
        END (*IF*);
        IF z # BlankC THEN
          posit:=FALSE; RETURN
        END (*IF*)
        (*Blankzeichen*) (*bereits gelesen*)
      (*OUT.IstGKZ:'TRUE'*)
      istGKZ:=TRUE
    END StringIstGKZ;
  BEGIN (*IstGKZ*) (*AnalyseProgramm*)
    InitLesen;
    (*POSIT String_ist_GKZ*)
    StringIstGKZ;
    IF NOT posit THEN
    (*ADMIT String_ist_nicht_GKZ*)
      (*OUT.IstGKZ:'FALSE'*)
      istGKZ:=FALSE
    END (*IF*);
    RETURN istGKZ
  END IstGKZ;
```

Wir sind uns der Tatsache bewußt, daß auch die hier vorgeschlagene Realisierung der POSIT-ADMIT-Konstruktion mit "Seiteneffekten" arbeitet (also mit der Veränderung des Inhalts von Variablen, die nicht innerhalb einer gegebenen Prozedur deklariert sind). Sicherlich hätten wir uns im Fall dieses speziellen Beispiels "das Leben etwas leichter machen können". Zunächst einmal hätte man "StringIstGKZ" auch als Funktions-Prozedur vom Typ BOOLEAN deklarieren und anstatt "...posit:=TRUE; RETURN; ..." nur "... RETURN FALSE; ..." schreiben können (und "... RETURN TRUE; ..." am Ende von "StringIstGKZ"). Damit hätten wir freilich ebenfalls einen Seiteneffekt in Kauf nehmen müssen (diesmal in einer Funktions-Prozedur, nämlich die Zuweisung des Wertes "TRUE" an die Variable "istGKZ"!). Eine zweite, echte Vereinfachung wäre es gewesen, ganz auf die Einführung einer gesonderten Prozedur "StringIstGKZ" zu verzichten und das "QUIT POSIT" direkt in ein "RETURN FALSE;" zu übersetzen. Eine Kodierung des ADMIT-Zweigs hätte sich damit erübrigt, da dessen einzige Aktion (OUT.IstGKZ:'FALSE') dann ebenfalls zu einem "RETURN FALSE;" geführt haben würde. Diese Vereinfachung ist allerdings nicht "kanonisch" in dem Sinne, daß sie auf alle denkbaren POSIT-ADMIT-Konstruktionen angewendet werden kann. Und nicht zuletzt würden wir mit beiden Vereinfachungen die "Entwurfstreue" der Realisierung aufgeben: Die dem Programm zugrundeliegenden Entwurfs-Überlegungen wären nicht mehr ohne weiteres erkennbar und nachvollziehbar. Aus diesem Grunde geben wir der oben ausgearbeiteten Version unseres Analyseprogramms den Vorzug, bei der im übrigen die Verwendung von Seiteneffekten durch einen sauberen Entwurf "diszipliniert" wird.

5.2 Programm-Konstruktion aus Input und Output

Nachdem wir mit den bisherigen Beispielen (in 5.1.2 und 5.1.3) die "Extremfälle" datenstrukturierten Programmentwurfs (vgl. die Bemerkungen vor Abschnitt 5.1.1) demonstriert haben, werden wir uns in diesem Abschnitt mit Aufgaben beschäftigen, welche die Verarbeitung mehr oder weniger komplexer Input-Datenströme zu Output-Datenströmen erfordern. Die Idee, die den hier darzustellenden Verfahren zugrundeliegt, haben wir - ganz intuitiv - bereits in der Einleitung zu diesem Kapitel skizziert. Um es zu wiederholen: Es geht im Prinzip um die Planung und Realisierung eines "Produktionsprozesses". Das was produziert werden soll, ist ein Strom von (Output-)Datenobjekten, der eine bestimmte Struktur hat. Dieser ist das Ziel, und ganz im Sinne einer zielgerichteten Vorgehensweise wird in den meisten Fällen die möglichst präzise Beschreibung der Struktur des gewünschten Output-Stroms den Ausgangspunkt für die Konstruktion des "Produktions"-Programms bilden. Die zentrale Frage lautet dabei: "Welche Input-Objekte benötigt man zur Herstellung der jeweiligen Output-Objekte?" Tatsächlich wird bei allen folgenden Beispielen der Output die gemäß dieser Fragestellung dominierende Rolle spielen. Ehrlicherweise dürfen wir freilich nicht verschweigen, daß eine Orientierung am vorhandenen Input für manche Probleme einen besser gangbaren Lösungsweg verspricht. Dies gilt etwa für den - schon im letzten Abschnitt erwähnten - Bau von Compilern, wo es ja darauf ankommt, ausführbaren Code entsprechend einem vorgelegten Programmtext zu erzeugen.

Im ersten Teil dieses Abschnitts werden wir die Konstruktion eines Programms mittels Zuordnung von Input zu Output in ihrer einfachsten Form studieren und einen Satz von "Konstruktionsregeln" formulieren. Im zweiten Teil werden wir den Fall betrachten, daß mehrere Input-Ströme zu berücksichtigen sind, wobei jedoch immer noch einfache Zuordnungen möglich sein werden. Im dritten Teil schließlich behandeln wir Situationen, in denen es keine offensichtlichen Korrespondenzen zwischen Input und Output gibt, die aber dennoch, was die Anwendung des Verfahrens betrifft, nicht "hoffnungslos" sind.

5.2.1 Das Verfahren in seiner einfachsten Form

Zur Darstellung des Verfahrens in seiner einfachsten Form kehren wir zu der im Abschnitt 5.1.1 gestellten Aufgabe zurück, aus einer nach aufsteigenden Kontonummern sortierten Buchungsdatei einen "Kontenbewegungsbericht" zu erzeugen. Das folgende Diagramm spezifiziert diese Aufgabe:

```
                 ┌ OUT:Konten_
Mache_           │     bewegungsbericht    [/*siehe 5.1.1*/
Konten_          │
bewegungs_       │ ↑
bericht          │
                 └ IN:Buchungsdatei____    [/*siehe 5.1.1*/
```

Was ist zu tun? In Anlehnung an die Beispiele in den Abschnitten 5.1.2 und 5.1.3 schlagen wir vor, zunächst eine Beschreibung des Prozesses der Herstellung des Kontenbewegungsberichts zu versuchen. Aus dieser Beschreibung sollte hervorgehen, aus welchen Komponenten des Input-Stroms die einzelnen Komponenten des Output-Stroms anzufertigen sind. Sie gibt eine Antwort auf die Frage: "Was muß angeliefert (bzw. vom "Input-Kanal" geholt) werden, um diese oder jene Komponente des Outputs produzieren zu können?" Sie muß (ähnlich wie wir dies im Falle der Eingabe einer Zeichenfolge "Kleinbuchstabe, Gleichheitszeichen, Großbuchstabe" (vgl. 5.1.3, Beispiel-Aufgabe (iii)) hervorgehoben haben) ein Bild dessen zeichnen, was ein (möglicherweise fiktiver) Beobachter des Produktions-Ablaufs tatsächlich sehen könnte. Sie macht dagegen noch keine Aussage darüber, gemäß welcher Bedingungen der Produktions-Ablauf gesteuert wird!

Um eine solche Prozeß-Beschreibung zu erhalten, stellen wir die Strukturen des Output-Stroms und des Input-Stroms einander gegenüber und analysieren sie (als Paar) auf mögliche Korrespondenzen hin:

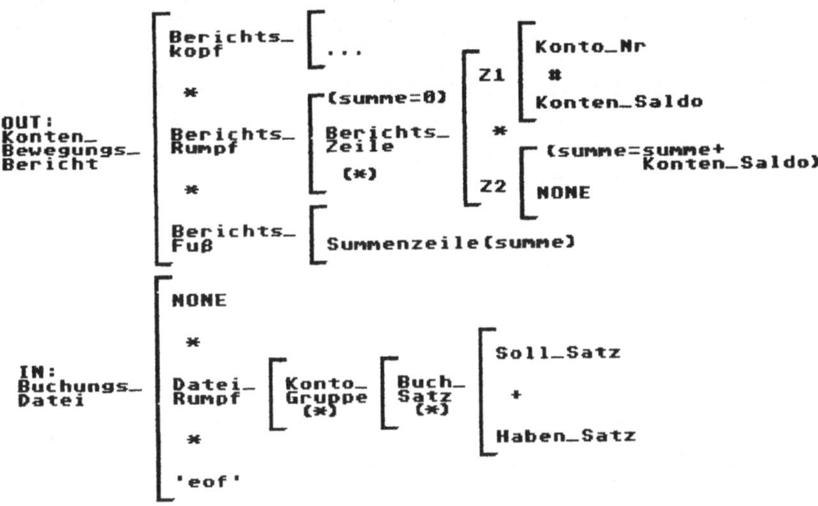

Bis zur dritten "Klammerebene" sind einige strukturelle Entsprechungen deutlich erkennbar:

OUTPUT		INPUT
Berichts_Kopf	<-->	NONE
Berichts_Rumpf	<-->	Datei–Rumpf
Berichts_Fuß	<-->	'eof'
Berichts_Zeile	<-->	Konto–Gruppe

Man beachte, daß wir - um auch dem "Berichtskopf" eine Komponente des Inputs zuordnen zu können - die Beschreibung der "Buchungsdatei" leicht modifiziert haben, indem wir vor dem "Datei_Rumpf" das "Null-Objekt" NONE eingefügt haben.

Diese Entsprechungen sind wie folgt zu interpretieren: Für die Produktion des "Berichts_Kopfs" liegen keine Daten aus dem Input-Strom vor; der "Berichts_Rumpf" wird aus dem "Datei_Rumpf" hergestellt; das 'eof' gibt Anlaß zur Ausgabe des "Berichts_Fußes" und eine "Berichts_Zeile" ergibt sich aus einer "Konto_Gruppe".

Wie steht es nun mit "Z1" im "Kontenbewegungsbericht" und der Iteration von "Buch_Satz" in der "Buchungsdatei"? Offenbar faßt diese Iteration all jene Buchungssätze zusammen, die zu einer "Konto_Gruppe", das heißt zu einer Kontonummer, gehören. Wir können also diese Iteration als Ganzes dem Output-Objekt "Z1" zuordnen.

Das Ergebnis dieser Analyse wird in einem Diagramm "Mache_Konten_Bewegungs_Bericht" dargestellt. Es entsteht aus dem Diagramm, welches die Struktur des Kontenbewegungsberichts beschreibt, dadurch, daß vor den Komponenten des Outputs auf der jeweils letzten "Klammerebene" (von links), auf der Korrespondenzen festgestellt wurden, die entsprechenden Input-Komponenten notiert werden. Die Operationen "IN:" und "OUT:" werden dabei bis zu diesen "letzten" einander zugeordneten Komponenten "durchgeschoben":

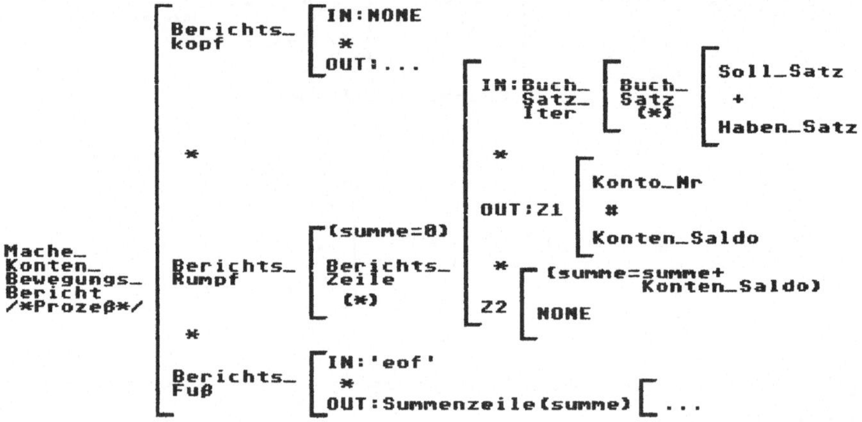

```
                 [ Berichts_    [ IN:NONE
                 [ kopf         [  *
                 [              [ OUT:...   [                              [ Soll_Satz
                 [                          [ IN:Buch_   [ Buch_           [  +
                 [                          [    Satz_   [ Satz            [ Haben_Satz
                 [                          [    Iter    [ (*)
                 [  *                       [  *
                 [                          [           [ Konto_Nr
                 [                          [ OUT:Z1    [  #
                 [              [(summe=0)  [           [ Konten_Saldo
Mache_           [              [           [
Konten_          [ Berichts_    [ Berichts_ [  *   [ (summe=summe+
Bewegungs_       [ Rumpf        [ Zeile     [      [          Konten_Saldo)
Bericht          [              [  (*)      [ Z2   [ NONE
/*Prozeß*/       [
                 [  *
                 [ Berichts_    [ IN:'eof'
                 [ Fuß          [  *
                 [              [ OUT:Summenzeile(summe) [ ...
```

Und nach einem weiteren Vorrücken der "IN:"-Operation ergibt sich das folgende Bild:

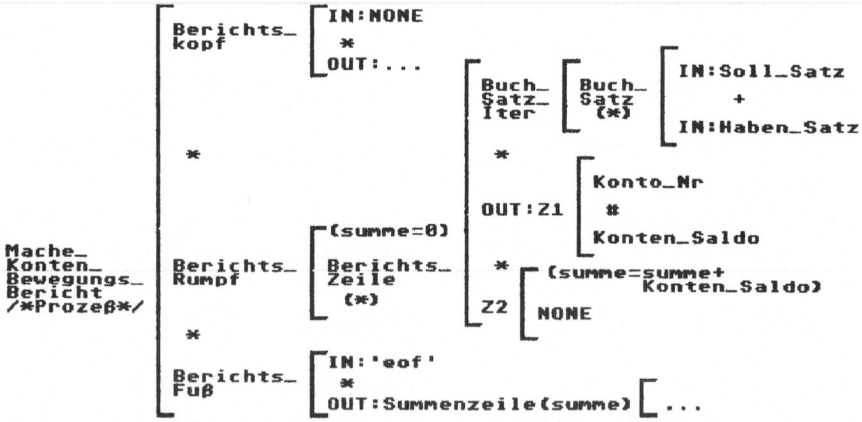

```
                 [ Berichts_    [ IN:NONE
                 [ kopf         [  *
                 [              [ OUT:...   [                              [ IN:Soll_Satz
                 [                          [ Buch_      [ Buch_           [  +
                 [                          [ Satz_      [ Satz            [ IN:Haben_Satz
                 [                          [ Iter       [ (*)
                 [  *                       [  *
                 [                          [           [ Konto_Nr
                 [                          [ OUT:Z1    [  #
                 [              [(summe=0)  [           [ Konten_Saldo
Mache_           [              [           [
Konten_          [ Berichts_    [ Berichts_ [  *   [ (summe=summe+
Bewegungs_       [ Rumpf        [ Zeile     [      [          Konten_Saldo)
Bericht          [              [  (*)      [ Z2   [ NONE
/*Prozeß*/       [
                 [  *
                 [ Berichts_    [ IN:'eof'
                 [ Fuß          [  *
                 [              [ OUT:Summenzeile(summe) [ ...
```

Es dürfte klar sein, warum wir dieses Diagramm als Prozeßbeschreibung bezeichnen können: Es gibt, ganz einfach, die Struktur einer Aktionenfolge wieder, welche durch die "Verzahnung" eines Input-Stroms mit einem Output-Strom entsteht. Beispiele solcher Aktionenfolgen (von Prozessen also, auf welche diese Beschreibung zutrifft) sind etwa:

Berichts_ Kopf
IN:NONE
OUT:...

Berichts_ Rumpf
IN:Soll_Satz
IN:Soll_Satz
IN:Haben_Satz
OUT:Z1

IN:Soll_Satz
IN:Soll–Satz
OUT:Z1

IN:Soll_Satz
IN:Soll_Satz
IN:Haben_Satz
IN:Soll_Satz
IN:Soll_Satz
IN:Haben_Satz
OUT:Z1

IN:Soll_Satz
IN:Soll_Satz
IN:Haben_Satz
IN:Haben_Satz
OUT:Z1

Berichts_ Fuß
IN:'eof'
OUT:Summenzeile

Berichts_ Kopf
IN:NONE
OUT:...

Berichts_ Rumpf
IN:Haben_Satz
IN:Soll_Satz
OUT:Z1

IN:Soll_Satz
IN:Haben_Satz
IN:Haben_Satz
IN:Haben_Satz
IN:Soll_Satz
OUT:Z1

IN:Soll_Satz
IN:Haben_Satz
OUT:Z1

IN:Haben_Satz
OUT:Z1

IN:Haben_Satz
IN:Haben_Satz
IN:Soll_Satz
OUT:Z1

Berichts_ Fuß
IN:'eof'
OUT:Summenzeile

Genauer müßten wir sagen, daß diese Folgen mögliche, *von außen sichtbare* Wirkungen der oben beschriebenen Prozesse repräsentieren. Andererseits enthielt aber schon das Diagramm "Kontenbewegungsbericht" (die Output-Beschreibung) Informationen über das Zustandekommen der "Summenzeile", die nach dem eben praktizierten Verfahren natürlich automatisch in das Diagramm "Mache_ Kontenbewegungsbericht" übernommen wurden. Diese Informationen betreffen Aktionen, die "prozeß-intern" ablaufen und von außen nicht sichtbar sind. Mit solchen "unsichtbaren" Aktionen ist die Prozeß-Beschreibung zu ergänzen, um auch die konkreten Werte (insbesondere den Wert von "Konten–Saldo"), die mit "Z 1" ausgegeben werden sollen, zu spezifizieren. Wir modifizieren zu diesem

Zweck die Komponenten "Haben_Satz" und "Soll_Satz", indem wir sie jeweils zusammen mit einem "Berechnungs-Objekt" in einer "Haben_Buchung" beziehungsweise "Soll_Buchung" unterbringen. Sämtliche Änderungen sind auf die Komponente "Berichts_Zeile" beschränkt:

```
                                        ┌                ┌                  ┌ "S"
                                        │                │                  │ #
                                        │                │ IN:Soll_Satz_    │ 'kNr'
                                        │  Soll_         │                  │ #
                                        │  Buchung       │ *                └ 'b'
                          ┌ (kS=0)      │                │            ┌ (kS=kS-b)
            ┌             │             │                │ S_Buch     │
            │ Buch_       │ Buch_       │                └            └ NONE
            │ Satz_       │ Satz        │  +
            │ Iter        │ (*)         │                ┌                  ┌ "H"
            │             └             │                │                  │ #
            │                           │                │ IN:Haben_Satz    │ 'kNr'
            │                           │  Haben_        │                  │ #
            │                           │  Buchung       │ *                └ 'b'
            │                           │                │            ┌ (kS=kS+b)
            │ *                         │                │ H_Buch     │
            │                           └                └            └ NONE
            │
            │                ┌ Konto_Nr       [ 'kNr'
Berichts_   │ OUT:Z1         │ #
Zeile       │                └ Konten_Saldo   [ 'kS'
            │ *
            │        ┌ (summe=summe+kS)
            │ Z2     │
            └        └ NONE
```

Wie am Ende von Abschnitt 5.1.2, so drängt sich auch an dieser Stelle die Frage nach der Korrektheit dessen auf, was wir bisher zur Konstruktion eines Programms für die Erstellung des Kontenbewegungsberichts getan haben. Was gibt uns das Recht zu behaupten, die oben entwickelte "Prozeß-Beschreibung" sei korrekt im Sinne der Aufgabenstellung? Die einfache Antwort lautet: Gar nichts! Es gibt, wenn man von der Festlegung der Struktur des gewünschten Outputs absieht, keinerlei Grundlage für einen "Korrektheitsbeweis". Daß aber der beschriebene Prozeß einen derart strukturierten Output produziert, ist sicher keines Beweises wert, da wir die Prozeß-Struktur durch eine direkte Erweiterung der Output-Struktur gewonnen haben. Etwas problematischer sind die "Berechnungs-Objekte" innerhalb der Prozeß-Beschreibung. Sowohl die mit dem Output als auch die mit dem Input verknüpften Berechnungen spiegeln unser Verständnis der zu behandelnden Aufgabe wider. Abermals die Analogie mit dem Fertigungsbetrieb bemühend, kann man sagen, daß die in die Prozeß-Beschreibung eingefügten Berechnungs-Objekte den Vorschriften entsprechen, nach denen das angelieferte Material zu bearbeiten und zusammenzusetzen ist, um ein bestimmtes Produkt zu erzeugen. Mit einem eventuellen Auftraggeber ist abzuklären, ob das Resultat der Anwendung dieser Vorschriften seinen Vorstellungen entspricht. Damit wird das Prozeß-Beschreibungs-Diagramm - ähnlich wie die Objekt-Beschreibungen in Abschnitt 5.1.2 - zur (mehr oder weniger willkürlich konstruierten) *Spezifikation* (!) eines Programms, welches den Prozeß steuert und in Gang hält.

Die Ableitung einer Programm-Beschreibung aus einer solchen Spezifikation dürfte - nach den ausführlichen Vorbereitungen in Abschnitt 5.1.2 - für das spezielle Beispiel "Kontenbewegungsbericht" keine Schwierigkeiten mehr bereiten.

Da wir zu entscheiden haben, unter welchen Bedingungen

- die Komponenten "Berichts–Zeile" und "Buch–Satz" zu wiederholen sind und nach welchen Kriterien
- zwischen einer "Soll–Buchung" und einer "Haben–Buchung" zu unterscheiden ist,

wird uns hier offenbar die Technik des "Vorweg-Lesens" weiterhelfen:

```
                 [Berichts_  [...                          [S_Art(=sa)
                 [Kopf                          [Satz      [  #
                 [ *                            [          [Konto_Nr(=kNr)
                 [IN:Datei_Objekt(=d)           [  +       [  #
                 [                              [          [Betrag(=b)
                 [ *                            ['eof'
Mache_           [
Konten_          [
bewegungs_       [
bericht          [Berichts_  [Berichts_    [/*siehe unten*/
/*Progr.*/       [Rumpf      [Zeile
                 [           [(*WHILE
                 [           [ d<>'eof)
                 [ *
                 [           [/*IN:'eof'*/
                 [Berichts_  [   *
                 [Fuß        [OUT:Summenzeile(summe)  [...


                                                  [?SA="S";   [(kS=kS-b)
                                                  [ S_Buch    [NONE
               [(aKNr=kNr)           [Soll_oder_  [
               [      [(kS=0)        [Haben_      [  +
               [Buch_ [Buch_Satz     [Buchung     [?SA="H";   [(kS=kS+b)
               [Satz_ [(*WHILE       [            [ H_Buch    [NONE
               [Iter  [  d<>'eof'    [  *
               [      [  AND         [
               [      [  kNr<>aKNr)  [IN:Datei_Objekt(=d)  [/*s.o.*/
               [ *
Berichts_      [      [Konto_Nr      ['aKNr'
Zeile          [OUT:Z1[  #
               [      [Konten_Saldo  ['kS'
               [ *
               [      [(summe=summe+kS)
               [Z2    [NONE
```

Im Vergleich mit der trivialen Situation in Abschnitt 5.1.2 (Beispiel (iii)) gibt es im vorliegenden Fall beim Einsatz der Vorweglese-Technik einiges mehr zu bedenken. Beispielsweise ist zu berücksichtigen, daß die Buchungsdatei Objekte verschiedener Art enthält. So ist das, was wir von der Buchungsdatei holen, entweder ein Satz oder ein eof-Objekt. Wir tragen dem Rechnung, indem wir die Struktur des gelesenen Objekts genau angeben. Die Benennung dieses "Datei_Objekts" und seiner Teile verschafft uns im weiteren die Möglichkeit (nicht anders als in Abschnitt 5.1.2), die angestrebten Bedingungen zu formulieren. So wird eine "Berichts–Zeile" überhaupt nur dann anzufertigen sein, wenn nicht sogleich ein eof-Objekt gelesen wird, und man wird solange weitere Berichtszeilen produzieren müssen, als die (Nach-)Lese-Aktion kein eof liefert. Wird aber eof gelesen, so gibt dies Anlaß zur Ausgabe von "Summenzeile( )". Wir haben dies (wie in 5.1.2) dadurch betont, daß wir die Input-Aktion im "Berichts_Fuß" in Kommentarklammern gesetzt haben. Die Bedingung der Iteration von "Buch_Satz" erfordert etwas mehr Überlegung. Da die Folge von "Buch_Sätzen", welche für eine auszugebende Zeile "Z 1" verantwortlich ist, sich auf ein und dieselbe Kontonummer bezieht, wird - vor der Ausgabe von "Z 1" - die Eingabe-Aktion solange zu wiederholen sein, als kein Wechsel der Kontonummer stattfindet. Um diesen Wechsel feststellen zu können, bezeichnen wir die jeweils aktuelle Konto-Nummer mit "aKNr". Zu Beginn der Produktion einer "Berichts_Zeile" gilt also "aKNr = kNr". Natürlich wird die Aufbereitung einer "Berichts_Zeile" auch dann beeendet, wenn das eof-Objekt erreicht ist. Damit lautet die Iterationsbedingung für "Buch_Satz": "d<>'eof' AND kNr=aKNr", wobei sich "d" und "kNr" auf das jeweils zuletzt (nach-)gelesene "Datei_Objekt" beziehen. In "Z 1" muß natürlich der Wert "aKNr" eingesetzt werden. Die Entscheidung, ob eine "Soll–Buchung" oder eine "Haben–Buchung" vorzunehmen ist, ergibt sich einfach aus der Art ("SA") des gerade gelesenen Satzes.

Auch die Umsetzung des nunmehr fertigen Entwurfs in einen MODULA-2 - Programmtext bereitet, wie bei den schon behandelten Aufgaben, keine großen Probleme mehr. Bezüglich der "IN"- und "OUT"-Operationen nehmen wir an, daß sie durch die Prozeduren

```
"PROCEDURE InSatz(VAR d:BuchSatzTyp; VAR eof:BOOLEAN);"
 und "PROCEDURE OutZeile(kNr:KontoNrTyp; b:BetragsTyp);"
```

realisiert sind. Auch für den "Berichts–Kopf" und die "Summenzeile( )" setzen wir jeweils geeignete Prozeduren voraus. Entsprechend der bereits in den obigen Diagrammen enthaltenen Strukturbeschreibung sei "BuchSatzTyp" deklariert als

```
"TYPE BuchSatzTyp = RECORD
                      satzArt: SatzArtTyp;
                      kontoNr: KontoNrTyp;
                      betrag:  BetragsTyp
                    END (*RECORD*);",
```

mit

"TYPE SatzArtTyp = (soll,haben);"

(Auf die explizite Angabe der übrigen Typdefinitionen wollen wir hier verzichten.) Damit ergibt sich aus dem als Diagramm vorliegenden Entwurf die folgende MODULA-2 - Prozedur:

```
PROCEDURE MacheKontenbewegungsbericht;
VAR d:BuchSatzTyp;
      eof:BOOLEAN;
      aKNr:KontoNrTyp;
      kS,summe:BetragsTyp;
  PROCEDURE InSatz(VAR d:BuchSatzTyp; VAR eof:BOOLEAN);
  BEGIN
    (* ... *)
  END InSatz;
  PROCEDURE OutZeile(kNr:KontoNrTyp; b:BetragsTyp);
  BEGIN
    (* ... *)
  END OutZeile;
  PROCEDURE BerichtsKopf;
  BEGIN
    (* ... *)
  END BerichtsKopf;
  PROCEDURE SummenZeile(s:BetragsTyp);
  BEGIN
    (* ... *)
  END SummenZeile;
BEGIN (*MacheKontenbewegungsbericht*)
  BerichtsKopf;
  InSatz(d,eof);
  (*Berichts_Rumpf*)
  summe:=0;
  WHILE NOT eof DO
    (*Berichts_Zeile*)
    aKNr:=d.kontoNr;
    (*Buch_Satz_Iter*)
    kS:=0;
    WHILE (NOT eof) AND (d.kontoNr=aKNr) DO
      (*Buch_Satz*)
      (Soll_oder_Haben_Buchung*)
```

```
        CASE d.satzArt OF
          soll: (*S_Buch*)
                kS:=kS-d.betrag |
          haben:(*H_Buch*)
                kS:=kS+d.betrag
        END (*CASE*);
        InSatz(d,eof)
      END (*WHILE*)
      (*Z 1*)
      OutZeile(aKNr,kS);
      (*Z 2*)
      summe:=summe+kS
    END (*WHILE*);
    (*Berichts_Fuß*)
    SummenZeile(summe)
  END MacheKontenbewegungsbericht;
```

Zur besseren Veranschaulichung der Herleitung des Programmtextes aus der Programm-Beschreibung haben wir die Namen der Diagramm-Komponenten als Kommentare (bzw. Prozedurnamen) übernommen.

Wenn wir nun die Entwicklung dieses Programms noch einmal Revue passieren lassen, so stellen wir fest, daß sie in einigen wohlunterscheidbaren Schritten verlief. Durch die Aufgabenstellung war uns das Ziel vorgegeben, einen Prozeß in Gang zu setzen und zu steuern, der eine bestimmte Folge von Outputs hervorbringen soll. Eine Folge von Inputs stand dazu zur Verfügung. Die Schritte, die uns zum Ziel führten, waren:

Schritt 1:

Beschreibung des gewünschten Outputs.

Schritt 2:

Falls Inputs gegeben sind: Beschreibung der Inputs.

Outputs und Inputs sind in der Regel Daten-Ströme. Man beschreibt also die Struktur dieser Daten-Ströme. Neben der Darstellung der Struktur sollte insbesondere die Beschreibung des Output-Stroms soviel Information über die auszugebenden Objekte enthalten, wie ohne Kenntnis der Inputs möglich ist.

Schritt 3:

Auffinden struktureller Entsprechungen zwischen Output und Input. Konstruktion eines Diagramms, welches diese Entsprechungen deutlich macht. (Falls Inputs nicht explizit gegeben sind, frage man sich jeweils, welche Inputs zur Produktion der Output-Objekte erforderlich sind.)

Schritt 4:

Spezifikation der zur Erzeugung des Outputs notwendigen Manipulationen des Inputs.

Die Schritte 1-4 liefern eine Beschreibung des Prozesses, und zwar sowohl der Struktur seines Ablaufs als auch der jeweiligen Zuordnung von Inputs und deren Manipulationen zu Objekten des Output-Stroms.

Schritt 5:

Transformation der Prozeß-Beschreibung in die Beschreibung eines Programms, welches den Prozeß (auf einem Rechner) in Gang hält und ihn steuert. Es sind Bedingungen für den Abbruch von Iterationen und für die Auswahl alternativer Aktionen zu finden. Eine einfache Technik, die dabei angewandt werden kann, ist das "Vorweg-Lesen".

Schritt 6:

Umsetzung der Programm-Beschreibung in einen Text in der gegebenen Programmiersprache.

5.2.2 Verarbeitung mehrerer Input-Ströme

In diesem Abschnitt werden wir die Ausführung der sechs Schritte des "Datenstrukturierten Programm-Entwurfs" an zwei weiteren, ebenfalls sehr kleinen Beispielen einüben. Die dabei anfallenden Diagramme werden - ebenso wie die letztlich entstehenden Programme - nur in groben Zügen skizziert; die Ausarbeitung von Details bleibt dem Leser überlassen.

Im ersten Beispiel behandeln wir die "klassische" Aufgabe des Mischens (englisch: "merging", "collating") zweier sortierter Dateien.

> "Ein Versandunternehmen schickt Rechnungen an seine Kunden. Es speichert die Rechnungsdaten auf einer sequentiellen "Rechnungs–Datei". Jeder Satz dieser Datei enthält eine Kundennummer und den Rechnungsbetrag. Die erhaltenen Zahlungen werden auf einer sequentiellen "Zahlungs–Datei" vermerkt. Jeder Satz dieser Datei enthält eine Kundennummer und den eingegangenen Betrag."

Um das Beispiel nicht ungebührlich aufzublähen, machen wir die stark vereinfachende Voraussetzung, daß in keiner dieser beiden Dateien eine Kundennummer mehr als einmal vorkommt.

> "Es soll ein Bericht produziert werden, der die folgenden Informationen liefert:
>
> - Die verbleibende Schuld jedes Kunden, dem eine Rechnung geschickt wurde und von dem eine Zahlung eingegangen ist;

- die Nummern derjenigen Kunden, von denen noch keine Zahlung eingegangen ist;
- Zahlungen, die ohne voraufgegangene Rechnung erfolgten."

Wir dürfen davon ausgehen, daß sowohl die "Rechnungs_Datei" als auch die "Zahlungsdatei" nach aufsteigenden Kundennummern sortiert vorliegen.

Der zu produzierende Bericht erhält den Namen "R_Z_Bericht".

Das folgende Bild faßt die Aufgabenstellung zusammen:

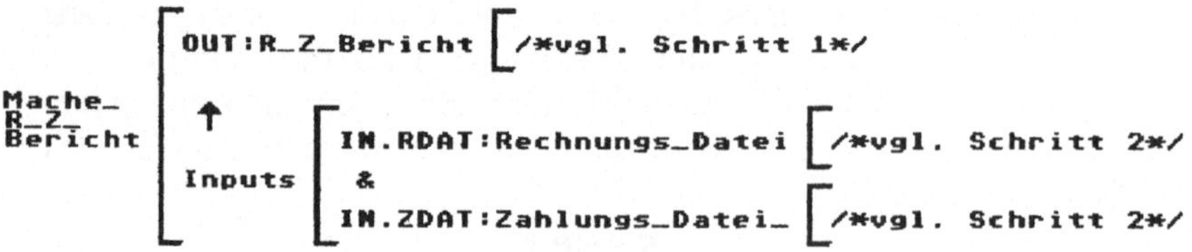

```
          ┌ OUT:R_Z_Bericht [/*vgl. Schritt 1*/
Mache_    │
R_Z_      │ ↑       ┌ IN.RDAT:Rechnungs_Datei [/*vgl. Schritt 2*/
Bericht   │ Inputs  │ &
          └         └ IN.ZDAT:Zahlungs_Datei_ [/*vgl. Schritt 2*/
```

Um die beiden Input-Ströme sauber voneinander zu unterscheiden, lassen wir sie über verschiedene Kanäle "fließen". Wir müssen daher die Eingabe-Operation "IN:" mit dem Namen des jeweiligen Kanals qualifizieren. (Vgl. das Beispiel "Analyse eines GKZ_Strings" in Abschnitt 5.1.3.)

Schritt 1: Beschreibung des gewünschten Outputs

Der R–Z–Bericht hat die folgende Struktur:

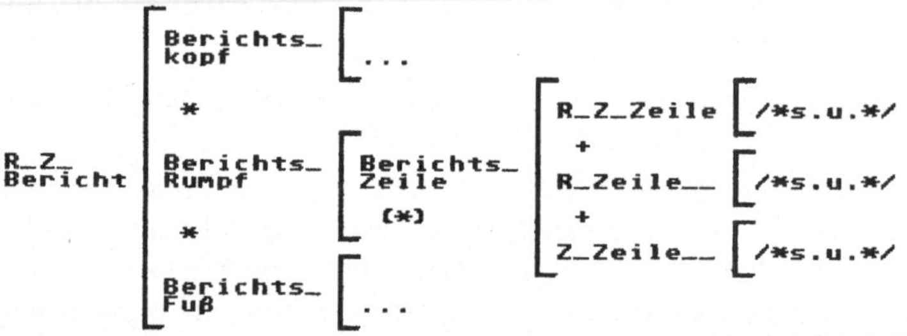

```
         ┌ Berichts_ [...
         │ kopf
         │                                ┌ R_Z_Zeile [/*s.u.*/
         │ *                              │
R_Z_     │ Berichts_ [ Berichts_          │ +
Bericht  │ Rumpf       Zeile              │ R_Zeile__ [/*s.u.*/
         │             (*)                │ +
         │ *                              └ Z_Zeile__ [/*s.u.*/
         │
         └ Berichts_ [...
           Fuß
```

Wir begnügen uns mit einer informellen Beschreibung des Inhalts der einzelnen Zeilen(-Typen):

- Jede Zeile beginnt mit einer "Kunden-Nummer";
- eine R_Z_Zeile enthält den Betrag der verbleibenden Schuld;
- eine R_Zeile enthält den Betrag der verbleibenden Schuld sowie den Vermerk "KEINE ZAHLUNG EINGEGANGEN";
- eine Z_Zeile enthält den eingegangenen Betrag sowie den Vermerk "ZAHLUNG OHNE RECHNUNG".

Schritt 2: Beschreibung der Inputs

Die Beschreibungen der Input-Dateien (d.h. der Strukturen der "Input-Ströme") sind - selbstverständlich bis auf die Bezeichnungen der darin enthaltenen Objekte - völlig identisch:

```
                                    [ R_Kunden_Nr [...
               [ R_Datei_  [ R_Satz [ #
               [ Rumpf     [ (*)    [ R_Betrag___ [...
Rechnungs_     [
Datei          [ *
               [
               [ 'eof'

                                    [ Z_Kunden_Nr [...
               [ Z_Datei_  [ Z_Satz [ #
               [ Rumpf     [ (*)    [ Z_Betrag___ [...
Zahlungs__     [
Datei          [ *
               [
               [ 'eof'
```

Wie bereits bemerkt, setzen wir voraus, daß beide Dateien nach aufsteigenden Kundennummern ("R_Kunden_Nr" und "Z_Kunden_Nr") sortiert sind.

Schritt 3: Auffinden struktureller Entsprechungen

Bis zur "Ebene" der "Berichts-Zeile" (im "R_Z_Bericht") und der "R_" beziehungsweise "Z_Sätze" (in "Rechnungs_Datei" und "Zahlungs_Datei") bereitet die Korrespondenz-Analyse keinerlei Schwierigkeiten. Denken wir uns die Datei-Strukturen wieder (wie in Abschnitt 5.2.1) durch einen zu Beginn eingefügten Nullobjekt-Typ ergänzt, so ergeben sich die folgenden Zuordnungen:

OUTPUT	INPUT aus "RDAT"	INPUT aus "ZDAT"
Berichts–Kopf	NONE	NONE
Berichts–Rumpf	R–Datei–Rumpf	Z–Datei–Rumpf
Berichts–Fuß	'eof'	'eof'
Berichts–Zeile	R–Satz	Z–Satz

Für die einzelnen "Zeilen-Arten" "R_Z_Zeile", "R_Zeile" und "Z_Zeile" des "R_Z_Berichts" finden wir in den Input-Strukturen zunächst keine Entsprechungen. Ein Ausweg aus diesem Dilemma liegt jedoch nahe: Zu den "Zeilen-Arten" des Outputs bilden wir einfach geeignete (fiktive) "Satz-Arten" im Input. Wie dies zu tun ist, ergibt sich, wenn wir uns fragen, "welche Inputs für welchen Output verantwortlich sind". Offenbar muß eine "R_Z_Zeile" genau dann produziert werden, wenn aus der "Rechnungs_Datei" und aus der "Zahlungs_Datei" zueinander passende, das heißt, mit der gleichen Kundennummer versehene Sätze angeliefert werden. Aus diesem Grund definieren wir sowohl "R_Satz" als auch "Z_Satz" neu als Selektionsobjekte mit den Alternativen "Passender_R(Z)_Satz" und "Unpassender_R(Z)_Satz". Ein "Unpassender_R_Satz" ist deshalb unpassend, weil die in ihm enthaltene Kontonummer in keinem Satz der "Zahlungs_Datei" auftaucht. Einem "Unpassenden_R_Satz" entspricht also ein Nullobjekt-Typ in der Beschreibung von "Z_Satz". Das Gleiche gilt natürlich auch umgekehrt. Als weitere Alternative der jeweiligen Selektionsobjekte führen wir daher "NONE" explizit auf:

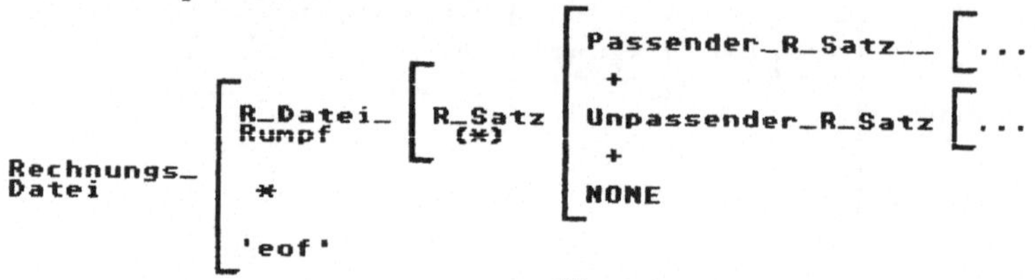

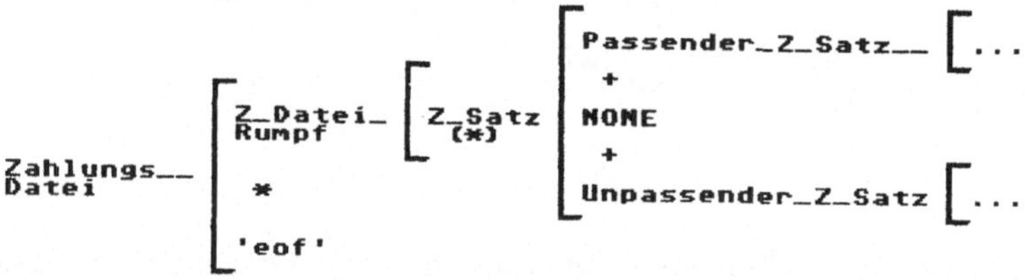

```
                                        [Passender_R_Satz__ [...
                                        [ +
                [R_Datei_   [R_Satz     [Unpassender_R_Satz [...
                [Rumpf      [ (*)       [ +
Rechnungs_      [                       [NONE
Datei           [ *
                [
                [ 'eof'

                                        [Passender_Z_Satz__ [...
                                        [ +
                [Z_Datei_   [Z_Satz     [NONE
                [Rumpf      [ (*)       [ +
Zahlungs__      [                       [Unpassender_Z_Satz [...
Datei           [ *
                [
                [ 'eof'
```

(Anzumerken ist hier, daß die Frage, nach welchen exakten Kriterien zu entscheiden ist, was ein "passender" und was ein "unpassender" Satz ist, erst im Schritt 5 behandelt werden kann.)

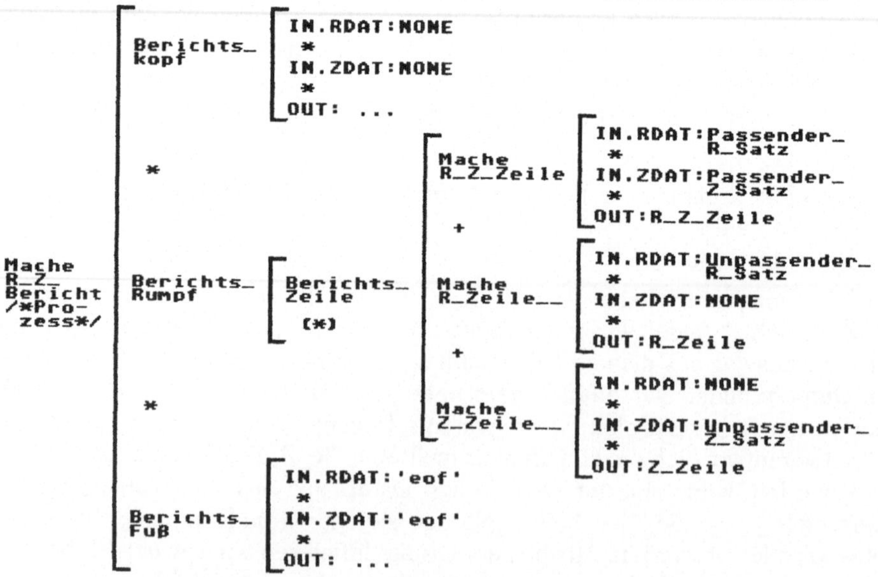

```
           [            [IN.RDAT:NONE
           [Berichts_   [ *
           [kopf        [IN.ZDAT:NONE
           [            [ *
           [            [OUT: ...
           [                                        [IN.RDAT:Passender_
           [                           [Mache       [ *      R_Satz
           [ *                         [R_Z_Zeile   [IN.ZDAT:Passender_
           [                           [            [ *      Z_Satz
           [                           [            [OUT:R_Z_Zeile
           [                           [ +
Mache      [                           [            [IN.RDAT:Unpassender_
R_Z_       [Berichts_   [Berichts_     [Mache       [ *      R_Satz
Bericht    [Rumpf       [Zeile         [R_Zeile__   [IN.ZDAT:NONE
/*Pro-     [            [ (*)          [            [ *
 zess*/    [                           [            [OUT:R_Zeile
           [                           [ +
           [                           [            [IN.RDAT:NONE
           [ *                         [Mache       [ *
           [                           [Z_Zeile__   [IN.ZDAT:Unpassender_
           [                                        [ *      Z_Satz
           [                                        [OUT:Z_Zeile
           [            [IN.RDAT:'eof'
           [            [ *
           [Berichts_   [IN.ZDAT:'eof'
           [Fuß         [ *
           [            [OUT: ...
```

Damit kann die Liste der Zuordnungen vervollständigt werden:

OUTPUT	INPUT aus "RDAT"	INPUT aus "ZDAT"
R–Z–Zeile	Passender–R–Satz	Passender–Z–Satz
R–Zeile	Unpassender–R–Satz	NONE
Z–Zeile	NONE	Unpassender–Z–Satz

Und wir erhalten das auf der vorigen Seite abgebildete Prozeß-Beschreibungs-Diagramm "Mache_R_Z_Bericht".

Schritt 4: Spezifikation der Manipulationen des Inputs

Die Manipulationen der aus den Input-Kanälen gewonnenen Objekte sind in diesem Beispiel außerordentlich trivial. In den Prozeß-Komponenten "Mache_R_Zeile" und "Mache_Z_Zeile" werden die Beträge aus den hier jeweils gelesenen Sätzen einfach übernommen. Lediglich in "Mache_R_Z_Zeile" muß eine Berechnung vorgenommen werden. Dieser Teil des Diagramms ist wie folgt zu ergänzen:

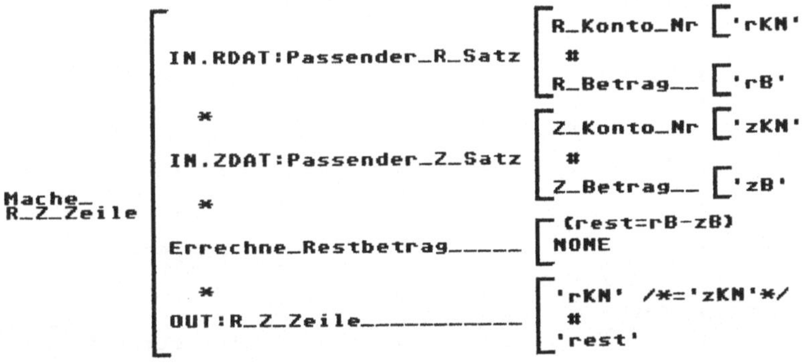

```
           ┌                            ┌R_Konto_Nr [ 'rKN'
           │ IN.RDAT:Passender_R_Satz   │ #
           │                            └R_Betrag__ [ 'rB'
           │   *                        ┌Z_Konto_Nr [ 'zKN'
           │ IN.ZDAT:Passender_Z_Satz   │ #
Mache_     │                            └Z_Betrag__ [ 'zB'
R_Z_Zeile  │   *                        ┌ (rest=rB-zB)
           │ Errechne_Restbetrag_____   └ NONE
           │   *                        ┌'rKN' /*='zKN'*/
           │ OUT:R_Z_Zeile___________   │ #
           └                            └'rest'
```

Schritt 5: Programmbeschreibung

Zur Herstellung der Programmbeschreibung können wir auch hier auf die bewährte Technik des Vorweg-Lesens zurückgreifen.

Zweierlei ist dabei zu beachten. Erstens muß die Iteration "Berichts_Zeile" solange laufen, wie nicht von beiden Input-Kanälen das EOF-Objekt gelesen wird. Um vor Beginn der Iteration entscheiden zu können, ob diese überhaupt durchgeführt werden muß, ist von beiden Kanälen ein erstes Objekt zu entnehmen. Zweitens brauchen wir bei der Beschreibung dieser Objekte den Unterschied zwischen "passenden" und "unpassenden" Sätzen nicht mehr zu berücksichtigen, da sich dieser Unterschied anhand der gelesenen Kontonummern feststellen lassen wird.

Es ergeben sich die folgenden Diagramme:

```
                  ┌Berichts_Kopf [...
                  │                                     ┌R_Kunden_Nr(=rKN)
                  │  *                        ┌R_Satz   │ *
                  │IN.RDAT:R_Datei_           │         └R_Betrag(=rB)
                  │        Objekt (=rOb)      │ +
                  │                           └'eof'
                  │  *
                  │                                     ┌Z_Kunden_Nr(=zKN)
Mache_            │                           ┌Z_Satz   │ *
R_Z_              │                           │         └Z_Betrag(=zB)
Bericht           │IN.ZDAT:Z_Datei_           │ +
/*Pro-            │        Objekt (=zOb)      └'eof'
gramm*/           │  *
                  │Berichts_Rumpf [Berichts_Zeile         [/*siehe
                  │                (*WHILE rOb<>'eof'        unten*/
                  │                 AND zOb<>'eof')
                  │  *             ┌/*IN.RDAT:'eof'*/
                  │                │   *
                  │Berichts_Fuß    │/*IN.ZDAT:'eof'*/
                  │                │   *
                  └                └OUT: ...

                  ┌                ┌(/*Passende R_ und Z_Sätze bereits
                  │                │  vorweggelesen*/)
                  │?rKN=zKN;       │Errechne_Restbetrag [/*s.o.*/
                  │ Mache_R_Z_     │IN.RDAT:R_Datei_Objekt(=rOb) [/*s.o.*/
                  │ Zeile          │
                  │  +             └IN.ZDAT:Z_Datei_Objekt(=zOb) [/*s.o.*/
                  │                ┌(/*Z_Objekt und unpassender R_Satz
                  │?rKN<zKN OR     │  bereits vorweggelesen*/)
Berichts_         │ zOb='eof';     │OUT:R_Zeile [...
Zeile             │ Mache_R_       │
                  │ Zeile          └IN.RDAT:R_Datei_Objekt(=rOb) [/*s.o.*/
                  │  +             ┌(/*R_Objekt und unpassender Z_Satz
                  │?zKN<rKN OR     │  bereits vorweggelesen*/)
                  │ rOb='eof';     │OUT:Z_Zeile [...
                  │ Mache_Z_       │
                  └ Zeile          └IN.ZDAT:Z_Datei_Objekt(=zOb) [/*s.o.*/
```

In den Zweigen "Mache_R_Zeile" und "Mache_Z_Zeile" haben wir die - aus der Prozeß-Beschreibung als Nachlese-Aktionen eigentlich zu übernehmenden - Operationen "IN.RDAT:NONE" und "IN.ZDAT:NONE" ignoriert, da dies "leere Aktionen" sind. Der Leser mache sich klar, daß die Bedingungen, gemäß derer die Zeilen-Produktion gesteuert wird, aus der Tatsache folgen, daß die Input-Dateien in der oben angegebenen Weise sortiert sind. Man vergewissere sich außerdem, daß keine weiteren Fälle auftreten können.

Schritt 6: Kodierung

Wir geben lediglich ein MODULA-2 - Prozedur-"Gerüst" an, das sich aus der gefundenen Programm-Struktur ableiten läßt. Wie für das Beispiel in Abschnitt

5.2.1 verwenden wir Prozeduren "InSatz" und "OutZeile". Die Prozedur "InSatz" erhält als zusätzlichen Parameter den Namen des Kanals (der Datei!), von dem Objekte geholt werden; der Prozedur "OutZeile" wird die Art der zu produzierenden Zeile mitgeteilt, die (etwa) als Element eines skalaren Typs definiert ist. Weitere Einzelheiten können wie in 5.2.1 ausgearbeitet werden.

```
PROCEDURE MacheRZBericht;
(*Deklaration der notwendigen Typen, Konstanten, Variablen
  und Prozeduren*)
BEGIN
  BerichtsKopf;
  InSatz(RDAT,rOb,eofR);
  InSatz(ZDAT,zOb,eofZ);
  (*Berichts_Rumpf*)
  WHILE (NOT eofR) AND (NOT eofZ) DO
    (*Berichts_Zeile*)
    IF rOb.kundenNr=zOb.kundenNr THEN
      (*Mache_R_Z_Zeile*)
      rest:=rOb.betrag-zOb.betrag;
      OutZeile(rzZeile,rOb.kundenNr,rest);
      InSatz(RDAT,rOb,eofR);
      InSatz(ZDAT,zOb,eofZ)
    ELSIF (rOb.kundenNr < zOb.kundenNr) OR eofZ THEN
      (*Mache_R_Zeile*)
      OutZeile(rZeile,rOb.kundenNr,rOb.betrag);
      InSatz(RDAT,rOb,eofR)
    ELSIF (zOb.kundenNr < rOb.kundenNr) OR eofR THEN
      (*Mache_Z_Zeile*)
      OutZeile(zZeile,zOb.kundenNr,zOb.betrag);
      InSatz(ZDAT,zOb,eofZ)
    END (*IF*)
  END (*WHILE*);
  BerichtsFuß
END MacheRZBericht;
```

Mit dem zweiten Beispiel greifen wir die in Abschnitt 3.3 gestellte Aufgabe des "Rechnungs-Ausschriebs" wieder auf, also die Aufgabe, die das Versandunternehmen erledigen muß, bevor es überhaupt einen "R_Z_Bericht" anfordern kann. Wir wiederholen kurz, worum es ging:

> "Es ist ein Programm zur Produktion von Rechnungen über Warenlieferungen zu entwerfen. Jede Rechnung beginnt mit einer Kopfzeile, die die Kundennummer enthält. Es folgen Zeilen für die gelieferten Posten. Diese enthalten eine Artikelnummer und den

Preis. Anschließend folgt die Bruttosummenzeile und danach die Nettosummenzeile, die den Endbetrag enthält, der sich aus der Bruttosumme durch Abzug eines kundenspezifischen Rabatts ergibt. Fehlermeldungen sind geeignet auszugeben."

"Zum Zweck des Rechnungs-Ausschriebs existieren drei Eingabe-Dateien:

1. "Lieferung". Deren Sätze enthalten:
   Kunden–Nr, Artikel–Nr, Stückzahl.
   Sie ist nach Kundennummern sortiert und wird sequentiell gelesen.
2. "Kundenliste". Die Sätze enthalten:
   Kunden–Nr, Rabattsatz, Anschrift.
   Sie wird per Schlüssel "Kunden–Nr" im Direktzugriff gelesen.
3. "Preisliste". Die Sätze enthalten:
   Artikel–Nr, Stückpreis.
   Sie wird per Schlüssel "Artikel–Nr" im Direktzugriff gelesen."

Im Unterschied zum ersten Beispiel dieses Abschnitts haben wir es hier nicht ausschließlich mit sequentiellen Input-Dateien zu tun. Somit stehen wir vor der Frage, wie "Direktzugriffs-Medien" im Rahmen des "Datenstrukturierten Entwurfs" zu modellieren sind. Dadurch, daß wir im Zusammenhang mit sequentiellen Input-Dateien auch von "Kanälen" (durch die und aus denen "Datenströme fließen") sprachen, hat sich beim Leser für diese Art von Speichermedien ganz unbewußt sicherlich schon eine brauchbare Modellvorstellung herausgebildet. In der Analogie zum Fertigungsbetrieb handelt es sich um das "Fließband", von dem ein Teil nach dem anderen entnommen und für die Produktion verbraucht wird. In dieser Analogie nun könnte man das Direktzugriffs-Medium als "Lager" auffassen, aus dem Teile bei Bedarf herausgeholt werden und das sich nach jeder Entnahme sofort wieder erneuert. Noch treffender aber ist vielleicht der Vergleich mit der Tabelle, in der der Monteur nachschaut, um etwa die genaue Position eines Werkstücks zu ermitteln. Diese Tabelle ist immer da und wird nicht "verbraucht". Solche Tabellen sind im Prinzip auch die Dateien "Kundenliste" und "Preisliste". Daß sie "immer da" sind, bedeutet nichts anderes, als daß sie in jedem beliebigen Stadium der Output-Erzeugung eingesehen werden können. Wir modellieren sie als "allgemeine Datenkomplexe" (vgl. 5.1.1), die sich jeweils an einem bestimmten Ort ("KLIST" beziehungsweise "PLIST") befinden.

Das folgende Diagramm faßt die Aufgabenstellung zusammen:

```
                 ┌OUT:Rechnungs_Strom ┌/*vgl. Schritt 1*/
                 │                    └
                 │
Mache_           │  ↑      ┌IN.LDAT:Lieferungs_Datei ┌...
Rechnungen       │         │  &                      └
                 │         │                         ┌
/*Version 1*/    │ Inputs  │KLIST:Kunden_Liste______ └...
                 │         │  &                      ┌
                 │         │PLIST:Preis_Liste_______ └...
                 └         └ (/*vgl. Schritt 2*/)
```

Bei dieser Darstellung haben wir freilich eine wichtige, im Aufgabentext erwähnte Forderung unterschlagen: die Forderung nämlich, daß auch Fehlermeldungen zu produzieren sind! Fehlermeldungen bilden einen *zweiten* Output-Strom des Prozesses "Mache_Rechnungen", den wir nicht berücksichtigt haben. Genau genommen müssen wir also das folgende Bild zeichnen:

```
                 ┌          ┌OUT.RDAT:Rechnungs_Strom ┌...
                 │ Outputs  │  &                      └
                 │          │                         ┌
                 │          └OUT.MELD:Fehlermeldungen └...
Mache_           │
Rechnungen       │  ↑       ┌IN.LDAT:Lieferungs_Datei ┌...
/*Version 2*/    │          │  &                      └
                 │          │                         ┌
                 │ Inputs_  │KLIST:Kunden_Liste______ └...
                 │          │  &                      ┌
                 └          └PLIST:Preis_Liste_______ └...
```

Da die Rechnungen und die Meldungen zweckmäßigerweise nicht auf das selbe Medium auszugeben sind, haben wir hier den Output-Strömen verschiedene Kanäle zugewiesen. Dies drückt sich dadurch aus, daß die Output-Operation "OUT:" (ebenso wie vorher das "IN:") mit dem Namen des jeweiligen Ausgabekanals qualifiziert wird.

Wir beschränken uns im weiteren auf die Skizze einer Lösung für die Version 1 der Aufgabe, werden jedoch an geeigneter Stelle auf mögliche Erweiterungen im Sinne der Version 2 hinweisen.

Die den Schritten 1 und 2 entsprechenden Diagramme sind auf der folgenden Seite abgebildet.

Die Notation "KNR:..." (bzw. "ANR:...") in den Listenbeschreibungen bedeutet:

> "KNR ist der Name eines Ortes, an dem auf ein Objekt vom Typ ... zugegriffen werden kann."

Die Listen sind also - ganz abstrakt - als Agglomerationen solcher Orte modelliert. "K_Nr_Menge" und "A_Nr_Menge" sind dabei die Mengen aller möglichen Kundennummern beziehungsweise Artikelnummern.

Schritt 1: Beschreibung des gewünschten Outputs

```
                                  ┌ (bs=0)      ┌
                                  │             │ R_Kunden_Nr
                                  │ R_Kopf_     │  &
                                  │             │ ...
                                  │             └
                                  │                          ┌     ┌
                                  │  *                       │     │ R_Art_Nr
                                  │                          │ Z1  │  #
                                  │                          │     │ R_Art_Preis
Rechnungs_  ┌ Rechnung            │ R_Rumpf    ┌ Posten_     │  *  ┌ (bs=bs+
Strom       └   (*)               │            │ Zeile       │     │      R_Art_Preis)
                                  │            └   (*)       │ Z2  │ NONE
                                  │  *                       └     └
                                  │            ┌ (ns=bs-rabatt)
                                  │ R_Fuß__    │ Brutto_Zeile(bs)
                                  │            │  *
                                  │            │ Netto_Zeile(ns)
                                  └            └
```

Schritt 2: Beschreibung der Inputs

```
                                                          ┌
                                                          │ L_Kunden_Nr
                                                          │  #
                  ┌ L_Rumpf  ┌ Kunde   ┌ Liefer_          │ L_Art_Nr
                  │          │  (*)    │ Satz             │  #
Lieferungs_       │          └         └  (*)             │ L_Art_Zahl
Datei             │  *                                    └
                  │ 'eof'
                  └


                                                                ┌
                                                                │ K_Kunden_Nr
                                                  ┌ Kunden_     │  #
                                                  │ Stamm_      │ K_Rabatt
Kunden_  ┌ Kunden_Nummer         ┌ KNR:KL_Objekt  │ Satz        │  #
Liste    │ (&:KNR IN             └                │  +          │ ...
         └     K_Nr_Menge)                        │             └
                                                  │ 'fehlt'
                                                  └


                                                                ┌
                                                                │ P_Art_Nr
                                                  ┌ Artikel_    │  #
                                                  │ Stamm_      │ P_St_Preis
Preis_   ┌ Artikel_Nummer        ┌ ANR:AL_Objekt  │ Satz        │  #
Liste    │ (&:ANR IN             └                │  +          │ ...
         └     A_Nr_Menge)                        │             └
                                                  │ 'fehlt'
                                                  └
```

Der Zugriff zum Beispiel auf ein Objekt der Kunden_Liste, die (insgesamt) am Ort "KLIST" zu finden ist, wird durch

"KLIST.Kunden_Nr:KL_Objekt(=klOb) ..."

ausgedrückt. "klOb" ist - wie in früheren Fällen - ein Wertbezeichner für das an "KLIST.Kunden_Nr" vorhandene Objekt. Es kann sich dabei um einen Kunden_ Stamm_Satz handeln oder um die Information 'fehlt', die besagt, daß dort eben kein Kunden_Stamm_Satz gespeichert ist. (Man beachte, daß weder unsere Darstellung einer Liste noch die Zugriffsnotation irgendeine Realisierung, sei es mit Hilfe eines Hash-Verfahrens, einer B-Baum-Struktur oder sonst irgendeiner Technik - vgl. z.B. [OTW] - implizieren!)

Bei der Ausführung des Schrittes 4 werden wir sehen, daß derartige Zugriffsoperationen den gleichen Rang haben wie einzufügende Berechnungen.

Schritt 3: Auffinden struktureller Entsprechungen

Die letzte Bemerkung deutet darauf hin, daß wir die Inputs "Kunden_Liste" und "Preis_Liste" bei der Ausführung des Schritts 3 überhaupt nicht berücksichtigen müssen. Wir haben es folglich hier eigentlich nur wieder mit der Anpassung eines Inputstroms an einen Outputstrom zu tun. Es ist nun wohl intuitiv klar, daß einer auszuschreibenden "Rechnung" die zu "Kunde" gehörige Gruppe von Sätzen der "Lieferungs_Datei" entspricht, doch wird dies im vorliegenden Fall nicht - wie in den vorigen Beispielen - durch die formale "Ähnlichkeit" der Strukturen von Inputstrom und Outputstrom zum Ausdruck gebracht. Dies bedeutet, daß die rezeptartige Vorschrift, nach der aufgrund der Korrespondenzanalyse eine Prozeß-Beschreibung anzufertigen ist, hier nicht ohne weiteres angewendet werden kann. Diese Schwierigkeit läßt sich freilich leicht beheben, indem wir das Diagramm "Rechnungs_Strom" wie folgt modifizieren:

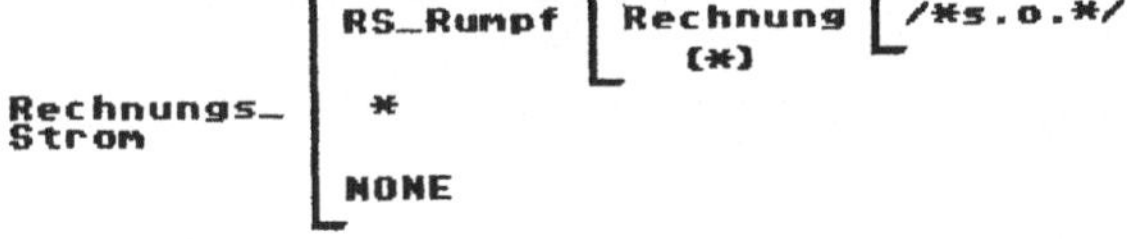

```
            ┌ RS_Rumpf ┌ Rechnung ┌ /*s.o.*/
            │          └   (*)    └
Rechnungs_  │ *
Strom       │
            └ NONE
```

Bis zur Ebene der "Rechnung" entspricht diese Struktur nun völlig der der "Lieferungs_Datei". Andererseits stellt die obige Modifikation - wie man sich leicht klarmacht - die gleichen Folgen von "Rechnungen" dar wie das ursprüngliche Diagramm (vgl. Schritt 1).

Den Bestandteilen einer Rechnung ist offenbar die zu "Kunde" gehörige Folge von "Liefer_Sätzen" zugeordnet. Insbesondere entspricht einer "Posten_Zeile" genau ein "Liefer_Satz". Aber auch die im "R_Kopf" unterzubringende Information "R_Kunden_Nr" kann nur aus einem "Liefer_Satz", und zwar aus dem ersten eines Kunden, bezogen werden. Wir müssen also, um diesen Beziehungen gerecht zu werden, die Iteration von "Liefer_Satz" auflösen in einen "ersten

Liefer_Satz" und die "weiteren Liefer_Sätze". Ebenso ist der "R_Rumpf" aufzuspalten in eine "erste Posten_Zeile" und die "weiteren Posten_Zeilen". Damit ergeben sich die folgenden Entsprechungen:

"erster Liefer_Satz" —> "R_Kopf" und "erste Posten_Zeile",
"weitere Liefer_Sätze —> "weitere Posten_Zeilen",

und die folgende Prozeß-Beschreibung:

```
              ┌ RS_Rumpf ┌ Rechnung ┌ /*siehe unten*/
              │          └   (*)    └
Mache_        │
Rechnungen    │  *
/*Prozeß*/    │           ┌ IN.LDAT:'eof'
              │  ___      │ *
              │           │ OUT:NONE
              └           └
```

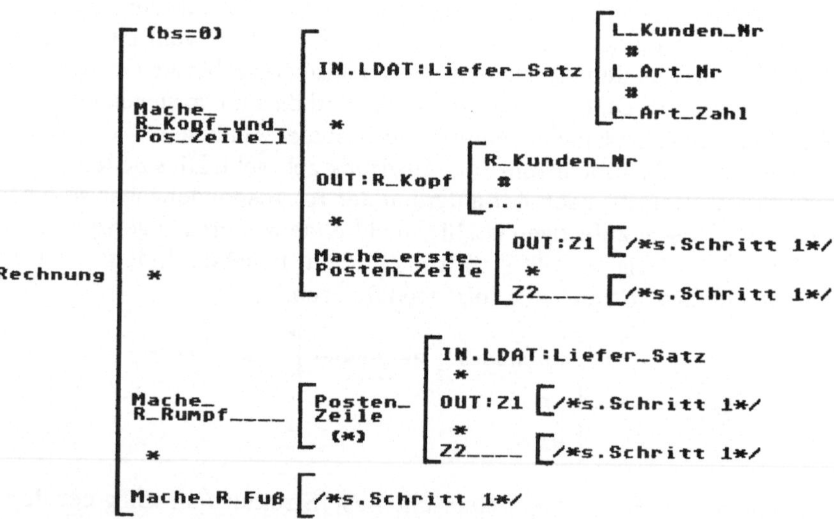

Schritt 4: Spezifikation der Manipulationen des Inputs

Zur Herstellung der Output-Objekte ist es erforderlich, auf die in KLIST beziehungsweise PLIST vorhandenen Informationen zuzugreifen, und zwar an den Stellen im Prozeß, an denen diese Informationen benötigt werden. Wir bedienen uns dazu der oben (bei der Erläuterung von Schritt 2) eingeführten Zugriffsoperationen:

```
                                                          ┌L_Kunden_Nr(=lkn)
           ┌ (bs=0)          ┌                            │ #
           │                 │ IN.LDAT:Liefer_Satz        │ L_Art_Nr(=lan)
           │                 │                            │ #
           │                 │  *                         └L_Art_Zahl(=laz)
           │                 │
           │                 │ Hole_
           │                 │ Kunden_Info [/*siehe unten*/
           │                 │
           │ Mache_          │  *            ┌R_Kunden_Nr [`lkn`
           │ R_Kopf_und_     │ OUT:R_Kopf    │ #
           │ Pos_Zeile_1     │  *            └...
           │                 │ Hole_
           │                 │ Artikel_Info [/*siehe unten*/
           │                 │
           │                 │  *                           ┌`lan`
Rechnung   │  *              │                 ┌OUT:Z1      │ #
           │                 │ Mache_erste_    │            └`rap`
           │                 │ Posten_Zeile    │  *
           │                 └                 └Z2____ [/*s.Schritt 1*/
           │                                ┌IN.LDAT:Liefer_Satz [/*s.o.*/
           │                                │ *
           │                 ┌              │Hole_artikel_Info [/*siehe unten*/
           │ Mache_          │ Posten_      │ *
           │ R_Rumpf____     │ Zeile        │OUT:Z1 [/*s.o.*/
           │                 └  (*)         │ *
           │  *                             └Z2____ [/*s.Schritt 1*/
           │                 ┌ (rabatt=bs*kr, ns=bs-rabatt)
           │ Mache_R_Fuß     │ /*s.Schritt 1*/
           └                 └


                                                     ┌/*s.Schritt 2,
Hole_                                                │ ergibt:
Kunden_Info [KLIST.lkn:KL_Objekt(=klOb)              │ K_Rabatt(=kr)*/


                                                       ┌/*s.Schritt 2,
                ┌                                      │ ergibt:
                │ PLIST.lan:AL_Objekt(=alOb)           │ P_St_Preis(=psp)*/
Hole_           │
Artikel_Info    │  *
                │                          ┌ (rap=laz*psp)
                │ Berechne_Artikel_        │
                │ Gesamt_Preis             │ NONE
                └                          └
```

Beim Zugriff auf KLIST beziehungsweise PLIST kann sich herausstellen, daß unter der jeweiligen Nummer gar kein Kunden- beziehungsweise Artikel-Satz vorhanden ist, daß sich also das Objekt 'fehlt' ergibt. Dies sind die Ausnahmesituationen, welche in der oben geforderten "Version 2" des Rechnungsprogramms abzufangen wären. In jedem dieser Fälle müßte unser Prozeß sozusagen einen "sekundären" Output auf den Fehlermeldungs-Kanal abliefern. Die Frage, wie nach dem Auftreten eines solchen Fehlers zu verfahren wäre, wollen wir hier allerdings nicht weiter behandeln. Sie würde eine detailliertere Darstellung als die bisher gezeigte der Strukturen von Input- und Outputströmen verlangen. (Beispielweise wäre "Kunde" als Selektionsobjekt zu modellieren, wobei zwischen in der Liste vorhandenen Kunden und solchen, die nicht in der Liste verzeichnet sind, zu unterscheiden ist. Entsprechendes gilt für die "Liefer_Sätze".)

Die Ausführung des fünften Entwurfsschrittes und auch von Schritt 6, der Umsetzung in einen MODULA-2 - Text, sei dem Leser zur Übung überlassen. Auch an der Ausarbeitung der "Version 2" mag er sich versuchen.

5.2.3 Strukturkonflikte und ihre Auflösung

Im letzten Abschnitt dieses Kapitels wenden wir uns einer weiteren Aufgabe zu, die sich durch klar definierbare Input- und Output-Strukturen auszeichnet, für deren Lösung sich also die Methode des "Datenstrukturierten Programm-Entwurfs" auf den ersten Blick durchaus anzubieten scheint. Dennoch erweist sich diese Methode bei näherem Hinsehen als ziemlich widerspenstig. Es geht um folgendes:

> *Gegeben sei ein Text als eine Folge von Zeilen. Der Text besteht andererseits aus Sätzen, von denen jeder durch einen Punkt beendet wird. Zeilen bestehen aus Wörtern, die voneinander durch ein oder mehrere Leerzeichen getrennt sind. Am Anfang und am Ende einer Zeile können Leerzeichen stehen. Ein Punkt kann irgendwo in einer Zeile erscheinen. Dieser Text übrigens beschreibt sich selbst.*

Ein so charakterisierter Text (wie der obige also) soll einer Analyse unterzogen werden. Das Ergebnis ist als "Bericht" zu formulieren, aus dem die Anzahl der in den einzelnen Sätzen enthaltenen Worte (ohne Satzzeichen) hervorgeht. Für die obige Beschreibung würde man erhalten:

Satz-Nr.	Wortanzahl
1	9
2	14
3	13
4	10
5	8
6	6

Das Einlesen des Textes kann nur zeilenweise erfolgen (vielleicht weil man sich noch der inzwischen aus der Mode gekommenen Lochkarten bediente).

Aufgrund der Aufgabenstellung bietet die Ausführung der ersten beiden (und nun schon wohlbekannten) Schritte des "Datenstrukturierten Programm-Entwurfs" keinerlei Problem:

Schritt 1: Beschreibung des gewünschten Outputs

```
           ┌AB_Kopf_  [...
           │                        ┌Satz_Nr
           │ *                      │
Analyse_   │AB_Rumpf  [AB_Zeile     │  #
Bericht    │              (*)       └Wortanzahl
           │ *
           └AB_Fuß__  [...
```

Schritt 2: Beschreibung des Inputs

```
        ┌NONE
        │                                    ┌Wort
        │ *                                  │  +
Text_   │T_Rumpf  [T_Zeile  [Zeichen_        │Leerzeichen
Zeilen  │             (*)    folge           │  +
        │ *                   (#)            │Punkt
        │                                    │  +
        └'eof'                               └Komma
```

Hier haben wir - zur Vorbereitung von Schritt 3 - bereits den Nullobjekttyp eingefügt, um Diagramme mit direkt "aufeinander abbildbarer" Struktur zu erhalten.

Trotzdem zögern wir, diesen Schritt zu vollziehen: Zwar ist der "AB_Rumpf" ganz offensichtlich zu dem "T_Rumpf" in Beziehung zu setzen, aber dürfen wir einer "AB_Zeile" so ohne weiteres eine "T_Zeile" zuordnen? Ganz gewiß nicht, denn eine "AB_Zeile" beinhaltet Informationen über einen Satz, während die "T_Zeile" mit Sätzen nur soviel zu tun hat, daß auf ihr ein Satz beginnen und/oder enden kann.

Es gibt also - und diese Einsicht blockiert zunächst unser weiteres Vorgehen - keine direkte Entsprechung zwischen den "tieferliegenden" Komponenten von Input und Output. Es ist wichtig hervorzuheben, daß wir diese Einsicht nicht durch (syntaktische!) Strukturbetrachtungen gewonnen haben, sondern aufgrund unseres intuitiven Verständnisses der Aufgabe, das heißt, nach eher als "semantisch" einzuordnenden Kriterien.

Die Frage lautet nun: "Wie können wir uns helfen, ohne die Prinzipien des Datenstrukturierten Programm-Entwurfs zu verraten?" Besinnen wir uns darauf, daß wir dann, wenn ein Input zunächst nicht zur Verfügung steht, ja durchaus die Freiheit haben, nach Input-Objekten (und der Struktur ihrer Abfolge) zu suchen, aus denen sich der gewünschte Output herstellen läßt! Offenbar benötigt man zur Produktion einer "AB_Zeile" genau einen Satz. Versuchen wir es also mit einer "Satz_Folge" als Input:

```
         ┌NONE
         │
         │ *              ┌S_Rumpf ┌Wort
Satz_    │                │        └ (*)
Folge    │SF_Rumpf ┌Satz  │ *
         │         └ (*)  │
         │ *              │Punkt
         │                └
         └'eof'
```

Nehmen wir nun an, wir könnten die elementarsten der in dieser Struktur vorkommenden Objekte, die "Worte" und "Punkte" also, aus einem Kanal namens "WPOK" (=Wort-Punkt-Objekt-Kanal) beziehen. Dann ergibt sich mit dem unseren Wünschen entsprechend konstruierten Input-Strom die folgende Beschreibung des Prozesses "Mache_Analyse_Bericht":

```
           ┌Mache_
           │AB_Kopf_ [...
           │                    ┌ (sNr=sNr+1,wz=0)
           │ *                  │
           │           ┌(sNr=0) │             ┌ (wz=wz+1)
Mache_     │           │        │S_Rumpf [___ [IN.WPOK:Wort
Analyse_   │Mache_     │Mache_  │         (*)
Bericht    │AB_Rumpf   │AB_Zeile│ *
           │           └ (*)    │IN.WPOK:Punkt
           │                    │ *       ┌Satz_Nr___ ['sNr'
           │ *                  │OUT:Zeile│ *
           │                    └         └Wortanzahl ['wz'
           │Mache_
           └AB_Fuß__ [...
```

Den Sachverhalt, daß der Prozeß "Mache_Analyse_Bericht" den Strom aus dem Kanal "WPOK" in einen Strom transformiert, der in einen Output-Kanal fließt, veranschaulicht die folgende Graphik:

```
                                  Wort,
( )  ???  ──> ?  ???  ──> (WPOK)  Punkt,  ──> [M_A_B]  AB_Zeile ──> ( )
                                  'eof'
Standard-                                                         Standard-
Input                                                             Output
```

Nun wollten (oder sollten) wir die Produktion des Analyse_Berichts auf gar keinen Fall von der Verfügbarkeit irgendwelcher fiktiver Objekte abhängig machen. Vielmehr muß sie sehr wohl auf dem ursprünglich gegebenen Material beruhen, auf den Textzeilen also, von denen wir annehmen, daß sie - gemäß der beim Schritt 2 gefundenen Struktur - aus einem Kanal namens "Standard-Input" "herausströmen". Das Problem ist gelöst, wenn es uns gelingt, aus diesem Material diejenigen Objekte anzufertigen und in den Kanal "WPOK" "einzuspeisen", die der bereits konstruierte Prozeß "Mache_Analyse_Bericht" benötigt. Das Fragezeichen im obigen Bild steht also für einen Prozeß, der seine Inputs entsprechend der Struktur von "Text_Zeilen" aus dem Standard-Input-Kanal holt und die Objekte "Wort", "Punkt" und 'eof' in der Folge an den Kanal "WPOK" abliefert, in der sie von "Mache Analyse Bericht" verarbeitet werden.

Damit wir diesen Prozeß in der gewohnten systematischen Weise entwickeln können, ist es notwendig, die Folge von Worten und Punkten so zu betrachten, daß eine Korrespondenz zwischen ihren Teilen und den Komponenten der Struktur "Text_Zeilen" leicht zu entdecken ist. Dies ist in der Tat möglich: Wir machen uns zunächst klar, daß die "Satz_Folge" auch schlicht in eine "Wort_Punkt_Folge" aufgelöst werden kann:

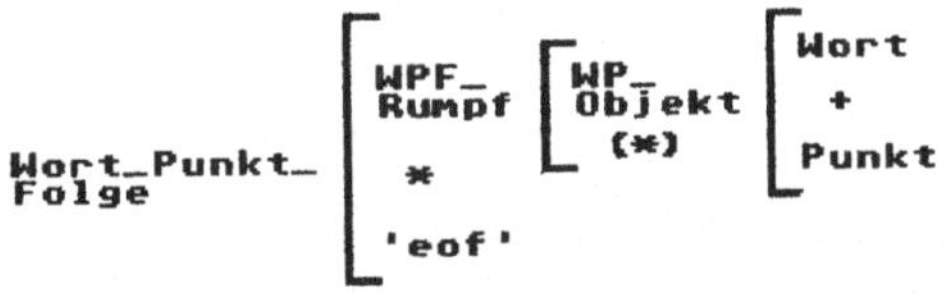

```
                 [                       [ Wort
                 [ WPF_    [ WP_         [
                 [ Rumpf   [ Objekt      [  +
Wort_Punkt_      [         [  (*)        [ Punkt
Folge            [   *
                 [
                 [ 'eof'
```

(Die spezielle Eigenschaft der "Satz_Folge", mit einem Punkt zu enden, haben wir bei dieser Umformung der Einfachheit halber unberücksichtigt gelassen. Sie darf dann nicht ignoriert werden, wenn auch ein Input, der diese Eigenschaft nicht besitzt, akzeptiert und - zum Beispiel mit einer Fehlermeldung als Ergebnis - verarbeitet werden soll.)

Die "WP_Objekte" lassen sich nun in beliebiger Weise gruppiert betrachten, solange nur ihre Reihenfolge beibehalten wird. Zum Beispiel so:

```
                   [                                  [ Wort
                   [ WPGF_   [ WP_       [ WP_        [
                   [ Rumpf   [ Gruppe    [ Objekt     [  +
Wort_Punkt_        [         [  (*)      [  (*)       [ Punkt
Gruppen_Folge      [   *
                   [
                   [ 'eof'
```

(En passant bemerken wir an dieser Stelle, daß derartige Transformationen durch Regeln zur äquivalenten Umformung *regulärer Ausdrücke* (vgl. z.B. [SSH]) begründet sind.)

Damit haben wir eine Struktur des "WP-Objekt-Stroms" gefunden, die mit der Struktur "Text_Zeilen" (vgl. Schritt 2) ohne Schwierigkeiten in Einklang gebracht werden kann: Wir fassen die "WP_Gruppe" nämlich einfach als die Folge der Worte/Punkte auf, welche in einer "T_Zeile" stehen. Einem "WP_Objekt" entspricht demnach eine "Zeichen_Folge". Mit diesen Korrespondenzen ergibt sich der auf der nächsten Seite dargestellte Prozeß "Mache_Wort_Punkt_Folge".

Man beachte, daß die aus dem "Standard-Input"-Kanal fließenden Objekte komplette Zeilen sind. Eine Zeile wird dann im Prozeß ihrerseits zu einem "internen" Kanal, aus dem einzelne Objekte herausgeholt werden können. (Vgl. auch Abschnitt 5.1.3, Beispiel "GKZ_String".)

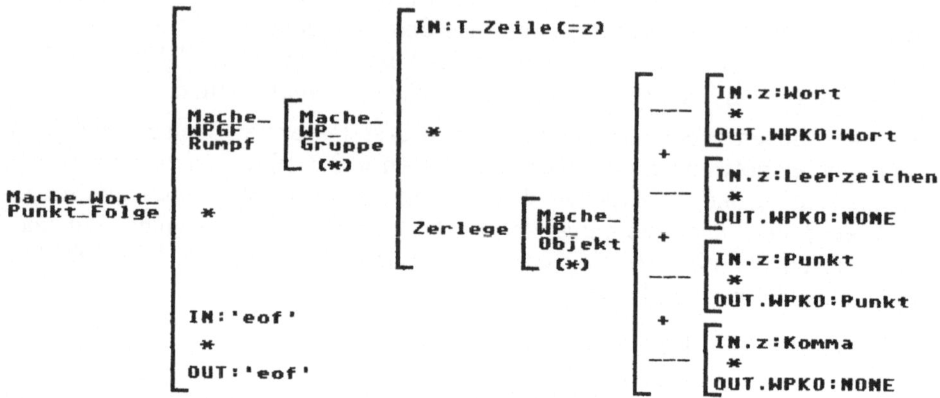

Das "Objekt-Fluß-Diagramm" kann nun ergänzt werden:

Was wir insgesamt erreicht haben, sind *zwei* Prozesse, die miteinander über einen Kanal in Verbindung stehen, die - wie man auch sagt - miteinander *kommunizieren* und *kooperieren.* Natürlich drängt sich die Analogie zum industriellen Fertigungsbetrieb auch hier unweigerlich auf. Das Problem. mit dem wir es zu tun hatten, ist vergleichbar mit dem der Herstellung von Gegenständen, deren Ausgangsmaterial in unaufbereiteter Form angeliefert wird. Es muß zunächst in verarbeitbare Einzelteile zerlegt werden. Üblicherweise wird die Fertigung dann als Zusammenspiel eines "Zerlegers" und eines "Zusammensetzers" organisiert. Beide arbeiten "gleichzeitig", "nebeneinander" oder, um einen *terminus technicus* zu gebrauchen, "*parallel* ". Der "Zerleger" liefert dem "Zusammensetzer" die Teile gewöhnlich auf einem Fließband, das wir an anderer Stelle ja bereits als den Prototyp eines "Kanals" charakterisiert haben.

Mit Absicht gehen wir hier nicht ein auf die - nun eigentlich anstehende - Realisierung der beiden Prozesse durch geeignete Programme oder durch *ein einziges* (!) geeignetes Programm. Wir verschieben diese Arbeit auf Kapitel 6, in dem verschiedene Möglichkeiten der programmtechnischen Implementierung von Prozeß-Kommunikation besprochen werden.

Die am Beispiel dieses Abschnitts demonstrierte Situation, daß die Strukturen der Input- und Output-Ströme nicht zueinander passen, wird von Jackson (vgl. [JA1]) auch als "Strukturbruch" oder "Struktur-Konflikt" (englisch: *structure clash*) bezeichnet. In unserem Beispiel war die "Satz_Folge"-Struktur, an der sich der gewünschte Output zu orientieren hatte, nicht verträglich mit der "Text_Zeilen"-Struktur des Inputs: die Satz-"Grenzen" stimmten mit den Zeilen-"Grenzen" nicht überein. Man spricht daher in diesem Fall von einem "Grenz-Konflikt" (englisch: *border-clash*). In [JA1] werden zwei weitere Konflikt-Arten behandelt: der "Reihenfolge-Konflikt" (englisch: *ordering-clash*) und der "Verflechtungs-Konflikt" (englisch: *multi-threading-clash*). Ein prototypisches Beispiel für einen Reihenfolge-Konflikt liefert etwa die Aufgabe, die Elemente einer Matrix, welche nur zeilenweise eingelesen werden können, spaltenweise auszugeben (Matrix-Transposition). Ein Standardbeispiel für einen Verflechtungs-Konflikt stellt die Aufgabe dar, eine sequentielle Datei auszuwerten, auf der die beim Betrieb einer Rechenanlage mit mehreren Terminals stattfindenden Ereignisse aufgezeichnet werden. (Solche Ereignisse können sein: Beginn und Ende einer Sitzung, während einer Sitzung erfolgende Betriebsmittel-Anforderungen und -Freigaben.) Wir gehen auf die beiden letztgenannten Konflikt-Arten nicht weiter ein und bemerken lediglich, daß man auch in diesen Fällen durch die Konstruktion von mehreren kommunizierenden Prozessen Lösungen finden kann.

Literatur zu Kapitel 5

[EHL] Ehling, H.-J.: Evolutionärer System-Entwurf; in: Formale Modelle für Informationssysteme; Informatik-Fachberichte Nr. 21; Springer Verlag; Berlin, Heidelberg, New York; 1979

[ENS] Engels, G. und W. Schäfer: Programmentwicklungsumgebungen, Konzepte und Realisierung; Teubner Verlag; Stuttgart; 1989

[JA1] Jackson, M.: Principles of Program Design; Academic Press; London, New York; 1975

[OTW] Ottmann, T. und P. Widmayer: Algorithmen und Datenstrukturen; Bibliographisches Institut; Mannheim; 1990

[SSH] Sander, P., Stucky W. und R . Herschel: Automaten, Sprachen, Berechenbarkeit; Teubner Verlag; Stuttgart; 1992

6 Aspekte der Programmierung im Großen

Wie durch die Überschrift unseres zweiten Kapitels und in dessen Einleitung bereits angedeutet, können die bisher in diesem Buch angeschnittenen Problemkreise und behandelten Methoden als einer "Programmierung im Kleinen" zugehörig angesehen werden. Sie betreffen die Überlegungen, welche ein Programmierer bei der Konstruktion kleiner Programme oder elementarer Programmteile (wie Prozeduren und Funktionsprozeduren) anstellen sollte, um jenen Qualitätsansprüchen gerecht zu werden, die wir im zweiten Kapitel formuliert haben.

Demgegenüber werden wir uns nun mit Fragestellungen beschäftigen, die der "Programmierung im Großen" zuzuordnen sind, einem Thema, welches bisher allenfalls nur leise anklang: Etwa in der Einleitung des Kapitels 3, wo "Schrittweise Verfeinerung" als eine Ausprägung der allgemeineren und auch "im Grossen" häufig favorisierten "Top-Down"-Entwurfstechniken bezeichnet wurde. Oder im letzten Abschnitt des fünften Kapitels, in welchem wir gesehen haben, daß bei der Auflösung von Strukturkonflikten ein "System" von im Prinzip eigenständigen, aber dennoch miteinander kooperierenden Prozessen beziehungsweise Programmen entstehen kann.

Damit ist uns das Stichwort für das vorliegende Kapitel gegeben: "Programmierung im Großen" wird es mit der Erstellung von Software*systemen* zu tun haben. Bevor wir einige der dabei zu bewältigenden Probleme benennen und einige der zur Lösung dieser Probleme anwendbaren Methoden einer eingehenderen Erörterung unterziehen können, ist es freilich notwendig, daß wir uns eine ungefähre Vorstellung vom Gegenstandsbereich "Softwaresystem" verschaffen.

In der Tat ist dieser Gegenstandsbereich so vielfältig "wie das Leben selbst". Überall dort, wo Rechner für mehr als nur triviale Anwendungen eingesetzt werden sollen, muß Software geschrieben werden, deren Funktionsumfang so groß ist, daß sie sich kaum als ein monolithisches Programm realisieren läßt. Die Beispiele hierfür sind Legion, und an dieser Stelle seien daher nur einige kurz erwähnt. Als *Betriebssysteme* etwa bezeichnen wir die Software, welche die bequeme und effiziente Nutzung der (Hardware-)Ressourcen eines Rechners ermöglicht. *Datenbank-Management-Systeme* bilden häufig die Grundlage für spezielle *Informationssysteme*, indem sie allgemeine Dienstleistungen zur Definition und Manipulation anwendungsspezifischer Daten zur Verfügung stellen. Die Kontrolle und Steuerung technischer Abläufe, sei es in einem Kraftwerk, an Bord eines modernen Verkehrsflugzeugs oder in einer Fabrikhalle wird mit Hilfe von Software vorgenommen, die unter dem Oberbegriff *Prozeßleitsysteme* einzuordnen ist. Da bei derartigen Anwendungen die in "realer" Zeit ablaufenden rechnerexternen Prozesse das Geschehen diktieren, spricht man hier auch von *Real-*

zeitsystemen (bzw. *Echtzeitsystemen*). Auf vielen Sekretariatsschreibtischen und an anderen Büroarbeitsplätzen findet man inzwischen leistungsfähige Kleinrechner, die die alltägliche Arbeit zum Beispiel durch komfortable *Textverarbeitungssysteme* erleichtern, und die miteinander über ein Lokales Netz verbunden sind, welches von einem *Datenkommunikationssystem* regiert wird. Und die Software-Produktion selbst wird zunehmend von sogenannten *Softwareentwicklungssystemen* unterstützt, welche im Idealfalle all jene "Werkzeuge" enthalten, mit denen das Produkt Software hergestellt und während seiner gesamten Lebensdauer verwaltet und bearbeitet werden kann.

Natürlich können wir in einem Buch, das allgemeine Methoden der Softwareentwicklung zum Thema hat, nicht auf die jeweiligen Besonderheiten einzelner Softwaresysteme eingehen. Vielmehr müssen wir uns fragen, welches die allen solchen Systemen gemeinsamen Eigenschaften sind, und was, unabhängig von dem gegebenen Anwendungsbereich, bei ihrer Konstruktion zu beachten ist.

Wir wollen die Erfahrung vermitteln, daß eine "Programmierung im Großen" mit den in den Kapiteln 3-5 dargelegten Konzepten und Methoden allein nicht zu leisten ist. In dem Gemeinplatz "*Das Ganze ist mehr als die Summe seiner Teile*" interpretieren wir das "*mehr*" als die *Beziehungen*, die zwischen den Teilen bestehen, und als die *Organisation* der Gesamtheit der Teile zu einer wirkungsvollen Einheit. Damit freilich können wir jene Analogien aus dem Bereich der industriellen Fertigung von Produkten weiterführen, die wir beispielsweise zur Erläuterung des "Datenstrukturierten Programm-Entwurfs" herangezogen haben. Wir können, und dieser Vergleich wird sich wie der sprichwörtliche "Rote Faden" durch dieses Kapitel ziehen, ein Softwaresystem als Unternehmen auffassen, welches vielfältige Produkte und/oder Dienstleistungen anbietet, an deren Herstellung im allgemeinen viele Mitarbeiter und Manager beteiligt sind, von denen sich womöglich einige ihrerseits zu mehr oder weniger selbständigen Subunternehmen zusammengeschlossen haben.

6.1 Softwaresysteme

Einige allgemeine Aussagen, die man über große Softwaresysteme machen kann, sind die folgenden:

- Sie sind das Ergebnis oft mehrjähriger Arbeit eines ganzen Teams von Entwicklern. Der Arbeitsaufwand, der in ihnen steckt, erreicht nicht selten die Grössenordnung von mehreren hundert *Personenjahren*. (Ein Personenjahr ist, vereinfachend gesagt, die Arbeitsleistung eines Menschen während eines Jahres.) Ihre Planung und Realisierung kann daher nur arbeitsteilig erfolgen.
- Sie sind niemals wirklich "fertig". Vielmehr unterliegen sie "im Laufe ihres Lebens" ständig irgendwelchen Modifikationen. Man sagt, sie müssen *gewartet* werden.

- Die Dokumentation, welche bei ihrer Entwicklung angefertigt wird, ist in der Regel so umfangreich, daß sie von einer einzelnen Person im Detail nicht zu überblicken ist.
- Es werden meist hohe Qualitätsanforderungen - etwa in Hinblick auf *Fehler-Toleranz* und *Zuverlässigkeit* - an sie gestellt. Dies gilt in besonderem Maße zum Beispiel für Betriebssysteme und Prozeßleitsysteme, deren Fehlverhalten durchaus katastrophale Folgen haben kann.

Aus diesen Eigenschaften ergibt sich, daß wir von einer Methodik der "Programmierung im Großen" weit mehr verlangen müssen als Anleitungen zur Auffindung isolierter Algorithmen oder zur "stilvollen" Gestaltung eines Programmtextes. Es kommt vielmehr offenbar darauf an, daß uns eine solche Methodik in die Lage versetzt,

- große Softwaresysteme so zu strukturieren, daß
- Projekte, die ihre Herstellung zum Ziel haben, effizient durchführbar sind,
- und daß ihre Qualität jederzeit überprüft und gesichert werden kann.

Nun ist wohl die allgemeinste Aussage, welche sich über ein beliebiges Stück Software wie auch über andere technische Produkte treffen läßt, die, *daß mit ihnen irgendwelche definierten Zwecke erfüllt werden sollen.* Und die Tatsache, daß wir hier Software und andere technische Produkte in einem Atemzug nennen, legt es nahe, die Gültigkeit einer weiteren, ebenfalls sehr allgemeinen Aussage zu vermuten: *Softwaresysteme bestehen - ebenso wie die meisten technischen Produkte - aus Teilen, die in zweckdienlicher Weise zusammenwirken.*

Mit diesen beiden Feststellungen werden zwei für die "Programmierung im Grossen" grundlegende Fragen aufgeworfen:

- *Was* soll ein Softwaresystem leisten? Und:
- *Wie* soll ein Softwaresystem aufgebaut sein, damit es die gewünschte Leistung erbringt?

Eine Antwort auf die WAS-Frage wird üblicherweise als *Spezifikation* oder *Definition* bezeichnet, während die Antwort auf die WIE-Frage durch *Entwurf* und *Implementierung* erbracht wird. Es mag auf den ersten Blick erstaunlich erscheinen, daß wir Spezifikation (als Aktivität) der "Programmierung im Großen" zurechnen. Auf den zweiten Blick, und unter Berücksichtigung der oben an eine entsprechende Methodik erhobenen Forderungen, wird jedoch klar, daß es erstens unmöglich ist, die Struktur eines Softwaresystems vollkommen unabhängig von seinem Zweck zu bestimmen, und daß zweitens die Sicherung eines wesentlichen Qualitätsmerkmals, der Anforderungserfüllung nämlich, auf eine sehr genaue Formulierung dieser Anforderungen angewiesen ist. (Dazu mehr im folgenden Abschnitt.)

Die WAS-Frage kann natürlich niemals losgelöst von der speziellen Anwendungsumgebung beantwortet werden, in der die zu erstellende Software etwas leisten soll. Vor einer solchen Antwort muß der Anwendungskontext also zunächst einer gründlichen *Analyse* unterzogen werden, mit dem Ziel, ein auf die wesentlichen Bestandteile und Zusammenhänge reduziertes *Modell* der (z.B.) betrieblichen oder maschinellen Umgebung zu erhalten, in der die geplante Software wirken oder - wie man auch sagt - eingebettet werden soll. Modellbildung ist daher eine wichtige Voraussetzung für die exakte Spezifikation eines Softwaresystems. In Abschnitt 6.3 werden wir auf dieses Thema detaillierter eingehen.

Entwurf und Implementierung müssen mit Rücksicht auf die im konkreten Fall vorhandene Basis-Software und -Hardware ausgeführt werden. Diese Basis kann "hoch" oder "niedrig" sein. Eine hohe Basis ist zum Beispiel ein Datenbank-Management-System, dessen Dienste man über eine komfortable Datenmanipulationssprache in Anspruch nehmen kann (s.o.). Eine sehr niedrige Basis ist die "nackte" Hardware. Mit einer solch niedrigen Basis hat man es bei Softwaresystemen, die für sogenannte "kommerzielle Anwendungen" (z.B. Lohnabrechnung, Lagerverwaltung, Bestellwesen, etc.) hergestellt werden, nur sehr selten zu tun. Vielmehr kann hier der Software-Entwickler bei Entwurf und Implementierung in der Regel eine *Basis-Maschine* voraussetzen, welche in einfacher Weise anzufordernde Dienstleistungen anbietet. Diese Basis-Maschine stellt sich ihm häufig als höhere Programmiersprache mit vielen vorgefertigten Prozeduren dar, oder etwa als ein Satz von "Makros", die von einem Assembler verstanden werden. Für Hardware-nahe Softwaresysteme ist die Situation völlig anders. Hier besteht eine wichtige Aufgabe des Entwurfs gerade darin, das Niveau der Basis-Maschine sukzessive anzuheben.

Dies bedeutet, daß der Entwickler nun seinerseits *Dienstleistungspakete* schnüren muß, auf denen er dann jeweils weiterbauen kann. Oftmals wird er dies nicht unmittelbar tun, sondern - ausgehend von der Systemspezifikation - zunächst *Subsysteme* oder - wie wir sagen werden - *Systemkomponenten* als Bestandteile einer *Systemzerlegung* definieren. (Nach der hier gewählten Sprechweise könnte man die Dienstleistungspakete auch als *Software-Bausteine* charakterisieren. Wir werden hierfür - und vorläufig noch ganz informell - den Terminus *Modul* verwenden. Dieser Begriff ist der Elektrotechnik entlehnt, wo er aus einzelnen Elementen zusammengesetzte Baugruppen bezeichnet.) In jedem Falle, also entweder bezogen auf einzelne Module oder auf Systemkomponenten, hat der mit der Ausführung eines Entwurfs betraute Entwickler die Aufgabe, das "nach außen sichtbare" Verhalten eines Teils des ganzen Systems zu spezifizieren.

In allgemeinster Form kann die Struktur eines Softwaresystems - nach dem eben Gesagten - "in erster Näherung" als Baum dargestellt werden, dessen Wurzel das System als Ganzes repräsentiert, während die internen Knoten die Komponenten und die Endknoten die Module abbilden:

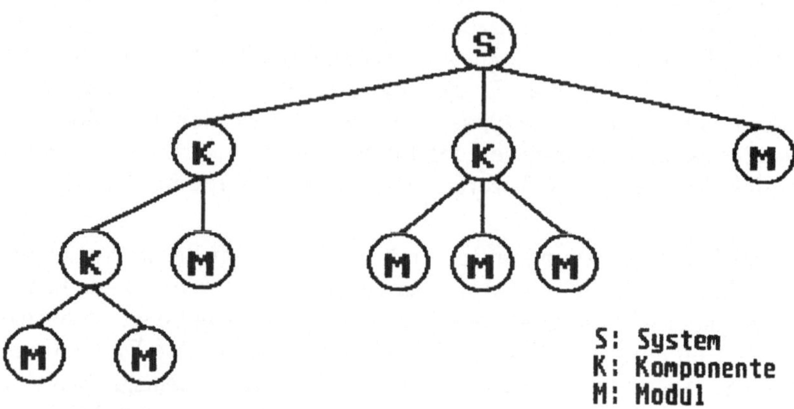

In diesem Bild der *statischen* Struktur eines Softwaresystems wird lediglich die "Zerlegungsbeziehung" sichtbar: Ein Systemteil wird in zwei oder mehrere kleinere Teile zerlegt. Die Module sind die Endprodukte dieses Zerlegungsprozesses. Wir werden später sehen, daß es noch andere interessante Beziehungen zwischen Systemteilen (und insbesondere zwischen Modulen) gibt, die nur mit Hilfe allgemeinerer Graphen darstellbar sind.

Den Zusammenhang zwischen Analyse, Systemspezifikation und den aufeinanderfolgenden Entwurfsschritten zeigt die nachstehende Abbildung:

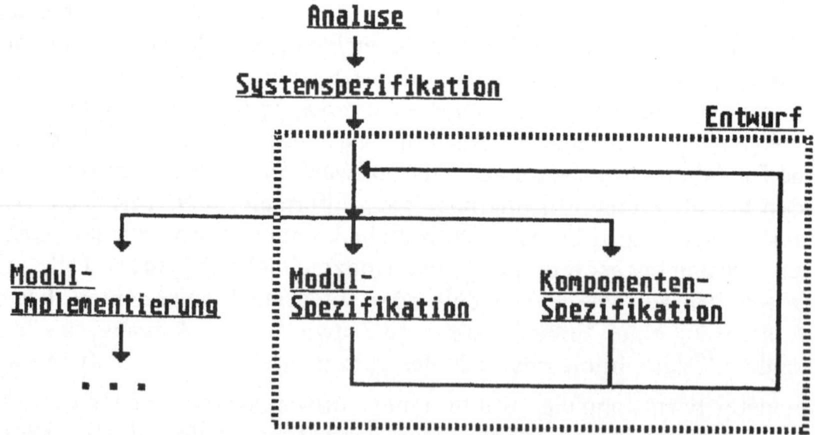

Der Leser möge sich an dieser Stelle an die Ausführungen in Abschnitt 3.1 erinnern, in dem wir ein ähnliches Bild zur Erläuterung der "Schrittweisen Verfeinerung" als einer Technik der "Programmierung im Kleinen" gezeichnet haben.

Dort kam es darauf an, zur Realisierung einer gewünschten Funktion die Existenz geeigneter abstrakter Teilfunktionen zunächst zu postulieren und dann deren Realisierung in Angriff zu nehmen. Die obige Abbildung veranschaulicht die Übertragung dieser Vorgehensweise auf die "Programmierung im Großen". Anstelle abstrakter Teilfunktionen stehen hier Spezifikationen von Komponenten und Modulen, also von Systemteilen, von denen jeder für bestimmte Aufgaben "verantwortlich" ist, beziehungsweise im allgemeinen mehrere (in einem noch zu präzisierenden Sinne) miteinander verwandte Dienstleistungen erbringt. Gemäß unserer Interpretation von Spezifikation ist das Ergebnis dieser Tätigkeit ebenfalls ein Abstraktum, nämlich eine von ihrer konkreten Implementierung unabhängige Beschreibung dieser Dienstleistungen.

Was aber meinen wir mit *Implementierung*, einem Begriff, den wir bereits mehrmals ohne weitere Erklärung verwendet haben? An der entsprechenden Stelle der entsprechenden Abbildung in Abschnitt 3.1 stand "Konstruktion aus elementaren Teilen". Von dieser, für unsere zukünftigen Zwecke etwas zu engen Auslegung werden wir im folgenden allerdings abrücken. Zu einem besseren Verständnis verhilft uns ein Blick in den "Großen Duden", ein sechsbändiges Wörterbuch der deutschen Sprache ([DGD]). Dort finden wir für das Wort "Implement" unter anderem die Bedeutung "Erfüllung (z.B. eines Vertrages)". In der Tat: Mit der Implementierung "erfüllen" wir das mit der Spezifikation gegebene Versprechen, bestimmte Dienstleistungen zu erbringen. Wir tun dies, indem wir entweder auf die (elementaren) Dienste der zugrundeliegenden Basis-Maschine zurückgreifen oder von bereits implementierten "höheren" Dienstleistungen Gebrauch machen. Auf diese Weise errichten wir - bildlich gesprochen - ein Gebilde aus aufeinander "geschichteten" Modulen. Während also die dominierende Entwurfsaktivität ganz allgemein als *Zerlegung* bezeichnet werden kann, bietet sich *Aufbau* als generelle Charakterisierung des Implementierens an. (Dabei sei der Leser freilich gewarnt, daß eine solche, die beiden Begriffe scharf trennende Charakterisierung "cum grano salis" zu genießen ist: Gerade unter dem Paradigma der "Objektorientierung", das wir im Abschnitt 6.4.4 behandeln werden, sind "Entwurf" und "Implementierung" sehr eng miteinander verflochten.)

Nach welchen Prinzipien und Gesichtspunkten man geeignete Systemzerlegungen (und System*schichtungen*!) finden kann, wie Module klassifiziert werden können und an welche Grenzen eine der "Schrittweisen Verfeinerung" nachempfundene "Top-Down"- Entwurfstechnik bei der Anwendung auf Softwaresysteme stößt, werden wir in Abschnitt 6.4 eingehend erörtern.

Zunächst aber werden wir in Abschnitt 6.2 einige Qualitätsmerkmale diskutieren, die Softwaresystemen insgesamt anhaften sollten. Welcher Wert dabei im einzelnen auf die jeweiligen Qualitäten zu legen ist, hängt natürlich von dem speziellen Anwendungsgebiet ab. Wie im Falle "greifbarer" Produkte wird auch die Qualität von Software nicht zuletzt durch die Organisation des Herstellungsprozesses bestimmt und davon, in welchem Maße bei der Herstellung geeignete Verfahren und Werkzeuge zum Einsatz kommen. Durch die damit zusammenhängenden Fragen werden wir zum Begriff *Software Engineering* geführt, der sich beinahe als ein Synonym für *Programmierung im Großen* erweisen wird.

6.2 Qualität im Großen und Software Engineering

In Kapitel 2 haben wir für die "Programmierung im Kleinen" aus der allgemeinen Forderung nach der *Brauchbarkeit* eines "elementaren Systemteiles" vier Qualitätsmerkmale hergeleitet: *Korrektheit*, *Integrierbarkeit*, *Wartbarkeit* und *Effizienz*. Auch für große Softwaresysteme bietet sich der Begriff *Brauchbarkeit* als Ausgangspunkt einer Erörterung spezieller wünschenswerter Eigenschaften solcher Systeme an. Die Fragen, die wir zu stellen haben, sind:

(1) Hat die Forderung nach der Brauchbarkeit eines Softwaresystems die gleichen Aspekte wie im Falle der "Programmierung im Kleinen", oder müssen die in Kapitel 2 besprochenen Qualitätsmerkmale in geeigneter Weise uminterpretiert und eventuell sogar umbenannt werden?

(2) Muß aus der Forderung nach Brauchbarkeit im Zusammenhang mit (großen) Softwaresystemen die Forderung nach weiteren Eigenschaften gefolgert werden, welchen wir bisher noch gar keine Beachtung geschenkt haben? Und schließlich:

(3) Ist "Brauchbarkeit" als Oberbegriff überhaupt hinreichend, um alle notwendigen und wünschbaren Qualitäten großer Softwaresysteme zu subsumieren?

Zur Beantwortung der ersten Frage wenden wir uns der Reihe nach den vier oben erinnerten Merkmale zu:

6.2.1 Korrektheit und die Folgen

Wenn wir, wie im Abschnitt 2.1.1 herausgearbeitet, unter der Korrektheit eines Software-Produkts dessen Eigenschaft verstehen, genau die durch eine Anforderungs-Spezifikation verlangten Aufgaben zu erledigen, so müssen wir der Sicherung dieses Qualitätsmerkmals wohl auch in Bezug auf Softwaresysteme die oberste Priorität einräumen. Leider ist dieses Thema für große Softwaresysteme noch heikler, als wir dies bei der "Programmierung im Kleinen" verdeutlichen konnten. Die Erfahrung zeigt, daß umfangreiche Software-Produkte in der Praxis kaum so umfassend, detailliert und eindeutig spezifiziert werden, wie es nötig wäre, um "Anforderungserfüllung" zu einem nachprüfbaren Kriterium zu erheben. Natürlich darf uns dieses Defizit nicht davon abhalten, nach immer exakter formalisierten und damit besser (vielleicht sogar automatisch) überprüfbaren Formulierungen der Anforderungen an ein Softwaresystem zu streben, im Gegenteil, es muß uns dazu anspornen. Einen für eine spezielle Klasse von Systembausteinen praktikablen Ansatz zur formalen Spezifikation, auf dessen Grundlage die Korrektheit einer Implementierung mit mathematischer Strenge beweisbar ist, werden wir immerhin in Abschnitt 6.4.3 dieses Kapitels vorstellen. Und um die formale Beschreibung des nach außen sichtbaren Verhaltens eines Softwaresystems als Ganzes wird es in Abschnitt 6.3 gehen.

Einer Tatsache sollten wir uns jedoch immer bewußt sein: Selbst unter der Voraussetzung einer vollständigen und den beabsichtigten Funktionen und Leistungen sowie den gegebenen Randbedingungen adäquaten formalen Spezifikation ist nicht zu erwarten, daß ein großes Softwaresystem (mit den in Abschnitt 6.1 beschriebenen Charakteristika) völlig fehlerfrei ist. Zur Rechtfertigung einer solchen Behauptung bedient man sich gern eines Wahrscheinlichkeitsarguments. Angenommen die einzelnen Module (Bausteine) eines Systems werden von unterschiedlich qualifizierten (motivierten, ausgeschlafenen, etc.) Mitgliedern eines Teams unabhängig voneinander entwickelt. Dann ist die Wahrscheinlichkeit p, daß ein Modul die an ihn gestellten (und aus den für das System als Ganzes geltenden Anforderungen abgeleiteten) Anforderungen erfüllt und also fehlerfrei ist, sicherlich kleiner als 1. Sagen wir es sei $p = 0{,}99$ und es gebe insgesamt 100 Module im System. Die Wahrscheinlichkeit, daß irgendwo im System ein Fehler steckt, ist also $1 - p^{100} \approx 0{,}634$. Und diese Überlegung berücksichtigt noch nicht einmal diejenigen Fehler, welche sich bei der notwendigen Verbindung der einzelnen Module einstellen können.

Diese kritische Einschätzung von *Korrektheit* (im oben definierten Sinne) als Qualitätsmerkmal großer Softwaresysteme legt es nahe, es durch andere, sicherlich verwandte, aber jedenfalls realistischere Bewertungskriterien zu ersetzen. Wenn es schon unbillig scheint, völlige Fehlerfreiheit zu verlangen, so sollten wir - einmal angenommen wir wären in der Lage desjenigen, der eine ihm gelieferte Software anwenden möchte - doch darauf dringen, daß

(i) allenthalben vorhandene Fehler dann, wenn sie manifest werden, keine unkontrollierbaren Auswirkungen hervorrufen.

Und vom Standpunkt des Softwareherstellers aus gesehen ist es zweifellos von großem Nutzen, wenn

(ii) die einzelnen Komponenten und Module eines Systems unabhängig voneinander auf die Erfüllung der an sie gestellten Anforderungen getestet und

(iii) bekannt gewordene Fehler mit möglichst geringem Aufwand beseitigt werden können.

Die durch (i) umschriebene Eigenschaft wollen wir *Integrität* nennen. Die durch (ii) und (iii) zum Ausdruck gebrachten Eigenschaften sind offenbar eng verwandt: Wenn die Module eines Systems unabhängig voneinander getestet werden können, so wird man sich auch bei der Fehlerkorrektur auf jeweils einen Modul beschränken, es sei denn, es handelt sich um Fehler beim Zusammenspiel der Module. Die Ursache eines Fehlers der letztgenannten Art kann nur im *Ent-*

wurf des Softwaresystems zu suchen sein, also bei derjenigen Aktivität, durch welche die Systemzerlegung und das Zusammenspiel der Module festgelegt wurden. Ungeachtet dessen, ob wir es mit *Implementierungs*- oder mit *Entwurfs*-fehlern zu tun haben, wollen wir (ii) und (iii) unter dem Begriff der *Prüfbarkeit* zusammenfassen. Zur Erfüllung von (iii) im Falle eines Entwurfsfehlers - soviel dürfen wir schon getrost behaupten - ist es mit Sicherheit sehr hilfreich, wenn die Ergebnisse der Entwurfsaktivitäten als gesondertes Dokument vorliegen.

Große Beispiele aus dem Bereich der "Programmierung im Großen", welche die Eigenschaften *Prüfbarkeit* und *Integrität* illustrieren könnten, würden natürlich den uns gesetzten Rahmen sprengen. Nichtsdestotrotz glauben wir, daß es auch in kleinerem Maßstab möglich ist, eine konkrete Vorstellung davon zu geben, worum es hier im Prinzip geht. Hinsichtlich der *Prüfbarkeit* erinnern wir uns zunächst der im vierten Kapitel (Abschnitt 4.1.3) vorgeschlagenen Technik, die innerhalb eines Programmstücks oder einer Prozedur als Kommentare notierten Prädikate in tatsächlich ausführbaren Code umzusetzen. Dies betrifft Vorbedingungen, Invarianten und Nachbedingungen gleichermaßen. Die Nichterfüllung einer solchen Bedingung ist gleichbedeutend mit dem Vorhandensein eines Fehlers: Wenn die Vorbedingung einer Prozedur nicht erfüllt wird, dann kann dies etwa daran liegen, daß die beim Aufruf der Prozedur übergebenen Parameterwerte nicht korrekt sind. In diesem Falle ist davon auszugehen, daß ein Fehler im aufrufenden Programmteil steckt. Die gerufene Prozedur sollte sich gegen solche Fehler "verteidigen" dürfen. Betrachten wir zum Beispiel nochmals die Prozedur *Division* im Abschnitt 4.2.4, deren Bedingungskommentare nicht in zusätzlichen Code umgesetzt sind:

```
PROCEDURE Division((*IN*) x,y:INTEGER;
                            (*OUT*) VAR q,r:INTEGER);
BEGIN
   (* x>=0 AND y>0 *)                       |<– Vorbedingung
   r:=x; q:=0;
   (* r>=0 AND x=q*y+r *)                   |<– Invariante
   WHILE r>=y DO
      r:=r-y; q:=q+1
      (* r>=0 AND x=q*y+r *)                |<– Invariante
   END
   (* r>=0 AND y>r AND x=q*y+r *)           |<– Nachbedingung
END Division;
```

Dann wird der Aufruf "Division(zaehler, nenner, quotient, rest)" mit (vom Aufrufer irrtümlich so gesetzten) "zaehler = 6" und "nenner = -3" offenbar in einem Desaster enden. (Der Leser möge dies begründen.) Wie gesagt: Die "Schuld" daran trägt der Aufrufer.

Nehmen wir nun andererseits die in Abschnitt 4.1.3 abgebildete Version der Divisionsprozedur. Sie unterscheidet sich von der obigen Version nur durch die Abbruchbedingung der WHILE-Schleife. In 4.1.3 lautet die entsprechende Zeile "WHILE r > y DO", und wir haben bereits früher festgestellt, daß bei dieser Modifikation ein Aufruf "Division(zaehler, nenner, quotient, rest)" mit "zaehler = 6" und "nenner = 3" dazu führt, daß die Nachbedingung nicht erfüllt wird. In diesem Falle ist offenbar die gerufene Prozedur "Division" (mit der inkorrekten Abbruchbedingung) die "Schuldige". Sie liefert ein mit der durch die Nachbedingung gegebenen Spezifikation nicht übereinstimmendes (also ein falsches!) Ergebnis ab! Es wäre daher ohne Zweifel wünschenswert, wenn ein Aufrufer die Möglichkeit hätte, sich vor Resultaten in acht zu nehmen, die den weiteren Verlauf seiner Arbeit stören könnten.

Wir halten fest: Die *Integrität* eines Softwaresystems hängt ganz wesentlich davon ab, in welchem Umfang sich "benutzende" (im Beispiel: rufende) und "benutzte" (gerufene) Programmteile (Prozeduren) vor den möglichen Fehlern des jeweils anderen schützen.

Die Divisionsprozedur (hier mit der inkorrekten Abbruchbedingung) zum Beispiel könnten wir - mit Hilfe der sie kommentierenden Prädikate - so "aufbohren", daß sie dem Aufrufer eine Mitteilung machen kann

- sowohl wenn dieser ihr fehlerhafte Parameterwerte übergeben hat, als auch
- wenn sie "sich verrechnet" hat:

```
PROCEDURE Division((*IN*) x,y:INTEGER;
                   (*OUT*) VAR q,r:INTEGER;
                   (*OUT*) VAR fehler: CARDINAL);
BEGIN
  fehler := 0;
  IF NOT ((x>=0) AND (y>0)) THEN
    (* Vorbedingung nicht erfüllt *)
    fehler := 1;
    RETURN
  END (* IF *);
  r:=x;
  q:=0;
  IF NOT ((r>=0) AND (x=q*y+r)) THEN
    (* Invariante nicht erfüllt *)
    fehler := 2;
    RETURN
  END (* IF *);
  WHILE r>y DO
    r:=r-y;
    q:=q+1
```

```
      IF NOT ((r>=0) AND (x=q*y+r)) THEN
        (* Invariante nicht erfüllt *)
        fehler := 2;
        RETURN
      END (* IF *)
    END (* WHILE *);
    IF NOT ((r>=0) AND (y>r) AND (x=q*y+r)) THEN
      (* Nachbedingung nicht erfüllt *)
      fehler := 3;
      RETURN
    END (* IF *);
  END Division;
```

Man sieht: *Integrität* hat ihren Preis, und zwar sowohl bezüglich der Programmgröße als auch der Ausführungsgeschwindigkeit! Es liegt nun in der Verantwortung des diese Prozedur benutzenden Programmteils, nach jedem Aufruf zu kontrollieren, ob über den VAR-Parameter "fehler" ein von 0 verschiedener Wert übergeben wird oder nicht. "fehler = 0" signalisiert, daß kein Fehler festgestellt wurde; "fehler = 1" besagt, daß der Aufrufer die Prozedur mit - gemäß Vorbedingung - unzulässigen Parameterwerten versorgt hat, und "fehler = 2" oder "fehler = 3" weisen auf einen Fehler innerhalb der gerufenen Prozedur hin. (Natürlich muß die Interpretation dieser Fehlercodes in der Benutzungsdokumentation der Prozedur enthalten sein! Vgl. Abschnitt 2.1.2.)

Man macht sich leicht klar, daß der soeben skizzierte Schutz einzelner Programmteile voreinander auch die *Prüfbarkeit* eines Programmsystems positiv beeinflußt, indem er die exakte Lokalisation von Fehlern ermöglicht. Einen weiteren Aspekt von *Integrität* werden wir später kennenlernen. Dieser betrifft die Vermeidung eines freien und unkontrollierten Zugriffs auf Ressourcen (Speicherbereiche, Variable) von verschiedenen Programmteilen aus. Daß dies ebenfalls zur besseren *Prüfbarkeit* beitragen kann, können wir aber schon jetzt verstehen: Denn wenn der Zugriff auf eine Ressource nur von einem gut überschaubaren Programmteil aus möglich ist und von diesem organisiert wird, dann werden irgendwelche Fehler, die bei diesem Zugriff gemacht werden, nur in jenem "zuständigen" Programmteil zu suchen sein.

Integrität und *Prüfbarkeit* sind gewissermaßen *innere* Eigenschaften eines Softwaresystems. Sie beziehen sich auf *interne* Fehler. Auf der anderen Seite wäre ein Softwaresystem aber ziemlich nutzlos, wenn es nicht auch allerlei *externen* Einflüssen ausgesetzt wäre. Zum Beispiel einem menschlichen Benutzer, der über eine Tastatur Eingaben macht und sich dabei nicht selten vertippt, oder einer Telekommunikationsleitung, die gelegentlich zusammenbricht, oder einem Drucker, der manchmal nicht angeschaltet ist und dem, wenn er angeschaltet ist, hin und wieder das Papier ausgeht, oder ..., oder ....

Wir dürfen nicht vergessen, daß Software nur eine Vermittlerrolle hat: Sie vermittelt zwischen einem Teil der realen Welt (einem *Realwelt-Ausschnitt*) und der Hardware des Rechnersystems. Sie soll die Hardware dazu veranlassen, diesem Realwelt-Ausschnitt irgendwelche nützlichen Dienste zu erbringen:

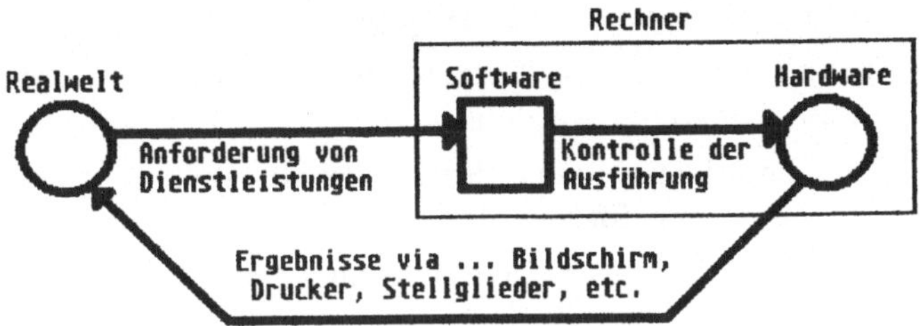

Wenn wir nun Rechner (bestehend aus Software und Hardware) und Realwelt als Teile eines Systems auffassen, so wird klar, daß sich der Begriff *Integrität* ohne weiteres auch auf die externen Beziehungen des Rechners übertragen läßt. Der Einfachheit halber, und um über eine praktische Situation reden zu können, nehmen wir an, daß die Realwelt aus einem Menschen besteht, der über Tastatureingaben, Bildschirm und Drucker mit dem Rechner kommuniziert. Wie es sich (für das Verhältnis zwischen Mensch und technischem Gerät) geziemt, sehen wir den Menschen als den *benutzenden* und den Rechner als den *benutzten* Teil des oben abgebildeten Systems. Mutatis mutandis können wir dann sagen, daß sich Mensch und Maschine vor den Fehlern des jeweils anderen "Partners" schützen müssen, um *integer* zu bleiben. Und zwar muß die Maschine als der *benutzte* Teil dem Menschen (also dem *benutzenden* Teil) unter Angabe von Gründen den Dienst verweigern dürfen, falls dessen Dienstanforderung nicht den für die Kommunikation zwischen Mensch und Maschine getroffenen Vereinbarungen entspricht. Außerdem muß die Maschine den Menschen davon in Kenntnis setzen, wenn sie wegen interner Probleme eine angeforderte Dienstleistung nicht erbringen kann. Diese internen Probleme können - wie oben am Beispiel der Divisionsprozedur demonstriert - durch Softwarefehler bedingt sein; sie können aber auch - und dieser Fall ist mindestens ebenso prekär - durch funktionsuntüchtige Hardware verursacht werden.

Natürlich ist es auf der Seite der Maschine im wesentlichen eine Aufgabe der Software, den Menschen über jeweils aufgetretene Fehler oder abnormale Zustände im Bereich der Hardware zu informieren. Ein Softwaresystem, welches dies leistet, ohne dabei - nach Möglichkeit - seinen Dienst komplett zu versagen, wird als *robust* bezeichnet. Allgemein wollen wir *Robustheit* als jene Qualität definieren, die einem Softwaresystem zukommt, wenn es - als Ganzes - sowohl gegenüber der Hardware des Rechners als auch gegenüber der von ihm bedienten Realwelt *Integrität* besitzt. Es versteht sich aber von selbst, daß sich dieses Qualitätsziel nur dann voll erreichen läßt, wenn die Hardware so konstruiert ist, daß ihre Fehlerzustände erkennbar sind.

Zur beispielhaften Verdeutlichung des Begriffs *Robustheit* nehmen wir an, daß der Mensch ein Textverarbeitungssystem benutzt, welches auf einem Mikrorechner läuft, der mit einem Diskettenlaufwerk als Externspeichermedium und mit einem Drucker ausgerüstet ist. Das Textverarbeitungssystem möge neben vielen anderen die folgenden Dienstleistungen anbieten:

Markieren: Damit kann durch das Setzen einer Anfangs- und einer Endmarke ein Textabschnitt abgegrenzt werden.

Cut-und-Paste: Damit kann ein markierter Textabschnitt "herausgeschnitten" und an anderer Stelle eingefügt werden.

Drucken: Ausdrucken des gerade bearbeiteten Textes auf dem angeschlossenen Drucker.

Speichern: Abspeichern des gerade bearbeiteten Textes auf der angeschlossenen Diskettenstation.

Laut Benutzungshandbuch darf die Cut-und-Paste-Operation nicht ohne vorherige Anwendung der Operation Markieren ausgeführt werden. Vom menschlichen Benutzer ist jedoch nicht zu erwarten, daß er sich immer an diese Regel hält. Wenn er es nicht tut und eine Cut-und-Paste-Operation verlangt, ohne einen Textabschnitt markiert zu haben, dann darf das nicht zu einem "Zusammenbruch" des Systems führen. Vielmehr muß das System seinen Benutzer auf die Nichtausführbarkeit der Cut-und-Paste-Operation aufmerksam machen und im übrigen in einem "konsistenten Zustand" bleiben beziehungsweise dorthin zurückkehren. Dies wäre im vorliegenden Fall etwa der Zustand, in dem sich das System vor der Anforderung der "illegalen" Operation befand.

Entsprechend wäre zu verlangen, daß ein Drucken-Kommando im Falle, daß der Drucker gar nicht angeschaltet ist oder kein Papier enthält, das System nicht zum Stillstand bringt. Die Software sollte die von der Drucker-Hardware ausgehenden Betriebssignale (beziehungsweise deren Fehlen) so interpretieren, daß sie dem Benutzer eine, die jeweilige Situation beschreibende Meldung macht und ihm die Möglichkeit geben kann, nach einem geeigneten Eingriff (z.B. Anschalten oder Papier einlegen) einen neuerlichen Versuch zu unternehmen. Im Prinzip die gleichen Bemerkungen gelten für jedes mit dem eigentlichen Rechner (der Zentraleinheit) verbundene Peripheriegerät. (Der Leser möge dies am Beispiel des Speichern-Kommandos nachvollziehen.)

Robustheit und *Integrität* sind - wie wir gesehen haben - zwei Seiten einer Medaille, welche *Fehler-Toleranz* heißt. (Gelegentlich nennt man diese Medaille auch *Zuverlässigkeit.*) Für große Softwaresysteme scheint uns diese Eigenschaft in der Tat wichtiger zu sein, als völlige Fehlerfreiheit.

6.2.2 Integrierbarkeit und die Folgen

Auch den Begriff der *Integrierbarkeit*, welcher den zweiten im Rahmen einer "Programmierung im Kleinen" für wichtig erachteten Aspekt von *Brauchbarkeit* bezeichnet, werden wir im folgenden einer differenzierteren Analyse unterziehen müssen. In Abschnitt 2.1.2 begnügten wir uns damit, *Integrierbarkeit* mit der Leichtigkeit des Einbaus einzelner Prozeduren in einem größeren Programm gleichzusetzen. Als entscheidende Voraussetzung hierfür haben wir eine saubere Dokumentation des Zwecks und der Parameter einer Prozedur herausgestellt. Nun, bezogen auf (große) Softwaresysteme, erhält dieser Begriff eine neue, größere Dimension.

Zunächst einmal haben wir es in diesem Rahmen an Stelle von Prozeduren mit Modulen und Komponenten zu tun (s.o.). Welche weiteren Aspekte und welches Gewicht, so ist zu fragen, hat *Integrierbarkeit* für diese Systembausteine? Eine Antwort ergibt sich aus einer einfachen Überlegung: Der mit der Entwicklung großer Systeme verbundene Arbeitsaufwand ist um so geringer, je mehr bereits vorhandene, im Laufe der Entwicklung früherer Systeme entstandene Bausteine, sei es direkt oder mit kleinen Modifikationen, übernommen oder - um unseren Begriff zu gebrauchen - *integriert* werden können. Die *Integrierbarkeit* der Bausteine eines Softwaresystems in andere Systeme hat also einen nicht zu unterschätzenden *ökonomischen* Effekt: Er macht die Systementwicklung billiger! Den so interpretierten *Integrierbarkeits*-Begriff präzisieren wir als *Wiederverwendbarkeit.*

Daß es überhaupt Sinn macht, *Wiederverwendbarkeit* als Qualitätseigenschaft großer Softwaresysteme (beziehungsweise der Module und Komponenten solcher Systeme) so stark zu betonen, zeigt die Beobachtung, daß in der Praxis der Softwareentwicklung "das Rad" gar nicht so selten "neu erfunden wird". Immer wieder wird Programmcode geschrieben, um beispielsweise einen Datenbestand zu durchzusuchen oder um - etwa bei der direkten Implementierung paralleler Prozesse - Prozesse zu synchronisieren, um Daten über Kanäle zu schicken, und so weiter. (Die Folge dieser Beispiele ließe sich noch lange fortsetzen.)

Zweifellos ist dies eine Vergeudung von Arbeitszeit, wenn man bedenkt, daß jeweils zumindest ähnlicher Code schon früher produziert wurde, vielleicht für ein anderes Projekt, vielleicht von einem (früheren) Kollegen. Und es brächte unter Umständen großen Gewinn, wenn man sich dieses Codes für das gerade anstehende Problem bedienen könnte. Günstige Voraussetzungen hierfür werden wir im weiteren Verlauf dieses Kapitels noch ausführlicher diskutieren. (Eine wichtige Maßnahme bleibt natürlich die schon in Abschnitt 2.1.2 erwähnte "saubere" Dokumentation.)

Wiederverwendbarkeit ist im wesentlichen eine Eigenschaft von Teilen. Wie aber steht es mit dem Softwaresystem als Ganzes? Hat *Integrierbarkeit* auch hierfür eine Bedeutung? Die Antwort ist "Ja", und zwar in zweierlei Hinsicht.

Erstens kann die *Brauchbarkeit* bestimmter Softwareprodukte dann außerordentlich verbessert werden, wenn sie mit anderen Softwareprodukten "zusammenarbeiten" können, um so noch größere und mächtigere Systeme zu bilden. Diese Art von *Integrierbarkeit* (eines Systems mit anderen Systemen) wird allgemein als *Kompatibilität* bezeichnet. Zum Beispiel wird die Leistungsfähigkeit eines Textverarbeitungssystems ganz sicher beträchtlich erhöht, wenn es auf von einem Datenbanksystem verwaltete Adressen und sonstige Informationen (Rechnungsnummern, Rechnungsbeträge, etc.) zurückgreifen kann. Es kann dann automatisch oder halb-automatisch Rechnungen oder Mahnungen an Kunden verschicken. Ferner wird es der Autor eines technischen Berichts sehr schätzen, wenn sein Textverarbeitungssystem Graphiken oder sonstige Abbildungen, die mit einem entsprechenden Softwareprodukt erzeugt wurden, in den eigentlichen Text einbinden kann. Die im Sinne dieser Beispiele verstandene *Kompatibilität* (d.h. die *Verträglichkeit*) verschiedener Systeme miteinander wird häufig durch die Vereinbarung von *Standards* hinsichtlich der Darstellung der von den jeweiligen Systemen produzierten und nach außen abgelieferten Daten (der "Datenformate") erreicht.

Zweitens ist zu berücksichtigen, daß Software an Hardware gebunden ist. Und wenn es sich speziell um "Anwendungs-Software" handelt, so kann man zur Hardware getrost das dazugehörige Betriebssystem hinzurechnen. Die Möglichkeit, eine gegebene Software mit einer anderen Hardware zu *integrieren*, sie auf eine andere Hardware (oder allgemeiner: in eine andere "Betriebsumgebung") zu *übertragen*, als die ursprünglich zugrundeliegende, nennen wir *Portabilität*.

Selbstverständlich kann sich diese Möglichkeit nicht auf den für den jeweiligen Hardware-Prozessor spezifischen Programmcode beziehen. Von einem in der Maschinensprache des Prozessors XY geschriebenen Programm ist nicht zu erwarten, daß es auf einem Prozessor ganz anderen Typs ebenfalls läuft. Es fragt sich aber, ob die Verwendung einer höheren Programmiersprache (wie z.B. MODULA-2) *Portabilität* nicht schon quasi "automatisch" garantiert, wenn nur jeweils geeignete Übersetzungsprogramme (Compiler) vorhanden sind. Leider ist dies nicht notwendigerweise der Fall. Um dies einzusehen, betrachten wir zwei verschiedene Hardware-Prozessoren, XY und AB, sowie die zugehörigen MODULA-2 - Compiler MOCO-XY und MOCO-AB, welche die Sprache MODULA-2 auf den Maschinen XY beziehungsweise AB - wie man sagt - "implementieren". Im allgemeinen gilt nun:

$$\text{XY-MODULA-2} \neq \text{AB-MODULA-2}.$$

Das Ungleichheitszeichen bedeutet: Es gibt mindestens ein MODULA-2-Programm,

> welches von MOCO-XY oder MOCO-AB als syntaktisch korrekt akzeptiert wird und auf der Maschine XY bzw. AB auch gemäß seiner Spezifikation läuft, das aber auf der jeweils anderen Maschine

* entweder von dem dort laufenden Compiler als syntaktisch nicht korrekt zurückgewiesen wird,
* oder zwar akzeptiert wird, aber bei der Ausführung ein ganz anderes Verhalten zeigt.

Die Gründe für diese Diskrepanz liegen auf der Hand:

(i) Der Compiler MOCO-XY erlaubt die Verwendung von Sprachelementen (z.B. die Bezeichner von Modulen oder Prozeduren, die in irgendwelchen Bibliotheken gesammelt sind), welche MOCO-AB nicht kennt.

(ii) Die Compiler nutzen bei der Umsetzung gleicher Sprachelemente jeweils spezifische Eigenschaften ihrer Maschinen so aus, daß ein unterschiedlicher Effekt entsteht.

(Es ist klar, daß MODULA-2 bei dieser Argumentation durch jede beliebige andere höhere Programmiersprache ersetzbar ist.) Damit ist ein Problem angedeutet, das auch durch eine *Standardisierung* höherer Programmiersprachen nicht vollständig gelöst werden kann. Es würde in diesem Buch freilich viel zu weit führen, wenn wir diese Problematik vertieft behandelten. Bemerkt sei nur, daß neben einer allgemein verbindlichen Festlegung der Syntax einer Programmiersprache auch deren Semantik eindeutig definiert werden müßte, und zwar unabhängig von jeder zugrundeliegenden speziellen Hardware. Davon, daß dies keine leichte Aufgabe ist, haben wir in Kapitel 4 einen kleinen Eindruck bekommen.

Unterschiede im Sprachumfang und in der konkreten Übersetzung einzelner Sprachelemente bei verschiedenen Compilern sind nicht die einzigen Schwierigkeiten, die manchem *Portierungs*projekt entgegenstehen. Gerade wenn es sich um reine Anwendungssoftware handelt, also um - sagen wir - eine Kollektion aufeinander bezogener Programme, welche sämtlich auf den Dienstleistungen der mit der Hardware verbundenen Betriebssoftware aufbauen, gerade dann kann es um die *Portabilität* besonders schlecht bestellt sein. Das liegt daran, daß zwei verschiedene Betriebssysteme im allgemeinen nicht exakt den gleichen Satz von Operationen anbieten (nicht übereinstimmende Syntax!) und daß wechselseitig sich entsprechende Operationen beider Systeme dennoch nicht exakt in der gleichen Weise ausgeführt werden (nicht übereinstimmende Semantik!). Besonders lästig sind in diesem Zusammenhang nicht selten die Operationen zur Ein- und Ausgabe von Daten oder Signalen über periphere Geräte (Drucker, Lesegeräte, externe Speicher, etc.). Viele Anwendungsprogramme machen ferner ausgiebigen Gebrauch von dem im weiteren Sinne auch zur Betriebssoftware gehörigen Dateiverwaltungssystem eines Rechners. Dieser Komponente liegt jeweils eine - von Betriebssystem zu Betriebssystem - unterschiedliche Organisation der externen Speicher zugrunde. Auch deshalb können bei *Portierungen* aufwendige Umstrukturierungsmaßnahmen notwendig werden.

Aber selbst wenn eine Anwendungssoftware (wie oben charakterisiert) nur von einer früheren Version eines Betriebssystems auf eine durch irgendwelche Modifikationen entstandene neue Version des gleichen Betriebssystems übertragen werden soll, kann es zu Schwierigkeiten kommen. Die Erklärung dieser Tatsache gibt uns eine Gelegenheit, sowohl eine weitere Bedeutung des Begriffs *Kompatibilität* zu erkennen, als auch vom Begriff der *Schnittstelle*, den wir schon im Vorspann des Abschnitts 2.1 kurz erwähnten, eine plastischere Vorstellung zu gewinnen.

Wir behaupten nämlich: Nur wenn die neue Version des Betriebssystems mit der alten Version *kompatibel* ist, wird man "über" dem früheren System laufende Anwendungssoftware ohne Änderungen übernehmen können. Offenbar verwenden wir das Wort "kompatibel" dabei in einem ganz anderen Sinne als oben. Wir reden hier davon, daß ein Softwaresystem mit einer früheren Version seiner selbst *kompatibel* ist. Was kann das heißen? Man erinnere sich: Ein Softwaresystem soll die Hardware zu nützlichen Diensten antreiben, die entweder menschlichen Benutzern unmittelbar, anderen Programmen (welche Teile eines anderen Systems sein können) oder innerhalb einer technischen Installation zu leisten sind. Etwas weniger exakt formulierend können wir diese Aussage darauf verkürzen, daß "die Software eine Reihe von Dienstleistungen erbringt". (So haben wir oben schon davon gesprochen, daß Anwendungssoftware die Dienstleistungen des Betriebssystems und des Dateiverwaltungssystems eines Rechners benutzt.)

Die Gesamtheit dieser Dienstleistungen, die Art und Weise wie sie angeboten werden, sowie die Modalitäten ihrer Nutzung bilden zusammen die (*Benutzungs-*)*Schnittstelle* des Softwaresystems. Die folgende Abbildung zeigt die Version P_0 eines solchen Systems und seiner Schnittstelle:

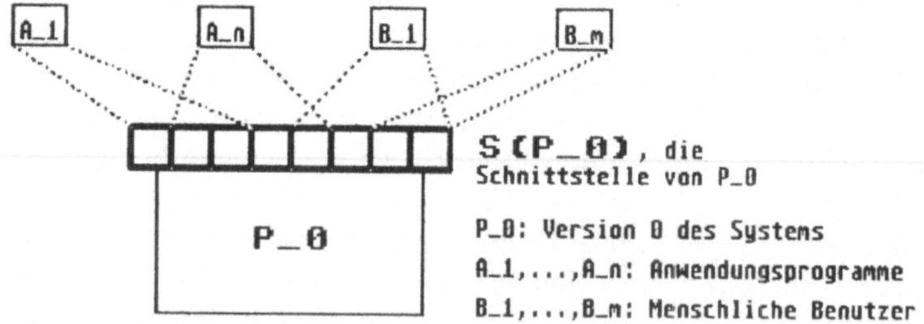

Gründe, die es angeraten sein lassen, dieses Softwaresystem zu einer Version P_1 weiterzuentwickeln, können unter anderen sein:

- Steigerung der Effizienz,
- Implementierung zusätzlicher Dienstleistungen,
- Änderungen der Hardware-Konfiguration.

Die Benutzungsschnittstelle von P_1 sei S(P_1). Wir definieren: P_1 heißt *kompatibel* (genauer: *aufwärts-kompatibel*) mit P_0, falls S(P_1) ⊃ S(P_0).

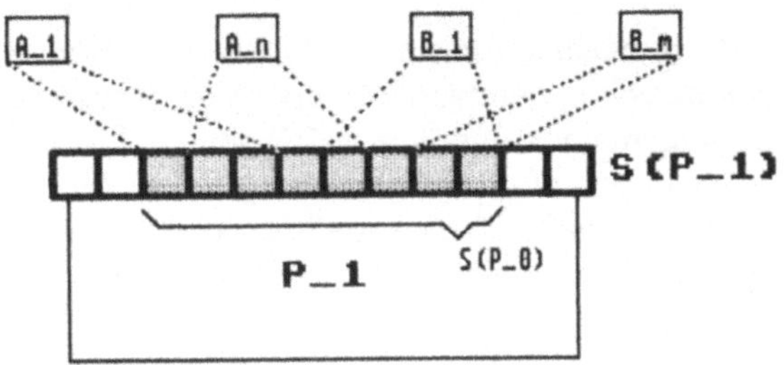

Das heißt:

(i) Alle Anwendungsprogramme, welche P_0 benutzten, können ohne jede Änderung auch P_1 benutzen, und

(ii) alle menschlichen Benutzer von P_0 können auch P_1 benutzen, ohne irgendetwas hinzulernen zu müssen.

Es liegt auf der Hand, daß auch die Merkmale *Kompatibilität* (mit beiden Bedeutungen) und *Portabilität* von großem ökonomischen Nutzen sind, und zwar sowohl für den Hersteller als auch für den Anwender von Softwaresystemen. Je besser zum Beispiel die *Portabilität* eines Softwareproduktes ist, umso weniger Arbeitsaufwand ist nötig, um dieses Produkt für weitere, zur Zeit seiner Entwicklung vielleicht noch gar nicht verfügbare Rechner anbieten zu können. Der Anwender auf der anderen Seite wird sich freuen, wenn er ein einmal angeschafftes Softwaresystem zukünftig mit anderen Systemen in einfacher Weise kombinieren kann; und es wird ein geldwerter Vorteil für ihn sein, wenn frühere Anwendungsprogramme über der neuen Version eines Betriebssystems oder eines Datenbank-Management-Systems ohne Änderungen verwendbar bleiben.

6.2.3 Wartbarkeit und die Folgen

Die Vorstellungen, welche sich mit dem dritten der in Kapitel 2 angesprochenen Qualitätsmerkmale, der *Wartbarkeit*, im Kontext großer Softwaresysteme verbinden, haben durchaus starke Bezüge zur bisher in diesem Abschnitt geführten Diskussion. In 2.1.3 haben wir *Wartbarkeit* in der Praxis gleichgesetzt mit "guter Qualität der programm-internen Dokumentation", einer Dokumentation, aus der Aufbau und Funktion eines Programms klar hervorgehen sollen. Daran ist gewiß festzuhalten. Inzwischen haben wir allerdings eine ganze Reihe von Gründen näher kennengelernt, derentwegen Softwaresysteme "gewartet" werden müssen. Beispielsweise zur Beseitigung bekanntgewordener Fehler. Mit diesem Wartungsgrund haben wir uns oben bereits auseinandergesetzt und seinetwegen von einem Softwaresystem und seinen Teilen die Eigenschaft der *Prüfbarkeit* verlangt. Und ein Weg hierzu führt, wie wir sahen, in der Tat über die in Kapitel 4 studierte Form der internen Dokumentation. Ein zweite Gruppe von Gründen ist uns beim Übergang von einer Version eines Softwaresystems zur nächsten begegnet. Diese Gründe weisen jeweils auf besondere Aspekte von *Wartbarkeit* hin, welche ihrerseits Spezialisierungen des Qualitätsmerkmals *Adaptierbarkeit* darstellen. Dies ist keineswegs erstaunlich, ergibt sich doch die Notwendigkeit neuer Versionen im allgemeinen aus dem allfälligen Bedürfnis, ein Softwaresystem an veränderte externe Anforderungen *anzupassen*. *Adaptierbarkeit* ist also eine Art "Stetigkeitseigenschaft": Kleine Änderungen der externen Anforderungen (der Spezifikation!) sollten auch nur kleine Änderungen der bereits existierenden Software bedingen. (Damit schließen wir aus, daß Unmögliches verlangt wird: Es macht zum Beispiel sicherlich keinen Sinn, ein Textverarbeitungssystem zu einem Datenbanksystem weiterzuentwickeln. *Adaptierbarkeit* hat also ihre Grenzen. Das Problem, welches sich im Zusammenhang mit unserer Charakterisierung als "Stetigkeitseigenschaft" stellt, betrifft die Bestimmung eines "Masses", das es uns gestattet, von kleinen oder großen Änderungen zu sprechen. Mit Problemen dieser Art ist die sogenannte "Software-Metrik" befaßt, vgl. z.B. [HAS].) Zur Illustration dieses sehr wichtigen Gesichtspunkts bedienen wir uns des für den aktuellen Zweck abgewandelten Beispiels aus Kapitel 5, der "Multiplikationstabelle" (vgl. auch [JA1]):

An der diesem Beispiel zugrundeliegenden Aufgabenstellung wird sich zunächst nichts ändern: "Es ist ein Programm zu schreiben, welches die Ausgabe einer Multiplikationstabelle für das kleine Einmaleins bewirkt. Die Tabelle soll in unterer Dreiecksform auf dem Bildschirm erscheinen." Nehmen wir an, dem Lehrling im Software-Haus "ADAPTOR&Co." wird die Ausführung dieses Auftrages anvertraut. Wie es der "Stift" in der Schule gelernt hat, nimmt er ein Stück Papier, und nach einigem Nachdenken skizziert er, schon sehr routiniert auf Kästchen und Rauten weitgehend verzichtend, das nebenstehende "Flußdiagramm" als Programmentwurf.

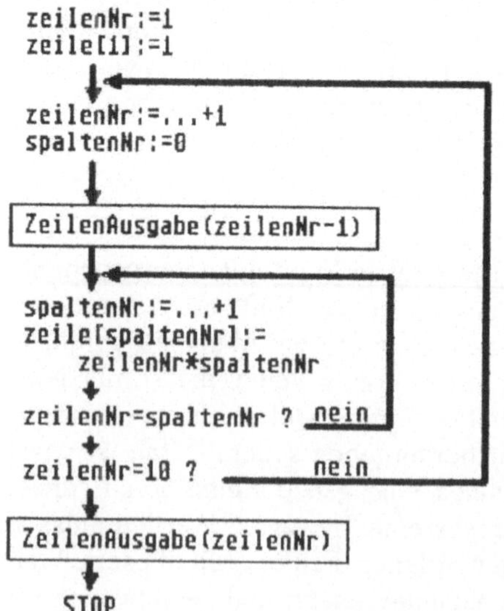

Man beachte: Nachdem er von seinem Chef auf einen Kurs über "Strukturierte Programmierung" geschickt wurde, hat sich unser Lehrling redlich bemüht, nur als "ordentliche" Schleifen programmierbare Umlenkungen des Kontrollflusses vorzusehen; auch hat er sich daran erinnert, daß es sehr nützlich ist, wenn man gewisse allgemeine Aufgaben

- wie hier die "ZeilenAusgabe" - durch gesonderte Unterprogramme erledigen läßt.

Darüber, welche Gedanken ihm bei der Anfertigung der obigen Skizze sonst noch gekommen sein mögen, wollen wir uns hier nicht auslassen. Immerhin, er weiß, wie man ein Flußdiagramm in ein MODULA-2 - Programm umsetzt, und begibt sich sofort an die Kodierungsarbeit. Dabei überlegt er sich, daß es - zur besseren Übersicht - womöglich sinnvoll ist, die jeweils in den beiden Schleifen durchlaufenen Anweisungen ebenfalls zu Unterprogrammen zusammenzufassen. Dies ist sein Resultat:

```
MODULE EinMalEinsA;
FROM InOut IMPORT WriteCard, WriteLn;
VAR  zeilenNr, spaltenNr: CARDINAL;
     zeile: ARRAY [1..10] OF CARDINAL;
PROCEDURE ZeilenAusgabe(letztNr: CARDINAL);
VAR  i: CARDINAL;
BEGIN
  FOR i:=1 TO letztNr DO WriteCard(zeile[i],4) END;
  WriteLn
END ZeilenAusgabe;

PROCEDURE MacheEintrag;
BEGIN
  spaltenNr:=spaltenNr + 1;
  zeile[spaltenNr]:=zeilenNr*spaltenNr
END MacheEintrag;

PROCEDURE MacheZeile;
BEGIN
  zeilenNr:=zeilenNr + 1;
  spaltenNr:=0;
  ZeilenAusgabe(zeilenNr-1);
  REPEAT
    MacheEintrag
  UNTIL spaltenNr = zeilenNr
END MacheZeile;

BEGIN (* EinMalEinsA *)
  zeilenNr:=1;
  zeile[1]:=1;
  REPEAT
    MacheZeile
  UNTIL zeilenNr = 10;
  ZeilenAusgabe(zeilenNr)
END EinMalEinsA.
```

Bei seinem Chef, der nur oberflächlich hinschaut (und dabei die zahlreichen Verstöße gegen unsere - in Kapitel 2 aufgestellten - Regeln guten Stils, geschweige denn die noch gravierenderen Mängel gar nicht wahrnimmt), findet dieses Programm zunächst Anklang, und der Auftraggeber ist für's erste auch zufrieden, da er die Multiplikationstabelle auf dem Bildschirm seines Rechners wie gewünscht zu sehen bekommt.

Nach einiger Zeit freilich gefällt unserem Kunden die Form, in der ihm die Tabelle präsentiert wird, nicht mehr. Anstatt in unterer möchte er sie nun in oberer Dreiecksform haben. Er wendet sich also an ADAPTOR&Co. und bittet um eine entsprechende Änderung, in der Erwartung, daß diese ja keinen großen Aufwand machen wird. Außerdem weist er den Chef des Software-Hauses darauf hin, daß auch in Zukunft mit Modifikations- und Erweiterungswünschen seinerseits zu rechnen sei. Zum Beispiel, so sagt er, könnte es sich als günstig erweisen, die Tabelle in Rechteckform zu bringen oder ihren Anwendungsbereich auf das große Einmaleins auszudehnen. Man solle sich schon jetzt darauf einstellen.

Natürlich wird wieder der Lehrling mit dem Änderungsauftrag betraut. Der Stift grübelt lange und kommt endlich zu dem Schluß, daß ein völlig neues Programm entworfen und geschrieben werden muß. Er teilt die Entscheidung seinem Chef mit. Dieser wird darob sehr mißtrauisch und läßt sich das ursprüngliche Programm zeigen. Abgesehen von schon erwähnten Stil-Mängeln (die zu lokalisieren auch der Leser aufgefordert ist) fallen ihm nunmehr - bei genauerer Betrachtung - noch weitere Merkwürdigkeiten und Ungereimtheiten auf. Unter anderem sind dies:

- Die Sonderbehandlung des ersten Tabellenelementes und die Tatsache, daß
- die Prozedur "ZeilenAusgabe" mit jeweils verschiedenen aktuellen Parameterausdrücken aufgerufen wird.

Sein besonderes Mißfallen aber erregt das Durcheinander beim Zugriff auf die global vereinbarten Variablen "zeilenNr", "spaltenNr" und "zeile":

- Veränderungen des Inhalts dieser Variablen werden aus jeweils mehreren Teilen des Programms vorgenommen.

Mit einer einfachen Skizze (deren graphische Elemente selbsterklärend sind) macht er seinem Lehrling den Sachverhalt deutlich:

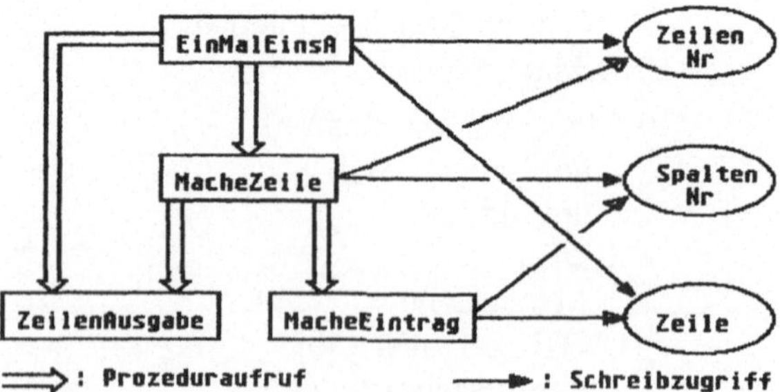

Und er empfiehlt ihm, beim nächsten Entwurf die folgenden Ratschläge zu beherzigen:

- Organisiere dein Programm wie einen arbeitsteiligen, hierarchisch gegliederten Produktionsbetrieb,
- dessen Abteilungen den Teilen des herzustellenden Produktes entsprechen:
  + Das Produkt Tabelle wird beim "Chef" (dem "Hauptprogramm") bestellt.
  + Dieser gibt Zeile für Zeile bei einem "Zeilenmacher" (der Prozedur "MacheZeile") in Auftrag.
  + Für die Produktion einer Zeile beansprucht der "Zeilenmacher" zunächst je Spalte die Dienste
    * eines "Rechenknechtes" (der Prozedur "TabellenEintrag") zur Berechnung eines Tabellenelementes, und danach die Dienste
    * eines "Zeilenausgebers" (der Prozedur "ZeilenAusgabe") zur Darstellung einer Zeile auf dem Ausgabemedium (zur Verpackung des Produktes gewissermaßen).

Die Aufruf- und Zugriffsstruktur des neuen Programms "EinMalEinsB" sollte demgemäß die folgende Gestalt haben:

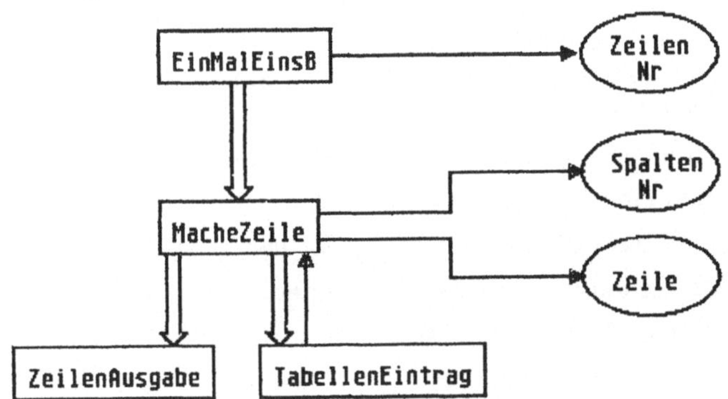

(Dabei bedeutet der einfache Pfeil von "TabellenEintrag" zu "MacheZeile", daß "TabellenEintrag" Daten an "MacheZeile" liefert.)

Unter Beachtung einiger Stil-Regeln produziert unser ehrgeiziger und lernfähiger Auszubildender daraufhin sein zweites MODULA-2 - Programm:

```
MODULE EinMalEinsB;
FROM InOut IMPORT WriteCard, WriteString, WriteLn;
CONST TabgrC = 10; Blank4C = "    ";
TYPE  ZeilenTyp = ARRAY [1 . . TabgrC] OF CARDINAL;
VAR  zeilenNr, spaltenNr: CARDINAL;
      zeile: ZeilenTyp
PROCEDURE ZeilenAusgabe(erstNr, letztNr: CARDINAL);
VAR  i:CARDINAL;
```

```
BEGIN
   FOR i:=1 TO erstNr-1 DO WriteString(Blank4C) END;
   FOR i:=erstNr TO letztNr DO WriteCard(zeile[i],4) END;
   FOR i:=letztNr+1 TO TabgrC DO WriteString(Blank4C) END;
   WriteLn
END ZeilenAusgabe;

PROCEDURE TabellenEintrag: CARDINAL;
BEGIN
   RETURN zeilenNr*spaltenNr
END TabellenEintrag;

PROCEDURE MacheZeile;
BEGIN
   FOR spaltenNr:=1 TO zeilenNr DO
      zeile[spaltenNr]:=TabellenEintrag
   END (*FOR*);
   ZeilenAusgabe(1,zeilenNr)
END MacheZeile;

BEGIN (* EinMalEinsB *)
   FOR zeilenNr:=1 TO TabgrC DO MacheZeile END
END EinMalEinsB.
```

Und präsentiert es voll Stolz seinem Chef, nicht ohne darauf hinzuweisen, daß

- alle Zeilen nun einheitlich behandelt werden,
- Schreibzugriffe auf die Variablen streng lokalisiert sind,
- die Prozedur "ZeilenAusgabe" verallgemeinert wurde und daß
- die Ausgabe einer Zeile dort veranlaßt wird, wo die Zeile hergestellt wird.

Er macht darauf aufmerksam, daß die vom Kunden vorgenommene Änderung der Spezifikation sich durch eine sehr geringe Modifikation einer einzigen Prozedur erfüllen läßt. In der Prozedur "MacheZeile" nämlich sind lediglich

- andere Grenzen der Laufanweisung und
- andere Parameter für die Zeilenausgabe

einzutragen:

```
PROCEDURE MacheZeile;
BEGIN
   FOR spaltenNr:=zeilenNr TO TabgrC DO . . . END (*FOR*);
   ZeilenAusgabe(zeilenNr, TabgrC)
END MacheZeile;
```

Ein Lob für diese Arbeit bleibt nicht aus. Doch dann bemerkt der Chef, daß seine Ratschläge offenbar doch noch nicht gründlich genug durchdacht und daher auch nicht voll angewandt wurden. Wenn das Programm wie ein Produktionsbetrieb organisiert wird, dann sollte man auch bedenken, daß

- jede Abteilung des Betriebs (hier: jede Prozedur) ihre eigenen Ressourcen (hier: Speicher bzw. Variable) hat, für deren Verwendung sie allein verantwortlich ist (hier: auf die sie allein Schreibzugriff hat oder für die sie den Schreibzugriff delegieren kann), und daß daher
- keine Abteilung wissen sollte, wie die jeweils anderen Abteilungen ihre Aufgaben erledigen. Im Beispiel bedeutet dies insbesondere:
  + Der "Chef" (das Hauptprogramm) teilt dem "Zeilenmacher" (der Prozedur "MacheZeile") lediglich die Nummer der anzufertigenden Zeile mit.
  + Der "Zeilenmacher" gibt dem "Rechenknecht" (der Prozedur "Tabellen-Eintrag") lediglich die Informationen, welche nötig sind, um das jeweils gewünschte Element zu produzieren.
  + Wie das neu einzutragende Element errechnet wird, ist dem "Zeilenmacher" völlig gleichgültig.
  + Es ist ihm auch gleichgültig, wie der "Zeilenausgeber" (die Prozedur "ZeilenAusgabe") seinen Job erledigt. Er gibt diesem lediglich die Zeile und legt das auszugebende Zeilenstück fest.

Nach dieser Ermahnung erinnert sich unser Programmier-Lehrling daran, daß

- Parameter unter anderem dazu verwendet werden können, um "Datenobjekte" und allerlei Informationen zum Zwecke weiterer Bearbeitung an eine Prozedur zu übergeben, und daß
- die von einer Prozedur A verantworteten Speicherbereiche (Variablen) am besten innerhalb dieser Prozedur deklariert werden. Damit wird erstens verhindert, daß eine nicht von A umschlossene (d.h. nicht im Scope von A liegende) Prozedur auf diese Speicherbereiche schreibend zugreift, wenn es ihr nicht explizit per VAR-Parameterübergabe gestattet wird. Zweitens kann A auf diese Weise auch kontrollieren, wer in den ihr zugeordneten Speicherbereichen lesen kann.

Sein drittes MODULA-2 - Programm macht daher schon einen recht professionellen Eindruck:

```
MODULE EinMalEinsC;
FROM InOut IMPORT WriteCard, WriteString, WriteLn;
CONST TabgrC = 10; ZeilLgC = 10;
TYPE  ZeilenTyp = ARRAY [1 . . ZeilLgC] OF CARDINAL;
VAR  zeilenNr: CARDINAL;

PROCEDURE ZeilenAusgabe(erstNr, letztNr: CARDINAL;
                              zeile: ZeilenTyp);
CONST Blank4C = "    ";
```

```
VAR i:CARDINAL;
BEGIN
   FOR i:=1 TO erstNr-1 DO WriteString(Blank4C) END;
   FOR i:=erstNr TO letztNr DO WriteCard(zeile[i],4) END;
   FOR i:=letztNr+1 TO ZeilLgC DO WriteString(Blank4C) END;
   WriteLn
END ZeilenAusgabe;

PROCEDURE TabellenEintrag(zNr, sNr:CARDINAL):CARDINAL;
BEGIN
   RETURN zNr*sNr
END TabellenEintrag;

PROCEDURE MacheZeile(zNr);
VAR spaltenNr: CARDINAL;
      zeile: ZeilenTyp;
BEGIN
   FOR spaltenNr:=1 TO zNr DO
      zeile[spaltenNr]:=TabellenEintrag(zNr,spaltenNr)
   END (*FOR*);
   ZeilenAusgabe(1,zNr,zeile)
END MacheZeile;

BEGIN (* EinMalEinsC*)
   FOR zeilenNr:=1 TO TabgrC DO MacheZeile(zeilenNr) END
END EinMalEinsC.
```

Der Chef zeigt sich befriedigt darüber, daß - basierend auf dieser Version - nicht nur die aktuelle Spezifikationsänderung, sondern auch die vom Kunden für die Zukunft avisierten Wünsche durch relative kleine Modifikationen des Programmtextes erfüllt werden können. Mit anderen Worten: Das Programm "EinMalEinsC" besitzt die Eigenschaft, relativ leicht *adaptierbar* zu sein.

(Selbstverständlich ist der Leser auch hier aufgefordert, die notwendigen Anpassungen selbst vorzunehmen. Zur Übung möge er sich andererseits fragen, wie gut das obige Programm in Hinblick auf das Qualitätsmerkmal *Integrität* ist! Sollte er zu dem Schluß kommen, daß es in dieser Hinsicht nicht den Erwartungen entspricht, so möge er eine Version "...D" produzieren, die seinen gewachsenen Ansprüchen gerecht wird.)

Wir haben dieses Beispiel deshalb so gründlich (und in krassem Gegensatz zu der in Kapitel 5 vorgeführten Vorgehensweise) behandelt, weil es - gewissermaßen "in der Nußschale" - einen wichtigen Leitgedanken für den Entwurf von Softwaresystemen demonstriert: Die Schaffung von "Organisationseinheiten" mit genau festgelegten Rechten und Pflichten, mit dem diesen Rechten und Pflichten entsprechenden exklusiven Zugang zu Informationen und mit der ausschließlichen Verantwortung für die Verarbeitung oder Darstellung dieser Informationen.

Es mag dem Leser dämmern, daß die Beachtung dieses und weiterer Prinzipien nicht nur auf das Qualitätsmerkmal *Adaptierbarkeit* günstige Auswirkungen hat, sondern auch einige andere der bereits diskutierten Eigenschaften (welche?) verstärkt. Da wir darauf in diesem Kapitel noch ausführlicher eingehen werden, verzichten wir an dieser Stelle auf weitere Erklärungen.

Zum vierten Aspekt von *Brauchbarkeit*, zur *Effizienz*, können wir vom Standpunkt des Entwicklers großer Softwaresysteme nicht mehr beitragen, als wir dies in Kapitel 2 von der Warte des Programmieres "im Kleinen" bereits getan haben. Nach wie vor gilt, daß *Effizienz* eine Sache der geschickten Auswahl von Datenstrukturen und Algorithmen ist. Dieses Faktum erhält noch etwas mehr Gewicht dadurch, daß große Softwaresysteme es nicht selten auch mit großen Datenbeständen zu tun haben, die im allgemeinen auf externen Datenträgern (Platten, Bänder) untergebracht sind. Die Organisation dieser Daten und die Planung des Zugriffs auf sie sind daher außerordentlich wichtige Aufgaben, wenn strenge Anforderungen beispielsweise hinsichtlich der Dauer der Bearbeitung einer Anfrage an ein Datenbanksystem gestellt werden. Es würde jedoch den diesem Buch gesetzten Rahmen sprengen, wenn wir auf diese Problematik im einzelnen eingingen.

Wir können somit die zu Beginn dieses Abschnitts gestellte Frage (1) nach den vier Aspekten der *Brauchbarkeit* als erledigt betrachten.

6.2.4 Benutzungsfreundlichkeit

Frage (2) impliziert die Vermutung, daß es mindestens noch einen weiteren, bisher nicht beachteten, aber für viele große Softwaresysteme dennoch wichtigen Gesichtspunkt gibt. Daß dies in der Tat der Fall ist, haben wir schon in der Vorrede zu Kapitel 2 angedeutet. Es handelt sich um das Qualitätsmerkmal

BENUTZUNGSFREUNDLICHKEIT.

Dieser Begriff bezieht sich im wesentlichen auf die sogenannte *Benutzungsoberfläche* eines Softwaresystems. Ganz allgemein verstehen wir darunter die Art und Weise, wie ein menschlicher Benutzer die Dienstleistungen des Systems erhält. Dazu gehören die Möglichkeiten der Dienstleistungsanforderung ebenso wie die Präsentation von Ergebnissen der Dienstausführung. Je nachdem, wieviel Mühe ein Mensch bei dieser "Kommunikation mit der Maschine" aufwenden muß, spricht man von mehr oder weniger *Benutzungsfreundlichkeit*. Auch hier (wie schon bei einigen der oben diskutierten Qualitätsmerkmale) besteht die Krux darin, ein Maß für diese Mühe zu finden.

Benutzungsfreundlichkeit ist ein besonders wichtiges Kriterium für die Beurteilung von Software-Produkten, welche von vielen Menschen als Werkzeuge für die tägliche Arbeit eingesetzt werden. Dazu fallen uns natürlich zunächst die "klassischen" Standardanwendungen von Mikrorechnern (den Persönlichen Computern, PC) ein, wie Textverarbeitung (und ihre hochkarätige Variante "Desktop Publishing"), Tabellenkalkulation (englisch: "Spreadsheet") und Datenverwaltung. Aber auch in anderen Bereichen kann die Brauchbarkeit eines Softwaresystems ganz entscheidend von seiner *Benutzungsoberfläche* abhängen. Man denke etwa an die computergestützte Überwachung der technischen Abläufe in einem Atomkraftwerk oder daran, daß in modernen Verkehrsflugzeugen der Flugingenieur dadurch "eingespart" wird, daß den Piloten alle relevanten Informationen über den Zustand der Bordsysteme auf einem Bildschirm dargestellt werden.

Diese (und viele ähnliche) Fälle verallgemeinernd ist festzuhalten, daß *Benutzungsfreundlichkeit* insbesondere für solche Softwaresysteme gefragt ist, die mit ihren menschlichen Benutzern *interagieren*, mit ihnen einen *Dialog* führen. Bei der Ausführung der Dienste derartiger (Dialog-) Systeme sind regelmäßige Eingriffe des Menschen notwendig, und es kommt darauf an, daß Mißverständnisse seitens des Menschen so weitgehend wie möglich vermieden werden und daß dessen Reaktionen unter keinen Umständen zu unerwünschten oder gar fatalen Reaktionen des Rechners führen.

Diese letzte Bemerkung ist im übrigen gleichbedeutend mit der Feststellung, daß ein an seiner *Benutzungsoberfläche* nicht *robustes* Softwareprodukt ganz sicher auch nicht *benutzungsfreundlich* ist! Diese Behauptung wird gewiß jeder bestätigen, der es (vielleicht in den Anfangszeiten des "Personal Computing") einmal erlebt hat, daß sich eine mehrseitige Schreibarbeit in Nichts auflöste, weil sein (zu früh auf den Markt gebrachtes) Textbearbeitungssystem die Eingabe eines bestimmten Kommandos gerade nicht für akzeptabel befand. (Der Leser erinnere sich an die Diskussion des Qualitätsmerkmals *Robustheit* weiter oben.)

Die "humanen" Aspekte der *Benutzungsfreundlichkeit* von Softwaresystemen sind immerhin so interessant, daß deren Erforschung und ihre Umsetzung in die Praxis zu einer im Rahmen von Informatik und Computertechnik eigenständigen Disziplin, der *Software-Ergonomie*, herangewachsen sind (vgl. etwa [SCH]). Es ist das erklärte Ziel der Vertreter dieser Fachrichtung, Softwaresysteme handhabbarer zu machen, sie so zu gestalten, daß es keines langwierigen Studiums bedarf, um sich ihrer bedienen zu können, daß ihre Benutzung Vergnügen bereitet und daß sie nicht über Gebühr ermüdend ist. Es geht also darum (ähnlich wie im Falle greifbarer technischer Geräte), die Software-Produkte den menschlichen Fähigkeiten und Bedürfnissen anzupassen und ihnen - in diesem Sinne - möglichst einfache *Benutzungsoberflächen* zu verschaffen.

An einem (gezwungenermaßen wiederum sehr kleinen) Beispiel wollen wir uns mit einigen dieser "humanen" Aspekte vertraut machen. Wir betrachten ein Programm, welches die cartesischen Koordinaten eines Punktes in der Ebene umrechnet in seine Polarkoordinaten und umgekehrt. In einer ersten Version führt dieses Programm - unmittelbar nachdem es gestartet wird - den folgenden (hier als Sequenz von Bildschirmausschnitten wiedergegebenen) Dialog: (Das schwarze Rechteck ist die Schreibmarke, der "Cursor", und der Benutzer ist offenbar aufgefordert, Eingaben über die Tastatur zu machen. Rechts ist jeweils die in der dargestellten Situation getätigte Eingabe vermerkt.)

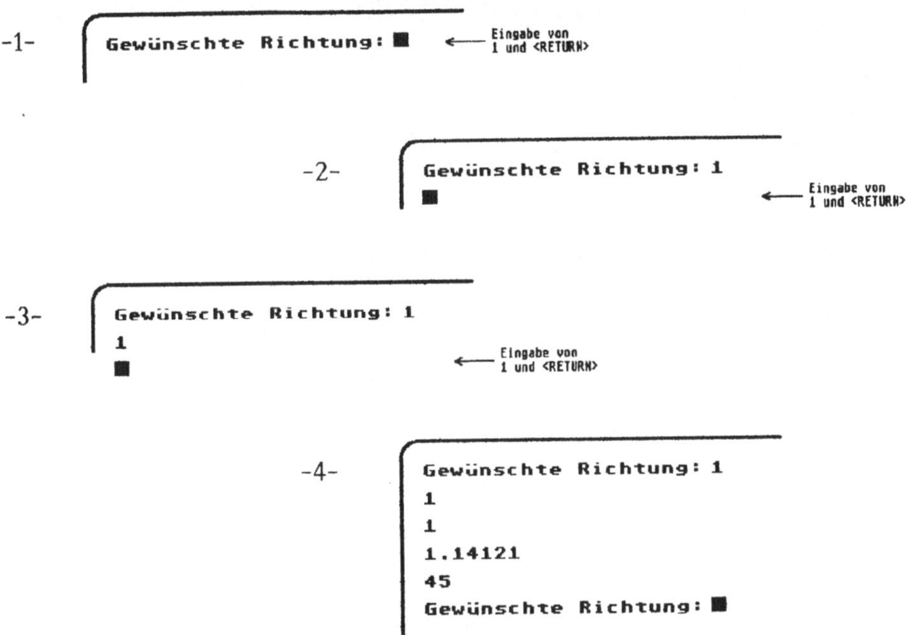

Nur der Autor dieses Programmes selbst oder jemand, der den Programmtext sehr genau studiert hat, wird in der Lage sein, sowohl die durch die Schreibmarke repräsentierten Anfragen des Programms mit gültigen Eingaben zu beantworten, als auch den daraufhin produzierten Output zu interpretieren. Für den nicht Eingeweihten ist das Programm offenbar völlig wertlos. Schauen wir uns daher den Dialog an, der von einer nächsten, mit dem Ziel größerer *Benutzungsfreundlichkeit* verfaßten Version des Programms geführt wird:

-1-

```
Koordinaten-Umrechnung
1: cartesische K. -> Polarkoord.
2: Polarkoord. -> cartesische K.
0: Programmende

Ihre Wahl: ■                          <-- Eingabe von 1 und <RETURN>
(Bitte alle Eingaben mit
<RETURN> abschließen.)
```

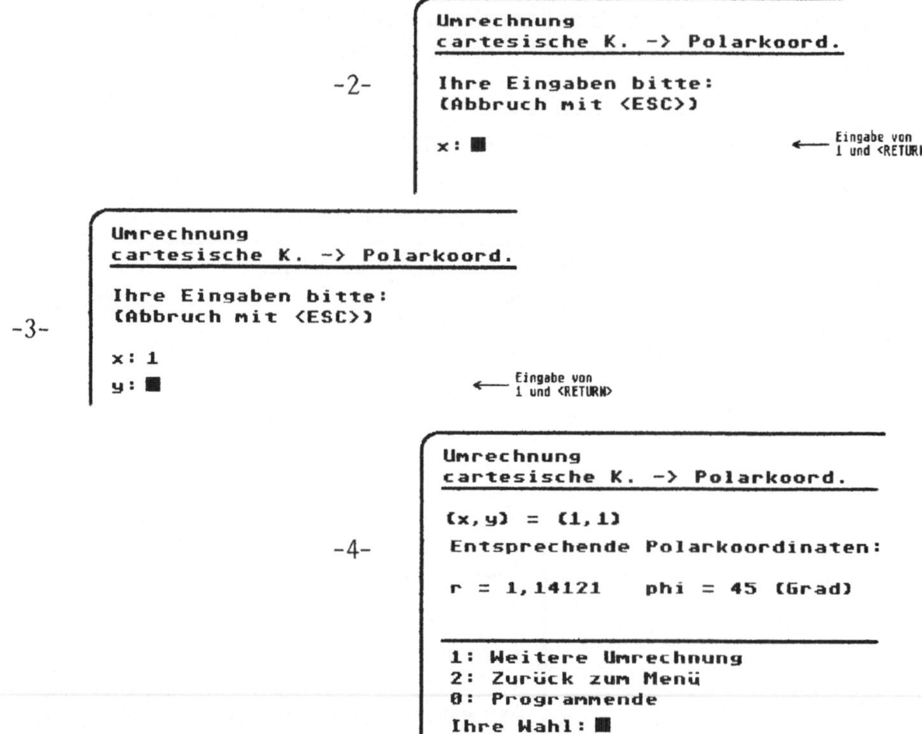

Die Unterschiede im nach außen sichtbaren Verhalten der beiden Programmversionen sind augenfällig genug. Wir bemerken, daß sich die zweite Version im Vergleich mit der ersten durch die folgenden Eigenschaften auszeichnet:

- Dem Benutzer wird klar gesagt, welche Leistungen das Programm anbietet und wie er diese Leistungen verlangen kann. Eine solche Aufzählung der Leistungen eines Programms wird üblicherweise als "Menü" bezeichnet.
- Der Benutzer wird nicht im Unklaren darüber gelassen, "wo er sich befindet": Er wird durch einen schriftlichen Hinweis darauf aufmerksam gemacht, welche Arbeit das Programm jeweils ausführt.
- In jeder Dialogsituation wird der Benutzer davon in Kenntnis gesetzt, welche Eingaben welchen Effekt haben.
- Es besteht jederzeit die Möglichkeit, die gerade laufende Aktivität abzubrechen. (Hier entweder die Auswahl aus einem Leistungsangebot oder die Ausführung einer Leistung selbst.)

Man darf vermuten, daß dieses Programm noch einige andere "freundliche" Charakterzüge hat, welche durch die obigen Bilder nicht illustriert werden konnten.

Zum Beispiel sollte es die in einer bestimmten Situation nicht erlaubten Tastatureingaben entweder einfach ignorieren (etwa bei der Menüauswahl) oder aber einen Fehlerhinweis geben sowie die Gelegenheit, den Fehler zu korrigieren (bei der Eingabe der Koordinatenwerte). (Vgl. unsere Ausführungen zur *Robustheit* !)

In [NIV] werden einige allgemeine Regeln für die Gestaltung der dialoghaften Interaktion mit Softwaresystemen formuliert, die wir hier - mit geringen Modifikationen - auszugsweise zitieren wollen:

> "Ein interaktives Softwaresystem soll sein Leistungsangebot strukturiert präsentieren."
>
> "Anfang und Ende sollen eindeutig markiert werden."
>
> "Der Benutzer soll aus dem Leistungsangebot beliebig auswählen können."
>
> "Die Ausführung von Leistungen und Teilleistungen soll sowohl wiederholbar sein als auch ausgelassen werden können."
>
> "Der Benutzer soll jederzeit auf legale Weise abbrechen können."
>
> "Der Benutzer bestimmt, wann eine weitere Leistung ausgeführt werden soll."

Diese Regeln können als Korollare zu der folgenden allgemeinen Forderung an interaktive technische Systeme aufgefaßt werden:

> "Nicht die Maschine (das Programm) diktiert das Geschehen, sondern - in jedem Fall und zu jeder Zeit - einzig und allein der die Maschine benutzende Mensch."

Für Dialogsysteme ist dieser Anspruch nebst seinen speziellen Korollaren nur zu verwirklichen, wenn der Entwickler solcher Systeme ihren Benutzern jederzeit eine Antwort auf die folgenden, ebenfalls in [NIV] gestellten Fragen, gestattet:

"Wo bin ich?"

"Was kann ich hier tun?"

"Wie kam ich hierhin?"

"Wo kann ich hin und wie komme ich dorthin?"

Heutzutage stehen für die Realisierung interaktiver Softwaresysteme professionelle und sogar standardisierte *Benutzungsoberflächen* in Form von jeweils zusammengehörigen Prozeduren und Funktionsprozeduren zur Verfügung, welche auf dem Bildschirm zum Beispiel das Modell einer Schreibtischoberfläche ("Desktop", also eine *Oberfläche* im wahren Sinne des Wortes!) erzeugen, auf der Ein- und Ausgabebereiche als "Schriftstücke" über- oder untereinandergeschoben werden können. Und auf die Gewohnheiten des Schreibtischarbeiters wird dadurch Rücksicht genommen, daß ihm vertraute Gegenstände, wie Ablage, Papierkorb oder Radiergummi, durch entsprechende Bilder (engl. "Icons") anschaulich symbolisiert werden. Für die Manipulation der Objekte auf seinem "Schreibtisch" hat er ein per Hand nachführbares Zeigeinstrument (meist eine "Maus"), mit dem er Objekte auswählt, sie ergreift und zum Beispiel auf das Papierkorbsymbol schiebt (womit sie dann von der Oberfläche verschwinden). Grundvoraussetzung für die Bereitstellung solch komfortabler graphischer *Benutzungsoberflächen* ist wiederum der Fortschritt im Bereich der Hardware, und hier insbesondere bei der Bildschirm-Technologie.

Wie schon in anderen Fällen, müssen wir - um die diesem Buch gesetzten Grenzen nicht zu überschreiten, die Diskussion des Themas *Benutzungsfreundlichkeit* an dieser Stelle abbrechen. (Der Leser mag es bei der praktischen Arbeit mit der auf seinem eigenen Rechner laufenden Standard-Software weiterverfolgen!) Festzuhalten ist aber eine für die Strukturierung großer Softwaresysteme besonders wichtige Einsicht: Im "Produktionsbetrieb" Softwaresystem enthält die Gesamtheit der Prozeduren und Funktionsprozeduren zur Gestaltung der *Benutzungsoberfläche* gewissermaßen die für die "Auftragsannahme" und für die "Verpackung" der Produkte zuständigen Organisationseinheiten.

6.2.5 Software Engineering

Wir sind noch eine Antwort schuldig auf die dritte der Fragen, welche zu Beginn dieses Abschnitts formuliert wurden. Zur Erinnerung: Gibt es Qualitätsmerkmale (in Bezug auf große Softwaresysteme), die sich nicht aus der allgemeinen Forderung nach *Brauchbarkeit* herleiten lassen? Unsere Antwort hierauf ist "JA". Wenn wir von Brauchbarkeit reden, so meinen wir doch das fertige, im Einsatz befindliche Produkt. Und üblicherweise interessiert sich der Käufer eines Produktes nur für diesen Aspekt. Der Ingenieur hingegen muß auch den Prozeß der Produktentstehung selbst berücksichtigen. So können wir uns im Extremfall durchaus brauchbare Produkte vorstellen, die sich gar nicht herstellen lassen. Es gibt Beispiele (etwa aus dem militärischen Bereich) von großen Softwaresystemen, die man sich wohl ausdachte, deren Realisierung dann aber aufgegeben wurde. Man hatte eingesehen, daß sie zu komplex würden, als daß ihr Bau noch beherrschbar sein könnte und guten Gewissens verantwortbar.

Dies führt uns direkt zu jenem Begriff, auf den Frage (3) hinweist: *Machbarkeit*. Um hieraus Qualitätseigenschaften eines Softwareproduktes herleiten zu können, muß man sich jedoch zusätzlich vor Augen halten, daß ein Softwareprodukt mehr ist als der letztlich entstehende Programmcode. Tatsächlich ist es ein ganzes Bündel verschiedenartiger Dokumente. Insbesondere zählen darunter jene, welche die Spezifikation und den Entwurf beschreiben. Wir haben in Abschnitt 6.1 darauf hingewiesen, daß die Herstellung großer Softwaresysteme in der Regel einen Aufwand in der Größenordnung von vielen Personenjahren erfordert und daß im Team gearbeitet werden muß, wenn gesetzte Lieferfristen eingehalten werden sollen. Ein Problem des Managements besteht also unter anderem darin, den Mitgliedern eines Teams Teilaufgaben zuzuweisen und deren Ausführung zu koordinieren. Spezifikation und Entwurf müssen die Voraussetzungen zur Lösung dieses Problems schaffen. Eine zweite Erinnerung an unsere Vorrede zu Abschnitt 6.1 legt das entscheidende Stichwort hierfür nahe: *Modularität* Da es im folgenden noch hinreichend Gelegenheit geben wird, die Facetten dieses Qualitätsmerkmals auszuleuchten, verzichten wir an dieser Stelle auf eine weitere Diskussion. Nur soviel: Es wird sich zeigen, daß die meisten der oben aus der Forderung nach *Brauchbarkeit* abgeleiteten äußeren Eigenschaften eines Softwaresystems durch die innere Qualität der *Modularität* bedingt sind.

Der Begriff *Machbarkeit* führt uns nun seinerseits zu einem Thema, welches zunächst ganz allgemein mit der Planung und Abwicklung technischer Großprojekte zu tun hat: Bei ihrer Planung betrifft es das schwierige Problem der Schätzung von Dauer und Kosten solcher Projekte, und bei der Projektabwicklung die nicht minder schwierige Einhaltung des jeweils gegebenen Zeit- und Kostenrahmens. Beides, also Zeit- und Kostengesichtspunkte, in den Griff zu bekommen, ist im Falle software-technischer Großprojekte das Hauptanliegen des *Software-Engineering*, einer Disziplin, auf die sich seit etwa dem Ende der sechziger Jahre die Aufmerksamkeit zahlreicher Informatiker konzentriert.

Damals waren die ersten Rechner der sogenannten "3. Generation" schon einige Zeit auf dem Markt. Deren Prozessorleistung und Speicherkapazitäten waren bereits so beachtlich, daß es äußerst unwirtschaftlich schien, sie mit den bis dahin üblichen einfachen Betriebssystemen für die Verarbeitung von Lochkartenstapeln auszurüsten. Die damals neuen Betriebssysteme mußten vielmehr in der Lage sein, die gleichzeitige bzw. quasi-gleichzeitige Abarbeitung mehrerer Programme zu ermöglichen und die Kommunikation mit vielen externen Geräten zu unterstützen. Diese Fähigkeiten waren zwingend notwendig, um die durch zahlreiche neuartige Anwendungen bedingten Anforderungen zu erfüllen.

Nun hatte man zwar einige Erfahrung bei der Planung und dem Bau von Rechner-Hardware, die Planung und Realisierung jedoch von komplexen Software-Systemen, wie sie für den effizienten Betrieb und die anspruchsvolle Anwendung der Rechner der neuen Generation erforderlich waren, wurden nur mangelhaft beherrscht. Tatsächlich wurde Hardware relativ immer billiger, während die Kosten für die Entwicklung von Software überproportional wuchsen. Außerdem zeigte sich, daß umfangreiche Software für Betriebssysteme und Anwendungen nie fehlerfrei war und oft auch ihren Zweck nicht hinreichend erfüllte. Dies führte zu weiteren, oft hohen Kosten für die Beseitigung von Fehlern, die Erfüllung der ursprünglichen Anforderungen oder die Anpassung an leicht geänderte Aufgabenstellungen. Am teuersten waren Fehler, welche in den Anfangsstadien eines Projekts begangen und erst spät entdeckt wurden (vgl. z.B. [BRO]).

Diese Situation wurde durch das Schlagwort von der *Software-Krise* charakterisiert, und *Software-Engineering* bezeichnete, zunächst noch vage, das Mittel zu ihrer Überwindung. Das Wort "Engineering" legt dabei eine Analogie nahe zwischen den Prinzipien und Methoden klassischer Ingenieurdisziplinen (wie Maschinenbau oder Hochbau) und denjenigen Prinzipien und Methoden, die der Planung und Realisierung von Software-Systemen zugrunde liegen sollten. Und so wie der "klassische" Ingenieur bei seiner Arbeit Werkzeuge benutzt, Reißbrett, Rechenschieber, Bauteilkataloge, und so weiter, so muß Werkzeuggebrauch auch ein charakteristisches Merkmal der ingenieurmäßigen Herstellung von Software sein. Natürlich bestehen die Werkzeuge des Software-Ingenieurs selbst ebenfalls aus Software, mit deren Hilfe die Dokumente, welche die Spezifikation, den Entwurf und die Implementierung eines Programm-Systems repräsentieren, generiert, manipuliert, analysiert und - nicht zuletzt - im Projektzusammenhang verwaltet werden können.

Wir können also *Software-Engineering* etwas präziser definieren als die Anwendung des methodischen Wissens, welches erforderlich ist, um

- große Software-Projekte gut (d.h kostengünstig und termingerecht) zu organisieren,
- die Qualität großer Software-Systeme zu sichern und
- die Entwicklung großer Software-Systeme durch geeignete Werkzeuge zu unterstützen.

Mit anderen Worten: *Software-Engineering* ist nichts anderes als die Praxis der *Programmierung im Großen*, der wir schon zu Beginn von Abschnitt 6.1 einige Erläuterungen gewidmet haben.

Es sollte inzwischen klar geworden sein, daß sich ein wesentlicher Teil dieses methodischen Wissens auf die Strukturierung von Software-Systemen selbst beziehen muß. Einem Projekt als Ganzem (und selbstverständlich dem darin eingebetteten eigentlichen Herstellungsprozeß) muß ein *Produkt-Modell* zugrundeliegen, also eine Vorstellung davon, aus welcher Art von Teilen das Produkt bestehen soll, und von welcher Art die zwischen diesen Teilen existierenden Beziehungen sein können. Ein solches allgemeines Modell zeigt die erste Abbildung auf Seite 232. Aber auch zur Projekt-Organisation ist eine ebenso klare Vorstellung von der Art der Aktivitäten notwendig, die im Rahmen eines Projektes stattfinden, und von deren Aufeinanderfolge. Diese Vorstellung nennen wir *Projekt-Modell*. *Projekt-* und *Produkt-Modell* sind zentrale Begriffe des Software-Engineering (vgl. z.B. [DEH]).

Die zweite Abbildung auf Seite 232 stellt ein Projekt-Modell dar, welches dem Produkt-Modell entspricht. Es enthält die Aktivitäten *Analyse*, *Spezifikation* und *Implementierung*, Spezialisierungen der Aktivität *Spezifikation* auf das System als Ganzes sowie auf Komponenten und Module (die Teiletypen des Produkt-Modells), und es veranschaulicht außerdem den möglichen Ablauf dieser Aktivitäten (die wir im übrigen schon zu Beginn des Abschnitts 6.1 genauer beschrieben haben). Die Spezifikation von Teilen eines Systems (also der Komponenten und Module) erscheint hier unter dem Oberbegriff *Entwurf*.

Dieses Projekt-Modell gehört zur Klasse der sogenannten *Phasenmodelle*, denenzufolge, wie aus der Bezeichnung hervorgeht, ein Projekt in einzelne, im Idealfall sequentielle, Abschnitte (*Phasen*) gegliedert wird. Für diese Phasen haben verschiedene Autoren unterschiedliche Namen und durchaus auch unterschiedliche inhaltliche Bestimmungen eingeführt (vgl. z.B. [SOM]). Außer Phasen, die den in unserem Modell so genannten Abschnitten *Analyse*, *(System-) Spezifikation*, *Entwurf* und *Implementierung* entsprechen, werden gewöhnlich auch Aktivitäten wie *Test*, *Integration* und *Wartung* gesondert ausgewiesen. Wir beschränken uns auf unser einfaches Modell und werden uns im weiteren Verlauf dieses Abschnitts 6.1 mit einigen wesentlichen, den vier Phasen dieses Modells zuzuordnenden Fragestellungen beschäftigen. (*Test* und *Integration* werden wir als Teilaktivitäten von *Implementierung* auffassen.) En passant müssen wir zuvor freilich zugeben, daß jene "klassischen" Phasenmodelle, die insbesondere in der Anfangszeit des Software-Engineering geradezu eine Monopol-Stellung einnahmen, inzwischen einige Konkurrenz erhalten haben. Leider können wir in diesem engen Rahmen auch darauf nicht weiter eingehen und müssen auf entsprechende Literatur verweisen (z.B. [HAL]).

Zu den Problemkreisen des Software-Engineering, von denen wir einige in den Unterabschnitten 6.3 und 6.4 berühren werden, zählen unter anderem die folgenden:

<u>Analyse und System-Spezifikation</u>

- Prinzipien der Bildung von Modellen der Teile der "realen Welt", in denen ein Software-System wirken soll.
- Formalisierung solcher Modelle.
- Ableitung von Anforderungen an ein Software-System.
- Formale Darstellung der Anforderungen.
- Gewährleistung eines reibungslosen Übergangs hin zu Entwurf und Implementierung.

<u>Entwurf und Implementierung</u>

- Kriterien für die Zerlegung eines Systems in Komponenten und Moduln.
- (Formale) Beschreibung des Zusammenhangs (d.h. der *Schnittstellen*) zwischen Komponenten und Moduln.
- Benutzung der Basis-Maschine (Basis-Software, Konstrukte der Programmiersprache(n), etc.) (die in vielen Fällen schon durch die allgemeinen Anforderungen an ein System vorgeschrieben sein kann), bzw. auch die Bereitstellung oder Auswahl einer geeigneten Basis-Maschine.
- Testverfahren und Integrationsstrategien.

6.3 Systemanalyse und Systemspezifikation

Ohne eine Vorstellung von seiner Umwelt wird sich kein Mensch in ihr bewegen können, geschweige denn in der Lage sein, ihr gestalterisch zu begegnen. Entsprechend der Absicht unseres Verhaltens wird sich unsere Vorstellung auf bestimmte Bereiche und bestimmtes Geschehen konzentrieren. Wollen wir uns zum Beispiel schlicht in einem Straßennetz orientieren, so gilt unsere Aufmerksamkeit den am Wege aufgestellten Orts- und Richtungsschildern. Und wenn es uns in den Sinn kommt, einen Garten anzulegen, so werden wir uns bemühen, Kenntnisse zu gewinnen über Bodenbeschaffenheit, Klimaverhältnisse und die dazu passenden Pflanzen. Es leuchtet ein, daß sowohl die Qualität der mit unserem Verhalten erreichten Wirkung als auch die Mühe, welche wir aufbringen müssen, entscheidend abhängen von der Angemessenheit der diesem Verhalten zugrundeliegenden Vorstellung, von dem Bild, das wir uns über den jeweils interessierenden Weltausschnitt gemacht haben.

In den meisten Situationen unseres alltäglichen Lebens bilden sich die Vorstellungen, an denen wir unser Wandeln und Handeln orientieren, ganz unbewußt. Wir verfügen, wie wohl alle Lebewesen, über zahlreiche, diesen Situationen angepaßte Filter, die sowohl genetisch als auch sozial determiniert sind. Diese Filter sorgen dafür, daß sich unser Gehirn nicht mit den großen Informationsmengen abplagen muß, welche unweigerlich durch unsere Sinnesorgane auf es eindringen, die aber zur Ausführung einer jeweils geforderten Aktivität völlig überflüssig sind.

Der Ingenieur jedoch, der ein technisches Artefakt konstruieren will, welches in einem gegebenen Einsatzbereich einen bestimmten Zweck erfüllen soll, hat es nicht so einfach. Er muß diesen Einsatzbereich unter Umständen einer sehr bewußten und sorgfältigen Analyse unterziehen, bevor er mit der eigentlichen Konstruktion beginnen kann. Andernfalls läuft er Gefahr, ein schwer handhabbares Gerät, eine ungeeignete Maschine oder sogar einen Schaden für die Umwelt zu schaffen. Insbesondere kann die Festlegung der Funktionen und sonstigen Eigenschaften eines nützlichen technischen Produkts niemals unabhängig von seiner geplanten Verwendung erfolgen. Diese durchaus selbstverständlich anmutende Aussage haben wir im übrigen schon in Abschnitt 6.1 in anderer Weise formuliert. Natürlich gilt sie mutatis mutandis für den Software-Ingenieur, der die Aufgabe hat, einen Rechner oder mehrere miteinander verbundene Rechner so zu programmieren, daß dieser beziehungsweise diese sich in einer bestimmten Umgebung in einer gewünschten Weise verhalten, z.B. im richtigen Moment einen auf diese Umgebung wirkenden Output produzieren oder einen Input von dieser Umgebung entgegennehmen.

Der Software-Ingenieur muß die "Umwelt seines Programms" und das Programm selbst als Einheit verstehen. Dabei ist es durchaus sinnvoll, die Hardware, auf welcher das Programm läuft, als einen Teil dieser Umwelt zu betrachten. Es sei hier auf den in Abschnitt 6.2.1 skizzenhaft dargestellten Zusammenhang zwischen Realwelt, Software und Hardware verwiesen. Da es nun allgemein unpraktikabel und in jedem speziellen Fall auch unerwünscht ist, daß sich die Software mit "der ganzen Welt" beschäftigt, muß der Software-Ingenieur diejenigen Informationen aus der realen Welt herausfiltern, welche relevant sind für die jeweils anstehende Aufgabe. Mit anderen Worten: Er muß die Welt, in der seine Software ein gewünschtes Verhalten realisieren soll, auf ein *abstraktes Modell* reduzieren und in dessen Rahmen dieses Verhalten spezifizieren.

Eine wesentliche Aufgabe der *Systemanalyse* besteht also darin, angemessene Modelle zu finden. Und wenn wir hier von *System* sprechen, so meinen wir in der Regel ein existierendes System: die Umgebung nämlich, innerhalb derer die entsprechend programmierten Rechner eingesetzt werden sollen. (Eine Bank, die Verwaltung eines Wirtschaftsunternehmens, die Herstellung von Kraftfahrzeugen, ein Flugzeug, die Elektrizitätsversorgung, eine Zahnarztpraxis, und so weiter und so fort.) Natürlich dürfen wir nicht verschweigen, daß Systemanalyse weitere wichtige Tätigkeiten beinhaltet, wie zum Beispiel Wirtschaftlichkeitsbetrachtungen und erste Untersuchungen zur Machbarkeit einer software-technischen Lösung. In dem Begriff *Systemspezifikation* hingegen bezeichnet *System* die zu implementierende software-technische Lösung selbst. Stark verkürzt ausgedrückt wird deren Spezifikation unter anderem darin bestehen, diejenigen Teile des Realwelt-Modells "herauszupräparieren", welche durch Software ersetzt oder "gemanagt" werden können oder sollen.

In diesem Abschnitt werden wir uns zunächst einen für unsere Zwecke ausreichenden Überblick über verschiedene Ansätze zur Bildung von Realwelt-Modellen verschaffen und die für uns "als Software-Ingenieure" interessanten Aspekte herausstellen. Im folgenden werden wir uns dann mit einigen, in Theorie und Praxis eingeführten Formalisierungen beschäftigen, müssen jedoch schon an dieser Stelle bemerken, daß wir damit ein Gebiet nur streifen, welches viel zu umfangreich ist, als daß ein einzelnes Buch hierfür als Reiseführer dienen könnte. Die Formalisierungen, die wir auswählen, beschreiben die von uns als bedeutsam erachteten Modell-Aspekte mit zunehmender "Spezifikationsnähe". Während *Petrinetze* (und andere, mit diesen verwandte netzartige Formalismen) sehr allgemeine, von Software und anderen Implementierungsmöglichkeiten durchaus unabhängige Abstraktionsmechanismen und Systemdarstellungen anbieten, werden die dem sogenannten "*Jackson System Development*" zugrundeliegenden Diagrammtechniken und methodischen Anleitungen schon eher der direkten Beschreibung von Software im Zusammenhang mit ihrer Umgebung (s.o.) gerecht. Den unmittelbarsten Übergang in den Entwurf und die Implementierung von Programmen bieten vielleicht ausgeprägt *hierarchische* Systemmodelle, deren Entstehungsprinzip dem der "Schrittweisen Verfeinerung" im Kleinen entspricht, und von denen es - wie im Falle der netz-orientierten Modelle - zahlreiche Varianten gibt. Eine der ältesten wird duch das Kürzel *SADT* bezeichnet ("Structured Analysis and Design Technique"). Diese und eine weitere werden wir ebenfalls in ihren Grundzügen skizzieren. (Wir nennen diese Modelle ausdrücklich *ausgeprägt hierarchisch*, weil auch zum Beispiel netz-orientierte Modelle die Möglichkeit der Verfeinerung oder Vergröberung von Strukturen bieten, ohne daß dies jedoch ein besonders charakteristisches Merkmal dieser Formalismen ist.)

6.3.1 Realweltmodelle für die Software-Spezifikation

In verschiedenen Bereichen des Lebens und auf verschiedenen Gebieten von Wissenschaft und Technik hat der Begriff *Modell* jeweils verschiedene Ausprägungen. Aus unserer Kindheit erinnern wir vielleicht die Modell-Eisenbahn oder die Puppenstube. Beide waren in gewisser Weise Abbilder unserer Wirklichkeit. Die dort sich befindenden Objekte hatten manche Ähnlichkeit mit richtigen Lokomotiven oder echten Küchengerätschaften. Im Spiel konnten wir uns nachahmenderweise in der realen Welt der großen Leute wähnen. Später, in der Schule zum Beispiel, haben wir andere Modelle kennengelernt: Im Biologieunterricht etwa die anatomisch getreu geformte Menschengestalt, der man die Organe des Körpers einzeln entnehmen konnte; in der Chemiestunde die bunten, aus kleinen und großen Kugeln bestehenden Veranschaulichungen atomarer Verbindungen; und in der Physik schließlich die Reduktion eines massigen Gebildes - zum Beispiel eines Pendelkörpers - auf einen ausdehnungslosen Punkt oder die Darstellung eines Atoms als Kern, um den, Planeten einer Sonne gleich, auf Bahnen mit merkwürdigen Eigenschaften, die Elektronen kreisen.

All diesen Modellen ist gemein, daß sie die für ein gegebenes (Erkenntnis-, praktisches oder auch nur Spiel-) Interesse relevanten *Objekte*, *Beziehungen* und *Vorgänge* der realen Welt abbilden. Mit manchen dieser Modelle kann man sogar rechnen.

Tatsächlich ist es diese Charakterisierung, welche auch unser Verständnis des Modellbegriffs wiedergibt. *Objekte*, *Beziehungen* und *Vorgänge* sind die Namen jener Kategorien, nach denen sich die für das vorwiegend praktische Interesse des Software-Ingenieurs bedeutsamen Phänomene der realen Welt ordnen lassen. Praktisches Interesse legt zudem einen weiteren, in unserem Zusammenhang wichtigen Aspekt des Modellierens nahe: Wie ein Architekt vor der Ausführung des eigentlichen Baus ein maßstabsgetreues Modell des geplanten Gebäudes erstellt, um daran bestimmte Eigenschaften zu studieren (etwa um zu sehen, wie es in die Landschaft paßt), so wird sich aus vergleichbarem Grund auch der Software-Ingenieur vor der Implementierung ein Bild des von ihm erdachten Systems machen wollen. (Wir wollen nicht unterschlagen, daß es in anderen Lebens- und Wissenschaftsbereichen und inbesondere in der Mathematischen Logik, völlig andere Verwendungen des Begriffs *Modell* gibt.)

Wie nun die obige kurze Aufzählung von Beispielen für Modelle deutlich macht, wird es eine große Vielfalt unterschiedlicher Betrachtungsweisen hinsichtlich der genannten Kategorien geben, Betrachtungsweisen, von denen sicher nur einige für das praktische Anliegen der Konstruktion von Software-Systemen in Frage kommen. Um diese herauszuarbeiten, orientieren wir uns an der folgenden, möglichen (und sicher nicht vollständigen) Klassifikation von Modellen der realen Welt:

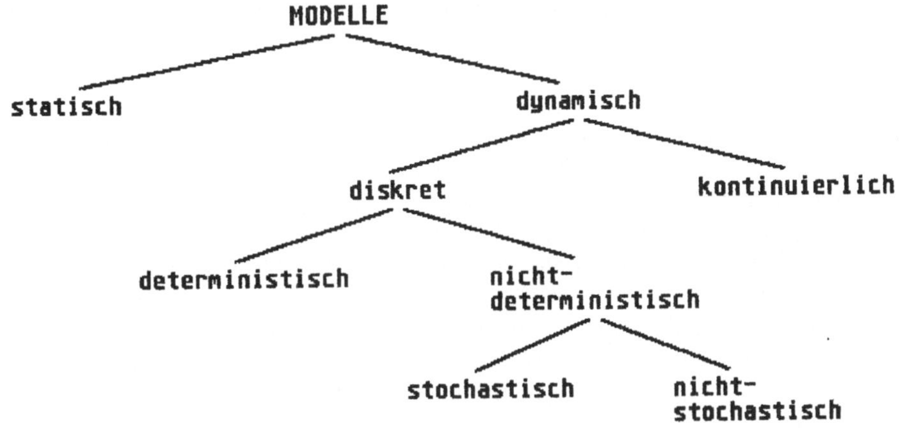

In *statischen* Modellen findet die Dimension "Zeit" keine Berücksichtigung. Es kommen, mit anderen Worten, nur die Kategorien *Objekt* und *Beziehung* ins Spiel. Der "Plastikmensch" und die Darstellung der Molekülstruktur sind solche statische Modelle. Systemanalyse und -spezifikation in unserem Sinne (s.o.) werden es mit statischen Modellen zum Beispiel dann zu haben, wenn es darum geht, die Daten zu sichten und zu ordnen, die für den Erfolg eines Unternehmens notwendig sind. Dann wird festzustellen sein, welche *Entitäten* (d.h. Arten von Gegenständen und Personen, also *Objektklassen*) in der realen Welt des Unternehmens vorkommen, welches die zwischen diesen Entitäten bestehenden Beziehungen sind und durch welche charakteristischen Attribute die Entitäten und Beziehungen beschrieben werden können.

Dynamische Modelle sind zu bilden, wenn die Dimension "Zeit" eine entscheidende Rolle spielt. Neben *Objekt* (bzw. *Entität*) und *Beziehung* ist *Vorgang* (oder, ein geläufiges, gleichbedeutendes Fremdwort benutzend, *Prozeß*) der für diese Klasse von Modellen wesentliche Grundbegriff. Objekte können sich in verschiedenen *Zuständen* befinden, und zwischen diesen Zuständen bestehen Beziehungen, die durch Worte wie *vorher* und *nachher* oder andere, zeitliche Befindlichkeiten bezeichnende Wendungen ausgedrückt werden. Zustände ändern sich aufgrund von *Ereignissen*, deren Eintreten ebenfalls an Zeitpunkten festzumachen ist. Das oben erwähnte Bohr'sche Atommodell gehört zur Klasse der dynamischen Modelle. Und der die Konstruktion von Software vorbereitende Systemanalytiker wird sich kaum damit begnügen, *Entitäten* und ihre *Beziehungen* zu untersuchen. Vielmehr wird er sein Augenmerk darauf richten, wodurch und in welcher Weise sich diese im Laufe der Zeit ändern.

Im Gegensatz zu *kontinuierlichen* dynamischen Modellen werden bei *diskreter* dynamischer Modellierung sowohl der Raum der Zustände (von Objekten, Beziehungen und Vorgängen) als auch die Zeit selbst als *atomar* aufgefaßt. Dies bedeutet, daß Zustände und Zeitpunkte aus endlichen oder höchstens abzählbar unendlichen Wertevorräten entnommen sind. Das Modell des Pendels als Massenpunkt ist ein kontinuierliches dynamisches Modell, während das genannte Atommodell als diskret einzuordnen ist. Unser Systemanalytiker wird sich in der täglichen Praxis sicherlich weitaus mehr mit diskreten als mit kontinuierlichen Modellen beschäftigen. Dies gilt ganz besonders etwa dann, wenn er die Grundlagen eines betrieblichen Informationssystems erarbeitet. Dort spielt sich das relevante Geschehen im allgemeinen zu diskreten Zeitpunkten ab: die Zeit ist hier nichts als die abzählbare Folge der Stunden, Tage, Quartale oder Jahre, und auch die Zustände von Objekten (Mitarbeiter, Produkten, Lagerbestände, etc.) lassen sich als Vielfache von Einheiten oder durch Elemente aus endlichen Mengen angeben. Dennoch darf das Ausmaß der für die Produktion von Software notwendigen kontinuierlichen Modellierung nicht unterschätzt werden: Differentialgleichungen, die wohl am weitesten verbreiteten Formen kontinuierlicher dynamischer Modellierung, sind (um nur ein wichtiges Anwendungsgebiet zu nennen) gleichsam die Seele zahlreicher Softwaresysteme, welche technische Prozesse steuern oder simulieren.

Für den jeweiligen, unseren Betrachtungen zugrundeliegenden Teil der realen Welt kann es genügen, die dort zu beobachtenden Zustandsänderungen als *deterministisch* zu modellieren. Zwischen solchen Ereignissen besteht dann immer eine feste zeitliche Ordnung. In einen gegebenen Zustand versetzt wird sich ein gemäß dieser Vorstellung konstruiertes System nach ein und derselben äußeren Einwirkung immer in ein und demselben Folgezustand befinden. Seine zeitliche Entwicklung ist mit Sicherheit voraussagbar, wenn bekannt ist, welchen externen Einflüssen es ausgesetzt ist. (Schon die alten Griechen besaßen zum Beispiel Modelle der Bewegungen der Gestirne, die es ihnen gestatteten, das Eintreten von Sonnen- und Mondfinsternissen auf den Tag genau anzukündigen. Und im alltäglichen Geschäft kann der mit der Analyse der Lagerhaltung eines Unternehmens beauftragte Informatiker davon ausgehen, daß die Entnahme der Menge x eines Artikels A zu einer Reduktion um x des Bestandes von A im Lager führen wird.) Im allgemeinen sind in der Realität solch sichere Prognosen keineswegs immer möglich. Je nach Interesse müssen wir diese Allgemeinheit auch in unseren Modellvorstellungen zulassen: wir erhalten dann *nicht-deterministische* Modelle. Diese ihrerseits können noch weiter verfeinert werden, indem man den Zustandsübergängen eine Wahrscheinlichkeitsverteilung unterlegt, die empirisch abgesichert sein mag. Man spricht insofern von *stochastischen* beziehungsweise *statistischen* Modellen.

Wir haben mit diesen Unterscheidungen nur den *diskreten* Ast unseres Modellbaumes verlängert, doch gelten sie entsprechend auch für die große Klasse der kontinuierlichen Modelle. Nota bene: Das Geschehen in der Erdatmosphäre zum Beispiel, gemeinhin als "Wetter" bezeichnet, wird üblicherweise mit Hilfe *dynamischer, kontinuierlicher, nicht-deterministischer statistischer* Modelle so beschrieben, daß ein geeignetes Rechnerprogramm aufgrund dieser Beschreibung mit Wahrscheinlichkeiten behaftete Aussagen über das Wetter von Morgen produzieren kann.

Obwohl sich also alle hier stichwortartig vorgestellten Varianten von Modellklassen der Entwicklung jeweils einschlägiger Software zuordnen lassen, versteht es sich von selbst, daß wir uns im Rahmen weiterer Ausführungen zu diesem Thema weise beschränken müssen, und dies sowohl hinsichtlich des Detaillierungsgrades als auch was die Auswahl der darzustellenden Modellklassen und ihrer Vertreter angeht. So verzichten wir einerseits auf die Darstellung statischer Datenmodelle, da diesen zum Beispiel in Lehrbüchern, welche speziell dem Entwurf Datenbank-basierter Informationssysteme gewidmet sind, genügend Raum gewährt wird (vgl. etwa [SCS], [BEY]). Auf der anderen Seite ignorieren wir die große Klasse der kontinuierlichen Modelle. Ein Exkurs in dieses Gebiet würde uns von unserem eigentlichen Ziel, Verständnis für die grundlegenden Probleme der Konstruktion großer Software-Systeme zu erlangen, doch allzuweit ablenken (und im übrigen mathematische "Landkarten" erfordern, die zu erläutern hier nicht der Platz wäre). Von unserem Modellbaum bleibt so "nur" der *dynamische* und *diskrete* Ast übrig, und auch von diesem werden wir noch den *stochastischen* Zweig abschneiden. Dennoch ist dieser Ast ohne Zweifel mächtig genug.

Wir wiederholen: Die für unsere Modelle relevanten Grundbegriffe sind *Objekte*, *Beziehungen* und *Prozesse*, mit letzteren als der für die Dynamik verantwortlichen Zutat, der folglich unser Augenmerk hauptsächlich gelten wird. Objekte können in verschiedener Weise mit Prozessen verbunden sein: Zum einen *aktiv*, als *Träger* oder, besser, als *ausführendes* Organ von Prozessen. (Der Prozessor eines Rechners, zum Beispiel, ist ausführendes Organ der Prozesse, die durch in Programmen niedergelegte Anweisungen gesteuert werden.) Zum zweiten, und das ist sicher weitaus häufiger der Fall, sind Objekte in *passiver* Weise Prozessen untergeordnet: Sie können durch Prozesse verändert werden und sie können von einem Prozeß zu einem anderen weitergereicht oder, um es etwas vornehmer auszudrücken, *kommuniziert* werden.

Wir wollen uns nun nicht in längere Erörterungen darüber einlassen, worin der Unterschied zwischen einem Prozeß und den ihn steuernden Anweisungen besteht (der Leser mag sich dazu unter Berücksichtigung des bisher Gesagten seine eigenen Gedanken machen) oder ob ein Objekt, nachdem es einem Prozeß der Bearbeitung unterzogen wurde, noch immer das gleiche Objekt ist. Sicher haben solche Erörterungen einen Sinn, und es mag sein, daß wir zu gegebener Zeit wieder auf solche Fragen zurückkommen. Vorläufig wollen wir uns damit begnügen, eine ganz praktische Analogie zwischen unseren Grundbegriffen der Modellbildung einerseits und unserer Alltagswelt andererseits festzustellen, welche die in Kapitel 5 angedeuteten Vorstellungen fortsetzt. Danach sehen wir ein System im wesentlichen bestimmt durch eine (irgendwie strukturierte) Gesamtheit von Prozessen, die miteinander kommunizieren und (zur Erreichung bestimmter Ziele) kooperieren. Wir sehen wieder den Fertigungsbetrieb oder ein Dienstleistungsunternehmen mit Mitarbeitern unterschiedlicher Qualifikation (gewissermaßen den "Prozessoren"), die für die Ausführung der durch den Unternehmenszweck gegebenen einzelnen Prozesse zuständig sind. Bauteile und Dokumente sind im allgemeinen die Objekte, welche durch diese Prozesse bearbeitet und von einem Prozeß zum nächsten weitergereicht werden (wobei natürlich der physikalische Vorgang des Weiterreichens selbst von einem Prozessor/ Mitarbeiter besorgt wird). Und wie wir wissen, ist es nicht unüblich, daß sich ein Mitarbeiter um mehrere Prozesse kümmert, die durch ganz unterschiedliche Arbeitsanweisungen definiert sein können. (Der mit Rechner-Betriebssystemen hinreichend vertraute Leser wird hier - siehe oben - wiederum die Analogie zur Rechnerwelt erkennen.) Die Abbildung auf der folgenden Seite gibt eine noch relativ grobe Übersicht über Prozesse, die sich in einer Arztpraxis abspielen mögen, und über deren Zusammenhang. Darstellungen dieser Art gehen auf einen Vorschlag von Gane und Sarson ([GAS]) zurück; sie werden daher auch "Gane-Sarson Diagramme" genannt.

Sie machen die Kommunikationsbeziehungen zwischen den Prozessen eines Systems recht anschaulich sichtbar. Die graphischen Symbole, einschließlich der den "Objektfluß" beschreibenden Pfeile, sind durchaus selbsterklärend. Es gibt Prozesse, die mit der "Außenwelt" des Systems kommunizieren, indem sie Objekte entgegennehmen oder abgeben. Andere Prozesse erhalten Objekte lediglich aus systeminternen Objektspeichern und legen Objekte auch nur in solchen ab. (Im Falle von reinen Informationssystemen sind dies natürlich informationstragende Objekte, also, wenn man von unterschiedlichen Medien abstrahiert, irgendwelche Daten.) Derartige "Objekt-" oder "Daten-Fluß-Diagramme", ergänzt um weitere, die darin auftauchenden Elemente näher erläuternde Angaben, sind als relativ einfache und leicht verstehbare Systembeschreibungen in der Praxis recht beliebt. Es ist für den Systemanalytiker sehr wichtig, über solche Formen der Darstellung etwa von in einem Betrieb vorgefundenen Sachverhalten zu verfügen. Mit ihrer Hilfe kann er in Zusammenarbeit mit Gesprächspartnern, die in der Technik der Datenverarbeitung oftmals nicht versiert sind, ohne großen formalen Aufwand, aber dennoch hinreichend exakt seine Sicht der Dinge dokumentieren. (Zu bemerken ist noch, daß für die in Daten-Fluß-Diagrammen verwendeten Symbole durchaus auch andere, von den hier gewählten abweichende, graphische Gestalten gebräuchlich sind.)

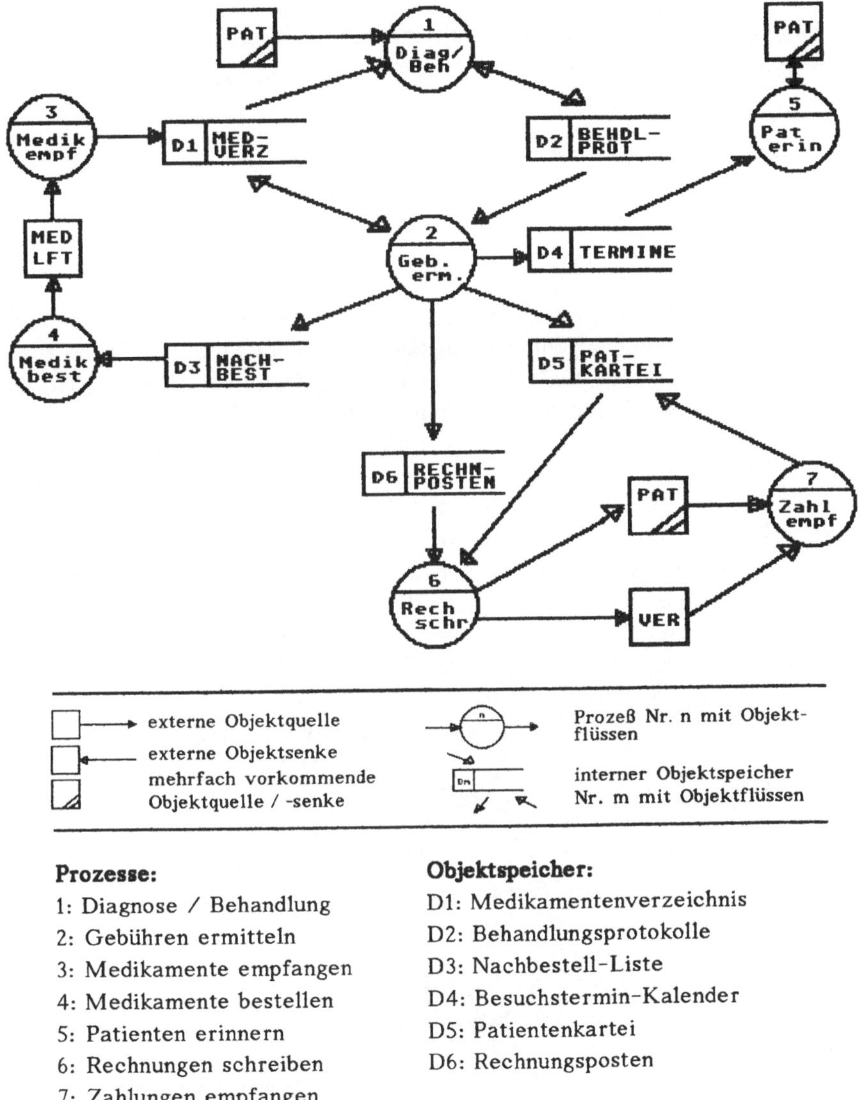

Daten-Fluß-Diagramme (mit entsprechenden Ergänzungen und Präzisierungen, auf die einzugehen hier nicht der Ort ist) sind sicherlich mögliche Vehikel auf dem Weg zum Ziel unserer Modellbildung, nämlich zum einen der

- Abgrenzung des Aufgabenbereichs durch Auffinden und Bezeichnen von relevanten
  * Objekten,
  * Beziehungen zwischen Objekten und von
  * Prozessen, an denen die Objekte aktiv oder passiv beteiligt sind,

und zum anderen der

- Darstellung der Strukturen von
  * Objekten,
  * Prozessen und der
  * Prozeß-Kommunikation.

Sie illustrieren ein allgemeines Konstruktionsprinzip, welches mehr oder weniger allen für die Entwicklung von Informationssystemen geeigneten Modellen zugrundeliegen sollte. Es verlangt die Unterscheidung von *Außenwelt*, *Modellrand*, *Filter* und *Modellkern*. Der *Modellrand* umschließt *Filter* und *Modellkern*. Der *Filter* sorgt dafür, daß nur die in Bezug auf das konkrete Modellierungsinteresse bedeutsamen Objekte und Prozesse der *Außenwelt* einen Einfluß auf das Geschehen im *Modellkern* haben. Andererseits muß das Modell erkennen lassen, was das System für die *Außenwelt* leistet, welche Objekte es produziert und in welcher Weise es auf externe Prozesse einwirkt. Dieser *Output* und der durch den *Filter* definierte *Input* bilden zusammen das *Interface* (die Schnittstelle !) des modellierten Systems. Seine Beschreibung kann unter Umständen recht komplex werden. Das folgende Bild zeigt die allgemeine Modellstruktur:

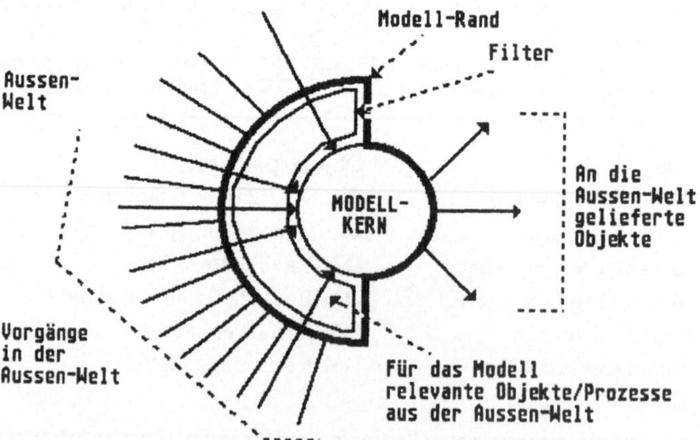

Zahlreiche natürliche und künstliche Systeme lassen sich anhand von Modellen, welche dieser Grundstruktur folgen, untersuchen und verstehen. Insbesondere im Fall mancher künstlicher Systeme, zum Beispiel von Dienstleistungsunternehmen, ist dies nicht weiter verwunderlich, sind sie doch meist mehr oder weniger bewußt nach eben diesem Schema konzipiert. Der Schalter einer Bank etwa, mit den auf ihm bereitgestellten Formularen zur Anforderung von Überweisungen, Abhebungen, Einzahlungen und so weiter, kann als der Filter zum "Kern" der bankinternen Vorgänge begriffen werden.

Nun ist, wir erinnern uns, die Analyse eines Systems für den Software-Ingenieur (beziehungsweise für den mit ihm zusammenarbeitenden Systemanalytiker) keine *l'art pour l'art* Aktivität. Vielmehr erfolgt sie zum Zweck, eine Grundlage für die Spezifikation des Einsatzes eines oder mehrerer Rechner zu schaffen, welche alle oder einige der "Funktionen" des Systems übernehmen können. Das Ziel des Rechnereinsatzes ist also die *vollständige* oder *teilweise Automation* sowohl des Filters als auch des Modellkerns. Beispielsweise werden die Dienstleistung "Geldabheben" einer Bank und die damit verbundenen internen Buchungsvorgänge durch einen Geldausgabeautomaten vollständig, also ohne direkte Intervention eines Bankangestellten, automatisiert. Von teilweiser Automation würde man in diesem Fall sprechen, wenn dem Schalterbeamten ein rechnergestütztes Konto-Informations- und Transaktions-System zur Verfügung stünde.

Bei der Darstellung von Kommunikationsbeziehungen ist es oft von Interesse oder sogar von entscheidender Bedeutung, auch das *Medium*, mit dessen Hilfe die Kommunikation erfolgt, zu berücksichtigen. Wir unterscheiden grundsätzlich zwei Arten von Medien: *flüchtige* und *nicht-flüchtige*. Ein flüchtiges Medium zeichnet sich dadurch aus, daß es ein Objekt, welches ihm von dem mitteilenden Kommunikationspartner "anvertraut" wird, nicht für sich behält und (im Idealfall) in der ursprünglichen Form dem Empfänger zugänglich macht. Wenn es sich bei den Objekten um handfeste Gegenstände handelt, so ist dies eine Eigenschaft, die wir wohl von jedem für deren Transport verwendeten Medium erwarten. (Ein gutes Beispiel ist das Fließband.) Geht es hingegen um die Weiterleitung von (durch Signale und Daten repräsentierten) *Informationsobjekten*, so sind uns hierfür Medien durchaus vertraut, welche diese Eigenschaft nicht aufweisen. Wenn wir eine Zeitung lesen, so löscht dieser Vorgang die Druckerschwärze keineswegs, ihr Inhalt bleibt unverändert. Die Zeitung ist ein *nicht-flüchtiges* Medium oder, wie es sich auch anbietet zu sagen, ein *Informationsspeicher*. Demgegenüber wollen wir flüchtige Medien (wie das Fließband) als *Kanäle* bezeichnen. (Ein Vortragender, beispielsweise ein Dozent in einem Hörsaal, pflegt beide Arten von Medien simultan zu benutzen: Er spricht zu seinen Studenten und er schreibt an die Wandtafel.) Kanäle und Speicher begegnen uns in vielen Formen bei der Analyse realer Systeme, deren "Lebensprinzip" Kommunikation heißt. Entsprechend sind sie dann auch für die Spezifikation der Rechnerunterstützung solcher Systeme zu berücksichtigen. In den folgenden Abschnitten, welche jeweils verschiedenen (mehr oder weniger formalen) Methoden der (auf die Spezifikation von Rechnerunterstützung gerichteten) Modellierung gewidmet sind, werden wir diesem Aspekt unsere besondere Aufmerksamkeit widmen.

Bevor wir jedoch diesen Abschnitt beenden, wollen wir uns bewußt machen, in welchem Maße die "Realwelten", die wir mit Hilfe des künstlichen Hilfsmittels "Rechner" besser beherrschen wollen, ihrerseits höchst künstliche Gebilde sind. Es sind "soziotechnische Systeme" mit ihren von Menschen geschaffenen Verwaltungsabläufen, Gesetzen und Traditionen, oder von Ingenieuren konstruierte technische Anlagen, mit denen es der Analytiker zu tun bekommt. Sie sind oftmals selbst durch stringente Formalismen definiert, wie zum Beispiel durch Kunstsprachen, von denen jene, die zur Programmierung von Rechnern verwendet werden, dem Leser dieses Buches am geläufigsten sein sollten. Streng formalisierte Kunstsprachen finden Einsatz aber auch in ganz anderen Bereichen, etwa bei der Beschreibung von Dokumenten aller Art. Dies ist eine notwendige Voraussetzung dafür, daß Dokumente mittels Rechnern erstellt, bearbeitet und kommuniziert werden können.

Glücklich zu preisen ist vielleicht jener Programmierer, der die Freiheit hat, sich seine eigene Realwelt als ein Spiel mit von ihm allein bestimmten Regeln zu erträumen und ihr im Rechner Gestalt zu geben (vgl. aber Kapitel 1, Seite 2 !).

6.3.2 Petrinetze

Bei der Modellierung diskreter dynamischer Systeme kann man sich von der Vorstellung leiten lassen, daß sich der Zustand eines solchen Systems aufgrund von Ereignissen ergibt, für deren Eintreffen selbst wiederum der jeweils vorangegangene Zustand des Systems verantwortlich ist. Der unter der Bezeichnung *Petrinetze* in die Informatik eingegangene Formalismus ist ein zur Präzisierung dieser Vorstellung sehr gut geeignetes Instrument. Er beruht auf Ideen, die erstmals von C.A. Petri in dessen 1962 erschienenen Dissertation "Kommunikation mit Automaten" ([PET]) konkretisiert wurden. Die dem Formalismus eigene Darstellung der Begriffe *Zustand* und *Ereignis* erlaubt es, aus diesen beiden grundlegenden Elementen Systembeschreibungen anzufertigen, welche unter anderem Konzepte integrieren, die für das Studium der Kooperation und Kommunikation von Prozessen wesentlich sind. Diese Aussage durch einige Illustrationen zu belegen, muß, angesichts der überwältigenden Fülle des seit 1962 entstandenen Schrifttums zum Thema *Petrinetze*, der Zweck dieses Abschnitts bleiben. (Für das weiterführende und vertiefende Studium von *Petrinetzen* sei auf spezielle Lehrbücher verwiesen, z. B. [BAU].)

Die folgende Bilderserie möge zur Veranschaulichung der Grundidee beitragen:

Eine konkrete Interpretation dieses Schemas aus "Zuständen" und Ereignissen, durchaus bereits ein vollständiges Petrinetz, könnte zum Beispiel folgendermassen lauten:

Den Begriff "Zustand" haben wir in Anführungszeichen gesetzt, denn noch wissen wir nicht, was eigentlich der Zustand eines Petrinetzes ist. Doch von Ereignissen zu sprechen, bereitet offenbar weniger Schwierigkeiten. Beschränken wir uns zunächst auf die gezeigten sehr einfachen Netze: Wir sehen, daß das mögliche Ereignis graphisch durch einen dicken Balken repräsentiert wird. Die Tatsache, daß die Bedingung für das Eintreten des Ereignisses erfüllt ist, wird durch die Marke (oft auch *Token* genannt) in jenem Kreis ausgedrückt, aus dem ein Pfeil zum Balken führt. Ist die Marke an jener *Vorgängerstelle* vorhanden, so kann das Ereignis *"Auto fährt auf den Parkplatz"* geschehen, muß aber nicht. Daß es geschieht, erkennt man daran, daß die Marke von der *Vorgängerstelle* abgezogen und eine Marke auf die *Nachfolgerstelle* gelegt wird. Das Ereignis wird in der Terminologie der Petrinetze auch als *Transition* bezeichnet und der Vorgang seines Eintretens wird mit den Worten *"die Transition schaltet"* umschrieben. Der *Zustand* des Netzes ist nun durch die jeweils bestehende Belegung seiner *Stellen* mit Marken definiert. Vergegenwärtigen wir uns hier vorläufig (d.h. noch ohne die genaue Kenntnis von Konstruktionsregeln und Beispielen) die Möglichkeit sehr viel komplexerer Netze, so wird einsichtig, daß deren "Verhalten" in einem bestimmten Zustand durch die in diesem Zustand erlaubten, das heißt schaltfähigen *Transitionen* gegeben ist.

Die folgende, an den obigen Beispielen orientierte Bilderserie zeigt, daß eine Transition auch mehrere Vorgängerstellen haben kann:

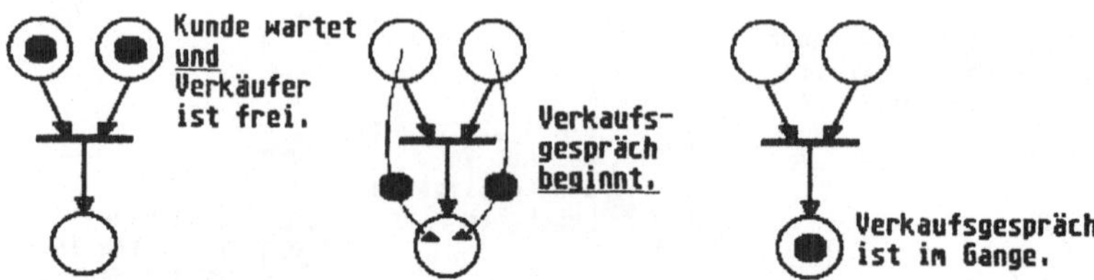

Das Verkaufsgespräch kann nur dann beginnen, wenn sowohl der Kunde wartet als auch der Verkäufer frei ist. Ist von diesen Bedingungen eine nicht erfüllt, so geschieht nichts. Wir lernen daraus: Eine Transition kann nur dann schalten, wenn alle ihre Vorgängerstellen mit mindestens einer Marke belegt sind. Das Schalten der Transition entzieht jeder Vorgängerstelle genau eine Marke. Dem nächsten Beispiel entnehmen wir, daß das Schalten einer Transition jeder ihrer Nachfolgerstellen genau eine Marke hinzufügt:

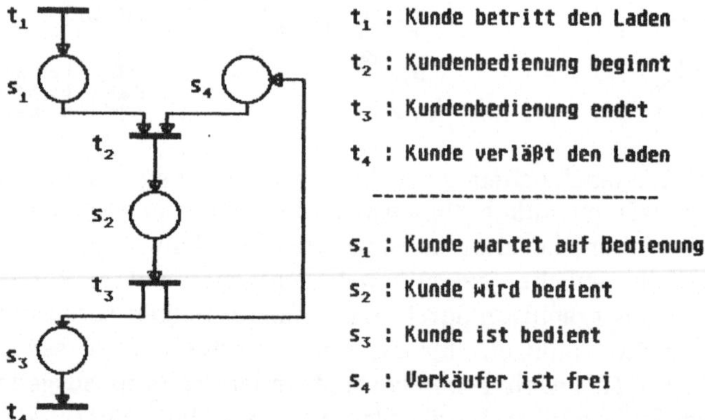

Interessant sind hier die Transitionen t_1 und t_4. Die Tatsache, daß t_1 keine Vorgängerstelle besitzt, bedeutet: t_1 ist immer schaltbereit, sie bildet gewissermaßen einen "Eingang" in jenes System, für das wir uns - mittels geeigneter Interpretation der Stellen und Transitionen - die Freiheit genommen haben, es als Laden mit einem Verkäufer zu sehen. t_4 andererseits ist ein "Ausgang": Falls diese Transition schaltet, so verschwindet eine Marke auf Nimmerwiedersehen. Eine mögliche Zustandsfolge ist:

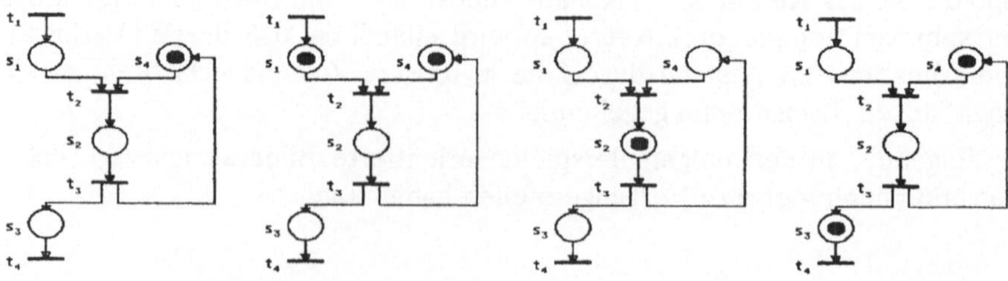

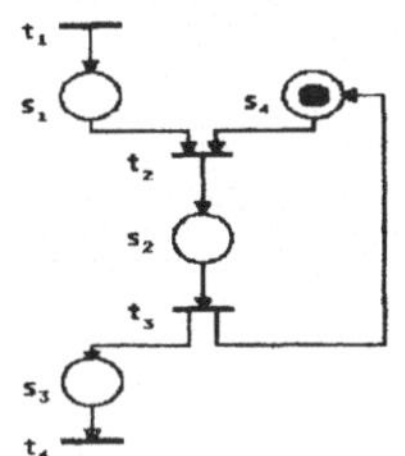

Wie gesagt, dies ist nur eine von vielen möglichen Zustandsfolgen. Da wir im übrigen keinerlei restriktive Annahmen über die Anzahl der Marken auf einer Stelle getroffen haben, können sich auf einer Stelle durchaus mehrere Marken ansammeln. So ist nicht ausgeschlossen, daß t_1 eine zweites (drittes, viertes, ...) Mal schaltet, bevor t_2 zum Zuge kommt. Ferner ist denkbar, daß sich Marken auf s_1 ansammeln, während eine Marke auf s_2 liegt, und so weiter.

In Verallgemeinerung unserer "Kunden - Verkäufer" Interpretation haben wir es hier mit einem sehr einfachen Prozeß-Modell zu tun: Ein Prozessor bearbeitet Aufträge, das ist alles. Nichts wird etwa darüber ausgesagt, in welcher Reihenfolge diese Aufträge ausgeführt werden oder welche Zeit einem einzelnen Auftrag gewidmet wird. Ohne die Berücksichtigung solcher (und anderer) Details wird ein mit zwei Prozessoren ausgestattetes System zur Auftragsbearbeitung durch das folgende Petrinetz modelliert:

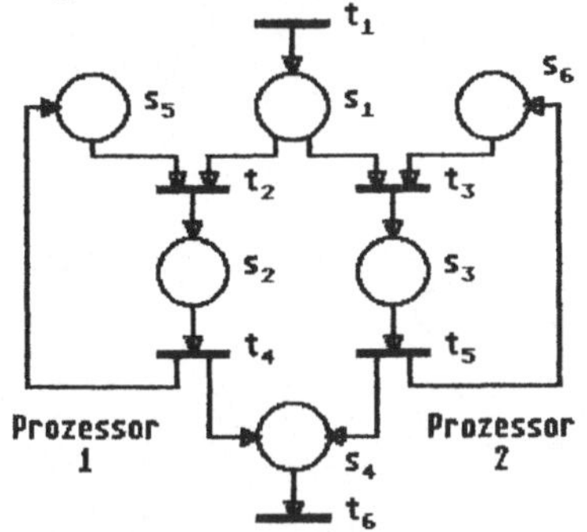

t_1 : Auftrag trifft ein

t_2 : Bearbeitung durch Prozessor 1 beginnt

t_3 : Bearbeitung durch Prozessor 2 beginnt

t_4 : Bearbeitung durch Prozessor 1 endet

t_5 : Bearbeitung durch Prozessor 2 endet

t_6 : Auftragsbestätigung wird entnommen

Immerhin zeigen diese Beispiele bereits einige wichtige *Aspekte der System-Modellierung* mit Hilfe von Petrinetzen. So fällt es nicht schwer,

- zyklische oder linear ablaufende Prozesse darzustellen, sowie
- Situationen, in denen sich zwei Ereignisse gegenseitig ausschließen (oder, wie man auch sagt, miteinander in Konflikt sind).

Letzeres findet sich im Modell des 2-Prozessor Systems: Falls s_5, s_1 und s_6 jeweils mit genau einer Marke belegt sind, so kann, wenn eine der beiden Transitionen t_2 und t_3 geschaltet hat, die jeweils andere Transition nicht mehr schalten. Dennoch zeigt das gleiche Netz auch, daß die durch die linken und rechten Netzteile repräsentierten Bearbeitungsvorgänge (*Prozesse*) unabhängig sind in dem Sinne, daß sie *parallel nebeneinander ablaufen* können: Falls Prozessor 1 arbeitet und Prozessor 2 frei ist, so kann dieser, wenn ein neuer Auftrag eintrifft, ohne Rücksicht auf seinen "Kollegen" Nr. 1 mit der Bearbeitung beginnen. (Der Leser mache sich dies durch geeignete Zustandsfolgen, entsprechend dem Muster des 1-Prozessor Systems, klar.) Gemäß Petrinetz Terminologie spricht man auch von *nebenläufigen* Prozessen.

In unserem 2-Prozessor System müssen sich die Prozessoren bei der Bearbeitung eines Auftrags nicht "absprechen", sie brauchen sich nicht zu *synchronisieren.* In der *realen Welt* hingegen hat man es häufig mit zwar parallel ablaufenden, aber dennoch voneinander abhängigen Vorgängen zu tun. So kann das Ergebnis eines Vorgangs für die Fortsetzung eines anderen Vorgangs benötigt werden, oder die Erledigung einer Aufgabe erfolgt durch die parallele Erledigung von Teilaufgaben. Das folgende Netz zeigt eine entsprechende Modifikation des 1-Prozessor Systems: Hier wird eine Aufgabe in drei Teilaufgaben zerlegt, welche unabhängig voneinander bearbeitet werden. Über die Dauer der Teilbearbeitungen wird nichts ausgesagt. Doch es wird ganz klar, daß das Gesamtergebnis nicht hergestellt werden kann, bevor nicht sämtliche Teilresultate vorliegen.

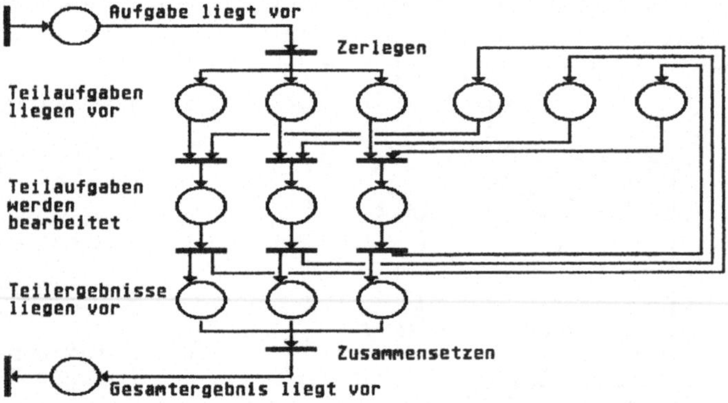

Weitere Beispiele für die Modellierung des Zusammenspiels von Prozessen werden uns weiter unten begegnen.

Von einigem Interesse bei der Modellierung von Phänomenen der realen Welt ist sicherlich die Frage, welche Rolle die mit dem Ablauf von Zeit verknüpften Gegebenheiten und Vorstellungen dabei spielen sollen. Petrinetze, soweit wir sie bisher kennengelernt haben, erlauben hierauf nur Antworten, welche ohne den Begriff einer *absoluten Zeit* auskommen müssen. Doch ist dies durchaus kein Mangel, ist doch Zeit (mitunter sogar in unserer eigenen sinnlichen Wahrnehmung) nicht anders als durch die *Aufeinanderfolge* (also die *relative* Lage) von Ereignissen gegeben. (Das Pendel, ein klassisches Instrument der Zeitmessung durch Zählung (!) von Ereignissen, führt uns dies ganz anschaulich vor Augen.) Die Ereignisse selbst und, mutatis mutandis, Transitionen in Petrinetzen haben keine *Dauer.* (Der Durchgang des Pendels durch die Null-Lage hat keine Dauer!) Die begriffliche Unterscheidung von Ereignis und Vorgang ist bei der Modellierung mit Petrinetzen daher sehr genau zu beachten: Ein Vorgang wird erfahrbar als Folge von Ereignissen, welche in allgemeiner Form durch sprachliche Wendungen ausgedrückt werden wie "*Ein Vorgang beginnt* ", "*Ein Vorgang wird unterbrochen* ", "*Ein Vorgang endet* ", und so weiter. *Gleichzeitigkeit* von Ereignissen in einem System nebenläufiger Prozesse kann daher nur bedeuten, daß es zwischen diesen Ereignissen keine prädeterminierte vorher-nachher Ordnung gibt: Der Zustand, in welchem sich das System nach solchen Ereignissen befindet, ist unabhängig davon, in welcher Reihenfolge diese Ereignisse stattgefunden haben. Das folgende Beispiel möge dies illustrieren:

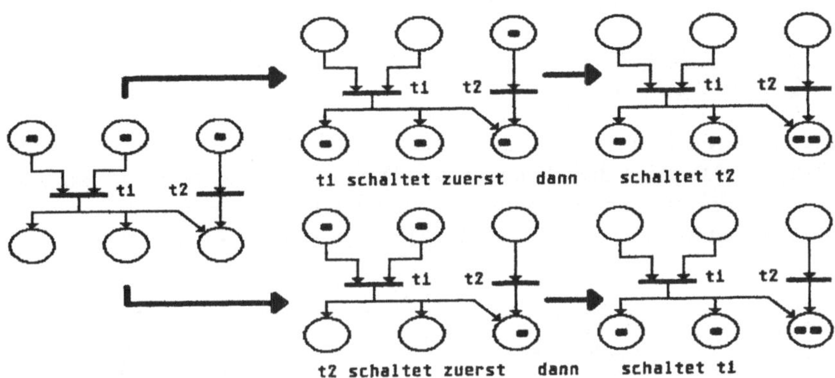

Vom links abgebildeten Anfangszustand aus ergibt jede Reihenfolge der Transitionen **t1** und **t2** den gleichen Endzustand. Gäbe es so etwas wie eine absolute Zeit, so könnten **t1** und **t2** zum exakt gleichen Zeitpunkt stattfinden, also im landläufigen Sinne "gleichzeitig" sein, ohne sich "gegenseitig ins Gehege zu kommen".
Natürlich darf es bei der Fülle der Literatur (s.o.) über Petrinetze nicht verwundern, daß es auch einige Ansätze gibt, Zeit und Zeitspannen (Dauer) als meßbare Größen bei der Modellierung einzubeziehen. Wir wollen und können dies im Rahmen eines knappen Überblicks jedoch nicht vertiefen.

Anders als die in Abschnitt 6.3.4 zu besprechenden graphischen Darstellungen sind Petrinetze vom Ansatz her nicht primär darauf ausgelegt, hierarchische Systembeschreibungen zu produzieren. Dennoch bieten sie die Möglichkeit, sowohl Situationen (repräsentiert durch Stellen) als auch Ereignisse (repräsentiert durch Transitionen) immer weiter zu verfeinern. Das 1-Prozessor System und das 2-Prozessor System (s.o.) können beide als Verfeinerungen des folgenden (ziemlich trivialen) Netzes aufgefaßt werden:

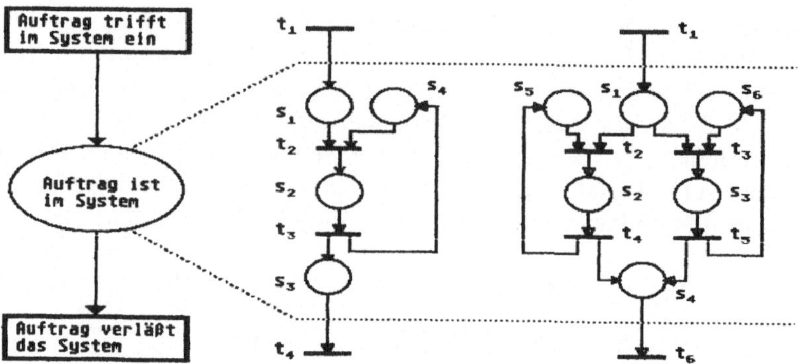

Sollte es im Modellierungsinteresse liegen, das Ereignis "Beginn der Auftragsbearbeitung", dem hier das Schalten der Transition t_2 (bzw. t_3) entspricht, im Detail zu studieren und in weitere, elementarere Ereignisse mit geeigneten "Zwischensituationen" aufzulösen, so steht auch dem nichts im Wege:

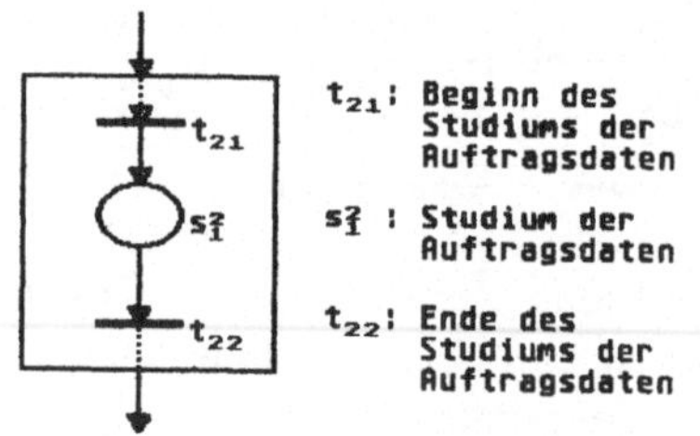

En passant bemerken wir, daß es sich hier als nützlich erweisen könnte, zwei alternative Enden des Studiums der Auftragsdaten zuzulassen, eines, welches der Annahme und ein anderes, welches der Ablehnung des Auftrags gleichkommt. Der Leser ist aufgefordert, sich zu überlegen, in welcher Weise das 1-Prozessor System zu modifizieren ist, wenn auch diese Möglichkeit berücksichtigt werden soll.

Eine weitere Verfeinerung der obigen Netze wollen wir an der Stelle s_2 (bzw. s_3) vornehmen, die, wenn mit einer Marke belegt, der Situation "Auftrag wird bearbeitet" entspricht. Diese Situation wird, wie das folgende Bild zeigt, in einen etwas komplexeren Vorgang aufgelöst:

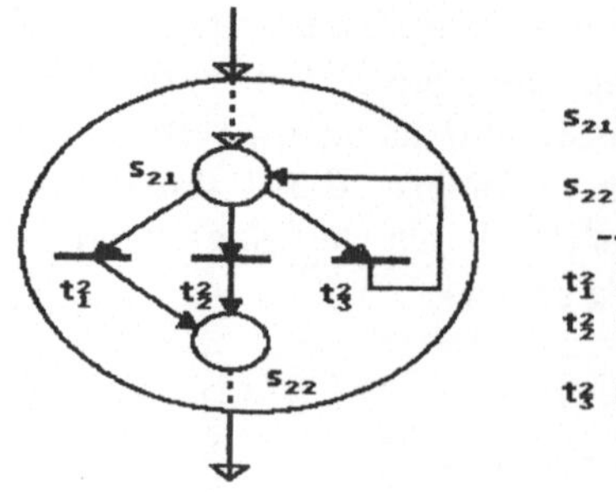

Nachdem wir nun - in groben Zügen - gesehen haben, wie Prozesse und einfache Systeme nebenläufiger Prozesse mit Hilfe von Petrinetzen dargestellt werden können, ist es an der Zeit zu erfahren, in welcher Weise Prozeßkommunikation und damit wesentlich komplexere Systeme nebenläufiger Prozesse im Rahmen dieses Formalismus zu behandeln sind. Wir beschränken uns dabei auf Fälle, die mit jenen zwei Grundformen der Kommunikation zu tun haben, welche gegen Ende des vorangegangenen Abschnitts bereits motiviert wurden: Kommunikation über sequentielle Medien (*Kanäle*) beziehungsweise Kommunikation mittels gemeinsam genutzter *Speicher*.

Der erste Fall betrifft die Beziehung zwischen zwei Prozessen, von denen sich der eine in der Rolle des *Erzeugers* (*Producer*) und der andere in der Rolle des *Verbrauchers* (*Consumer*) befindet. Der Verbraucher-Prozeß kann nur dann tätig werden, wenn ein noch unverbrauchtes Produkt des Erzeuger-Prozesses vorliegt. Dieser Zusammenhang wird durch das folgende Netz modelliert:

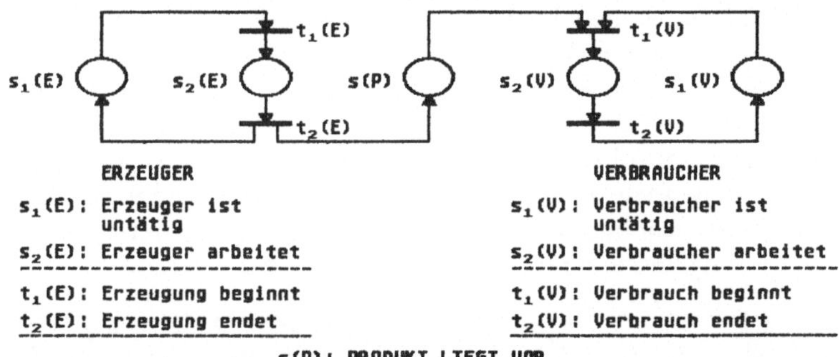

Die Arbeit dieses Systems beginnt mit Marken auf $s_1(E)$ und $s_1(V)$. Das Modell impliziert offenbar keinerlei Restriktionen hinsichtlich der Geschwindigkeiten der beiden Prozesse. Beide können so schnell oder so langsam arbeiten wie sie wollen. Andererseits müssen Erzeuger und Verbraucher über ein Medium miteinander verbunden sein, welches den Transport der erzeugten Produkte gestattet, und es ist realistisch anzunehmen, daß dieses Medium nur ein beschränktes Fassungsvermögen hat. Es besteht die Möglichkeit, daß der Erzeuger schneller produziert als der Verbraucher konsumiert. Wenn nun jener Kanal vom Verbraucher kontrolliert wird, so benötigen wir einen Mechanismus, der es dem Verbraucher gestattet, dem Erzeuger zu signalisieren, daß der "Kanal gerade voll" und die Produktion daher zu stoppen ist. Für den Fall, daß die Kanalkapazität 1 beträgt, stellt das folgende Netz mit jeweils genau einer Marke auf $s_1(E)$, $s_1(V)$ und $s(F)$ einen solchen Mechanismus dar:

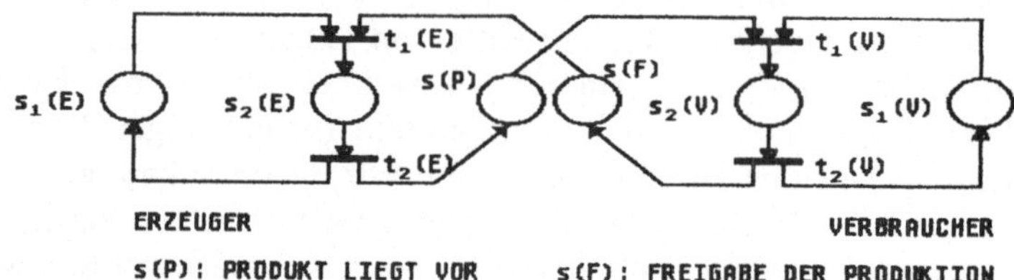

Der Erzeuger kann dann mit der Produktion beginnen, und erst wenn der Verbraucher ein Produkt konsumiert hat, wird wiederum eine Marke auf **s(F)** geschoben. Der Erzeuger wird damit gezwungen, mit der gleichen Geschwindigkeit zu produzieren, mit der der Verbraucher konsumiert. (Der Leser überlege sich, was es bedeutet, wenn **s(F)** zum Start des Systems mit mehr als einer Marke belegt ist.) Die Beziehung zwischen den beiden Prozessen ist damit durch ein sehr einfaches *Kommunikationsprotokoll* geregelt.

Wir gingen oben davon aus, daß der Verbraucher die Kontrolle über den Kanal ausübt. Genausogut freilich könnten wir annehmen, daß der Kanal von einem eigenen, ihm zugeordneten Prozeß kontrolliert wird, der keine andere als diese Aufgabe hat. Wir könnten wieder verlangen, daß der Kanal eine endliche Kapazität hat, und natürlich sollte dieser Prozeß auch dafür sorgen, daß die charakteristische Kanaleigenschaft erfüllt ist: daß die Produkte nur in genau der Reihenfolge entnommen werden, in der sie in den Kanal gesteckt wurden (Rohrpost!). Eine solche Konfiguration wird durch das folgende, mit einer geeigneten Anfangsmarkierung versehene Netz modelliert:

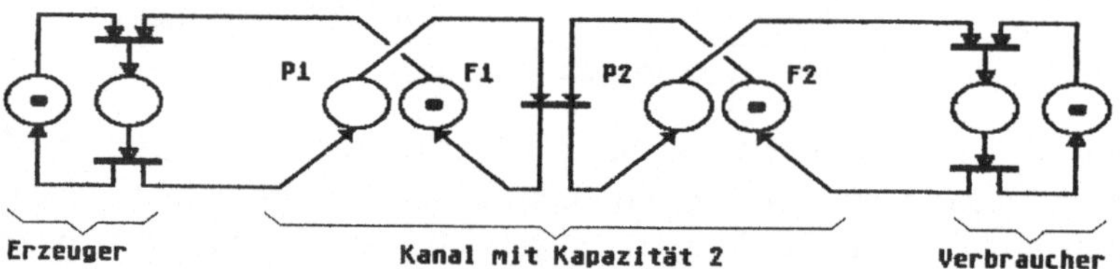

Es sei dem Leser empfohlen, die Dynamik dieses Netzes mit Hilfe von Münzen oder ähnlichen Gegenständen als Marken in spielerischer Manier nachzuvollziehen. Er wird feststellen, daß sich die Stellen **P1** und **P2** als "Fächer" zur Aufnahme von Produkten in der Reihenfolge ihrer Erzeugung deuten lassen, während Marken in **F1** und **F2** jeweils signalisieren, daß die korrespondierenden Fächer frei sind. Der Kanalprozeß verwaltet diese Fächer, indem er den Inhalt von Fach 1 nach Fach 2 schiebt und damit Fach 1 zur erneuten Belegung freigibt. Das Beispiel zeigt, daß sich Petrinetze nicht nur zur Modellierung eines Systems "auf hohem Niveau" eignen, sondern durchaus auch zur Darstellung sehr feiner Strukturen.

Unsere zweite Fallskizze hat zwei (oder mehr) Prozesse zum Gegenstand, die für ihren Ablauf auf ein *Betriebsmittel* (*Ressource*) angewiesen sind, welches nicht gleichzeitig von mehr als einem Prozeß benutzt werden darf. Ebenso wie das Erzeuger-Verbraucher Problem ist auch das Problem des wechselseitigen Ausschlusses beim Zugriff auf Ressourcen paradigmatisch insofern, als es hinter zahlreichen, in der Praxis von Systemanalyse und Systementwurf auftretenden Fragestellungen steckt. Wir präsentieren zunächst eine Lösung, in der sich zwei Prozesse mittels einer *Synchronisationsvariablen* verständigen, auf welche beide sowohl lesend als auch schreibend zugreifen dürfen (Kommunikation via Speicher!):

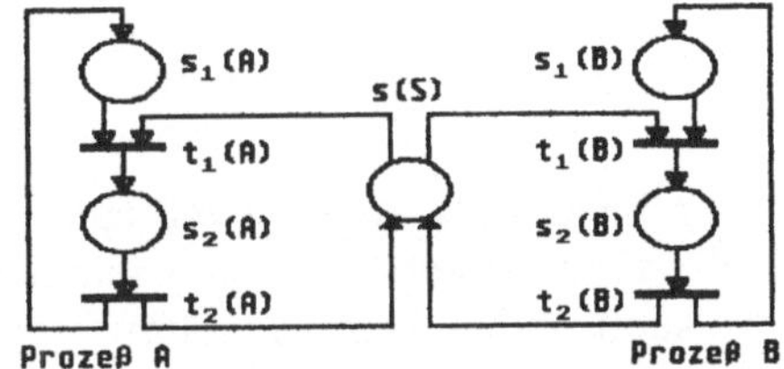

s_1(X): Prozeß X wartet auf die Verfügbarkeit des Betriebsmittels
s_2(X): Prozeß X benutzt das Betriebsmittel

t_1(X): Prozeß X beginnt die Benutzung des Betriebsmittels
t_2(X): Prozeß X beendet die Benutzung des Betriebsmittels

s(S): BETRIEBSMITTEL IST VERFÜGBAR

Wir behaupten: Beginnt das System mit Marken auf den Stellen **s_1(A)**, **s_1(B)** und **s(S)**, so werden **s_2(A)** und **s_2(B)** niemals gleichzeitig belegt sein. Und dies ist genau das, was wir wollen: daß nämlich die beiden Prozesse niemals simultan auf das Betriebsmittel zugreifen. (Der Leser möge sich vorerst damit begnügen, diese Behauptung mit Hilfe des Markenspiels zu verifizieren.)

Bei genauerem Hinsehen fällt uns freilich auf, daß die vorgeschlagene Lösung etwas "chaotisch" ist. Die Transitionen **t_1(A)** und **t_1(B)** sind nämlich offenbar im Konflikt miteinander, und es gibt keinerlei Regelung dafür, welcher Prozeß denn nun an das Betriebsmittel heran darf, wenn beide es benutzen wollen. Diesen Mißstand wollen wir mit der folgenden Modifikation unseres Netzes wenigstens insoweit beheben, als sich die Prozesse alternierenden Zugang zu der Ressource gestatten:

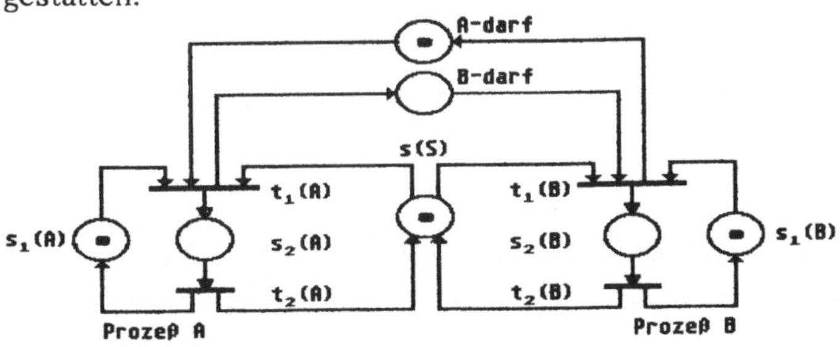

Mit einer Marke auf der Stelle **A-darf** (**B-darf**) wird dem Prozeß A (B) bedeutet, daß er nun an der Reihe ist. A (B) wird dann seinerseits das Benutzungsrecht an B (A) abgeben. Beide Prozesse sind in diesem Modell völlig gleichberechtigt. Natürlich handelt es sich auch hier um die Formalisierung eines Kommunikationsprotokolls. Aber gewiß nicht um der Weisheit letzter Schluß, denn es könnte ja zum Beispiel sein, daß einer der beiden Prozesse, aus welchen Gründen auch immer, das Betriebsmittel sehr viel häufiger benötigt als der andere. Der Leser mag sich daher an der Konstruktion "gerechterer" Zuteilungs-Schemata (bei Wahrung des wechselseitigen Ausschlusses bei der Benutzung, versteht sich!) versuchen und so ein Gefühl für die Delikatheit des Problems entwickeln. Auch die Weiterentwicklung der Lösungen für dieses Problem zeigt im übrigen die Stärke des Petrinetz-Formalismus bei der immer feineren Zeichnung von Details.

Eine weitere - und wesentliche - Stärke ist gewiß auch in der Tatsache zu sehen, daß Petrinetze sich in vielfältiger Weise mit mathematischen Hilfsmitteln, sowohl klassischen als auch speziell entwickelten, analysieren lassen. Viele Fragestellungen, die sich ganz zwangsläufig bei beziehungsweise nach der Konstruktion von Petrinetz-Modellen für natürliche oder künstliche Systeme ergeben, lassen sich in einfacher Weise in mathematische Form kleiden. Auf den vorangegangenen Seiten sind uns schon mehrere Beispiele für solche Fragestellungen begegnet. Die folgende (kleine) Sammlung enthält außerdem weitere:

- Kann ein bestimmter Netz-Zustand, also eine bestimmte Markierung der Stellen, überhaupt erreicht werden?
- Kann eine Stelle **s1** eine Marke tragen, falls eine andere Stelle **s2** bereits markiert ist?
- Ist die Anzahl der Marken auf einer Stelle beschränkt?
- Bleibt die Anzahl der Marken im Netz oder in einem bestimmten Bereich des Netzes konstant?
- Kann, bei einer gegebenen Anfangsmarkierung, eine bestimmte Transition **t** jemals schalten?
- Kann, von einer gegebenen Anfangsmarkierung aus, ein Zustand erreicht werden, in dem keine Transition mehr schaltfähig ist?
- Und viele, viele mehr.

Voraussetzung dafür, diese (und, wie gesagt, viele ähnliche) Fragen in mathematische Form zu übersetzen, ist die mathematische Definition von Petrinetzen und der ihnen eigenen Begriffe selbst. Mit einem kleinen Vorgeschmack hierauf wollen wir diesen Abschnitt abschließen. (Es bleibe der Phantasie des Lesers überlassen, die zahlreichen Möglichkeiten sowohl für Verallgemeinerungen als auch für Spezialisierungen des Formalismus zu entdecken. Und für den Fall, daß ihm seine Phantasie nicht ausreichend scheint, sei er an die Literaturhinweise zu Beginn dieses Abschnitts erinnert.)

Definition: Ein *Petrinetz* ist gegeben durch ein 4-Tupel $\mathbf{P}$ = **(S, T, pre, post)** mit:

- **S**: Menge der *Stellen*,
- **T**: Menge der *Transitionen*,
- **pre, post** : $\mathbf{T} \rightarrow 2^{\mathbf{S}}$ Abbildungen, welche jeder Transition **t** die Menge **pre(t)** der *Vorgängerstellen* und die Menge **post(t)** der *Nachfolgerstellen* zuordnen.

($2^{\mathbf{S}}$ bezeichnet die Potenzmenge von **S**. In der Terminologie der Graphentheorie ist ein Petrinetz ein *bipartiter* Graph mit den beiden Knotenklassen *Stellen* und *Transitionen*.)

Definition: Sei $\mathbf{P}$ = **(S, T, pre, post)** ein Petrinetz. Eine Abbildung $\mu: \mathbf{S} \rightarrow \mathbb{N} \cup \{0\}$ heißt *Markierung* beziehungsweise *Zustand* von $\mathbf{P}$.

Damit sind wir in der Lage, die *Schaltregel* exakt anzugeben:

Schaltregel: Sei $\mathbf{P}$ = **(S, T, pre, post)** ein Petrinetz, sei $\mathbf{t} \in \mathbf{T}$ eine Transition und μ eine Markierung von $\mathbf{P}$. **t** kann *schalten* bei μ, wenn für jedes $\mathbf{s} \in \mathbf{pre(t)}$ gilt: $\mu(\mathbf{s}) > 0$. Schaltung von **t** überführt μ in eine Markierung μ' des Netzes $\mathbf{P}$ wie folgt:

$$\mu'(\mathbf{s}) = \mu(\mathbf{s}) - 1 \text{ für alle } \mathbf{s} \in \mathbf{pre(t)}$$
$$\mu'(\mathbf{s}) = \mu(\mathbf{s}) + 1 \text{ für alle } \mathbf{s} \in \mathbf{post(t)}.$$

(Wir schreiben auch: $\mu \xrightarrow[\mathbf{t}]{} \mu'$.)

Definition: Sei $\mathbf{P}$ = **(S, T, pre, post)** ein Petrinetz und μ eine Markierung von $\mathbf{P}$. Eine Markierung μ' von $\mathbf{P}$ heißt *erreichbar* von μ aus, falls es eine geeignete Folge $\mu = \mu_0 \xrightarrow[\mathbf{t_1}]{} \mu_1 \rightarrow \ldots \xrightarrow[\mathbf{t_n}]{} \mu_n = \mu'$ von Schaltungen gibt, welche μ schrittweise in μ' überführt. Wir notieren die von μ aus erreichbaren Markierungen (bzw. Zustände) als $\mathbf{R}(\mu) = \{\mu' \mid \mu' \text{ ist erreichbar von } \mu\}$.

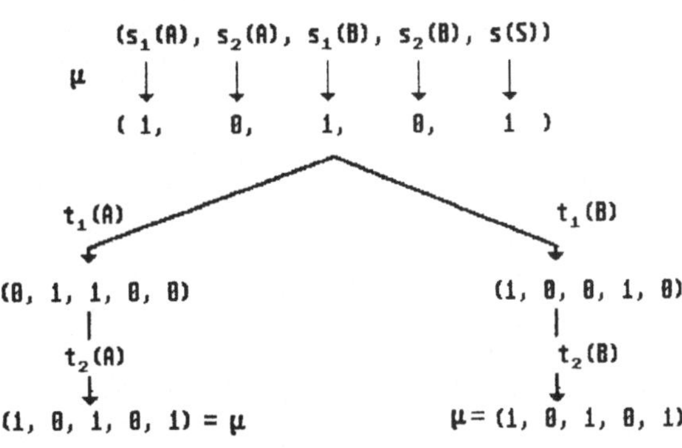

Mit diesen Definitionen ist es nun leicht, die über das System der beiden, sich eine Ressource teilenden Prozesse A und B aufgestellte Behauptung (s.o.) zu beweisen. Mit der Aufzählung $(\mathbf{s_1(A)}, \mathbf{s_2(A)}, \mathbf{s_1(B)}, \mathbf{s_2(B)}, \mathbf{s(S)})$ der Stellen des Netzes lautet die Anfangsmarkierung: **(1, 0, 1, 0, 1)**. Die Menge der möglichen Folgezustände ergibt sich nach Anwendung der Schaltregel. Sie kann als Baum (*Erreichbarkeitsbaum*) dargestellt werden, dessen Knoten die Markierungen und dessen Kanten

die jeweils bei einer Markierung schaltfähigen Transitionen repräsentieren.
Also:
$\mathbf{R}(\mu) = \{\mu' \mid \mu'$ ist erreichbar von $\mu\} = \{ (1, 0, 1, 0, 1), (0, 1, 1, 0, 0), (1, 0, 0, 1, 0)\}$
Ein Zustand der Form (-, 1, -, 1, -) ist darin nicht enthalten.

Der Leser versuche sich in der gleichen Weise an den ebenfalls oben betrachteten Erzeuger-Kanal-Verbraucher Systemen.

6.3.3 "Jackson System Development"

In seinem Buch *"System Development"* ([JA2]) hat Michael Jackson einen Ansatz zur Realisierung von rechnergestützten Systemen entwickelt, welcher die in Abschnitt 6.3.1 vorgestellte allgemeine Modell-Struktur in sehr direkter Weise konkretisiert. In der Tat: die Grundidee des *Jackson System Development* (im folgenden kurz JSD genannt) ist uns bereits bekannt:

Ein rechnergestütztes System, welches

- Informationen über Realwelt-Prozesse liefern
  und / oder
- für Realwelt-Prozesse Dienste leisten soll,

muß in geeigneter Weise

- auf einem Modell dieser Realwelt-Prozesse beruhen
  und
- mit den Realwelt-Prozessen in Verbindung stehen.

(Mit dem Begriff *rechnergestütztes System* meinen wir ein sowohl aus Software als auch aus Hardware bestehendes technisches System.) Im vorliegenden Abschnitt werden wir die dem JSD eigene Art der Erfüllung dieser Forderung anhand von zwei Beispielen skizzieren. Zwei Einschränkungen sind dabei zu beachten: Erstens halten wir uns nicht sklavisch an die von Jackson in [JA2] vorgegebene Terminologie. Zweitens verzichten wir darauf, die von Jackson vorgeschlagene Gliederung des Prozesses der Software-Entwicklung in allen Einzelheiten zu übernehmen. Unser Hauptanliegen ist vielmehr einerseits, die speziellen, am Anfang des Entwicklungsprozesses zu beachtenden Modellierungsaspekte herauszuarbeiten und andererseits die Benutzung der von Jackson zur Modelldokumentation eingeführten graphischen Darstellungselemente zu demonstrieren. Doch auch dabei werden wir teilweise eigene Wege gehen. So ersetzen wir - wie bereits in Kapitel 5 - die von Jackson erstmals in [JA1] und dann auch im JSD verwendeten Formalismen (baumartige Diagramme sowie einen speziellen Pseudocode) zur Beschreibung von Daten- und Ablaufstrukturen durch Klammerdiagramme, die wir der Einheitlichkeit und ihrer größeren Ausdruckskraft wegen bevorzugen. Zu bemerken ist schließlich, daß das JSD keineswegs als Weiterentwicklung der von Jackson in [JA1] propagierten Methode des *datenstrukturierten Programmentwurfs* anzusehen ist. Zwar spielt im JSD (das in seiner Gesamtheit auch Anleitungen zur Systemimplementierung enthält) die Struktur von Datenflüssen eine große Rolle, doch zielt die Methode - im Gegensatz zum datenstrukturierten Entwurf - in erster Linie auf die Bewältigung der Probleme des Programmierens im Großen, also auf Systemspezifikation und -entwurf.

Den zur Erfüllung der oben formulierten Forderung an rechnergestützte Systeme notwendigen Rahmen wollen wir durch das folgende Bild darstellen:

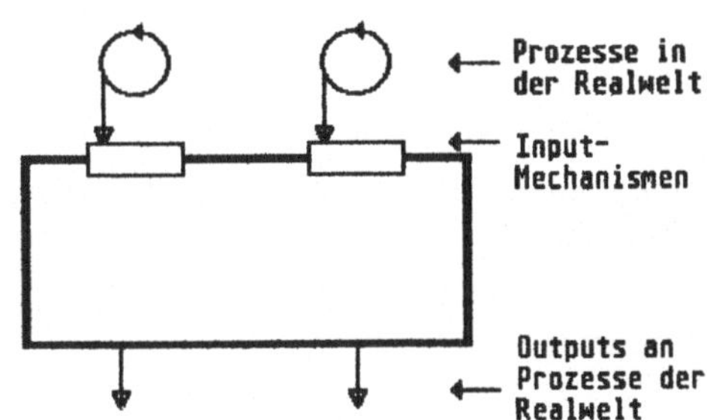

"Rahmen" ist hier ganz wörtlich zu nehmen: Es ist die fett gezeichnete Umrandung, innerhalb derer sich das Systemgeschehen abzuspielen hat und welche somit das Areal für Systemspezifikation und -entwurf abgrenzt. Wenn es also heißt, daß das System auf einem geeigneten Modell der Realwelt beruhen soll, so muß sich innerhalb dieser fetten Umrandung etwas befinden, was dieses Modell repräsentiert. Dieses "etwas" sind nun genau die Abstraktionen derjenigen Realwelt-Prozesse, um die es dem Systementwickler bei seiner Arbeit geht. Es sind die infolge hinreichender Analyse der Realwelt-Prozesse gefundenen *Modellprozesse*. Die wichtigsten Schritte einer solchen Analyse sind:

- Bestimmung der relevanten Realwelt-Objekte
- Bestimmung der relevanten Ereignisse (bzw. Aktivitäten), die mit diesen Objekten zu tun haben;
- Bestimmung der Daten, die diesen Ereignissen (bzw. Aktivitäten) zugeordnet sind;
- Bestimmung der sequentiellen Beziehungen zwischen Ereignissen (bzw. Aktivitäten).

Die Nachbildung der so analysierten Realwelt-Prozesse im Modell wird auch als *Simulation* bezeichnet.

Auf der unteren Seite des schwarzen Kastens müssen den nach außen gerichteten Pfeilen Prozesse gegenüberstehen, welche die der Realwelt zu leistenden Dienste erbringen, Prozesse also, durch die letztlich die *Funktionalität* des Systems definiert wird. Mit diesen *funktionalen Prozessen* werden

- Informationen über die Modellprozesse (die im System simulierte Realwelt!) beschafft,
- Informationen an in der Realwelt ablaufende Prozesse geliefert und damit eventuell
- Realwelt-Prozesse gesteuert.

Zusammengefaßt verläuft die Spezifikation eines rechnergestützten Systems gemäß JSD also in drei Hauptschritten:

(1) Analyse der relevanten Realwelt-Prozesse und ihre Simulation durch *Modellprozesse*. (Diese bilden den "Kern" der Spezifikation und später des funktionierenden Systems.)

(2) Definition der den Output erzeugenden *funktionalen Prozesse.*

(3) Festlegen der *Verbindungen* zwischen Realwelt-Prozessen, Modellprozessen und funktionalen Prozessen.

Nach diesen Schritten umschließt der Rahmen ein *Netzwerk* von miteinander *kommunizierenden Prozessen*:

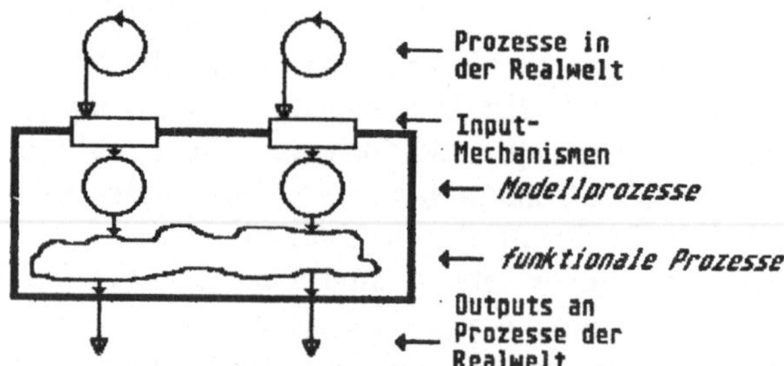

Der erste Realwelt-Ausschnitt, auf den wir die skizzierte Vorgehensweise anwenden wollen, ist eine Leihbücherei, welche als Verein organisiert ist (vgl. das Bibliothekssystem in [CAM]). Nur wer Mitglied des Vereins ist, darf Bücher ausleihen oder zur Ausleihe vormerken (reservieren) lassen. Welches sind die relevanten Objekte dieses Realwelt-Ausschnitts? Wie können wir sie von den nicht-relevanten Objekten unterscheiden? Eine allgemeine Antwort hierauf wird uns durch den bei der Analyse zu unternehmenden zweiten Schritt nahegelegt: Relevant sind diejenigen Objekte, welche passiv oder aktiv an Ereignissen beteiligt sind. Doch was ist ein Ereignis? Diese Frage wird beim JSD ähnlich beantwortet wie im Rahmen der Petrinetze: Ereignisse sind als zeitlos denkbare Übergänge von einem (Objekt-)Zustand in einen anderen zu verstehen. Sie haben keine Dauer, sondern sind Zeitpunkten zugeordnet, welche aufeinanderfolgen. Und so wie im Petrinetz eine Transition ohne Vorgängerstelle ein "Objekt" (eine Marke) erzeugen kann, so werden auch im JSD Akte der Erzeugung von Objekten als Ereignisse angesehen.

Doch nun zum Beispiel: Die unter dieser Perspektive relevanten Objekte der Leihbücherei sind:

BUCH, MITGLIED, RESERVIERUNG.

Daß BUCH und MITGLIED relevante Objekte unseres Realwelt-Ausschnitts sind, erscheint natürlich und unbestreitbar. Anders sieht es auf den ersten Blick für das "Objekt" RESERVIERUNG aus. Vor dessen Begründung jedoch wollen wir zunächst die mit den Objekten BUCH und MITGLIED verbundenen Ereignisse aufzählen. Wir geben dabei gleichzeitig die den Ereignissen zugeordneten Daten an. Sämtliche Ereignisse können im übrigen als Folgen irgendwelcher *Aktionen* interpretiert werden. (Dabei ist nicht von Interesse, wer der Agent dieser Aktionen ist. Da - wie gesagt - ein Objekt sowohl passiv als auch aktiv an Ereignissen beteiligt sein kann, kommt es natürlich selbst auch als Agent in Frage.) Zur Hervorhebung dieser Tatsache werden wir die Ereignisse durch Verben im Infinitiv bezeichnen.

Die Ereignisse/Aktionen im "Leben eines BUCHes", für die wir uns interessieren, und die jeweils zugehörigen Daten sind:

ERWERBEN	**(datum, titel, autor, ISBN, . . .)**
KATALOGISIEREN	**(buch-id-nr, datum, klassifikation, . . .)**
AUSLEIHEN	**(datum, ausleiher, . . .)**
VERLÄNGERN	**(datum, . . .)**
ZURÜCKGEBEN	**(datum, . . .)**
VERKAUFEN	**(datum, käufer, preis, . . .)**
EINSTAMPFEN	**(datum, . . .)**

Das BUCH ist im übrigen ein Beispiel für ein passives Objekt, während das Objekt MITGLIED die für es relevanten Aktionen selbst auslöst. Die folgenden (und zum besseren Verständnis mit kurzer Erklärung kommentierten) Aktionen sind für uns von Interesse:

BEITRETEN	**(mitglieds-nr, name, anschrift, datum, ...)**
ÄNDERN-DETAILS	**Ändern der Daten des Mitglieds (...)**
LEIHEN-NORMAL	**Ausleihaktion ohne vorherige Reservierung (buch-id-nr, datum, ...)**
RESERVIEREN	**Das Mitglied läßt sich für ein Buch vormerken (res-id, buch-id-nr, datum, ...)**
RES-WIDERRUFEN	**Das Mitglied läßt eine Vormerkung löschen (res-id, datum, ...)**
LEIHEN-RES	**Ausleihaktion mit vorheriger Reservierung (res-id, datum, ...)**
VERLASSEN	**Ende der Mitgliedschaft (datum, ...)**

Die sequentiellen Beziehungen zwischen den Ereignissen im "Bibliotheksleben" eines Buches werden durch das folgende Klammerdiagramm veranschaulicht:

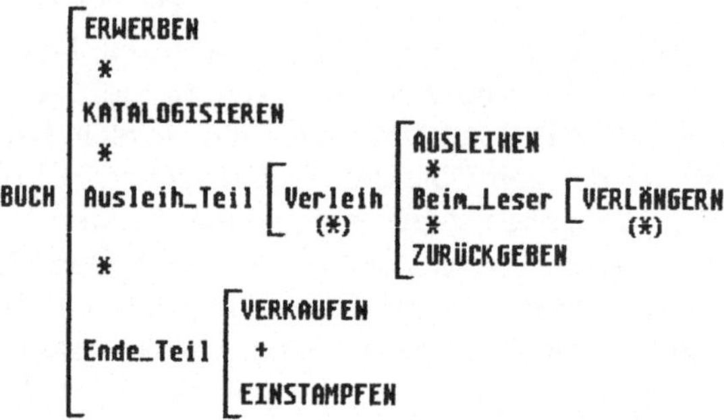

Wir erinnern uns: "*" bedeutet "danach folgt" und "+" heißt "oder" (vgl. die Abschnitte 3.3.2 und 5.1.1). Das "Bibliotheksleben" eines Buches beginnt also mit seinem ERWERB, danach folgt seine KATALOGISIERUNG. Ist diese erledigt, kann das Buch ausgeliehen werden. Es beginnt also eine Folge von "Verleih-Episoden", von denen jede die Struktur "AUSLEIHEN, Beim Leser, RÜCKGABE" hat. Während das Buch beim Leser ist, kann die Leihfrist mehrmals verlängert werden. Ebenso wie die Folge von Verleih-Episoden leer sein kann, ist es natürlich auch möglich, daß ein Leser das Buch ohne Verlängerung der Leihfrist zurückgibt. Dem "Ausleih-Teil" des Buchlebens folgt das Ende des Buches, welches entweder durch VERKAUFEN oder durch EINSTAMPFEN gegeben ist.

Die Bibliotheks-"Lebensgeschichte" eines Mitglieds wird durch das folgende Diagramm erzählt:

```
          ┌BEITRETEN              ┌                ┌LEIHEN_NORMAL
          │                       │ Ausleihen      │ +
          │  *                    │                └LEIHEN_RES
          │                       │   +
          │                       │ VERLÄNGERN
          │              ┌        │   +
MITGLIED  │ Mitglied_    │ Aktion │ ZURÜCKGEBEN
          │ schaft       │  (*)   │   +
          │              └        │ RESERVIEREN
          │  *                    │   +
          │                       │ RES_WIDERRUFEN
          │                       │   +
          └VERLASSEN              └ ÄNDERN_DETAILS
```

Offenbar gibt es unter den für Bücher und Mitglieder relevanten Aktionen solche, die nur für die Vertreter dieser jeweiligen *Objektklassen* von Bedeutung sind (ERWERBEN, KATALOGISIEREN ... von Büchern, BEITRETEN, VERLASSEN ... von Mitgliedern). Andererseits gibt es Aktionen, welche das "Leben" eines Buches mit dem eines Mitglieds verknüpfen (AUSLEIHEN, ZURÜCKGEBEN, VERLÄNGERN). Gewissermaßen "in der Luft" hängen die Aktionen RESERVIEREN, LEIHEN-RES und RES-WIDERRUFEN. Zwar haben auch diese Aktionen mit Büchern zu tun, doch für das "Leben" eines Buches spielt es offenbar keine Rolle, ob es mit oder ohne vorangegangener Reservierung ausgeliehen wird. Aus der "Sicht eines Buches" ist es völlig gleichgültig, ob ein Mitglied sich seiner per LEIHEN-NORMAL oder per LEIHEN-RES bemächtigt. Wir wollen daher den Lebenslauf eines Buches nicht mit solchen für ihn unwichtigen Dingen belasten. Im Rahmen einer mitgliederfreundlichen Verwaltung der Bibliothek allerdings ist der Unterschied zwischen normaler Ausleihe und Ausleihe nach vorheriger Reservierung durchaus von einiger Bedeutung. Der Bibliotheksverwalter wird ihn kennen müssen, um eventuell die Vormerkung auf ein Buch, welche durch die RESERVIEREN-Aktion eines Mitglieds zustandekam, wieder zu löschen. Dies sollte genügen, um die Notwendigkeit des dritten *Objekttyps* in unserem Bibliothekssystem zu rechtfertigen: der Vormerkung oder, um die weiter oben bereits eingeführte Bezeichnung zu verwenden, der RESERVIERUNG. Das Leben einer RESERVIERUNG ist sehr einfach:

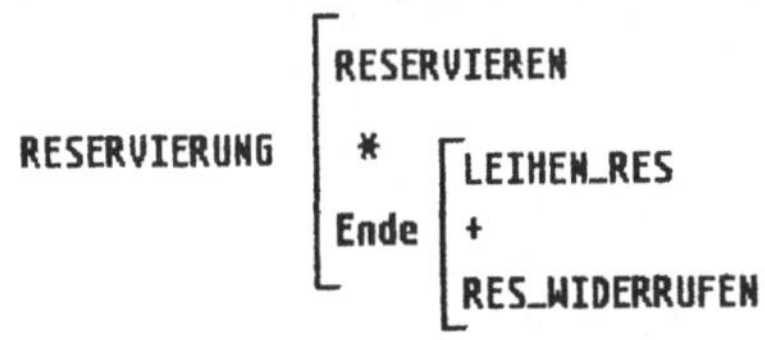

Außer durch die Aktion LEIHEN-RES kann eine Reservierung natürlich auch dadurch beendet werden, daß sie rückgängig gemacht (widerrufen) wird.

Wir haben damit die drei wesentlichen, in unserer Bibliothekswelt ablaufenden Prozesse beschrieben. Genauer gesagt: Wir haben *Prozeßtypen* beschrieben, zum Beispiel den Prozeßtyp BUCH. Das "Leben" jedes einzelnen Buches (von seinem Erwerb durch die Bibliothek an) ist ein Prozeß dieses Typs. Er kann lange dauern. Alles was wir von einem Prozeß wahrnehmen, sind die Aktionen, welche den *Prozeßzustand* ändern, und - eventuell mit Hilfe geeigneter Instrumente - der Prozeßzustand selbst. Die Aktionen können zeitlich weit auseinander liegen, und im Zeitraum zwischen zwei aufeinanderfolgenden Aktionen ist der Prozeß gewissermaßen unterbrochen (*suspendiert*). Was aber ist der *Zustand* eines Prozesses? Nun, bei den obigen Auflistungen von Aktionen/Ereignissen haben wir implizit zum Ausdruck gebracht, daß zu jedem Prozeßtyp auch eine Kollektion von Datentypen gehört, von denen manche die für einen Prozeß des gegebenen Typs konstanten und andere die für einen Prozeß des gegebenen Typs variablen Daten definieren. Die zur Aufnahme der variablen Daten eines Prozesses bestimmten (in irgendeiner Form vorhandenen) Speicher nennen wir die *Variablen* des Prozesses. Der Zustand eines Prozesses ist gegeben durch den aktuellen Inhalt seiner Variablen und durch die Menge der als unmittelbare Folgeaktionen in Frage kommenden Prozeß-Aktionen.

Im *Rahmen* (s.o.!) des rechnergestützten Bibliotheks-System müssen den drei Realwelt-Prozeßtypen BUCH, MITGLIED und RESERVIERUNG jeweils Modellprozeßtypen (*Simulationen*) entsprechen:

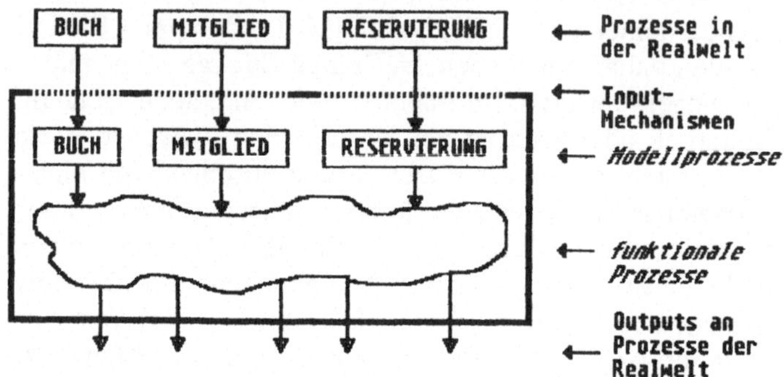

Gegenüber den weiter oben gezeichneten "Rahmenbildern" haben wir uns hier eine "syntaktische" Modifikationen erlaubt, die wir auch in Zukunft beibehalten werden: die Repräsentation von Prozeßtypen und Prozessen durch Rechtecke. Die Input-Mechanismen, welche Realwelt und Modell verbinden, sind noch nicht näher spezifiziert. Es handelt sich hier, wie übrigens dann auch innerhalb des Rahmens, um Konstrukte, die der Kommunikation zwischen Prozessen dienen. In guter Übereinstimmung mit unseren Bemerkungen gegen Ende des Abschnitts 6.3.1 sieht das JSD zwei Arten der Prozeß-Kommunikation vor: Prozesse können miteinander kommunizieren, indem

- entweder ein Prozeß (P1) dem anderen (P2) über einen Kanal (K) Mitteilungen sendet,

- oder indem ein Prozeß (P1) dem anderen (P2) "gestattet", den Inhalt aller oder einiger der Zustandsspeicher (*Variablen* V) von P1 zu lesen.

Bevor wir das Beispiel "Bibliothekssystem" fortsetzen, wollen wir uns mit der Bedeutung der soeben eingeführten graphischen Notation wiewohl informell, so doch in etwas größerem Detail vertraut machen. Die Unterscheidung zwischen einem Exemplar (eines Prozeß-, Kanal-, Variablen-Typs) und seinem Typ wird sich dabei aus dem konkreten Zusammenhang ergeben. Die Kommunikationsbeziehungen zwischen einem oder mehreren Exemplaren eines Typs und einem oder mehreren Exemplaren eines anderen Typs können im übrigen als "1-zu-1", "1-zu-Viele", "Viele-zu-1" oder "Viele-zu-Viele" charakterisiert werden.

Prozeß(-Typ).

Kanal(-Typ): ein nach dem Rohrpost-Prinzip (First-In-First-Out, FIFO) funktionierender Mechanismus unbeschränkter Kapazität für den Transport von Daten/Signalen.

Variablen(-Typ): Zustandsspeicher eines Prozesses bzw. Prozeßtyps; ein alltägliches Analogon ist die Anzeigetafel.

Der Prozeß P entnimmt Input aus dem Kanal K. Falls K leer ist, so kann P nicht weiterlaufen und wird unterbrochen (*suspendiert*, s.o.).

Der Prozeß P liefert Output an den Kanal K.

Der Prozeß P1 sendet Nachrichten (Daten bzw. Signale) an den Prozeß P2. Alle Nachrichten erreichen P2. ("1-zu-1")

Der Prozeß P hat lesenden Zugriff auf die Variable V.

Der Prozeß P hat schreibenden Zugriff auf die Variable V.

Der Prozeß P1 zeigt dem Prozeß P2 in V seinen Zustand ganz oder teilweise an. Will P2 alle von P1 angezeigten Zustände erfahren, so muß er schnell genug arbeiten. ("1-zu-1")

P2 ist ein Prozeß-Typ. Jedem Exemplar von P2 ist ein Kanal (vom Typ K) zugeordnet. P1 kann aus diesen Kanälen denjenigen selektieren, über den er senden will. ("1-zu-Viele")

P2 ist ein Prozeß-Typ. Jedes Exemplar hat Lesezugriff auf die Variable V. ("1-zu-Viele")

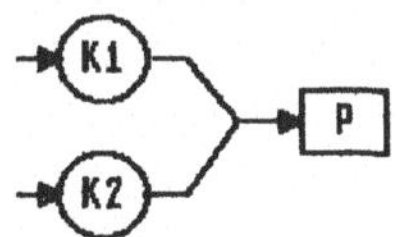

Der Prozeß P entnimmt Inputs von K1 und K2 entsprechend der Reihenfolge ihrer Ankunft. Man sagt: P *mischt* die Kanäle K1 und K2. Sind beide Kanäle leer, so kann P nicht weiterlaufen und wird unterbrochen (s.o.!).

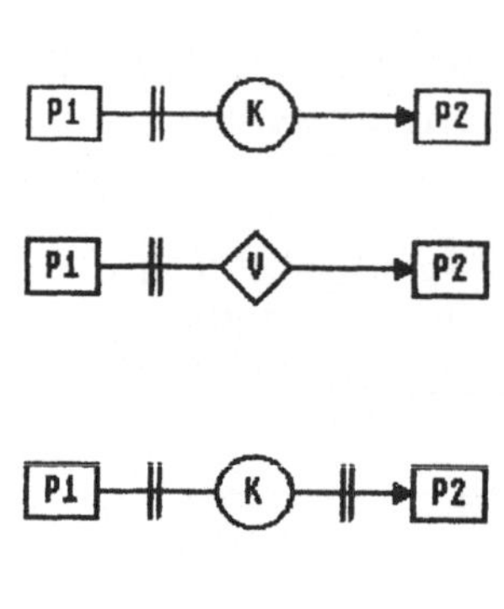

P1 ist ein Prozeß-Typ. Jedem Exemplar von P1 ist ein Kanal (vom Typ K) zugeordnet.
P2 mischt die Kanäle vom Typ K. ("Viele-zu-1")

P1 ist ein Prozeß-Typ. Jedem Exemplar von P1 ist eine Variable (vom Typ V) zugeordnet.
P2 hat auf diese selektiven Lesezugriff. ("Viele-zu-1")

P1 und P2 sind Prozeß-Typen. Jedes Exemplar von P1 kann über Kanäle (vom Typ K) Nachrichten an mehrere Exemplare von P2 schicken. Jedes Exemplar von P2 kann Nachrichten von mehreren Exemplaren von P1 empfangen - und es mischt diese. ("Viele-zu-Viele")

P1 und P2 sind Prozeß-Typen. Jedes Exemplar von P2 hat Lesezugriff auf die Variablen (vom Typ V) der Exemplare von P1. ("Viele-zu-Viele")

Versetzen wir uns nun in die Lage des Verwalters der Bibliothek. Er benötigt, letztlich zum Nutzen der Mitglieder, eine große Zahl von Informationen. Einige seiner Anforderungen an das rechnergestützte System könnten sein:

(a) Jederzeit feststellen zu können, ob ein Buch gerade ausgeliehen ist und wenn ja, an wen;

(b) am Ende eines Monats und auch bei Bedarf eine Liste der überfälligen, d.h. ausgeliehenen und nicht vor Ablauf der vereinbarten Frist zurückgebrachten Bücher erhalten zu können;

(c) daß einem Mitglied, welches ein Buch zurückbringt, eine Rückgabe-Quittung ausgestellt wird;

(d) daß in regelmäßigen Zeitabständen eine Liste der jeweils im vergangenen Zeitraum erworbenen Bücher erstellt wird, welche die Preise je Buch, je Zeitraum und je Jahr enthält.

Wir nehmen an, daß der den realen BUCH-Prozeß im Rahmen unseres Systems simulierende Modellprozeß BUCH seine Inputs über einen Kanal erhält. Wann immer etwas mit dem realen Buch geschieht, wird sich dies für das simulierte Buch dadurch nachvollziehen, daß die "realen Daten" mit der der "realen Aktion" entsprechenden Transaktion dem rechnergestützten System in irgendeiner Form (hier sicherlich via Tastatur und Bildschirm) bekanntgegeben werden. Geschieht mit dem Buch nichts, so ist auch der korrespondierende Modellprozeß suspendiert, sein Zustand jedoch ist einsehbar. Und auf die Zustände der BUCH Modellprozesse beziehen sich offenbar die obigen Anforderungen (a) bis (d).

Ohne die Struktur und die Arbeitsweise der Modellprozesse im Detail zu kennen (wir wissen nur, daß sie den Realwelt-Prozessen in geeigneter Weise nachgebildet sind), können wir leicht einsehen, daß die genannten Anforderungen entweder durch *funktionale Prozesse* zu erfüllen sind, welche irgendwie mit den BUCH Modellprozessen kommunizieren, oder durch (eventuell zusätzliche) Outputs der Modellprozesse selbst. So wird es beispielsweise ein leichtes sein, die Rückgabequittung als Output der Modellprozesse vom Typ BUCH selbst zu erzeugen. Denn dieser Prozeß muß ja, wie oben bemerkt, von der realen Rückgabe Kenntnis erhalten. In Reaktion auf diesen Input kann er dann die Quittung ohne weiteres als Output produzieren.

Nicht ganz so unmittelbar lassen sich die übrigen Anforderungen erfüllen. (a) zum Beispiel könnte im Prinzip auf die gleiche Weise wie (c) erledigt werden, wenn der Verwalter auf die Möglichkeit verzichtete, die gewünschte Information nur auf ausdrückliche Anforderung zu erhalten. So muß hier ein funktionaler Prozeß konstruiert werden, der einerseits die Zustände der BUCH Modellprozesse inspiziert und andererseits den Anstoß dazu durch ein Signal erhält, welches ihm über einen Kanal zugeleitet wird. Wir nennen diesen funktionalen Prozeß F-a.

Auch die periodische (oder sonst bei Bedarf verlangte) Produktion einer Liste der überfälligen Bücher kann nach entsprechender Inspektion der Zustände der BUCH Modellprozesse erfolgen. Auch in diesem Fall ist ein zusätzlicher, über einen Kanal zugeführter Input notwendig, welcher entweder den Ablauf eines Monats oder das Vorliegen einer Anfrage signalisiert. Der die Anforderung (b) erfüllende funktionale Prozeß sei F-b.

Ein funktionaler Prozeß F-d besorgt die regelmäßige Auflistung der Neuerwerbungen. Durch die Frage, wie er mit den BUCH Modellprozessen zu verbinden sei, wird klar, daß bereits in diesem frühen Stadium der Systemspezifikation Effizienzüberlegungen durchaus eine Rolle spielen. Da der Zustand eines BUCH Modellprozesses das Datum des Beginns dieses Prozesses (und andere allgemeine Informationen) "enthält", wäre es prinzipiell möglich, F-d ebenfalls mittels Zustandsinspektion seine Arbeit verrichten zu lassen. Doch würde dies bedeuten, daß wann immer eine Liste zu erstellen ist, F-d die Zustände sämtlicher BUCH Prozesse anzuschauen hätte. Um dies zu vermeiden, legen wir Kanäle zwischen die BUCH Prozesse und F-d, über welche bei Beginn eines BUCH Prozesses (also zum Zeitpunkt des Erwerbs eines Buches) dieser dem Prozeß F-d eine "Buch-Erwerbs-Nachricht" zukommen läßt.

Das folgende Bild, ein *Prozeß-Kommunikations-Diagramm*, zeigt die bisher geschilderten Zusammenhänge:

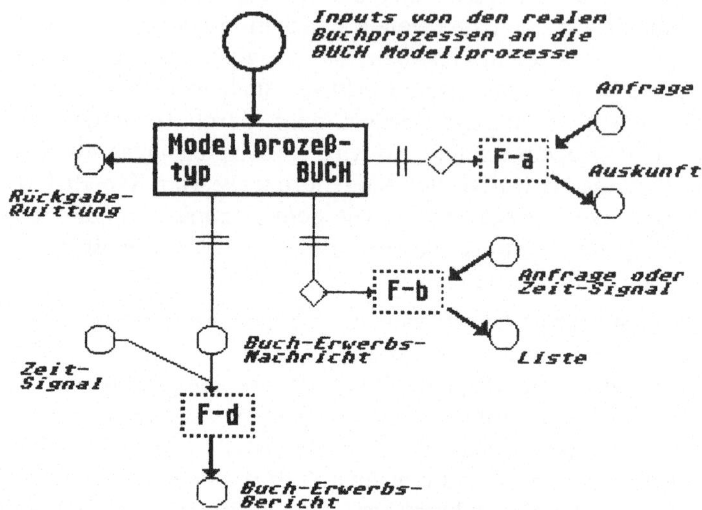

Man beachte die weiter oben zu den einzelnen graphischen Elementen gegebenen Erläuterungen! Danach bedeutet zum Beispiel die *Zustandsspeicher*-Verbindung zwischen F-a und den Modellprozessen, daß F-a entsprechend der an ihn gerichteten Anfrage den Zustandsspeicher des "richtigen" BUCHprozesses selektiert. Für F-a kommt sinnvollerweise keine andere Verbindung zu den Modellprozessen in Betracht. Dagegen kann man sich für F-b - aus eben den Gründen, die wir für F-d geltend gemacht haben - sehr wohl eine Kanalverbindung zu den BUCHprozessen vorstellen. (Der Leser möge sich überlegen, welche Arten von Nachrichten über diesen Kanal transportiert werden sollten.)

Die bisherigen Anforderungen an das Bibliothekssystem konnten ohne jegliche Bezugnahme auf die MITGLIED- und RESERVIERUNGsprozesse erfüllt werden. Wir schließen dieses Beispiel mit der Darstellung eines *Netzwerks* von Prozessen ab, in welchem alle drei Modellprozesse integriert sind. Dieses Netzwerk ist ein System, welches zusätzlich zu F-a und F-d die folgenden funktionalen Prozesse enthält:

RP (RESERVIERUNG PRÜFEN)

Bei Rückgabe eines Buches wird nachgeprüft, ob der Titel reserviert wurde. Falls ja, so werden die Namen und Adressen der wartenden Mitglieder ausgegeben.

AIM (AUSSCHEIDEN INAKTIVER MITGLIEDER)

Mitglieder die seit mehr als fünf Jahren nicht mehr aktiv waren, werden ausgeschieden und entsprechend benachrichtigt.

RL (RESERVIERUNG LÖSCHEN)

Wenn ein Mitglied ausscheidet, so werden eventuell noch vorhandene Reservierungen dieses Mitgliedes gelöscht.

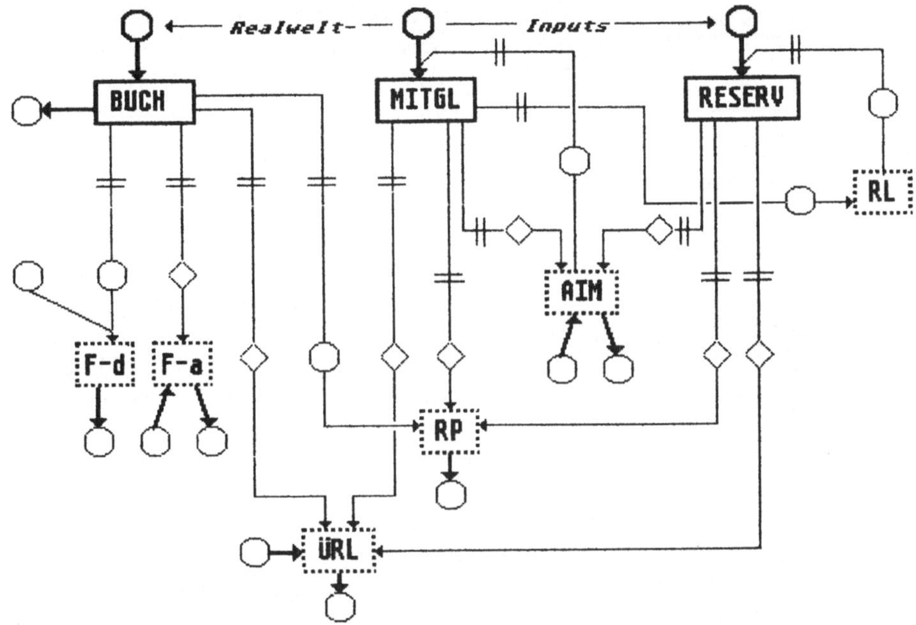

Den oben eingeführten funktionalen Prozeß F-b haben wir hier modifiziert zu:

ÜRL (LISTEN DER ÜBERFÄLLIGEN UND RESERVIERTEN BÜCHER)

Am Ende eines Monats und auch bei Bedarf wird eine Liste der Bücher ausgegeben, deren Rückgabe überfällig ist und auf deren Titel Reservierungen eingetragen sind.

Beachtenswert ist die Tatsache, daß funktionale Prozesse (wie AIM und RL) ihrerseits den Modellprozessen Inputs liefern können und unter Umständen auch müssen. Der Prozeß RL zum Beispiel erzeugt für selektierte RESERVIERUNGsprozesse Nachrichten vom Typ RES-WIDERRUFEN, und beendet damit bestehende Vormerkungen.

Bei der Besprechung des Bibliothekssystems haben wir, um unsere Ausführungen nicht zu überfrachten, ganz bewußt davon abgesehen, den Übergang von den Realweltprozessen zu den Modellprozessen und die Modellprozesse selbst in allen Einzelheiten zu schildern. Mit dem zweiten "Projekt" dieses Abschnitts, welches einem ganz anderen Bereich der Anwendung von Rechnern entstammt (der Kontrolle technischer Anlagen), wollen wir die Zusammenhänge zwischen Realwelt und Modell im Rahmen des JSD etwas genauer studieren und formalisieren. Es handelt sich um die Spezifikation von Software zur Steuerung der

Bewegungen eines Fahrstuhls (vgl. [JA2]), dessen wesentliche Elemente aus der folgenden Skizze ersichtlich sind (die Anzahl der Stockwerke ist dabei natürlich willkürlich gewählt):

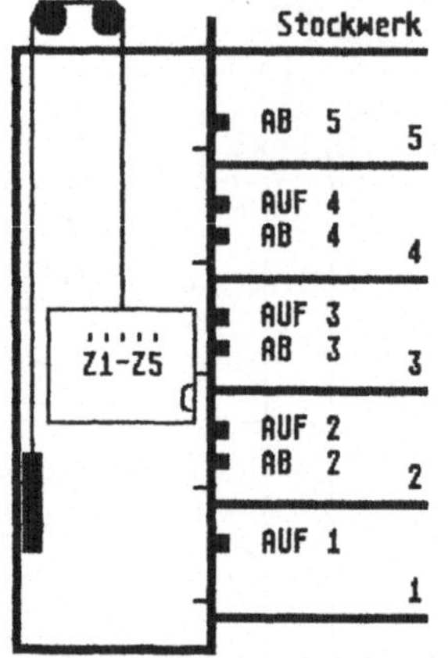

Neben der Fahrstuhltür eines Stockwerks (ausgenommen das unterste und das oberste) gibt es Knöpfe **AUF m** und **AB m** (**m** sei die Nummer des Stockwerks), mit denen signalisiert werden kann, ob man von der gegebenen Etage aus nach oben oder nach unten fahren möchte. Im untersten Stockwerk (**m = 1**) gibt es nur einen Knopf **AUF 1** und im obersten (hier **m = 5**) nur einen Knopf **AB m**. In der Kabine selbst befinden sich die (hier) fünf Zielknöpfe **Z1 - Z5**, mit denen die gewünschte Zieletage ausgewählt wird. In den Knöpfen befinden sich kleine Lampen, die nach Knopfdruck aufleuchten. Das Erreichen eines Stockwerks wird mit Hilfe geeigneter elektromechanischer Vorrichtungen an der Fahrstuhlkabine und an der Schachtwand festgestellt. Falls für ein Stockwerk ein Haltewunsch vorliegt (sei es von innerhalb oder außerhalb der Kabine), so wird der den Fahrstuhl bewegende Motor angehalten, Lampen werden ausgeschaltet und die Tür wird geöffnet. Doch damit sind wir schon weiter, als wir uns auf die Technik des Aufzugs einlassen wollen. Wir beschränken uns im wesentlichen auf die Steuerung des Antriebsaggregats und - weniger ausführlich - auf das Ein- und Ausschalten der Knopflampen. Entsprechend der für das JSD charakteristischen Vorgehensweise müssen wir uns zunächst nach den für das technische System "Fahrstuhl" relevanten Realwelt-Objekten umschauen, die mit diesen Objekten verknüpften Prozesse analysieren und diesen Prozessen dann innerhalb des "Rahmens der Rechnerunterstützung" (s.o.) geeignete Modellprozesse gegenüberstellen.

Wie finden wir diese Objekte? Die Antwort darauf ist nicht schwer: Es ist unser Hauptinteresse, den Motor zu steuern, ihm also "Kommandos" geben zu können, welche ihn anhalten, starten und eventuell seine Laufrichtung (Polarität) ändern lassen. Die Frage nach den Objekten der realen Welt, auf deren Modellierung die Rechnerunterstützung aufzubauen ist, muß also genauer lauten: Welche Informationen benötigen wir, um einen solchen Output zu erzeugen? Und dann: Wo werden diese Informationen ihrerseits erzeugt?

Um im Falle der Fahrstuhlanlage Kommandos der gewünschten Art produzieren zu können, müssen wir wissen, wo sich die Kabine jeweils befindet und welche Haltewünsche jeweils bestehen. Das "Wo" der Kabine erfahren wir gewissermaßen von ihr selbst - über den Mechanismus, der sie das Erreichen und Verlassen eines Stockwerks feststellen läßt. Und die Haltewünsche entstehen durch die Betätigung von Ruf- und Zielknöpfen. Die beiden für unser Projekt relevanten Objekte (und daran anknüpfend Realwelt-Prozesse) sind also

KABINE und KNOPF.

Dabei bedeutet KABINE tatsächlich ein einzelnes Objekt, während KNOPF (wie die Objektnamen im Beispiel des Bibliothekssystems) einen Objekttyp mit mehreren identifizierbaren Ausprägungen bezeichnet. Welche dies sind, ist aus der obigen Skizze der Anlage ersichtlich. Wir wollen die Identifikation der einzelnen Ausprägung hier als Parameter notieren:

$$\mathbf{KNOPF} = \Big\{ \mathbf{KNOPF\,(K\text{-}Id)} \mid \mathbf{K\text{-}Id} \in \{\mathbf{AUF\text{-}1, AUF\text{-}2, \ldots, AUF\text{-}(n-1)}\} \cup \{\mathbf{AB\text{-}2, AB\text{-}3, \ldots, AB\text{-}n}\} \cup \{\mathbf{Z\text{-}1, Z\text{-}2, \ldots, Z\text{-}n}\} \Big\} \quad (n = 5)$$

(Hätten wir die Aufgabe, nicht nur eine, sondern mindestens zwei Fahrstuhlkabinen zu steuern, so wäre im übrigen auch KABINE als Objekttypname zu interpretieren.)

Wir wissen schon: Die einzige Information, die uns die Kabine über ihren Ort liefert, ergibt sich aus den ihr zugeordneten Ereignissen ANKOMMEN und VERLASSEN, jeweils bezogen auf eine Etage. Das "Leben der Kabine", ihr Prozeß, ist eine Abfolge dieser beiden Ereignisse. Es beginnt damit, daß sie irgendwann einmal ein Stockwerk verläßt, um dann das Ereignispaar (ANKOMMEN, VERLASSEN) beliebig oft zu wiederholen. Das nachstehende Klammerdiagramm beschreibt dieses "Leben". Zur besseren Unterscheidung vom zugehörigen Modellprozeß, nennen wir den Prozeß der realen Kabine RW-KABINE.

```
        ┌ Init ┌ VERLASSEN
        │      └
RW_     │
KABINE  │  *
        │                          ┌ ANKOMMEN
        │ Betrieb ┌ Bewegung       │    *
        │         │   (*)          │ VERLASSEN
        └         └                └
```

Der Modellprozeß innerhalb unseres Softwaresystems muß, zur Simulation des Realwelt-Prozesses RW-KABINE und um die für die Produktion des gewünschten Outputs notwendigen Informationen über den Ort der Kabine bereitstellen zu können, von den Ereignissen im "Leben der Kabine" erfahren. Dafür gibt es, wie wir bereits früher gesehen haben, prinzipiell zwei Möglichkeiten, die Kanalverbindung zwischen RW-KABINE und S-KABINE (so nennen wir den die realen Kabinenbewegungen nachvollziehenden Modellprozeß) oder die Verbindung mittels Zustandsspeicher:

KOK: Kabinen-Ortssignal-Kanal

KOA: Kabinen-Orts-Anzeige

Welche der beiden Varianten wir wählen, hängt weitgehend von der Technik der fraglichen Anlage ab. Es ist denkbar, daß wir von den Sensoren jedesmal dann ein Signal erhalten, wenn die Kabine eine Etage erreicht oder verläßt, und daß dieses Signal über KOK dem Rechner zugeführt wird. Für den simulierenden Prozeß S-KABINE ist der Empfang dieses Signals gleichbedeutend mit den Ereignissen ANKOMMEN und VERLASSEN, und er kann diese Ereignisse - in welcher Form auch immer - an andere Prozesse im System weitermelden. Die Version 1 von S-KABINE lautet also:

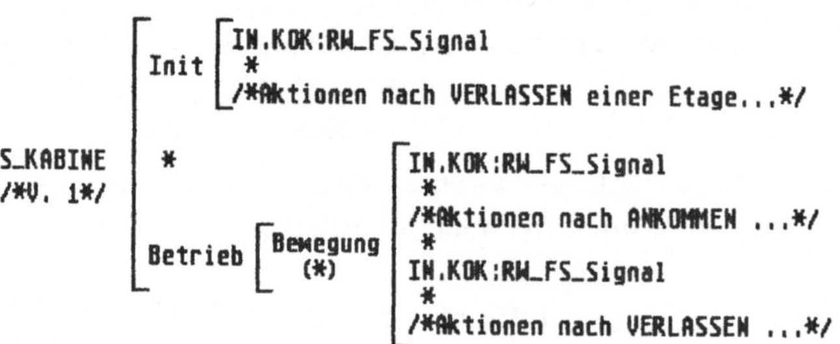

Die Operation "Kanalzugriff" des simulierenden Prozesses notieren wir hier - wie schon in Kapitel 5 - mit dem Schlüsselwort "IN", qualifiziert durch den Namen des Kanals. Die Operation "IN" blockiert (bzw. suspendiert, s.o.!) den Prozeß, falls kein Signal vorliegt.

Version 2 geht davon aus, daß die technische Verbindung zwischen Rechner und Fahrstuhlanlage ein Register enthält, in dem zu jeder Zeit der momentane Zustand der Kabine ablesbar ist. Wir nehmen an, der Zustand "Kabine ist auf oder passiert Etage" werde durch den Registerinhalt 1 dargestellt, während der Registerinhalt 0 andeutet, daß sich die Kabine zur Zeit nicht auf einer Etage befindet. Das Register nennen wir KOA. Eine Notation für die Operation des Lesens von Speicherinhalten haben wir ebenfalls im Rahmen der Beispiele des Kapitels 5 eingeführt.

```
                   [KOA:Kabinenort(=KO)
                   [ *
          [ Init   [ AufEtage [___              [KOA:...
          [        [  *       [(*WHILE KO=1)
          [        [/*Aktionen nach VERLASSEN einer Etage ...*/
          [
S_KABINE  [ *                 [Nirgends [___              [KOA:...
/*V. 2*/  [                   [  *      [(*WHILE KO=0)
          [                   [/*Aktionen nach ANKOMMEN ...*/
          [ Betrieb [Bewegung [ *
          [         [  (*)    [AufEtage [___              [KOA:...
                              [         [(*WHILE KO=1)
                              [ *
                              [/*Aktionen nach VERLASSEN ...*/
```

Anders als Version 1 von S-KABINE muß dieser Prozeß ständig aktiv sein, um sich "auf dem laufenden zu halten". Und er muß dazu hinreichend schnell arbeiten (was aber kein Problem sein dürfte)! Für die Spezifikation der funktionalen Prozesse ist es - wie uns noch klar werden wird - unerheblich, mit welcher Version wir es hier zu tun haben. Wir nehmen an, daß wir uns aufgrund der gegebenen Technik für Version 2 entscheiden müssen.

Wenden wir uns nun der zweiten Informationsquelle unserer Aufzugsanlage zu, den Knöpfen. Das "Leben" dieser Realwelt-Objekte ist ebenso ereignisarm wie das der Kabine. Knöpfe werden gedrückt, das ist alles. Nur: bei genauerem Hinsehen müssen wir zwei Ereignisse unterscheiden, DRÜCKEN und LOSLASSEN, denn ohne das letztere wäre das erste gar nicht erkennbar. Der Prozeßtyp RW-KNOPF hat also die folgende einfache Struktur (hier mit Angabe des formalen Parameters K-Id zur Identifizierung einzelner Ausprägungen):

```
                             ┌DRÜCKEN(K_Id)
RW_           ┌Betätigung    │ *
KNOPF(K_Id)   └   (*)        │LOSLASSEN(K_Id)
                             └
```

Auch hier seien die technischen Gegebenheiten derart, daß nur eine Verbindung per Zustandsspeicher zwischen den Realwelt-Prozessen RW-KNOPF und den entsprechenden simulierenden Prozessen S-KNOPF in Frage kommt:

KZA: Knopf-Zustands-Anzeige

Mit der Verwendung dieses Darstellungselementes haben wir - wie der Leser nach nochmaliger Durchsicht unserer Liste graphischer Notationen leicht feststellt - ein wenig gemogelt. Der Liste zufolge gilt das hier für die Verbindung zweier Prozeßtypen benutzte Zeichen lediglich für einzelne Prozesse. Wir ergänzen daher die in der Liste angegebene Semantik, indem wir bestimmen, daß die (oben noch illegale) Notation "P1 —◇→ P2" auch dann anwendbar sein soll, wenn P1 und P2 Prozeßtypen mit eineindeutig korrespondierenden Ausprägungen bezeichnen.

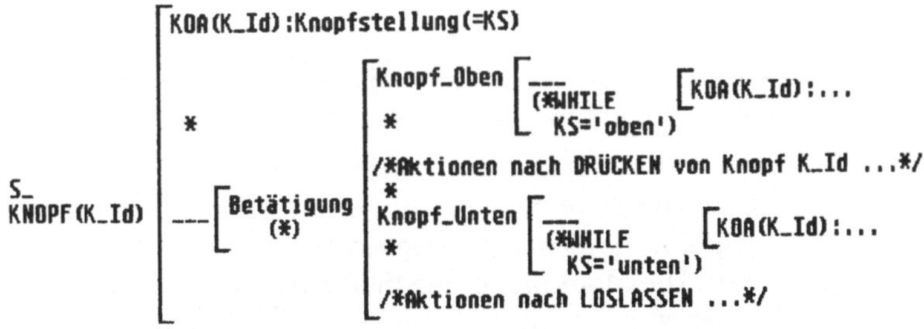

Die Modellprozesse, welche das "Leben" der Realwelt-Knöpfe nachvollziehen, nehmen den im obigen Diagramm beschriebenen Verlauf.

Man beachte hier (wie in Version 2 der S-KABINE) die Operation des "Vorweglesens" (vgl. Kapitel 5), um eine erste Bestimmung der Knopfstellung (bzw. des Kabinenortes) vorzunehmen. (Danach hätten wir eigentlich etwas genauer, unter Verzicht auf die Annahme, daß ein Knopfleben stets oben beginnt, eine Unterscheidung der weiteren Aktionen von S-KNOPF entsprechend dem Resultat des Vorweglesens treffen müssen. Mutatis mutandis gilt dies für Version 2 von S-KABINE. Der Leser möge es zur Übung selbst tun.)

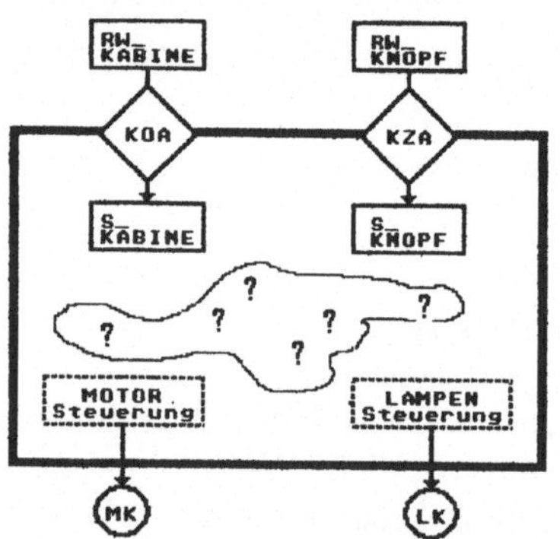

Als wesentliche Erkenntnis nach den bisherigen Ausführungen zum Fahrstuhlprojekt bemerken wir, daß die den Realwelt-Prozessen nachempfundenen Modellprozesse eines rechnergestützten Systems im Prinzip nichts anderes tun, als ihr jeweiliges Gegenüber zu *überwachen* und sich in dessen Zustand (soweit er für das Gesamtsystem von Interesse ist) zu versetzen (vgl. den oberen Teil der nebenstehenden Abbildung).

Auch bei der weiteren Entwicklung unseres Softwaresystems lassen wir uns vom gewünschten Output leiten: Der Motor soll gesteuert werden, und wir wollen die Lampen in den Knöpfen ein- und ausschalten. Dazu bedarf es verschiedener Kommandos, für deren Anwendung wir das Vorhandensein geeigneter Vorrichtungen voraussetzen. Im unteren Teil der Abbildung werden sie als Kanal MK (für die Motorkommandos) und Kanaltyp LK (für die Lampenkommandos) dargestellt. Wir postulieren einen funktionalen Prozeß MOTOR-Steuerung sowie einen funktionalen Prozeßtyp LAMPEN-Steuerung respektive) mit den entsprechenden Ausprägungen, die ihre wesentlichen Outputs an den jeweiligen Kanal abgeben. Die Motorkommandos z.B. sind:

AUFWÄRTS	- Polung zur Aufwärtsfahrt
ABWÄRTS	- Polung zur Abwärtsfahrt
START	- Motor starten
STOP	- Motor stoppen

Wie - so lauten die nächsten Fragen - finden wir die funktionalen Prozesse und wie hängen sie mit den Modellprozessen und untereinander zusammen?

Zum "Wie" des Auffindens der funktionalen Prozesse gibt es zuerst eine schlechte Nachricht: Es ist dies eine Aufgabe, für die es leider keine rezeptartige Methode gibt, sondern die das ganze Geschick und die Erfindungsgabe des Ingenieurs erfordert. Die Motorsteuerung muß einer Vorstellung davon entsprechen, wie sich die Fahrstuhlkabine bewegen soll. Doch nun die guten Nachrichten: Erstens kann man solche Vorstellungen mit den uns zur Verfügung stehenden

Mitteln zur Darstellung sequentieller Abläufe recht gut formal ausdrücken, ohne dabei gleich an ein Rechnerprogramm zu denken, und zweitens ist es - wenn diese Spezifikation erst einmal geschrieben ist - nicht mehr schwer, auf solcher Basis zu einer Software-orientierten Beschreibung zu gelangen.

Für das Folgende machen wir uns eine sehr einfache Vorstellung von den Kabinenbewegungen: Die MOTOR-Steuerung soll dafür sorgen, daß die Kabine immer hin und her fährt, von ganz unten nach ganz oben und zurück und so weiter, und daß sie unten hält und oben sowie zwischendurch, wenn dies verlangt wird. Dieses simple Verhalten der Kabine wird offenbar durch die im nachstehenden Klammerdiagramm spezifizierte Folge von Motorkommandos bewirkt:

```
                                  ┌ 'AUFWÄRTS'
                                  │ *
                                  │ 'START'
                                  │ *                       ┌ Vorbei
                          Hoch    │ Hoch_Fahrt ┌ Etage_H    │ +       ┌ 'STOP'
                                  │ *          └   (*)      │ Halten  │ *
MOTOR_        ┌ Hin_              │                         └         └ 'START'
Steuerung     │ und_Her       *   └ Top_Etage  [ 'STOP'
/*Trivial     │   (*)             ┌ 'ABWÄRTS'
version*/     └                   │ *
                                  │ 'START'
                                  │ *                       ┌ Vorbei
                          Runt    │ Runt_Fahrt ┌ Etage_R    │ +       ┌ 'STOP'
                                  │ *          └   (*)      │ Halten  │ *
                                  │                         └         └ 'START'
                                  └ Erdgesch   [ 'STOP'
```

In dieser Version (wie in vermutlich jeder anderen auch) ist bei der Annäherung der Kabine an eine Etage zu entscheiden, ob die Kabine dort vorbeifahren oder anhalten soll. Die für diese Entscheidung notwendige Information muß von einem Prozeß kommen, der den jeweiligen Zustand der Knöpfe kennt, oder vielmehr, da sich die Knopfmanipulationen DRÜCKEN und LOSLASSEN auf die Lampen auswirken, den jeweiligen Zustand der Lampen. Wir postulieren daher eine Zustandsspeicher-Verbindung zwischen der MOTOR-Steuerung und der LAMPEN-Steuerung, wobei wir letztere in ebenso vielen Exemplaren vorfinden, als Lampen zu schalten sind. Die MOTOR-Steuerung kann also, wenn bei Erreichen eines Stockwerks die Entscheidung "Halten oder Vorbeifahren" zu treffen ist, gezielt die Zustände der für dieses Stockwerk in Frage kommenden Lampen ablesen. Sie interpretiert diese Zustände als Vorliegen oder Nicht-Vorliegen eines Haltewunsches. Wir nennen daher den entsprechenden Zustandsspeicher HWA ("HalteWunschAnzeige").

Andererseits muß unsere LAMPEN-Steuerung (die ja nichts anderes zu tun hat, als die Knopflampen ein- und auszuschalten) es erfahren, wenn die Kabine eine Etage erreicht, um dann eventuell leuchtende Lampen auszuschalten. Dazu legen wir - als naheliegende konstruktive Maßnahme - zwischen die MOTOR-Steuerung und die einzelnen Ausprägungen der LAMPEN-Steuerung je einen Kanal vom Typ B-SIG ("BesuchsSignal"). (Man beachte: Die "Herren" solcher Maßnahmen sind allein wir! Wir haben jede Freiheit, unser Softwaresystem so zu spezifizieren, wie wir es für richtig halten, solange wir dabei die von außen an uns gestellten Anforderungen zuverlässig erfüllen, in diesem Falle also den gewünschten Output an den Motor zu erzeugen.)

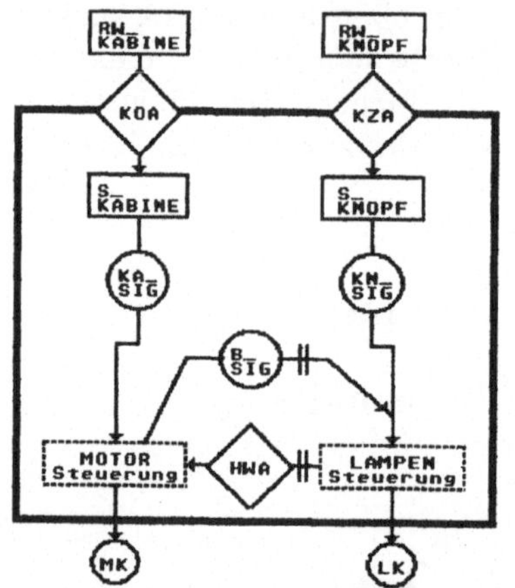

Um die beiden funktionalen (Steuerungs-) Prozesse auch mit den notwendigen Nachrichten über die Kabinenbewegungen und das Knöpfedrücken zu versorgen, verbinden wir den Prozeß S-KABINE mit der MOTOR-Steuerung und die S-KNOPF Prozesse mit den LAMPEN-Steuerungen, und wir wählen auch dazu jeweils Kanäle. Auch dies liegt nahe, denn die MOTOR-Steuerung zum Beispiel sollte ja nur dann aktiv werden, wenn Bedarf dafür gegeben ist, also wenn von S-KABINE die Ankunft der realen Kabine in einem Stockwerk registriert wird. In diesem Fall wird S-KABINE über den Kanal KA-SIG eine Botschaft an die MOTOR-Steuerung senden, die diese "aufweckt" und zu Aktionen veranlaßt. Die Struktur dieser Botschaft ist so trivial wie ein Weckruf, "Hallo" oder "Da" oder ähnlich, mehr Information wird nicht benötigt. Es ist einfach "etwas" im Kanal oder nicht.

Entsprechendes gilt für die Beziehung zwischen den S-KNOPF Prozessen und den LAMPEN-Steuerungen.

Aus der oben angegebenen Spezifikation des Verhaltens der Kabine läßt sich nun, wie angekündigt, sehr einfach eine Beschreibung des Prozesses "MOTOR-Steuerung" herleiten. Wir haben weiter nichts zu tun, als die Kommandos an den Motor (den "primären" Output) in Output-Operationen einzubetten, "sekundären" Output an die LAMPEN-Steuerungen einzufügen, sowie durch geeignete Inputs den Fortgang des Prozesses zu sichern und ihn jeweils die gewünschten Zweige (z.B. "Halten oder Vorbeifahren") einschlagen zu lassen:

```
MOTOR_       [ Hin_     [ Hoch [ SEE
Steuerung    [ und_Her  [  *
/*Trivial    [   (*)    [
version*/    [          [ Runt [ SEE
```

```
      ┌OUT.MK:'AUFWÄRTS'
      │ *   ┌[(EtNr=1)
      │ --- │OUT.B_SIG.AUF(EtNr):'DA'
      │ *   └OUT.B_SIG.Z(EtNr):'DA'
      │OUT.MK:'START'
Hoch  │ *
      │Hoch_Fahrt ┌Etage_H          [SEE
      │           └(*WHILE EtNr<N)
      │ *
      │           ┌IN.KA_SIG:'DA'
      │Top_Etage  │OUT.MK:'STOP'
      └           └OUT.B_Sig.Z(EtNr):'DA'
```

```
        ┌OUT.MK:'ABWÄRTS'
        │ *
        │OUT.B_SIG.AB(EtNr):'DA'
        │ *
        │OUT.MK:'START'
Runter  │ *
        │Runt_Fahrt ┌Etage_R          [SEE
        │           └(*WHILE EtNr>1)
        │ *
        │           ┌IN.KA_SIG:'DA'
        └Erd_Gesch  └OUT.MK:'STOP'
```

```
         ┌[(EtNr=EtNr + 1)
         │IN.KA_SIG:'DA'
         │ *
         │HWA.AUF(EtNr):Haltewunsch(=HW_AUF)
         │ *
         │HWA.Z(EtNr):Haltewunsch(=HW_Z)
         │      ┌?HW_AUF='JA'     ┌OUT.MK:'STOP'
Etage_H  │ *    │ OR HW_Z='JA';   │OUT.B_SIG.AUF(EtNr):'DA'
         │      │ Halten          │OUT.B_SIG.Z(EtNr):'DA'
         │ ---  │ +               └OUT.MK:'START'
         │      │
         │      │?ELSE;
         └      └ Vorbei [ NONE
```

Die Beschreibung von ETAGE-R ist analog und sei dem Leser überlassen.

En passant bemerken wir, daß an diesem Beispiel der Unterschied zwischen *Anforderungsspezifikation* (engl. *requirement specification*) und *Systemspezifikation* in besonders prägnanter Weise zum Vorschein kommt: Als Bestandteil der *Anforderungsspezifikation* muß die Beschreibung des gewünschten Kabinenverhaltens gelten, ausgedrückt durch die Struktur des an den Motor gerichteten "Kommando-Stroms". Die obige, aus dieser Struktur hergeleitete Beschreibung des Prozesses "MOTOR-Steuerung" dagegen ist ein Bestandteil der *Systemspezifikation*, ebenso wie die Dokumentation der Kommunikationsbeziehungen zwischen den Prozessen innerhalb des "Rahmens" des Systems.

Der Übung halber sei dem Leser vorgeschlagen, die folgende Spezifikation des Kabinenverhaltens (eine *Anforderung* also!) zu verstehen:

```
                            ┌
                            │ Im_EG_warten ┌/*Auf Los geht's los*/
                   ┌        │              └
MOTOR_             │ FS_    │ *
Steuerung          │ Zyklus │
                   └  (*)   │ FS_Fahrt ┌ Hin_und_her ┌SEE
                            │          │     (*)     └
                            └          └
```

```
            ┌      ┌'AUFWÄRTS'
            │      │ *
            │      │'START'                      ┌?QUIT Hoch_Fahrt
            │      │ *                           │
            │ Hoch │ Hoch_Fahrt ┌Etage_H        │ *  ┌Vorbei
            │      │ *          └  (*)          │--- │ +       ┌'STOP'
            │      │ H_Ziel ┌'STOP'             └    │ Halten  │ *
Hin_und_her │ *    └        └                        └         └'START'
            │      ┌'ABWÄRTS'
            │      │ *
            │      │'START'                      ┌?QUIT Runt_Fahrt
            │ Runt │ *                           │
            │      │ Runt_Fahrt ┌Etage_R        │ *  ┌Vorbei
            │      │ *          └  (*)          │--- │ +       ┌'STOP'
            │      │ Erdgesch  ┌'STOP'          └    │ Halten  │ *
            └      └           │ *                   └         └'START'
                               └?QUIT FS_Fahrt
```

Er möge versuchen, das in dieser Struktur des Kommando-Stroms zum Ausdruck gebrachte Verhalten verbal zu beschreiben und dann auch aus dieser Spezifikation eine (etwas realitätsgerechtere) Version eines Prozesses "MOTOR-Steuerung" zu erzeugen.

Ferner bleibt die Aufgabe, die LAMPEN-Steuerung auszuarbeiten. Hier ist zu beachten, daß für jede der Lampen die Inputs aus zwei Kanälen zu mischen sind: Aus dem Kanal KN-SIG der Knopfsignale und aus B-SIG, dem Kanal, über den die MOTOR-Steuerung den Besuch einer Etage signalisiert. Der Strom der von einer (einzelnen) LAMPEN-Steuerung (identifiziert durch K-Id, s.o.) zu verarbeitenden Signale hat also die folgende Gestalt:

```
                           ┌
                           │ Kabine_
                  ┌        │ DA_Signal
LAMPEN_           │ Signal │ +
Signale(K_Id)     │  (*)   │
                  └        │ Knopf_Druck_
                           │ Signal
                           └
```

Es ist wichtig, daß die LAMPEN-Steuerung die Herkunft der bei ihr eintreffenden Signale unterscheiden kann. Denn je nachdem, ob es durch einen Knopfdruck oder durch die Bewegung der Kabine hervorgerufen wurde, wird die Lampe ein- oder auszuschalten sein.

Auch die ausführliche Ausarbeitung der LAMPEN-Steuerung bleibe dem Leser überlassen.

Apropos "Realitätsgerechtigkeit": Der eher überblickshafte Charakter der Darstellungen dieses Kapitels ließ es leider nicht zu, daß wir bei der Behandlung speziell des Beispiels "Fahrstuhl" einen ernsthaften Gedanken den Problemen widmeten, die sich ergeben, wenn einmal etwas nicht "so läuft wie es sollte": Wenn die Tür klemmt oder der Motor den Dienst versagt oder dergleichen *Ausnahmesituationen* mehr eintreten. Es versteht sich von selbst, daß diesen Problemen bereits bei der Spezifikation des Systems besondere Aufmerksamkeit zu widmen ist. Schließlich wird es zu den "von Außen"an die Systementwickler gestellten Anforderungen gehören, auch in derartigen Ausnahmesituationen "gutmütige" Reaktionen des Systems zu garantieren. Immerhin: Ohne es anhand unserer Beispiele schlagkräftig demonstriert zu haben, behaupten wir dennoch, daß das JSD durch seine gründliche Analysetechnik und die Möglichkeit, bestimmte Anforderungen formal, aber dennoch relativ anschaulich zu spezifizieren, es schon in den Anfangsphasen eines Projekts gestattet, auch der Behandlung dieser Aspekte gebührenden Raum zu geben.

Es ist schließlich festzuhalten, daß das JSD - soweit wir es hier vorgestellt haben - sehr abstrakte Systemspezifikationen (in Begriffen wie Prozeß, Prozeßtyp, Prozeßkommunikation, etc.) liefert. Wie zu Beginn dieses Abschnitts bereits kurz erwähnt, enthält es allerdings auch Anleitungen zur Implementierung von Systemspezifikationen, also Vorschläge zur Abbildung der Spezifikation auf "real ablaufende" Software. Wir werden einige dieser Vorschläge in den späteren Abschnitten über "Entwurf" und "Implementierung" (wenn auch nicht notwendigerweise expressis verbis) wiederfinden.

6.3.4 Hierarchische Systemmodelle

Wir erinnern an dieser Stelle zunächst an Abschnitt 6.1 dieses Kapitels, in dem wir behaupteten, daß sich die Struktur eines Softwaresystems "in erster Näherung" als Baum darstellen lasse, mit dem Gesamtsystem als Wurzelknoten und den vernünftigerweise nicht mehr weiter zerlegbaren Systemteilen, denen wir - ganz informell - die Bezeichnung "Module" gaben, als Blätter. Wir haben dieses Bild mit einer möglichen und plausiblen Vorgehensweise des Software-Entwicklers beim Entwurf seines Produkts begründet: "Top-Down", von oben nach unten, von der Gesamtheit zu den Einzelheiten. Und wir haben an die Verwandtschaft mit der "Schrittweisen Verfeinerung" als Verfahren zur Konstruktion "kleiner" Programme oder Programmteile erinnert.

Genau diese Vorstellungen liegen den im vorliegenden Abschnitt zu besprechenden *hierarchischen Systemmodellen* zugrunde. Wohlgemerkt: wir sind uns bewußt, daß wir hier von Modellen reden, deren Hauptzweck es ist, die wesentlichen Eigenschaften der Umgebung eines zukünftigen Rechnereinsatzes einzufangen und mit dem Ziel der Präzisierung von Anforderungen an ein Softwaresystem zu beschreiben. Die Spezifikation des Softwaresystems soll sich dann - hoffentlich nahtlos (wie etwa durchaus im Falle des JSD) - auf das im Modell formulierte Analyseergebnis aufsetzen lassen.

Der einem hierarchischen Modell folgende Analytiker eines Realweltsystems (der entweder mit dem Entwickler des dann für diese Realwelt zu bauenden Softwaresystems identisch ist oder aber mit diesem eng zusammenarbeitet) wird sich zunächst eine Abgrenzung des fraglichen Realweltausschnitts markieren, den "Modellrand" (vgl. 6.3.1), indem er die Daten- bzw. Objektströme identifiziert, welche in diesen bzw. aus diesem Ausschnitt fließen. Er wird seinem System einen Namen geben und eine Beschreibung der wesentlichen Leistungen ("Funktionen") beifügen. Die graphische Dokumentation dieses ersten Ergebnisses seiner Bemühungen unterscheidet sich nicht von dem Bild, das wir in Abschnitt 3.1. gezeichnet haben:

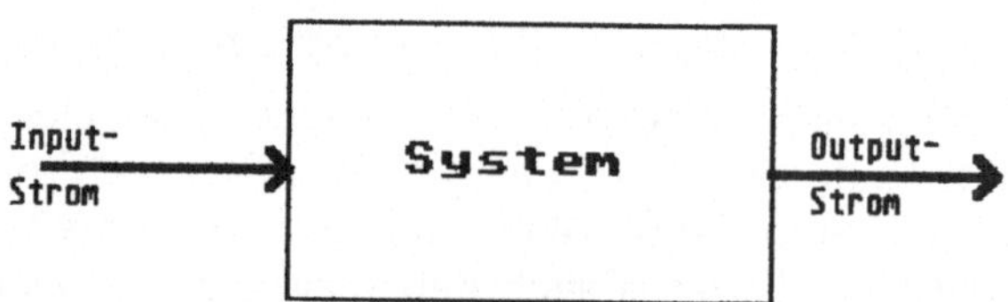

Man mag ferner bemerken, daß dieses Bild auch nicht so sehr verschieden ist von den "Rahmen", die wir im vorigen Abschnitt um unsere Systeme gelegt haben. Die Inputströme kamen dort von oben, während die Outputströme nach unten abgingen; eine fürwahr recht unbedeutende Variation. Doch halt! Das JSD gab uns eine ziemlich strikte Anleitung zum Auffinden dieser Ströme, und diese führte sehr schnell zu einer differenzierten Betrachtung der "Schnittstelle" des Systems (also dessen, was sich an seinem Rand abspielt), ohne daß wir uns schon Gedanken über das Systeminnere gemacht hätten.

Eine solche Anleitung werden wir bei der Beschäftigung mit hierarchischen Systemmodellen vermissen. Vielmehr sind wir bei der weiteren Differenzierung in viel stärkerem Maße auf unsere Intuition und unser "Fingerspitzengefühl" angewiesen. Die Zergliederung der Input- und Outputströme wird sich parallel mit der "funktionalen" Zerlegung des Systems vollziehen müssen. Eine erste Verfeinerung des "Systems als Ganzes" ergibt sich etwa durch die Identifikation von Gruppen "irgendwie" zusammengehöriger Funktionen. Diesen Funktionsgruppen werden dann jeweils korrespondierende Systemkomponenten zugedacht. Auf dieser Stufe wird sich ein Inputstrom aufspalten in Teilströme, die einzelnen dieser Komponenten zufließen. Entsprechendes gilt für den Output. Das folgende Bild zeigt das Ergebnis einer solchen Zerlegung:

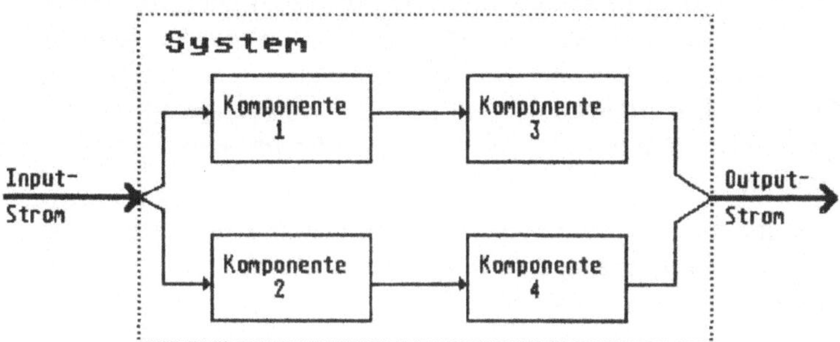

Jede Komponente und die ihr zugeordneten Ströme werden analog behandelt, bis eine Stufe erreicht ist, auf der eine weitere Zerlegung nicht sinnvoll erscheint. Auf dieser letzten Stufe repräsentieren die Kästchen elementare Systemfunktionen mit den sie betreffenden Inputs und Outputs, in etwa entsprechend (jedoch nicht notwendigerweise identisch mit) den Prozessen, die wir beim JSD finden. Natürlich zwingt uns nichts, "je Kasten" (System, Komponente, Elementarfunktion) genau einen Inputstrom und genau einen Outputstrom zu sehen. Es dürfen, sollte dies opportun scheinen, durchaus mehrere sein, von denen sich dann - bei der weiteren Systemverfeinerung - jeder in zwei oder mehr Teilströme aufspalten kann.

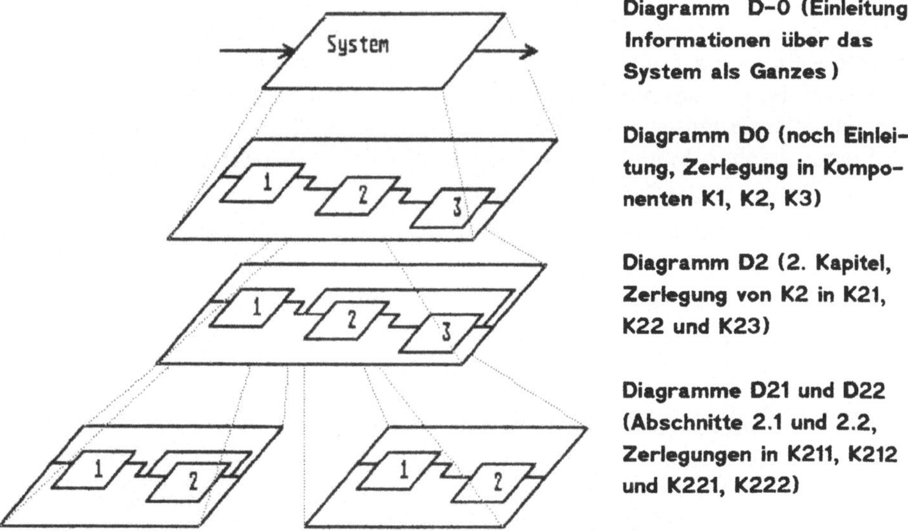

Die Gliederung der Dokumentation eines hierarchischen Systemmodells ist naheliegend. Die Folge ihrer Kapitel und Abschnitte sollte sich am ehesten aus einer "depth first" Enumeration des "Systembaumes" ergeben: So würde sich die Einleitung mit dem "System als Ganzem" beschäftigen, und jeder einzelnen Komponente der ersten Zerlegungsstufe wäre ein Kapitel zugeordnet, dessen Abschnitte den Komponenten der zweiten Zerlegungsstufe entsprechen, und so weiter, und so fort. Beispielsweise geht aus dem obenstehenden Bild die Struktur einer System-Dokumentation, ihres zweiten Kapitels und zweier Abschnitte desselben hervor.

Tatsächlich bildet die Gesamtheit solcher Diagramme, versehen mit allerhand, dem Projekt- und Produktmanagement dienenden Zusatzinformationen, den Kern der System-Dokumentation, welche durch die unter dem Akronym "SADT" (= Structured Analysis and Design Technique, vgl. [ROS]) bekanntgewordene Methode geliefert wird. Wir verwenden hier den Begriff "Methode", obwohl - wie oben gesagt - die (methodischen) Anleitungen zur Anfertigung hierarchischer Systemmodelle im allgemeinen nur recht schwach ausgeprägt sind. Die Verwendung dieses Begriffes läßt sich jedoch sicherlich umso eher rechtfertigen, je präziser die mit den Darstellungselementen und Konzepten eines gegebenen Modellierungsvorschlags verbundene Semantik ist.

Für SADT, das in den siebziger Jahren "erfunden" wurde und sich auch heute noch relativ großer Beliebtheit im Bereich der Entwicklung von Software für "kommerzielle" Anwendungen erfreut, trifft (ebenso wie für den zweiten, in diesem Abschnitt zu besprechenden hierarchischen Modellierungsansatz) diese Voraussetzung durchaus in gewissem Maße zu.

SADT wird nicht nur für die hierarchische Systemmodellierung (System - Komponente - Elementarfunktion) eingesetzt, sondern auch zur Datenmodellierung. Für beides ist ein Rechteck mit hinein- bzw. herausragenden Pfeilen die diagrammatische Grundform. Im Unterschied zur oben skizzierten "Grundversion" der hierarchischen Modellierung werden allerdings alle vier Seiten des Rechtecks als "Bedeutungsträger" genutzt.

Für die beiden Spielarten, *SADT-Prozeßmodell* und *SADT-Datenmodell*, schaut dies wie folgt aus:

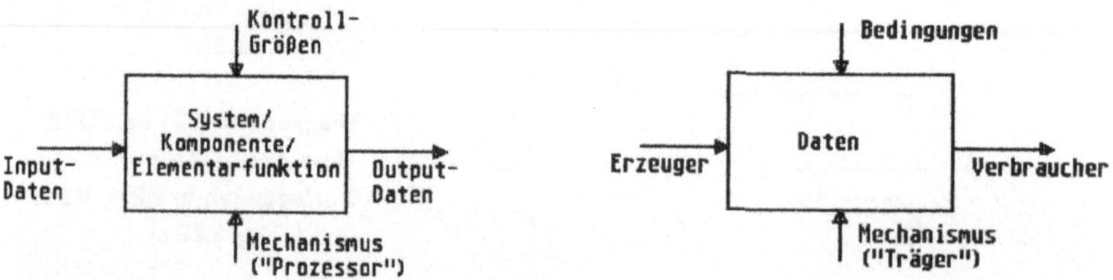

Die syntaktische Äquivalenz der Darstellung und die komplementären Semantiken der beiden Modelle gestatten es, hier von einer "Prozeß-Daten-*Dualität* " zu sprechen. Erzeuger und Verbraucher im rechten Diagramm sind Systeme, Komponenten oder Elementarfunktionen, während die Input- und Outputdaten am linken Kasten eben Daten sind. Der am oberen Rand eines "Prozeß-Kastens" eintreffende Pfeil bezeichnet Einflüsse, welche die Verarbeitungen innerhalb des Kastens in irgendeiner Weise steuern. Und an dem Pfeil, der an den oberen Rand eines "Daten-Kastens" führt, werden Bedingungen notiert, unter denen die Daten vom Erzeuger geholt bzw. an den Verbraucher weitergegeben werden. Mit der Beschriftung der (unterstützenden!) Pfeile von unten schließlich werden die jeweiligen Mechanismen benannt, welche das prozeßhafte Geschehen einerseits und die Datenspeicherung andererseits besorgen. Jeder dieser vier Pfeile kann auch fehlen. Andererseits ist es zum Beispiel möglich, daß der Output eines Prozeß-Kastens die Funktion oder Funktionen eines anderen Kastens kontrolliert oder gar den Mechanismus für das Funktionieren eines anderen Kastens bereitstellt.

Zur Illustration der SADT Darstellungselemente zitieren wir ein Beispiel aus [KST], nämlich die ersten Diagramme, welche etwa im Zuge der Analyse einer Bibliotheksverwaltung entstehen mögen.

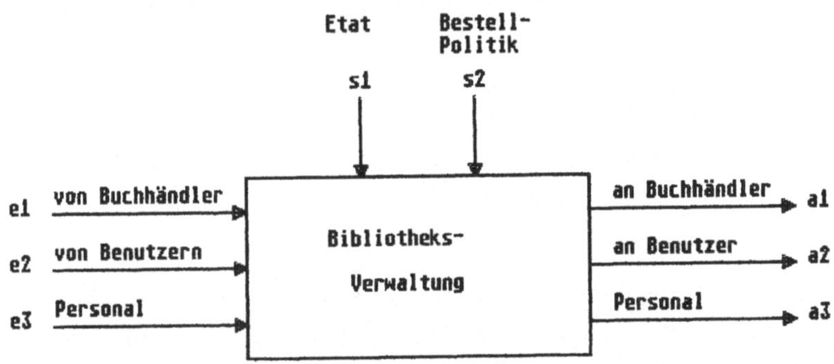

Das obige Diagramm D-0 zeigt die Bibliotheksverwaltung in ihrer Umgebung. Sie erhält Inputs von Buchhändlern bzw. Verlagen, von den Benutzern der Bibliothek, und schließlich stellt sie Personal ein. Personal kann die Verwaltung auch wieder verlassen. Outputs werden außerdem wiederum sowohl an Buchhändler/Verlage als auch an die Benutzer gegeben. Das Funktionieren der Bibliotheksverwaltung hängt zudem in hohem Maße ab von den verfügbaren Mitteln (Etat) und den allgemeinen Richtlinien für die Zusammensetzung des Buchbestandes (Bestellpolitik). Beides wird in der Regel von außen diktiert.

Eine SADT-"Faustregel" besagt, daß sich in einem Verfeinerungsschritt nicht weniger als drei und nicht mehr als sechs neue "Kästchen" ergeben sollten. Wir möchten als weitere Faustregel hinzufügen, daß die Funktion dieser Kästchen entweder mit den diversen Inputströmen oder den Outputströmen oder beidem zu tun haben sollte. (Nach Kombination beider "Regeln" erhält man dann die Empfehlung, je Kasten nicht mehr als drei Inputströme hinein und nicht mehr als drei Outputströme hinaus zu lassen.)

Wir erkennen folglich drei große Tätigkeitskomplexe innerhalb der Bibliotheksverwaltung. Der erste betrifft den Erwerb von Büchern über Buchhändler und Verlage; der zweite die Bedienung der Benutzer, und im dritten beschäftigt sich die Verwaltung mit ihrem eigenen Personal. Diese Bereiche sowie die Daten- und Objektflußbeziehungen zwischen ihnen zeigt Diagramm D0, die erste Verfeinerung der äußeren Systemsicht D-0:

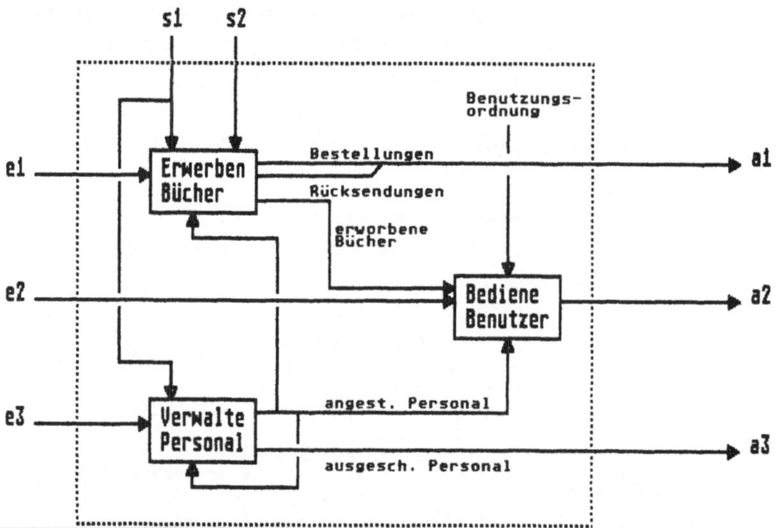

Diese erste Sicht "in das System" vermittelt eine gewisse Vorstellung vom Umgang mit Datenflüssen und "sonstigen Pfeilen" gemäß SADT. Einige Beobachtungen scheinen dabei erwähnenswert:

- Die Outputs "Bestellungen" und "Rücksendungen" der Systemkomponente "Erwerben Bücher" fließen zusammen in den Outputstrom des Gesamtsystems an die Buchhändler.
- Die *Kontrollgröße* "Etat" steuert sowohl den Bereich "Erwerbe Bücher" als auch die Aufgaben von "Verwalte Personal". Der entsprechende Pfeil verzweigt sich daher innerhalb von D0.
- Das "angestellte Personal", einer der Outputs von "Verwalte Personal", übernimmt die Rolle des "prozessierenden Mechanismus" für die Funktionen aller drei Bereiche, also auch für "Verwalte Personal" selbst.
- Mit der "Benutzungsordnung" hat "Bediene Benutzer" eine "Kontrollgröße", welche von außen nicht sichtbar ist.

Betrachten wir zum Beispiel die weitere Analyse der Komponente "Erwerben Bücher". Der Inputstrom e1 (von Buchhändlern/Verlagen) muß dabei offensichtlich differenzierender betrachtet werden. Einen Anhaltspunkt dafür liefert uns das SADT-Datenmodell, in diesem Fall bezogen sowohl auf die Daten bzw. Objekte, welche mit e1 transportiert werden, als auch auf die Daten und Objekte, die durch "Erwerben Bücher" erzeugt werden:

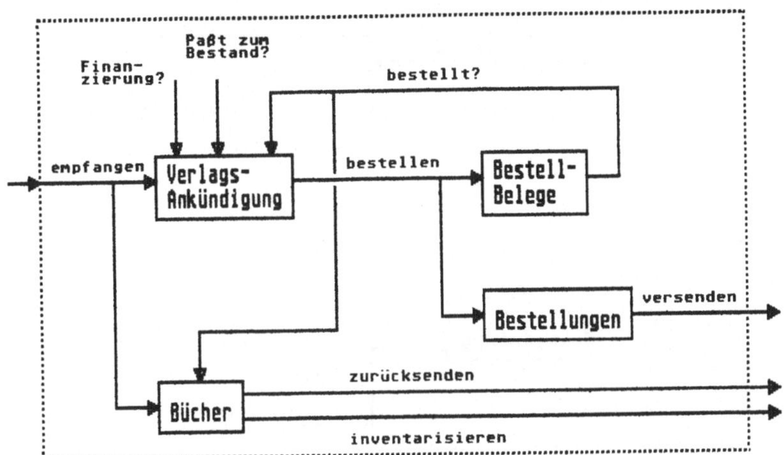

Im Inputstrom e1 gibt es Verlagsankündigungen und Bücher. Beide werden über den "Erzeugungsprozeß" "Empfangen" dem System zugeführt. Die an sie gebundenen "Verbraucherpfeile" machen deutlich, in welche Komponenten der Tätigkeitsbereich "Erwerben Bücher" zerfällt: "Bestellen", "(Bestellungen) Versenden", "(Bücher) Zurücksenden" und "(Bücher) Inventarisieren". Offensichtlich wird "Inventarisieren" dann diejenige Komponente von "Erwerben Bücher", von welcher der Output "erworbene Bücher" dem Tätigkeitsbereich "Bediene Benutzer" zufließt. Interessant ist in dem obigen Diagramm auch die Möglichkeit, ganz klar zu sagen, daß der Vorgang des Bestellens außer der Bestellung selbst gewissermaßen einen internen Vermerk erzeugt (den Bestellbeleg), der als Bedingung an die Bearbeitung von Verlagsankündigungen geknüpft wird. Daß die Bedingungspfeile "Finanzierung?" und "Paßt zum Bestand" unmittelbar von den Kontrollgrößen "Etat" und "Bestellpolitik" abgeleitet sind, erwähnen wir noch en passant. Der Leser möge sich nun selbst die (geringe) Mühe machen, die Komponente "Erwerben Bücher" entsprechend zu verfeinern.

Wir gewinnen anhand dieses Beispiels durchaus den Eindruck, daß SADT eine ausdrucksmächtige "Sprache" für die Beschreibung von Systemen unseres Interesses beinhaltet. Andererseits müssen wir zugeben (oder eingestehen?), daß es doch einige Ungewißheit bei der Interpretation von Darstellungselementen gibt. So ist es oft keineswegs klar, ob Daten oder Objekte als Inputs oder als "Kontrollgrößen" an einen "Prozeß-Kasten" herangeführt werden sollen. Ferner sehen wir die Grundvorstellung, die wir uns von Systemen gemacht haben (Netzwerke von miteinander kommunizierenden Prozessen), nur ungenügend unterstützt. Immerhin ist es möglich, Input-/Outputpfeil-Verbindungen im SADT-Diagramm als Kommunikation via Kanäle und "Kontrollgrößen"-Verbindungen als Kommunikation via Variablenspeicher zu deuten. Ein Versuch, das Fahrstuhlsystem aus dem vorigen Abschnitt mit den Mitteln des SADT darzustellen, mag dies belegen:

SADT-Diagramm D-0:

e1 Signale von der Kabine
e2 Knopf-Signale
Fahrstuhl-Steuerung
Kommandos an Motor a1
Kommandos an Leucht-anzeigen a2

SADT-Diagramm D0:

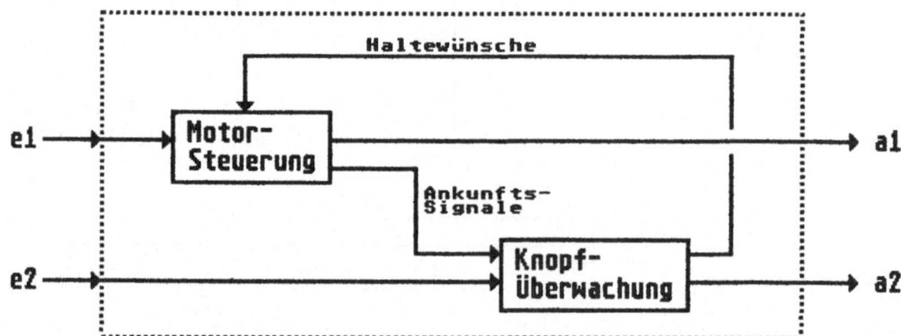

Dennoch: Der Leser mache sich klar, um wieviel aussagekräftiger die Unterlagen zur Spezifikation des Fahrstuhlsystems sind, welche wir mit Hilfe des JSD gewonnen haben. Ohne wesentliche Erweiterung der Ausdrucksmittel ist es mit SADT allein nicht möglich, z.B. Parallelität, Mehrfachbeziehungen und die Struktur von Datenströmen darzustellen.

An dieser Stelle bietet es sich an einzufügen, daß sämtliche der bisher in Abschnitt 6.3 behandelten graphischen Formalismen, von den Petrinetzen bis hin zu SADT, nach Rechnerunterstützung geradezu verlangen: Unterstützung bei der Anfertigung von Spezifikationsdokumenten, aber auch bei deren Verwaltung. Es ist hier nicht der Ort, sich im einzelnen über Systeme auszulassen, welche die für solche Aufgaben geeigneten Werkzeuge anbieten (vgl. dazu z.B. [BAL]). Solche Systeme sind zweifellos wichtige Bestandteile der Gesamtheit aller Arbeitsmittel, die einem Software-Ingenieur zur Verfügung stehen sollten. Im Englischen wird diese Gesamtheit auch als *Software Engineering Environment* bezeichnet und Rechnerunterstützung in demselben als *CASE = Computer Assisted Software Engineering*. CASE, nur soviel sei hier gesagt, gibt es in der Tat für Gane-Sarson-Diagramme und Petrinetze, für JSD System- und Datenstrukturdiagramme, für Klammerdiagramme und SADT und für viele andere graphische, halbgraphische oder rein textliche Systembeschreibungsverfahren. ([BAL] gibt einen recht guten Überblick über den aktuellen "CASE-Markt".)

Es überrascht daher nicht, daß auch für die zweite hierarchische Modellierungstechnik, die wir hier betrachten wollen, "ein CASE existierte". Bei diesem

"CASE" handelte es sich um ein Produkt namens "INNOVATOR-RAD"*) (RAD = Requirements Analysis and Design), welches inzwischen jedoch nicht mehr vermarktet wird. Gleichwohl kann diese Technik - und das ist der Grund, weshalb wir ihr unsere Aufmerksamkeit widmen - sowohl unter syntaktischen als auch semantischen Gesichtspunkten als etwas raffiniertere, aber dennoch relativ leicht handhabbare Version des SADT aufgefaßt werden. Was im SADT als "System", "Komponente" und "elementare Systemfunktion" erscheint, wird nun unter dem Oberbegriff *Instanz* subsumiert, und verschiedene Arten der Kommunikation zwischen Instanzen werden unterschieden (vgl. [MID]). Über die Grundform der von RAD gelieferten Dokumentation gibt es nichts prinzipiell Neues zu sagen. Die spezielle, auf die hierarchischen Beziehungen zwischen Diagrammen bezogene Terminologie geht aus dem folgenden Bild hervor:

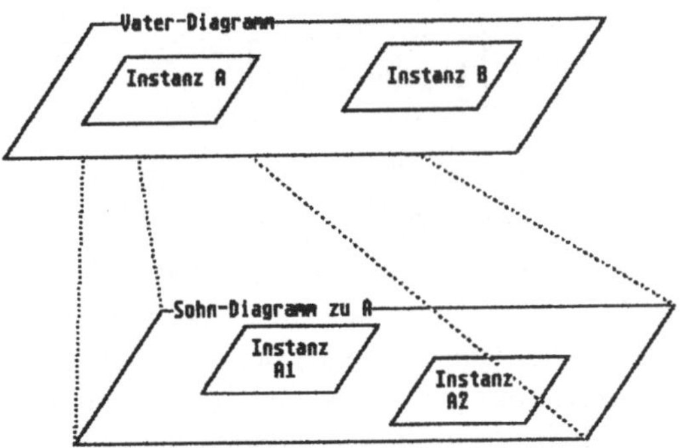

Der Vater hat zwei Söhne, die Instanzen A und B.

Sohn A hat seinerseits zwei Söhne, A1 und A2.

Auch in RAD-Diagrammen werden Instanzen repräsentierende Rechtecke - wie kaum anders zu erwarten - durch Pfeile miteinander verbunden. Die Semantik dieser Pfeile jedoch unterscheidet sich beträchtlich von der Bedeutung ihrer SADT-Pendants. Pfeile stellen in jedem Falle Kanäle dar, über die Daten ("Informationsobjekte") oder sonstige Objekte in der durch die Pfeilspitze bezeichneten Richtung transportiert werden. Mit dem Begriff "Kanal" verbindet sich dabei die uns bereits bekannte Vorstellung (s.o. Abschnitt 6.3.1). Je nachdem freilich, wo die Pfeilspitze endet, ergibt sich für den jeweiligen Kanal eine andere Betrachtungsweise:

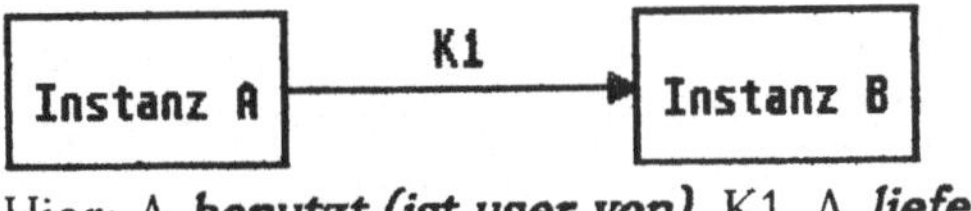

Instanz B stellt anderen Instanzen den Kanal K1 zur Verfügung.
B ***besitzt (ist owner von)*** K1.

Hier: A ***benutzt (ist user von)*** K1. A ***liefert*** (Informations-)Objekte an B.

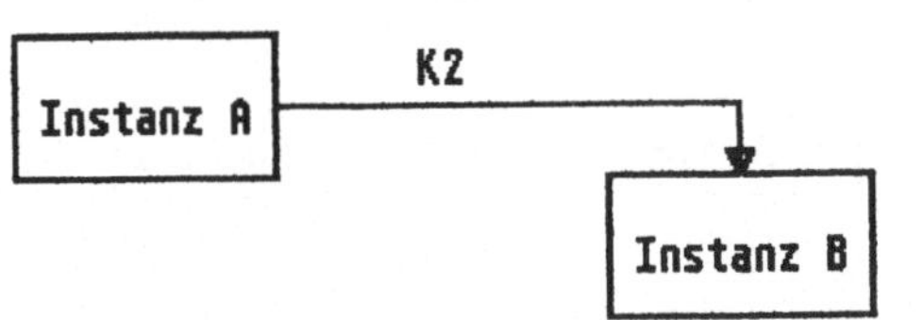

Instanz A stellt anderen Instanzen den Kanal K2 zur Verfügung.
A ***besitzt (ist owner von)*** K2.
Hier: B ***benutzt (ist user von)*** K2.
B ***holt*** (Informations-)Objekte von A.

---

*) INNOVATOR ist eingetragenes Warenzeichen der Firma MID GmbH, Nürnberg

Das folgende Beispiel zeigt, daß die Kommunikationsbeziehung zwischen zwei Instanzen unter diesen beiden komplementären Aspekten gesehen werden kann. Welchem Aspekt dabei der Vorzug zu geben ist, muß sich offenbar nach dem jeweiligen Modellierungsinteresse entscheiden.

Die Produktion ***liefert*** Teile über den Kanal "Teil" and die Lagerhaltung. Die Produktion ist ***aktiv***, die Lagerhaltung verhält sich ***passiv***.

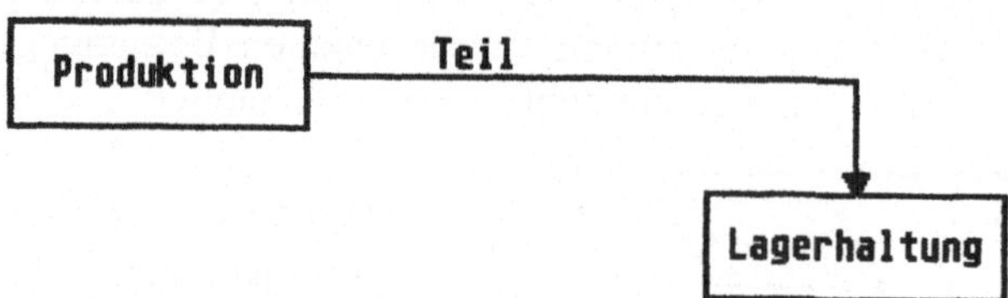

Die Lagerhaltung ***holt*** sich Teile über den Kanal "Teil" von der Produktion. Die Lagerhaltung ist ***aktiv***, die Produktion verhält sich ***passiv***.

An ein und demselben Kanal können auch mehrere Instanzen angeschlossen sein. Die dabei jedoch zu beachtende Grundregel ist, daß ein Kanal nur einen Besitzer haben darf. Außerdem gestattet RAD (naheliegenderweise) nicht, daß eine Instanz sich mit den gleichen Objekten beliefert, die sie selbst produziert, bzw., daß sie sich Objekte holt, die sie selbst herstellt. Daraus ergeben sich die folgenden weiteren möglichen Kommunikationsbeziehungen:

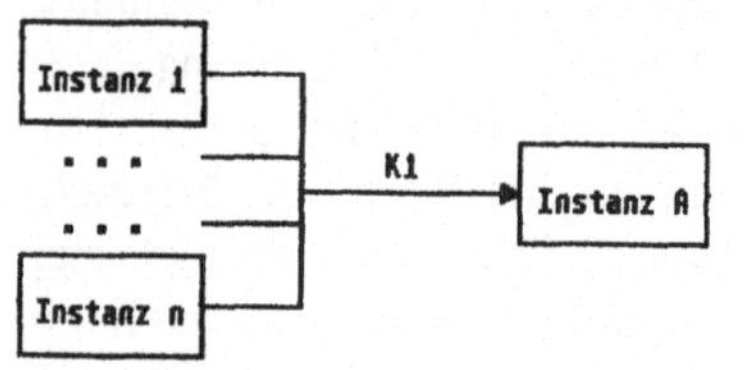

Instanz A (der Besitzer von K1) wird von den Instanzen 1 ... n über den gleichen Kanal K1 beliefert.

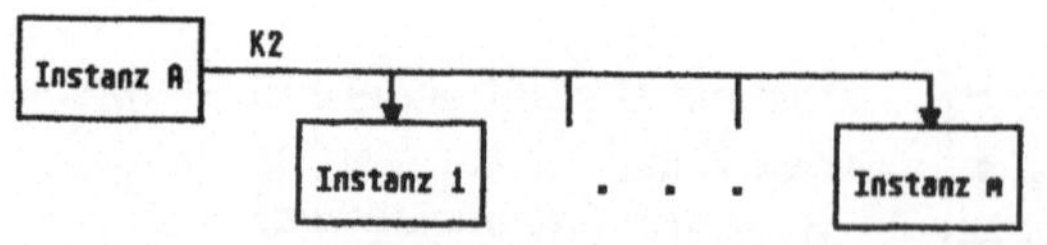

Die Instanzen 1 ... m holen sich (Informations-)Objekte aus dem gleichen, im Besitz von A befindlichen Kanal K2.

Dagegen sind die folgenden Verbindungen nicht erlaubt:

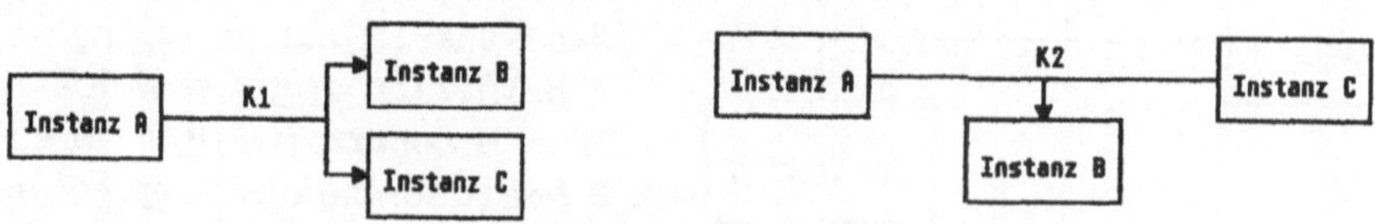

In diesen beiden Fällen hätte derselbe Kanal (K1 bzw. K2) zwei verschiedene Besitzer.

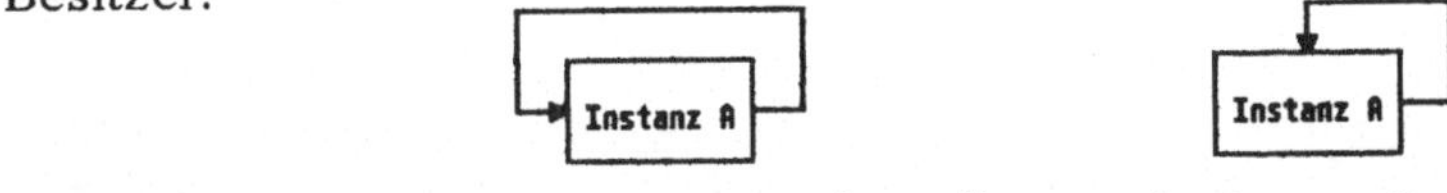

Hier liefert (holt) eine Instanz von ihr selbst produzierten Output an (von) sich selbst.

Auch die Verzweigung bzw. Aufspaltung von Objektströmen wird - entsprechend den Bemerkungen zu Beginn dieses Abschnitts auf den Begriff gebracht.

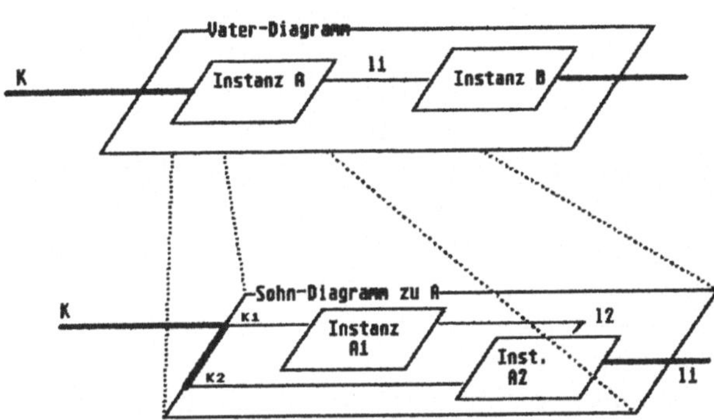

Der Rand eines eine Instanz repräsentierenden Rechtecks markiert die Grenze zwischen der Instanz selbst und ihrer Umgebung (*environment*). Ein am Rand einer Instanz auftreffender Kanal wird daher auch als *Umgebungs-Kanal (Environment-Channel)* (dieser Instanz) bezeichnet. Das Bild zeigt die an der Grenze zu einer Instanz stattfindende Aufspaltung eines solchen Umgebungs-Kanals (hier der Kanal K) in *verfeinerte Kanäle (refined channels)* (hier die Kanäle K1 und K2). Kanäle zwischen Instanzen innerhalb eines Diagramms (also nach dessen Verfeinerung) werden *lokale Kanäle (local channels)* genannt. Im Bild sind dies l1 und l2. Man beachte, daß der lokale Kanal l1 des Vater-Diagramms zu einem Umgebungs-Kanal im Diagramm des Sohnes A wird. Entsprechend würde bei einer weiteren Verfeinerung von Sohn B der Kanal l1 zu einem Umgebungs-Kanal bezüglich B. In beiden Fällen dürfte l1 natürlich ebenfalls einer Verfeinerung unterzogen werden. Andererseits kann ein Umgebungs-Kanal anläßlich der Verfeinerung eines Diagramms auch in eine Anzahl gleicher Exemplare (die also dann auch die gleichen Objekte transportieren) vervielfacht werden. Das nebenstehende Beispiel zeigt beide Möglichkeiten.

Hier zerfällt der Umgebungs-Kanal "Aufträge" der Instanz "Firma" in die verfeinerten Kanäle "Aufträge-1" und "Aufträge-2".

Dagegen wird der Umgebungs-Kanal "Teile" der Instanz "Firma" im Sohn-Diagramm dieser Instanz unzerlegt aber verdoppelt übernommen und beiden Produktions-Instanzen zugeführt.

Wir verzichten an dieser Stelle auf die Ausarbeitung eines ausführlicheren Beispiels zum RAD. Stattdessen möge der Leser selbst versuchen, die bisherigen Beispiele des Abschnitts 6.3 unter Verwendung dieser Modellierungstechnik nachzuvollziehen, um so einen Eindruck von ihren Stärken und Schwächen zu bekommen.

Am Ende dieses Abschnitts angelangt bleibt festzustellen und zu betonen, daß es für die Aufgaben der Systemanalyse und der Systemspezifikation gewiß kein universell brauchbares Verfahren geben kann. Ein Modellierungsverfahren ist für die Bearbeitung eines bestimmten realen Problems so gut, wie sich dieses Problem mit den Konzepten, die dem Verfahren zugrundeliegen, formulieren läßt. Es ist wie mit einem Modellbaukasten: Was man damit anfangen kann, hängt offensichtlich von seinem Inhalt ab. Enthält er keine Räder, so kann man keine Fahrzeuge modellieren. Bietet ein Verfahren zur Modellierung von Realwelt-Systemen keine Konstrukte zur Beschreibung parallel stattfindender Vorgänge, so müssen wichtige (und oftmals entscheidende) Aspekte eines Systems unberücksichtigt bleiben. Andererseits macht es, wenn bestimmte Aspekte keine Rolle spielen, wenig Sinn, ein Verfahren anzuwenden, das speziell auf die Erfassung dieser Aspekte ausgerichtet ist.

6.4 Systementwurf und Systemimplementierung

Ein Entwurf, so definiert es das "Große Wörterbuch der deutschen Sprache" ([DGD]), ist in erster Bedeutung eine "*Zeichnung, nach der man etwas ausführt, anfertigt: der Entwurf eines Hauses, ...* ". In zweiter Bedeutung, so finden wir, ist er die "*schriftliche Festlegung einer Sache in ihren wesentlichen Punkten: der Entwurf einer Verfassung, zu einem Roman, ...* ". Für unser Thema sind beide Erklärungen nützlich. Ersetzen wir nur *Haus* durch *Softwaresystem*, so fordert uns die erste Erklärung auf, ein gewünschtes System so detailliert durch eine Zeichnung zu beschreiben, daß es anschließend direkt angefertigt, "gebaut", werden kann. Sie legt eine Analogie nahe zwischen Software-Ingenieur und Architekt. Wie der Architekt wird jedoch auch der Software-Ingenieur nicht ohne *schriftliche Festlegungen* auskommen, um seinen Plan hinreichend deutlich zu formulieren, und folglich können wir auch in der zweiten Erklärung die "Sachen" *Verfassung* oder *Roman* durch *Softwaresystem* ersetzen. Mit ihr wird zudem der textliche Charakter von Software betont: schließlich wird diese ja "nur" geschrieben!

Insbesondere die erste Erklärung grenzt das Thema *Entwurf* recht scharf ab: gegen *Systemanalyse* und *Systemspezifikation* auf der einen Seite, und auf der anderen Seite gegen die nachfolgende Phase der *Implementierung*. (Vgl. auch die entsprechende Abbildung in Abschnitt 6.1!) Die Ergebnisse von Systemanalyse und -spezifikation sind eben nicht derart, daß ihnen die *Anfertigung* unmittelbar folgen könnte. Um bei der Analogie zum Architekten zu bleiben: Die Spezifikation des Hauses unternimmt dieser zusammen mit dem Bauherrn nach dessen Wünschen und aufgrund einer sorgfältigen Analyse der örtlichen Gegebenheiten. Die Größe und die relative Lage der Räume mögen dabei schon festgelegt werden, doch die den Bau ausführenden Handwerker benötigen wesentlich mehr Informationen. Und diese Informationen werden in detaillierteren Plänen, mit dem *Entwurf* eben, vom Architekten bereitgestellt.

Ähnlich ist es in unserem Falle: Systemanalyse und -spezifikation liefern eine den Anforderungen des Auftraggebers entsprechende Sicht des Systems, zum Beispiel als Netzwerk von Prozessen und Datenspeichern. Diese Darstellung ist weitgehend unabhängig von den Mitteln der späteren Realisierung. Der "Architekt" eines Softwaresystems muß daher seinen "Bauleuten" (den *Implementierern*) die Programme genau beschreiben, welche zur

- Ausführung und Steuerung der Prozesse, für
- die Kommunikation der Prozesse miteinander, für
- die Verwaltung der Daten und den Zugriff auf die Daten

erforderlich sind. Letzteres setzt ferner voraus, daß er entsprechende Hinweise zur Organisation der Daten gibt. Er muß also - und hierzu haben wir bereits in Abschnitt 6.1 einige Bemerkungen gemacht - die Teile (Bausteine!) *spezifi-*

zieren, aus denen das System zusammengesetzt werden soll, und die Art und Weise ihrer Verbindung. Er setzt das "WAS" der Systemspezifikation um in ein "WIE" der *Software-Architektur.* Obwohl er bei der Spezifikation der Teile dieser Architektur nach Möglichkeit vermeiden sollte, seinen Bauleuten zu einengende Vorschriften für die Realisierung zu geben, sich also hier seinerseits auf das jeweilige "WAS" beschränken sollte, kann er es - wie der reale Architekt - mitunter nicht vermeiden, schon im Entwurf "des Gebäudes" gewisse Gegebenheiten des "Geländes" in Betracht zu ziehen. Für den Software-Architekten und seine Implementierer ist dieses Gelände zum Beispiel u.a. gegeben durch

- Betriebssystem,
- Dateisystem,
- evtl. Datenbank-Management-System (DBMS),
- Software zur Gestaltung von Benutzungsoberflächen (vgl. 6.2.4)
- Programmiersprachen

und nicht selten durch die Hardware selbst. Es ist die in Abschnitt 6.1. erwähnte *Basis-Maschine*, mit deren Feinheiten letztlich natürlich die Implementierer zu tun (und manchmal zu kämpfen) haben. In welchem Maße jedoch schon die Architektur von ihr abhängen kann, wollen wir an einem einfachen Beispiel zeigen.

Wir nehmen an, daß laut Systemspezifikation die folgenden, durch Kanäle miteinander verbundenen Prozesse innerhalb eines Softwaresystems zu realisieren seien:

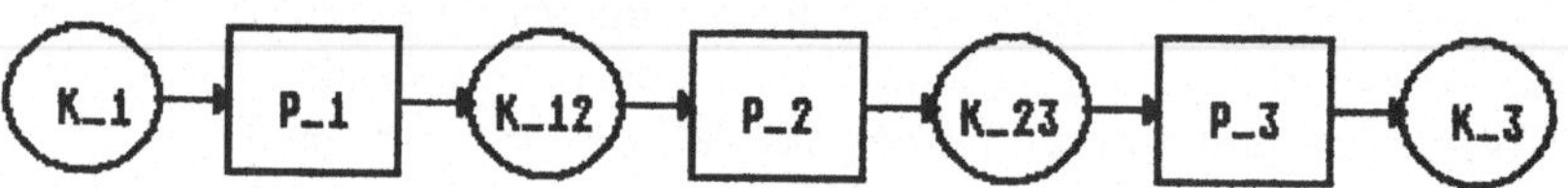

Die Architektur des dieser Prozeßkette entsprechenden Systems kann sich an der vorhandenen Hardware und ihrer Betriebssoftware orientieren, und sie muß dies unter Umständen sogar. Wir unterscheiden drei Voraussetzungen dieser Art:

(i) Mit der Hardware stehen uns mindestens drei gleichberechtigte und universelle (d.h. für alle möglichen Aufgaben geeignete) Prozessoren zur Verfügung (*Multiprozessor* Rechnerarchitektur), sowie ein Betriebssystem, das es gestattet, diese Prozessoren unabhängig voneinander zu beschäftigen und Daten zwischen ihnen auszutauschen.

(ii) Die Hardware enthält nur einen universellen Prozessor (*Monoprozessor*), wird aber von einem Betriebssystem gesteuert, das den Prozessor jeweils und abwechselnd für kleine Zeiteinheiten (sog. *Zeitscheiben*) verschiedenen, voneinander unabhängigen Prozessen (Aufgaben, *Tasks*) zuteilt (*Time-Sharing* und *Multi-Tasking/Multi-Processing*). Es ermöglicht ferner den Austausch von Daten zwischen den Prozessen.

(iii) Wir haben eine Monoprozessor-Hardware, deren Betriebssystem keinerlei Unterstützung von *Multi-Processing* und entsprechender Prozeß-Kommunikation anbietet.

Die beiden ersten Voraussetzungen bieten für den Entwurf des Softwaresystems offenbar wenig Probleme. Im ersten Fall können wir die drei Prozesse eins-zu-eins drei realen Prozessoren zuordnen, und im zweiten Fall findet die eins-zu-eins-Zuordnung zwischen Prozessen und durch Zeitscheiben realisierten *virtuellen* Prozessoren statt. (Wie in diesen Fällen die Kommunikation von Prozeß zu Prozeß mit Hilfe geeigneter Sprachmittel beschrieben und *implementiert* werden kann, ist allerdings eines der Probleme, mit denen wir uns im letzten Unterabschnitt (6.4.5) dieses Abschnitts beschäftigen werden.)

Die dritte Basis-Maschine erfordert einige Entwurfs-Überlegung. Prozeß-Kommunikation und Prozeß-Steuerung müssen mit "architektonischen" Mitteln, d.h. durch geeignete Anordnung und Verbindung der die Prozesse ausführenden Teile des Systems, speziell gestaltet werden.

Eine erste Möglichkeit zeigt das folgende Diagramm:

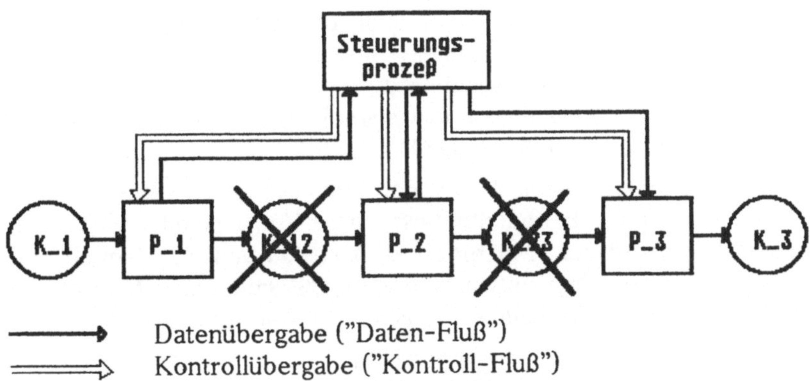

Ähnliche Bilder sind uns bereits in Kapitel 3 begegnet (S. 73, 79), wo auch die beiden Pfeilarten erläutert wurden. Die Abfolge der Prozesse und der Fluß der Daten über die Kanäle werden von einem eigens konzipierten Systemteil, genannt "Steuerungsprozeß" (*"Scheduler"*), organisiert. Er übergibt - nachdem er selbst gestartet wurde - die Kontrolle über den Prozessor an den Systemteil P1, welcher Input vom Kanal K1 holt und seinen Output dem Steuerungsprozeß zur weiteren Verwendung "hochreicht". Gleichzeitig erhält der Steuerungsprozeß die Kontrolle über den Prozessor zurück. Das gleiche Spiel erfolgt mit P2 und P3 und wiederholt sich dann, wieder mit P1 beginnend.

Auf die Einführung eines zusätzlichen Steuerungsprozesses kann man andererseits auch verzichten. Man kann, alternativ, jedem der drei Prozesse P1, P2 oder P3 "die Führung anvertrauen". Dies bedeutet, in den die jeweiligen Prozesse ausführenden Systemteilen die Übergabe von Kontrolle und Daten an die jeweils anderen Systemteile in geeigneter Weise einzubauen. (Jackson spricht in diesem Zusammenhang von der *Invertierung* eines Prozesses gegen einen Kanal.) Die drei folgenden Diagramme zeigen diese Konfigurationen:

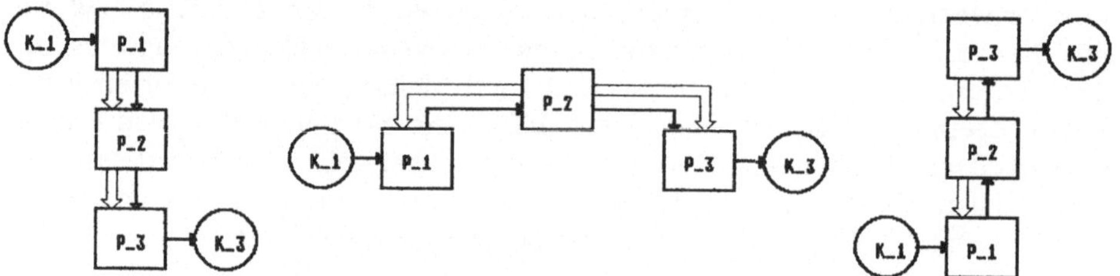

Somit haben wir vier mögliche Architekturen für ein System, welches die einfache Kette von drei über Kanäle miteinander kommunizierenden Prozessen realisiert. Natürlich müssen wir zugeben, daß dabei einiges von der in der ursprünglichen Systemspezifikation enthaltenen Semantik der sequentiellen Arbeitsweise unseres Prozessors geopfert worden ist. Beispielsweise haben wir einen Kanal als ein Transportmedium unbeschränkter Kapazität verstanden. Gemäß jedem der hier vorgeschlagenen Entwürfe laufen die Prozesse jedoch niemals gleichzeitig. Es wird "zwischen zwei - in der Kette - benachbarten" Prozessen nur maximal ein Datenobjekt stehen. Lediglich für den Input- und den Outputkanal können wir die Fiktion der Unbeschränktheit aufrechthalten.

Eine wichtige Information zum Ablauf der Prozesse ist in keinem der obigen Diagramme enthalten. Die Periodizität bestimmter Vorgänge oder Vorgangsketten kommt nicht zum Ausdruck. Mit einer auf Yourdon und Constantine ([YOC]) zurückgehenden graphischen Entwurfsnotation läßt sich dieser Mangel beheben und zum Beispiel unsere "Scheduler"-Lösung wie folgt skizzieren:

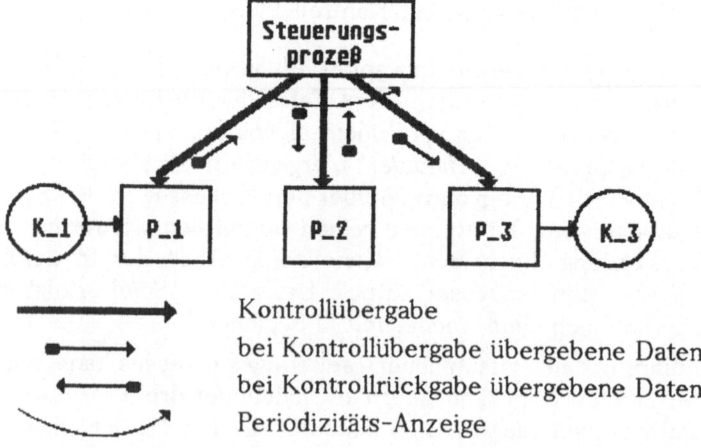

(Zur Übung möge der Leser die drei Invertierungslösungen mit Hilfe dieser Notation darstellen.)

Im weiteren Verlauf dieses Abschnitts (6.4.1) werden wir zunächst etwas ausführlicher über die allgemeinen Ziele des Systementwurfs sprechen, sowie ebenfalls allgemein über grundlegende, zur Erreichung dieser Ziele geeignete Techniken. Im zweiten Unterabschnitt (6.4.2) wird es dann speziell um die in 6.1 als dominierend charakterisierte Entwurfsaktivität gehen: das *Zerlegen* bzw. *Modularisieren*. "Was ist ein Modul" und "Welche Arten von Modulen gibt es" gehören zu den Fragen, die es zu beantworten gilt. Einer Formalisierung des Modulbegriffs, den *Abstrakten Datentypen*, ist Unterabschnitt 6.4.3 gewidmet. Sie gibt uns die Möglichkeit, die *Schnittstellen* und die *Semantik* von Modulen gewisser Arten hinreichend exakt zu definieren. Weiters wird sie uns ein Werkzeug liefern zur Führung von Korrektheitsbeweisen bei der *abstrakten Implementierung* solcher Module. Ferner werden wir die grundlegenden Konzepte einer in den letzten Jahren unter der Bezeichnung *Objektorientierung* sehr populär gewordenen Entwurfs- und Implementierungstechnik vorstellen. Der bisher in diesem Buch gelegentlich verwendete Begriff *Objekt* wird im Sinne dieser Technik präzisiert. Es wird sich zeigen, daß er eng mit den Begriffen *Modul* bzw. *Abstrakter Datentyp* verwandt, jedoch von noch größerer Tragweite ist. Schließlich werden wir uns mit verschiedenen Möglichkeiten der direkten Implementierung paralleler und kommunizierender Prozesse beschäftigen, mit Möglichkeiten, die ihrerseits erst unter dem Paradigma der *Abstrakten Datentypen* voll zu würdigen sind.

Eine gängige Klassifizierung von Software-Entwurfs-Aktivitäten unterscheidet zwischen

- Daten-Entwurf, dem
- Entwurf der Architektur eines Systems und
- prozeduralem Entwurf.

Es sei hier nochmals betont, daß wir uns in diesem Abschnitt im wesentlichen mit Aspekten des Entwurfs der Architektur, also des *modularen Aufbaus* von Softwaresystemen beschäftigen. Bezüglich des Daten-Entwurfs verweisen wir auf unsere Bemerkung in 6.3.1 über statische Modelle (S. 267). Und mit prozeduralem Entwurf (genauer, mit der Konstruktion von Programmteilen) haben wir uns in den Kapiteln 3-5 bereits ausführlich auseinandergesetzt.

6.4.1 Ziele und Techniken

Entwurf - unter der soeben eingeschränkten Betrachtungsweise - ist also die Herleitung einer Systemarchitektur aus der Systemspezifikation. Die Systemarchitektur soll zum einen die Gewähr dafür bieten, daß die das System implementierende Software so geschrieben werden kann, daß sie

(i) die in der Systemspezifikation festgelegten Anforderungen erfüllt (soweit sich dies formal oder informell nachprüfen läßt), und daß sie

(ii) (nach vorzugebenden Prioritäten) den in Abschnitt 6.2 diskutierten Qualitätskriterien genügt.

Im Falle großer Softwaresysteme, und diesen gilt ja unser besonderes Interesse, muß der Entwurf ferner dafür sorgen, daß

(iii) die Produktion der Software arbeitsteilig erfolgen kann und gut kontrollierbar ist.

Entsprechend der in Abschnitt 6.2.5 gegebenen Charakterisierung nimmt der Entwurf daher im Rahmen des Software-Engineering die zentrale Stellung ein.

Ziel (iii) macht es unter anderem offenbar notwendig, das gewünschte System nach Möglichkeit so in Teile ("Module", vgl. Abschnitt 6.1) zu zerlegen, daß diese weitgehend unabhängig voneinander beschrieben und verstanden werden können. Nur so ist zu erreichen, daß die Implementierungsarbeit in wohldefinierten Portionen verteilt und ohne übermässigen Zeitaufwand für Abstimmungen im Projektteam erledigt werden kann.

Unabhängige Beschreibbarkeit

und

unabhängige Verstehbarkeit

sind zwei der fünf Eigenschaften einer Kollektion von Modulen (des Ergebnisses der Zerlegung!), die B. Meyer in [MEY] als maßgeblich für die Beurteilung von Entwurfsmethoden herausstellt. *Unabhängige Verstehbarkeit* muß, obwohl oberflächlich gesehen synonym mit *unabhängiger Beschreibbarkeit*, doch eine zusätzliche Forderung sein, wenn Ziel (iii) erreicht werden soll. So mag es wohl sein, daß sich das "nach außen sichtbare" Verhalten eines Moduls unabhängig von allen anderen Modulen beschreiben läßt, daß aber die Implementierung dieses Moduls nicht ohne die Kenntnis der Implementierung anderer Module zu leisten ist. In einem solchen Fall bedarf es bei der Systemimplementierung einiger Mühe, um die jeweiligen Abhängigkeiten zu klären. Damit steigt der Aufwand für die Koordinierung des Projektablaufs. Andererseits kann die Wartbarkeit eines fertigen und laufenden Systems beträchtlich erschwert sein, wenn dessen Module nicht aus sich heraus verständlich sind. Hier sind die übrigen drei der von Meyer genannten Eigenschaften:

Kombinierbarkeit,

Stetigkeit,

Abgeschirmtheit.

Kombinierbarkeit bezeichnet die Eignung eines Moduls als *Baustein* zur Verwendung in anderen Zusammenhängen als dem, in dem er ursprünglich definiert wurde. Diese Eigenschaft ist in der Tat synonym mit der Software-Qualität

Wiederverwendbarkeit bezogen auf Module. Wir verweisen hierzu auf die entsprechenden Bemerkungen in Abschnitt 6.2.2.

Auch der Begriff *Stetigkeit* ist uns bereits früher, bei der Erörterung des Qualitätsmerkmals *Wartbarkeit* (in der speziellen Interpretation als *Adaptierbarkeit*, vgl. Abschnitt 6.2.3), begegnet und braucht daher an dieser Stelle nicht weiter vertieft zu werden.

Entsprechendes gilt im wesentlichen auch für die letzte der oben aufgezählten Eigenschaften, die in engem Bezug steht zu den in Abschnitt 6.2.1 vorgeschlagenen "Abschwächungen" des Korrektheitsbegriffs: *Prüfbarkeit*, *Integrität*, *Fehler-Toleranz*. *Abgeschirmtheit* bedeutet, daß die Auswirkungen von Fehlern, welche während der Benutzung von Software auftreten, auf einen oder wenige Module beschränkt sind. Wir meinen dabei - wie in 6.2.1 - zum Beispiel Fehler im Bereich der (zentralen oder peripheren) Hardware, fehlerhaften Input oder den Mangel an bei der Abarbeitung eines Programms benötigten Ressourcen.

Lassen sich, so lautet nun die Frage, diese noch recht allgemein formulierten Eigenschaften einer modularen Zerlegung (gewissermaßen aus den obigen Postulaten (i) - (iii) abgeleitete Ziele) als Folgen konkreter technischer Merkmale einer Systemarchitektur verstehen? Eine Antwort gibt B. Meyer ([MEY]) mit fünf Imperativen, die beim Entwurf einer Systemarchitektur zu beachten sind:

(1) Textuelle Einheiten:
Ein Modul soll in einer textuellen Einheit vollständig beschreibbar sein und nach Möglichkeit auch einer textuellen Einheit in der Implementierungssprache entsprechen.

Die stärkste Begründung für die Anwendung dieses Gebots ergibt sich aus den Forderungen nach *unabhängiger Beschreibbarkeit*, *Kombinierbarkeit* und *Abgeschirmtheit*. Tatsächlich ist dessen erster Teil identisch mit einer Forderung an die zur Beschreibung eines Moduls verwendete Sprache: Diese muß es erlauben, einen Modul als syntaktisch in sich abgeschlossenes Textstück darzustellen. Bei Verwendung einer Sprache, die dies nicht zuläßt, müßte die Beschreibung eines Moduls unter Umständen über mehrere Textstücke verteilt werden, und man liefe Gefahr, sie mit den Beschreibungen anderer Module zu vermischen. Wohlgemerkt: Wir meinen hier nicht notwendigerweise die Sprache, in der wir die einen Modul implementierenden Programme schreiben, sondern in erster Linie die zur Festlegung der Eigenschaften und Arbeitsweise eines Moduls benutzte Notation. Diese wird als *Entwurfssprache* (oder gelegentlich auch als *Modulbeschreibungssprache*) bezeichnet und kann von der Programmier- (bzw. *Implementierungs-*) Sprache durchaus verschieden sein.

Der zweite Teil des Gebots freilich betrifft die Implementierungssprache direkt, und es mag zunächst verwundern, daß wir sie an dieser Stelle überhaupt ins Spiel bringen, sollte doch die Architektur eines Gebäudes nicht unbedingt schon das Material erkennen lassen, aus dem die Wände bestehen! Andererseits:

Gleichgültig welches Baumaterial wir verwenden, die vom Architekten definierten Zellen sollten jede für sich eine Einheit bilden. Nur so können sie miteinander kombiniert werden, und nur so kann Fehlersuche (die ja letztlich im geschriebenen Programm stattfindet) auf einen wohlabgegrenzten Bezirk beschränkt bleiben. Und was die programmiersprachliche Form eines Moduls betrifft, so kann man noch weitergehen und verlangen, daß sie bezüglich eines gegebenen Compilers eine separat kompilierbare Einheit darstellt. Die Kompilate der Module sind dann die Software-Bausteine (die "Zellen"), aus denen das System zusammengesetzt wird. Sprachen, die diesen Forderungen genügen, sind zum Beispiel ADA und MODULA-2.

(2) Wenige Schnittstellen:

Ein Modul soll mit möglichst wenig anderen Modulen in Beziehung stehen.

(Was immer die Beziehungen zwischen Modulen sein mögen:) Unterhält ein Modul Beziehungen mit vielen anderen Modulen, so ist dies keinem der oben gesetzten Ziele förderlich. Insbesondere gilt: Je weniger Beziehungen zwischen den Modulen eines Systems bestehen, je schwächer also die gegenseitigen Abhängigkeiten sind, umso größer ist die Chance, einen Modul aus sich selbst zu verstehen (-> *unabhängige Verstehbarkeit*), und umso geringer werden die Auswirkungen lokaler Änderungen sein (-> *Stetigkeit*). Die Möglichkeit der Ausbreitung von Fehlern ist eingeschränkt (-> *Abgeschirmtheit*), und man hat bessere Aussichten, einen Modul in anderem Zusammenhang verwenden zu können (-> *Kombinierbarkeit*).

(3) Schmale Schnittstellen:

Miteinander in einer Kommunikationsbeziehung stehende Module sollen möglichst wenig Information austauschen.

Damit wird eine weitere Maßnahme zur Reduktion der zwischen Modulen existierenden Abhängigkeiten formuliert. Analog zu Gebot (2) gilt: Je geringer die Menge der Information ist, über die miteinander kommunizierende Module sich "verständigen" müssen, umso unabhängiger sind sie voneinander, desto schwächer sind sie aneinander gekoppelt. Starke Kopplung liegt zum Beispiel dann vor, wenn Module Datenspeicher gemeinsam benutzen. Dies ist nach Möglichkeit zu vermeiden.

(4) Explizite Schnittstellen:

Wenn zwei Module miteinander kommunizieren, dann soll dies aus den (entwurfs- bzw. implementierungssprachlichen) Modultexten klar ersichtlich sein.

Dieses Gebot bringt (wie schon im Falle der textuellen Einheiten) eine Forderung mindestens an die Modulbeschreibungssprache zum Ausdruck. Es verlangt die Existenz von Sprachkonstrukten zur Darstellung der Beziehungen zwischen Modulen. Und natürlich verlangt es die Verwendung dieser Konstrukte. Nun läßt sich der Zugriff aus getrennten (Entwurfs- oder Programm-) Texteinheiten auf gemeinsam benutzte Datenspeicher in der Regel (d.h. ohne übermäßig gekünstelte Notationen zu erfinden) sprachlich nicht anders darstellen als der Zugriff auf (bezüglich der betroffenen Einheiten) private Datenspeicher. Mangels dieser klaren Unterscheidbarkeit empfiehlt also auch das Gebot der *expliziten Schnittstellen* - mit anderen Worten als sein Vorgänger - den Verzicht auf starke Kopplung mittels gemeinsam benutzter Datenspeicher. (Vgl. dazu auch die Beispiele in Abschnitt 2.2.2 zur Regel "*Seiteneffekte durch Funktionsprozeduren sind zu vermeiden.*")

(5) Geheimhaltung ("Information hiding") :
Über einen Modul soll nur soviel veröffentlicht werden, wie nötig ist, um ihn im Zusammenspiel mit anderen Modulen zu benutzen.

In der Tat: Dies klingt geheimnisvoll! Was soll es bedeuten? Ein der Welt der Geheimdienste entlehntes Gebot? Daß nur jeder über genau die Informationen verfügen darf, die er zur Ausübung seiner Tätigkeit braucht, und über keinen Deut mehr? Aber warum sollte ein Entwerfer nicht mit allem herausrücken, was er sich zu einem Modul ausgedacht hat? Warum sollte nicht der gesamte Modultext allen an einem Projekt Beteiligten bekannt sein? Nun, Gebot (5) ist sicherlich nicht so zu verstehen, daß große Teile der Projektdokumentation in einem Tresor mit gesonderten Schließfächern und Zugangsrechten für jeden Modul aufzubewahren wären. (Teamkollegen sollten doch voneinander lernen dürfen!)

Aber es sagt zum Beispiel wieder etwas aus über die Modulbeschreibungssprache (und - wie oben - schließlich über die Implementierungssprache): Die textuelle Einheit Modul A (um der Sache einen Namen zu geben) soll in mindestens zwei Abschnitte, A1, A2, ..., unterteilbar sein, von denen genau einer, sagen wir A1, all jene Informationen enthält, die bekannt sein müssen, um ganz A in - wie immer gewünschte - Beziehung zu anderen Modulen zu setzen. Für die möglichen Beziehungen eines Moduls zu anderen Modulen haben wir in den Geboten (2) - (4) den Ausdruck *Schnittstelle* gebraucht. Abschnitt A1 des Textes von Modul A muß also genau diese Schnittstelle beschreiben, und nicht mehr.

Wir können dies präzisieren: In unserer Formulierung des Gebots (5) haben wir die fundamentale Beziehung zwischen Modulen beim Namen genannt: *Benutzung*. Module *benutzen* sich gegenseitig, was sonst! Das heißt: Sie verlangen und erbringen Dienste. (Und wenn es nur der wäre, für eine Weile die Kontrolle des Prozessors zu übernehmen!) Entwerfer und Implementierer eines Moduls B müssen, wenn sie Modul A von B aus benutzen wollen, wissen, welche Dienste A unter welchen Bedingungen zu leisten imstande ist. Sie müssen nicht wissen, wie A diese Dienste ausführt. So weiß der Kunde einer Bank, der einen Geldbetrag von seinem Konto auf das Konto eines Geschäftspartners bei einer anderen Bank überweisen lassen möchte, im allgemeinen nicht, welche Vorgänge sich dabei innerhalb der jeweiligen Bank und zwischen den Banken abspielen. Er braucht es nicht zu wissen. Allein wichtig ist für ihn, daß der Betrag nach angemessener Frist dem Empfängerkonto gutgeschrieben wird. Die gewünschte Dienstleistung unterliegt natürlich bestimmten Bedingungen, und sie hat einen wohldefinierten Effekt.

Zurück zu Modul A: Welche Dienste A anbietet und die Bedingungen ihrer Inanspruchnahme, das WAS des Moduls A also, dies ist der Inhalt des Abschnitts A1, des "öffentlichen" Teils von A. Die Ausführung dieser Dienste, das WIE, ist der Inhalt der Abschnitte A2, ..., des "privaten" Teils von A. (Selbstverständlich genügt es danach, immer von nur zwei Teilen eines Modultextes zu sprechen, dem öffentlichen und dem privaten.) Der private Teil kann nun tatsächlich "geheim" bleiben, gewissermaßen der Gegenstand einer Verschwörung zwischen dem Entwerfer und dem Implementierer des Moduls. Es wäre durchaus fatal und bezüglich unserer Ziele kontraproduktiv, wenn Entwurf und / oder Implementierung des Moduls B vom WIE des Moduls A abhinge. Änderungen im privaten Teil A2 würden dann mit großer Wahrscheinlichkeit auch Änderungen in B notwendig machen. Beispiel Bank: Das Verhalten des Bankkunden, der eine Überweisung in Auftrag gibt, braucht sich in der Regel nicht zu ändern, wenn sich die bankinternen Prozeduren ändern. Im Gegenteil: Die Banken, als gute Dienstleister, sind sicherlich darauf erpicht, ihre Kunden so wenig wie möglich von dem spüren zu lassen, was sich hinter den Kulissen abspielt, und Änderungen an den Schnittstellen - zum Beispiel die Einführung eines neuen Überweisungsformulars - nur höchst selten vorzunehmen. Und weiter: Wäre es dem Kunden erlaubt, zur Erledigung seiner Überweisung selbst direkt in das zwischenbankliche Geschehen einzugreifen, so könnte dies - durch böswillige Absicht oder fahrlässigerweise - durchaus nachteilige Auswirkungen sowohl auf die Banken als auch auf andere Kunden haben. Auf die Softwareentwicklung übertragen bedeutet dies: Wäre es dem Entwerfer / Implementierer erlaubt, bei der Gestaltung von Modul B sich der im privaten Teil von A *verborgenen Informationen* (über Daten und Prozeduren, zum Beispiel) zu bedienen, diese gar zu manipulieren, so könnten kaum kontrollierbare Auswirkungen auf das gesamte System die Folge sein. Wir sehen: Auch das Gebot der *Geheimhaltung* dient letztlich allen aus unseren Qualitätsansprüchen abgeleiteten Entwurfszielen.

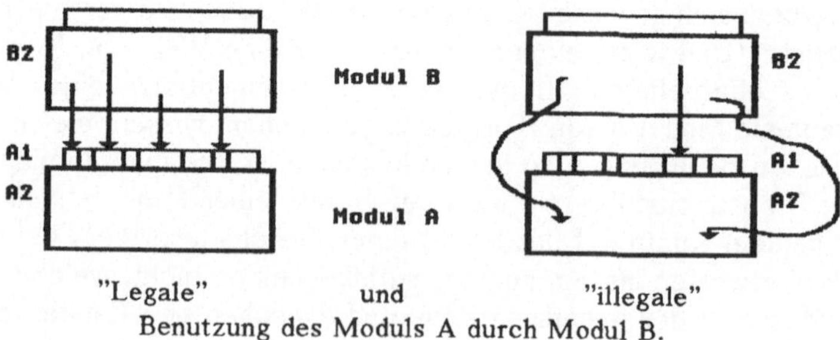

"Legale" und "illegale"
Benutzung des Moduls A durch Modul B.

Das Prinzip *Information Hiding* wurde erstmals zu Beginn der siebziger Jahre von D.L. Parnas in mehreren (und seither vielzitierten) Artikeln ([PA1], [PA2]) formuliert. Die Einsicht in die überragende Bedeutung dieses Prinzips liegt zahlreichen, in der Folgezeit stattgefundenen Sprachentwicklungen zugrunde. Dabei meinen wir sowohl Entwurfs- als auch Programmiersprachen. Entwurfssprachen, soviel sollte nun klar sein, dienen in erster Linie der möglichst präzisen Beschreibung der Schnittstellen (also der "öffentlichen" Teile) von Modulen und von deren Verbindungen. Parnas selbst und viele andere Autoren haben hierzu Vorschläge unterbreitet. Die spektakuläreren (d.h. publikumswirksameren) Fortschritte freilich wurden auf dem Feld der Programmiersprachen gemacht. MODULA-2, die Sprache, auf die wir uns in diesem Buch stützen, ist ein Beispiel hierfür. (Im weiteren Verlauf dieses Kapitels werden wir sehen, wie sie im Sinne dieser Ausführungen anzuwenden ist.) Von den Sprachen, die wir hier im Auge haben, ist ferner ADA zu nennen ([LED]), deren Definition vom US-amerikanischen Verteidigungsdepartement in der zweiten Hälfte der siebziger Jahre in Auftrag gegeben wurde. Gemeinsam ist diesen Sprachen, daß sie die vom Geheimhaltungsprinzip nahegelegte Zweiteilung eines Modultextes in einen öffentlichen und einen privaten Teil fördern. Auch die *objektorientierten* Sprachen (vgl. Abschnitt 6.4.4) sind hinzuzurechnen, von denen die zur Zeit vielleicht populärste C++ (sprich: Zeh-plus-plus) genannt wird ([STR]). (Eine Weiterentwicklung der von Kernighan und Ritchie Anfang der siebziger Jahre im Rahmen der Implementierung des Betriebssystems UNIX geschaffenen Sprache C ([KER])). Bemerkenswerte Vertreter der Familie der objektorientierten Sprachen sind ferner (unter anderen!) das bei der Firma Xerox entstandene *Smalltalk* ([GOR]) sowie EIFFEL, eine Sprache, die von B. Meyer stammt, deren Gebrauch in seinem schon zitierten Buch ([MEY]) ausführlich beschrieben wird, und die wir in Abschnitt 6.4.4 vorstellen werden.

Doch besinnen wir uns: Wir fragen nach Zielen und Techniken des Systementwurfs. Die (allgemeinen) Ziele glauben wir hinreichend präzise gesetzt zu haben, und zum Thema Techniken gab es zumindest Andeutungen. Bevor wir uns im nächsten Abschnitt mit einigen, speziell zum besseren Verständnis von *Modularisierung* geeigneten Beispielen beschäftigen (,um so ein deutlicheres Gefühl dafür zu gewinnen, worauf es ankommt), sollten wir es uns durchaus noch hier angelegen sein lassen, zwei grundlegend verschiedene mögliche Vorgehensweisen beim Entwurf einer Systemarchitektur zu kommentieren. In der einschlägigen Literatur firmieren sie gewöhnlich unter ihren englischen Bezeichnungen *Top-Down* (von oben nach unten) und *Bottom-Up* (von unten nach oben). Von diesen ist uns der Begriff *Top-Down* schon mehrfach begegnet, zum erstenmal im Zusammenhang mit *Schrittweiser Verfeinerung*, einer Technik der "Programmierung im Kleinen" (oder, wie wir jetzt auch sagen können, des *prozeduralen Entwurfs*), und zum zweiten Mal bei der Darstellung hierarchischer Systemmodelle, als Charakterisierung einer Methode der Systemanalyse und -spezifikation. In beiden Fällen konnten wir einsehen, daß es sich um respektable Strukturierungsansätze handelt: *Schrittweise Verfeinerung* zur Herleitung der Struktur eines Programms, welches im wesentlichen eine (mehr oder weniger) genau festgelegte Funktion (bzw. Aufgabe) hat, und *hierarchische Modellierung* zur Ermittlung der "Anwendersicht" eines Systems, seiner Datenflüsse und Prozesse also. In beiden Fällen gibt es tatsächlich so etwas wie ein *Top*, eine oberste "grobe" Sicht der Dinge, die Spitze einer Pyramide sozusagen, von der aus man die "unteren Ebenen" (der Prozeduren und Statements bzw. der Daten und ihrer Verarbeitung) stufenweise erschließen kann. Welche Bedeutung, so ist nun aber zu fragen, hat der Begriff *Top-Down* für die Herleitung der Architektur eines Softwaresystems?

Unsere, manchem Fachgenossen vielleicht etwas zu kategorische Antwort lautet, daß sich der Begriff in bisheriger Interpretation im allgemeinen nicht zur Charakterisierung sinnvoller Vorgehensweisen beim Systementwurf eignet. Ein Ergebnis von Systemanalyse und -spezifikation besteht ja im allgemeinen gerade darin, daß sich die Leistungen eines Systems nicht als eine einzige ("Top"-) Funktion beschreiben lassen, sondern daß es eine Vielzahl von mehr oder weniger gleichrangigen Funktionen (Dienstleistungen) zu implementieren gilt. Für große Informations-, Transaktions- oder Prozeßsteuerungs-Systeme ist dies ziemlich offensichtlich. Aber selbst beim Entwurf eines Compilers, also eines Programms, das auf den ersten Blick nur die eine Funktion hat, in höherer Programmiersprache geschriebene Texte in Maschinensprache zu übersetzen, kann es sehr nützlich sein, einzelne Aufgaben, wie lexikalische Analyse, Parsing und Codegenerierung, getrennt zu betrachten, und den Programmaufbau nicht von vornherein von der zeitlichen Abfolge dieser Aktivitäten abhängig zu machen. So erhält man eine gute Chance, Teile des Compilers zukünftig vielleicht für ganz andere Zwecke (etwa einen syntaxgesteuerten Editor) (wieder) verwenden zu können.

Wir erwähnten Informations- und Transaktionssysteme. Natürlich wird man für diese in der Regel bei jeder praktischen Realisierung eine Benutzungsoberfläche vorfinden, also so etwas wie einen *Top*, und man kann sicher mit Berechtigung fragen, warum dieser nicht zum Ausgangspunkt des Entwurfs gemacht werden soll. Aus mehreren Gründen ist hier Skepsis angebracht: Erstens gehört die Benutzungsoberfläche eines Systems sicherlich zu den Teilen, für die künftige Anpassungen (an geänderte Kundenwünsche zum Beispiel) am leichtesten möglich sein sollten (dies ist kein Widerspruch zum obigen Bankbeispiel, im Gegenteil!); zweitens hat sie gewöhnlich nur vermittelnde Funktion, indem sie die Auswahl aus den Dienstleistungen des Systems ermöglicht, und damit streng genommen gar nicht zum System selbst gehört. (Vgl. aber dazu auch die Bemerkungen am Ende von Abschnitt 6.2.4!) Und drittens, gewissermaßen zur Verstärkung des zweiten Einwands, ist zu sagen, daß wohl die durch den Informationsfluß innerhalb des Systems gegebenen Verhältnisse an der Benutzungsoberfläche in geeigneter Weise zum Vorschein kommen müssen, daß aber nicht umgekehrt die Benutzungsoberfläche diese Verhältnisse bestimmt. (Tatsächlich liegt es zum Beispiel im Interesse der Hersteller von Standardsoftware, Benutzungsschnittstellen so austauschbar wie möglich zu machen, um die Software, auf die es eigentlich ankommt, für möglichst viele Rechnertypen anbieten zu können.) Dies gesagt, dürfen wir selbstverständlich nicht leugnen, wie wichtig gute Benutzungsoberflächen sind, und daß sie mit großer Sorgfalt entworfen werden müssen. Davon haben wir aber bereits an anderer Stelle geschrieben (vgl. Abschnitt 6.2.4). (Manchmal scheint die Benutzungsoberfläche einem Kunden sogar wichtiger als das darunterliegende System, und die Anforderungsspezifikation beginnt dann mit der Anfertigung von "hohlen" Prototypen, also von Programmen, die einen Dialog mit dem (noch) nicht vorhandenen System simulieren. Oft ist der Grund für diese - *Rapid Prototyping* (vgl. z.B. [HAL]) genannte - Vorgehensweise die Schwierigkeit, sich ohne solche konkreten Hilfen ein Bild von den Leistungen eines Softwaresystems zu machen.)

Zu bemerken bleibt, daß sich die relative Popularität des "klassischen" *Top-Down*-Ansatzes für den Systementwurf - also der Zerlegung einer "Hauptfunktion" in "Teilfunktionen" und deren weiterer Verfeinerung - möglicherweise aus einer Verwechslung von Analyse mit Entwurf, von hierarchischem Systemmodell mit Softwarearchitektur ergibt.

Die umgekehrte Richtung, *Bottom-Up*, stand bisher noch nicht zur Debatte. Gemeint ist die Konstruktion eines Systems aus existierenden oder zu definierenden Bausteinen, "von unten nach oben". Nach dem, was wir in diesem Abschnitt über Ziele, Techniken und insbesondere über Module erfahren haben, drängt sich dieser Ansatz durchaus auf. Doch welche Bausteine sind zu wählen, welche wie zu definieren? Diese Fragen können offenbar nur mit Blick auf die gegebene Spezifikation des Systems als Ganzem beantwortet werden. Also doch *Top-Down*, nur mit anderem Verständnis? In der Tat, an einem Ansatz "ganz oben" kommt ein Software-Ingenieur sicher nicht vorbei. Er muß von dem abstrakten Modell des Systems ausgehen, wie es Analyse und Spezifikation ergeben haben, und diesem - wie es die nebenstehende Abbildung zeigt - "schichtenweise" Module unterlegen, von denen jeder ganz spezifische Dienstleistungen für die Realisierung des Modells erbringt. Die Module der obersten Schicht sind so zu de-

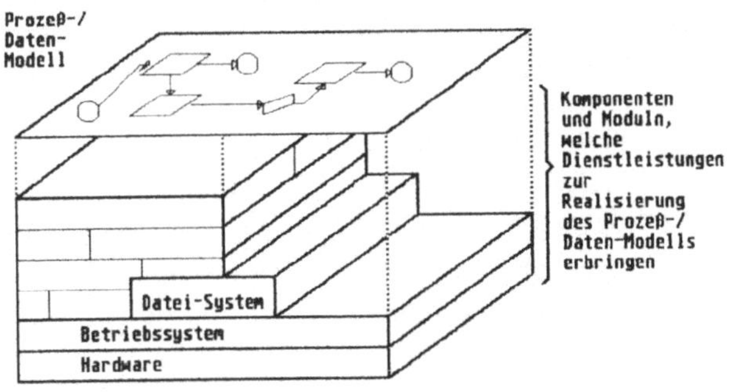

finieren, daß sie das System direkt implementieren, während die Module jeweils tieferer Schichten denen auf höherer Ebene zu Diensten sind. (Wir erinnern daran, daß wir diese Form der Hierarchisierung übrigens schon früher - in Abschnitt 6.2.3 - gewissermaßen "in der Nußschale" empfohlen haben: mit den Worten des Chefs des Softwarehauses ADAPTOR&Co, der seinem Lehrling den Rat gab, Programme wie arbeitsteilige, hierarchisch gegliederte Produktionsbetriebe zu organisieren.) In dieser Sicht sind auch Datei- und Betriebssystem (und letztlich die Hardware selbst) des Rechners nichts anderes als Module (bzw. Komponenten), und es bleibt zu hoffen, daß zumindest einige der über dieser Basissoftware liegenden Bausteine aus früheren Projekten oder aus "Standardbaukästen" (*Bibliotheken*) (mit eventuell geringen Änderungen) übernommen werden können.

Wir wollen uns bemühen, diese - in gewissem Sinne eine Synthese von *Top-Down* und *Bottom-Up* darstellende - Vorgehensweise in den folgenden Abschnitten anhand von Beispielen noch plastischer werden zu lassen.

6.4.2 Modularisierung

Die Kernfrage lautet: An welchen Elementen des Systemmodells soll sich die Definition von Modulen orientieren? Wie können wir erreichen, daß die Module unseres Systems die im vorangegangenen Abschnitt erläuterten Eigenschaften besitzen? Die Antwort hierauf können wir nur durch praktisches Tun finden, das sich - aus naheliegenden Gründen - in einem Buch wie diesem natürlich nicht auf lebensgroße Projekte erstrecken kann. Man kann dies zum Vorteil wenden und argumentieren, daß bei der Darstellung eines echten Projektes nur zu leicht der Blick auf das Wesentliche versperrt würde. Versuchen wir also, aus überschaubaren Beispielen unsere Lehren zu ziehen.

Als erstes wollen wir uns die Aufgabe stellen, ein Programm zu entwerfen, welches zu einer Punktmenge in der cartesischen Ebene die konvexe Hülle berechnet und auf einem geeigneten Ausgabegerät darstellt. In unserem Zusammenhang kommt es selbstverständlich nicht darauf an, das Berechnungsverfahren zu entwickeln. Dieses setzen wir als bekannt und gegeben voraus. Unser Ziel ist es, den Aufbau, die Architektur des Programms zu klären. Dennoch: Zur Verdeutlichung des Begriffs "konvexe Hülle einer Punktmenge in der Ebene" betrachte man die Abbildung auf der folgenden Seite.

Die Analyse des Umfelds der Anwendung des geplanten Programms hat eine Reihe von Anforderungen ergeben, von denen wir hier nur die wichtigsten nennen:

- Die Koordinaten (x und y) der Punkte müssen ein bestimmtes Format haben, dessen genaue Struktur für unsere Zwecke ebenfalls nicht interessiert.

- Die Koordinaten der Punkte sollen dem Programm entweder *interaktiv* (d.h. im Dialog) oder als Inhalt einer Datei (im *Batch*, wie man auch sagt) übergeben werden können. Das Format dieser Datei ist zwar anfänglich fixiert, doch ist nicht damit zu rechnen, daß es für alle Zeiten festgeschrieben ist.
- Die Darstellung der konvexen Hülle soll, wie in der Skizze angedeutet, durch einen geschlossenen Polygonzug erfolgen, dessen Ecken eine Untermenge der jeweiligen Punktmenge bilden. Auch die innerhalb des Polygons liegenden Punkte der Menge sollen im Bild erscheinen.

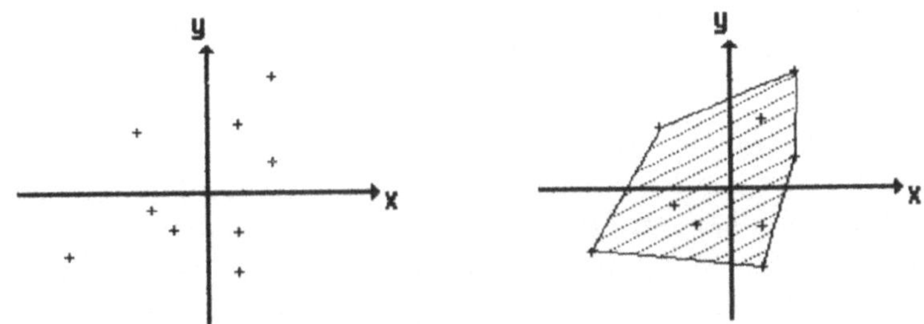

Eine Punktmenge ... ... und ihre konvexe Hülle

(Weitere, für unsere Zwecke nicht so wesentliche Anforderungen könnten zum Beispiel Bezug nehmen auf die Art und Weise, wie Eingaben an der *Benutzungsschnittstelle* vorzunehmen sind, oder darauf, wie die Wahl des Ausgabegerätes zu treffen ist, usw.)

Die Spezifikation des "Systems", welches die gewünschten Leistungen erbringt, ist nicht schwer, sofern wir uns auf die graphische Beschreibung der Prozeß/Kanal-Struktur (des Datenflusses) beschränken (und dabei die in Abschnitt 6.3.3 eingeführten Notationselemente benutzen):

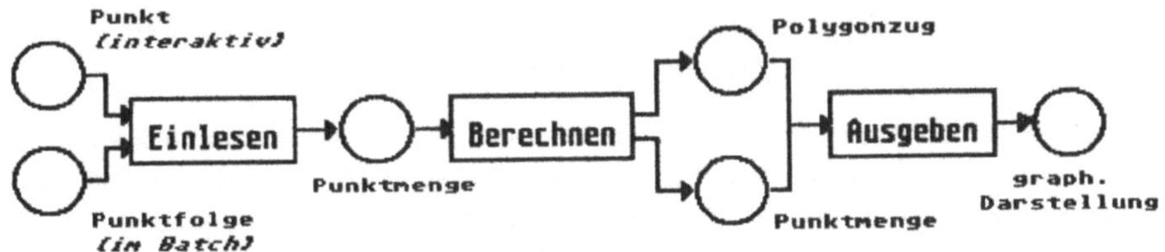

Der Prozeß *Einlesen* erhält seine Inputs entweder als einzelne Punkte über den *interaktiven* Kanal oder als Folge von Punkten, welche in irgendeiner Repräsentation in einer Datei gespeichert sind. Er produziert die Punktmenge, welche dem Prozeß *Berechnen* zugeführt wird. Dieser Prozeß stellt die gleiche Punktmenge sowie die konvexe Hülle in Form eines Polygonzuges dem Prozeß *Ausgeben* zur Verfügung. Letzterer erzeugt aus beidem ein Bild.

Für den Entwurf gehen wir davon aus, daß die Maschine, auf der das Programm zu implementieren sein wird, ein Mono-Prozessor ist, dessen Betriebssystem uns keine Mechanismen für Multiprocessing anbietet (vgl. die Option (iii) in der Einleitung dieses Kapitels).

Aus unserer früheren Beschäftigung mit der Technik der *schrittweisen Verfeinerung* (Abschnitt 3.2) für die *Programmierung im Kleinen* übernehmen wir die Erkenntnis, daß immer zwei Arten von *Entwurfsentscheidungen* zu treffen sind: *Repräsentationsentscheidungen* und *Zerlegungsentscheidungen.* Die ersten beziehen sich auf die "rechnergerechte" Darstellung von Datenobjekten, während die zweiten Antworten auf die Frage nach der Systemstruktur liefern. Wie weit Repräsentationsentscheidungen beim Architekturentwurf tatsächlich gehen sollten, ist eine Frage, der wir uns weiter unten eingehender widmen werden.

Die erste Zerlegungsentscheidung machen wir uns leicht. Wir orientieren uns dabei an dem zu Beginn des Kapitels skizzierten "Standardaufbau", bei dem die Ausführung der produktiven Prozesse jeweils von Modulen getragen wird, die ihrerseits von einem "Steuermodul" zur Arbeit gerufen und mit Daten versorgt werden. (In traditioneller Terminologie könnte man diesen als das "Hauptprogramm" bezeichnen.) In der folgenden Entwurfszeichnung haben die Pfeile die schon früher erklärten Bedeutungen. Die "Marken" an den Datenfluß-Pfeilen verweisen auf die jeweils übergebenen Daten.

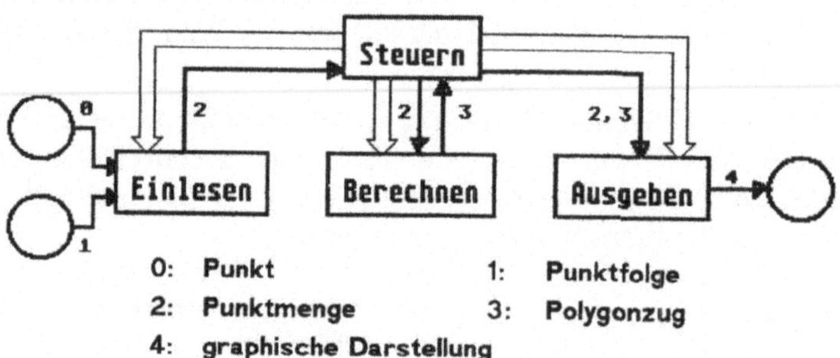

Noch besserer Einsicht ermangelnd und noch ohne Repräsentationsentscheidungen zu treffen, brechen wir diese, strikt am Datenfluß orientierte Zerlegung hier zunächst ab und formulieren eine möglichst knappe Beschreibung der Schnittstellen (also der Außenansichten) der vier Module.

MODUL Steuern

INPUTS	Punktmenge (von Einlesen), Polygonzug (von Berechnen)
OUTPUTS	Punktmenge (an Berechnen, an Ausgeben), Polygonzug (an Ausgeben)
OPERATIONEN	Steuerung der Prozeßkette "Einlesen - Berechnen - Ausgeben",

MODUL Einlesen	
INPUTS	Punkt (interaktiv), Punktfolge (von Datei)
OUTPUTS	Punktmenge (an Steuern)
OPERATIONEN	Produktion einer Punktmenge.
MODUL Berechnen	
INPUTS	Punktmenge (von Steuern)
OUTPUTS	Polygonzug (an Steuern)
OPERATIONEN	Berechnung des Polygonzugs, der die konvexe Hülle der Punktmenge begrenzt.
MODUL Ausgeben	
INPUTS	Punktmenge (von Steuern), Polygonzug (von Steuern)
OUTPUTS	graphische Darstellung
OPERATIONEN	graphische Darstellung der Punktmenge und des Polygonzugs, der ihre konvexe Hülle begrenzt.

Inwieweit, so ist zu fragen, hält diese Modularisierung jene fünf Gebote ein, die wir im vorangegangenen Abschnitt aufgestellt haben? Das Gebot der *textuellen Einheit* ist zweifellos erfüllt. Augenscheinlich gibt es *wenige Schnittstellen*, denn direkte Kommunikation besteht nur zwischen dem "Dirigenten" Steuern einerseits und jedem der drei "Produzenten" andererseits. Gibt es andererseits auch indirekte Kommunikation zwischen diesen letzteren? Verborgene Schnittstellen sozusagen? Wie *schmal* sind diese, und wie *explizit* ? Offenbar wird dies von der noch nicht festgelegten Repräsentationen der Daten abhängen.

Nehmen wir nun an, um die Erfüllung des Gebots der *Geheimhaltung* zu prüfen, daß die Module von vier verschiedenen Mitgliedern eines Teams implementiert werden sollen. Beim bisherigen Stand des Entwurfs verfügen diese offenbar nicht über alle für ihre Arbeit benötigten Informationen. Sie haben zwei Möglichkeiten: Entweder sie bitten den Entwerfer, ihnen weitere und genaue Vorgaben hinsichtlich der für Punktmengen und Polygonzüge zu verwendenden Datenstrukturen zu machen, oder sie setzen sich selbst zusammen und verständigen sich über solche Strukturen. In jedem Fall müssen diese für alle Bearbeiter verbindlich sein, denn jeder Modul hat es mit mindestens einem der genannten Datentypen zu tun. Mag also die eigentliche Ausführung der von den vier Modulen geforderten Operationen das *Geheimnis* des jeweiligen Teammitglieds sein, die Repräsentation der Daten ist es nicht. Sie muß bei dieser Version unseres Entwurfs öffentlich sein und als Teil aller Modulschnittstellen gelten.

Aufgrund unseres Bemühens um "methodische Reinheit" zögern wir übrigens, ausgerechnet dem Entwerfer die Aufgabe aufzubürden, die Repräsentation der Daten so detailliert zu definieren, daß den Implementierern in dieser Hinsicht nichts mehr zu tun bleibt. Denn so wie wir im Zusammenhang mit Algorithmen von Implementierung sprechen, wenn es um deren konkrete Formulierung in einer Programmiersprache geht, so können wir auch das Geschäft der rechnergerechten Repräsentation von Daten als deren Implementierung bezeichnen. Im vorliegenden Fall argumentieren wir daher zugunsten des Programmiererteams, dessen Professionalität Respekt verdient und nicht durch kleinliche Vorschriften abzuwerten ist. Die Crux dieser noblen Haltung besteht nun freilich darin, daß vier Mitarbeiter ihre wertvolle Zeit mit Abstimmung und Koordination verbringen müssen. Die für das arbeitsteilige *Teamwork* notwendige *unabhängige Beschreibbarkeit* und die *unabhängige Verstehbarkeit* sind dahin. Doch noch schlimmer: Es wird sich zeigen, daß unsere bisher definierten Module auch den übrigen wünschenswerten Eigenschaften *Kombinierbarkeit, Stetigkeit* und *Abgeschirmtheit* überhaupt nicht gerecht werden.

Um die Sache konkret zu machen, nehmen wir an, daß man sich auf folgenden Vorschlag einigt, der - in MODULA-2 Notation - als *Definitionsmodul* verpackt wird:

```
DEFINITION MODULE Punktmenge;
CONST   MaxanzC = ...;
TYPE    PunktTyp  =          RECORD
                               x, y: REAL
                             END;
        PunktmengenTyp =     RECORD
                               maechtigkeit: INTEGER;
                               punkte:
                                  ARRAY [1..MaxanzC] OF PunktTyp
                             END;
        PolygonzugTyp  =     PunktmengenTyp;
END Punktmenge.
```

(Wir gehen hier, wie auch schon bisher, davon aus, daß der Leser mit den Möglichkeiten der Sprache MODULA-2 hinreichend vertraut ist - vgl. Vorwort.)

Und ebenfalls in Definitionsmodulen legen sie die Schnittstellen zwischen den jeweiligen Systemteilen fest:

```
DEFINITION MODULE Einlesen;
FROM Punktmenge IMPORT PunktmengenTyp;
PROCEDURE Einlesen(VAR pM: PunktmengenTyp; VAR err: BOOLEAN);
END Einlesen.
```

```
DEFINITION MODULE Berechnen;
FROM Punktmenge IMPORT PunktmengenTyp, PolygonzugTyp;
PROCEDURE Berechnen(VAR pM: PunktmengenTyp;
                    VAR pZ: PolygonzugTyp);
(* Obwohl "Berechnen" Punkte nur liest, muß pM, da von zusammen-
gesetztem Typ, als VAR-Parameter deklariert werden.*)
END Berechnen.

DEFINITION MODULE Ausgeben;
FROM Punktmenge IMPORT PunktmengenTyp, PolygonzugTyp;
PROCEDURE Ausgeben(VAR pM: PunktmengenTyp;
                   VAR pZ: PolygonzugTyp);
(* Kommentar wie oben*)
END Ausgeben.
```

Für "Steuern" wird es offenbar nur einen *Implementierungs-Modul* geben, welcher seinerseits die Prozeduren "Einlesen", "Berechnen" und "Ausgeben" importiert.

Jeder der vier Programmierer muß die getroffenen Typvereinbarungen strengstens beachten, das leuchtet sofort ein. Jeder muß sich an die gewählten Bezeichner halten. Alle Implementierungs-Module, die sie schreiben, müssen auf die verabredete Struktur und die Namen ihrer Komponenten Bezug nehmen.

Nun wäre das womöglich nicht weiter tragisch, wenn man davon ausgehen könnte, daß die gewählte Repräsentation ein für allemal feststeht. Doch leider ist damit im allgemeinen nicht zu rechnen. Man nehme zum Beispiel an, daß sich nach der auf der Basis obiger Punktmengen-Darstellung erfolgten Implementierung herausstellt, daß der Wert der Konstanten "MaxanzC" häufig geändert werden muß, da es das Programm mit immer mächtigeren Punktmengen zu tun bekommt. Abgesehen davon, daß jede Änderung der Konstanten eine Neukompilierung bedingt, ist es im laufenden Betrieb sicher nicht angenehm, immer wieder in Ausnahmesituationen zu geraten, wenn die durch "MaxanzC" gegebene Mächtigkeitsschranke überschritten wird. (Der Modul "Steuern" wird auf die in "err" übergebene Fehlermeldung des Moduls "Einlesen" entsprechend zu reagieren haben!) Unser Programmiererteam entschließt sich daher nach einiger Zeit, eine hinsichtlich dieser Unzulänglichkeiten bessere Repräsentation von Punktmengen einzuführen, eine Repräsentation als lineare "verzeigerte" Liste zum Beispiel, die so lange werden darf, wie beim Lauf des Programms Speicher zur Verfügung steht:

```
DEFINITION MODULE Punktmenge;  (* Version 2 *)
TYPE  PunktTyp =        RECORD
                          x,y: REAL
                        END;
```

```
    PMRefTyp =          POINTER TO PunktmengenTyp;
    PunktmengenTyp =    RECORD
                          punkt: PunktTyp;
                          nxtpkt: PMRefTyp
                        END;
    PolygonzugTyp =     PunktmengenTyp;
END Punktmenge.
```

Auch ohne die Programme, welche auf der alten Repräsentation von Punktmengen beruhen, explizit angegeben zu haben, leuchtet es unmittelbar ein, daß die Entscheidung unseres Teams für eine andere rechnerinterne Punktmengen-Darstellung eine schwerwiegende Konsequenz hat: Sämtliche Module müssen praktisch neu geschrieben werden. Und wieder eine Weile, nachdem man sich dieser Mühe unterzogen hat, mag einem der Programmierer die Idee kommen, daß sich der (für eventuelle spätere Erweiterungen vielleicht notwendige) Zugriff auf einzelne Punkte der Menge wesentlich effizienter gestalten ließe, wenn nur die Punkte der Menge schon in bestimmter Weise sortiert wären. Man entschließt sich also ein zweites Mal zu einer neuen Datenstruktur für Punktmengen, etwa zu einem binärem Baum, in dem die Punkte gemäß ihres Abstandes zum Ursprung des Koordinatensystems sortiert sind; für Polygonzüge dagegen soll die alte lineare Liste beibehalten werden:

```
DEFINITION MODULE Punktmenge; (*Version 3 *)
TYPE ...
    PunktmengenTyp =    RECORD
                          punkt: PunktTyp;
                          naeher: PMRefTyp;
                          weiter: PMRefTyp
                        END;
    PZRefTyp =          POINTER TO PolygonzugTyp;
    PolygonzugTyp =     RECORD
                          punkt: PunktTyp;
                          nxtpkt: PZRefTyp
                        END;
END Punktmenge.
```

Und wieder müssen alle Module nicht weniger tiefgreifend geändert werden als beim ersten Mal. Fehler, die der Programmierer eines der Module macht, können ohne weiteres unangenehme Auswirkungen auf die Funktionen der jeweils anderen Module haben. (Wer einmal durch falsch initialisierte oder falsch "umgehängte" Pointer verursachte "Bugs" gesucht hat, weiß davon sicher ein Lied zu singen!)

Es dürfte inzwischen klar geworden sein, daß von den drei Eigenschaften *Kombinierbarkeit*, *Stetigkeit* und *Abgeschirmtheit* nicht eine einzige durch den bisherigen Systementwurf gefördert wird. Die vier Module sind nicht anders kombinierbar als miteinander, kleine Änderungen der Datenstrukturen erzwingen die Änderung sämtlicher Programme, und Fehler bei der Implementierung eines der Module haben Auswirkungen auf alle übrigen.

Bevor sie in eine dritte oder gar vierte Runde dieses Spiels einsteigen, werden sich unsere Freunde daher gewiss überlegen, was sie besser machen können, um dem Übel der wiederholten Neu-Programmierung sämtlicher Module des Systems ein für allemal abzuhelfen. Sie werden bemerken, daß jeder von ihnen (oder, besser gesagt, jeder der von ihnen verfaßten Module) auf den durch die jeweils gegebenen Typ-Deklarationen strukturierten Punktmengen-Speicher in ganz spezifischer Weise zugreift: Der "Einleser" fügt Punkte in die Menge ein (ist also eigentlich ein "Einschreiber"!), und sowohl der "Berechner" als auch der "Ausgeber" entnehmen dem Speicher Punkte zur allfälligen Bearbeitung. Natürlich muß der "Einleser" dafür sorgen, daß der Speicher zu Beginn seiner Arbeit in einem ordentlichen Zustand ist (er sollte leer sein!), und "Berechner" und "Ausgeber" müssen die Möglichkeit haben, vor der Entnahme von Punkten den Speicher in einen Zustand zu versetzen, welcher garantiert, daß die erste Entnahmeaktion auch wirklich den ersten Punkt liefert. Analoge Überlegungen gelten für den Speicher, der die den Polygonzug bestimmenden Punkte enthalten wird. Das ist aber auch alles.

Die Lösung des Problems liegt also auf der Hand: Sowohl die textuelle Beschreibung als auch die Ausführung der genannten Operationen muß von den Modulen, die diese Operationen benutzen, sauber getrennt werden. Die Module "Steuern", "Einlesen", "Berechnen" und "Ausgeben" müssen von den speziellen, für Punktmengen und Polygonzüge jeweils gewählten Repräsentationen unabhängig sein.

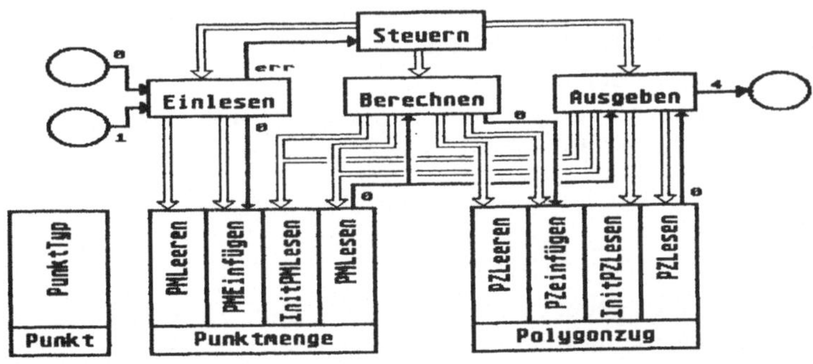

(0, 1 und 4 haben die gleiche Bedeutung wie in der Abbildung des ersten Entwurfs; "err" enthält eine Meldung über den (Miß-)Erfolg des Einlesevorgangs.)

Sie dürfen auf diese Repräsentationen nur über geeignete, den jeweiligen Operationen entsprechende Prozeduren zugreifen. Damit ist der Systementwerfer wieder gefordert! Außer den bereits bekannten Modulen muß er zwei weitere definieren, einen für Punktmengen und einen für Polygonzüge, in denen die mit diesen "Objekten" erlaubten Operationen *Repräsentations-unabhängig* zusammengefaßt sind. Die jeweiligen Operanden sind Punkte, und nur deren Darstellung wird - ebenfalls in Form eines Moduls - explizit bekanntgegeben. (Es geht auch ohne *explizite* Angabe, wie wir später noch sehen werden.) Das obige Diagramm zeigt den neuen Entwurf.

Und dies ist die textuelle Version des Entwurfs in Form von (kommentierten) MODULA-2 Definitionsmodulen:

```
DEFINITION MODULE Steuern;
(* Dieser Modul exportiert nichts. Er sorgt für den Ablauf der
spezifizierten Prozesse in der Reihenfolge "Einlesen", "Berechnen",
"Ausgeben". Ein Definitionsteil ist hier nur der Vollständigkeit halber
aufgeführt. *)
END Steuern.

DEFINITION MODULE Einlesen;
PROCEDURE Einlesen(VAR err: BOOLEAN);
(* Die Prozedur stellt eine Punktmenge bereit. Die Punkte dieser Menge
werden entweder interaktiv erfaßt oder von einer Datei gelesen. Die
Entscheidung hierüber wird nach einem entsprechenden Dialog mit dem
(menschlichen) Benutzer des Programms gefällt. Soll von einer Datei
gelesen werden, so wird der Name dieser Datei erfragt. Der Parameter
"err" erhält den Wert TRUE, falls der Einlesevorgang korrekt beendet
wurde; andernfalls enthält "err" den Wert FALSE. *)
END Einlesen.

DEFINITION MODULE Berechnen;
PROCEDURE Berechnen;
(* Die Prozedur berechnet für eine gegebene Punktmenge in der
kartesischen Ebene die konvexe Hülle. Ist die Menge leer, so geschieht
nichts. *)
END Berechnen.

DEFINITION MODULE Ausgeben;
PROCEDURE Ausgeben;
(* Die Prozedur stellt eine Punktmenge in der kartesischen Ebene
sowie deren konvexe Hülle auf einem im Dialog mit dem (menschlichen)
Benutzer spezifizierten Ausgabemedium dar. Ist die Menge leer, so
wird eine entsprechende Meldung ausgegeben. *)
END Ausgeben.
```

```
DEFINITION MODULE Punkt;
(* Dieser Modul macht die Struktur der Repräsentation eines Punktes
in der kartesischen Ebene projektweit bekannt. Sein Implementations-
teil ist leer. *)
TYPE PunktTyp = RECORD
                  x,y: REAL
                END;
END Punkt.

DEFINITION MODULE Punktmenge;
(* Dieser Modul "verkapselt" eine Punktmenge. Er verbirgt die Repräsen-
tation der Punktmenge vor seiner "Außenwelt" und gestattet den Zugriff
auf sie nur über die im folgenden aufgelisteten Operationen. *)
FROM Punkt IMPORT PunktTyp;

PROCEDURE PMLeeren;
(* Die Prozedur erzeugt eine leere Punktmenge. *)

PROCEDURE PMEinfuegen(VAR punkt: PunktTyp);
(* Die Prozedur fügt den in "punkt" übergebenen Punkt in die Punktmenge
ein. *)

PROCEDURE InitPMLesen;
(* Die Prozedur eröffnet den Vorgang des Lesens der Punkte einer
gegebenen Punktmenge (die auch leer sein kann). *)

PROCEDURE  PMLesen(VAR punkt: PunktTyp; VAR eopm: BOOLEAN);
(* Die Prozedur stellt den jeweils nächsten Punkt einer gegebenen
Punktmenge in "punkt" zur Verfügung. Ist kein weiterer Punkt vorhanden,
so erhält "eopm" den Wert TRUE; sonst enthält "eopm" den Wert FALSE.*)

END Punktmenge.

DEFINITION MODULE Polygonzug;
(* Die Prozeduren diese Moduls entsprechen denen des Moduls
"Punktmenge". Auf eine detaillierte Beschreibung wird verzichtet. *)
FROM Punkt IMPORT PunktTyp;

PROCEDURE PZLeeren;

PROCEDURE PZEinfuegen(VAR punkt: PunktTyp);

PROCEDURE InitPZLesen;

PROCEDURE PZLesen(VAR punkt: PunktTyp; eopz: BOOLEAN);

END Polygonzug.
```

Was haben wir gewonnen? Erinnern wir uns wieder an die "fünf Gebote" des guten Modularisierens! Wir müssen zugeben, daß es bei unserem ersten Systementwurf zwischen den Modulen "Einlesen", "Berechnen" und "Ausgeben" in der Tat eine dicke und implizite Schnittstelle gab. Sie war durch die Punktmenge und den Polygonzug gegeben. Diese Schnittstelle ist in unserer zweiten Modularisierung zwar (notwendigerweise) immer noch vorhanden, aber sie ist *schmal* und *explizit* geworden. Während sie sich im ersten Entwurf als vollständige Beschreibung der jeweils gewählten Datenstrukturen präsentierte (und in den Parameterlisten der Prozeduren "Einlesen", "Berechnen" und "Ausgeben" manifest wurde), erscheint sie im zweiten Entwurf nur noch mittels der Operationen, welche die drei "Prozeß-Module" benötigen, um die geforderten Aktionen und Berechnungen durchzuführen. Die Module "Punktmenge" und "Polygonzug" sind direkte Ergebnisse der Anwendung des *Geheimnisprinzips*. Sie machen die Prozeß-Module von den jeweiligen Datenstrukturen unabhängig. Dies bedeutet: Solange sich an der Semantik der in den Definitionsmodulen "Punktmenge" und "Polygonzug" aufgelisteten Prozeduren nichts ändert, können die für die Punktmenge und den Polygonzug gewählten Datenstrukturen beliebig geändert werden, ohne daß dies irgendwelche Auswirkungen auf die Funktionen der "Prozeß-Module" hätte. Und insbesondere müßten diese ihrerseits nicht modifiziert werden. (Ein möglicher Effekt einer Änderung der Datenstrukturen könnte, wie wir anhand der Beispiele oben zu argumentieren versucht haben, natürlich ein Gewinn oder Verlust an Effizienz sein.) Es ist nun ganz unbestreitbar die Aufgabe des Entwerfers, die Gegenstände ("Objekte"!) des Interesses anzugeben sowie die mit bzw. an diesen Gegenständen auszuführenden Operationen und deren Semantik zu definieren, und es bleibt dem Implementierer überlassen, die jeweils geignete rechnerinterne Repräsentation dieser Gegenstände zu bestimmen. (Damit haben wir im übrigen eine Antwort auf die Frage, wie weit der Systemarchitekt bei Repräsentationsentscheidungen gehen sollte: nicht sehr weit!) Und en passant bemerken wir, daß sich MODULA-2, insofern damit Definitionsmodule formuliert werden, sogar als Entwurfssprache eignet.

Betrachten wir den zweiten Entwurf nun andererseits im Lichte der zu Beginn dieses Abschnitts aufgeworfenen "Kernfrage": An welchen Elementen der Systemspezifikation haben wir diesen zweiten Entwurf orientiert? Natürlich auch an den Prozessen und ihrer sequentiellen Abfolge. Doch ist dies nicht charakteristisch für den zweiten Entwurf, denn genau diese Orientierung liegt auch unserer ersten Version der Systemarchitektur zugrunde. Charakteristisch für die zweite Version ist vielmehr die "Einkapselung" der von den Prozessen manipulierten Datenobjekte in Module, und damit - wie am Ende von Abschnitt 6.4.1 versprochen - die Schaffung einer unter den "Prozeß-Modulen" liegenden "Schicht", welche den Prozessen bestimmte Dienstleistungen erbringt. Eine solche Dienstleistung besteht im vorliegenden Fall aus der Ausführung eines Auftrags zur Manipulation einer Punktmenge bzw. eines Polygonzuges. Übrigens wollen wir die betreffenden Module fortan als "*Daten-Module*" typisieren.

Wie der Leser mit Sicherheit bemerkt hat, stützen wir uns in diesem Buch gelegentlich gern auf intuitive Analogien zu anderen Bereichen des (mehr oder weniger) alltäglichen Lebens, wenn es darum geht, bestimmte, für das Programmieren uns wichtig scheinende Ideen plausibel zu machen. An dieser Stelle bietet es sich an, die Module "Punktmenge" und "Polygonzug" des zweiten Entwurfs mit Werkstätten zu vergleichen, die auf die Herstellung und Bearbeitung irgendwelcher Produkte spezialisiert sind. Die "Prozeß-Module" sind die Kunden dieser Werkstätten. Ihr Verhalten ist mit dem des (normalen) Besitzers eines Autos vergleichbar, der sein Gefährt dem Kfz-Mechaniker übergibt, da ihm selbst das Wissen über die unter der Motorhaube verborgenen Innereien fehlt. Es besteht eine ganz klare Trennung von Verantwortlichkeiten. Der Besitzer des Autos muß (nach Recht und Gesetz) alles tun, damit sein Wagen verkehrstüchtig bleibt; er delegiert die dazu notwendigen Arbeiten an Motor, Bremse und Lenkung an seine Werkstatt. Diese ist für die sachgerechte Ausführung des Auftrags zuständig und kann im Fall undokumentierter mangelhafter Erledigung haftbar gemacht werden.

Ähnlich wie das Verhältnis zwischen dem Autofahrer und seiner Werkstatt implizit oder explizit durch einen Vertrag geregelt ist, muß auch der Entwerfer eines (Daten-)Moduls seine "Allgemeinen und speziellen Geschäftsbedingungen" bekanntgeben. Er tut dies mit dem Text der Definition seines Moduls. Hier muß ganz klar festgelegt sein, was der "Kunde" erwarten kann und was nicht. Natürlich kann er dem Kunden nicht vorschreiben, wie dieser sich nach Erhalt der gewünschten Dienstleistung verhalten soll. So ist insbesondere der Anforderer eines Dienstes für seine Reaktion auf einen ihm signalisierten Fehler bei der Dienstausführung ganz allein verantwortlich. (Auch der Autofahrer muß selbst entscheiden, ob er die Weiterfahrt wagt, nachdem ihm sein Mechaniker mitgeteilt hat, daß sich die Bremse beim besten Willen nicht mehr reparieren läßt.)

Im folgenden Abschnitt werden wir eine Möglichkeit der exakten Formulierung von (Daten-)Modul-"Nutzungsverträgen" kennenlernen. Zuvor jedoch sollten wir noch ein wenig bei der "Feinstruktur" eines für den Umgang mit Daten von bestimmtem Typ konzipierten Moduls verweilen. Auch wird die Frage nach verschiedenen Modul-Arten und dem, was nützlicherweise in einem Modul verborgen werden sollte, unsere Aufmerksamkeit verlangen.

Bei der Definition der Daten-Module "Punktmenge" und "Polygonzug" haben wir uns sehr eng an den unmittelbaren Bedürfnissen der Prozeß-Module orientiert. Wir haben nur diejenigen Operationen "verpackt", die wirklich benötigt wurden. Natürlich hätten wir etwas großzügiger sein können, etwa in Hinblick auf zukünftig für Punktmengen zu erledigende Aufgaben, oder auch um den Implementierern der Prozeß-Module mehr Komfort zu bieten. Für den Programmierer von "Berechnen" wäre es zum Beispiel von Vorteil, wenn er mit einer als "PROCEDURE PMleer(): BOOLEAN" gegebenen Operation schon vor Beginn der eigentlichen Arbeit prüfen könnte, ob die Punktmenge leer ist oder nicht. Sein Programmtext würde damit sicher an Verständlichkeit gewinnen. Weiter kann man sich vorstellen, daß es irgendwann einmal nützlich ist zu wissen, wieviele Punkte die Menge überhaupt enthält ("PROCEDURE PMCard(): CARDINAL"). Vielleicht benötigt man später auch die Möglichkeit, den Punkt mit dem größten (oder kleinsten) Abstand zum Koordinatenursprung herauszufinden ("PROCEDURE PMMaxPunkt(VAR punkt: PunktTyp; VAR err: BOOLEAN)"): Es wäre dem "Kunden" eines Punktmengen-Modul wohl kaum zuzumuten, diese Operation gewissermaßen bei sich durchzuführen. Und schließlich sollte unser Punktmengen-Handwerker auch in der Lage sein, einen ihm angezeigten Punkt aus der Menge zu entfernen ("PROCEDURE PMLoeschePunkt (VAR punkt: PunktTyp; VAR err: BOOLEAN)").

Wir sehen: So eine auf die Arbeit mit bestimmten Datenobjekten spezialisierte Werkstatt kann uns Dienstleistungen verschiedenster Arten anbieten. Und es liegt nun auf der Hand, diese Dienstleistungsarten etwas detaillierter zu kategorisieren. Zuvor jedoch wollen wir uns noch etwas mehr Anschauungsmaterial verschaffen. Es stammt aus einem kleinen Programmsystem (mit dem Acronym K.U.S.S. = Kreuzworträtsel-UnterStützungs-System), welches im Rahmen eines Praktikum-Projektes entstand.

K.U.S.S. soll beim Erstellen und Lösen jener Kreuzworträtsel behilflich sein, die allwöchentlich im Freitagsmagazin einer deutschen Tageszeitung (früherer Werbeslogan: "Dahinter steckt immer ein kluger Kopf.") publik gemacht werden. (Für ein Beispiel siehe unten.) Es würde zu weit führen, hier eine komplette Spezifikation als Ausgangspunkt des Entwurfs darzulegen. Es möge genügen, auf einige der Dienstleistungen des Systems als ganzem hinzuweisen.

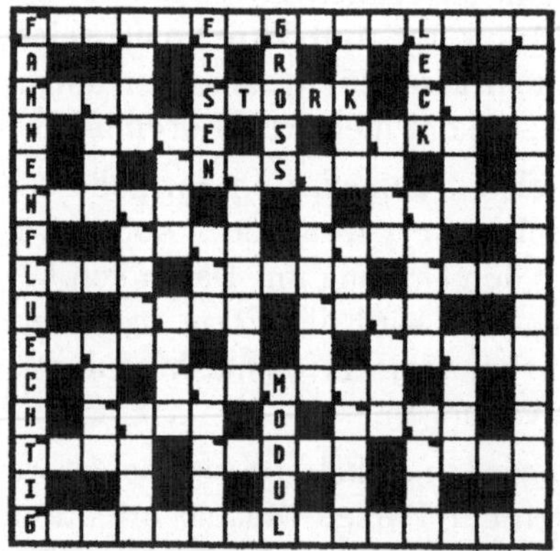

Bei der Erstellung eines Rätsels zum Beispiel müssen Felder, in die keine Buchstaben geschrieben werden sollen, blockiert werden. (Dies kann, wie im Bild, durch Schwärzung geschehen. Bei den zur Debatte stehenden Rätseln erfolgt diese Blockierung übrigens immer in schöner Symmetrie!) In bestimmten Feldern müssen Marken angebracht werden, welche dann anzeigen, ob ein Wort in senkrechter und/oder waagrechter Richtung einzutragen ist (siehe die Marken in der rechten oberen (für "Waagrecht") bzw. linken unteren (für "Senkrecht") Ecke eines Feldes). (Die Entscheidung für diese Art der Identifizierung von Wortanfängen im Rätsel wurde durch ein technisches Merkmal der Benutzungsschnittstelle beeinflußt, nämlich durch das Vorhandensein einer "Maus" als "Zeigeinstrument".) Man überlegt sich leicht, daß die Markierung eines "Blockmusters" im allgemeinen einem einfachen Schema folgt, sodaß eine

Automatisierung dieser Operation wünschenswert ist. (Korrekturmöglichkeiten muß es freilich geben.) Auch sollten, zur eventuellen Produktion einer gedruckten Version des Rätsels, die markierten Felder numeriert werden können. Und schließlich müssen die Rätselfragen formuliert und den markierten Feldern zugeordnet werden.

Dem über der Lösung des Rätsels grübelnden Zeitgenossen soll der Rechner auf Anforderung mindestens die zu einer Marke gehörige Frage anzeigen und den Eintrag des gesuchten Wortes ermöglichen. (Zum Beispiel kann die Anforderung durch Führen des Mauszeigers in die Nähe der Marke und anschließendes Betätigen einer Maustaste erfolgen.) Doch wir leben im Zeitalter des leichten Zugriffs auf Informationen aller Art. Warum sollten wir dem Rater daher nicht auch ein elektronisches Rätselwörterbuch gönnen, von dem er sich bei Bedarf Lösungsvorschläge machen lassen kann, die als Eintrag zu übernehmen ihm freigestellt sein muß. Man kann sich mannigfache Hilfen dieser Art vorstellen, und wir wollen keine von vornherein ausschließen.

Wie auch immer: in jedem System, welches die skizzierte Unterstützung in der einen oder anderen Form bietet, muß es ein Objekt geben, in dem sich vertikal und horizontal angeordnete Felder unterscheiden lassen; Felder, denen man Buchstaben, Marken und (Frage-)Texte zuordnen und die man gegen das Beschreiben auch schützen kann. Es ist - wie die Punktmenge in unserem ersten Beispiel - ein Objekt, welches durch Operationen definiert ist, also durch das, was man mit ihm tun oder über es erfahren kann. Wie dieses Objekt letztlich aussieht oder rechnerintern dargestellt wird, ist für die Bedeutung der beschriebenen Manipulationen unerheblich. Und wie im Falle der Punktmenge fassen wir diese Operationen in einem MODULA-2 Definitionsmodul zusammen (auch hier freilich ohne den sowieso unerfüllbaren Anspruch auf Vollständigkeit zu erheben).

```
DEFINITION MODULE Kreuzwort;
(* Definition des Objektes "Kreuzworträtsel" durch die für dieses Objekt
spezifischen Operationen. Einzelne Felder des Kwr werden durch Zeilen-
und Spaltennummer identifiziert: (z,sp) bezeichnet das Feld in Zeile z und
Spalte sp. *)

PROCEDURE OeffneKWR;
(* Erzeugt den Rahmen für die Erstellung eines Kreuzworträtsels und trifft
alle zur visuellen Darstellung des Kwr notwendigen vorbereitenden Maß-
nahmen. Diese Operation ist einmalig vor Ausführung der übrigen
Operationen dieses Moduls auszuführen. *)

PROCEDURE SetzeKWRzurück;
(* Macht alle bisher mit dem Kreuzworträtsel vorgenommenen Operationen
- auch visuell - rückgängig. *)
```

PROCEDURE IstBlockiert(z,sp:INTEGER):BOOLEAN;
(* Liefert TRUE, falls das Feld (z,sp) blockiert ist; FALSE sonst. *)

PROCEDURE IstMarkiert(z,sp:INTEGER):BOOLEAN;
(* Liefert TRUE, falls das Feld (z,sp) markiert ist; FALSE sonst. *)

PROCEDURE HatWaagMarke(z,sp:INTEGER):BOOLEAN;
(* Liefert TRUE, falls das Feld (z,sp) mit einer "Waagrecht"-Marke versehen ist; FALSE sonst. *)

PROCEDURE HatSenkMarke(z,sp:INTEGER):BOOLEAN;
(* Liefert TRUE, falls das Feld (z,sp) mit einer "Senkrecht"-Marke versehen ist; FALSE sonst. *)

PROCEDURE Nummer(z,sp:INTEGER):CARDINAL;
(* Falls das Feld (z,sp) markiert ist und "IstAktuellNumerierung" (s.u.) den Wert TRUE ergibt, so liefert "Nummer" die laufende Nummer des Feldes (s.u. "AutoNumeriere"); andernfalls liefert "Nummer" den Wert 0. *)

PROCEDURE Inhalt(z,sp:INTEGER):CHAR;
(* Falls das Feld (z,sp) nicht blockiert ist, so liefert "Inhalt" den in dieses Feld eingetragenen Buchstaben oder - falls kein Buchstabe eingetragen ist - das Leerzeichen; ist das Feld blockiert oder wird durch (z,sp) kein Feld des Kwr bezeichnet, so liefert "Inhalt" das Zeichen mit der Ordinalzahl 255 (377C). *)

PROCEDURE IstAktuellNumerierung():BOOLEAN;
(* Liefert TRUE, falls seit der letzten "AutoNumeriere"-Operation - s.u. - keine die Numerierung verändernde Operation vorgenommen wurde; FALSE sonst. *)

PROCEDURE SetzeBlock(z,sp:INTEGER);
(* Falls (z,sp) ein gültiges Feld des Kwr bezeichnet, das nicht markiert ist, wird dieses Feld gegen Beschreiben blockiert. Die Blockierung wird in geeigneter Weise sichtbar gemacht. Falls (z,sp) kein gültiges Feld des Kwr bezeichnet, oder ein markiertes Feld, so geschieht nichts. Dies ist eine die Numerierung verändernde Operation. *)

PROCEDURE SetzeWaagMarke(z,sp:INTEGER);
(* Falls (z,sp) ein gültiges Feld des Kwr bezeichnet, das nicht blockiert ist, wird dieses Feld mit einer "Waagrecht"-Marke versehen. Die Markierung wird in geeigneter Weise sichtbar gemacht. Falls (z,sp) kein gültiges Feld des Kwr bezeichnet, oder ein blockiertes Feld, so geschieht nichts. Dies ist eine die Numerierung verändernde Operation. *)

PROCEDURE SetzeSenkMarke(z,sp:INTEGER);
(* Wie "SetzeWaagMarke" mit "Senkrecht" anstatt "Waagrecht". *)

PROCEDURE UmschalteBlock(z,sp:INTEGER);
(* Falls (z,sp) ein gültiges Feld des Kwr bezeichnet, das nicht markiert ist, so wird das Feld blockiert, falls es nicht blockiert ist, und ent-blockiert, falls es blockiert ist. Falls (z,sp) kein gültiges Feld des Kwr bezeichnet, oder ein markiertes Feld, so geschieht nichts. Dies ist eine die Numerierung verändernde Operation. *)

PROCEDURE UmschalteSymmBloecke(z,sp:INTEGER);
(* Anwendung der "UmschalteBlock"-Operation auf das Feld (z,sp) sowie auf die zu (z,sp) bezüglich der horizontalen und der vertikalen Achse sowie des Zentrums des Kwr symmetrisch gelegenen Felder. Dies ist eine die Numerierung verändernde Operation. *)

PROCEDURE UmschalteWaagMarke(z,sp:INTEGER);
(* Falls (z,sp) ein gültiges Feld des Kwr bezeichnet, das nicht blockiert ist, so wird das Feld "Waagrecht" markiert, falls es eine solche Marke nicht hat; die "Waagrecht"-Marke wird entfernt, falls sie vorhanden ist.
Falls (z,sp) kein gültiges Feld des Kwr bezeichnet, oder ein blockiertes Feld, so geschieht nichts. Dies ist eine die Numerierung verändernde Operation. *)

PROCEDURE UmschalteSenkMarke(z,sp:INTEGER);
(* Wie "UmschalteWaagMarke" mit "Senkrecht" anstatt "Waagrecht". *)

PROCEDURE AutoMarkiere;
(* Setzt Marken - "Waagrecht" und/oder "Senkrecht" - in geeignete Felder des Kwr. Auf die Beschreibung der Eignungskriterien wird an dieser Stelle verzichtet. *)

PROCEDURE AutoNumeriere;
(* Numeriert die markierten Felder im zeilenweisen Duchlauf. *)

PROCEDURE SchreibeWaagText(z,sp:INTEGER;
                          VAR text:ARRAY OF CHAR);
(* Falls (z,sp) ein gültiges und "Waagrecht" markiertes Feld bezeichnet, so wird ihm der Text in "text" als "Waagrecht"-Text zugeordnet; andernfalls geschieht nichts. *)

PROCEDURE SchreibeSenkText(z,sp:INTEGER;
                          VAR text:ARRAY OF CHAR);
(* Wie "SchreibeWaagText" mit "Senkrecht" anstatt "Waagrecht". *)

PROCEDURE HoleWaagText(z,sp:INTEGER; VAR text:ARRAY OF CHAR;
                      VAR err: BOOLEAN);
(* Falls (z,sp) ein gültiges Feld mit "Waagrecht" Marke ist, wird der (z,sp) zugeordnete "Waagrecht"-Text in "text" übergeben und "err" erhält den Wert FALSE; andernfalls erhält "err" den Wert TRUE. *)

PROCEDURE HoleSenkText(z,sp:INTEGER; VAR text:ARRAY OF CHAR;
VAR err: BOOLEAN);
(* Wie "HoleWaagText" mit "Senkrecht" anstatt "Waagrecht". *)

PROCEDURE LoescheWaagText(z,sp:INTEGER);
(* Falls (z,sp) ein gültiges Feld mit zugeordnetem "Waagrecht"-Text bezeichnet, so wird diese Zuordnung aufgehoben; andernfalls geschieht nichts. *)

PROCEDURE LoescheSenkText(z,sp:INTEGER);
(* Wie "LoescheWaagText" mit "Senkrecht" anstatt "Waagrecht". *)

PROCEDURE SetzeBuchst(z,sp:INTEGER; c:CHAR);
(* Falls (z,sp) ein gültiges und nicht blockiertes Feld bezeichnet, wird diesem Feld der Buchstabe "c" eingeschrieben aber nicht sichtbar gemacht; andernfalls geschieht nichts. *)

PROCEDURE SetzeUndZeigeBuchst(z,sp:INTEGER; c:CHAR);
(* Wie "SetzeBuchst"; der Buchstabe wird jedoch auch sichtbar gemacht.*)

PROCEDURE ZeigeBuchst(z,sp:INTEGER);
(* Falls (z,sp) ein gültiges und nicht blockiertes Feld mit Beschriftung bezeichnet, wird der in dieses Feld geschriebene Buchstabe sichtbar gemacht; andernfalls geschieht nichts. *)

PROCEDURE ZeigeAlleBuchst;
(* Die Beschriftung aller gültigen und nicht blockierten Felder des Kwr wird sichtbar gemacht. *)

PROCEDURE HoleWaagRes(z,sp:INTEGER; VAR res:ARRAY OF CHAR
VAR err:BOOLEAN);
(* Falls (z,sp) ein gültiges Feld mit "Waagrecht" Marke ist, wird das zu (z,sp) gehörige "Waagrecht" Lösungswort - eventuell mit Leerzeichen - in "res" übergeben, und "err" erhält den Wert FALSE; andernfalls erhält "err" den Wert TRUE. *)

PROCEDURE HoleSenkRes(z,sp:INTEGER; VAR res:ARRAY OF CHAR
VAR err:BOOLEAN);
(* Wie "HoleWaagRes" mit "Senkrecht" anstatt "Waagrecht". *)

PROCEDURE ZeigeWaagRes(z,sp:INTEGER; VAR err:BOOLEAN);
(* Falls (z,sp) ein gültiges und "Waagrecht" markiertes Feld bezeichnet, so wird das zu (z,sp) gehörige Lösungswort - eventuell mit Leerzeichen - im Kwr sichtbar gemacht, und "err" erhält den Wert FALSE; andernfalls erhält "err" den Wert TRUE. *)

PROCEDURE ZeigeSenkRes(z,sp:INTEGER; VAR err:BOOLEAN);
(* Wie "ZeigeWaagRes" mit "Senkrecht" anstatt "Waagrecht". *)

END Kreuzwort.

Immerhin hat sich eine recht stattliche Liste von Dienstleistungen an dem Objekt "Kreuzworträtsel" ergeben, von denen ganz offensichtlich nicht alle den gleichen Charakter haben. Einige dieser Dienste sind reine Informationsdienste, während die Ausführung anderer den Zustand des Objekts verändert (z.B. "SetzeBlock", "SchreibeWaagText"). Unter den Informationsdiensten lassen sich solche ausmachen, die Informationen über das Objekt liefern (z.B. "IstBlockiert", "IstAktuellNumerierung"), sowie solche, die Information aus dem Objekt herausziehen ("extrahieren") (z.B. "Inhalt", "HoleSenkText"). Und unter den letzteren wiederum gibt es einige, welche die visuelle Darstellung von Information bewirken (z.B. "SetzeUndZeigeBuchst", "ZeigeWaagRes"). Unter den zustandsverändernden Diensten gibt es insbesondere einen ("OeffneKWR"), der das Objekt in einen definierten Anfangszustand versetzt. Er nimmt eine Sonderstellung insofern ein, als er ausgeführt werden muß, bevor irgendein anderer der Dienste in Anspruch genommen werden kann.

Diesen Beobachtungen gemäß wollen wir die Operationen, welche den von einem *Daten-Modul* angebotenen Diensten entsprechen, in vier Kategorien einteilen:

Initialisierung - Versetzen eines Datenobjekts in einen "Anfangszustand",
Transformation - Veränderung des Zustands eines Datenobjekts,
Information - Liefern von Angaben über den Zustand eines Datenobjekts,
Extraktion - verfügbar machen von Komponenten eines Datenobjekts.

Für jede der diesen Kategorien zugehörigen Operationen kann (muß aber natürlich nicht) ein an der "Mensch-Maschine"-Schnittstelle des Systems wahrnehmbarer Effekt definiert sein.

Die Operationen der Module "Kreuzwort" und "Punktmenge" (und dieser mit den oben vorgeschlagenen Erweiterungen) sind den genannten Kategorien wie folgt zuzuordnen:

Initialisierung:
Kreuzwort: OeffneKWR
Punktmenge: PMleeren, InitPMLesen

Transformation:
Kreuzwort: SetzeKWRzurueck,
SetzeBlock, SetzeWaagMarke, SetzeSenkMarke,
UmschalteBlock, UmschalteSymmBloecke,
UmschalteWaagMarke, UmschalteSenkMarke,
AutoMarkiere, AutoNumeriere, SchreibeWaagText,
SchreibeSenkText, LoescheWaagText, LoescheSenkText,
SetzeBuchst, SetzeUndZeigeBuchst
Punktmenge: PMEinfuegen, PMLoeschen

Information:

Kreuzwort: IstBlockiert, IstMarkiert, HatWaagMarke, HatSenkMarke, IstAktuellNumerierung

Punktmenge: PMleer, PMCard

Extraktion:

Kreuzwort: Nummer, Inhalt, HoleWaagText, HoleSenkText, ZeigeBuchst, ZeigeAlleBuchst, HoleWaagRes, HoleSenkRes, ZeigeWaagRes, ZeigeSenkRes

Punktmenge: PMLesen, PMMaxPunkt

Warum, so mag sich der Leser fragen, haben wir im Modul "Kreuzwort" für offensichtlich ganz ähnliche Operationen verschiedene Prozeduren vorgesehen? Konkret: Die Operationen des Extrahierens der einem Feld zugeordneten Waagrecht- und Senkrecht-Erklärungstexte zum Beispiel werden durch die beiden Prozeduren "HoleWaagText" und "HoleSenkText" realisiert. Warum nicht durch eine einzige Prozedur "HoleText" mit einem zusätzlichen Parameter zur Unterscheidung von Senkrecht und Waagrecht? Selbstverständlich hätten wir dies tun können, und sogar durchaus unter Ausnutzung der der Sprache MODULA-2 eigenen Selbstdokumentations-Fähigkeiten (vgl. 2.2.1): Wir hätten unserem Definitionsmodul nur einen Enumerationstyp "RichtungsTyp = (waagrecht, senkrecht)" hinzuzufügen brauchen und "HoleText" mit einem zusätzlichen Parameter von diesem Typ versehen müssen. Immerhin hätten wir auf diese Weise die Gesamtzahl der im Definitionsmodul aufgelisteten Prozeduren um acht reduzieren können.

Wir müssen einräumen, daß sich Fragen dieser Art nicht aufgrund eindeutiger oder gar formaler Regeln beantworten lassen. Die Antwort ist letztlich eine Sache des Fingerspitzengefühls oder gar des persönlichen Geschmacks. Wenn wir das im vorangegangen Absatz vorgebrachte Argument auf die Spitze trieben, so würden wir bei der MODULA-2 Beschreibung unseres Moduls eigentlich mit einer einzigen Prozedur auskommen, deren Parameterliste dann nicht nur all jene Deklarationen enthalten müßte, welche für die an dem Objekt auszuführenden Operationen notwendig sind, sondern noch einen weiteren Parameter (etwa eine Nummer) zur Identifikation der gewünschten Operation. Doch soweit wird der Entwerfer eines Moduls gewiß nicht gehen wollen. Er wird versuchen, eine Mitte zu finden zwischen Kompaktheit und Verständlichkeit der Beschreibung. (So haben wir in unserem Modul "Kreuzwort" versucht, soviel Bedeutung in die Prozedurnamen zu legen wie möglich, um so auf die Definition eines weiteren Typs verzichten zu können.)

Sorge um die Implementierung braucht den Entwerfer bei diesem Balanceakt eigentlich nicht anzufechten: Dem Implementierer ist es schließlich freigestellt, ob er bei der Programmierung verschiedener, aber ähnliche Operationen realisierender Prozeduren, "streckenweise" den gleichen Code benutzt oder nicht.

Zur Illustration dieser Behauptung möge der folgende Ausschnitt aus einer möglichen Version des Implementierungsmoduls "Kreuzwort" dienen:

```
IMPLEMENTATION MODULE Kreuzwort;
FROM ... IMPORT ... ;
FROM ... IMPORT ... ;
...
TYPE KreuzwortRätselType = ... ;
VAR kwr: KreuzwortRätselType;

PROCEDURE KoordOK(z,sp:INTEGER):BOOLEAN;
BEGIN
  (* ... *)
END KoordOK;

PROCEDURE HoleText(z,sp:INTEGER; VAR text:ARRAY OF CHAR);
BEGIN
  (* ... *)
END HoleText;
...
...
PROCEDURE HoleWaagText(z,sp:INTEGER; VAR text:ARRAY OF CHAR;
                                     VAR err:BOOLEAN);
BEGIN
  err:= NOT(KoordOK(z,sp)) OR NOT(HatWaagMark(z,sp));
  IF NOT err THEN
    (* ... spezifisch für Waagrecht *)
    HoleText(z,sp,text);   (* gemeinsam für Waagrecht und Senkrecht *)
  END (*IF*)
END HoleWaagText;

PROCEDURE HoleSenkText(z,sp:INTEGER; VAR text:ARRAY OF CHAR;
                                     VAR err:BOOLEAN);
BEGIN
  err:= NOT(KoordOK(z,sp)) OR NOT(HatSenkMark(z,sp));
  IF NOT err THEN
    (* ... spezifisch für Senkrecht *)
    HoleText(z,sp,text);   (* gemeinsam für Waagrecht und Senkrecht *)
  END (*IF*)
END HoleSenkText;
...
END Kreuzwort.
```

Beiden Modulen, "Kreuzwort" und "Punktmenge", ist gemein, daß sie jeweils genau ein Datenobjekt verwalten. Natürlich ist ein solches Datenobjekt in einem Speicherbereich untergebracht (dessen Größe sich im Laufe der Arbeit mit dem Objekt unter Umständen ändert, weil das Objekt wachsen oder schrumpfen kann). Insofern stellt es eine *Ressource* dar, welche durch die Einkapselung im Modul vor unbefugtem Zugriff geschützt wird, da die Struktur dieses Speicherbereichs nur den Prozeduren des Moduls selbst bekannt ist.

Diese Beobachtung läßt uns eine weitere, allgemeinere Aufgabe von Modulen verstehen, eine Aufgabe, die mit der vor dem Ende von Abschnitt 6.4.1 eingefügten Abbildung schon angedeutet wurde: Eben die des Ressourcen-"Managers". So wird sich in einem Multi-Processing Betriebsystem (vgl. die Einleitung zu 6.4) eines Rechners ein Modul finden, der sich um die Zuteilung von Prozessorzeit an rechenbereite Prozesse kümmert, also diesbezügliche Operationen anbietet, und einen, von dem durch diese Prozesse der jeweils benötigte Speicher angefordert werden kann. Auf höherer Ebene wird es einen Datei-Manager geben, welcher die externen Speicher verwaltet, deren Struktur er kennt (weil er - bzw. sein Implementierer - diese ja selbst definiert hat) und in ihren Einzelheiten vor den die Dateien benutzenden Prozessen verbirgt. Letztere sehen Dateien als Objekte, mit denen Operationen wie "Kreieren", "Öffnen", "Lesen" (einer Anzahl von Bytes), "Schreiben" (einer Anzahl von Bytes), "Zurücksetzen", "Umbenennen", "Löschen", und so weiter, möglich sind; mit den zur Realisierung dieser Operationen erforderlichen Datenstrukturen haben sie dagegen nichts zu tun. Selbstverständlich benötigen die Ressourcen-Manager zur Bewältigung ihrer Aufgaben in der Regel selbst wieder irgendwelche Ressourcen. Sollten sie deren Verwaltung und Manipulation selbst übernehmen oder dies ihrerseits speziell dafür "ausgebildeten" Modulen überlassen? Im allgemeinen (d. h., falls nicht dringende Effizienzgründe dagegen sprechen) wird die Antwort wohl zugunsten einer weiteren "Schichtung" ausfallen:

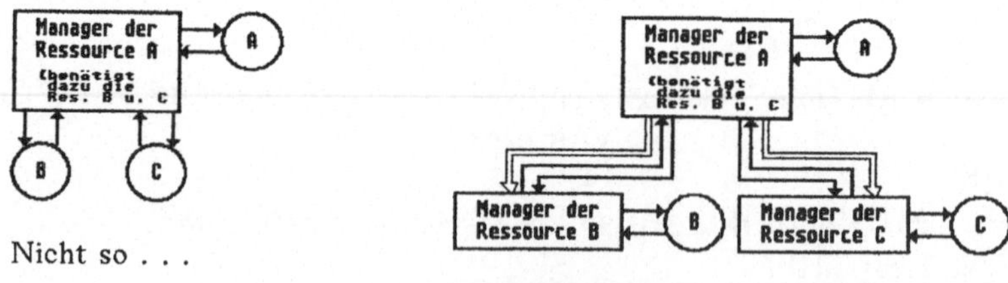

Nicht so . . .

. . . sondern so

Der Grund für diese Antwort ist klar: Wir brauchen ja nur wieder einen Extremfall zu betrachten, den nämlich, daß auch bei der Verwaltung von B und C weitere Ressourcen in's Spiel kommen, und so fort. Der Manager der Ressource A würde "verrückt" (oder, in Software-Terminologie: unwartbar), wenn er sich um alles höchstpersönlich kümmern müßte! (Der Manager der Ressource "Kreuzworträtsel" wird sich übrigens des Managers einer Ressource "Bildschirm" bedienen, um all die visuellen Effekte zu erzielen, die bei manchen seiner Operationen zu bewirken sind. Eine der Import-Deklarationen im oben skizzierten Implementationsmodul muß sich auf einen entsprechenden Modul beziehen.)

Betrachten wir nun noch einmal, um unser Verständnis der Schichtung von Software-Systemen zu vertiefen, den oben erwähnten Datei-Manager. Es wäre sicherlich zu viel verlangt, wollten wir ihm auch die Kenntnis des Inhalts der von ihm verwalteten Dateien aufbürden. Für die Interpretation der etwa nach einer Leseoperation vom Datei-Manager an den anfordernden Prozeß übergebenen Bytefolge muß dieser Prozeß vielmehr selbst verantwortlich sein. Er kann natürlich auch diese Aufgabe an einen eigens dafür konzipierten Modul delegieren und sollte es sogar, wie wir uns am Beispiel unseres Systems "Konvexe Hülle" klarmachen wollen.

Man erinnere sich: Es hieß, daß das Format der vom "Einleser" aus einer Datei zu lesenden Punkt-Daten zwar anfänglich fixiert ist, daß aber nicht damit zu rechnen ist, daß dieses Format für alle Zeiten unverändert bleibt. Würde es geändert, so müßte auch der Implementationsmodul des "Einlesers" entsprechend modifiziert werden. Da nun die wesentliche Aufgabe dieses Prozeß-Moduls darin besteht, für den Aufbau einer Punktmenge zu sorgen (insofern bezieht er sich auf eine ganz konkrete Entwurfsentscheidung!), und nicht darin, mit möglicherweise wechselnden Datenformaten zu jonglieren, empfiehlt sich nun in der Tat die Einschaltung eines Moduls "PunktDatei", dessen wesentliche Dienstleistung darin besteht, auf Anforderung den jeweils nächsten Punkt in der durch den Modul "Punkt" systemweit vereinbarten Darstellung anzuliefern. Der Modul "PunktDatei" weiß, wieviele Bytes in einer Datei einem Punkt entsprechen (soviele wird er sich dann jeweils vom Datei-Manager geben lassen!), und was mit diesen Bytes zu tun ist, um einen Punkt im "Systemformat" herzustellen. Offenbar ist dies eine Operation, welche sich keiner der vier oben für Datenobjekte unterschiedenen Kategorien zuordnen läßt. Hier wird gewissermaßen etwas *produziert* (ein der Initialisierung von Datenobjekten durchaus ähnlicher Vorgang), doch geschieht dies nicht aus dem Nichts: Tatsächlich wird eine Darstellung eines Objekts in eine andere Darstellung umgewandelt, *konvertiert*. Wir haben es hier also mit einer *Konversions*-Operation zu tun, mit einer Operation, die für Module der Art "PunktDatei", welche spezielle Formate vor den übrigen Teilen eines Systems verbergen, typisch ist.

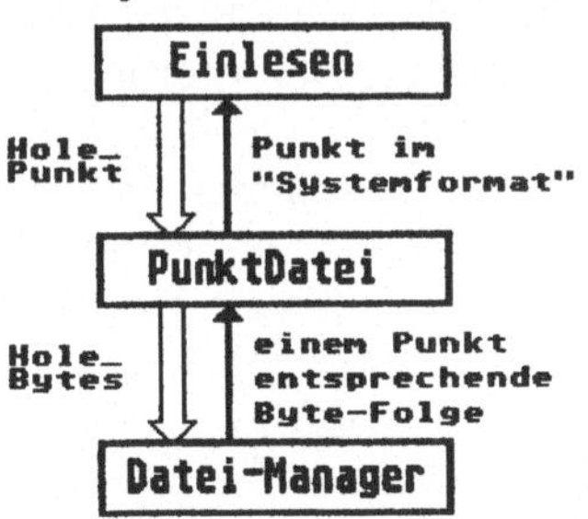

Mutatis mutandis lassen sich übrigens auch für die Ausgabeseite des Systems "Konvexe Hülle" Überlegungen anstellen, die auf die Einfügung eines die Charakteristika von Ausgabegeräten verbergenden Moduls gerichtet sind. Solche Module werden auch als *(Geräte-) Treiber* bezeichnet.

Bevor wir uns einer wesentlichen Verallgemeinerung der bisher betrachteten, auf den Umgang mit einem Datenobjekt (bzw. Ressource) beschränkten Module zuwenden, erscheint es angebracht, ein mögliches, in der einschlägigen Literatur tradiertes Mißverständnis aufzuklären: In seinem schon oben erwähnten Aufsatz ([PA2]) nennt Parnas als wichtigstes Kriterium für die Zerlegung eines Systems in Module die Tatsache, daß jeder Modul eine *Entwurfsentscheidung* verbergen müsse. Im Lichte unserer bisherigen Diskussion ist es freilich notwendig, diese Aussage etwas zu differenzieren. Wir haben erkannt: Ein Modul besteht immer aus zwei Teilen, seiner *Definition* und seiner *Implementierung*. (Programmiersprachen wie MODULA-2 haben diese Zweiteilung nicht selbst gesetzt, sondern nur aufgegriffen und praktisch nutzbar gemacht.) Die Definition eines Moduls verbirgt nichts, im Gegenteil, sie macht alles, was der Modul kann, öffentlich. Die Definitionsteile der Module eines Systems bilden in ihrer Gesamtheit den Entwurf der Systemarchitektur. Als formale Dokumente fassen sie zusammen, was mit den für das System als relevant erkannten Objekten zu tun ist. In den Implementierungsteilen der Module dagegen wird das Wie, werden Repräsentationsentscheidungen sowie Entscheidungen hinsichtlich des prozeduralen Entwurfs (der "Programmierung im Kleinen") tatsächlich verborgen, vor der Außenwelt "geheimgehalten". Nur in dieser Bedeutung ist daher der Begriff "Entwurf" in der Parnas'schen Formulierung zu verstehen.

Doch nun zu der angekündigten Verallgemeinerung. Sie wird durch die Werkstattanalogie nahegelegt. Eine Autowerkstatt zum Beispiel ist im allgemeinen nicht für einen einzigen Wagen da. Vielmehr sind die Werkzeuge sowie das Wissen und die Fähigkeiten der Mechaniker auf alle Exemplare (mindestens) einer Automarke anwendbar. Warum also sollten wir, so ist zu fragen, dem Modul, der die für das System "Konvexe Hülle" grundlegende Punktmenge bedient, nicht auch erlauben, irgendwelche Punktmengen zu manipulieren, zu inspizieren, usw.? Natürlich müssen wir, wenn wir dies gestatten, bei jeder Anforderung einer Dienstleistung diejenige Punktmenge identifizieren, mit der die Operation ausgeführt werden soll. Dann ist weiter die Frage: Woher bekommen wir die Punktmenge? Darauf ist die Antwort nicht schwer: Wir bekommen sie vom Modul selbst! (So wie wir annehmen, daß wir vom Besitzer der Autowerkstatt Autos auch kaufen können.) Dazu muß es eine spezielle Operation geben. Allerdings: So wie der Autokäufer einen Parkplatz (oder eine Garage) in der Nähe seines Hauses haben sollte, so muß auch der Kunde unseres zu erweiternden Moduls "Punktmenge" die Identifikationen der für ihn vom Modul verwalteten Objekte irgendwo unterbringen können. Die Definition des Moduls "Punktmenge" muß daher die Deklaration des Typs solcher Identifikationen (z.B. 'TYPE PunktmengenIdTyp;') enthalten. (Der Name eines solchen Typs entspricht, um im Bild unserer Analogie zu bleiben, dem Namen der Automarke!) Mit einem den Modul benutzenden Programm wird man sich dann per Deklaration von Variablen dieses Typs (z.B. 'VAR pm1, pm2: PunktmengenIdTyp;') so viele (Speicher für die)

Identifikationen von (verschiedenen) Punktmengen einrichten können, wie man davon benötigt. (Diese Identifikationen entsprechen, wenn man so will, z.B. den Fahrgestellnummern der gekauften Autos.) Entscheidend jedoch ist bei alledem, daß die Deklaration des Typs der Identifikationen selbst keinerlei Auskunft über die Struktur einer Punktmenge gibt, daß diese Typdeklaration also lediglich einen Typnamen (den Markennamen!) veröffentlicht. Die Struktur der Punktmenge muß weiterhin im Implementierungsteil des Moduls verborgen bleiben. Anschaulich gesprochen, wird mit einer derartigen Moduldefinition die folgende Aussage formuliert: "Ich verkaufe Objekte des Typs XYZ. Ich sage weder, wie diese Objekte aussehen noch wie sie aufgebaut sind, doch im Auftrag meiner Kunden kann ich damit folgendes tun: Operation-1, Operation-2, ... !"

Hier ist der Definitionsteil des nach diesen Überlegungen verallgemeinerten Moduls "Punktmenge" (inklusive der weiteren als nützlich erkannten Operationen):

```
DEFINITION MODULE Punktmenge; (*verallgemeinerte Version*)
(* Dieser Modul stellt seinen Kunden Punktmengen zur Verfügung und
verwaltet diese im Auftrag seiner Kunden. Er verbirgt die Repräsen-
tation von Objekten vom PunktmengenTyp vor den Kunden und gestattet
den Zugriff auf die Objekte nur über die im folgenden aufgelisteten
Operationen. Auf Objekte vom PunktmengenTyp muß die Operation
"PMLeeren" angewandt werden, bevor irgendeine andere der Operationen
des Moduls angewandt werden darf. *)

FROM Punkt IMPORT PunktTyp;

TYPE PunktmengenIdTyp;   (* Dies ist der besagte "Markenname"! *)

PROCEDURE PMLeeren(VAR pm: PunktmengenIdTyp);
(* Die Prozedur leert die durch "pm" identifizierte Punktmenge. *)

PROCEDURE PMLeer(pm: PunktmengenIdTyp): BOOLEAN;
(* Die Prozedur liefert TRUE, falls die durch "pm" identifizierte
Punktmenge leer ist, und FALSE sonst. *)

PROCEDURE PMCard(pm: PunktmengenIdTyp): CARDINAL;
(* Die Prozedur liefert die Mächtigkeit der durch "pm" identifizierten
Punktmenge. *)

PROCEDURE PMEinfuegen(VAR pm: PunktmengenIdTyp;
                      VAR punkt: PunktTyp);
(* Die Prozedur fügt den in "punkt" übergebenen Punkt in die durch "pm"
identifizierte Punktmenge ein. *)

PROCEDURE InitPMLesen(VAR pm: PunktmengenIdTyp);
(* Die Prozedur eröffnet den Vorgang des Lesens der Punkte der durch
"pm" identifizierten Punktmenge (die auch leer sein kann). *)
```

```
PROCEDURE PMLesen(VAR pm: PunktmengenIdTyp;
                  VAR punkt: PunktTyp;
                  VAR eopm: BOOLEAN);
(* Die Prozedur stellt den jeweils nächsten Punkt der durch "pm"
identifizierten Punktmenge in "punkt" zur Verfügung. Ist kein weiterer
Punkt vorhanden, so erhält "eopm" den Wert TRUE; sonst enthält "eopm"
den Wert FALSE.*)
PROCEDURE PMMaxPunkt(pm: PunktmengenIdTyp; VAR punkt: PunktTyp;
                     VAR err: BOOLEAN);
(* Falls die durch "pm" identifizierte Punktmenge nicht leer ist, liefert die
die Prozedur in "punkt" den absolut am weitesten vom
Koordinatenursprung entfernten Punkt der Punktmenge und in "err" den
Wert FALSE; andernfalls erhält "err" den Wert TRUE, und der Inhalt von
"punkt" ist undefiniert. *)
PROCEDURE PMLoeschePunkt(VAR pm: PunktmengenIdTyp;
                         VAR punkt: PunktTyp;
                         VAR err: BOOLEAN);
(* Falls die durch "pm" identifizierte Punktmenge den Punkt "punkt"
enthält, so wird dieser aus der Punktmenge entfernt, und "err" erhält den
Wert FALSE; andernfalls erhält "err" den Wert TRUE. *)
END Punktmenge.
```

Eine mögliche *Konkretisierung* des PunktmengenTyps kann dann wie folgt ausschauen:

```
IMPLEMENTATION MODULE Punktmenge; (* verallgemeinerte Version *)
FROM Storage IMPORT ALLOCATE, DEALLOCATE;
...
TYPE PunktmengenIdTyp = POINTER TO PunktmengenVerwTyp;
     PunktmengenVerwTyp = RECORD
                            aktpkt: PMRefTyp;
                            punktMenge: PMRefTyp
                          END;
     PMRefTyp = POINTER TO PunktmengenTyp;
     PunktmengenTyp = RECORD
                        punkt: PunktTyp;
                        nxtpkt: PMRefTyp
                      END;
...
(* Implementation der Prozeduren zur Verwaltung von Punktmengen *)
END Punktmenge.
```

Daß innerhalb der Punktmengen-"Werkstatt" außer der Deklaration des "PunktmengenTyps" und des "PMRefTyps" (die uns beide schon aus der vorangegangenen Diskussion vertraut sind) auch die eines "PunktmengenVerw(altungs)Typs" benötigt wird, ist der Tatsache zuzuschreiben, daß den "Arbeitern" in dieser "Werkstatt" je bearbeitetem Objekt gewisse Informationen über dieses Objekt bekannt sein müssen. (Die Automechaniker etwa werden wissen wollen, welche Arbeiten bei der letzten Wartung erledigt wurden, und daher intern je Wagen eine eigene Akte anlegen!) Ein Objekt und die über das Objekt notwendige Information sind in unserem Beispiel in einem RECORD mit den durch die Deklaration des "PunktmengenVerwTyps" gegebenen Komponenten zusammengefaßt. Im vorliegenden Fall betrifft jene "Metainformation" ("aktpkt") die Lage des Punktes (innerhalb der die Menge repräsentierenden linearen Liste), der nach der nächsten Ausführung der "PMLesen"-Operation abzuliefern ist. Es ist nun dieses, aus einer Punktmenge und der zugehörigen Verwaltungsinformation bestehende Objekt, auf das sich der "Kunde" bezieht. Bemerkenswert (zum wiederholten Male) ist, daß er sich dabei der Existenz solcher Zusatzinformationen überhaupt nicht gewahr sein muß.

In MODULA-2 ist übrigens ein in einem Definitionsmodul deklarierter Datentyp, mit dessen Ausprägungen - wie im Beispiel - irgendwelche Objekte identifiziert werden (hier der "PunktmengenIdTyp"), im Implementationsmodul immer als POINTER-Typ zu realisieren. (Die Identifikation zeigt auf ein Objekt!) Natürlich ist der Leser eingeladen, die Prozeduren des Moduls "Punktmenge" auf der Grundlage der durch die obigen Typdeklarationen gegebenen Repräsentation auszuformulieren. Tut er dies, so wird er erkennen, warum wir bereits vorsorglich die IMPORT-Klausel "FROM Storage IMPORT ... " notiert haben.)

Das Stichwort für die Charakterisierung von Modulen der soeben betrachteten Art ist bereits beinahe gefallen: Wir sprachen von der *Konkretisierung* des PunktmengenTyps im Implementationsmodul! Mit anderen Worten: Soweit es den Definitionsmodul betraf, hatten wir es offenbar nicht mit einem konkreten, sondern mit einem *Abstrakten Datentyp* zu tun! In der Tat: Wir hätten dem Benutzer des Moduls "Punktmenge" durchaus die Illusion geben können, daß er nicht eigentlich nur Identifikationen von Punktmengen sieht, sondern die Punktmengen selbst. Es macht für ihn (fast) keinen Unterschied, ist er doch nur an den jeweils möglichen Operationen interessiert. Anstatt "TYPE PunktmengenIdTyp;" hätten wir im Definitionsmodul also auch einfach "TYPE Punktmenge;" schreiben können (mit den entsprechenden nachfolgenden Notations-Änderungen in den Parameterlisten und im Implementationsteil, versteht sich).

Der (nun so genannte) *Abstrakte Datentyp - Modul* "Punktmenge" kann in (fast) der gleichen Weise benutzt werden wie die der Programmiersprache inhärenten skalaren Typen CARDINAL, INTEGER oder REAL. Auch diese sind letztlich durch die mit den entsprechenden Objekten ausführbaren (arithmetischen und sonstigen) Operationen definiert. Wir sagen "fast", denn es genügt nicht, einfach die Variablendeklaration "VAR pm:Punktmenge;" zu notieren, um mit "pm" auch schon arbeiten zu können; "pm" muß zuerst *initialisiert* werden, in unserem Beispiel mit der Operation "PMLeeren". Im Gegensatz dazu besorgt dies das Kompiliersystem automatisch bei Deklarationen von Variablen für Objekte der oben genannten (und weiteren) skalaren Typen.

Wie auch immer: Die Möglichkeit, in einer Programmiersprache Abstrakte Datentyp-Module definieren zu können, kann als Erweiterbarkeit der Sprache verstanden werden. Eine derart erweiterbare Sprache bildet das Material, aus dem wir die Bausteine für das "Haus" Software-System backen. Ein kleiner Baustein für das System "Konvexe Hülle" wäre zum Beispiel der folgende abstrakte Datentyp "Punkt" (für den wir gleich ein paar weitere nützliche Operationen definiert haben):

```
DEFINITION MODULE Punkt;
TYPE PunktTyp;
PROCEDURE InitPunkt(x,y:REAL):PunktTyp;
(* Liefert einen Punkt mit den kartesischen Koordinaten x und y *)
PROCEDURE Xkoord(p:PunktTyp):REAL;
(* Liefert den Wert der x-Koordinate des Punktes p *)
PROCEDURE Ykoord(p:PunktTyp):REAL;
(* Liefert den Wert der y-Koordinate des Punktes p *)
PROCEDURE DistUrsprung(p:PunktTyp): REAL;
(* Liefert die Entfernung des Punktes p vom Ursprung des
Koordinatensystems *)
PROCEDURE Abstand(p1,p2:PunktTyp):REAL;
(* Liefert den Abstand der Punkte p1 und p2 voneinander *)
END Punkt.
```

Fassen wir zusammen: Die Bewohner des "Hauses" Software-System und ihre Bedürfnisse sind durch das *Systemmodell* beschrieben. Das "Fundament" des Hauses ist andererseits durch die *Hardware* gegeben. Das Betriebssystem, ein eventuell vorhandenes Datenbank-Management-System sowie die Programmiersprache(n) stellen *Ressourcen-Module* und *Abstrakte Datentypen* zur Verfügung, oder ermöglichen deren Herstellung. Ihre Dienste bilden die Grundlage für das durch *Steuer-Module*

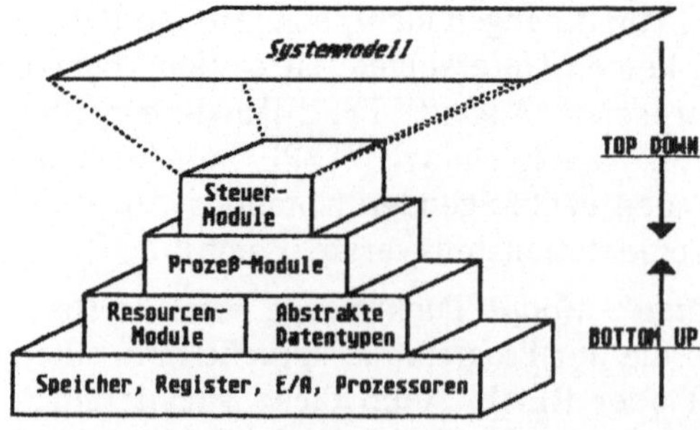

kontrollierte Wirken der anwendungsspezifischen *Prozeß-Module*, denen sie *Bottom-Up* entgegengebaut werden, und welche ihrerseits *Top-Down* aus dem Systemmodell abzuleiten sind. (Sie entsprechen - um die Analogie zu wahren - den Bewohnern des Hauses.) Natürlich werden die Dienste der Ressourcen-Module und der Abstrakten Datentyp (ADT) Module nicht frei erfunden; ihre Notwendigkeit muß sich jeweils aus den Bedürfnissen der Prozeß-Module ergeben, und ein guter Teil der Entwurfsarbeit besteht gerade darin, diese Bedürfnisse zu erkennen und - soweit sie durch die vorhandene Basissoftware nicht unmittelbar zu befriedigen sind - in *Modul-Spezifikationen* (die wir bisher als kommentierte Definitionsmodule formuliert haben) umzusetzen. Doch schadet es nicht, wie an den Beispielen dieses Abschnitts gezeigt wurde, bei dieser Spezifikation Weitsicht walten zu lassen und mehr als die unbedingt notwendigen Dienstleistungen zu definieren.

Wir werden übrigens später (im letzten Abschnitt dieses Kapitels) sehen, daß sich die Dienste der zwischen Hardware und Anwendung gelegenen Schicht ganz direkt auch auf die Unterstützung der Kommunikation zwischen den Anwendungsprozessen beziehen können. Indirekt gilt dies schon für unseren Beispielmodul "Punktmenge", der ja gewissermaßen die Funktion eines Kanals zwischen den Prozessen "Einlesen", "Berechnen" und "Ausgeben" übernahm. Der speziellen Voraussetzungen über das Betriebssystem unseres Rechners wegen benötigten wir zur Implementierung des Systemmodells "Konvexe Hülle" den Steuermodul zur Vermittlung der Kommunikation zwischen den drei Anwendungsprozessen. Unter anderen Voraussetzungen kann - und dies wird im letzten Abschnitt klar werden - ein solcher Steuermodul entfallen und der Austausch von Datenobjekten zwischen den Prozesse durch "betriebssystemnahe" Module geregelt werden.

Über diese Bemerkungen hinaus sollte klar sein, daß das Bild, welches wir oben von unserem "System-Haus" gezeichnet haben, nur ein sehr grobes ist. Auf viele mögliche Verfeinerungen einzugehen ist jedoch nicht möglich ohne eine gründlichere Betrachtung spezieller Software-Systeme. Darauf müssen wir leider verzichten.

6.4.3 Abstrakte Datentypen

Die im vorigen Abschnitt besprochenen kommentierten Definitionsmodule dienen zwei Zwecken: Erstens legen sie die Namen und (die Typen und Reihenfolge der) Parameter der Prozeduren fest, die den einzelnen Leistungen eines Moduls entsprechen. Insbesondere wird damit dem Benutzer eines Moduls der Aufbau des programmiersprachlichen Ausdrucks mitgeteilt, welchen er notieren muß, um den Modul zur Arbeit zu bewegen. Dieser Zweck betrifft also die *Syntax*, die Formulierung eines Auftrags an einen Modul. Verzichtet man auf jeglichen Kommentar zu Prozedurnamen und Parametern, sowie zu den eventuellen Beziehungen der Prozeduren (Operationen) untereinander, so ist dies in der Tat der einzige Zweck, den ein MODULA-2 Definitionsmodul erfüllen kann. Zweitens sollte der Benutzer eines Moduls aus dem Text der Definition jedoch auch erfahren, was die Prozeduren leisten, welchen Operationen sie entsprechen, wie diese Operationen zusammenhängen, und welchen Regeln und/oder Einschränkungen ihre Anwendung unterliegt. Mit anderen Worten: der Definitionstext muß Auskunft geben über die Bedeutung, die *Semantik* der von einem Modul erbrachten Dienste.

Einer so wichtigen Anforderung nur mit dem informellen, durch keinerlei Regeln gebundenen Sprachmittel des "Kommentars" genügen zu können, gibt durchaus Anlaß zu Unbehagen. Denn schließlich bildet die Formulierung der Semantik eines Moduls jenen "Nutzungsvertrag", in dem die Rechte und Pflichten beider Parteien, Diensterbringer und Dienstnachfrager, niedergelegt sind (vgl. die entsprechenden Bemerkungen im vorigen Abschnitt). Und ein Rechtsstreit auf der Grundlage unklarer Gesetze oder nicht eindeutiger Verträge ist gewiß kein Vergnügen!

Man stelle sich vor: Einem Benutzer des ADT-Moduls "Punkt" (siehe Ende des vorigen Abschnitts / ADT = Abstrakter Daten Typ) fällt plötzlich auf, daß die von den Prozeduren "Xkoord", "Ykoord" und "DistUrsprung" nach Anwendung auf einen Punkt p gelieferten Werte keineswegs der Beziehung

DistUrsprung(p) = Quadratwurzel(Xkoord(p)^2 + Ykoord(p)^2)

genügen, so wie dies - gemäß analytischer Geometrie - eigentlich zu erwarten wäre. Offenbar hat der Implementierer des ADT-Moduls "Punkt" entweder einen Fehler gemacht, oder er hat die Spezifikation des Moduls nicht in dem gleichen Sinne verstanden wie der Entwerfer des Moduls.

Aber andererseits: Warum hat der Entwerfer des Moduls in seiner Spezifikation nicht klar und unmißverständlich gesagt, was er will? So daß die Spezifikation selbst die Kriterien für die Korrektheit der Implementierung liefert?

Anstatt quasi tautologisch zu sagen "Xkoord liefert den Wert der x-Koordinate des Punktes p", hätte er formal deutlich machen können, was er unter der x-Koordinaten eines Punktes in der kartesischen Ebene versteht. Er hätte nur den entsprechenden und offenbar von ihm gewünschten Zusammenhang zwischen den Operationen "InitPunkt" und "Xkoord" darzustellen brauchen:

Xkoord (InitPunkt (x,y)) = x.

Dies ist eine von jeder Implementierung des ADT-Moduls "Punkt" (welcher Mittel sie sich auch immer bedienen mag) zu erfüllende Bedingung, und eine ohne weiteres nachprüfbare dazu. Das gilt natürlich auch für die bereits genannte Beziehung zwischen "DistUrsprung", "Xkoord" und "Ykoord", sowie für die entsprechenden, die Bedeutung der beiden übrigen Operationen definierenden Gleichungen.

Es scheint also sehr wohl möglich zu sein, die Semantik eines ADT-Moduls soweit zu formalisieren, daß die Korrektheit (oder Fehlerhaftigkeit) einer Implementierung auf der Grundlage einer solchen Formalisierung nachgewiesen werden kann. Genauer: Die Formalisierung der Semantik im Rahmen der Spezifikation eines ADT-Moduls sollte es einerseits erlauben, mit Hilfe von Tests das Vorhandensein von Fehlern in einer fehlerhaften Implementierung festzustellen, und anderseits sollte sie dazu geeignet sein, die Korrektheit einer korrekten Implementierung zu verifizieren. Es ist das relativ bescheidene Hauptanliegen dieses Abschnitts, die Einsicht in die Möglichkeit solcher Korrektheitsbeweise zu vermitteln. Der Leser möge sich hier an Kapitel 4 "Programmieren durch Beweisen" erinnern, in dem wir zu Beginn ausdrücklich darauf hinwiesen, daß Programm-Verifikation dort nicht stattfinden werde. Das durch Begriffe wie "schwächste Vorbedingung", "Nachbedingung" und "Schrankenfunktion" gekennzeichnete Instrumentarium setzten wir vielmehr zur Programm-Konstruktion ein. Jetzt freilich sind wir in einer ganz anderen Situation, haben es nicht mit "Bedingungen über Speicherzustände" (für deren Erfüllbarkeit die Programme in Kapitel 4 die "Beweise" waren) zu tun, sondern mit Bedingungen über das Zusammenspiel abstrakter Operationen, und wir werden sehen, daß es hier darum gehen wird, die Erfülltheit dieser Bedingungen aufgrund der speziellen Eigenschaften einer Implementierung zu beweisen. (Wir wollen damit natürlich <u>nicht</u> sagen, daß die Konstruktion der Implementierung eines ADT-Moduls nicht bei jenen Bedingungen ansetzen sollte, im Gegenteil. Aber auch das werden wir noch genauer sehen.)

Hinsichtlich Form und Inhalt orientieren wir uns in diesem Abschnitt an [GHM]. Es versteht sich allerdings fast von selbst, daß wir im Rahmen dieses, der Praxis des Programmierens verpflichteten Buches gewisse Probleme in mathematische Grundlagenbereiche der Informatik, wie Logik und Berechenbarkeitstheorie, auch dann nicht verfolgen werden, wenn sie eine derartige Vertiefung eigentlich verdienten.

Zur Verwirklichung des Vorhabens, formale Beweise der Korrektheit von Implementierungen eines ADT-Moduls zu führen, bedarf es nun offensichtlich einer geeigneten Notation für Syntax und Semantik eines solchen Moduls. Streng genommen müßten wir auch für diese Spezifikationssprache (wie für jede auf praktische Anwendungen hin konzipierte formale Sprache) Syntax und Semantik exakt definieren. Wir verzichten auf diese (sicherlich nicht triviale) Übung und vertrauen darauf, daß der Leser das nötige Verständnis aus dem Umgang mit den Beispielen gewinnt. Nur soviel sei bemerkt (vgl. [GHM]):

Mit unserer Notation müssen darstellbar sein:
- die sequentielle Verknüpfung von Operationen (Hintereinanderausführung),
- die Gleichheitsrelation (z.B. mit "="),
- zwei unterschiedliche Konstanten (TRUE und FALSE genannt),
- unbeschränkt viele freie Variable (mit geeigneten Namen).

Ferner verlangen wir:

- Die booleschen Operatoren AND, OR, NOT, => (Implikation) und <=> (Äquivalenz) stehen zur Verfügung, ebenso ganze (und - falls nötig - auch reelle) Zahlen sowie die zugehörigen arithmetischen Operatoren.
- Es gibt eine Operation "IF-THEN-ELSE (b,q,r)", deren erstes Argument ein boolescher Ausdruck ist, und deren weitere Argumente beliebigen Typs sein können. Für diese Operation gilt:
  IF-THEN-ELSE (TRUE,q,r) = q und IF-THEN-ELSE (FALSE,q,r) = r.
  Anstatt "IF-THEN-ELSE (b,q,r)" schreiben wir auch "IF b THEN q ELSE r".

Die Schlüsselworte unserer Spezifikationssprache werden wir durch Unterstreichen hervorheben.

Als erste Beispiele formulieren wir die Spezifikationen zweier wohlbekannter Datentypen: "Stack" und "Array". Da unsere Notation an keine Programmiersprache gebunden ist (also insbesondere nicht an MODULA-2), brauchen wir nicht den Typ der Elemente zu präzisieren, die wir in "Stack" beziehungsweise "Array" unterbringen wollen. Es kann sich um irgendeinen Typ handeln. In der ADT Spezifikation bringen wir dies dadurch zum Ausdruck, daß dem Typnamen "Stack" ein Parameter vom Typ "Type" beigefügt wird. ("Type" ist also gewissermaßen der Typ der Typen, eine - wie man wissen sollte - etwas gewagte Konstruktion, doch für unsere Zwecke gerade noch vertretbar.) Man beachte ferner den Gebrauch von Groß- und Kleinschreibung, bei dem wir uns ebenfalls nicht an unsere bisherigen programmierstilistischen Konventionen halten müssen.

```
type    Stack [elementtype: Type];
syntax
        NEWSTACK -> Stack;
        PUSH (Stack, elementtype) -> Stack;
        POP (Stack) -> Stack;
        TOP (Stack) -> elementtype ∪ { UNDEF };
        ISNEW (Stack) -> Boolean;
        REPLACE (Stack, elementtype) -> Stack;
semantics
  declare  stk: Stack; elm: elementtype;
        POP(NEWSTACK) = NEWSTACK;
        POP(PUSH(stk,elm)) = stk;
        TOP(NEWSTACK) = UNDEF;
        TOP(PUSH(stk,elm)) = elm;
        ISNEW(NEWSTACK) = TRUE;
        ISNEW(PUSH(stk,elm)) = FALSE;
        REPLACE(stk,elm) = PUSH(POP(stk), elm).
```

Einige Bemerkungen zum Verständnis der formalen und inhaltlichen Elemente dieser Spezifikation scheinen nun durchaus angebracht:

- Die Spezifikation besteht aus drei Abschnitten, dem Typ-Abschnitt, dem Syntax-Abschnitt und dem Semantik-Abschnitt.
- Der Typ-Abschnitt gibt den Namen sowie den oder die Parameter des Typs der fraglichen Objekte bekannt.
- Es ist hilfreich, sich einen solchen Typ als Menge von Objekten vorzustellen und die mit diesen Objekten ausgeführten Operationen als Abbildungen zwischen Mengen. Die Abbildungen können gar kein Argument, ein Argument oder mehrere Argumente haben. (Komponenten des Wertebereichs können mit Komponenten des Argumentbereichs identisch sein. In diesem Fall hat man eine Operation, bei deren Anwendung ein Objekt gegebenen Typs in ein anderes Objekt des gleichen Typs umgewandelt wird.)
- Diese Vorstellung liegt dem Syntax-Abschnitt zugrunde. Der Operation NEWSTACK zum Beispiel entspricht eine Abbildung ohne Argumente. Eine solche Abbildung wird üblicherweise als Verweis auf ein spezielles Element der Menge interpretiert. Die Operation NEWSTACK liefert dieses Element. Bei der Operation PUSH ist der Wertebereich mit einem der Argumentbereiche identisch. PUSH erzeugt also aus einem Element der "Menge" "Stack" und einem Element der "Menge" "elementtype" ein Element von "Stack".
- Die im Semantik-Abschnitt geforderten Resultate der Verknüpfung der Operationen POP, TOP und ISNEW mit der Operation NEWSTACK beschreiben die wesentlichen Eigenschaften des von NEWSTACK gelieferten Objektes.
- Das Stichwort ist gefallen: Im Semantik-Abschnitt werden *Forderungen* aufgestellt, Forderungen hinsichtlich des Effekts und des Zusamenwirkens der im Syntax-Abschnitt aufgelisteten Operationen. Diese Forderungen erhalten die Form von Gleichungen über freie Variable für Objekte der jeweils von den Operationen behandelten Typen. Die Variablen werden in einer "declare-Klausel" benannt. Die im Semantik-Abschnitt aufgelisteten Gleichungen werden auch als *Postulate* oder *Axiome* bezeichnet.
- Der Semantik-Abschnitt formalisiert also die intuitive Vorstellung des Entwerfers von dem, was man mit den fraglichen Objekten tun kann, zum Beispiel hier mit Objekten vom Typ "Stack":

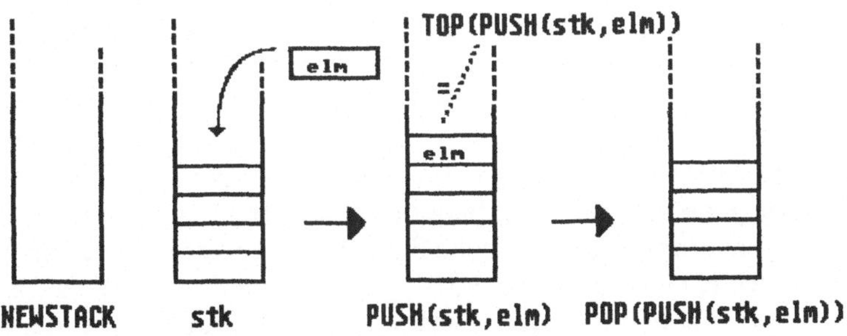

Von einem Array verlangen wir (neben der nun schon quasi Standardforderung, mittels einer Operation NEWARRAY ein solches überhaupt anlegen zu dürfen), daß in ihm Objekte eines gegeben Typs (des "rangetype") untergebracht werden können (mittels einer Operation ASSIGN), und daß man auf diese Objekte zugreifen kann (mittels einer Operation ACCESS). Die "Behälter" für Objekte vom "rangetype" werden ihrerseits durch Objekte eines "domaintype" identifiziert (bzw. *indexiert*). (Jeder im Gebrauch einer höheren Programmiersprache wie z.B. MODULA-2 Geübte weiß, daß als "domaintype" keineswegs nur Subtypen etwa der ganzen oder natürlichen Zahlen in Frage kommen!)

Wir verlangen ferner, daß der Gebrauch dieser Operationen den folgenden Regeln unterworfen ist:

- In einem durch NEWARRAY angelegten Array gibt es keine Objekte.
- Wird einem durch "dval" indexierten Behälter des Arrays ein Objekt "rval" zugewiesen, so sollte der Zugriff auf diesen Behälter auch genau dieses Objekt wieder zutage fördern.

Diese intuitive Vorstellung von einem Array und die damit verbundenen Forderungen werden durch den folgenden ADT formalisiert:

```
type Array [domaintype: Type, rangetype: Type ];
syntax
      NEWARRAY --> Array;
      ASSIGN (Array, domaintype, rangetype) --> Array;
      ACCESS (Array, domaintype) --> rangetype ∪ {UNDEF};
semantics
   declare arr: Array; dval, dval1: domaintype; rval: rangetype;
      ACCESS (NEWARRAY, dval) = UNDEF;
      ACCESS (ASSIGN (arr, dval, rval), dval1) = IF dval=dval1 THEN
                                                    rval
                                                 ELSE
                                                    ACCESS (arr, dval1).
```

Die beiden Beispiele verdeutlichen bereits ein allgemeines, bei der Definition eines ADT zu beachtendes Prinzip. Wir erinnern uns: Die von einem Datenmodul angebotenen Dienste lassen sich den vier Kategorien *Initialisierung*, *Transformation*, *Information* und *Extraktion* zuordnen (vgl. Abschnitt 6.4.2). Mutatis mutandis gilt diese Zuordnung auch für die Operationen eines ADT. So sind NEWSTACK und NEWARRAY die Initialisierungsoperationen der ADTn "Stack" beziehungsweise "Array". PUSH, POP und REPLACE sind transformierende Operationen des ADT "Stack", und das gleiche gilt für "ASSIGN" bezüglich "Array". Eine eingehendere Betrachtung der genannten Stack-Operationen lehrt nun jedoch, daß eine feinere Unterscheidung der Transformationen möglich ist. Die Operation PUSH nämlich nimmt insofern eine Sonderstellung ein, als sie für den Aufbau, das "Wachstum" oder - wie wir sagen werden - die *Konstruktion* von Objekten des Typs "Stack" sorgt. Im Falle des Array übernimmt ASSIGN diese Rolle. Im Semantik-Abschnitt einer ADT-Definition werden - und dies ist das Prinzip, auf das wir hinaus wollen - die Wirkung der Initialisierungs- und Konstruktions-Operationen auf die übrigen Operationen beschrieben. Was, so lautet die Frage für unser erstes Beispiel, soll die Operation POP (bzw. TOP, ISNEW) liefern, wenn wir zuvor die Operation NEWSTACK ausgeführt haben? Und was liefert sie nach Anwendung der Konstruktions-Operation PUSH? Entsprechend postulieren wir bei "Array" das Resultat der Anwendung von ACCESS nach vorheriger Ausführung der Operationen NEWARRAY beziehungsweise ASSIGN.

Eine gewisse Sonderstellung nimmt die Operation REPLACE des Stack-Beispiels ein. Wie sich später herausstellen wird, haben wir sie aus purer Bequemlichkeit eingeführt. Aus der Beschreibung ihrer Semantik geht nämlich hervor, daß sie nichts anderes bewirkt als die Hintereinanderausführung der (elementareren) Operationen POP und PUSH. Unserer intuitiven Vorstellung gemäß ersetzt sie was immer sich in einem Stack "zuoberst" befindet durch ein anderes Objekt vom "elementtype". Der Semantik-Abschnitt eines ADT kann also auch derartige "Abkürzungsdefinitionen" enthalten.

Die hier vorgestellte Formalisierung von ADT-Modulen erlaubt es nun, den Begriff der *Implementierung* wesentlich schärfer zu fassen, als dies bisher möglich war. Die in Abschnitt 6.1 gegebene Erklärung läßt sich kurz wie folgt zusammenfassen:

> "Implementierung ist die Realisierung eines gewünschten und entsprechend spezifizierten Verhaltens mit Hilfe gegebener oder neu zu schaffender Mittel."

Diese "Definition" können wir ohne weiteres in die Terminologie der Abstrakten Datentypen übertragen:

> "Die Implementierung eines Abstrakten Datentyps A ist die Realisierung von dessen Objekten und Operationen mit Hilfe der Objekte und Operationen eines oder mehrerer ADTn B, C, ... , die entweder bereits gegeben sind oder in geeigneter Weise neu definiert werden müssen."

Konkret bedeutet dies: Wir benötigen

(i) eine Vorschrift, nach der die Objekte Ω_A von A durch Objekte aus Ω_B, Ω_C, ... dargestellt werden, und

(ii) auf diesen Darstellungen beruhende Formulierungen der Operationen von A durch Operationen von B, C, ...

Die Implementierung eines ADT wird also aus zwei Teilen bestehen, von denen der erste, (i) entsprechende, lediglich erklärt, daß eine Folge von Objekten aus

$\Omega_B, \Omega_C, \ldots$ ein Objekt aus Ω_A repräsentiert. Formal kann dies durch eine Abbildung REP: $\Omega_B \times \Omega_C \ldots \rightarrow \Omega_A$ ausgedrückt werden. "REP" ist dabei ein frei wählbarer Name für die Repräsentation.

Gemäß Definition des ADTs A sind dessen Objekte völlig "amorph"; das einzige, was im Definitionstext über sie bekanntgegeben wird, ist, was man mit ihnen tun kann (die "A-Operationen"), und die Gesetzmäßigkeiten, denen die "A-Operationen" unterliegen sollen. Durch den Repräsentationsteil der Implementierung erhalten die Elemente von Ω_A eine Struktur als Tupel $(\omega_B, \omega_C, \ldots) \in \Omega_B \times \Omega_C \ldots$. Die Frage ist nun: Welche "B-Operationen", "C-Operationen" usw. sind auf die Elemente eines solchen Tupels anzuwenden, um insgesamt die in der Definition von A geforderten Effekte zu erzielen? Die Antwort hierauf muß der zweite Teil des Implementierungs-Textes geben. Sie besteht aus Gleichungen, welche im einfachsten Falle von der Gestalt

$$\text{A\_OP\_i}\,(\text{REP}(\omega_B, \omega_C, \ldots)) = \text{REP}(\text{B\_OP\_j}(\omega_B), \text{C\_OP\_k}(\omega_C), \ldots)$$

sind. Dabei stehen A_OP_i, B_OP_j und C_OP_k jeweils für eine der A-(B-, C-) Operationen. Im allgemeinen können die rechten Seiten dieser Gleichungen Ausdrücke sein, deren Syntax beispielsweise in derjenigen der oben skizzierten ADT-Spezifikationssprache enthalten ist. (Man beachte insbesondere, daß es diese Sprache erlaubt, Ausdrücke über boolesche Konstanten und Variablen zu bilden!) Wir bezeichnen solche Ausdrücke als *Programme*, da mit ihnen gesagt wird, wie eine gegebene A-Operation durch geeignete Operationen auf den Objekten der Repräsentation zu realisieren ist. Wir illustrieren diese *abstrakte Implementierung* abstrakter Datentypen durch ein erstes einfaches Beispiel: die Implementierung des ADTs "Stack" durch die ADTn "Array" und "Integer". (Letzteren stellt uns die Spezifikationssprache implizit zur Verfügung, s.o.! Was die Parameter des ADTs "Array" betrifft, so sind wir frei zu wählen, was immer uns opportun erscheint. Der aufmerksame Leser wird feststellen, daß wir in diesem Beispiel nichts anderes tun, als die oben graphisch skizzierte Vorstellung, die wir von einem Stack haben, zu formalisieren. Von *abstrakter* Implementierung sprechen wir, weil die dabei verwendeten Mittel ihrerseits abstrakte Datentypen sind.)

```
representation STACK (Array[Integer,elementtype], Integer) ->
                                              Stack[elementtype];
programs
  declare arr: Array; t: Integer; elm: elementtype;
    NEWSTACK = STACK(NEWARRAY, 0);
    PUSH(STACK(arr,t), elm) = STACK(ASSIGN(arr,t+1,elm), t+1);
    POP(STACK(arr,t)) = IF (t=0) THEN
                            STACK(arr,0)
                        ELSE
                            STACK(arr,t-1);
```

```
TOP(STACK(arr,t)) = ACCESS(arr,t);
ISNEW(STACK(arr,t)) = (t=0);
REPLACE(STACK(arr,t), elm) = IF (t=0) THEN
                                 STACK(ASSIGN(arr,1,elm),1)
                             ELSE
                                 STACK(ASSIGN(arr,t,elm),t).
```

Den oben vorgebrachten allgemeinen Bemerkungen über den program-Teil einer Implementierung zufolge sollen die jeweils rechten Seiten dieser Gleichungen, interpretiert als Operationen auf Stack-Repräsentationen, eben jenen Gesetzmäßigkeiten unterliegen, die wir mit der Definition des ADTs "Stack" gefordert haben. Ist dies der Fall, so bezeichnen wir die Implementierung als *korrekt*, und es stellt sich nun die Frage, ob wir diese Eigenschaft formal *beweisen* können.

Zum Beispiel haben wir für irgendein Objekt "stk" vom Typ "Stack" und ein "elm" vom Typ "elementtype" verlangt, daß gilt: TOP(PUSH(stk, elm)) = elm. Gilt dies auch, so lautet nun unser Problem, wenn wir "stk" durch irgendeine Repräsentation STACK(arr, t) ersetzen, und TOP und PUSH durch ihre "Programme" auf den entsprechenden rechten Seiten des obigen program-Teils? Versuchen wir es! Sei STACK(arr,t) = stk $\in \Omega_{Stack}$; dann ist

```
TOP(PUSH(stk,elm)) =  TOP(PUSH(STACK(arr,t), elm))
                      (* Ersetze PUSH durch das PUSH-program: *)
                   =  TOP(STACK(ASSIGN(arr,t+1,elm), t+1))
                      (* Ersetze TOP durch das TOP-program: *)
                   =  ACCESS(ASSIGN(arr,t+1,elm), t+1)
                      (* Wende ACCESS-Axiom des ADT Array an: *)
                   =  elm
```

Damit ist in der Tat gezeigt, daß das vierte, im semantics-Teil der Definition des ADTs "Stack" aufgelistete *Postulat* (bzw. *Axiom* oder, um es im Rahmen unseres juristischen Bildes zu formulieren, die vierte "Stack-Vertragsklausel") durch die Programme unserer Implementierung erfüllt wird. Die in den Programmen von TOP und PUSH festgelegte Anwendung der Array- und Integer-Operationen führt, bei entsprechender Verknüpfung, zu eben dem Ergebnis, welches für die Hintereinanderausführung der Stack-Operationen TOP und PUSH gefordert wurde. Der Leser möge sich am Beweis der Erfülltheit der übrigen, an Stack-Operationen gestellten Forderungen versuchen.

Wir wollen die hier "in der Nußschale" vorgeführte Technik der abstrakten Implementierung noch an einem zweiten, etwas umfangreicheren und ebenfalls aus [GHM] referierten Beispiel demonstrieren. Es hat mit der Aufgabe zu tun, für eine *blockstrukturierte* Programmiersprache einen Compiler zu bauen. Um es zu verstehen, müssen wir uns zunächst einige, diesen Gegenstandsbereich betreffende Tatsachen in Erinnerung rufen.

In einer *blockstrukturierten* Programmiersprache geschriebene Programme bestehen aus ineinandergeschachtelten Textblöcken. Beispiele hierfür sind die Prozeduren der in diesem Buch verwendeten Sprache MODULA-2. Innerhalb eines solchen Textblocks können Variablen deklariert werden, die nur für den die Deklaration umfassenden Textblock Gültigkeit besitzen. Man sagt, der *Scope* (oder *Gültigkeitsbereich*) einer Variablen ist der Block des Programmtextes, in dem sie deklariert wurde. Eine Variablendeklaration legt den Variablen-Namen (einen *Identifier*) und den Typ der Variablen fest. Angenommen, ein Block B1.1 ist in einem (äußeren) Block B1 enthalten. In B1 werde eine Variable vom Typ INTEGER und in B1.1 eine Variable vom Typ REAL benötigt. Obwohl verschieden kann ihnen der Programmierer den gleichen Namen (sagen wir "y") geben. Der so entstehende Namenskonflikt wird gelöst, indem die Deklaration der Variablen y im äußeren Blocks durch die Deklaration der Variablen gleichen Namens im inneren Block (B1.1) aufgehoben wird. Anders gesagt: In B1.1 ist das in B1 deklarierte y nicht mehr bekannt. Jede Referenz in B1.1 auf eine Variable namens "y" meint das in B1.1 deklarierte "y". Das folgende einfache Beispiel (in dem BLOCKANF und BLOCKEND die den Anfang und das Ende eines Blockes markierenden Schlüsselworte einer hypothetischen Programmiersprache sind) erläutert diesen Sachverhalt:

```
BLOCKANF          (* Block B1 *)
   VAR x, y: INTEGER;
   .
   .  (* Hier bezeichnet "y" eine Variable V1 vom Typ INTEGER *)
   .
   BLOCKANF        (* Block B1.1 *)
     VAR y: REAL;
   .
   . (* Hier bezeichnet "y" eine Variable V2 vom Typ REAL *)
   .
   BLOCKEND
   .
   .  (* Hier bezeichnet "y" wieder die Variable V1 vom Typ INTEGER *)
   .
BLOCKEND
```

Wir haben hier, um die tatsächliche Verschiedenheit der beiden, mit dem gleichen Namen "y" identifizierten Variablen hervorzuheben, im Kommentar die zusätzlichen Bezeichnungen "V1" und "V2" eingeführt. Im Gegensatz zu "y" übrigens, ist die als INTEGER in B1 deklarierte Variable mit dem Namen "x" auch in B1.1 unter diesem Namen zugreifbar.

Ein Compiler hat nun die Aufgabe, nach sorgfältiger Analyse des Programmtextes den Speicher für die im Programm deklarierten Variablen zu strukturieren und den auf diese Variablen Bezug nehmenden Code zu generieren. Dazu bedient er sich einer *Symboltabelle* genannten Datenstruktur, in der er die im Verlauf der Analyse gefundenen Variablen-Bezeichner (*Identifier*) und deren

Attribute (also unter anderem die zugehörigen Typen) registriert. Aus dieser Symboltabelle muß zum Beispiel hervorgehen, ob ein gegebener Identifier in einem gegebenen Block (bzw. Scope) bereits deklariert wurde. Insofern muß die Symboltabelle die Blockstruktur des zugehörigen Programms exakt wiedergeben.

Nach allem was wir bisher gelernt haben, sind wir als Compilerbauer gehalten, die Symboltabelle in einem speziell für sie zuständigen Modul (nennen wir ihn "SymbTab") zu verpacken, der den Analyse- und Übersetzungsprozessen eine Reihe von Dienstleistungen zur Manipulation von Objekten des Typs "Symboltabelle" anbietet. Welche Dienstleistungen dies sein müssen, ergibt sich aus den oben kurz skizzierten Aufgaben, die der Compiler mit Hilfe der Symboltabelle zu erledigen hat. Wir beschreiben diese Dienste im folgenden als Operationen:

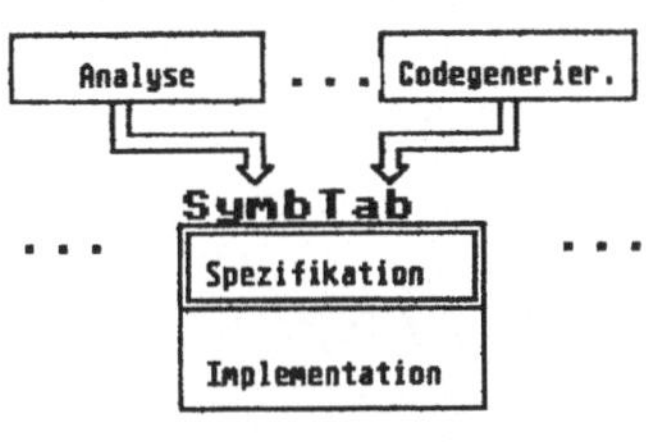

INIT	Anlegen einer Symboltabelle für den äußersten Block. (Zu Beginn der Analyse des Programmtextes.)
ENTERBLOCK	Erweiterung der Symboltabelle bei Eintritt in einen inneren Block.(Bei Erkennen einer BLOCKANF-Marke.)
ADDID	Einfügen eines Variablen-Bezeichners und der zugehörigen Attribute. (Nach Erkennen einer Variablen-Deklaration in einem Block.)
LEAVEBLOCK	Reduktion der Symboltabelle beim Austritt aus einem inneren Block. (Bei Erkennen einer BLOCKEND-Marke.)
ISINBLOCK	Feststellen, ob ein Identifier im aktuellen Block bereits verwendet wurde.
RETRIEVE	Extraktion der einem gegebenen Identifier zugeordneten Attribute.

Es ist klar, daß das Zusammenspiel dieser Operationen gewissen Gesetzen gehorchen muß. Was liegt daher näher, als unseren Modul "SymbTab" als ADT-Modul mit dem abstrakten Datentyp "Symboltabelle" zu spezifizieren? Zuvor bemerken wir, daß neben der Initialisierungs-Operation INIT die Operationen ENTERBLOCK und ADDID eine konstruktive (d.h. aufbauende) Wirkung haben.

```
type Symboltabelle;
syntax
    INIT –> Symboltabelle;
    ENTERBLOCK (Symboltabelle) –> Symboltabelle;
    ADDID (Symboltabelle, Identifier, Attributliste) –> Symboltabelle;
    LEAVEBLOCK (Symboltabelle) –> Symboltabelle;
```

```
    ISINBLOCK (Symboltabelle, Identifier) —> Boolean;
    RETRIEVE (Symboltabelle, Identifier) —> Attributliste ∪ {UNDEF};
semantics
  declare syta: Symboltabelle; id,id1: Identifier; atl: Attributliste;
    LEAVEBLOCK (INIT) = INIT;
    LEAVEBLOCK (ENTERBLOCK (syta)) = syta;
    LEAVEBLOCK (ADDID (syta, id, atl)) = LEAVEBLOCK (syta);
    ISINBLOCK (INIT, id) = FALSE;
    ISINBLOCK (ENTERBLOCK (syta), id) = FALSE;
    ISINBLOCK (ADDID (syta, id, atl), id1) = IF (id1=id) THEN
                                                TRUE
                                              ELSE
                                                ISINBLOCK (syta, id1);
    RETRIEVE (INIT, id) = UNDEF;
    RETRIEVE (ENTERBLOCK (syta), id) = RETRIEVE (syta, id);
    RETRIEVE (ADDID (syta, id, atl), id1) = IF (id1=id) THEN
                                               atl
                                             ELSE
                                               RETRIEVE (syta, id1).
```

Der Leser mache sich klar, daß die hier geforderten Zusammenhänge zwischen den konstruktiven und den nicht-konstruktiven Operationen des ADT "Symboltabelle" unserem Verständnis der Bearbeitung eines blockstrukturierten Programmtextes sehr genau entsprechen. Zum Beispiel besagt das dritte LEAVEBLOCK-Axiom, daß wir bei Verlassen eines Blockes alle in jenem Block deklarierten Variablen-Identifier "vergessen". Die RETRIEVE-Axiome zusammen besagen: Wenn wir einen Identifier nicht innerhalb eines bestimmten Blocks finden, so müssen wir ihn im jeweils äußeren Block suchen, und wenn es ihn auch im äußersten Block nicht gibt, so ist er niemals deklariert worden.

Diese Argumentation läßt sich noch besser verstehen, wenn wir die Axiome eines ADTs als Vorschriften zur Manipulation der durch die konstruktiven Operationen aufgebauten Objekte interpretieren. Tatsächlich liefern diese Operationen die Bausteine für eine *Standard-Repräsentation* der Objekte eines ADTs als Bäume. In unserem Beispiel sind dies:

Verwendet der ADT-Modul "SymbTab" diese Repräsentation, so werden die Symboltabellen, welche er im Auftrag eines Compilers erzeugt, der den weiter oben angegebenen blockstrukturierten Programmtext bis hin zur Registrierung der Deklaration im Block B1.1 bearbeitet, durch die folgenden Bäume dargestellt:

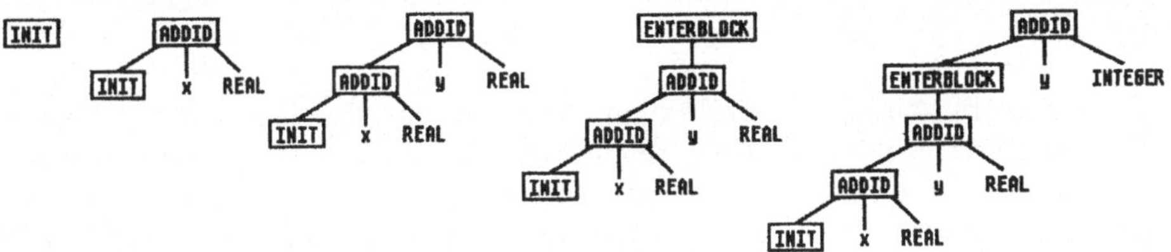

Bezüglich dieser Repräsentation sind die im semantics-Teil der ADT-Definition aufgelisteten Axiome nichts anderes als Programme (im Sinne der oben diskutierten abstrakten Implementierung) zur Ausführung der nicht-konstruktiven Operationen des ADTs. Mit anderen Worten: Die ADT-Axiome geben an, wie Standard-Repräsentationen zu manipulieren sind. Wir zeigen dies am Beispiel der RETRIEVE-Axiome:

Angenommen, der Compiler möchte innerhalb des Blockes B1.1 wissen, welche Attribute der Variablen mit dem Identifier "x" zugeordnet sind. Die Standard-Repräsentation der in diesem Block aktuellen Symboltabelle ist:

syta =

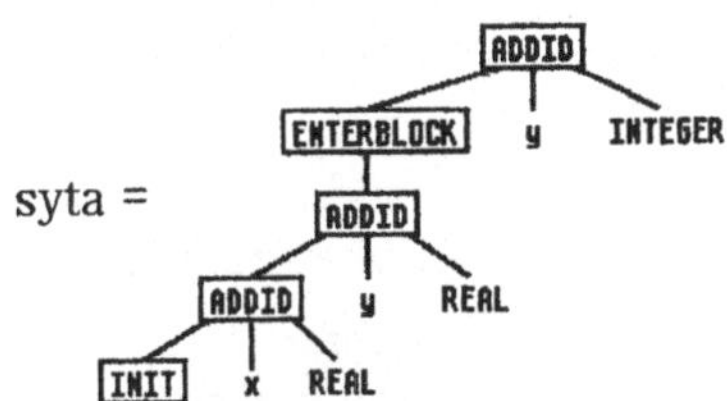

Die Ausführung der RETRIEVE-Operation ergibt:

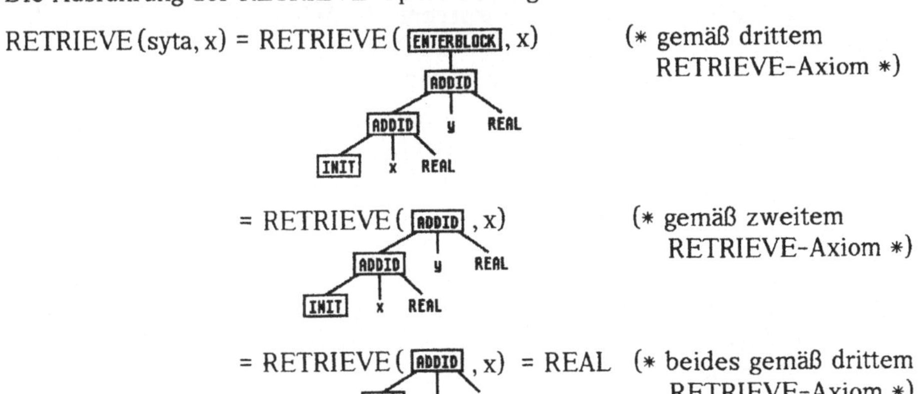

(Zur Übung versuche sich der Leser in analoger Weise an einer Standard-Repräsentation der Stack-Objekte und an der entsprechenden Ausführung der Stack-Axiome als Programme.)

Über die Standard-Repräsentation der Objekte eines ADTs als Bäume (mit den konstruktiven Operationen als Knoten) gewinnt man also sozusagen eine *Standard-Implementierung* des ADTs. Es sollte jedoch klar sein, daß diese nur eine andere Interpretation der Spezifikation des ADTs ist, und daß es daher keinen Sinn macht, von ihrer Korrektheit (relativ zu irgendeiner Spezifikation) zu sprechen. Sie ist per definitionem korrekt. Wenn man so will, kann man sie als *Referenz-Implementierung* bezeichnen, an der jede andere Implementierung (per Korrektheitsbeweis!) "zu messen" ist.

Dennoch: Angesichts der Möglichkeit einer *Standard-Implementierung* eines ADTs wird man sich natürlich fragen, warum wir überhaupt nach anderen Implementierungen (s.o.) suchen und uns damit der Mühe eines Korrektheitsbeweises unterziehen. Die Antwort ist nicht schwer: Standard-Implementierungen verlangen die Manipulation von Bäumen, über deren Struktur sie selbst keine Kontrolle haben, und die daher sehr aufwendig sein kann. Es sind also im wesentlichen Effizienzgründe, die uns diese konzeptuell einfache Lösung im allgemeinen verwerfen lassen. Um eine effizientere (abstrakte) Implementierung des ADTs "SymbTab" wollen wir uns im folgenden bemühen.

Die dieser Implementierung zugrundeliegende Idee ist freilich auch einfach. Sie beruht auf zwei Beobachtungen:

(i) Eine Symboltabelle enthält Abbildungen, welche Objekten vom Typ "Identifier" solche vom Typ "Attributliste" zuordnen.

(ii) Die im Verlauf der Bearbeitung eines Programmtextes jeweils aktuelle Symboltabelle enthält genau jene Abbildungen, welche dem aktuellen Block und den diesen umfassenden Blöcken entsprechen. Und beim Verlassen des aktuellen Blocks wird die ihm entsprechende Abbildung aus der Symboltabelle entfernt. Wird ein neuer Block betreten, so wird eine ihm entsprechende Abbildung zur Symboltabelle hinzugefügt.

Die in (ii) beschriebene "Dynamik" einer Symboltabelle kommt uns bekannt vor. In der Tat: es ist das gleiche Verhalten, welches ein Stack (von Objekten beliebigen Typs) aufweist, und das wir oben, unserem intuitiven Verständnis folgend, durch den ADT "Stack" formalisiert haben. Die (lineare) Wanderung durch den blockstrukturierten Programmtext läßt sich ohne weiteres eins-zu-eins auf eine Abfolge von Stack-Operationen (PUSH bei BLOCKANF, POP bei BLOCKEND) übertragen. Und was da "gePUSHt" und "gePOPt" werden sollte, ist nach (i) auch klar: Es sind Abbildungen, Objekte von einem Typ freilich, den wir bisher noch nicht spezifiziert haben.

Wir begnügen uns mit Minimalforderungen. Von einer "Abbildung" ("Mapping") verlangen wir, daß sie eine eindeutige Zuordnung herstellt zwischen den Elementen einer Urbildmenge ("domaintype") und den Elementen einer Bildmenge ("rangetype"), und daß man sie (wie zuvor bei "Stack" und "Array") zunächst einmal überhaupt anlegen (initialisieren) kann (Operation NEWMAP). Zweitens sollte man sie verändern können, indem einem Element der Urbildmenge ein (anderes) Element der Bildmenge zugeordnet oder indem eine bestehende Zuordnung aufgehoben wird (Operation DEFMAP). Drittens wollen wir von jedem Element der Urbildmenge wissen, ob diesem ein Element der Bildmenge zugeordnet ist (Operation ISDEFINED), und viertens - falls ja - wollen wir das zugeordnete Element auch haben (Operation EVMAP). Danach können wir den ADT "Mapping" folgendermaßen definieren:

```
type     Mapping[domaintype:Type, rangetype:Type];
syntax
         NEWMAP --> Mapping;
         DEFMAP(Mapping,domaintype,rangetype) --> Mapping;
         ISDEFINED(Mapping, domaintype) --> Boolean;
         EVMAP(Mapping, domaintype) --> rangetype ∪ {UNDEF};
semantics
   declare  map:Mapping; dv, dv1: domaintype; rv: rangetype;
         ISDEFINED(NEWMAP, dv) = FALSE;
         ISDEFINED(DEFMAP(map, dv, rv), dv1) = IF (dv1 = dv) THEN
                                                   TRUE
                                               ELSE
                                                   ISDEFINED(map, dv1);
         EVMAP(NEWMAP, dv) = UNDEF;
         EVMAP(DEFMAP(map, dv, rv), dv1) = IF (dv1 = dv) THEN
                                               rv
                                           ELSE
                                               EVMAP(map, dv1).
```

Damit haben wir alles, was wir für die abstrakte Implementierung des ADTs "Symboltabelle" als Stack von Abbildungen (von einem domaintype "Identifier" in einen rangetype "Attributliste") benötigen:

```
representation
         SYMT(Stack [Mapping[Identifier, Attributliste]]) --> Symboltabelle;
programs
   declare  stk: Stack; id: Identifier; atl: Attributliste;
         INIT = SYMT(PUSH(NEWSTACK, NEWMAP));
         ENTERBLOCK(SYMT(stk)) = SYMT(PUSH(stk, NEWMAP));
         ADDID(SYMT(stk), id, atl) =
                    SYMT(REPLACE(stk, DEFMAP(TOP(stk), id, atl);
         LEAVEBLOCK(SYMT(stk)) = IF ISNEW(POP(stk)) THEN
                                     SYMT(REPLACE(stk, NEWMAP))
                                 ELSE
                                     SYMT(POP(stk));
         ISINBLOCK(SYMT(stk), id) = ISDEFINED(TOP(stk), id);
```

```
RETRIEVE (SYMT (stk), id) =
                    IF ISNEW (stk) THEN
                       UNDEF
                    ELSE IF ISDEFINED (TOP (stk), id) THEN
                       EVMAP (TOP (stk), id)
                    ELSE
                       RETRIEVE (SYMT (POP (stk)), id).
```

Als einzigen Kommentar zu dieser Implementierung schließen wir hier die Bemerkung an, daß sich im Rahmen des Beispiels "Symboltabelle" nun offenbar die Weisheit unserer früheren Entscheidung herausstellt, die Stack-Operation REPLACE (als Abkürzung für die Hintereinanderausführung von POP und PUSH) zu definieren. Im übrigen wollen wir sogleich an die Arbeit gehen und die Erfülltheit von zweien der Axiome des ADTs "Symboltabelle" beweisen, des ersten LEAVEBLOCK-Axioms nämlich und des dritten RETRIEVE-Axioms (die Begründungen für die jeweils vorgenommenen Umformungen vermerken wir als Kommentare):

```
LEAVEBLOCK (INIT)
        =  LEAVEBLOCK (SYMT (PUSH (NEWSTACK, NEWMAP)))
           (* INIT-Programm der Implementierung von "Symboltabelle" *)
        =  IF ISNEW (POP (PUSH (NEWSTACK, NEWMAP))) THEN
              SYMT (REPLACE (PUSH (NEWSTACK, NEWMAP), NEWMAP))
           ELSE ...
           (* LEAVEBLOCK-Programm *)
        =  IF ISNEW (NEWSTACK) THEN
              SYMT (REPLACE (PUSH (NEWSTACK, NEWMAP), NEWMAP))
           ELSE ...
           (* POP-Axiom des ADTs "Stack" *)
        =  IF TRUE THEN
              SYMT (REPLACE (PUSH (NEWSTACK, NEWMAP), NEWMAP))
           ELSE ...
           (* ISNEW-Axiom des ADTs "Stack" *)
        =  SYMT (REPLACE (PUSH (NEWSTACK, NEWMAP), NEWMAP))
           (* IF ... THEN ... ELSE ... - Eigenschaft *)
        =  SYMT (PUSH (POP (PUSH (NEWSTACK, NEWMAP)), NEWMAP))
           (* REPLACE-Axiom des ADTs "Stack" *)
        =  SYMT (PUSH (NEWSTACK, NEWMAP))
           (* POP-Axiom des ADTs "Stack" *)
        =  INIT
           (* INIT-Programm der Implementierung von "Symboltabelle" *)
```

Wie zu beweisen war! Der Nachweis des dritten RETRIEVE-Axioms wird - mit solch minutiöser Angabe jedes Schritts - noch aufwendiger, und der Leser wird es uns nachsehen, wenn wir ihm die Aufgabe überlassen, die Erfülltheit der übrigen sieben Axiome des ADTs "Symboltabelle" zu überprüfen.

In der Tat: Bevor wir uns mit dem bewußten RETRIEVE-Axiom befassen, müssen wir zunächst jene Bemerkungen, die wir weiter oben über die hier benutzte Spezifikationssprache gemacht haben, etwas genauer beim Wort nehmen. Diese Bemerkungen implizierten insbesondere das Vorhandensein eines (prädefinierten) ADTs "Boolean". Die "IF...THEN...ELSE...-Eigenschaft", von der wir im Beweis von LEAVEBLOCK (INIT) = INIT Gebrauch gemacht haben, ist nichts anderes als ein Axiom dieses ADTs, dessen Spezifikation wie folgt notiert werden kann:

```
    type    Boolean;
    syntax
            TRUE --> Boolean;
            FALSE --> Boolean;
            IF-THEN-ELSE (Boolean, Boolean,Boolean) --> Boolean;
    semantics
      declare  p, q, r: Boolean;
            IF-THEN-ELSE (TRUE, q, r) = q;
            IF-THEN-ELSE (FALSE, q, r) = r.
```

Mit den bekannten Axiomen der Boole'schen Algebra im Hinterkopf hätten wir dem syntaktischen Teil dieser Spezifikation natürlich noch zum Beispiel die Operationen

```
            AND (Boolean, Boolean) --> Boolean;
            OR (Boolean, Boolean) --> Boolean;
            NOT (Boolean) --> Boolean;
            IMPL (Boolean, Boolean) --> Boolean;
            EQUIV (Boolean, Boolean) --> Boolean
```

hinzufügen können, mit einer durch IF-THEN-ELSE definierten Semantik:

```
            AND (p, q) = IF-THEN-ELSE (p, q, FALSE);
            OR (p,q) = IF-THEN-ELSE (p, TRUE, q);
            NOT (p) = IF-THEN-ELSE (p, FALSE, TRUE);
            IMPL (p,q) = IF-THEN-ELSE (p, q, TRUE);
            EQUIV (p,q) = IF-THEN-ELSE (p, q, NOT(q)).
```

(Das ist nichts anderes als die bei der Definition der Semantik von REPLACE angewandte Methode! Zur Übung zeige man, daß man mit diesen Definitionen den bekannten Axiomen der Boole'schen Algebra genügt.)

Zum Beweis des dritten RETRIEVE-Axioms (inzwischen sollte sich auch der mathematisch weniger versierte Leser daran gewöhnt haben, daß man Axiome manchmal beweisen muß!) werden wir nun einige Eigenschaften der IF-THEN-ELSE Operation benötigen, die sich ohne weiteres aus den Axiomen des "Boolean"-ADTs ergeben. Wir notieren sie wieder in der vertrauteren "IF...THEN... ELSE..."-Schreibweise. Seien p, q und r vom Typ Boolean:

(i) (IF p THEN q ELSE q) = q

(ii) (IF p THEN TRUE ELSE FALSE) = p

(iii) (IF (IF p THEN q ELSE r) THEN a ELSE b) =
(IF p THEN (IF q THEN a ELSE b) ELSE (IF r THEN a ELSE b))

(iv) (IF p THEN q[p] ELSE r) = (IF p THEN q[p—> TRUE] ELSE r)
(IF p THEN q ELSE r[p]) = (IF p THEN q ELSE r[p—> FALSE])

q[p] bezeichnet hier einen Ausdruck, in dem p Teilausdruck ist. "p —> TRUE" bezeichnet die Substitution von p durch die Konstante TRUE. Ist T irgendein ADT, so läßt sich die Liste der T-Operationen übrigens immer um eine Operation "IF-THEN-ELSE (Boolean, T, T) —> T" erweitern, welche die den beiden obigen Boolean-Axiomen entsprechende Semantik erhält. Die Eigenschaften (i) und (iv) gelten dann auch für die so verallgemeinerte IF-THEN-ELSE-Operation.

Für beliebige Repräsentanten SYMT (stk) eines "Symboltabelle"-Objektes lautet das dritte RETRIEVE Axiom:

```
RETRIEVE (ADDID (SYMT (stk), id, atl), id1) = IF (id = id1) THEN atl
                                              ELSE
                                                 RETRIEVE (SYMT (stk), id1).
```

Dies ist nun unsere Behauptung. Ihr Beweis ist geleistet, wenn wir zeigen können, daß sich beide Seiten dieser Gleichung mit Hilfe der Programme der Implementierung und mit den Axiomen der ADTn "Stack", "Mapping" und "Boolean" (und eventuell aus ihnen abgeleiteten Eigenschaften) auf den gleichen Ausdruck reduzieren lassen. Zu diesem Zweck attackieren wir zunächst die linke Seite (LS), und wie üblich notieren wir die Begründung jeder Umformung als Kommentar:

```
LS  = RETRIEVE (ADDID (SYMT (stk), id, atl), id1)
    = RETRIEVE (SYMT (stk1), id1)
      (* ADDID-Programm; "stk1" ist hierin als Abkürzung von
      REPLACE (stk, DEFMAP (TOP (stk), id, atl)) gesetzt *)
    = IF ISNEW (stk1) THEN
         UNDEF
      ELSE IF ISDEFINED (TOP (stk1), id1) THEN
         EVMAP (TOP (stk1), id1)
      ELSE
         RETRIEVE (SYMT (POP (stk1)), id1)
      (* RETRIEVE-Programm *)
```

```
= IF ISDEFINED (DEFMAP (TOP (stk), id, atl), id1) THEN
     EVMAP (DEFMAP (TOP (stk), id, atl), id1)
  ELSE
     RETRIEVE (SYMT (POP (stk)), id1)
  (* wegen TOP (stk1)  =  TOP (REPLACE (stk, DEFMAP (...)))
                       =  TOP (PUSH (POP (stk), DEFMAP (...)))
                       =  DEFMAP (TOP (stk), id, atl),
  wegen POP (stk1) = POP (PUSH (POP (stk), DEFMAP (...))) = POP (stk)
  und wegen ISNEW (stk1) = FALSE *)

= IF   (IF (id = id1) THEN
           TRUE
        ELSE
           ISDEFINED (TOP (stk), id1))   THEN
     EVMAP (DEFMAP (TOP (stk), id, atl), id1)
  ELSE
     RETRIEVE (SYMT (POP (stk), id1)
  (* ISDEFINED-Axiom *)

= IF (id = id1) THEN
     IF TRUE THEN
        EVMAP (DEFMAP (TOP (stk), id, atl), id1)
     ELSE
        RETRIEVE (SYMT (POP (stk), id1)
  ELSE
     IF ISDEFINED (TOP (stk), id1) THEN
        EVMAP (DEFMAP (TOP (stk), id, atl), id1)
     ELSE
        RETRIEVE (SYMT (POP (stk)), id1)
  (* IF...THEN...ELSE...-Eigenschaft (iii) *)

= IF (id = id1) THEN
     EVMAP (DEFMAP (TOP (stk), id, atl), id1)
  ELSE IF ISDEFINED (TOP (stk), id1) THEN
     EVMAP (DEFMAP (TOP (stk), id, atl), id1)
  ELSE
     RETRIEVE (SYMT (POP (stk)), id1)
  (* erstes IF...THEN...ELSE...-Axiom *)

= IF (id = id1) THEN
     IF (id =id1) THEN
        atl
     ELSE
        EVMAP (TOP (stk), id1)
```

```
      ELSE IF ISDEFINED (TOP(stk), id1) THEN
         IF (id =id1) THEN
            atl
         ELSE
            EVMAP(TOP(stk), id1)
      ELSE
         RETRIEVE (SYMT (POP(stk)), id1)
      (* EVMAP-Axiom *)

   = IF (id = id1) THEN
         IF TRUE THEN
            atl
         ELSE
            EVMAP(TOP(stk), id1)
      ELSE IF ISDEFINED (TOP(stk), id1) THEN
         IF FALSE THEN
            atl
         ELSE
            EVMAP(TOP(stk), id1)
      ELSE
         RETRIEVE (SYMT (POP(stk)), id1)
      (* IF...THEN...ELSE...-Eigenschaft (iv) für den Typ "Attributliste" *)

   = IF (id = id1) THEN
         atl
      ELSE IF ISDEFINED (TOP(stk), id1) THEN
         EVMAP(TOP(stk), id1)
      ELSE
         RETRIEVE (SYMT (POP(stk)), id1)
      (* IF...THEN...ELSE...-Axiome *)
```

Damit ist schließlich die linke Seite der behaupteten Gleichung auf einen einigermaßen übersichtlichen Ausdruck reduziert, in welchem zwar immer noch die Anwendung des RETRIEVE-Programms notiert ist, doch nun mit einer durch einen "kleineren" Stack (nämlich POP(stk)) repräsentierten (und entsprechend "kleineren") Symboltabelle als Argument. Wir könnten so fortfahren und den rekursiven "Aufruf" des RETRIEVE-Programms bis zum "Boden" des Stacks auflösen. Doch wollen wir zunächst sehen, was uns die Umformung der rechten Seite der behaupteten Gleichung mit Hilfe des RETRIEVE-Programms bringt:

```
RS = IF (id =id1) THEN
         atl
      ELSE
         RETRIEVE (SYMT (stk), id1)
```

```
= IF (id = id1) THEN
     atl
  ELSE IF ISNEW(stk) THEN
     UNDEF
  ELSE IF ISDEFINED(TOP(stk), id1) THEN
     EVMAP(TOP(stk), id1)
  ELSE
     RETRIEVE(SYMT(POP(stk)), id1)
```

Wäre nicht der durch die Möglichkeit "ISNEW(stk) = TRUE" gegebene Zweig dieses IF...THEN...ELSE (IF...) - Ausdrucks, so hätten wir unser Ziel erreicht. Wenn wir nun argumentieren könnten, daß dieser Fall gar nicht eintreten kann, daß also immer gilt "ISNEW(stk) = FALSE", so würde uns die Anwendung des zweiten IF...THEN...ELSE-Axioms in der Tat den gleichen Ausdruck liefern, den wir durch die Umformungen der linken Seite erhalten haben.

Wir besinnen uns an dieser Stelle darauf, daß wir es hier ja nicht mit irgendwelchen Stacks zu tun haben, sondern immer mit solchen, welche Symboltabellen repräsentieren. Diese Stacks werden durch einige der Programme der Implementierung des ADTs "Symboltabelle" erzeugt, nämlich durch INIT, ENTERBLOCK, ADDID und LEAVEBLOCK. Das gesuchte Argument ist daher nichts anderes als eine Induktion über die Erzeugung von Symboltabellen-Repräsentationen, mit der "Induktionsverankerung" durch die Operation INIT:

(1) Sei stk derart, daß INIT = SYMT(stk);
dann gilt: stk = PUSH(NEWSTACK, NEWMAP)
und folglich (nach zweitem ISNEW-Axiom): ISNEW(stk) = FALSE.

Zur Vervollständigung der Induktion müssen wir zeigen, daß die übrigen Operationen, angewandt auf durch Stacks repräsentierte Symboltabellen, diese Eigenschaft nicht zerstören. Für die folgenden Beweisschritte nehmen wir generell an, daß "stk" und "stk1" Stacks seien, welche Symboltabellen "syta" und "syta1" repräsentieren, für die also gilt: syta = SYMT(stk) und syta1 = SYMT(stk1).

(2) Sei stk1 zusätzlich zur generellen Voraussetzung derart, daß
ENTERBLOCK(SYMT(stk)) = SYMT(stk1);
dann gilt: stk1 = PUSH(stk, NEWMAP)
und nach zweitem ISNEW-Axiom: ISNEW(stk1) = FALSE.

(3) Sei stk1 zusätzlich zur generellen Voraussetzung derart, daß
ADDID(SYMT(stk), id, atl) = SYMT(stk1);
dann gilt: stk1 = REPLACE(stk, DEFMAP(...))
= PUSH(POP(stk), DEFMAP(...))
und nach zweitem ISNEW-Axiom: ISNEW(stk1) = FALSE.

(4) Sei stk1 zusätzlich zur generellen Voraussetzung derart, daß
LEAVEBLOCK(SYMT(stk)) = SYMT(stk1);

dann gilt: stk1 = REPLACE(stk, NEWMAP), falls ISNEW(POP(stk))
und stk1 = POP(stk);
im ersten Fall ist wieder nach zweitem ISNEW-Axiom
ISNEW(stk1) = FALSE, und im zweiten Fall gilt dies trivialerweise.

Man beachte, daß wir für (2), (3) und (4) "ISNEW(stk) = FALSE" nicht voraussetzen mußten.

Wie gesagt, der Leser ist eingeladen, nun auch die Gültigkeit der übrigen sieben Axiome des ADTs "Symboltabelle" aufgrund unserer Implementierung mittels "Stack" und "Mapping" zu verifizieren. Ferner möge er sich überlegen, wie der ADT "Mapping" (abstrakt) implementiert werden könnte. Eine naheliegende Möglichkeit ist sicher durch den sehr ähnlich ausschauenden Datentyp "Array" gegeben. In [GHM] wird zum Beispiel eine Implementierung vorgeschlagen, welche "Mapping" mit Hilfe von "Array" und "Integer" als sogenannte Hash-Tabelle (vgl. etwa [OTW]) realisiert. Zusammen mit der schon bekannten Implementierung des ADTs "Stack" ergibt sich so eine Hierarchie von Implementierungsebenen ("Schichten") mit dem ADT "Symboltabelle" an der Spitze. Jede Implementierung innerhalb dieser Hierarchie macht nur von den Spezifikationen jeweils tieferliegender ADTn Gebrauch, so wie wir dies im vorangegangenen Abschnitt über "Modularisierung" gefordert haben. Auf der untersten Ebene liegen schließlich Typen wie "Register", "Speicherzellen" und "Adressen" (in der Abbildung unter dem Sammelbegriff "Basistypen" vereint), welche durch die Hardware des Rechners repräsentiert werden.

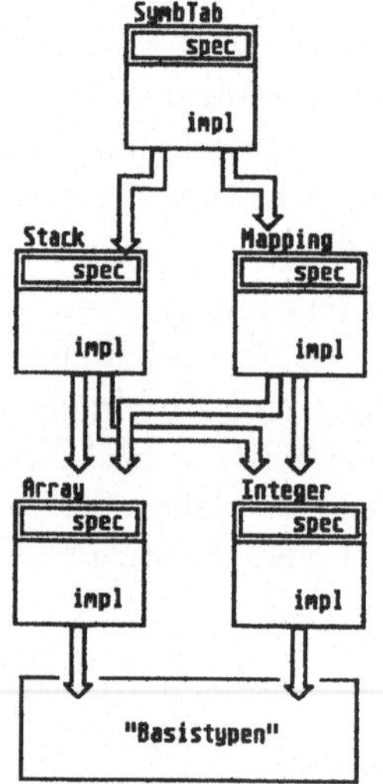

Wenn wir nochmals die in diesem Abschnitt geführten Beweise Revue passieren lassen, so fällt auf, daß sie in jedem Fall auf ziemlich mechanischen Manipulationen von Ausdrücken einer formalen Sprache beruhten. Die Vermutung liegt daher nahe, daß sich diese Beweise bis zu einem gewissen Grade durchaus automatisieren lassen. Für jeden Beweisschritt haben wir die Auswahl aus einem begrenzten Vorrat möglicher Ersetzungen ("*Substitutionen*"), und es ist nicht schwer, sich ein (Software-)Werkzeug vorzustellen, welches einem Implementierer, dem ja letztendlich die Last des Beweises der Korrektheit seiner Arbeit obliegt, diesen Vorrat anbietet. Man kann sich ferner vorstellen, daß ein derartiges Werkzeug die Ersetzungen selbständig vornimmt, um so eine Behauptung - sollte sie denn wahr sein - auf den Wahrheitswert TRUE zu *reduzieren*. Dabei wird es - ganz so wie die im dritten Kapitel besprochenen Programme zur Lösung des Problems der acht Damen und zur Suche eines Auswegs aus einem Labyrinth - nach der Methode des "Versuchs und Irrtums" (*Backtracking*) vorgehen. In der Tat sind solche Werkzeuge von mehr oder minder großer Mächtigkeit für Formalismen der hier betrachteten Art entwickelt worden. Leider ist in diesem Buch nicht der Platz, um auf diese Arbeiten im Einzelnen einzugehen (vgl. jedoch [ILL]). Wir müssen auch, wie weiter oben schon angedeutet, darauf verzichten, das Bewußtsein dafür zu untermauern, daß dem "automatischen Beweisen" Grenzen gesetzt sind; Grenzen, die beim Umgang mit hinreichend ausdrucksfähigen formalen Kalkülen prinzipiell nicht überschritten werden können (vgl. hierzu z.B. [HER] und [SMU]).

Diese Grenzen sind im übrigen auch für Überlegungen relevant, die sich u.a auf die Frage nach der *Konsistenz* (Widerspruchsfreiheit) der Definition eines ADTs beziehen, also letztlich auf die Frage, ob die durch den ADT beschriebenen Objekte überhaupt existieren können. Wir stehen hier vor dem gleichen Problem, das ein Mathematiker hat, der für eine axiomatisch definierte algebraische Struktur nachweisen soll, daß in ihr nicht sowohl eine Aussage als auch ihre Negation ableitbar sind.

6.4.4 Objekte, Klassen und Vererbung

Wir haben - im wesentlichen ohne weitere begriffliche Erläuterungen der Mühe wert zu halten - das Wort *Objekt* in diesem Buch in verschiedenen Zusammenhängen (zuletzt im vorangegangenen Abschnitt) mit einer gewissen Freizügigkeit und Nonchalance zur Sprache gebracht. Andererseits ist zu konstatieren, daß dieses Wort in allerlei Kombinationen (wie *Objektorientierte Analyse - OOA*, *Objektorientierter Entwurf - OOD ("D"* für *Design)*, *Objektorientierte Programmierung - OOP*, *Objektorientierte Programmiersprachen - OOPL*) seit Beginn der achtziger Jahre in mehr oder weniger werbewirksamer Weise und mit zunehmender Lautstärke auf dem Markt der Software-Ideen, -Produkte und -Meinungen ausgerufen wird. (Es ist dabei interessant zu beobachten, mit welcher Macht ein in Mode gekommenes Wort manchen Trittbrettfahrer anzieht, der alten oder gar nicht so recht passen wollenden Hüten das plötzlich so erfolgreiche Etikett anheftet.) So drängt es sich auf zu fragen, ob hinter dem Wort- und Werbeschleier tatsächlich stringente Konzepte stecken, und wenn ja, ob sich unser recht vager und salopper bisheriger Sprachgebrauch zumindest partiell durch sie rechtfertigen läßt.

Wir wollen den Leser über den wesentlichen Inhalt unserer Antwort nicht lange im Unklaren lassen: Ja, es stecken klare Konzepte dahinter (wenn auch unter den Protagonisten nicht immer Einigkeit hinsichtlich ihrer Bedeutung und ihres Gewichts bestehen mag!), und unsere bisherige Verwendung des Wortes "Objekt" (insbesondere bezogen auf Modularisierung und Abstrakte Datentypen) hat durchaus etwas mit ihnen zu tun. Unserer Erörterung von Aspekten der "Programmierung im Großen" würden daher wesentliche Elemente fehlen, wenn wir die *Objektorientierung* nicht vom Geruch des Schlagwortes befreiten und sie nicht in den Kreis der für die Softwareentwicklung wichtigsten Methoden und Techniken aufnähmen. Sie ist nämlich aufs engste mit jenen Einsichten verbunden, welche während der siebziger Jahre in Prinzipien der Modularisierung und in die Theorie der Abstrakten Datentypen gewonnen wurden. *Objektorientierte Programmierung* bezeichnet nichts anderes als einen (gelegentlich mit vielleicht etwas zu viel Optimismus vorgetragenen) Ansatz zur Strukturierung und Implementierung von Softwaresystemen, der diese Einsichten für die Praxis des Software-Engineering fruchtbar machen soll, und das heißt insbesondere für die Erreichung der in Abschnitt 6.2 diskutierten Qualitäten von Software. Von besonderem Interesse sind dabei die Aspekte *Wiederverwendbarkeit* (vgl. Abschnitt 6.2.2) und *Adaptierbarkeit* (vgl. Abschnitt 6.2.3).

Die Grundlage aller objektorientierten Ansätze ist - wie sollte es anders sein - das Verständnis des Geschehens in Realwelt- und Softwaresystemen als *Interaktion von Objekten*. (Vgl. dazu auch die Diskussion in Abschnitt 6.3.1. Dort sprachen wir freilich von Prozessen und Objekten. Weiter unten werden wir sehen, daß man mit dem Objektbegriff durchaus auskommen kann.) Über Objekte können wir allerdings beim besten Willen zunächst nicht mehr sagen, als daß sie durch irgendwelche *Eigenschaften* definiert sind. Damit meinen wir Eigenschaften im weitesten Sinne. Wenn wir zum Beispiel von einem bestimmten Menschen sprechen, so können wir uns dabei sowohl auf seine Haarfarbe, Körpergröße usw. beziehen, als auch auf seine Talente und Fähigkeiten, also nicht nur auf das, was ihn sichtbar auszeichnet, sondern auch auf das, was er weiß oder tun kann. Wir könnten dieser Unterscheidung durch Begriffspaare wie *passiv / aktiv* oder *statisch / dynamisch* Ausdruck geben. Doch wird dies eigentlich unnötig, wenn wir uns auf die (in den vorangegangenen Abschnitten vorgenommene) Klassifizierung der von einem Datenmodul angebotenen Operationen besinnen. Die für Benutzer relevanten Eigenschaften der von einem ADT-Modul verwalteten Objekte sind mit den Eigenschaften (den Wirkungen und den Bedingungen der Anwendung) jener Operationen identisch, welche mit diesen Objekten ausführbar sind. Informationen über andere Eigenschaften gibt es nicht! Man betrachte etwa den am Schluß von Abschnitt 6.4.2 definierten ADT-Modul "Punkt": Als Eigenschaften eines Punktes in der Ebene mögen dessen kartesische Koordinaten bezüglich eines gegebenen Achsenkreuzes gelten, aber auch seine "Fähigkeit", seinen Abstand von irgendeinem anderen Punkt mitzuteilen, oder seine Polarkoordinaten bezüglich des gegebenen Achsenkreuzes. Und diese Eigenschaften entsprechen umkehrbar eindeutig den für Objekte vom "Punkt-Typ" definierten Operationen! (Weitere Eigenschaften wären hinzuzufügen: etwa die Fähigkeit eines Punktes, sich per Streckung oder per Translation in eine andere Lage zu versetzen, usw.) Wie leicht (z.B. durch einen einzigen Zugriff auf ein in einer Record-Komponente gespeichertes Attribut) oder schwierig (durch langwierige Berechnungen) diese Operationen auszuführen sind, spielt dabei natürlich keine Rolle.

Diese Bemerkungen legen es nahe, *Objekte* generell als *Ausprägungen* (engl.: *instances*) Abstrakter Datentypen zu verstehen, und die Eigenschaften (engl.: *features*) eines Objektes als die mit ihm ausführbaren und in der Beschreibung seines Abstrakten Datentyps festgelegten Operationen. Etwas bildhafter gesprochen sind Objekte Individuen vergleichbar, die irgendwelchen *Klassen* zugehören und die "wissen", was sie - entsprechend ihrer Klassenzugehörigkeit - tun können oder was man mit ihnen tun kann. Objekte können ferner (wie menschliche Individuen!) einen inneren *Zustand* haben, und auch von diesem Zustand kann abhängen, was das Objekt jeweils kann oder was man mit ihm tun kann. Im laufenden Software-System entstehen und vergehen Objekte je nach Bedarf, und sie interagieren, indem sie sich untereinander zum Gebrauch ihrer Fähigkeiten aufrufen. Aus dieser Sicht ergibt sich nun in der Tat ein ziemlich radikaler Zugang zu Entwurf und Implementierung von Software-Systemen, nämlich allein durch die Beschreibung der Klassen (d. h. der Abstrakten Datentypen) jener Objekte (Individuen!), die in einem System zur Laufzeit agieren sollen. Nimmt man eine leichte Modifikation der in Abschnitt 6.3.1 vorgetragenen Darstellung eines Systems als Verbund kommunizierender Prozesse in Kauf, so bietet dieser Zugang den vielleicht direktesten Weg von der Systemspezifikation zur Implementierung. Die Modifikation besteht in einem Verzicht auf den Begriff "Prozeß" und dessen Ersetzung durch "Objekt". Diese Ersetzung ist möglich, weil wir Objekten erlauben, einen inneren Zustand zu besitzen, der sich - und das ist ja gerade das Charakteristikum von Prozessen - mit der Zeit ändern kann. Objekte mit inneren Zuständen können daher ohne weiteres auch für die Modellierung von Vorgängen herangezogen werden. Die "Buch"-Prozesse in Abschnitt 6.3.3 zum Beispiel lassen sich in diesem geänderten Sinne verstehen: Es sind Objekte (individuelle Bücher), mit den folgenden Eigenschaften:

- Man kann in jedem Fall ihren Autor, ihren Titel, ihr Erscheinungsjahr, ihren Erscheinungsort und ihre ISBN-Nummer feststellen;
- Sie haben einen Zustand, und je nach Zustand kann man sie bestellen, erwerben, katalogisieren, ausleihen, verlängern, zurückgeben, ausrangieren;
- man kann ihren Zustand feststellen, d.h. man kann sich darüber informieren, ob ein bestimmtes Buch bestellt wurde, ob es bezahlt ist, katalogisiert, ausgeliehen, usw.;
- in Abhängigkeit vom Zustand kann man weitere Informationen erhalten, etwa über die Klassifikation eines Buches und seinen Standort, an welchen Bibliotheksbenutzer es ausgeliehen wurde, usw.

Wir halten fest: Objektorientierter Entwurf ist darauf aus, die *Klassen* der für ein System als relevant erkannten *Objekte* zu definieren. Die Definition einer Klasse beschreibt die Eigenschaften (im oben erklärten Sinne) ihrer Objekte. Klassen können als Abstrakte Datentypen aufgefaßt werden. Für die Ausführung der klassenspezifischen Objekt-Operationen sind die den jeweiligen Klassen entsprechenden ADT-Module zuständig. Wir können dabei Objekte grundsätzlich in einer aktiven (prozeßhaften) Rolle sehen und daher die Formulierung "sind zuständig" so auslegen, daß der für eine Operation benötigte Code im ADT-Modul vorhanden ist, und daß seine Ausführung immer von einem ganz bestimmten Objekt "verlangt" wird. Es macht also gar keinen Unterschied, wenn wir sagen, daß die in einem laufenden System tätigen Akteure die Objekte selbst sind, die - mittels der ADT-Module ihrer Klassen - Operationen ausführen. Und bei der Ausführung einer Operation können jeweils andere Objekte ihrerseits zur Ausführung von Operationen veranlaßt werden:

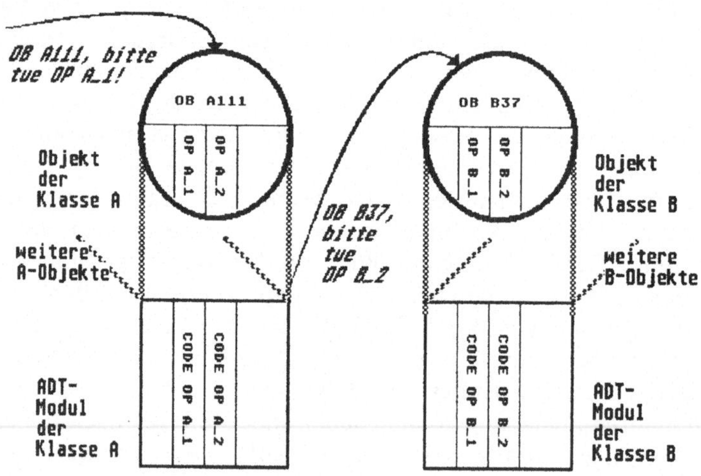

Ein zweiter Blick auf die ADT-Version des Moduls "Punktmenge" in Abschnitt 6.4.2 mag zum besseren Verständnis dieser Auffassung beitragen. Angenommen, ein den ADT-Modul "Punktmenge" benutzender ADT-Modul "Xyz" arbeitet mit der durch "VAR pm1: PunktmengenIdTyp" identifizierten Punktmenge und benötigt dabei den Punkt mit dem größten Abstand zum Koordinatenursprung. Dieser Punkt soll einem mit "VAR pMax: PunktTyp" deklarierten Identifier zugeordnet werden. ("PunktTyp" ist im ADT-Modul "Punkt" deklariert.) Im Text des ADT-Moduls "Xyz" findet sich also an geeigneter Stelle der Prozeduraufruf

"PMMaxPunkt (pm1, pMax, pm1Leer)".

(Natürlich ist "pm1Leer" - vom Typ BOOLEAN - ebenfalls im Text von "Xyz" deklariert.) Objektorientiert sehen wir diese Situation nun wie folgt:

- Ein Objekt (nennen wir es "Xyz17") der Klasse "Xyz" (d.h. eine Ausprägung des Abstrakten Datentyps "Xyz") führt eine Operation aus, bei der es ihrerseits ein Objekt (genannt "pm1") der Klasse "Punktmenge" manipuliert. (Die Eigenschaften der Objekte dieser Klasse sind im DEFINITION MODULE "Punktmenge" beschrieben.)

- Im Laufe dieser Manipulation möchte "Xyz17" von "pm1" wissen, welcher ihrer Punkte den größten Abstand zum Usprung des Koordinatensystems hat.
- Es schickt an das Objekt "pm1" die folgende Nachricht

  "Bitte führe die Operation PMMaxPunkt aus, ordne - falls du nicht leer bist - deinen Punkt mit maximalem Abstand dem Identifier pMax zu und setze pm1Leer auf FALSE; falls du leer bist, so setze pm1Leer auf TRUE!"

  (Dies ist die objektorientierte Interpretation des obigen Prozeduraufrufs. Man kann auch sagen, daß "Xyz17" eine Eigenschaft von "pm1" *benutzt*, nämlich seine Fähigkeit, die betreffende Operation auszuführen.)
- Ist "pm1" nicht leer und hat es den Punkt mit maximalem Abstand nicht schon als Teil seines Zustandes (!) "im Gedächtnis", so wird es nun, um der empfangenen Bitte nachzukommen, jeden seiner Punkte (das sind Objekte der Klasse "Punkt"!) nach seinem Abstand zum Koordinatenursprung befragen müssen.
- Jedes Objekt "p" (der Klasse "Punkt") von "pm1" wird also die Nachricht erhalten:

  "Bitte führe die Operation DistUrsprung aus!"

  "pm1" wird die jeweiligen Resultate dann zur Erfüllung der von "Xyz17" geäußerten Bitte verarbeiten.

So weit, so gut. Wir sehen, daß man ADT-Modulen, die in MODULA-2 implementiert sind, einen objektorientierten Anstrich zumindest in jenen Farben verpassen kann, die uns bis jetzt zur Verfügung stehen. Diese "Farben" heißen u. a.: *Objekt*, *Klasse*, *Eigenschaften*, gegenseitige *Benutzung* von Objekten. Und der Anstrich besteht im wesentlich in der Verwendung eines diese Begriffe aufnehmenden Sprachgebrauchs.

Die Frage ist nun freilich, inwieweit die bloße Verwendung dieser Begriffe und der ihnen zugrundeliegenden Anschauungs- und Denkweisen für die Entwicklung von Software-Systemen von größerem Nutzen sein kann als die bisher vorgetragenen Ideen zur Herstellung qualitativ hochwertiger Software. Schließlich haben wir weiter oben implizit behauptet, daß die objektorientierte Vorgehensweise insbesondere die Qualitäten *Wiederverwendbarkeit* und *Adaptierbarkeit* fördert. Wir erinnern uns: Unter *Wiederverwendbarkeit* verstehen wir die Integrierbarkeit existierender Software-Bausteine in Systemen, die verschieden sind von jenen, für die diese Bausteine ursprünglich verfaßt wurden. Und Software heißt gut *adaptierbar*, wenn kleine Änderungen der (externen) Spezifikation auch nur einen geringen Aufwand bei der Anpassung der Programme zur Folge haben. Weder für die eine noch für die andere Qualität scheint das bis jetzt vorgestellte objektorientierte Instrumentarium etwas besonderes zu leisten. Es ermöglicht nur, so jedenfalls sieht es vorläufig aus, einen anderen, vielleicht einfacheren und rationelleren Weg bei der Auffindung von Systemarchitekturen.

Die gegenüber herkömmlichen Vorgehensweisen entscheidenden Vorteile des objektorientierten Ansatzes werden durch das diesem Ansatz eigentümliche

Konzept der *Vererbung* (engl.: *inheritance*) ins Spiel gebracht:

> Existierende Klassen können die Eigenschaften ihrer Objekte auf die Objekte anderer, neu zu definierender Klassen *vererben.*

Die Mächtigkeit dieses Konzepts und seiner Weiterungen sowie deren Auswirkungen auf die Qualitäten *Wiederverwendbarkeit* und *Adaptierbarkeit* werden wir uns im verbleibenden Teil dieses Abschnitts bewußt machen. Um es für die Software-Entwicklung voll auszunutzen, bedarf es freilich geeigneter sprachlicher Ausdrucksmittel.

Immerhin, der Grundgedanke ist überaus einfach und naheliegend: Angenommen, Klasse A existiert, und Klasse B ist neu zu definieren. Wir wollen, daß die Objekte der Klasse B alle Eigenschaften haben, die auch den Objekten der Klasse A zukommen. Das heißt, alle Objekte der Klasse B sollen auch Objekte der Klasse A sein, nur eben etwas speziellere. Nach unserer Gleichsetzung von "Klasse" und "Abstrakter Datentyp", und nach unserer im vorangegangenen Abschnitt als hilfreich apostrophierten Vorstellung eines ADTs als "Menge von Objekten" ist Klasse B (die Menge aller B-Objekte) nichts anderes als eine Teilklasse von Klasse A (der Menge aller A-Objekte). (Aus dieser Sicht ist also die Klasse B "kleiner" als die Klasse A.)

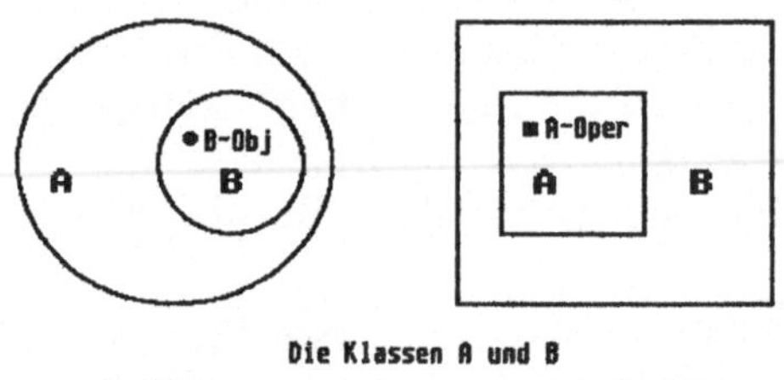

Die Klassen A und B
als Mengen ... ... und als Module

Da nun Klassen in eineindeutiger Weise Modulen entsprechen, bedeutet die Vererbbarkeit klassenspezifischer Eigenschaften u. a., daß bei der Konstruktion neuer Module die Operationen bestehender Module übernommen werden dürfen. Der der Klasse B entsprechende Modul enthält also insbesondere alle Operationen des zur Klasse A gehörenden Moduls. Was ein A-Objekt kann, das kann auch ein B-Objekt, aber nicht umgekehrt. (Aus dieser Sicht erscheint die Klasse B sozusagen "größer" als die Klasse A.) Durch den Vererbungsbegriff wird eine Beziehung zwischen Modulen etabliert, die von der in den Abschnitten 6.4.2 und 6.4.3 ausschließlich betrachteten Beziehung zwischen dem Forderer und dem Erbringer von Dienstleistungen (der "A <u>benutzt</u> B" - Beziehung) grundverschieden ist.

Weder die älteren noch die meisten der moderneren Sprachen zur imperativen Programmierung (FORTRAN, COBOL, ALGOL, PASCAL, ADA, usw., und insbesondere auch MODULA-2) verfügen über die Mittel, mit denen diese, durch die Vererbung klassenspezifischer Eigenschaften gestiftete Beziehung zwischen Modulen für die Implementierung von Software-Systemen nutzbar gemacht werden kann. Der objektorientierte Ansatz, begründet auf Paradigmen, welche sich auf den Software-<u>Entwurf</u> beziehen, kommt erst durch das Vehikel einer objektorientierten Programmiersprache zu voller Geltung, also einer Sprache, die neben den "üblichen" Konstrukten zur Unterstützung von funktionaler Abstraktion (Prozeduren und Funktionsprozeduren) und Datenabstraktion mindestens auch die Darstellung von Vererbungsbeziehungen und die Verwendung damit zusammenhängender programmiertechnischer Mechanismen erlaubt. Von diesen Sprachen - auf einige haben wir schon an anderer Stelle (Abschnitt 6.4.1) hingewiesen - wählen wir B. Meyers EIFFEL, um die neben *Objekt* und *Klasse* wesentlichen Konzepte der objektorientierten Software-Entwicklung zu exemplifizieren. Diese Sprache zeichnet sich - jedenfalls im Urteil des Autors dieses Buches - durch besondere Klarheit, Einfachheit und Eleganz aus. (Leider sehen wir uns jedoch auch hier gezwungen darauf hinzuweisen, daß es uns - aus naheliegenden Gründen - im vorgegebenen Rahmen nicht möglich ist, diese Behauptung durch eine auch nur annähernd vollständige Darstellung von EIFFEL zu belegen. Doch mag sich der Leser durch die wenigen Aspekte, die wir in diesem Abschnitt aufgreifen, zur Lektüre der bereits zitierten Meyer'schen Monographie ([MEY]) angeregt fühlen.)

Das einzige in EIFFEL erlaubte Mittel zur Herstellung der Bausteine von Software-Systemen ist das (hier ohne die später noch zu ergänzenden Elemente dargestellte) Konstrukt:

```
class ‹Name der Klasse› export
    -- Liste der benutzbaren Eigenschaften
    -- der Objekte von ‹Name der Klasse›
features
    -- Beschreibung der Eigenschaften
    -- der Objekte von ‹Name der Klasse›
    -- (einschließlich der von Objekten
    -- anderer Klassen nicht benutzbaren)
end
```

("--" markiert einen Kommentar, Schlüsselworte werden unterstrichen und kursiv gedruckt.)

Eine *class* ist gleichzeitig Modul und Abstrakter Datentyp. Der Hauptteil des Textes einer *class* beschreibt die Eigenschaften (*features*) der Objekte von ‹Name der Klasse›. Diese *features* sind - aus dem Verständnis von *class* als Modul - nichts anderes als die Operationen (oder, mit anderen Worten, die Dienstleistungen), welche von den zu ‹Name der Klasse› gehörenden Objekte ausgeführt werden können. (Nach den Bemerkungen weiter oben werden wir dieser Sprechweise hier den Vorzug geben gegenüber der eher "konventionellen" Formulierung: "... welche mit den ... Objekten ausgeführt werden können".) *class* ist darüberhinaus auch das einzige Mittel zur Definition neuer Typen überhaupt. (Neben den vier *einfachen Typen* BOOLEAN, CHARACTER, INTEGER und REAL sowie einigen prädefinierten "Klassentypen" wie z.B. STRING. Ein gesondertes Konstrukt _type_, wie in MODULA-2, PASCAL und ähnlichen Sprachen, gibt es nicht. Auch für die traditionellen Konstruktoren von Datenstrukturen wie _array_ oder _record_ gibt es in EIFFEL keine unmittelbaren Entsprechungen. Vielmehr werden diese, wie sich an unseren Beispielen noch zeigen wird, durch das _class_ Konstrukt realisiert.)

Nicht alle *features* einer _class_ müssen von Objekten anderer Klassen benutzbar sein. Diejenigen *features*, die anderen Klassen für die Definition der Eigenschaften ihrer Objekte zur Verfügung gestellt werden, sind in der sogenannten _export_-Liste aufgezählt.

Die folgende _class_ entspricht dem am Ende von Abschnitt 6.4.2 angegebenen (und um die Operation "verschiebe" erweiterten) ADT-Modul "Punkt":

```
class PUNKT export
   xkoord, ykoord, abstand, dist_ursprung, verschiebe
feature
   xkoord, ykoord: REAL;
   abstand (anderer_punkt: PUNKT) : REAL is
      do
         Result := sqrt((xkoord - anderer_punkt.xkoord)^2 +
                        (ykoord - anderer_punkt.ykoord)^2)
      end;
   dist_ursprung: REAL is
      do
         Result := sqrt(xkoord^2 + ykoord^2)
      end;
   verschiebe (a, b: REAL) is
      -- verschiebe horizontal um a, vertikal um b Einheiten
      do
         xkoord := xkoord + a;
         ykoord := ykoord + b
      end;
end
```

Bevor wir uns eingehender mit der "objektorientierten Vererbungslehre" befassen können, ist es nötig, einige der für EIFFEL charakteristischen Notationen gut zu verstehen (und dies insbesondere im Lichte der Ausführungen von Abschnitt 6.4.1). Wir schließen daher an den Anschrieb der _class_ "PUNKT" die folgenden Bemerkungen an:

(i) Die im _feature_-Abschnitt beschriebenen Eigenschaften der PUNKT-Objekte sind entweder durch Speicherinhalte (hier die Werte der *Attribute* "xkoord" und "ykoord", welche auch den *Zustand* eines PUNKT-Objekts bestimmen) oder durch *Berechnungsroutinen* gegeben. Diese Berechnungsroutinen sind entweder *funktional* oder *prozedural*. Die funktionalen Routinen (hier "abstand" und "dist_ursprung") liefern - ohne den Zustand eines Objekts zu verändern (d.h. ohne Seiteneffekte!) - jeweils einen durch den Standardnamen "Result" bezeichneten Wert, während eine prozedurale Routine (hier "verschiebe") im allgemeinen den Zustand eines Objekts verändert.

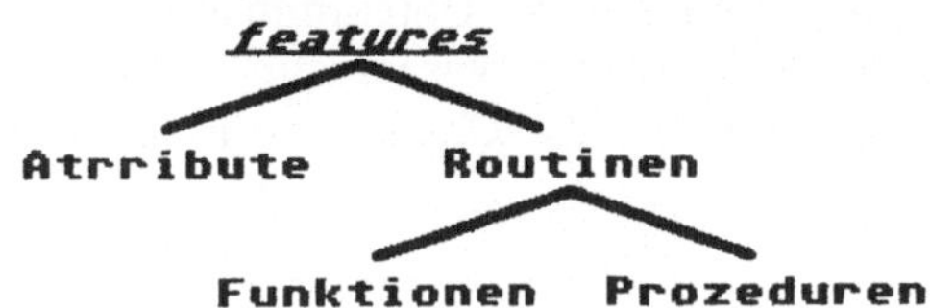

(ii) Zur Illustration der *Benutzung* der im export-Abschnitt einer class aufgelisteten Eigenschaften durch andere Klassen möge das folgende Beispiel dienen:

```
class STRECKE export
    anfang, ende, laenge, neigung, verschiebe
feature
    anfang, ende: PUNKT;
    laenge: REAL is
        do
            Result := anfang.abstand (ende)
        end;
    neigung: REAL is
        do
            Result := (ende.ykoord - anfang.ykoord) /
                      (ende.xkoord - anfang.xkoord)
        end;
    verschiebe (a, b: REAL) is
        do
            anfang.verschiebe (a,b);
            ende.verschiebe (a,b)
        end;
end
```

Die Attribute "anfang" und "ende" bezeichnen jeweils ein Objekt der class PUNKT. Für die Berechnung der Eigenschaft "laenge" eines Objekts der class STRECKE wird hier die Eigenschaft "abstand" (von einem anderen Punkt) des PUNKT-Objekts "anfang" benutzt, und das Verschieben eines STRECKE-Objekts (horizontal um a, vertikal um b Einheiten) wird auf das Verschieben von Anfangs- und Endpunkt zurückgeführt. Die Notation

‹objekt_name›.‹feature_name› [‹parameter›]

entspricht der Aufforderung an ein Objekt, sich der durch ‹feature_name› bezeichneten - und eventuell durch Parameter präzisierten - Eigenschaft gemäß zu verhalten. (In manchen objektorientierten Sprachen, wie z.B. Smalltalk, ist in diesem Zusammenhang sogar von "messages" - Botschaften - an Objekte die Rede.) Es ist bemerkenswert, daß alle Arten von *features*, Attribute und Routinen, bei ihrer Benutzung syntaktisch gleich behandelt werden. Der Grund hierfür wird uns bald einleuchten. Die Notation zur Anforderung von Diensten (also *features*) einer Klasse für eines ihrer Objekte macht es im übrigen möglich, ein und denselben *feature*-Namen (hier "verschiebe") in verschiedenen Klassen zu verwenden. Da "anfang" ein PUNKT-Objekt bezeichnet, sagt

"anfang.verschiebe (a,b)"

ganz deutlich, daß hier nur die "verschiebe"-feature der *class* PUNKT gemeint sein kann. Dies ist die EIFFEL eigene Form des sogenannten *overloading*. (Ähnliches erlaubt zum Beispiel die Programmiersprache ADA, in der man verschiedenen Prozeduren den gleichen Namen geben kann, sofern sich deren Parameterlisten typweise unterscheiden.)

(iii) Dem aufmerksamen Leser wird nicht entgangen sein, daß unsere EIFFEL Version des ADT-Moduls PUNKT kein der Operation "InitPunkt(...)" entsprechendes *feature* enthält. Dies ist nicht von ungefähr. Denn ohne daß es ausdrücklich in ihrem Text erwähnt werden muß, sieht jede *class* ("standardmäßig") für ihre Objekte ein *feature* namens *Create* vor. Tatsächlich bewirkt die Aufforderung

pkt1.Create

bezogen auf einen mit

pkt1: PUNKT

als (Attribut-)*feature* vom (Klassen-)Typ PUNKT deklarierten Identifier die Erzeugung eines Objekts der *class* PUNKT und dessen "Bindung" an den Identifier "pkt1". Die Attribut-*features* eines Objekts erhalten bei dessen Erzeugung - ebenfalls "standardmäßig" - bestimmte Werte, und zwar Attribute vom Typ

BOOLEAN	false
INTEGER	0
REAL	0.0
CHARACTER	(ASCII) nul;

Attribute (wie z.B. "anfang" in *class* STRECKE), deren Typ durch eine Klasse gegeben ist (also Attribute vom "Klassentyp") werden dagegen standardmäßig als "leere" Referenz initialisiert.

Es ist klar, daß von Attributen (vom Klassentyp), die leere Referenzen enthalten und somit (noch) kein Objekt bezeichnen, auch nicht die durch den jeweiligen Klassentyp definierten Operationen verlangt werden können. Angenommen, wir wenden die Standardoperation *Create* auf ein durch "str1: STRECKE" deklariertes Attribut an. Wir würden damit (s.o.)

- erstens ein Objekt der *class* STRECKE erzeugen
- und zweitens in "str1" eine Referenz auf dieses Objekt.

Das durch "str1" referenzierte Objekt enthält nun freilich seinerseits, der Initialisierungsregel gemäß, in seinen Attributen "anfang" und "ende" leere Referenzen (vgl. Abbildung). Von diesem Objekt zum Beispiel die Operation "laenge" zu verlangen, ist daher sinnlos (und führt bei einem Programmlauf zu einem Fehler). Wir müßten zuvor die Create-Operation auf "str1.anfang" und "str1.ende" anwenden. Da nun erstens diese Vorgehensweise schon bei nur mäßig komplexen Objektstrukturen recht umständlich sein kann, und weil zweitens die Standardinitialisierungen nicht immer die zweckmäßigsten scheinen, erlaubt EIFFEL die klassenspezifische *Redefinition* der Create-Operation.

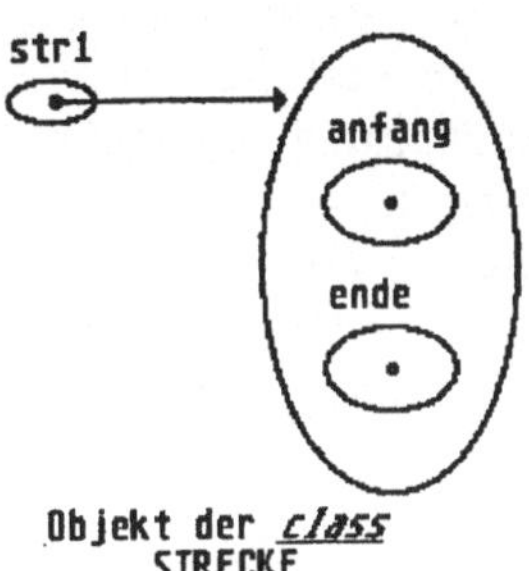

Für die Klassen PUNKT und STRECKE bietet es sich an, "Create" etwa wie folgt zu redefinieren:

```
class PUNKT export
   xkoord, ykoord,
   abstand, dist_ursprung,
   verschiebe
feature
   Create (x, y: REAL) is
     do
        xkoord := x;  ykoord := y;
     end;
   xkoord, ykoord: REAL;
   -- alle anderen features wie oben
   . . .
end
```

```
class STRECKE export
   anfang, ende, laenge,
   neigung, verschiebe
feature
   Create (xa, ya, xe, ye: REAL) is
     do
        anfang.Create (xa, ya);
        ende.Create (xe, ye)
     end;
   anfang, ende: PUNKT;
   -- alle anderen features wie oben
   . . .
end
```

(Man beachte, daß die Create-Operation - auch wenn sie redefiniert wurde - nicht in die <u>export</u>-Liste aufgenommen wird!)

Die standardmäßige Existenz einer Create-Operation und ihr Gebrauch in EIFFEL-Programmen sind in guter Übereinstimmung mit der weiter oben vorgebrachten Interpretation von Objekten als Prozesse: Ein EIFFEL-Programm läuft ab als Interaktion zwischen Objekten. Damit aber Objekte untereinander agieren können, müssen sie zunächst einmal <u>explizit</u> erzeugt worden sein. (Mit einer anderen, ebenfalls standardmäßig gegebenen Operation mit dem Namen *Forget* kann man übrigens die Referenz eines Objektes (A) auf ein Objekt (B) auf "leer" zurücksetzen; damit wird B von A aus unzugänglich. In der von Meyer beschriebenen EIFFEL-Laufzeitumgebung ist es möglich, den Speicherplatz, der von gänzlich unzugänglich gewordenen Objekten besetzt wird, automatisch oder in (vom Programmierer) kontrollierter Weise zurückzugewinnen. Diese Technik ist unter der Bezeichnung *garbage collection* (Müll-Sammlung) bekannt.)

(iv) Dem aufmerksamen Leser wird ferner nicht entgangen sein, daß der Text einer EIFFEL-*class* offenbar nicht in einen öffentlichen (die Definition der Benutzungsschnittstelle enthaltenden) und einen privaten (die Implementierung detaillierenden) Teil gegliedert wird. Auf den ersten Blick scheint dies im Widerspruch zu dem in Abschnitt 6.4.1 geforderten Geheimnisprinzip zu stehen. Ein zweiter Blick (auf 6.4.1) jedoch lehrt, daß dieses Prinzip keineswegs kategorisch die syntaktische Trennung von Schnittstellendefinition und Implementierung verlangt. Es kommt vielmehr ausschließlich darauf an, daß der Benutzer eines Moduls auf dessen Interna nur über wohldefinierte - und damit natürlich gesondert mitteilbare - Operationen Zugang erhält.

Letzteres ist für *class*-Beschreibungen in EIFFEL aber ohne weiteres gewährleistet: Erstens sind die Objekte einer *class* nur mittels ihrer - in der *export*-Liste genannten - *features* benutzbar, und zweitens lassen sich alle für die Benutzung der Objekte einer *class* notwendigen Informationen aus der Beschreibung herausfiltern und (einem Programmierer) zur Verfügung stellen.

Zum Beispiel lauten die Schnittstellenbeschreibungen der Klassen PUNKT und STRECKE wie folgt :

```
class interface PUNKT
exported features
   xkoord, ykoord, abstand,
   dist_ursprung, verschiebe
feature specification
   Create (x,y: REAL)
   xkoord: REAL
   ykoord: REAL
   abstand (anderer_punkt: PUNKT): REAL
   dist_ursprung: REAL
   verschiebe (a, b: REAL)
   -- verschiebe horizontal um a,
   -- vertikal um b Einheiten
end interface -- class PUNKT
```

```
class interface STRECKE
exported features
   anfang, ende, laenge,
   neigung, verschiebe
feature specification
   Create (xa, ya, xe, ye: REAL)
   anfang: PUNKT
   ende: PUNKT
   laenge: REAL
   neigung: REAL
   verschiebe (a, b: REAL)
   -- verschiebe horizontal um a,
   -- vertikal um b Einheiten
end interface -- class STRECKE
```

Sie werden aus den Texten der Klassen durch Entfernung sämtlicher Klauseln ("*is* ...", usw.) gewonnen, welche auf die Implementierung Bezug nehmen. Dies ist eine sehr einfache Textmanipulation. Zur Verdeutlichung und zur Abgrenzung gegen die vom Compiler übersetzbaren *class*-Texte wurden die Benennungen der einzelnen Abschnitte leicht modifiziert (*class interface*, usw.).

Natürlich kann man solche Schnittstellenbeschreibungen auch als Vorgaben für die Modulimplementierung im Rahmen einer Systementwicklung einsetzen. Über die Realisierung der einzelnen *features* kann dann der EIFFEL-Programmierer ebenso entscheiden wie dies der MODULA-2-Programmierer bei der Gestaltung eines IMPLEMENTATION MODULE tun kann. Insbesondere hat er für die Realisierung von parameterlosen *features*, die einen Wert liefern (in den Beispielen oben sind das "xkoord", "ykoord", "dist_ursprung", "anfang", "ende", "laenge" und "neigung"), oft die Wahl zwischen Attributen und Funktionen, also zwischen der Speicherung des Wertes oder seiner Berechnung. So könnte ein Programmierer, der den Auftrag erhält, aufgrund der obigen Schnittstellenbeschreibung die *class* PUNKT zu implementieren, auch mit der folgenden Lösung aufwarten:

```
class PUNKT export
    xkoord, ykoord, abstand, dist_ursprung, verschiebe
feature
    Create (x, y: REAL) is
        do
            xkoord := x; ykoord := y;
            dist_ursprung := sqrt (x^2 + y^2)
        end;
    xkoord: REAL;
    ykoord: REAL;
    abstand (anderer_punkt: PUNKT) : REAL is
        do
            Result := sqrt((xkoord - anderer_punkt.xkoord)^2 +
                           (ykoord - anderer_punkt.ykoord)^2)
        end;
    dist_ursprung: REAL;
    verschiebe (a, b: REAL) is
        -- verschiebe horizontal um a, vertikal um b Einheiten,
        -- und aktualisiere die Distanz zum Ursprung
        do
            xkoord := xkoord + a; ykoord := ykoord + b;
            dist_ursprung := sqrt(xkoord^2 + ykoord^2)
        end;
end
```

Der Wert des *feature* "dist_ursprung" wird bei dieser Implementierung nicht wie zuvor durch eine funktionale Routine berechnet, sondern ist als Inhalt eines "Attribut-Speichers" verfügbar. Für einen Benutzer der *class* PUNKT ist dieser Unterschied allerdings unsichtbar. Er erhält den Wert von "dist_ursprung" für ein durch "pkt1" referenziertes Objekt vom Klassentyp PUNKT nach wie vor über die Notation "pkt1.dist_ursprung".

Es gibt gute Gründe sowohl für als auch gegen das Angebot einer Programmiersprache, syntaktisch separate und für sich übersetzbare Einheiten zur Definition der Schnittstelle eines Moduls zu formulieren. Wir werden uns hier an einer Diskussion dieser Gründe nicht beteiligen. Nur soviel: Für den Entwerfer der Sprache EIFFEL überwog offenbar das Argument, so wenig Redundanz wie möglich im Text eines Programmsystems zuzulassen. Jegliche für die Benutzung eines Moduls nötige Dokumentation soll aus dem vollständigen Modultext herausgezogen (*abstrahiert* !) werden können. Andererseits werden wir weiter unten, bei der Vorstellung von Sprachkonstrukten zur Anwendung des Vererbungskonzepts, sehen, daß eine (kompilierbare) EIFFEL-class auch ohne Implementierungsdetails geschrieben werden kann und somit eine dem Definitionsmodul in Sprachen wie MODULA-2 vergleichbare (wenn auch viel mächtigere) Rolle zu spielen in der Lage ist.

Apropos Benutzungsdokumentation: Dafür gibt es in EIFFEL noch mehr "Lekkerbissen", Prädikate (etwa im Sinne unseres Kapitels 4) nämlich, die in den Text von Klassen integrierbar sind. Damit können unter anderem sowohl die Vorbedingungen für die Anwendung eines *feature* als auch die durch ein *feature* zu garantierenden Nachbedingungen ausgedrückt werden. Der EIFFEL-Compiler bietet die Option, Code zur Überprüfung dieser Bedingungen zu generieren, der beim Ablauf eines Programmes - im allgemeinen - ein ähnliches Verhalten erzeugt wie die gegen Ende von Abschnitt 4.1.3 vorgeschlagene MODULA-2-Prozedur "Assertion": Er veranlaßt den Abbruch des Programms unter gleichzeitiger Ausgabe einer Fehlermeldung.

Mit Vor- und Nachbedingungen, wir erinnern uns, läßt sich die Semantik einer Berechnungsroutine beschreiben. In Kapitel 4, wir wiederholen es, haben wir sie zur Grundlage der Programmentwicklung gemacht. Vorbedingungen legen fest, was erfüllt sein muß, damit eine Routine ein definiertes Ergebnis liefern kann, und Nachbedingungen beschreiben eben dieses Ergebnis. Im Lichte der Abschnitte 6.4.2 und 6.4.3 können wir diese Bedingungen daher auch als Teile jener "Nutzungsverträge" ansehen, die zwischen dem Erbringer und dem Nutzer von Dienstleistungen geschlossen werden. Und bis zu einem gewissen Grade können wir - wie sich sogleich zeigen wird - mit ihnen sogar die in Abschnitt 6.4.3 durchgenommene axiomatische Definition der Semantik eines ADTs nachvollziehen.

Eine vollständige Darstellung der in EIFFEL verfügbaren Mittel zur Formulierung von Prädikaten sprengt zwar den Rahmen dieses summarischen Überblicks, doch lohnt es sich, sie wegen ihrer Einsatzmöglichkeiten sowohl bei der Dokumentation, als auch für den Test von Programmsystemen, zumindest ansatzweise zu skizzieren. Wir betrachten dazu das (vorläufige) Gerüst eines als class implementierten ADT "STACK_OF_INT" (mit dem - gegenüber dem Beispiel in Abschnitt 6.4.3 - zusätzlichen *feature* "anz_elemente"):

```
class STACK_OF_INT export
    anz_elemente, push, pop, top,
    isnew, replace
feature
    anz_elemente: INTEGER;
```

```
push (x: INTEGER) is
   do ... end ;
pop is
   do ... end;
top: INTEGER is
   do ... end;
isnew: BOOLEAN is
   do ... end;
replace (x: INTEGER) is
   do ... end;
end -- class STACK_OF_INT
```

Die in 6.4.3 angegebene Operation NEWSTACK wird hier durch das standardmäßige (und daher nicht explizit notierte) Create-*feature* realisiert. "Standard-Create" weist, wie wir gelernt haben, dem Attribut "anz_elemente" den Wert 0 zu. Das Axiom (vgl. 6.4.3) "ISNEW(NEWSTACK) =TRUE" läßt sich daher als Nachbedingung für das *feature* "isnew" auffassen:

"*feature* 'isnew' liefert den Wert von (anz_elemente = 0)".

Dagegen wird "ISNEW(PUSH(stk, elm)) = FALSE" zu einer Nachbedingung für das *feature* "push":

"Nach Benutzung von *feature* 'push' liefert 'isnew' den Wert <u>*false*</u>".

Das Axiom "TOP(NEWSTACK) = UNDEF" übersetzen wir in eine Vorbedingung für das *feature* "top":

"*feature* 'top' darf nur verlangt werden, wenn 'isnew' den Wert <u>*false*</u> hat".

"TOP(PUSH(stk, elm)) = elm" führt zu einer weiteren Nachbedingung für das *feature* "push":

"Nach 'push(x)' liefert 'top' den Wert x".

Etwas weniger offensichtlich ist die Umsetzung der beiden POP-Axiome. Deren zweites ("POP(PUSH(stk,elm)) = stk") gibt Anlaß zu Nachbedingungen sowohl für das *feature* "push" als auch für "pop":

"Nach 'push' ist 'anz_elemente' um 1 größer"

und

"Nach 'pop' ist 'anz_elemente' um 1 kleiner".

Wegen "POP(NEWSTACK) = NEWSTACK" muß die letztere Nachbedingung noch um den Fall ergänzt werden, daß vor Benutzung von "pop" "isnew" den Wert <u>*true*</u> hatte, und "anz_elemente" sich durch "pop" nicht ändert.

Für "replace" schließlich ergibt sich die Nachbedingung aus jenen für "push" und "pop":

"Nach 'replace(x)' liefert 'top' den Wert x
und 'anz_elemente' ändert sich nicht,

falls vor 'replace' 'isnew' den Wert *false* hatte;
andernfalls ist 'anz_elemente' um 1 größer".

In EIFFEL werden Vorbedingungen in einer *require* - Klausel und Nachbedingungen in einer *ensure* - Klausel verpackt. Damit kann man (wenn man will!) im Text einer *class* eine (formale aber nicht notwendigerweise vollständige!) Spezifikation der *features* ihrer Objekte unterbringen. Für die STACK-*class* sieht das folgendermaßen aus:

```
class STACK_OF_INT export
   anz_elemente, push, pop, top, isnew, replace
feature
   anz_elemente: INTEGER;
   push (x: INTEGER) is
      do ...
      ensure
         not isnew; top = x;
         anz_elemente = old anz_elemente + 1
      end ;
   pop is
      do ...
      ensure
         (not old isnew and (anz_elemente = old anz_elemente - 1))
         or (old isnew and Nochange)
      end;
   top: INTEGER is
      require
         not isnew
      do ...
      end;
   isnew: BOOLEAN is
      do ...
      ensure
         Result = (anz_elemente = 0)
      end;
   replace (x: INTEGER) is
      do ...
      ensure
         top = x and
         ((not old isnew and Nochange)
         or (old isnew and (anz_elemente = old anz_elemente + 1)))
      end;
end -- class STACK_OF_INT
```

(Der Operator *old* liefert den Wert seines Operanden vor Benutzung des jeweiligen *features* ; "Nochange" ist der Standardname für einen booleschen Ausdruck, der genau dann den Wert *true* hat, wenn die Benutzung des jeweiligen *features* die Werte der Attribute der *class* nicht geändert hat. Die mit den Operatoren *and*, *or*, etc. gebildeten Ausdrücke sind mit den üblichen Präzedenzregeln zu interpretieren.)

Wie gesagt: Man kann diese Klauseln einbauen, muß es aber nicht. Tut man es, so kann man den Compiler anweisen, Code zur Überprüfung der entsprechenden Bedingungen zu erzeugen. Der Nutzen, den man hiervon beim Test eines Programmsystems haben kann, ist offensichtlich. Andererseits: *require*- und *ensure*-Klauseln gehören zur Interface-Abstraktion und sind damit Teil der Benutzungs- bzw. Entwurfsdokumentation einer *class*. Sie vermitteln wichtige (wenn auch nicht notwendigerweise sämtliche) Informationen über die Semantik der Objekte einer *class*. Die aus der *class* STACK (soweit oben ausgearbeitet) abstrahierte Schnittstellenbeschreibung lautet zum Beispiel wie folgt:

```
class interface STACK_OF_INT
exported features
    anz_elemente, push, pop, top, isnew, replace
feature specification
    anz_elemente: INTEGER;
    push (x: INTEGER)
        ensure
            not isnew; top = x;
            anz_elemente = old anz_elemente + 1
    pop
        ensure
            (not old isnew and (anz_elemente = old anz_elemente - 1))
            or (old isnew and Nochange)
    top: INTEGER
        require
            not isnew
    isnew: BOOLEAN
        ensure
            Result = (anz_elemente = 0)
    replace (x: INTEGER)
        ensure
            top = x and
            ((not old isnew and Nochange)
            or (old isnew and (anz_elemente = old anz_elemente + 1)))
end interface -- class STACK_OF_INT
```

(v) Mit einer letzten Bemerkung vor unserem Einstieg in die "objektorientierte Vererbungslehre" wollen wir darauf hinweisen, daß EIFFEL, ganz ähnlich wie der im vorangegangenen Abschnitt für die Definition und abstrakte Implementierung von ADTn verwendete Formalismus, die Möglichkeit bietet, Klassen zu *parametrisieren*. Die Motivation hierfür liegt auf der Hand: Wir haben es oftmals mit Datenstrukturen zu tun, deren elementare Teile alle von ein und demselben Typ, sagen wir T, sind. Beispiele sind STACK und ARRAY, aber auch alle Arten von Listenstrukturen. Die für die genannten Strukturen interessanten Operationen machen von den speziellen Eigenschaften der Objekte des Typs T freilich im allgemeinen keinerlei Gebrauch. So ist es für die Definition des *feature* "push" eines Stacks unerheblich, ob das Objekt, welches auf den Stapel gelegt werden soll, eine ganze Zahl ist, ein Stück Kuchen oder ein Array von Abbildungen. (Wichtig ist allein, daß das zuletzt auf den Stack gelegte Objekt dort auch an oberster Stelle zu finden ist.) In EIFFEL wird dieser Einsicht dadurch Rechnung getragen, daß man bei der Definition von Klassen diese mit formalen *Klassenparametern* (bzw. *Typparametern*) versehen darf. Anstatt also der Klassen "STACK_OF_INT", "STACK_OF_REAL", "STACK_OF_POINT", etc. definiert man eine einzige class "STACK[T]", wobei T ein Klassenparameter (bzw. Typparameter) ist:

```
class STACK[T] export
    anz_elemente, push, pop, top,
    isnew, replace, isfull
feature
    anz_elemente: INTEGER;
    push (x: T) is
        do ... end ;
    pop is
        do ... end;
    top: T is
        do ... end;
    isnew: BOOLEAN is
        do ... end;
    replace (x: T) is
        do ... end;
    isfull: BOOLEAN is
        do ... end;
end -- class STACK[T]
```

(Wir haben hier, um das Beispiel etwas realistischer zu machen, das zusätzliche *feature* "isfull" eingeführt - schließlich sollte auch einem Stack nicht unbegrenzt viel Speicherplatz zur Verfügung stehen. Der Leser überlege sich, wie nach dieser Modifikation die require - und ensure - Klauseln - insbesondere für "pop" und "push" ausschauen sollten.)

Ein Benutzer dieser *class* muß bei der Deklaration eines Attributs vom Klassentyp STACK natürlich angeben, von welcher Klasse (bzw. welchem Typ) die Objekte sind, die er auf dem durch dieses Attribut referenzierten Stack unterbringen will. So bezeichnet ein als

intstk: STACK [INTEGER]

deklariertes Attribut "intstk" einen Stack für Objekte vom Typ INTEGER, während das durch

ptstk: STACK [POINT]

deklarierte Attribut "ptstk" einen Stack für Objekte der *class* POINT meint.

Nehmen wir weiter an, daß der gleiche Benutzer zwei Attribute wie folgt deklariert hat:

"int1: INTEGER" und "pt1: POINT".

Dann ist es offensichtlich zum Beispiel erlaubt, auf dem durch "intstk" referenzierten Stack Werte des Attributs "int1" und auf dem durch "ptstk" referenzierten Stack Werte des Attributs "pt1" abzulegen. Die folgenden *feature* - Anwendungen sind daher legitim:

"intstk.push(int1)" und "ptstk.push(pt1)".

Dagegen sind zum Beispiel die *feature* - Anwendungen

"intstk.replace(pt1)", "ptstk.push(int1)" und "pt1 := intstk.top"

verboten, da die aktuellen Typ-Parameter der STACK-Attribute nicht mit den Typen der Stack-Elemente übereinstimmen. (Ein Punkt darf nicht auf einen Stack für ganze Zahlen gelegt werden, usw.) Solche *feature* - Anwendungen werden vom EIFFEL-Compiler abgelehnt.

Klassen, welche mit Typ-/Klassenparametern definiert sind, werden auch als *generisch* bezeichnet, da sie gewissermaßen ein formales Muster für die Erzeugung aktueller Klassen liefern. Der zweite, im vorangegangenen Abschnitt diskutierte ADT, das ARRAY, würde als EIFFEL - *class* die folgende *generische* Gestalt annehmen:

```
class ARRAY[DT, RT]
   -- DT ist der Domain-Typ und
   -- RT ist der Range-Typ
export
   assign, access
feature
   Create(...) is
      do ... end;
   assign (dval: DT; rval: RT) is
      do ... end;
   access (dval: DT): RT is
      do ... end;
end -- class ARRAY[DT, RT]
```

Hier gibt es jedoch offenbar ein Problem: "Create" müßte, um ein Objekt dieser *class* zu erzeugen, einige Kenntnis über den Domain-Typ und über Eigenschaften von dessen Objekten haben. Beispielsweise müßte es wissen (etwa um genügend Speicherplatz zu reservieren), wieviele Elemente DT umfaßt, und ob auf die Objekte des ihm in DT übergebenen Typs ihrerseits die Create-Operation anwendbar ist. Andererseits haben wir ausdrücklich ausgeschlossen, daß bei der Realisierung der *features* einer generischen Klasse von irgendwelchen speziellen Eigenschaften der als aktuelle Parameter zulässigen Klassen/Typen Gebrauch gemacht wird. Es soll eben jede Klasse und jeder einfache Typ als aktueller Parameter auftreten können. Aus diesem Grunde kann für den Domain-Typ einer ARRAY-*class* kein formaler Parameter eingesetzt werden. Der Range-Typ dagegen, das ist klar, kann völlig offen bleiben. So begnügen wir uns mit einer wie folgt definierten generischen ARRAY-*class*:

```
class ARRAY[T]
    -- T ist der Typ der in einem
    -- ARRAY-Objekt gespeicherten Elemente
export
    low, high, size, assign, access
feature
    Create(l,h: INTEGER) is
        -- Erzeugt ein ARRAY-Objekt mit unterem Index l
        -- und oberem Index h; das Objekt ist leer, wenn l > h
        do ... end;
    low, high, size: INTEGER;
    assign (i: INTEGER; val: T) is
        do ... end;
    access (i: INTEGER): T is
        do ... end;
end -- class ARRAY[T]
```

Dies ist jedenfalls hinreichend, um die in Abschnitt 6.4.3 vorgeführte (abstrakte und generische) Implementierung des STACK-ADT durch den ARRAY-ADT im Formalismus der EIFFEL-Klassen nachzuvollziehen.

(Man beachte dabei, daß
- *features* als Attribute definiert werden können, deren Typ ein generischer Klassentyp ist, und daß
- nicht alle *features* der Implementierung exportiert werden.

Die *require* - und *ensure* - Klauseln haben wir der Kürze halber nicht mitübernommen. Der Leser möge dies nachholen.)

```
class STACK[T] export
    anz_elemente, push, pop, top,
    isnew, replace, isfull
```

```
feature
   stack_array: ARRAY[T];
   max_hoehe: INTEGER;
   anz_elemente: INTEGER;
   Create(n: INTEGER) is
      -- falls n>0, erzeuge ein STACK-Objekt für maximal
      -- n Objekte; sonst erzeuge ein STACK-Objekt für
      -- 0 Objekte
      do
         if n>0 then max_hoehe := n end;
         -- andernfalls wird "Create" "max_hoehe"
         -- automatisch mit 0 initialisieren
         stack_array.Create(1, max_hoehe)
      end;
   push(x: T) is
      do
         anz_elemente := anz_elemente + 1;
         stack_array.assign(anz_elemente, x)
      end ;
   pop is
      do
         if not isnew then
            anz_elemente := anz_elemente - 1;
         end
      end;
   top: T is
      do
         Result := stack_array.access(anz_elemente)
      end;
   isnew: BOOLEAN is
      do
         Result := (anz_elemente = 0)
      end;
   replace(x: T) is
      do
         pop; push(x)
      end;
   isfull: BOOLEAN is
      do
         Result := (anz_elemente = max_hoehe)
      end;
end -- class STACK[T]
```

Wir haben nun hinreichenden Einblick in die Werkstatt des EIFFEL-Programmierers bekommen, um auch sein wichtigstes und mächtigstes Instrument, das Konzept der *Vererbung*, kennen und schätzen zu lernen. Die naheliegendste Motivation für die Unterstützung dieses Konzeptes durch geeignete Wendungen einer Programmiersprache ergibt sich aus dem Wunsch, bei der Definition von Modulen (bzw. Klassen) nicht "bei Adam und Eva" beginnen zu müssen, sondern auf bereits geleisteter Arbeit, sprich auf vorhandenen Moduldefinitionen, aufbauen zu können. Aus gutem Grund haben wir "Definition" (von Modulen) hier unterstrichen, denn daß wir uns bei der Implementierung eines Moduls bereits existierender Module bedienen (müssen), ist inzwischen ja ein "alter Hut". Und dafür kommen wir mit der Realisierung des Modulkonzepts à la MODULA-2 (oder ADA oder ähnlicher Programmiersprachen) auch ohne weiteres aus.

Angenommen, unser (EIFFEL-)Programmierer hat die Aufgabe, eine *class* B zu beschreiben. Er stellt fest, daß die Objekte dieser *class* im Prinzip die gleichen Eigenschaften haben wie die Objekte einer schon vorher (von ihm selbst oder wem auch immer) beschriebenen *class* A. Er stellt jedoch auch fest, daß

- erstens die B-Objekte einige zusätzliche Eigenschaften haben, und daß
- sich zweitens einige der Eigenschaften, welche B-Objekte mit A-Objekten gemeinsam haben, für B-Objekte einfacher ausdrücken (berechnen!) lassen als für A-Objekte.

Um es konkret zu machen: Die Objekte der *class* A mögen die *features* "fA_1", ..., "fA_n" haben, und die Objekte der *class* B zusätzlich die *features* "fB_1", ..., "fB_m". Nicht alle *features* von A werden auch exportiert, und von B sollen irgendwelche *features* exportiert werden, die teilweise von A stammen und teilweise für B spezifisch sind. Für B-Objekte mögen sich die *features* "fA_1" und "fA_2" einfacher berechnen lassen als für A-Objekte. Damit kann *class* B wie folgt beschrieben werden:

```
class B export
   -- einige (alte) A- und einige (neue) B-features
   . . .
inherit
   A redefine fA_1, fA_2
feature
   Create(...) is
      do
         -- für B-Objekte spezifische Create-Operation
      end
   fA_1 ... is
      do ... end;
   fA_2 ... is
      do ... end;
```

```
        fB_1 ... is
          do ... end;
        . . .
        fB_m ... is
          do ... end;
      end -- class B
```

Die entscheidende Klausel dieser Definition heißt inherit mit der Subklausel redefine. Mit "inherit A" übernehmen ("erben") die B-Objekte alle *features* (Attribute und Routinen) der A-Objekte. In der feature - Klausel von B brauchen diese dann nicht mehr aufgeführt zu werden. B heißt auch *Erbe* bzw. *Nachkomme* (engl. *descendant*) von A, und umgekehrt heißt A *Elter* bzw. *Vorfahre* (engl. *ancestor*) von B.

Wie bei der biologischen Vererbung sind die Eigenschaften von Nachkommen nicht hundertprozentig identisch mit denen der Eltern-Klasse. Abgesehen davon, daß Nachkommen mehr Eigenschaften haben können als ihre Eltern, gilt in EIFFEL die Regel, daß bei der Übernahme der Eigenschaften der Eltern-Klasse die Semantik dieser Eigenschaften (ausgedrückt in require - und ensure - Klauseln) erhalten bleibt, während die Implementierung sich ändern kann. Ist dies gewünscht, so wird die betreffende Eltern-Eigenschaft in die redefine - Klausel aufgenommen und in der feature - Klausel dann tatsächlich neu geschrieben.

Es gilt ferner die Regel, daß für jede Nachkommen-Klasse ein spezielles "Create" geschrieben werden muß, welches die besonderen Eigenschaften der Objekte dieser Klassen berücksichtigt. "Create" wird also in keinem Falle vererbt.

Es ist an der Zeit, das bisher Gesagte durch Beispiele zu illustrieren. Wir betrachten die folgenden Objekte: Vierecke (ganz allgemein), gleichseitige Vierecke ("Rauten"), Rechtecke und Quadrate.

Vierecke (ganz allgemein) haben (pardon!) "vier Eckpunkte", einen "Umfang", eine "Fläche", man kann sie "verschieben" und einiges mehr mit ihnen tun. Rauten, Rechtecke und Quadrate haben - sie sind ja spezielle Vierecke - die gleichen Eigenschaften. Doch erstens lassen sich manche dieser Eigenschaften in diesen speziellen Fällen einfacher bestimmen als im allgemeinen Fall, und zweitens mag es in den speziellen Fällen einige Eigenschaften geben, die nur für diese interessant sind. Wir definieren zunächst die class "Vierecke":

```
      class VIERECK export
        ecken, umfang, flaeche, verschiebe
      feature
        Create(e1,e2,e3,e4: POINT) is
          do ... end;
        ecken: ARRAY[POINT]; -- zum Beispiel
        umfang: REAL is
          do ... end;
```

```
            flaeche: REAL is
               do ... end;
            verschiebe(a, b: REAL) is
               do ... end;
         invariant
            ecken.size = 4;
            ecken.access(ecken.low).xkoord <
                              ecken.access(ecken.low+1).xkoord;
            ecken.access(ecken.low+1).ykoord <
                              ecken.access(ecken.low+2).ykoord;
            ecken.access(ecken.low+2).xkoord >
                              ecken.access(ecken.low+3).xkoord;
            ecken.access(ecken.low+3).ykoord >
                              ecken.access(ecken.low).ykoord
         end -- class VIERECK
```

Dabei haben wir von einer weiteren (bisher unerwähnten) Möglichkeit Gebrauch gemacht, die Objekte einer class durch Prädikate zu beschreiben: In der *invariant*-Klausel wird festgelegt, was unter allen Umständen für alle Objekte gelten soll, was also insbesondere nicht durch die Anwendung irgendeiner der *features* verändert werden darf. Im vorliegenden Fall wird die Lage der Eckpunkte des Vierecks in der kartesischen Ebene beschrieben. (Im Array "ecken" werden die Punkte in der Reihenfolge gegen den Uhrzeiger von "links unten" bis "links oben" gespeichert.) Auch die Überprüfung von *Invarianten* kann übrigens durch die in Bemerkung (iv) erwähnte Compileroption aktiviert werden.

Der "umfang" eines Objekts der class VIERECK wäre etwa durch die folgende Routine zu berechnen:

```
umfang: REAL is
   local
      ind: INTEGER
   do
      from
         ind := ecken.low
      until
         ind = ecken.high
      loop
         Result := Result + ecken.access(ind).abstand(ecken.access(ind + 1));
         ind := ind + 1
      end;
      Result := Result + ecken.access(ind).abstand(ecken.access(ecken.low));
   end;
```

(Dem inzwischen geübten Leser dürfte es nicht mehr schwer fallen, die hier neu in's Spiel gebrachte _local_-Klausel sowie das Schleifenkonstrukt einzuordnen und zu verstehen. "Result" wird automatisch mit 0 initialisiert. Zur weiteren Übung schreibe er eine Routine, die das *feature* "verschiebe" realisiert.)

Wie gesagt: Rauten haben die gleichen Eigenschaften, doch um eine von ihnen zu erzeugen, ist es vielleicht sinnvoller, anstelle der vier Eckpunkte die Endpunkte einer der Seiten anzugeben und den Winkel, den diese Seite mit einer vereinbarten Nachbarseite bildet. Dies wird in der speziell für Rauten zu schreibenden Create-*feature* auszudrücken sein. Die allgemeine Routine zur Berechnung des Umfangs eines Vierecks auf eine Raute anzuwenden, muß ebenfalls als wenig zweckmäßig angesehen werden. Und schließlich sollten für Rauten mindestens noch die zusätzlichen *features* "seite", "winkel1" und "winkel2" angeboten werden. Diese Überlegungen führen zu der folgenden _class_ RAUTE:

```
class RAUTE export
    ecken, umfang, flaeche, verschiebe,
    seite, winkel1, winkel2
inherit
    VIERECK redefine umfang
feature
Create(p1, p2: POINT; wkl: REAL) is
    do
        winkel1 := wkl;
        -- Berechnung der Eckpunkte
    end;
umfang: REAL is
    do
        Result := 4 * seite
    end;
seite: REAL is
    do
        Result := ecken.access(ecken.low).abstand(ecken.access(ecken.low+1))
    end;
winkel1: REAL;
winkel2: REAL is
    do ... end;
invariant
    -- die Invariante der Klasse VIERECK gilt auch
    -- für alle ihre Nachkommen; außerdem gilt:
    ecken.access(ecken.low + 1).abstand(ecken.access(ecken.low + 2)) = seite;
    ecken.access(ecken.low + 2).abstand(ecken.access(ecken.low + 3)) = seite;
    ecken.access(ecken.low + 3).abstand(ecken.access(ecken.low)) = seite
end -- class RAUTE
```

Als einen weiteren Abkömmling der *class* VIERECK beschreiben wir die *class* RECHTECK, für die wir die zusätzlichen *features* "seite1" und "seite2" einführen. "Create" soll RECHTECK-Objekte aufgrund der Vorgabe der Eckpunkte der ersten Seite (s.o.) und der Länge der anliegenden Seiten erzeugen. Außerdem entscheiden wir uns hier für eine (im speziellen Fall von Rechtecken) bessere Version der Routinen, welche die *features* "umfang" und "flaeche" realisieren.

```
class RECHTECK export
   ecken, umfang, flaeche, verschiebe,
   seite1, seite2
inherit
   VIERECK redefine umfang, flaeche
feature
   Create(p1,p2: POINT; sl: REAL) is
      do
         seite1 := sl;
         seite2 := p1.abstand(p2);
         -- Berechnung der Eckpunkte
      end;
   umfang: REAL is
      do
         Result := 2 * (seite1 + seite2)
      end;
   flaeche: REAL is
      do
         Result := seite1 * seite2
      end;
   seite1: REAL;
   seite2: REAL;
invariant
   -- die Invariante der Klasse VIERECK gilt auch
   -- für alle ihre Nachkommen; außerdem gilt:
   -- gegenüberliegende Seiten sind "seite1" bzw. "seite2"
   -- lang, und alle Winkel sind rechte
   -- (vom Leser zu formalisieren).
end -- class RECHTECK
```

Der letzte oben genannte Vertreter im Kreis unserer Vierecks-Familie schließlich ist das Quadrat. Wir können es als Nachkomme entweder der Raute oder des Rechtecks definieren. Wir entscheiden uns für das Rechteck als *Elter*. Zur Erzeugung eines QUADRAT-Objekts genügt die Angabe der Endpunkte der "ersten" Seite (s.o.). Das Quadrat erbt alle *features* des Rechtecks, und es hat eigentlichen keinen Sinn, irgendeines davon zu redefinieren. Unter diesen *features* ist freilich auch "seite2", ein Attribut, das nun ziemlich überflüssig ist. Aber wir brauchen es ja nicht zu exportieren. Und damit der Name "seite1" keine Verwirrung stiftet, taufen wir dieses *feature* einfach um! Dies führt zu der folgenden Klassen-Definition:

```
class QUADRAT export
    ecken, umfang, flaeche, verschiebe, seite
inherit
    RECHTECK rename seite1 as seite
feature
    Create(p1, p2: POINT) is
        do
            seite := p1.abstand(p2);
            seite2 := seite;
            -- Berechnung der Eckpunkte
        end;
invariant
    -- die Invariante der Klasse RECHTECK gilt und:
    seite = seite2
end -- class QUADRAT
```

An dieser Stelle wollen wir ein wenig innehalten und uns vorstellen, daß zwei Programmiererinnen, Evi und Monika, die Aufgabe gestellt ist, ein (zugegebenermaßen ziemlich simples) Glücksspiel zu programmieren, bei dem es darauf ankommt, Vierecke zu manipulieren und deren Umfang und Fläche zu berechnen. Die ins Spiel gebrachten Vierecke können von ganz allgemeiner Gestalt sein, oder aber spezielle Eigenschaften haben, die sie als Raute, Rechteck oder Quadrat charakterisieren.

Das Spiel hat folgenden Verlauf: Auf dem Bildschirm wird eine Anzahl (sagen wir 10) numerierter Türen dargestellt (siehe Abbildung). Hinter jeder dieser Türen hat "der Rechner" ein Viereck versteckt, und zwar ganz willkürlich ausgewählt eine Raute, ein Rechteck, ein Quadrat oder ein Viereck ohne besondere Eigenschaften. Der Spieler soll nun (mittels Eingabe von Nummern) zwei Vierecke auswählen. Er gewinnt, wenn das Viereck hinter der ersten gewählten Tür einen größeren Umfang und eine größere Fläche hat als das hinter der zweiten Tür. (Natürlich kann man dieses Spiel auch etwas intelligenter gestalten, doch darauf kommt es uns hier wirklich nicht an.)

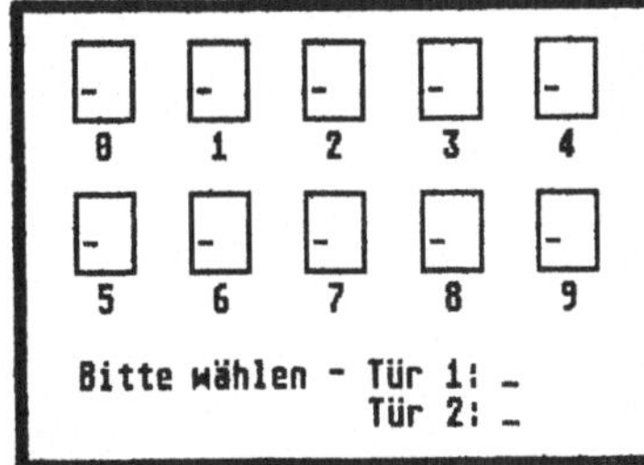

Von den beiden Damen hat übrigens Monika ihre Ausbildung in MODULA-2 erhalten, während Evi eine EIFFEL-Spezialistin ist.

Bevor Evi die *class* EIN_SPIEL schreibt, wird sie den Katalog der bereits im EIFFEL Programmiersystem vorhandenen Klassen konsultieren und (unter manchem anderem) die *class* VIERECK finden. Innerhalb der *class* EIN_SPIEL wird sie ein *feature*, nennen wir es "vierecke", benötigen, welches vom Klassentyp ARRAY[VIERECK] ist. Bei der Erzeugung eines Objekts der Klasse EIN_SPIEL wird zunächst dieses Array zur Aufnahme von zehn Vierecken angelegt und dann mit zufällig als Raute, Rechteck, usw. kreierten Figuren "gefüllt". Es gibt ferner zwei (Attribut-)*features* "erste_wahl" und "zweite_wahl", beide vom Typ INTEGER, die durch Speicher für die vom Spieler gewählten Türnummern realisiert sind. Ein weiteres *feature*, "tuer_auswahl", sorgt dafür, daß der Spieler die Auswahl tatsächlich trifft, und macht die gewählten Nummern als *feature* "erste_wahl" bzw. "zweite_wahl" zugänglich. Und schließlich gibt es das *feature* "tuer_vergleich: BOOLEAN", welches genau dann *true* liefert, wenn sowohl der Umfang als auch die Fläche des hinter der ersten Tür verborgenen Vierecks größer sind als die entsprechenden Maße des Vierecks hinter der zweiten Tür. Wir geben hier zunächst die wesentlichen Textpassagen der *class* EIN_SPIEL wieder und werden uns erst danach von Evis Geschick als EIFFEL-Programmiererin überzeugen:

```
class EIN_SPIEL export
    tuer_auswahl, tuer_vergleich, ...
    -- beachte: "vierecke", "erste_wahl" und "zweite_wahl"
    -- werden nicht exportiert
feature
    vierecke: ARRAY[VIERECK];
    erste_wahl, zweite_wahl: INTEGER;
    Create is
      local
          ve: VIERECK;
          ra: RAUTE;
          re: RECHTECK;
          qu: QUADRAT;
          ind, z: INTEGER;
      do
          vierecke.Create(0,9);
          from
              ind := vierecke.low
          until
              ind > vierecke.high
          loop
              -- erzeuge Zufallszahl z aus {0, 1, 2, 3}
              if z = 0 then
                  -- erzeuge zufällige Daten für allgemeines Viereck
```

```
                ve.Create(...);
                vierecke.assign(ind, ve);
                ve.Forget  -- zu "Forget" siehe oben; eventuell
                -- muß auf "ve" wieder Create angewendet werden!
            elsif z = 1 then
                -- erzeuge zufällige Daten für Raute
                ra.Create(...);
                vierecke.assign(ind, ra);
                ra.Forget
            elsif z = 2 then
                -- erzeuge zufällige Daten für Rechteck
                re.Create(...);
                vierecke.assign(ind, re);
                re.Forget
            else -- z = 3
                -- erzeuge zufällige Daten für Quadrat
                qu.Create(...);
                vierecke.assign(ind, qu);
                qu.Forget
            end;
            ind := ind + 1
        end
    end;
  tuer_auswahl is
    do
        -- entsprechend der Beschreibung oben
    end;
  tuer_vergleich: BOOLEAN is
    do
        Result := (vierecke.access(erste_wahl).umfang
                  > vierecke.access(zweite_wahl).umfang)
                  and
                  (vierecke.access(erste_wahl).flaeche
                  > vierecke.access(zweite_wahl).flaeche)
    end;
  . . .
end -- class EIN_SPIEL
```

Was hat Evi hier getan? Sie hat offenbar - bevor sie mit der Arbeit an EIN_SPIEL begann - die Klassen RAUTE, RECHTECK und QUADRAT als Nachkommen der *class* VIERECK definiert, und wir nehmen an, daß sie eben jene Definitionen getroffen hat, die wir oben notiert haben. Die *features* "flaeche" und "umfang" sind also jeweils entsprechend redefiniert. Wenn wir nun Evis *feature*

"Create" etwas genauer unter die Lupe nehmen, so machen wir eine Entdeckung, die uns als hartgesottene MODULA-2 (oder PASCAL- oder ADA-) Programmierer durchaus erstaunt: Da werden doch tatsächlich Objekte (nämlich Rauten, Rechtecke und Quadrate) einem Attribut ("vierecke") zugeordnet, dessen (Klassen-)Typ sich von den Typen dieser Objekte sehr wohl unterscheidet. Soviel Freiheit sind wir nicht gewohnt, denn bei der Arbeit mit Sprachen wie MODULA-2, PASCAL, usw. haben wir sehr genau darauf zu achten, daß in die einzelnen "Zellen" einer etwa als vom "ARRAY OF VierecktTyp" deklarierten Variablen auch wirklich nur die Inhalte von Variablen des Typs "ViereckTyp" übertragen werden dürfen. Ausnahmen bilden allenfalls bereits in den Sprachdefinitionen festgelegte sogenannte Kompatibilitätsregeln, denen zufolge zum Beispiel in einem MODULA-2 Programm der Inhalt einer als CARDINAL deklarierten Variablen einer Variablen vom Typ INTEGER zugewiesen werden darf.

In EIFFEL gelten weniger strenge Vorschriften was die "Typtreue" betrifft (oder, wenn man so will, großzügigere Kompatibilitätsregeln). Doch Regeln gibt es allemal: Schließlich bemerken wir, daß alle Objekte, die hier den "Zellen" des ARRAYS "vierecke" zugeordnet werden, zu Klassen gehören, welche von der *class* VIERECK abstammen.

Diese Beobachtung ist in der Tat der Schlüssel zum Verständnis der obigen Create-Operation. In größerer Allgemeinheit dargestellt haben wir es mit folgender Situation zu tun:

Gegeben sind eine *class* A und Nachkommen A_1, A_2, ..., A_n dieser *class*. Angenommen, in einer anderen *class*, nennen wir sie A_KUNDE, deklarieren wir die Attribute:

```
a_array: ARRAY[A];
a_att: A;
a_1_att: A_1;
...;
a_n_att: A_n;
```

Dann ist es gestattet, im Text von A_KUNDE die folgenden Zuweisungen zu notieren:

```
a_att := a_i_att;
```

und

```
a_array.assign(ind, a_i_att);
```

wobei $i \in \{1, 2, ..., n\}$.

Mit anderen Worten: Das Attribut "a_att" kann nicht nur auf Objekte vom (Klassen-)Typ A, sondern auch auf Objekte der von A mit Hilfe des Mechanismus der Vererbung abgeleiteten Klassen A_1, ..., A_n verweisen. Und daher kann ein Objekt der *class* ARRAY[A] auch Verweise auf Objekte enthalten, die zu Klassen gehören, welche Erben der *class* A sind (vgl. die Abbildung auf der nächsten Seite). Diese Möglichkeit, mit ein und demselben Attribut Objekte verschiedener Klassen zu referenzieren, wird als *Polymorphie* bezeichnet. In Sprachen wie MODULA-2 kann man ähnliches nur mit "Tricks" (z.B. durch Rekurs auf Sprachelemente, bei denen keine Typüberprüfung durch den Compiler stattfindet) erreichen, welche schwer durchschaubar sind und deshalb die Programmierung in hohem Maße fehleranfällig machen. In EIFFEL ist *Polymorphie* auf die Abkömmlinge einer *class* beschränkt und damit genau kontrollierbar.

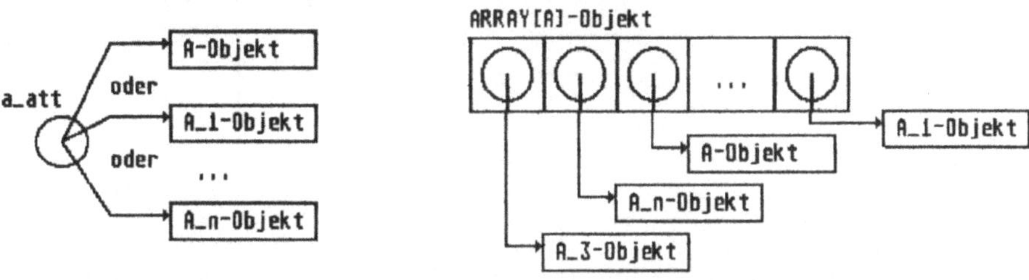

Doch was, so müssen wir uns nun fragen, hat Evi davon, wenn sie sich der der Sprache EIFFEL eigenen *Polymorphie* von Attributen bedient? Um dies zu verstehen, schauen wir uns das *feature* "tuer_vergleich" etwas genauer an.

Zur Laufzeit des durch den Text der *class* EIN_SPIEL gesteuerten EIFFEL-Programms kann - wie wir ja soeben gelernt haben - "vierecke.access(erste_wahl)" ein Objekt referenzieren, welches zu einer der vier Klassen VIERECK, RAUTE, RECHTECK oder QUADRAT gehört (je nachdem, welcher Art das Viereck ist, das von "Create" hinter der gewählten Tür versteckt wurde). Auf das jeweils referenzierte Objekt wendet "tuer_vergleich" nun die Routinen "umfang" und "flaeche" an. Aber welche Versionen dieser Routinen sind gemeint? Wir blicken zurück: Für die speziellen Vierecke "Raute", "Rechteck" und "Quadrat" haben wir, die Möglichkeit der Redefinition von *features* ausnutzend, in den betreffenden *class*-Texten teilweise sehr viel einfachere Verfahren für die Berechnung dieser Größen notiert. Werden beim "tuer_vergleich" nun in jedem Fall die komplizierteren Routinen der *class* VIERECK angewandt oder im Einzelfall die weniger aufwendigen Methoden einer der anderen Klassen?

Die Antwort ergibt sich aus der folgenden Regel:

> Sei A eine *class* mit den *features* fA_1, ..., fA_n und A_1 ein Nachkomme von A. In A_1 mögen die *features* fA_1, ..., fA_m (m < n) redefiniert sein. Es seien ferner "a_att" und "a1_att" Attribute vom (Klassen-)Typ A beziehungsweise A_1. Dann bewirkt die aufgrund der *Polymorphie* von "a_att" mögliche Zuweisung "a_att := a1_att", daß die *feature*-Anwendungen "a_att.fA_1", ..., "a_att.fA_m" auf die in A_1 redefinierten *features* zugreifen.

(Dabei ist natürlich stillschweigend vorausgesetzt, daß "a1_att" tatsächlich auf ein Objekt der *class* A_1 verweist, daß also das *feature* "a1_att.Create" irgendwann vorher angewandt wurde (vgl. die nachstehende Abbildung). Aus ihr geht auch hervor, daß "a_att.f_x" nicht erlaubt ist, wenn das *feature* "f_x" nicht schon für Objekte der class A definiert wurde.)

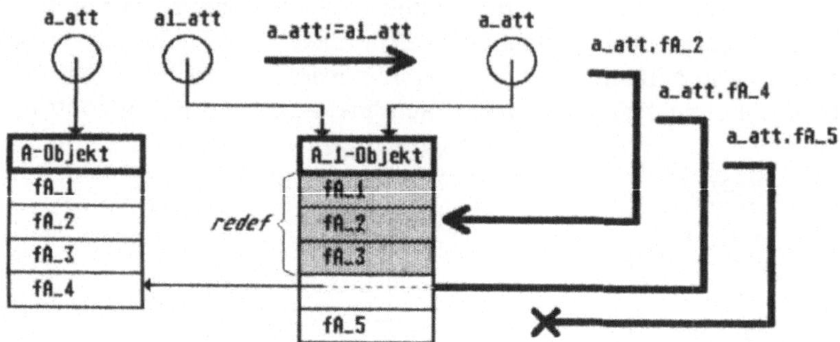

In den Kontext unseres Spiels übertragen bedeutet dies: Abhängig davon, ob hinter der vom Spieler gewählten Tür eine Raute, ein Rechteck, ein Quadrat oder ein sonstiges Viereck steckt, werden dasjenige "umfang"-*feature* und dasjenige "flaeche"-*feature* ausgeführt, welche für die Klasse des hinter der Tür verborgenen Objekts definiert wurden. Verweist "vierecke.access(erste_ wahl)" auf ein RECHTECK-Objekt, so werden "umfang" und "flaeche" nach den einfachen Formeln für Rechtecke berechnet; verweist es dagegen auf ein allgemeines Viereck, so werden die in der class VIERECK beschriebenen und für beliebige Vierecke gültigen *features* benutzt. Entscheidend ist: Die Programmiererin braucht sich bei der Beschreibung der von ihrem Programm zu kontrollierenden Aktionen nicht selbst um die Wahl des jeweils für eine spezielle Datenstruktur geeignetsten Verfahrens zu kümmern; sie hat dies implizit bereits getan, als sie Nachfolger-Klassen definierte, *features* redefinierte und sich der *Polymorphie* bediente.

Wir fassen zusammen: *Polymorphie* erlaubt es, an ein Attribut Objekte zu *binden*, deren Typ nicht notwendig mit dem (im Programmtext deklarierten) Typ des Attributs übereinstimmt, sondern zu diesem in der Nachkommens-Beziehung steht. Diese Bindung ist *dynamisch* in dem Sinne, daß zu verschiedenen Zeiten während des Programmlaufs (abhängig vom Zufall und/oder von Interaktionen des Rechners mit seiner Umgebung) Objekte verschiedenen Typs von ein und demselben Attribut referenziert werden können. *Dynamische Bindung* (engl. *dynamic binding*) sorgt (ohne daß eine weitere Intervention des Programmierers nötig ist) dafür, daß jeweils die *features* eines Objekts zur Anwendung kommen, die der speziellen Klasse dieses Objekts entsprechen.

Wir wollen Monika nicht vergessen, unsere zweite Programmiererin, die MODULA-2 Expertin. Wir sollten uns fragen, wie sie die Aufgabe bewältigen würde, welche Evi in EIFFEL so elegant erledigt hat. Wir nehmen an, daß Monika ihrer Kollegin über die Schulter geschaut hat und nun den Ehrgeiz hat, ihrerseits mit einer unter allen softwaretechnischen Wassern gewaschenen Lösung aufzuwarten. Wie Evi so wird auch Monika in einem Katalog von Moduldefinitionen nachschauen, um dort vielleicht einen passenden "Vierecksmodul" zu finden. Tatsächlich entdeckt sie einen vor längerer Zeit von einem Kollegen verfaßten ADT-Modul, der alles enthält, was ihr Herz begehrt, jedoch ... - und darin unterscheidet sich ihre Situation zunächst nicht von der ihrer Kollegin - nur für "allgemeine Vierecke":

```
DEFINITION MODULE Viereck;
TYPE ViereckTyp;
TYPE VeParamTyp = ARRAY [0 ... 7] OF REAL;
PROCEDURE Create(VAR param: VeParamTyp; VAR ve: ViereckTyp);
PROCEDURE Ecken(ve: ViereckTyp; VAR ecken: VeParamTyp);
PROCEDURE Umfang(ve: ViereckTyp): REAL;
PROCEDURE Flaeche(ve: ViereckTyp): REAL;
PROCEDURE Verschiebe(ve: ViereckTyp; a,b: REAL)
END Viereck.
```

Sie hat natürlich sofort die Idee, diesen Modul zu nehmen und sowohl seine Definition als auch seine Implementierung so "aufzubohren", daß er in der dann von ihr neu erzeugten Version die geeignetsten Routinen für alle benötigten Spezialfälle (wie Raute, Rechteck und Quadrat) enthält. Leider erfährt sie, daß der Modul "Viereck" von vielen Anwendungsprogrammen ausgiebig benutzt wird, und daß es nicht angeht, seine Definition so mir nichts dir nichts zu ändern. Es wäre nicht abzusehen, welche Auswirkungen dies auf zukünftige Versionen der Anwendungsprogramme hätte. Sie wird aufgefordert, den Modul "Viereck" doch bitte nicht anzurühren. So entschließt sie sich, um wenigstens nicht ganz bei Null aufsetzen zu müssen (eingedenk dessen, was ihr zum Thema *Wiederverwendbarkeit* gelehrt wurde), eine Kopie der beiden Teile des Moduls "Viereck" herzustellen, diese dann umzubenennen und - wie schon gesagt - "aufzubohren". Hier ist das Ergebnis ihrer Arbeit:

```
DEFINITION MODULE ViereckNeu;
TYPE ViereckTyp;
TYPE ArtTyp = (allgemein, raute, rechteck, quadrat);
TYPE VeParamTyp = ARRAY [0 ... 7] OF REAL;
PROCEDURE Create(art: ArtTyp; VAR param: VeParamTyp;
                 VAR ve: ViereckTyp);
(* "param" ist entsprechend der gewünschten Vierecksart zu belegen *)
PROCEDURE Ecken(ve: ViereckTyp; VAR ecken: VeParamTyp);
PROCEDURE Umfang(ve: ViereckTyp): REAL;
PROCEDURE Flaeche(ve: ViereckTyp): REAL;
PROCEDURE Verschiebe(ve: ViereckTyp; a,b: REAL)
END ViereckNeu.
```

Die für die verschiedenen Arten jeweils günstigen Routinen zur Erzeugung von Vierecken und zur Berechnung von Fläche und Umfang wird sie in der Implementierung der entsprechenden Prozeduren unterbringen. Wir geben im folgenden die wesentlichen Teile ihres Implementierungsmoduls wieder, ohne jedoch auf Einzelheiten der hier gewählten Repräsentation von Vierecken näher einzugehen.

```
IMPLEMENTATION MODULE ViereckNeu;
FROM Storage IMPORT ALLOCATE, DEALLOCATE;
TYPE ViereckTyp = POINTER TO ViereckRepTyp;
TYPE ViereckRepTyp = RECORD
                        veArt: ArtTyp;
                        veEcken: VeParamTyp
                     END;
PROCEDURE Create(art: ArtTyp; VAR param: VeParamTyp;
                 VAR ve: ViereckTyp);
(* lokale Deklarationen *)
BEGIN
  NEW(ve); ve^.veArt := art;
  CASE art OF
    allgemein: (* Berechnung von veEcken für den allgemeinen Fall *)|
    raute: (* Berechnung von veEcken für den Fall Raute *)|
    rechteck: (* Berechnung von veEcken für den Fall Rechteck *)|
    quadrat: (* Berechnung von veEcken für den Fall Quadrat *)
  END (*CASE*)
END Create;
PROCEDURE Ecken(ve: ViereckTyp; VAR ecken: VeParamTyp);
(* lokale Deklarationen *)
BEGIN
  (* ve^.veEcken wird in "ecken" übergeben *)
END Ecken;
PROCEDURE Umfang(ve: ViereckTyp): REAL;
(* lokale Deklarationen *)
BEGIN
  CASE ve^.veArt OF
    allgemein: (* Berechnung von Umfang für den allgemeinen Fall *)|
    raute: (* Berechnung von Umfang für den Fall Raute *)|
    rechteck: (* Berechnung von Umfang für den Fall Rechteck *)|
    quadrat: (* Berechnung von Umfang für den Fall Quadrat *)
  END (*CASE*);
  RETURN ...
END Umfang;
```

```
PROCEDURE Flaeche(ve: ViereckTyp): REAL;
(* lokale Deklarationen *)
BEGIN
   CASE ve^.veArt OF
      allgemein: (* Berechnung von Flaeche für den allgemeinen Fall *)|
      raute: (* Berechnung von Flaeche für den Fall Raute *)|
      rechteck: (* Berechnung von Flaeche für den Fall Rechteck *)|
      quadrat: (* Berechnung von Flaeche für den Fall Quadrat *)
   END (*CASE*);
   RETURN ...
END Flaeche;

PROCEDURE Verschiebe(ve: ViereckTyp; a,b: REAL)
(* lokale Deklarationen *)
BEGIN
   (* Verschiebe ve^.veEcken um a horizontal, b vertikal *)
END Verschiebe;

END ViereckNeu.
```

Wir beobachten an dieser Stelle, daß die Fallunterscheidungen in den obigen Prozeduren nun die ganze "Intelligenz" enthalten, die wir zuvor mit Hilfe der EIFFEL eigenen Vererbungsmechanismen erreicht haben.

Vom Modul "EinSpiel" soll uns hier nur der Implementationsteil interessieren:

```
IMPLEMENTATION MODULE EinSpiel;
FROM ViereckNeu IMPORT  ViereckTyp, ArtTyp, VeParamTyp,
                        Create, Ecken, Umfang, Fläche;
CONST VeLowC = 0; VeHighC = 9; ZzC = 3;
VAR vierEcke: ARRAY [LowC ... HighC] OF ViereckTyp;
      ersteWahl, zweiteWahl : [LowC ... HighC];

PROCEDURE VeCreate;
VAR ind: [VeLowC ... VeHighC]; z: [0 ... ZzC];
      art: ArtTyp; param: VeParamTyp;
BEGIN
   FOR  ind := VeLowC TO  VeHighC  DO
      (* erzeuge Zufallszahl z aus {0, ..., ZzC} *)
      CASE z OF
         0: art := allgemein;
            (* erzeuge zufälligen Inhalt von "param" für allg. Viereck *)|
         1: art := raute;
            (* erzeuge zufälligen Inhalt von "param" für Raute *)|
         2: art := rechteck;
            (* erzeuge zufälligen Inhalt von "param" für Rechteck *)|
```

```
            3: art := quadrat;
               (* erzeuge zufälligen Inhalt von "param" für Quadrat *)
         END (* CASE *);
         Create (art, param, vierEcke[ind])
      END (* FOR *)
   END VeCreate;

   PROCEDURE TuerAuswahl;
   (* lokale Deklarationen *)
   BEGIN
      (* entsprechend der Beschreibung des Spiels *)
   END TuerAuswahl;

   PROCEDURE TuerVergleich: BOOLEAN;
   BEGIN
      RETURN  (Umfang(vierEcke[ersteWahl])
                > Umfang(vierEcke[zweiteWahl]))
                AND
                (Flaeche(vierEcke[ersteWahl])
                > Flaeche(vierEcke[zweiteWahl]));
   END TuerVergleich;

   END EinSpiel.
```

Vergleichen wir nun die beiden Lösungen, die in MODULA-2 geschriebene mit der in EIFFEL verfaßten. Zunächst ist festzustellen, daß es dem (MODULA-) Modul "EinSpiel" als Kunde von "ViereckNeu" offenbar nicht schlechter geht als der (EIFFEL-)*class* EIN_SPIEL. Auch ihm wird versprochen, daß die jeweils angemessenen Routinen für die Erzeugung der jeweiligen Vierecke ablaufen, und daß die jeweils besten Verfahren zur Berechnung von Fläche und Umfang zur Anwendung gelangen. Er braucht sich um die Auswahl dieser Verfahren jedenfalls nicht selbst zu kümmern. Insofern sehen wir also "auf der Kundenseite" keinen Nachteil für die MODULA-2-Lösung: Der Kunde ("EinSpiel") ist unabhängig von der vom Diensterbringer ("ViereckNeu") gewählten Implementierung.

Etwas anders sieht es auf der Seite des Diensterbringers aus. Wir vergegenwärtigen uns noch einmal Monikas Schwierigkeiten: Zunächst einmal konnte sie den existierenden Modul "Viereck" nicht ohne weiteres wiederverwenden, da die Arbeit an ihm bereits abgeschlossen worden war. Sie mußte zunächst eine Kopie anfertigen und ihr einen neuen Namen geben. Doch die Art und Weise, wie sie diese Kopie dann "wiederverwendet" hat, verdient die Bezeichnung *Wiederverwendung* eigentlich nicht. Tatsächlich mußte sie, um ihre Teile hinzufügen zu können, die Details der ihr vorliegenden Implementierung - einschließlich der dafür gewählten Repräsentation von Vierecken - genau verstehen, und sie mußte die Repräsentation ändern. Sie hatte also viel und - wie man hinzufügen muß - fehleranfällige Arbeit!

Natürlich hätte sie von vornherein ganz anders vorgehen können. Zusätzlich zum bereits vorhandenen Modul "Viereck" hätte sie drei weitere Module "Raute", "Rechteck" und "Quadrat" mit den entsprechenden Dienstleistungen definieren, implementieren und dem "Kunden"-Modul "EinSpiel" anbieten können. Doch hätte sie damit nicht nur sich selbst etwa genauso viel Arbeit aufgeladen wie zuvor, auch die Implementierung des Kunden-Moduls hätte sie beträchtlich erschwert. Denn nun wäre der "Kunde" nicht nur dafür verantwortlich, genau darüber "Buch zu führen", welche Art von Viereck er hinter welcher Tür versteckt, er muß auch - über umfängliche Fallunterscheidungen - die Auswahl des für die jeweilige Vierecksart günstigsten Berechnungsverfahren selbst vornehmen, wie der folgende Programmtext zeigt:

```
IMPLEMENTATION MODULE EinSpiel;
IMPORT Viereck, Raute, Rechteck, Quadrat;
(* Alles wird importiert, was von diesen Modulen exportiert wird. *)
TYPE ArtTyp = (allgemein, raute, rechteck, quadrat);
        VierecksSpielTyp = RECORD
                                CASE veArt: ArtTyp OF
                                  allgemein: ve: Viereck.ViereckTyp|
                                  raute: ra: Raute.RauteTyp|
                                  rechteck: re: Rechteck.RechteckTyp|
                                  quadrat: qu: Quadrat.QuadratTyp
                                END
                              END (*RECORD*);
CONST VeLowC = 0; VeHighC = 9; ZzC = 3;
VAR vierEcke: ARRAY [LowC ... HighC] OF ViereckSpielTyp;
      ersteWahl, zweiteWahl : [LowC ... HighC];
PROCEDURE VeCreate;
VAR ind: [VeLowC ... VeHighC]; z: [0 ... ZzC];
      veParam: Viereck.ParamTyp; raParam: Raute.ParamTyp;
      reParam: Rechteck.ParamTyp; quParam: Quadrat.ParamTyp;
BEGIN
  FOR ind := VeLowC TO VeHighC DO
    (* erzeuge Zufallszahl z aus {0, ..., ZzC} *)
    CASE z OF
      0: (* erzeuge zufälligen Inhalt von "veParam" *)
         vierEcke[ind].veArt := allgemein;
         Viereck.Create(veParam, vierEcke[ind].ve)|
      1: (* erzeuge zufälligen Inhalt von "raParam" *)
         vierEcke[ind].veArt := raute;
         Raute.Create(raParam, vierEcke[ind].ra)|
      2: (* erzeuge zufälligen Inhalt von "reParam" *)
         vierEcke[ind].veArt := rechteck;
```

```
            Rechteck.Create(reParam, vierEcke[ind].ve)|
          3: (* erzeuge zufälligen Inhalt von "quParam" *)
            vierEcke[ind].veArt := quadrat;
            Quadrat.Create(quParam, vierEcke[ind].ve)|
      END (* CASE *)
    END (* FOR *)
END VeCreate;

PROCEDURE TuerAuswahl;
(* lokale Deklarationen *)
BEGIN
   (* entsprechend der Beschreibung des Spiels *)
END TuerAuswahl;

PROCEDURE TuerVergleich: BOOLEAN;
VAR umfang1, umfang2, flaeche1, flaeche2: REAL;
BEGIN
   CASE vierEcke[ersteWahl].veArt OF
     allgemein: umfang1 := Viereck.Umfang(vierEcke[ersteWahl].ve);
                flaeche1 := Viereck.Flaeche(vierEcke[ersteWahl].ve)|
     raute:     umfang1 := Raute.Umfang(vierEcke[ersteWahl].ra);
                flaeche1 := Raute.Flaeche(vierEcke[ersteWahl].ra)|
     rechteck:  umfang1 := Rechteck.Umfang(vierEcke[ersteWahl].re);
                flaeche1 := Rechteck.Flaeche(vierEcke[ersteWahl].re)|
     quadrat:   umfang1 := Quadrat.Umfang(vierEcke[ersteWahl].qu);
                flaeche1 := Quadrat.Flaeche(vierEcke[ersteWahl].qu)
   END (*CASE*);
   CASE vierEcke[zweiteWahl].veArt OF
     allgemein: umfang2 := Viereck.Umfang(vierEcke[zweiteWahl].ve);
                flaeche2 := Viereck.Flaeche(vierEcke[zweiteWahl].ve)|
     raute:     umfang2 := Raute.Umfang(vierEcke[zweiteWahl].ra);
                flaeche2 := Raute.Flaeche(vierEcke[zweiteWahl].ra)|
     rechteck:  umfang2 := Rechteck.Umfang(vierEcke[zweiteWahl].re);
                flaeche2 := Rechteck.Flaeche(vierEcke[zweiteWahl].re)|
     quadrat:   umfang2 := Quadrat.Umfang(vierEcke[zweiteWahl].qu);
                flaeche2 := Quadrat.Flaeche(vierEcke[zweiteWahl].qu)
   END (*CASE*);
   RETURN (umfang1 > umfang2) AND (flaeche1 > flaeche2);
END TuerVergleich;

END EinSpiel.
```

Nach dem Motto "Der Kunde ist König" ist dies ohne Zweifel eine nicht zu akzeptierende Lösung. Doch auch mit Blick auf die erste, von Monika tatsächlich realisierte Version halten wir fest: Vom Standpunkt der *Wiederverwendbarkeit* ist dem durch den Vererbungsmechanismus ermöglichten EIFFEL-Programm uneingeschränkt der Vorzug zu geben.

Dies gilt übrigens auch, wenn wir die beiden (EIFFEL- und MODULA-) Programme hinsichtlich eines zweiten, für die Ökonomie des *Software Engineering* nicht weniger entscheidenden Qualitätsmerkmals, der *Adaptierbarkeit*, vergleichen. Allein das Konzept der Vererbung erlaubt, wie wir gesehen haben, die Anpassung existierender Software (in der Gestalt von *class*-Modulen) an neue und ursprünglich nicht eingeplante Aufgabenstellungen, ohne daß diese Software dabei selbst geändert werden müßte. Dies ist, wie sich der Leser bewußt machen möge, eine unmittelbare Konsequenz aus der Art und Weise wie die Nachkommen einer *class* erzeugt werden, nämlich durch den Bezug (in einer *inherit*-Klausel) auf die Elter-*class*, sowie durch die Erweiterung um neue und die Redefinition von alten *features*. Solche Anpassung geschieht natürlich nie zum Selbstzweck, sondern wird zum Beispiel dann notwendig, wenn im Rahmen einer bestimmten Anwendung neue Anforderungen gestellt werden (welche für die Programme, die diese Anwendung realisieren, entsprechende Änderungen erforderlich machen).

Konkret: Für unser Spiel möge verlangt werden, daß außer allgemeinen Vierecken, Rauten, Rechtecken und Quadraten nun auch Trapeze hinter den Türen versteckt werden sollen. Für die EIFFEL-Programmiererin läuft die Erfüllung dieses Wunsches auf die Erzeugung eines weiteren Nachkommens (*class* TRAPEZ) der *class* VIERECK und auf eine ziemlich triviale Modifikation der *class* EIN_SPIEL hinaus. Es versteht sich (fast) von selbst, daß auch diese Modifikation durch Vererbung erledigt wird: Sie schreibt eine *class* EIN_SPIEL_NEU, welche bis auf das Create-*feature* alles von EIN_SPIEL erbt. (Der Leser möge sich in Evis Lage versetzen!) Entscheidend ist: An bestehenden Texten wird nichts geändert (es werden nur Texte hinzugefügt)! Andere Anwendungen, die sich auf diese Texte stützen, werden nicht betroffen.

Ganz anders müßte Monika, die MODULA-Programmiererin, an diese einfache Aufgabe herangehen. Sie müßte die entsprechenden Erweiterungen direkt in ihren Modulen "ViereckNeu" und "EinSpiel" anbringen. Falls nun "ViereckNeu" (und vielleicht sogar "EinSpiel") inzwischen von anderen Programmen (auch anderer Verfasser) benutzt werden, so steht sie vor exakt dem gleichen Problem, mit dem sie schon bei der Lösung der ursprünglichen Aufgabe konfrontiert war: Sie muß, im schlechtesten Fall, beide Module neu schreiben, um die Arbeit ihrer Kollegen nicht zu stören. *Wiederverwendung* ist hier auf das bloße Kopieren und (mehr oder weniger das) Studieren von Programmteilen reduziert.

Vererbung muß nicht auf einen einzigen Vorfahr beschränkt sein. (Fast könnte man sagen: Wie im wirklichen Leben!) Eine *class* kann durchaus mehrere Eltern haben. Man nennt diese Möglichkeit *Mehrfachvererbung* (engl. *multiple inheritance*). Werden bei der Definition einer *class* C in ihrer *inherit*-Klausel zwei

Eltern, A und B, genannt, so übernimmt C alle *features* von A und B. Natürlich braucht sie nicht alle zu exportieren. Sie kann, wie von der "einfachen" Vererbung her bekannt, *features* redefinieren und *features* neu hinzufügen, und sowohl bei der einen als auch bei der anderen Modifikation kann sie die originalen und die redefinierten *features* von A und B selbstverständlich benutzen. Wir wollen die Vorteile der *Mehrfachvererbung* an einem Beispiel studieren, anhand dessen wir gleichzeitig den Nutzen eines weiteren Konzepts erkennen werden, welches die Definition kompilierbarer Klassen erlaubt, ohne daß in diesen jedoch schon sämtliche Details der Implementierung ausgearbeitet sein müßten. (Wir lösen damit ein unter Bemerkung (iv) - *interface*- Abstraktion - gegebenes Versprechen ein.)

Dieses Konzept heißt *deferred class* (*deferred = aufgeschoben, zurückgestellt*). Eine solche *class* enthält neben voll ausformulierten *features* auch solche, von denen nur der Name bekannt ist, deren Implementierung aber den Erben dieser *class* überlassen wird! (Man sagt: Die Implementierung wird - bis auf weiteres - *zurückgestellt, deferred.*) Als Beispiel sei hier die uns schon bekannte *class* STACK[T] (vgl. Seite 396) als *deferred class* notiert:

```
deferred class STACK[T] export
    anz_elemente, push, pop, top, isnew, replace, isfull
feature
    anz_elemente: INTEGER is
      deferred
      end;
    push (x: INTEGER) is
      require
        not isfull
      deferred
      ensure
        not isnew; top = x;
        anz_elemente = old anz_elemente + 1
      end;
    pop is
      deferred
      ensure
        (not old isnew and (anz_elemente = old anz_elemente - 1))
        or (old isnew and Nochange)
      end;
    top: T is
      require
        not isnew
      deferred
      end;
```

```
isnew: BOOLEAN
   do
      Result := (anz_elemente = 0)
   ensure
      Result = (anz_elemente = 0)
   end;
replace (x: T)
   do
      pop; push(x)
   ensure
      top = x and
      ((not old isnew and Nochange)
      or (old isnew and (anz_elemente = old anz_elemente + 1)))
   end;
isfull: BOOLEAN is
   deferred
   end;
invariant
   anz_elemente >= 0
end -- class STACK[T]
```

Bis auf "isnew" und "replace" sind alle *features deferred*, das heißt der do-Teil dieser *features* ist durch das Schlüsselwort deferred ersetzt. Im übrigen enthält der Text dieser class sämtliche require-, ensure- und invariant-Prädikate, und damit alles was wir auch in einer class interface Abstraktion ausgedrückt hätten. (In der Tat: Wäre das Wörtchen deferred nicht und wären nicht einige *features* voll beschrieben, so würde sich diese class nicht wesentlich von ihrer *interface*-Abstraktion unterscheiden.)

Wie gesagt: *deferred* Klassen sind compilierbar, sie können also in der "Programmierumgebung" verfügbar gemacht werden, und man kann folglich von ihnen erben. Nur eins hat eine deferred class nicht: Objekte! Die Create-Operation existiert nicht für eine solche Klasse. Und das ist auch gut so, denn wozu sollte ein Objekt taugen, das *features* (also Eigenschaften) hat, von denen man nur weiß, daß sie existieren, sonst aber nichts? Ein Erbe kann *deferred features* implementieren (sie - wie man sagt - *effektiv* machen), muß es aber nicht. (Enthält auch er *deferred features*, so ist auch er eine deferred class. Natürlich sollten irgendwann alle *features effektiv* gemacht werden.) Und natürlich darf ein Nachkomme *features*, die er von einer deferred class erbt, neu definieren (unter Beachtung der gegebenen Vor- und Nachbedingungen, versteht sich). "Aufgeschobene" Klassen bilden somit Vorlagen für die "Implementierung durch Vererbung". Dabei können, wie wir sogleich am Beispiel von STACK und ARRAY sehen werden, mehrere Eltern bei der Erzeugung des "lebensfähigen" (d.h. *effektiven*) Nachkommen beteiligt sein.

Mit Hilfe der uns bereits bekannten *class* ARRAY[T] (vgl. Seite 398) implementieren wir den als *deferred class* definierten STACK[T] als "beschränkten Stack" (der gebotenen Kürze halber verzichten wir hier auf die nochmalige Wiedergabe der diversen Prädikate von STACK[T]). Der Leser vergleiche diese Implementierung mit unserer früheren, die auf der üblichen "Kunde-Verkäufer-Beziehung" zwischen Modulen beruhte.

```
class BOUNDED_STACK[T] export
   anz_elemente, push, pop, top, isnew, replace, isfull
inherit
   STACK[T] redefine replace;
   ARRAY[T] rename Create as array_Create
feature
   Create(n: INTEGER) is
      do
         array_Create(1, n)
      end;
   anz_elemente: INTEGER;
   push (x: INTEGER) is
      do
         anz_elemente := anz_elemente + 1;
         assign(anz_elemente, x)
      end;
   pop is
      do
         if anz_elemente > 0 then
            anz_elemente := anz_elemente - 1
         end
      end;
   top: T is
      do
         Result := access(anz_elemente)
      end;
   replace (x: T)
      do
         assign(anz_elemente, x)
      end;
   isfull: BOOLEAN is
      do
         Result := (anz_elemente = size)
      end;
end -- class BOUNDED_STACK[T]
```

Einige Bemerkungen hierzu:

1. Die bereits in der *deferred class* STACK[T] *effektive* Version des *features* "replace" wird redefiniert, da es sich in der ARRAY-Implementierung effizienter ausdrücken läßt (durch nur eine Operation anstatt durch die Hintereinanderschaltung von zwei Operationen).

2. Da es, wie im vorliegenden Fall, nützlich sein kann, das Create-*feature* eines "Elternteils" z.B. im Rahmen der Ausarbeitung des Create-*features* des Nachkommen zu verwenden, ist es erlaubt, das "Create" eines Vorfahren innerhalb einer *rename* - Klausel geeignet umzubenennen.

3. Wird ein parameterloses und wertlieferndes *feature* - in unserem Beispiel "anz_elemente" - in der *deferred class* als *deferred* deklariert, so hat man bei der Definition einer Nachkommens-Klasse die Freiheit, dieses *feature* entweder als Attribut oder als Routine zu realisieren. Wir haben hier die erste Möglichkeit gewählt.

4. Natürlich taucht das *feature* "isnew" im Text von BOUNDED_STACK[T] nicht mehr explizit auf, da es bereits in STACK[T] *effektiv* definiert ist und im Nachfolger nicht redefiniert wird.

5. Der Vergleich mit unserer ersten Implementierung von STACK[T], bei der wir Stacks durch ein Attribut vom Klassen-Typ ARRAY[T] dargestellt haben, zeigt, daß die mittels der Vererbungsmechanismen entstandene Version nicht nur klarer, sondern auch notationell einfacher ist. In ihr stehen uns ja alle *features* von ARRAY[T] direkt, ohne den Umweg über ein speziell eingeführtes Attribut zur Verfügung, und sie können daher auch direkt benannt werden.

Wir kehren, bevor wir diesen Abschnitt beschließen, noch einmal zu unseren geometrischen Objekten zurück, und zwar zunächst zum QUADRAT. Als wir diese Klasse definierten, zögerten wir kurz ob der Wahl zwischen RAUTE und RECHTECK als Elter-*class*. Wir entschieden uns für RECHTECK, obwohl uns die Umfangsberechnung für Objekte von RAUTE vielleicht doch sympathischer gewesen wäre. Mit unserem neuen Wissen über *Mehrfachvererbung* sollte es möglich sein, RAUTE als Nachkomme von beiden Klassen zu erzeugen, um so etwa die Berechnung der Fläche von RECHTECK und die des Umfangs von RAUTE zu erben. Das einzige Problem dabei ist, daß beide Klassen ein und denselben Vorfahr (VIERECK) haben, und daß einige ihrer *features* redefiniert und gleichnamig sind (vgl. Abbildung).

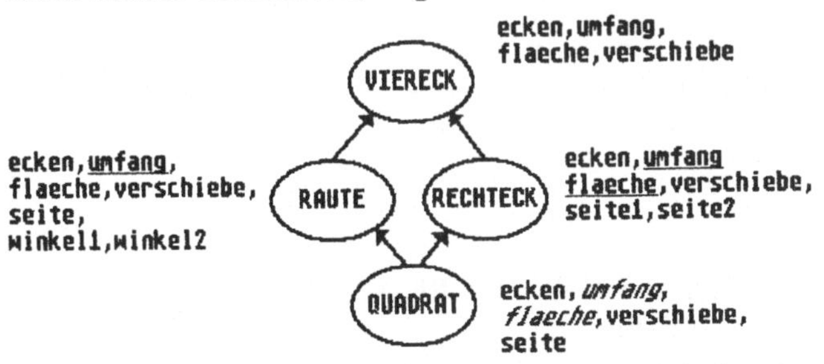

Dieses Phänomen ist unter der Bezeichnung *wiederholte Vererbung* (engl. *repeated inheritance*) bekannt. Wenn QUADRAT sowohl von RAUTE als auch von RECHTECK erbt, so gibt es *features* (hier: "ecken" und "verschiebe") des gemeinsamen "Urahnen" VIERECK, die über beide Elternteile unverändert und ohne Umbenennung auf den Nachkommen übertragen werden. EIFFEL hat für diesen Fall eine einfache Konvention: Derartige (von beiden Eltern geerbte) *features* brauchen im Nachkommen nicht umbenannt zu werden, falls man sie nicht (aus welchen Gründen auch immer) als verschieden ansehen will. Anders verhält es sich mit *features*, die, obwohl in den Elter-Klassen gleichnamig, doch irgendwo im "Klassen-Stammbaum" umdefiniert wurden. In unserem Beispiel sind dies "umfang" und "flaeche", die - obwohl verschieden implementiert - in RAUTE und RECHTECK genauso heißen. Dies ist ein *Namenskonflikt*, der mit Hilfe der schon bekannten *rename* - Klausel aufgelöst wird. Da QUADRAT nun "umfang" von RAUTE und "flaeche" von Rechteck übernehmen möchte, müssen in der *inherit* - Klausel das RECHTECK-*feature* "umfang" und das RAUTE-*feature* "flaeche" umbenannt werden (siehe die Abbildung auf der vorigen Seite). Es ergibt sich die folgende Klassendefinition:

```
class QUADRAT export
   ecken, umfang, flaeche, verschiebe, seite
inherit
   RECHTECK
      rename umfang as re_umfang;
   RAUTE
      rename flaeche as ra_flaeche
      redefine seite ;
feature
   Create(p1, p2: POINT) is
      do
         seite := p1.abstand(p2);
         seite1 := seite;  seite2 := seite;
         -- Berechnung der Eckpunkte
      end;
   seite: REAL;
invariant
   -- die Invarianten der Klassen RECHTECK
   -- und RAUTE gelten
end -- class QUADRAT
```

Die in der *export* - Klausel genannten *features* "umfang" und "flaeche" beziehen sich jetzt offenbar eindeutig auf die entsprechenden *features* der Klassen RAUTE und RECHTECK. Wir haben uns hier außerdem noch die Freiheit genommen, das von RAUTE übernommene *feature* "seite" als Attribut zu redefinieren, da wir dessen Wert ja bereits durch die Create-Operation bereitstellen.

Auf einem Vehikel namens EIFFEL sind wir damit am Ende unserer Parforce-Tour durch das Reich der *objektorientierten Programmierung* angelangt. Wir wollen es an diesem Schluß nicht versäumen, den Erbauer des Vehikels selbst zu Wort kommen zu lassen, der mit einigem und - wie wir meinen - nicht unberechtigtem Stolz behauptet, daß man mit diesem Gefährt bis in den "siebenten Himmel" der objektorientierten Glückseligkeit vorstoßen kann. Er unterscheidet auf diesem Weg die folgenden Etappen (oder "Himmel niedrigerer Stufen", vgl. [MEY], Abschnitt 4.9 "*Seven steps towards object-based happiness*"):

I. Die modulare Struktur von Software-Systemen orientiert sich an den Daten, welche für die jeweils zu behandelnden Objekte charakteristisch sind (*objektbasierte Modularisierung*).

II. Die Objekte können als Implementationen Abstrakter Datentypen beschrieben werden (*Datenabstraktion*).

III. Die Implementierung der Programmiersprache erlaubt es, Objekte nach Bedarf zu erzeugen und nicht mehr benutzte Objekte automatisch "aus dem Verkehr" ziehen zu lassen (*automatische Speicher-Verwaltung, automatische garbage collection*).

IV. Die sprachliche Repräsentation von Modulen erfolgt durch Klassen; Klassen beschreiben Objekte eines Typs; jeder nicht einfache Typ ist eine Klasse, und jede Klasse ist ein Typ (*Modul = Typ = Klasse*).

V. Klassen können als Erweiterungen oder Einengungen anderer (bereits vorhandener) Klassen definiert werden (*Vererbung*).

VI. Innerhalb eines Programms kann man sich unter ein und demselben Namen auf Objekte verschiedener Klassen beziehen, und über diesen Namen angeforderte Operationen werden in der für das jeweils referenzierte Objekt gültigen Implementation ausgeführt (*Polymorphie und dynamische Bindung*).

VII. Eine Klasse kann sowohl als Erbe mehrerer Klassen als auch mehrfach als Erbe derselben Klasse definiert werden (*Mehrfachvererbung und wiederholte Vererbung*).

Mit einer Sprache wie MODULA-2 kann man diesen Weg nur bis zur zweiten Etappe zurückzulegen. Sprachen wie ADA, die auch solch spezielle Techniken wie *overloading* und *Generizität* zulassen, führen im Prinzip nicht weiter. Natürlich gibt es allenthalben Versuche, die durch die Schritte III bis VII markierten Abschnitte mit solchen "nur" *modularen* Sprachen zu erreichen (mitunter sogar unter Zuhilfenahme von Erweiterungen und anderer Modifikationen der Sprache selbst). Mangels genuiner Konstrukte wirken derartige Versuche jedoch etwas verkrampft, wenig zwingend und, sagen wir es ruhig, "an den Haaren herbeigezogen". Wir haben daher auf ihre Darstellung verzichtet und es vorgezogen, die Konzepte der *objektorientierten Programmierung* anhand einer Sprache zu vermitteln, in der diese direkt und ohne Umschweife ausgedrückt werden können.

6.4.5 Parallele Prozesse

Unabhängig davon, ob wir Anhänger einer objektorientierten "Weltanschauung" sind oder nicht, behält die Modellierung von Realwelt-Systemen und - darauf basierend - die Spezifikation von Software-Systemen als Netzwerke kommunizierender Prozesse ihre überragende Bedeutung. Schließlich lehrt uns der vorige Abschnitt, daß wir die in einem System interagierenden Objekte als Prozesse auffassen können (und umgekehrt die Prozesse als Objekte). Und unabhängig davon, ob wir Prozesse als Objekte betrachten oder nicht, haben wir uns bisher darauf beschränkt, sie in eine Umgebung einzubetten, die keinen *parallelen* (d.h. gleichzeitigen) Ablauf verschiedener und weitgehend unabhängiger Vorgänge erlaubt. Vielmehr mußte der Programmierer diese Vorgänge selbst in eine festgefügte sequentielle Ordnung bringen und sie damit für die Bearbeitung durch einen einzigen Prozessor zugänglich machen. (Wir nannten diese Umgebung "Monoprozessor ohne Multitasking".) So mühsam dies auch gelegentlich sein mochte, es ersparte ihm eine Reihe haariger Probleme, die es zu lösen gilt, wenn im Prinzip parallele Prozesse auch parallel ablaufen sollen. Diesen Problemen ist der vorliegende letzte Abschnitt dieses Buches gewidmet. In Auswahl und Darstellung orientiert er sich teilweise an einem (immer noch aktuellen und) ausgezeichneten Übersichtsartikel von G.R. Andrews und F.B. Schneider ([ANS]) aus dem Jahre 1983.

Wir rufen uns zunächst die zu Beginn von 6.4 abgebildete Prozeßkette und unsere dortige Bemerkung über verschiedene mögliche Basismaschinen für deren Implementierung ins Gedächtnis zurück:

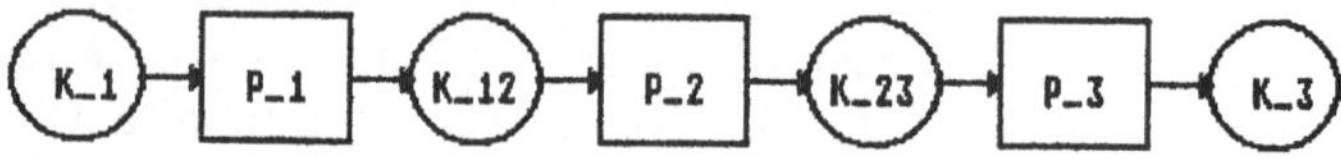

Unter bestimmten Voraussetzungen, so hieß es, könnten wir die Prozesse P_1, P_2 und P_3 in das Betriebssystem des Rechners einbetten und dann - unter der Aufsicht des Betriebssystems - gewissermaßen sich selbst überlassen. Einmal gestartet würden sie parallel ablaufen, und die zwischen ihnen erforderliche und in den entsprechenden Programmen zu beschreibende Kommunikation würde durch geeignete Mechanismen des zugrundeliegenden Betriebssystems geregelt werden.

Wir bezogen uns dabei sowohl auf den Aufbau der Rechner-Hardware, als auch auf die Art und Weise, wie Prozessoren ihre Arbeit zugeteilt werden kann. Wir trafen Unterscheidungen, die es nun etwas genauer darzustellen und zu analysieren gilt.

Wir betrachten als erstes eine Rechner-Architektur, die durch das Vorhandensein mehrerer gleichberechtigter und voneinander unabhängig programmierbarer Prozessoren charakterisiert ist, welche auf einen allen gleichermaßen zugänglichen Speicher zugreifen, sich diesen also teilen (vgl. Abbildung). Durch Schreiben in und Lesen von diesem Speicher können sie sich gegenseitig, ihrer Programmierung gemäß, zum Beispiel über den Zustand der von ihnen bearbeiteten Prozesse informieren und/oder Daten untereinander austauschen (etwa im Sinne eines Kanals). Dies ist die einzige Verbindung zwischen den Prozessoren. Die Betriebsart eines solchen Rechners wird durch den Begriff *Multiprocessing* mit gemeinsamem Speicher (engl. *shared memory*) beschrieben. Wir gehen davon aus - und dies ist für alle folgenden Überlegungen von entscheidender Bedeutung -, daß die Prozessoren nicht "chaotisch" auf den allgemeinen Speicher zugreifen können. Vielmehr nehmen wir an, daß es einen (z.B.) auf der Ebene der Hardware implementierten Mechanismus gibt, der dafür sorgt, daß zu jedem Zeitpunkt nur genau ein Prozessor eine *elementare Speicheroperation* ausführen darf. Elementaroperationen sind das Schreiben in eine Speicherzelle und das Lesen aus einer Speicherzelle. Eine solche Elementaroperation ist durch den besagten Mechanismus *nicht unterbrechbar*. Man nennt sie daher auch *atomar*.

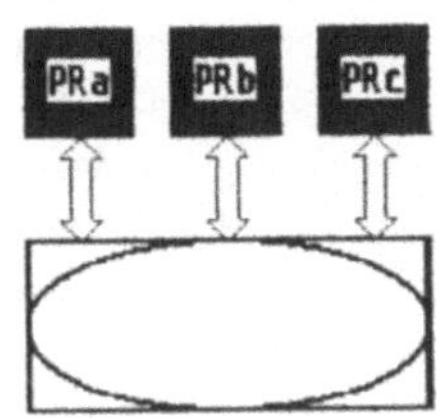

Multiprozessor-Systeme (wie PRa, PRb und PRc oben) kann man sehr leicht auch auf einem einzigen Prozessor PR (*Monoprozessor*) simulieren. Man muß diesen Prozessor nur abwechselnd die Arbeit von PRa, PRb und PRc tun lassen. Die Zeit von PR wird also auf die Aufgaben der zu simulierenden Prozessoren aufgeteilt. Man nennt diese Betriebsart *Multiprogramming* durch *time sharing*. Sie wird durch das folgende Diagramm illustriert:

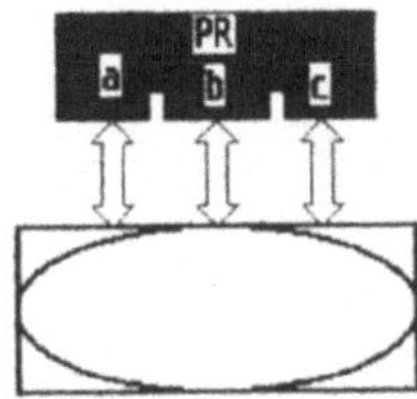

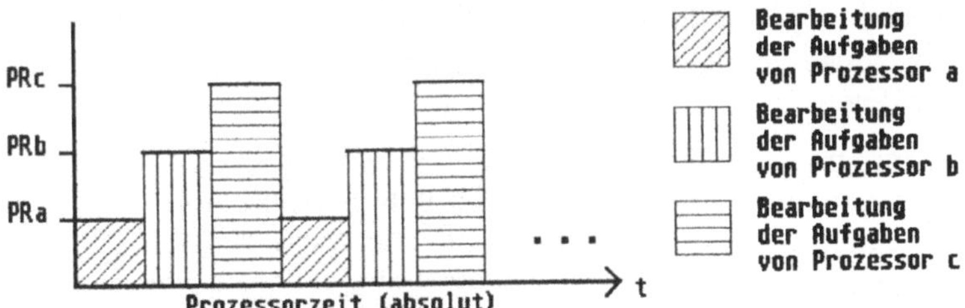

In den jeweiligen Zeitintervallen verhält sich PR wie PRa, PRb und PRc, denen dann allerdings der Speicher jeweils ausschließlich zur Verfügung steht. PRx kann, wenn er "an der Reihe" ist, möglicherweise eine größere Anzahl elementarer Speicheroperationen in Folge ausführen. Darüber jedoch, ob beim Ablauf eines Zeitintervalls eine aus mehreren solcher atomarer Operationen bestehende <u>nicht</u>-elementare Operation unterbrochen wird oder nicht, können wir keinerlei Aussage machen. Auch hinsichtlich dieser Unsicherheit gibt es daher keinen wesentlichen Unterschied zum Multiprozessor-System.

In einer dritten Konfiguration haben wir wieder mehrere Prozessoren mit ihnen zugeordneten lokalen Speichern, die über ein Netzwerk (von Leitungen) miteinander verbunden sind. Einen gemeinsam genutzten Speicher gibt es hier nicht. Eine derartige Konfiguration wird als *verteilte* Rechner-Architektur bezeichnet, und der (englische) Terminus Technicus für den Betrieb einer solchen Hardware-Struktur lautet *distributed processing.* Wir werden hierauf am Ende dieses Abschnitts nur mit einigen allgemeinen Bemerkungen eingehen können.

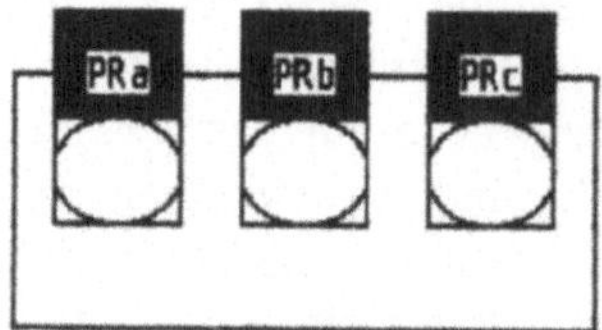

In der Praxis findet man natürlich nicht nur diese Architekturen und Betriebsarten in Reinkultur, sondern auch zahlreiche Mischformen. Es ist hier nicht der Ort, darauf auch nur in Andeutungen einzugehen. Der kundige Leser wird wissen (und dem unkundigen sei es gesagt), daß er sich in Lehrbücher über *Rechner-Architektur* (z.B. [GIL]) und *Rechner-Betriebssysteme* (z.B. [TAN]) vertiefen muß, wenn er mehr und Genaueres erfahren möchte. (Die genannten Werke sind nur stellvertretend für eine außerordentlich umfangreiche Literatur über diese Gebiete genannt.)

Die beiden ersten Szenarien lassen sich noch weiter idealisieren. Für das Multiprozessor-System und entsprechend für seine Simulation durch den Monoprozessor dürfen wir zum Beispiel annehmen, daß die Anzahl der Prozessoren im Prinzip beliebig ist, und daß uns, wenn es denn geboten scheint, immer noch ein Prozessor für die Übernahme weiterer Arbeiten zur Verfügung steht. Daraus ergibt sich eine Gleichsetzung von Prozessor und Prozeß. (Aus objektorientierter Sicht würde dies bedeuten, daß jedem Objekt sein eigener Prozessor und Speicherbereich zugeordnet werden. Natürlich läßt sich auch das dritte Szenario in dieser Weise verallgemeinern, doch mit ihm wollen wir uns, wie gesagt, kaum beschäftigen.)

```
parprogram <programm_name>;
<globale Deklarationen>
   process <prozeß_1>;
   <lokale Deklarationen>
   begin ... end;
   ... ...
   process <prozeß_n>;
   <lokale Deklarationen>
   begin ... end;
end.
```

Mit dieser Begründung erlauben wir uns, den Text, mit dem wir den Ablauf paralleler Prozesse auf Rechnersystemen mit gemeinsam genutztem Speicher beschreiben, als eine Liste von *Prozeßdeklarationen* zu notieren, und diese als *paralleles Programm* zu bezeichnen. Die für alle oder jeweils mehrere dieser Prozesse gemeinsamen Speicher werden als globale Variable dargestellt. Über den syntaktischen Formalismus der Notation paralleler Programme selbst brauchen wir keine weiteren Worte zu verlieren. Er ist (für den inzwischen geübten Leser) selbsterklärend. Zur Semantik zunächst nur soviel: Der Start eines parallelen Programms bedeutet, daß alle in seinem Text deklarierten Prozesse (im Prinzip) gleichzeitig beginnen. (Wir sagen "im Prinzip", denn bei jeder der von uns betrachteten Architekturen wird natürlich einer der Prozesse zuerst "an die Reihe" kommen, nur können wir nicht wissen, welcher es ist. Diese Unsicherheit oder - anders gesagt - diese Notwendigkeit, alle möglichen Reihenfolgen in Betracht ziehen zu müssen, modellieren wir als "Gleichzeitigkeit".) Auf die Einführung sprachlicher Mittel, welche geeignet sind, die Erzeugung von Prozessen durch Prozesse zu beschreiben, müssen wir im Rahmen dieses kurzen Überblicks allerdings verzichten (vgl. aber [ANS]).

Um ein erstes Gefühl für die Probleme zu bekommen, mit denen wir es zu tun haben, wenn - wie beschrieben - die Ausführung der elementaren Speicheroperationen zweier oder mehrerer Prozesse keiner vorhersehbaren zeitlichen Ordnung unterworfen ist, betrachten wir das folgende *parprogram*:

```
parprogram Verwirrung;
var x: integer initial (0);
  process P1;
    begin
      x := x + 1
    end {P1};
  process P2;
    begin
      x := x + 2
    end {P2};
end {Verwirrung}.
```

(Mit dem Zusatz *initial* (...) in der Deklaration einer Variablen wird dieser ein Anfangswert zugewiesen.) Welchen Wert enthält die Variable x nach Beendigung des parallelen Programms "Verwirrung"? Die von P1 und P2 vorgenommenen Operationen sind nicht elementar. Wir nehmen aber an, daß eine Operation der Art "x := x + a" als Folge elementarer Operationen ausgeführt wird:

```
LADE ({Inhalt von} x {in den Akkumulator})
ADDIERE (a {zum Inhalt des Akkumulators})
SPEICHERE ({den Inhalt des Akkumulators nach} x)
```

(Als "Akkumulator" bezeichnen wir hier ein für Rechnungen aller Art zu verwendendes Register der gegebenen Prozessoren.) Die den Prozessen P1 und P2 entsprechenden Folgen lauten also:

```
LADE_1 (x);   ADDIERE_1 (1);   SPEICHERE_1 (x);
LADE_2 (x);   ADDIERE_2 (2);   SPEICHERE_2 (x);
```

(Um anzudeuten, unter welchen Prozessen diese Operationen jeweils stattfinden, haben wir sie durch die Suffixe "_1" bzw. "_2" gekennzeichnet.) Was geschieht nun in einem Multiprozessor-System, dessen Prozessoren alternierend auf den

Speicher (lesend oder schreibend) zugreifen dürfen? In welche zeitliche Ordnung werden die Operationsfolgen gebracht, wie werden sie miteinander verzahnt? Unter den gegebenen Voraussetzungen gibt es offenbar zwei Möglichkeiten. Wir notieren sie in Tabellenform und vermerken dabei jeweils die Inhalte der Variablen x und der Akkumulatoren (abgekürzt "akk1" und "akk2") nach Ausführung der elementaren Operation.

I.

Systemzeit	Operation	x	akk1	akk2
1	LADE_1(x)	0	0	
2	LADE_2(x)	0		0
3	ADDIERE_1(1)	0	1	
	ADDIERE_2(2)	0		2
4	SPEICHERE_1(x)	1		
5	SPEICHERE_2(x)	2		

II.

Systemzeit	Operation	x	akk1	akk2
1	LADE_2(x)	0	0	
2	LADE_1(x)	0		0
3	ADDIERE_1(1)	0	1	
	ADDIERE_2(2)	0		2
4	SPEICHERE_2(x)	2		
5	SPEICHERE_1(x)	1		

Es ist klar: Je nachdem, welcher Prozeß als letzter die Gelegenheit erhält, den Inhalt seines Akkumulators abzuspeichern, ist der Inhalt von x entweder 1 oder 2, und niemals 3, wie eigentlich zu erwarten wäre. Dies ist ein in der Tat verwirrendes Ergebnis. (Die beiden ADDIERE-Operationen haben wir übrigens einem einzigen "Systemzeitpunkt" zugeordnet, da sie, obschon elementar, nicht den gemeinsamen Speicher berühren; sie können im Multiprozessor-System echt parallel ablaufen.)

Noch verwirrender wird die Geschichte, wenn wir die parallele Abarbeitung von P1 und P2 auf einem nach dem oben skizzierten Verfahren des *time sharing* funktionierenden Monoprozessor im Multiprogramm-Betrieb simulieren. Wir dürfen hier keinerlei Kenntnis darüber voraussetzen, wann ein Prozeß (P1 oder P2) von der Uhr unterbrochen wird, um dem jeweils anderen Prozeß Rechenzeit zu gewähren. Dies bedeutet, daß wir für unsere Analyse alle möglichen Verzahnungen der jeweiligen Folgen von Elementaroperationen berücksichtigen müssen. Hinzu kommt, daß es in diesem Fall auch nur einen Akkumulator gibt und die auf den Akkumulator beschränkten Operationen (ADDIERE_1 und ADDIERE_2) nicht gleichzeitig ausgeführt werden können. Wir greifen drei Möglichkeiten heraus:

I.

Systemzeit	Operation	x	akk
1	LADE_1(x)	0	0
2	LADE_2(x)	0	0

Systemzeit	Operation	x	akk
3	ADDIERE_1 (1)	0	1
4	ADDIERE_2 (2)	0	3
5	SPEICHERE_1 (x)	3	
6	SPEICHERE_2 (x)	3	

II.

Systemzeit	Operation	x	akk
1	LADE_1 (x)	0	0
2	ADDIERE_1 (1)	0	1
3	LADE_2 (x)	0	0
4	SPEICHERE_1 (x)	0	
5	ADDIERE_2 (2)	0	2
6	SPEICHERE_2 (x)	2	

III.

Systemzeit	Operation	x	akk
1	LADE_2(x)	0	0
2	ADDIERE_2(2)	0	2
3	LADE_1 (x)	0	0
4	SPEICHERE_2(x)	0	
5	ADDIERE_1 (1)	0	1
6	SPEICHERE_1 (x)	1	

Je nach "Laune" des Rechners produziert unser *parprogram* in der Variablen x die Inhalte 1, 2 oder 3, eine untragbare Situation. (Der mit Theorie und Praxis von Betriebssystemen vertraute Leser wird uns an dieser Stelle nachsehen, daß wir zum Zweck einer eindringlicheren Darstellung des Problems auf das in Multiprogramming-Systemen übliche sogenannte *context-switching* verzichtet haben.) Aus dem bisherigen Studium beider Szenarien ziehen wir den Schluß, daß Prozesse, die mit gemeinsamen Variablen arbeiten, sich unter keinen Umständen "ins Gehege" kommen dürfen, wenn bestimmte, diese Variablen betreffende Berechnungen laufen. Die Phasen während eines Prozesses, in denen dies der Fall ist, heißen *kritische Abschnitte*. Sie entsprechen denjenigen Passagen des einem Prozeß zugrundeliegenden Programmtextes, welche nicht-elementare Manipulationen der gemeinsamen Variablen beschreiben. In unserem Beispiel sind dies offenbar die Anweisungen "x := x + 1" und "x := x + 2".

Die Frage lautet nun: Wie kann sich ein Prozeß, der "die Absicht hat", in einen kritischen Abschnitt einzutreten, vor unerwünschten Interventionen seiner Konkurrenten schützen? Mögliche Antworten gibt das alltägliche Leben: Wollen zum Beispiel zwei Personen sich ein und derselben Sache bedienen, so müssen sie sich darüber einigen, wer wann diese Sache benutzen darf. Sie müssen ihren Wunsch anmelden und dann eventuell so lange warten, bis der jeweils andere die Sache seinerseits freigibt. Das kann etwa durch geeignete Zeichengabe geschehen, also durch bestimmte Veränderungen in der von beiden Personen wahrnehmbaren Umwelt. Man nennt solche Zeichen bekanntlich auch *Signale*, und die mit ihrer Hilfe getroffene Festlegung einer zeitlichen Ordnung von irgendwelchen Aktionen heißt *Synchronisation.* Für Personen, die an einer gemeinsamen Aufgabe arbeiten und dabei gelegentlich die gleichen Werkzeuge benötigen, ist die Synchronisation ihrer Tätigkeiten eine notwendige Voraussetzung für den Erfolg.

Das Gleiche gilt, *mutatis mutandis*, auch für in Rechnern ablaufende Prozesse, welche auf denselben Speicher zugreifen. Die von unseren Prozessen P1 und P2 beanspruchte Sache ist die Variable x, und die von beiden wahrnehmbare Umgebung, in der Signale abgesetzt werden können, ist der restliche Speicher. Die Signalisier-Aktionen selbst müssen ununterbrechbar sein, also durch Elementaroperationen realisiert. In [ANS] wird eine von G.L. Peterson stammende Lösung des *Problems des wechselseitigen Ausschlusses* (engl.: *mutual exclusion*, vgl. auch Abschnitt 6.3.2) zweier Prozesse bei der Benutzung gemeinsamer Betriebsmittel (*Ressourcen*) zitiert; sie gilt unter den Voraussetzungen beider hier von uns betrachteter Szenarien (Multiprocessing und Multiprogramming):

```
parprogram Ordnung;
var x: integer initial (0);
    will1, will2: boolean initial (false, false);
    dran: integer initial (1) {oder 2}
  process P1;
    begin
      {vor Eintritt in den kritischen Abschnitt}
      {auszuführendes "Eintrittsprotokoll":}
      will1 := true;  dran := 2;
      while will2 and dran = 2 do {warte} end;
      {kritischer Abschnitt von P1:}
      x := x + 1 ;
      {nach Austritt aus dem kritischen Abschnitt}
      {auszuführendes "Austrittsprotokoll":}
      will1 := false
    end {P1};
  process P2;
    begin
      {Eintrittsprotokoll:}
      will2 := true;  dran := 1;
      while will1 and dran = 1 do {warte} end;
      {kritischer Abschnitt von P2:}
      x := x + 2 ;
      {Austrittsprotokoll:}
      will2 := false
    end {P2};
end {Ordnung}.
```

Wir behaupten: Während ein Prozeß in seinem kritischen Abschnitt ist, wird keine zum kritischen Abschnitt des anderen Prozesses gehörige Operation ausgeführt, und x hat nach Beendigung dieses parallelen Programms den Inhalt 3, unabhängig davon, welcher Prozeß zuerst seinen kritischen Abschnitt erreicht.

Um dies einzusehen, bemerken wir zunächst, daß die "Eintrittsprotokolle" mit zwei elementaren Schreiboperationen beginnen, von denen eine die gemeinsame Variable "dran" betrifft. Wieder kommt es offenbar darauf an, wie die Eintrittsprotokolle beider Prozesse miteinander verzahnt werden. Wir betrachten auch hier drei Möglichkeiten:

I		II		III	
P1	will1 := true	P1	will1 := true	P1	will1 := true
P1	dran := 2	P2	will2:= true	P2	will2:= true
P2	will2 := true	P1	dran := 2	P2	dran := 1
P2	dran := 1	P2	dran := 1	P1	dran := 2
...	...	...	...	...	...

Im weiteren Verlauf des Eintrittsprotokolls finden nur elementare Leseoperationen statt, deren Ergebnisse jeweils lokal (bezogen auf die beiden Prozesse) ausgewertet werden. Was bewirken nun diese Leseoperationen in den oben angegebenen Fällen?

Fälle I und II:

Solange P1 seine Signal-Variable "will1" nicht auf "false" setzt, ermittelt P2 als Ergebnis seiner Leseoperationen: (will1 *and* (dran=1)) = true; er darf den kritischen Abschnitt (in dem die Variable "x" manipuliert wird) also nicht betreten. Für P1 dagegen ist (will2 *and* (dran=2)) = false; er geht somit durch seinen kritischen Abschnitt und signalisiert erst danach "false" in "will1".

Fall III:

Hier ist die Situation genau umgekehrt, also zugunsten von P2. P1 muß solange warten, bis P2 im Austrittsprotokoll bestätigt, daß er sich nicht mehr in seinem kritischen Abschnitt aufhält.

Dafür, welcher Prozeß als erster "an x heran" darf, ist offenbar letztlich der Inhalt von "dran" verantwortlich. Und diesen Inhalt bestimmt der Prozeß, welcher bei der Abarbeitung des Eintrittsprotokolls als letzter die auf "dran" bezogene elementare Schreiboperation ausführt. Anschaulich gesprochen verhalten sich die beiden Prozesse außerordentlich höflich zueinander. Jeder bekundet (in "will1" und "will2") zwar seinen Willen, in den kritischen Abschnitt überzugehen, doch unmittelbar nach dieser Willensbekundung wird dem jeweils anderen Prozeß (in "dran") gewissermaßen der Vortritt gelassen. Der letzte, der seine "Verzichtserklärung" abgibt, hat dann tatsächlich das Nachsehen, vorausgesetzt, der andere hat bereits seinen Willen signalisiert. Der Leser möge sich übrigens davon überzeugen, daß es dank unserer Anfangsbelegungen der Variablen "will1", "will2" und "dran" keineswegs ausgeschlossen ist, daß P1 und P2 in unserem Rechnersystem auch unverzahnt ablaufen können, daß also zuerst alle Operationen von P1 ausgeführt werden und dann die Operationen von P2 (oder umgekehrt).

Auf jeden Fall werden sich, nach diesen Überlegungen, die zu den kritischen Abschnitten gehörigen Operationen der Prozesse P1 und und P2 nicht überlappen. (Natürlich kann die Folge der Operationen des kritischen Abschnitts zum Beispiel von P1 durch Operationen von P2 unterbrochen werden, die nicht zum kritischen Abschnitt von P2 gehören. Doch das ist nicht von Schaden.) Und somit gilt "x = 3" nach Beendigung des parallelen Programms "Ordnung".

(Bevor wir fortfahren, möge sich der Leser bewußt machen, daß die hier vorgebrachte Argumentation im wesentlichen nichts anderes ist als eine Plausibilitätsbetrachtung, und daß es wesentlich "schwererer Geschütze" bedarf, um formale, hieb- und stichfeste Korrektheitsbeweise über parallele Programme zu führen. Diese sind jedoch außerhalb der Gegenstandsbereiche dieses Buches.)

Betriebssysteme, welche die gleichzeitige Ausführung mehrerer Prozesse (auf welcher Rechnerarchitektur auch immer) gestatten (*Multitasking*), bieten den Prozessen in der Regel die Möglichkeit, sich zeitweilig "zur Ruhe zu setzen" und etwa bis zum Vorliegen einer dem Betriebssystem signalisierten Bedingung keine Prozessorzeit in Anspruch zu nehmen. Die zitierte Lösung des Problems des gegenseitigen Ausschlusses zweier Prozesse vom Zugriff auf gemeinsame Ressourcen macht von solchen Möglichkeiten offensichtlich keinen Gebrauch. Mit ihr sind die Prozesse dem Betriebssystem gegenüber immer im "Bereit-Zustand", ständig den Prozessor beschäftigend, während sie ihre Synchronisationsvariablen inspizieren und darauf lauern, daß der andere seinen kritischen Abschnitt verläßt. Derartige Synchronisationsverfahren werden durch den Ausdruck "geschäftiges Warten" (engl.: *busy waiting*) charakterisiert. Dies mag im Rahmen weniger komfortabler Betriebssysteme gerechtfertigt sein. Doch kann man sich andere Gründe vorstellen, derentwegen eine solche Lösung eigentlich zu verwerfen ist: Nicht zuletzt ihre relative Kompliziertheit und die Tatsache, daß die konzeptuell wichtige Trennung der Ressourcenbenutzung von der Kontrolle der Ressourcenbenutzung durch keinerlei softwaretechnische Maßnahme (z.B. Abstraktion) unterstützt wird.

Immerhin zeigt die *busy-waiting*-Synchronisation die generelle Struktur von Lösungen des Problems des gegenseitigen Ausschlusses:

‹unkritischer Abschnitt›
‹Eintrittsprotokoll›
‹kritischer Abschnitt›
‹Austrittsprotokoll›
‹unkritischer Abschnitt›

Danach sind vor Beginn des kritischen Abschnitts gewisse Operationen einzuflechten, einerseits um zu vermeiden, daß man dem konkurrierenden Prozeß in's Gehege kommt, und andererseits, um zu garantieren, daß man selbst nach Betreten des kritischen Abschnitts nicht gestört wird. Diese zusätzlichen Operationen bilden das *Eintrittsprotokoll*. Das Verlassen des kritischen Abschnitts wird dann in einem *Austrittsprotokoll* bekanntgegeben. Natürlich enthält jeder Prozeß im allgemeinen auch Abschnitte, die nicht kritisch sind.

Ein zweites Beispiel für Prozesse mit kritischen Abschnitten zeigt das folgende Bild:

Hier fahren zwei Autos immer im Kreis herum. Die Crux ist nur, daß sie sich eine einspurige Brücke teilen müssen und ohne weitere Vorkehrungen Gefahr laufen, auf diesem Wegstück frontal aufeinanderzuprallen. Natürlich kennt jeder Autofahrer die Vorrichtung, die solche Gefahr bannt: die Verkehrsampel (in Spanien übrigens *semaforo* genannt). Sie muß in diesem Fall so gesteuert sein, daß sie P1 (P2) mindestens solange "rot" zeigt, als sich P2 (P1) auf der Brücke befindet. Das kann zum Beispiel dadurch geschehen, daß nach Verlassen der Brücke eine Schwelle überfahren wird, welche die Ampel umschaltet. Vor der Brücke muß jeder Autofahrer die Ampel prüfen und - wie üblich - eventuell warten, bis sie auf "grün" steht. Steht sie schon auf "grün", so muß ein Steuerungsmechanismus dafür sorgen, daß sie den Verkehr aus der jeweils anderen Richtung stoppt.

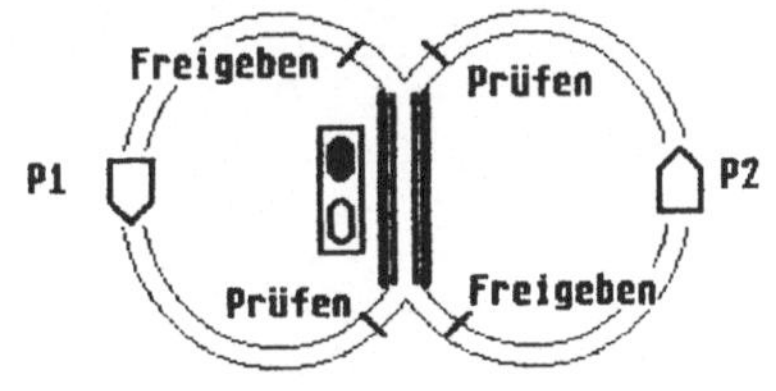

Diese einfache Ampel-Idee liegt dem von E. Dijkstra im Jahre 1968 ([DIJ]) vorgeschlagenen (abstrakten) Datentyp *Semaphor* zugrunde, der ein Attribut "s" vom Typ Integer sowie zwei Operationen umfaßt, die traditionell "P" und "V" genannt werden. Sei "sp" eine Variable vom Typ *Semaphor*. Dann sind dieses Attribut und diese Operationen durch die folgenden Eigenschaften definiert:

(i) s(sp) >= 0

(ii) Falls s(sp) > 0 vor der Ausführung von P(sp), so gilt nach der Ausführung von P(sp): s(sp) = <u>*old*</u> s(sp) - 1;
falls s(sp) = 0, so "blockiert" P(sp) den (die Semaphore) benutzenden Prozeß solange, bis s(sp) > 0, und nach der Ausführung von P(sp) ist s(sp) = <u>*old*</u> s(sp) - 1. ("Blockieren" heißt, den Prozeß - wie oben beschrieben - "zur Ruhe zu setzen"; <u>*old*</u> s(sp) bezeichnet hier den Wert, den s(sp) nach Beendigung der "Blockade" hat.)

(iii) Nach der Ausführung von V(sp) gilt s(sp) = <u>*old*</u> s(sp) + 1.

(iv) Die Operationen P und V sind ununterbrechbar.

Die meisten Multitasking-Betriebssysteme bieten diesen (oder einen ähnlichen) Datentyp an. Wir wollen sehen, wie wir uns seiner zur Lösung des Problems des wechselseitigen Ausschlusses bedienen können.

```
parprogram Ausschluss;
var mutex: Semaphor initial (1) {d.h. s(mutex) = 1};
  process P1;
  begin
    loop
      P(mutex); {Eintrittsprotokoll}
      {kritischer Abschnitt}
      V(mutex); {Austrittsprotokoll}
      {unkritischer Abschnitt}
    end
  end {P1};
  process P2;
  begin
    loop
      P(mutex); {Eintrittsprotokoll}
      {kritischer Abschnitt}
      V(mutex); {Austrittsprotokoll}
      {unkritischer Abschnitt}
    end
  end {P2};
end.
```

Dieses Programm ist eine ziemlich getreue Beschreibung des Verhaltens der beiden unermüdlichen Autofahrer. "mutex" ist die an der Brücke aufgestellte Ampel. Die Operation "P" entspricht der "Prüfung" und "V" der "Freigabe". s(mutex) hat den Wert 1, wenn die Brücke frei ist, und 0 sonst. Derjenige, der nach Beginn der Ausführung des Programms zuerst die Brücke (den kritischen Abschnitt) erreicht (sagen wir P1), findet - entsprechend der Initialisierung - s(mutex) = 1. Er fährt ohne anzuhalten weiter, vermindert aber mittels der Operation P(mutex) (z.B. beim Passieren der Schwelle) s(mutex) um 1. Kommt P2 an die Brücke, bevor P1 diese verlassen hat, sieht er s(mutex) = 0, und er wird gestoppt. Erst wenn P1 die Brücke hinter sich gelassen und s(mutex) mittels der Operation V(mutex) um 1 erhöht hat, darf P2 seine Fahrt fortsetzen.

Diese Steuerung trägt übrigens durchaus der Tatsache Rechnung, daß Prozesse (Autos) verschieden schnell voranschreiten (fahren) können: Auch wenn z.B. P2 in seinem unkritischen Abschnitt (z.B. wegen einer Reifenpanne oder weil er gerade auf einen Input von außen wartet) beliebig lange aufgehalten wird, kann P1 ohne Verzögerungen die Brücke benutzen.

Abgesehen davon, daß Semaphoren die guten Eigenschaften von Multitasking-Betriebssystemen ausnutzen, sind sie gegenüber dem Verfahren des *busy waiting* auch auf einer höheren Abstraktionsstufe: So sind sie im Programmtext (zumindest in diesem) ganz klar als Synchronisationsmechanismen zu erkennen.

Kehren wir nun zu der anfangs erinnerten Prozeßkette zurück und überlegen wir uns, wie diese im Rahmen eines Multitasking-Betriebssystems zu implementieren wäre. Wir werden drei Lösungen von steigendem Abstraktionsgrad skizzieren, mit sprachlichen Ausdrucksmitteln, die diesen Abstraktionsgraden jeweils angepaßt sind. Doch zunächst soll unsere Prozeßkette eine konkrete Aufgabe erhalten, eine Aufgabe, die aus den nachstehenden Illustrationen hinreichend klar wird:

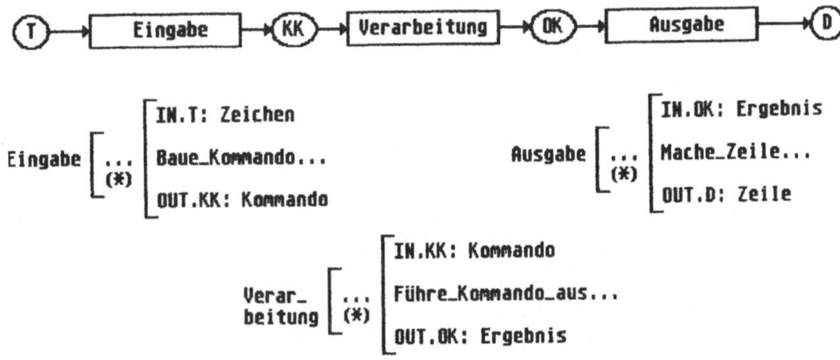

Im Sinne der bisherigen Erörterungen sind der "Kommando-Kanal" KK und der "Output-Kanal" OK gemeinsam benutzte Ressourcen (*shared resources*). Auf KK wird von den Prozessen "Eingabe" und "Verarbeitung" zugegriffen, und auf OK von "Verarbeitung" und "Ausgabe". (Hinter T verbirgt sich die Tastatur und hinter D der Drucker. Dies sind Kanäle, auf die nur von je einem Prozeß zugegriffen wird, und die uns daher hier nicht interessieren.)

Sollen also "Eingabe", "Verarbeitung" und "Ausgabe" parallel ablaufen, so ist dafür zu sorgen, daß die Zugriffe auf diese Kanäle vom jeweiligen "Nachbarn" nicht gestört werden. Dies ist nichts anderes als die (z. B. unter Zuhilfenahme von Semaphoren) schon gelöste Aufgabe, den wechselseitigen Ausschluß von Prozessen beim Durchlaufen ihrer kritischen Abschnitte zu garantieren.

Es gibt aber noch ein Problem: Die Kapazitäten der Kanäle sind (realistischerweise) beschränkt. Wir nehmen an, daß sie als "Puffer" realisiert sind, welche nur eine bestimmte Anzahl von Plätzen (*slots*) für Objekte eines gegebenen Typs enthalten. Es hat keinen Sinn, wenn ein Prozeß etwas aus einem leeren Puffer holen möchte, und es darf auch nicht sein, daß ein Prozeß etwas in einem Puffer ablegt, in dem alle Plätze schon besetzt sind. Vielmehr muß zum Beispiel der Prozeß "Verarbeitung" unter Umständen darauf warten, daß der ihm vorgeschaltete Puffer KK ein Kommando enthält oder daß im nachgeschalteten Puffer OK ein Platz für Berechnungsergebnisse frei wird. Jede Realisierung der Operationen IN und OUT, bezogen auf die Kanäle (Puffer) KK bzw. OK, muß, in welcher Form auch immer, von diesen Bedingungen Notiz nehmen.

Das folgende *parprogram* zeigt, daß Semaphoren, deren Attribut s ja jeden positiven ganzzahligen Wert annehmen kann, außer zur Synchronisation vor kritischen Abschnitten auch dafür geeignet sind, Ereignisse zu signalisieren, die mit der Auslastung der Kapazität bestimmter Ressourcen zu tun haben.

```
parprogram EVA_0;
var  mutex_KK, mutex_OK : Semaphor initial (1,1);
     anz_KK, anz_OK: Semaphor initial (0,0);
     frei_KK, frei_OK: Semaphor initial (N,N);
     KK: PufferTyp (KommandoTyp);
     OK: PufferTyp (ErgebnisTyp);

  process Eingabe;
  var kom: KommandoTyp;
  begin
    loop
      HoleZeichen; {IN.T: Zeichen}
      BaueKommando;
      {OUT.KK: Kommando}
      P(frei_KK); {Warten auf Platz in KK}
      P(mutex_KK); {Reserviere KK für exklusiven Zugriff}
      KK.Ablegen (kom);
      V(mutex_KK); {KK freigeben}
      V(anz_KK); {Anzeige der Ablage eines Kommandos in KK}
    end;
  end {Eingabe};

  process Verarbeitung;
  var kom: KommandoTyp; erg: ErgebnisTyp;
  begin
    loop
      {IN.KK: Kommando}
      P(anz_KK); {Prüfen, ob Kommando in KK; notfalls warten}
      P(mutex_KK); {Reserviere KK für exklusiven Zugriff}
      KK.Hole(kom);
      V(mutex_KK); {KK freigeben}
      V(frei_KK); {Anzeige eines freien Platzes in KK}
      FuehreKommandoAus;
      {OUT.OK: Ergebnis}
      P(frei_OK); {Warten auf Platz in OK}
      P(mutex_OK); {Reserviere OK für exklusiven Zugriff}
      OK.Ablegen (erg);
      V(mutex_OK); {OK freigeben}
      V(anz_OK); {Anzeige der Ablage eines Kommandos in OK}
```

```
        end;
    end {Verarbeitung};

    process Ausgabe;
    var erg: ErgebnisTyp;
    begin
        loop
            {IN.OK: Ergebnis}
            P(anz_OK); {Prüfen, ob Ergebnis in OK; notfalls warten}
            P(mutex_OK); {Reserviere OK für exklusiven Zugriff}
            OK.Hole(erg);
            V(mutex_OK); {OK freigeben}
            V(frei_OK); {Anzeige eines freien Platzes in OK}
            MacheZeile;
            DruckeZeile; {OUT.D: Zeile}
        end;
    end {Ausgabe};
end {EVA_0};
```

EVA verwendet drei Paare von Semaphoren mit jeweils verschiedenen Initialisierungen des Attributs s:

- "mutex_KK" und "mutex_OK" mit anfänglich s(mutex_KK) = s(mutex_OK) = 1, zur Sicherung des wechselseitigen Ausschlusses beim Zugriff auf KK bzw. OK;
- "anz_KK" und "anz_OK" mit anfänglich s(anz_KK) = s(anz_OK) = 0, zur Kontrolle der Anzahl belegter Plätze in KK bzw. OK;
- "frei_KK" und "frei_OK" mit anfänglich s(frei_KK) = s(frei_OK) = N, zur Kontrolle der Anzahl der in KK bzw. OK freien Plätze; diese Anzahl beträgt maximal N.

Zum besseren Verständnis von EVA verfolgen wir kurz den Ablauf des Prozesses "Verarbeitung". Mit P(anz_KK) wird dieser Prozeß blockiert, falls s(anz_KK) = 0, und nur der Prozeß "Eingabe" kann ihn mit einem die OUT.KK-Operation abschließenden V(anz_KK) deblockieren. "Verarbeitung" "weiß" nun, daß in KK mindestens ein Kommando für ihn bereitliegt. Um es herauszuholen, muß er sich zunächst mit P(mutex_KK) den exklusiven Zugriff auf diese Ressource sichern, also notfalls darauf warten, daß "Eingabe" mit V(mutex_KK) den Puffer freigibt. Erst dann darf er die für die Entnahme des anliegenden Kommandos notwendigen Manipulationen der den Puffer implementierenden Variablen vornehmen. Er muß danach seinerseits KK mit V(mutex_KK) freigeben und dem (möglicherweise in P(frei_KK) schon wartenden) Prozeß "Eingabe" mit V(frei_KK) die Verfügbarkeit eines weiteren Platzes in KK anzeigen. Das Zusammenspiel von "Verarbeitung" und "Ausgabe" verläuft ganz analog. Man beachte, daß hier - wie im *parprogram* "Ausschluß" - die Prozesse zwar auch mit unterschiedlichen Geschwindigkeiten fortschreiten können, doch nur solange der Füllstand der Puffer dies gestattet. Unter Umständen muß eben einer auf den anderen warten. Keine Kommunikation ohne Synchronisation!

Die eigentlichen Kanalzugriffe haben wir in dem obigen Programm übrigens in einem abstrakten (und parametrierten) PufferTyp verborgen. Wir hätten gewiss auch die Semaphor-Operationen dazupacken und so einen "unterhalb" der Prozeßkette liegenden Kanalmodul schaffen können. Einige unangenehme Probleme bei der Verwendung von Semaphoren als Synchronisationsmechanismen wären jedoch auch damit nicht aus der Welt geschafft. Dies sind z.B.:

- Einerseits sind Semaphoren zwar vielseitig einsetzbar, zur Bewachung kritischer Abschnitte ebenso wie zur Signalisierung von Ereignissen aller Art. Aber andererseits wird ihr jeweiliger Zweck aus der Notation selbst nicht ersichtlich. Mit Semaphor-Operationen durchsetzte Programme sind daher oft schwer verständlich.
- Die Programmierung mit Semaphoren verlangt eine strenge Disziplin. Es ist leicht, Fehler zu machen. Eine V-Operation zu vergessen oder bestimmte Semaphor-Operationen in einer anderen als der korrekten Reihenfolge anzuwenden, kann unerwünschte (und mitunter sehr unangenehme) Folgen haben.

Ein Beispiel für diese letzte Behauptung ergibt sich, wenn wir im Prozeß "Eingabe" des *parprogram* "EVA" P(mutex_KK) vor anstatt - wie es richtig ist - nach P(frei_KK) ausführen lassen. Angenommen "Eingabe" reserviert sich KK mit P(mutex_KK), wenn KK voll ist. Dann wird "Eingabe" mit P(frei_KK) solange blockiert, bis "Verarbeitung" mit V(frei_KK) einen freien Platz signalisieren kann. Falls nun "Verarbeitung" zum Zeitpunkt, da sich "Eingabe" den Puffer reserviert, gerade ein Kommando ausführt oder mit der Ausgabe eines Ergebnisses auf den Kanal OK beschäftigt ist, wird dieser Prozeß danach zwar ohne blockiert zu werden P(anz_KK) passieren, doch dann wird er mit P(mutex_KK) gestoppt, da KK ja bereits von "Eingabe" mit Beschlag belegt wurde. Das Resultat? Sehr einfach: Nichts bewegt sich mehr zwischen "Eingabe" und "Verarbeitung", und nach der eventuellen Leerung von OK durch "Ausgabe" kommt das System zum Stillstand. Man bezeichnet diese Situation als *Deadlock*, oder völlige Systemblockade.

Angesichts dieser relativen "Gefährlichkeit" des Programmierens mit Semaphoren ist es nur naheliegend, nach besseren - und das heißt hier zunächst vor allem: sichereren - Möglichkeiten der Formulierung von kritischen Abschnitten und der ihnen zugeordneten Eintrittsbedingungen zu suchen. Ein in diese Richtung zielendes und unter der Bezeichnung *bedingter kritischer Bereich* (engl.: *conditional critical region*) bekannt gewordenes Sprachkonstrukt wurde von Hoare ([HOA]) und Brinch Hansen ([BR1]) vorgeschlagen. Danach müssen Variable, auf die mehrere Prozesse Zugriff haben sollen, explizit als *Ressource* (engl: *resource*) deklariert werden. Manipulationen dieser Variablen dürfen innerhalb des Programmtextes nur in Form spezieller, durch das Schlüsselwort *region* gekennzeichneter Anweisungen spezifiziert werden. Damit wird bestimmt, daß diese Manipulationen einen kritischen Abschnitt ausmachen, und es wird (durch die Implementierung von *region*) garantiert, daß sich zu jedem Zeitpunkt nur höchstens ein Prozeß in ihm befinden kann. In der *region*-Anweisung wird außerdem die Bedingung angegeben, unter der der Bereich überhaupt betreten werden darf. Das *parprogram* "EVA" nimmt unter Verwendung dieses Sprachkonstrukts die folgende Gestalt an:

```
parprogram EVA_1;
type PufferTyp (T) = record
                         plaetze: array [0..N-1] of T;
                         in, out: 0 .. N-1 initial (0,0);
                         fuellstand: 0 .. N initial (0)
                     end;
var   KK: PufferTyp (KommandoTyp);
      OK: PufferTyp (ErgebnisTyp);
resource  ires: KK;
          ores: OK;
  process Eingabe;
  var kom: KommandoTyp;
  begin
    loop
      HoleZeichen; {IN.T: Zeichen}
      BaueKommando;
      {OUT.KK: Kommando}
      region ires when KK.fuellstand < N do
        KK.plaetze [KK.in] := kom;
        KK.fuellstand := KK.fuellstand + 1;
        KK.in := (KK.in + 1) mod N
      end
    end;
  end {Eingabe};
  process Verarbeitung;
  var kom: KommandoTyp; erg: ErgebnisTyp;
  begin
    loop
      {IN.KK: Kommando}
      region ires when KK.fuellstand > 0 do
        kom := KK.plaetze [KK.out];
        KK.fuellstand := KK.fuellstand - 1;
```

```
            KK.out := (KK.out + 1) mod N
          end;
          FuehreKommandoAus;
          {OUT.OK: Ergebnis}
          region ores when OK.fuellstand < N do
            OK.plaetze [OK.in] := erg;
            OK.fuellstand := OK.fuellstand + 1;
            OK.in := (OK.in + 1) mod N
          end
        end;
      end {Verarbeitung};
      process Ausgabe;
      var erg: ErgebnisTyp;
      begin
        loop
          {IN.OK: Ergebnis}
          region ores when OK.fuellstand > 0 do
            erg := OK.plaetze [OK.out];
            OK.fuellstand := OK.fuellstand - 1;
            OK.out := (OK.out + 1) mod N
          end;
          MacheZeile;
          DruckeZeile; {OUT.D: Zeile}
        end;
      end {Ausgabe};
    end {EVA_1};
```

Obwohl nun bedingte kritische Bereiche gegenüber dem fehleranfälligen Gebrauch von Semaphoren zweifellos einen bedeutenden Fortschritt darstellen, dürfen wir uns mit ihnen als inzwischen erfahrene Software-Techniker noch keineswegs zufrieden geben. Es läuft unseren Modularisierungsprinzipien eklatant zuwider, wenn wir den auf den "Ressourcen-Zugriff" bezogenen Programmtext von den Beschreibungen der übrigen Prozeßaktivitäten nicht strikt trennen können. Aus der Sicht der Prozesse besteht ja schließlich ein Interesse nur darin, die Operationen des Holens und Ablegens von Daten ausführen zu lassen. Wie und eventuell mit welchen Verzögerungen dies geschieht, muß ihnen gleichgültig sein.

Wir greifen daher auf die nach der Präsentation von Version "EVA_0" vorgebrachte und - nach allem, was wir über Modularisierung gelernt haben - sehr naheliegende Anregung zurück, alle mit den Pufferzugriffen verbundenen Operationen und Manipulationen in einem ADT-Modul zu unterzubringen. In der Definition eines solchen Moduls muß dann jedoch auch zum Ausdruck kommen, daß sich zu jeder Zeit nur höchstens ein Prozeß einer der Modul-Operationen bedienen darf. In "EVA_1" haben wir die entsprechende Anforderung dadurch erfüllt, daß kritische Bereiche im Programmtext durch ein spezielles Schlüsselwort markiert wurden. Nun werden wir ein nämliches tun, einem ADT-Modul den "Titel" *Monitor* (d.h. "Wächter") verleihen und ihm damit bedeuten, daß er den wechselseitigen Ausschluß von Prozessen beim Gebrauch seiner Operationen gewährleisten soll. Die folgende Version des generischen PufferTyps ist damit (fast) selbsterklärend:

```
type PufferTyp(T) = monitor
   var  plaetze: array [0 .. N-1] of T;
        in, out: 0 .. N-1;
        fuellstand: 0 .. N;
        nicht_voll: condition fuellstand < N;
        nicht_leer: condition fuellstand > 0;
   procedure Ablegen (p:T);
   begin
     nicht_voll.wait;
     plaetze[in] := p;
     fuellstand := fuellstand + 1;
     in := (in + 1) mod N
   end;
   procedure Hole(var p:T);
   begin
     nicht_leer.wait
     p := plaetze[out];
     fuellstand := fuellstand - 1;
     out := (out +1) mod N
   end;
begin
   fuellstand := 0; in := 0; out := 0
end;
```

Wie gesagt: Die Deklaration des PufferTyps als *Monitor* impliziert, daß sich, wie man auch zu sagen pflegt, nicht zwei oder mehr Prozesse gleichzeitig in diesem Modul aufhalten können. Einer Erklärung bedürfen die als vom Typ condition deklarierten Variablen "nicht_voll" und "nicht_leer": Dieser Typ findet nur in Monitoren Verwendung; er enthält die einzige Operation wait. Nehmen wir an ein Prozeß ruft die Monitor-Prozedur "Ablegen" auf. In "nicht_voll.wait " wird die mit der Variablen "nicht_voll" assoziierte Bedingung "fuellstand < N" ausgewertet. Ergibt sich "true", so wird der Prozeß ohne Verzögerung weiterlaufen. Andernfalls gibt der Prozeß den Monitor frei und setzt sich bezüglich "nicht_voll" in Warteposition. Wann immer ein Prozeß den Monitor freigibt, findet eine

Überprüfung sämtlicher als *condition* deklarierter Variabler statt, "vor denen" andere Prozesse warten, und einem der wartenden Prozesse, deren *condition* sich als "true" herausstellt, wird der Zugriff auf den Monitor gestattet.

Mit dem als Monitor deklarierten PufferTyp nimmt "EVA" die gewünschte knappe und von anwendungsfremden Elementen freie Form an:

```
parprogram EVA_2;
var  KK: PufferTyp (KommandoTyp);
     OK: PufferTyp (ErgebnisTyp);
  process Eingabe;
  var kom: KommandoTyp;
  begin
    loop
      HoleZeichen; {IN.T: Zeichen}
      BaueKommando;
      {OUT.KK: Kommando}
      KK.Ablegen(kom)
    end;
  end {Eingabe};
  process Verarbeitung;
  var kom: KommandoTyp; erg: ErgebnisTyp;
  begin
    loop
      {IN.KK: Kommando}
      KK.Hole(kom);
      FuehreKommandoAus;
      {OUT.OK: Ergebnis}
      OK.Ablegen(erg)
    end;
  end {Verarbeitung};
  process Ausgabe;
  var erg: ErgebnisTyp;
  begin
    loop
      {IN.OK: Ergebnis}
      OK.Hole(erg);
      MacheZeile;
      DruckeZeile; {OUT.D: Zeile}
    end;
  end {Ausgabe};
end {EVA_2};
```

Die zur Darstellung der Beispiele dieses Abschnitts verwendete Notation hat - dem Leser wird es nicht entgangen sein - durchaus einiges mit real existierenden Programmiersprachen zu tun. Aber das ist auch schon alles. Ihr einziger Zweck war es nämlich, in hinreichend exakter Weise Parallelität formulierbar zu machen, und dies insbesondere über das Konstrukt *process*. Es drängt sich daher nun die Frage auf, welche Mittel in der Praxis verwendete Programmiersprachen hierfür in petto haben. Die erste Antwort ist sicherlich ernüchternd: Unter den dem Leser mit einiger Wahrscheinlichkeit bekannten Sprachen für imperative Programmierung gibt es keine, in der sich die in diesem Abschnitt behandelten Konzepte direkt umsetzen lassen. Weder "Klassiker" wie FORTRAN oder COBOL noch die "Schulsprachen" BASIC und PASCAL erlauben es, in einem geeigneten Rechnersystem parallel ablaufende Vorgänge zu beschreiben. Die zweite Antwort lautet daher: Entweder sind existierende Sprachen gezielt zu erweitern, oder es sind neue, speziell für die parallele Programmierung ausgelegte Sprachen zu erfinden. In der Tat sind beide Wege beschritten worden, und die dabei erreichten Resultate haben ganz unterschiedliche Bekanntheitsgrade und Benutzungshäufigkeiten erreicht. "Concurrent PASCAL" ([BR2]) und MODULA ([WI3]) (ein Vorläufer von MODULA-2) sind jeweils Beispiele für die eine und die andere Vorgehensweise, Beispiele, deren Wirkung freilich nie sehr weit über den akademischen Bereich hinausging. Eine Sprache, die von Anbeginn insbesondere auch für die Programmierung paralleler Prozesse entworfen wurde, ist das schon an früherer Stelle erwähnte ADA ([LED]). Dank ihrer besonderen Entstehung (im Auftrag des US-amerikanischen Verteidigungsministeriums, wie gesagt, welches damit einen eigenen Beitrag zur Überwindung seiner Softwarekrise leisten wollte) ist sie inzwischen zu relativ weiter industrieller Verbreitung gelangt.

Übrigens firmieren die genannten Sprachen auch unter der Bezeichnung *real-time* (oder *Echtzeit-*) Sprachen. Leider müssen wir es hierzu mit den gegebenen kargen Hinweisen bewenden lassen und, der Zielsetzung dieses Buches eingedenk, den interessierten Leser an dieser Stelle zum Selbststudium ermuntern. (Als weitere Quelle mag ihm dabei z.B. [BOV] dienen.)

Doch einige Bemerkungen, wenn auch nicht zu jenen Realzeit-Sprachen, sind wir noch schuldig. Denn bei der ersten Antwort oben hat vielleicht der eine oder andere Leser gestutzt und sich gefragt, warum wir denn MODULA-2, das wir schließlich als Vehikel für die Überbringung mancher Ideen zur Methodik des Programmierens eingesetzt haben, keiner Erwähnung wert halten, wenn es um die Programmierung paralleler Prozesse geht. Immerhin, so wird man sich seiner ersten Unterweisungen in dieser Sprache erinnern, gibt es in MODULA-2 doch eine NEWPROCESS genannte Prozedur, und so scheint es nur billig, daß wir zumindest andeutungsweise auf die Zusammenhänge eingehen, die zwischen der in diesem Abschnitt skizzierten Realisierung paralleler Prozesse und dem nominell verwandten Instrumentarium von MODULA-2 bestehen.

Als sogenannte "*low-level facilities*" enthält dieses Instrumentarium neben

NEWPROCESS (P: PROC; a: ADDRESS; n: INTEGER; VAR pr: ADDRESS)

auch die Prozedur

TRANSFER (VAR pr1, pr2: ADDRESS).

Mit NEWPROCESS wird eine auf der obersten Hierarchiestufe eines Programms deklarierte parameterlose Prozedur P zur *Koroutine* umfirmiert. Ihr wird dabei ein bei a beginnender Adreßraum der Größe n zur lokalen Verfügung zugeordnet, sowie die Anfangsadresse in pr. Koroutinen sind die MODULA-2 Analoga unserer parallelen Prozesse. Sie können einander, unter Aufruf von TRANSFER, in der Kontrolle eines Prozessors beliebig abwechseln. Wir wollen uns dies an einem schematischen Beispiel etwas genauer anschauen:

```
MODULE Koroutinen;
FROM SYSTEM IMPORT ADDRESS, NEWPROCESS, TRANSFER;
FROM Storage IMPORT ALLOCATE;
VAR w1, w2, w3: ADDRESS; (*lokale Adreßräume von Pr1, Pr2, Pr3*)
    pr1, pr2, pr3: ADDRESS; (*Anfangsadressen von Pr1, Pr2, Pr3*)
PROCEDURE Pro1;
BEGIN
  (* Teilstück 1-1*); TRANSFER (pr1, pr3);
  (* Teilstück 1-2*); TRANSFER (pr1, pr2);
END Pr1;
PROCEDURE Pro2;
BEGIN
  (* Teilstück 2-1*); TRANSFER (pr2, pr1);
  (* Teilstück 2-2*); TRANSFER (pr2, pr3);
END Pr2;
PROCEDURE Pro3;
BEGIN
  (* Teilstück 3-1*); TRANSFER (pr3, pr2);
  (* Teilstück 3-2*)
END Pr3;
BEGIN (*Koroutinen*)
  (*Die - hier willkürlich gewählte - Größe der lokalen
  Adreßräume ist 500*)
  ALLOCATE (w1, 500);  NEWPROCESS (Pro1, w1, 500, pr1);
  ALLOCATE (w2, 500);  NEWPROCESS (Pro2, w2, 500, pr2);
  ALLOCATE (w3, 500);  NEWPROCESS (Pro3, w3, 500, pr3);
  TRANSFER (pr1, pr1)
END Koroutinen.
```

Die Prozedur TRANSFER(pr2,pr1) zum Beipiel läßt die Prozedur Pro1 von genau dem Punkt an weiterlaufen, an dem sie zuletzt ihrerseits einen TRANSFER-Aufruf getätigt hat. (Im Gegensatz zum klassischen Prozeduraufruf - oder *Subroutine-Call* - führt dies zu einer völlig symmetrischen Beziehung zwischen gleichberechtigten Programmteilen.) Der durch das obige Programm induzierte Kontrollfluß zwischen den Prozeduren Pro1, Pro2 und Pro3 wird durch das folgende Diagramm dargestellt:

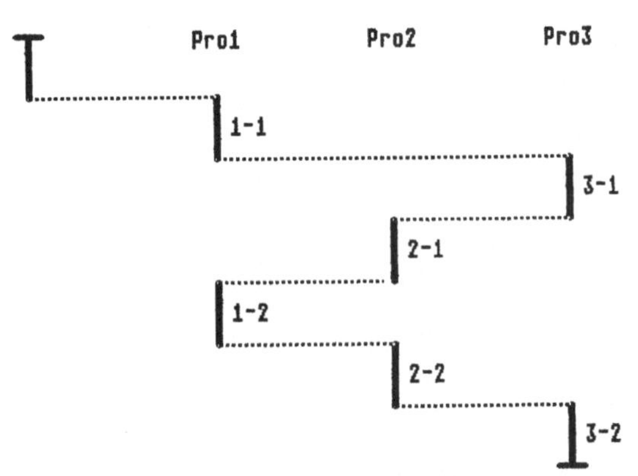

Das ist den Verhältnissen in einem multiprogrammierten System offenbar gar nicht so unähnlich. Dort freilich geben die Prozesse nicht nur "freiwillig" den Prozessor ab, sondern sie werden dazu gelegentlich auch von der Uhr gezwungen (vgl. die Skizze auf Seite 425). Für die mit NEWPROCESS erzeugten Koroutinen sieht die Definition von MODULA-2 einen solchen Automatismus nicht vor. (Das wäre für eine Sprache mit dem Anspruch, universell einsetzbar zu sein, auch wenig sinnvoll.) Ein Programmierer, der irgendwelche Prozesse als MODULA-2 Koroutinen implementieren will, muß höchstpersönlich (durch Einschaltung entsprechender TRANSFER-Aufrufe) dafür sorgen, daß jeder Prozeß mit einem fairen Anteil an Rechenzeit bedacht wird. Durch die Tatsache jedoch, daß sie sich sozusagen selbst unterbrechen können, haben Koroutinen mit "echten" Prozessen die Fähigkeit gemein, beispielsweise auf bestimmte, durch andere Koroutinen herbeigeführte Ereignisse zu "warten". Denn das tun "echte" Prozesse in einem automatisch organisierten Multiprogrammbetrieb ja schließlich auch hin und wieder, wenn sie - wie im Beispiel des Systems "EVA" - kooperieren sollen.

Es liegt daher nahe, die TRANSFER-Operation speziell für solche Zwecke zu disziplinieren. Sie dürfte nicht direkt benutzbar sein, sondern wäre in einem Modul zu verbergen, welcher Koroutinen, die dann ganz als Prozesse im Sinne dieses Abschnitts aufzufassen wären, bestimmte Dienstleistungen anbietet. Dazu gehört etwa, einen Prozeß bezüglich des Eintreffens eines bestimmten Signals in Wartestellung zu versetzen oder ihm seinerseits die Möglichkeit zu geben, ein bestimmtes Signal abzusetzen, um damit einen anderen Prozeß aus dessen Wartestellung zu befreien. Dies sind im wesentlichen die Semaphor-Operationen P und V. In [WI1] hat Wirth selbst die Definition eines solchen Moduls angegeben, der die Illusion vermittelt (bzw. die Abstraktion!), mit Koroutinen wie mit "echten" parallelen Prozessen umzugehen.

```
DEFINITION MODULE Processes;
TYPE    Signal;
PROCEDURE StartProcess (P: PROC; n: INTEGER);
(*Startet die Ausführung der Prozedur P als parallelen Prozeß mit lokalem
Arbeitsbereich der Größe n*)
PROCEDURE SEND (VAR s: Signal);
(*Ein auf das Signal s wartender Prozeß wird wiederaufgenommen*)
PROCEDURE WAIT (VAR s: Signal);
(*Warten darauf, daß ein Prozeß das Signal s sendet*)
PROCEDURE Awaited (s: Signal): BOOLEAN;
(*Stellt fest, ob mindestens ein Prozeß auf das Signal s wartet*)
PROCEDURE Init (VAR s: Signal);
(*Initialisierung des Signals s*)
END Processes.
```

Das Bemerkenswerte an diesem Modul ist nun nicht eigentlich die Tatsache, daß seine Prozeduren - wie in [WI1] gezeigt - mit Hilfe von Koroutinen und der TRANSFER-Operation realisiert werden können, sondern vielmehr die Tatsache, daß sie auch direkt auf entsprechende Dienstleistungen eines Realzeit-Betriebssystems abbildbar sind, und in diesem Fall MODULA-2 zur "echten" Realzeit-Sprache machen.

Für eine ausführlichere Diskussion der Möglichkeiten, Abstraktionen im Zusammenhang mit der Implementierung paralleler Prozesse (wie z.B. Monitore) mit den Mitteln von MODULA-2 darzustellen, sei auf spezielle, dieser Sprache gewidmete Lehrbücher des Programmierens (z.B. [FOW]) verwiesen.

Zum Schluß dieses Abschnitts müssen wir ein anfängliches Versprechen einlösen und zumindest mit einigen wenigen Worten auf das Thema der "parallelen Prozesse in verteilten Systemen" (*distributed processing*) eingehen. In der Tat führt dieses Thema hin zu dem weiten Gebiet der *Rechnernetze* (*Computer Networks*) und seinen speziellen Problemen. Das wohl charakteristischste dieser Probleme ist durch den Begriff *Kommunikationsprotokoll* gegeben. "Kommunikation in einem System physikalisch entfernter und miteinander durch ein Leitungsnetz verbundener Prozesse" geschieht durch den Austausch von Nachrichten (*messages*) über eben jenes Netz. Wenn dieser Austausch reibungslos und störungsfrei über eine unter Umständen große Zahl von mehr oder weniger unzuverlässigen oder in ihren Kapazitäten beschränkten technischen Komponenten vonstatten gehen soll, so sind für ihn strenge und formale Regeln zu setzen.

Es sind diese Regeln, welche als *Kommunikationsprotokolle* bezeichnet werden. Ihre Definition und Implementierung sind exemplarisch für die Entwicklung und den Einsatz solider Methoden des Software-Engineering. Für den Software-

Konstrukteur stellen sie sicherlich eine der größten Herausforderungen dar an sein Qualitätsbewußtsein und an seine Fähigkeit, Komplexität überschaubar zu machen. Es ist vielleicht nicht übertrieben zu behaupten, daß dem Prinzip der modularen Schichtung nirgendwo so viel Beachtung geschenkt werden muß, wie bei der Herstellung von Software, welche Anwendungsprozesse in verteilten Systemen zu Kommunikation und Kooperation befähigt. Der Grund liegt in der Struktur der Protokolle selbst, die sich als Folge aufeinander aufbauender Ebenen präsentiert, auf deren jeder ganz präzise Verantwortlichkeiten und Funktionen zusammmengefaßt sind. Unter dem Namen "*Open Systems Interconnection Reference Model* (*OSI*)" ist diese Struktur sogar als internationaler Standard der ISO (International Standards Organisation) bekanntgeworden.

Der Leser bemerkt, daß auch hier eigentlich ein anderes Buch beginnen müßte. Aber auch dieses ist ein Buch, das in vielen Ausprägungen bereits existiert (z.B. [HAA], oder [SLK]).

Literatur zu Kapitel 6

[ANS] Andrew, G. R. und F. B. Schneider: Concepts and notations for concurrent programming; ACM Computing Surveys, Vol. 15, No. 1, pp. 3-43; März 1983

[BAL] Balzert, H. (Hrsg.): CASE - Systeme und Werkzeuge; Bibliographisches Institut; Mannheim; 1990

[BAU] Baumgarten, Bernd: Petri-Netze, Grundlagen und Anwendungen; Bibliographisches Institut; Mannheim; 1990

[BEY] Benyon, D.: Information and Data Modelling; Blackwell Scientific Publications; Oxford; 1990

[BRO] Brooks, F. P.: The Mythical Man-Month; Addison-Wesley; Reading (Mass.); 1975

[BOV] Bolch, G. und M.-M. Vollath: Prozeßautomatisierung; Teubner Verlag; Stuttgart; 1991

[BR1] Brinch Hansen, P.: Structured multiprogramming; Communications of the ACM, Vol. 15, No. 7, pp. 574-578; Juli 1972

[BR2] Brinch Hansen, P.: The programming language Concurrent Pascal; IEEE Transactions on Software Engineering, Vol. SE-1, No. 2, pp. 199-206; Juni 1975

[CAM] Cameron, J. R.: An overview of JSD; IEEE Transactions of Software Engineering, Vol. SE-12, No. 2, pp. 222-240; Feb. 1986

[DEH] Denert, E. und W. Hesse: Projektmodell und Projektbibliothek, Grundlagen zuverlässiger Software-Entwicklung und Dokumentation; Informatik Spektrum, Vol. 3, No. 4, pp. 215-228; Nov. 1980

[DGD] DUDEN, das große Wörterbuch der deutschen Sprache; Bibliographisches Institut; Mannheim; 1976

[DIJ] Dijkstra, E. W.: Cooperating sequential processes; in: F. Genuys (Ed.), Programming Languages; Academic Press; New York; 1968

[ENS] Engels, G. und W. Schäfer: Programmentwicklungsumgebungen, Konzepte und Realisierung; Teubner Verlag; Stuttgart; 1989

[FOW] Ford, G. A. und R. S. Wiener: MODULA-2, a Software Development Approach; John Wiley & Sons; New York; 1985

[GAS] Gane T. and C. Sarson: Structured System Analysis; McDonnell Douglas; 1982

[GHM] Guttag, J. V., Horowitz, E. und D. R. Musser: Abstract data types and software validation; Communications of the ACM, Vol. 21, No. 12, pp. 1048-1063; Dez. 1978

[GIL] Giloi W. K.: Rechnerarchitektur; Springer Verlag; Berlin, Heidelberg, New York; 1981

[GOR] Goldberg, A. und D. Robson: Smalltalk-80, the Language and its Implementation; Addison-Wesley; Reading (Mass.); 1983

[HAA] Halsall F.: Data Communications, Computer Networks and Open Systems; 3rd Ed.; Addison-Wesley; Wokingham (Engl.); 1992

[HAL] Hallmann, M.: Prototyping komplexer Softwaresysteme; Teubner Verlag; Stuttgart; 1990

[HAS] Halstead, M.: Elements of Software Science; Elsevier; New York; 1977

[HER] Hermes, H.: Aufzählbarkeit, Entscheidbarkeit, Berechenbarkeit - Einführung in die Theorie der Rekursiven Funktionen, 3. Aufl.; Springer Verlag; Berlin, Heidelberg, New York; 1978

[HOA] Hoare, C. A. R.: Towards a theory of parallel programming; in: C. A. R. Hoare und R. H. Perrott (Eds.), Operating Systems Techniques; Academic Press; New York; 1972

[HOS] Horowitz, E. und S. Sahni: Fundamentals of Computer Algorithms; Pitman Publishing Ltd.; London; 1979

[ILL] Igarashi, S., London, R. L. und D. C. Luckham: Automatic program verification I, a logical basis and its imlementation; Acta Informatica, Vol. 1, No. 4, pp. 145-182; 1975

[JA1] Jackson, M.: Principles of Program Design; Academic Press; London, New York; 1975

[JA2] Jackson, M.: System Development; Prentice-Hall; Englewood Cliffs; 1983

[KER] Kernighan, B. W. und D. M. Ritchie: The C Programming Language; Prentice-Hall; Englewood Cliffs; 1978

[KST] Kimm, R., Koch, W., Simonsmeier, W. und F. Tontsch: Einführung in Software Engineering; Walter de Gruyter; Berlin; 1979

[LED] Ledgard, H.: ADA, an Introduction; Springer Verlag; New York, Heidelberg, Berlin; 1980

[MEY] Meyer, B.: Object Oriented Software Construction; Prentice Hall; New York; 1988

[MID] MID GmbH, Nürnberg: INNOVATOR Produktdokumentation; 1989

[NIV] Nievergelt J. und A. Ventura: Die Gestaltung interaktiver Programme; Teubner Verlag; Stuttgart; 1983

[OTW] Ottmann, T. und P. Widmayer: Algorithmen und Datenstrukturen; Bibliographisches Institut; Mannheim; 1990

[PA1] Parnas D. L.: A technique for software module specification with examples; Communications of the ACM, Vol. 15, No. 5, pp. 330-336; Mai 1972

[PA2] Parnas D. L.: On the criteria to be used in decomposing systems into modules; Communications of the ACM, Vol. 15, No. 12, pp. 1053-1058; Dez. 1972

[PET] Petri, Carl Adam: Kommunikation mit Automaten; Schriften des Instituts für instrumentelle Mathematik; Bonn; 1962

[ROS] Ross, D. T. und K. E. Schoman Jr.: Structured analysis for requirements definition; IEEE Transactions on Software Engineering, Vol. 3, No. 1, pp. 6-15; Jan. 1977

[SCH] Schmitt, A. A.: Dialogsysteme - kommunikative Schnittstellen, Software-Ergonomie und Systemgestaltung; Bibliographisches Institut; Mannheim; 1983

[SCS] Schlageter, G. und W. Stucky: Datenbanksysteme, Konzepte und Modelle; Teubner Verlag; Stuttgart; 1983

[SLK] Sloman M. und J. Kramer: Verteilte Systeme und Rechnernetze; Hanser Verlag; München; 1989

[SMU] Smullyan, R. M.: Forever Undecided - a Puzzle Guide to Goedel; Oxford University Press; Oxford; 1988

[SOM] Sommerville, J.: Software Engineering, 4th Ed.; Addison-Wesley; Wokingham (Engl.); 1992

[STR] Stroustrup, B.: Die C++ Programmiersprache; Addison-Wesley (Deutschland); Bonn, 1987

[TAN] Tanenbaum A. S.: Operating Systems - Design and Implementation; Prentice-Hall; Englewood Cliffs; 1987

[WI1] Wirth, N.: Programming in Modula-2; Springer Verlag; Berlin, Heidelberg, New York; 1988

[WI3] Wirth, N.: Modula, a language for modular multiprogramming; Software Practice and Experience, Vol. 7, pp. 3-35; 1977

[YOC] Yourdon E. and L. L. Constantine: Structured Design; Prentice-Hall; Englewood Cliffs; 1979

Stichwortverzeichnis